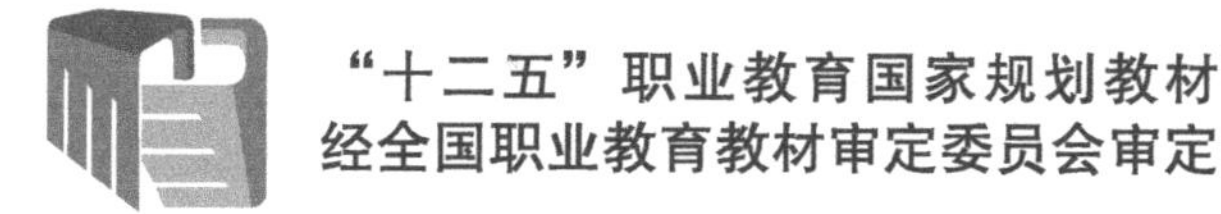

高等职业院校

机电类"十二五"规划教材

UG NX 6.0 应用与实例教程

（第3版）

The Application and Examples Courses for UG NX 6.0 (3rd Edition)

◎ 郑金 主编

◎ 黎震 谢晖 副主编

人民邮电出版社

北京

图书在版编目（CIP）数据

UG NX6.0应用与实例教程 / 郑金主编. -- 3版. --
北京 : 人民邮电出版社, 2015.1（2021.8重印）
高等职业院校机电类“十二五”规划教材
ISBN 978-7-115-35419-8

Ⅰ. ①U… Ⅱ. ①郑… Ⅲ. ①计算机辅助设计－应用
软件－高等职业教育－教材 Ⅳ. ①TP391.72

中国版本图书馆CIP数据核字(2014)第098882号

内容提要

本书以UG NX 6.0中文版为操作平台，介绍了UG NX 6.0的一些常用模块和实用技术。全书共分为10章，内容涵盖了UG NX概述、UG NX基本功能介绍、曲线创建与编辑、草图、实体建模、曲面造型、零部件装配、制作工程图、铣削加工基础、注塑模具设计。全书理论与实例相结合，图文并茂，内容由浅入深，易学易懂，突出了实用性，使读者能快速入门并掌握一定的设计和使用技巧。书中配备有练习题，以便教学和读者在实战练习中将所学知识融会贯通。

本书可作为大中专院校教材或参考书，也可供广大UG爱好者使用。

◆ 主　　编　郑　金
　副 主 编　黎　震　谢　晖
　责任编辑　李育民
　责任印制　杨林杰

◆ 人民邮电出版社出版发行　　北京市丰台区成寿寺路11号
　邮编　100164　　电子邮件　315@ptpress.com.cn
　网址　http://www.ptpress.com.cn
　北京七彩京通数码快印有限公司印刷

◆ 开本：787×1092　1/16
　印张：19　　　　　　2015年1月第3版
　字数：500千字　　　2021年8月北京第5次印刷

定价：42.00元

读者服务热线：(010)81055256　印装质量热线：(010)81055316
反盗版热线：(010)81055315

Unigraphics（简称UG）是原美国UGS公司的主导产品，是全球应用最普遍的计算机辅助设计和辅助制造的系统软件之一。它广泛应用于机械、汽车、航空航天、电气、化工、家电以及电子等行业的产品设计和制造，在国内外的大中小型企业中得到广泛的应用。UG软件的推广使用极大地提高了企业生产效率、降低了产品的成本，让产品更快地占领市场，增加了企业的竞争实力，也为广大工程技术人员从事产品开发、模具设计、数控加工、钣金设计等提高工程设计能力开拓了更高的平台。

本书在写作过程中以UG NX 6.0中文版为操作平台，以中文界面进行讲述，介绍了UG NX 6.0的一些常用模块和实用技术。作者对本书的内容及知识点做了精心的设计，全书理论与实例相结合，图文并茂，内容由浅入深，易学易懂，突出了实用性，使读者能快速入门并掌握一定的设计和使用技巧。书中配备有练习题，以便读者在实战练习中将所学知识融会贯通。

本书第2版是普通高等教育“十一五”、国家级规划教材，第3版教材在第2版的基础上进行了改进，汇集了教学和工程人员使用经验，版本由第2版的UG NX 4.0升级为UG NX 6.0。

本书的参考学时为68学时，其中实践环节为34学时，各章的参考学时参见下面的学时分配表。

章节	课程内容	学时分配	
		讲授	上机
第 1 章	UG NX 6.0 概述	2	2
第 2 章	UG NX 6.0 基本功能介绍	2	2
第 3 章	曲线创建与编辑	4	4
第 4 章	草图	2	2
第 5 章	实体建模	2	2
第 6 章	曲面造型	6	6
第 7 章	零部件装配	2	2

续表

章节	课程内容	学时分配	
		讲授	上机
第 8 章	制作工程图	2	2
第 9 章	铣削加工基础	6	6
第 10 章	注塑模具设计	6	6
课时总计		34	34

本书由江西机电职业技术学院郑金教授任主编，江西工业工程职业技术学院黎震、谢晖任副主编，福建工程学院彭小冬参加编写，全书由郑金审校。

由于作者水平有限，书中错误之处，恳请广大读者批评指正。

编　者

2014 年 3 月

Content 目录

第1章 | UG NX 6.0 概述 |

1.1 UG NX 6.0 系统简介

Unigraphics NX（以下称 UG NX 6.0）起源于美国麦道飞机公司。2001 年，EDS 公司并购了 UGS 和 SDRC，获得了世界两大领先 CAD 软件产品 Unigraphics 和 I-deas。

UG NX 6.0 基于 Windows 平台，是集 CAD/CAE/CAM 一体的三维参数化软件，是当今世界上最先进的计算机辅助设计、分析和制造软件之一，广泛应用于航空、汽车、造船、通用机械、模具、家电等领域。如俄罗斯航空公司、北美汽油涡轮发动机、美国通用汽车、普惠喷气发动机、波音公司、以色列航空公司、英国航空公司等都是 Unigraphics 软件的重要客户。自从 1990 年 Unigraphics 软件进入中国以来，得到了越来越广泛的应用，现已成为我国工业界主要使用的大型 CAD/CAE/CAM 软件。

1.2 UG NX 6.0 的特点

UG NX 6.0 软件的主要新特点是：提供了一个基本过程的虚拟产品开发设计环境，使产品开发从设计到加工真正实现了数据的无缝集成，从而优化了企业的产品设计与制造；实现了知识驱动和利用知识库进行建模，同时能自上而下设计子系统和接口，实现完整的系统库建模。

UG NX 6.0 软件具有强大的实体造型、曲面造型、虚拟装配和产生工程图等设计功能，而且可进行有限元分析、机构运动分析、动力学分析和仿真模拟，提高了产品设计的可靠性。同时，可用三维模型直接生成数控代码进行加工制造，其后处理程序支持多种类型的数控机床。另外，它可应用多种语言进行二次开发。

UG NX 6.0 软件具有以下特点：

- 集成的产品开发环境；
- 产品设计相关性与并行协作；
- 基于知识的工程管理；
- 设计的客户化；
- 采用复杂的复合建模技术，可将各种建模技术融为一体；
- 用基于特征的参数驱动建模和编辑方法作为实体造型基础；
- 便捷的复杂曲面设计能力；
- 强大的工程图功能，增强了绘制工程图的实用性；
- 提供了丰富的二次开发工具。

UG NX 6.0 进行了多项以用户为核心的改进，提供了特别针对产品式样、设计、模拟和制造而开发的新功能，为客户提供了创建新产品的新方法，并在数字化模拟、知识捕捉、可用性和系统工程 4 个关键领域帮助客户进行创新，它带有数据迁移工具，对希望过渡到 UG NX 6.0 的 UG 用户能够提供很大的帮助。为了满足设计更改的需要，直接建模改为同步建模，其可靠且易于使用的核心技术以及新的综合能力得以显著增强。

UG NX 6.0 新增了同步技术，这是令人激动的革新，使设计更改具有前所未有的自由度。从查找和保持几何关系，到通过尺寸的修改、通过编辑截面的修改以及不依赖线性历史记录的同步特征行为的明显优点，同步技术引入了全新的建模方法。

1.3 UG NX 6.0 常用的应用模块

UG NX 6.0 是一种交互式的计算机辅助设计（CAD）、计算机辅助制造（CAM）和计算机辅助工程分析（CAE）系统。该软件主要包含以下一些常用的应用模块，来满足广大用户的开发和设计需求。

1. CAD 模块

- UG NX 6.0 建模模块（Part Moldeling）。
- UG NX 6.0 制图模块（Product Drafting）。
- UG NX 6.0 装配模块（Product Assembling）。
- UG NX 6.0 模具设计模块（Mold Wizard Design）。
- UG NX 6.0 外观造型设计模块（Shape Studio）。

2. CAM 模块

- UG NX 6.0 固定轴铣削加工（Cavity Mill/Fixed Contour）。
- UG NX 6.0 多轴铣削加工（Multi Axis Milling）。
- UG NX 6.0 车床加工（Turning）。
- UG NX 6.0 线切割加工（Wire EDM）。
- UG NX 6.0 加工后处理模块（Post Processing）。
- UG NX 6.0 刀具路径编辑及切削仿真（Toolpath Edit/Verify）。

3. CAE 模块

- 运动仿真（Motion Simulation）。
- 设计仿真（Design Simulation）。

4. 其他模块

- 钣金模块（Sheet Metal）。
- 机械布管（Routing Mechanical）。
- 电器线路（Routing Electrical）。

1.4 UG NX 6.0 工作界面

UG NX 6.0 的界面是一种 Windows 方式的 GUI（图形用户界面），是真正人机对话的方式，界面简单易懂，操作者只需掌握各部分的位置和用途，就可将各种功能应用自如。UG NX 6.0 的工作界面如图 1-1 所示。

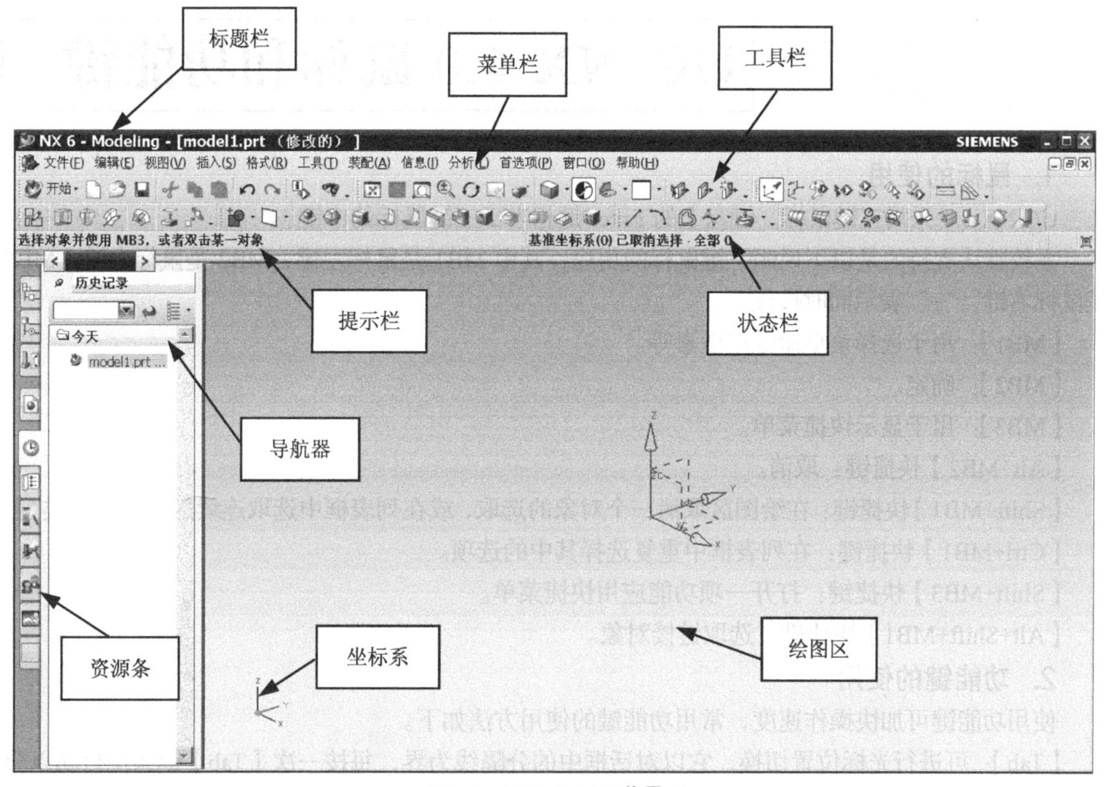

图1-1 UG NX 6.0工作界面

UG NX 6.0 的工作界面主要包括以下几个部分。

（1）标题栏：用于显示 UG NX 6.0 版本、当前模块、当前工作部件文件名、当前工作部件文件的修改状态等信息。

（2）菜单栏：菜单栏包含了UG NX 6.0软件的各种功能命令。用于显示UG NX 6.0中各功能菜单，主菜单是经过分类并固定显示的。通过主菜单可激发各层级联菜单，UG NX 6.0的所有功能几乎都能在菜单上找到。

（3）工具栏：每个工具栏中的图标按钮都对应不同的命令，各图标按钮以图形方式显示直观明了，当光标放置于某个图标时会显示该图标功能名称，以方便用户使用。

（4）提示栏：用于提示用户如何操作。

（5）状态栏：用于显示系统或图形的当前状态。

（6）坐标系：坐标系是实体建模特别是参数化建模必备的要素。坐标系有两种：一是工作坐标系，即用户建模时使用的坐标系，工作坐标系分别用XC、YC和ZC表示。另一个是绝对坐标系，绝对坐标系是模型的空间坐标系，其原点和方向都固定不变。

（7）绘图区：用于显示模型及相关对象。

（8）资源条：提供快速导航工具。

（9）导航器：用于显示当前实体中所包含的特征信息，装配中的所有组件和近期所修改的UG文件等资源信息。

UG NX 6.0 鼠标和功能键

1. 鼠标的使用

UG NX 6.0采用三键鼠标。键盘上的Enter键相当于三键鼠标的中键。

系统默认支持的是以下说明三键鼠标的用途，其中MB1是鼠标左键，MB2是鼠标中键，MB3是鼠标右键，“+”表示同时按住。

【MB1】：用于选择菜单命令或图素等。

【MB2】：确定。

【MB3】：用于显示快捷菜单。

【Alt+MB2】快捷键：取消。

【Shift+MB1】快捷键：在绘图区取消一个对象的选取，或在列表框中选取连续区域的所有类型。

【Ctrl+MB1】快捷键：在列表框中重复选择其中的选项。

【Shift+MB3】快捷键：打开一项功能应用快捷菜单。

【Alt+Shift+MB1】快捷键：选取链接对象。

2. 功能键的使用

使用功能键可加快操作速度，常用功能键的使用方法如下。

【Tab】：可进行光标位置切换，它以对话框中的分隔线为界，每按一次【Tab】键系统自动以分界线为准，将光标切换至下一选取位置。

【Shift+Tab】快捷键：当对象选取操作不能唯一确定时，可使多对象选取对话框中的高亮显示对象依次交替，使用户能方便观察当前所要选取的对象。

【箭头键】：在单个显示框内移动光标到单个的单元，如下拉菜单的选项。

【回车键】：在对话框中代表确定按钮。

【空格键】：在工具图标被标识以后，按下空格键可执行工具图标的功能。

【Shift+Ctrl+L】快捷键：交互的退出（限制使用）。

UG NX 6.0 环境设置

Unigraphics NX 软件安装完成后，软件的环境参数设置都是系统默认的方式，为满足用户需要，可对操作环境进行相应的设置。

1.6.1 UG NX 6.0 默认参数的设置

在 UG NX 6.0 环境中，参数的默认值都保存在默认参数设置文本中，当启动软件时，会自动调用默认参数设置文本中的默认参数。UG NX 6.0 本身带有环境变量设置文本“ugii_env.dat”，该文件位于安装主目录的“UGII”子目录中，使用何种默认参数设置文件，由环境变量设置文件“ugii_env.dat”中的“ugii_defaults_file”变量控制。

当需要修改公制默认参数值时，可用记事本打开“ugii_env.dat”文件，将“ugii_defaults_file”中的 ug_english.def 改为 ug_metric.def 即可。

1.6.2 将英文界面改为中文界面

UG NX 6.0 安装以后，会自动建立一些系统环境变量，如“UGII_BASE_DIR”、“UGII_LANG”、“UGII_LICENSE_FILE”等。

如果用户要修改或者添加环境变量，可以打开控制面板，双击【系统】图标。在系统对话框中选择【高级】选项。单击【环境变量（N）】按钮，弹出如图 1-2 所示的对话框。

若想将 UG NX 6.0 的语言环境由英文（English）改为简体中文（simpl_chinese），在如图 1-2 所示对话框中选择系统变量中变量名为“UGII_LANG”的变量，单击【编辑】按钮，系统弹出“编辑用户变量”对话框，将变量值由“English”改为“simpl_chinese”，单击两次【确定】按钮，即可完成将英文界面改为中文界面的操作。

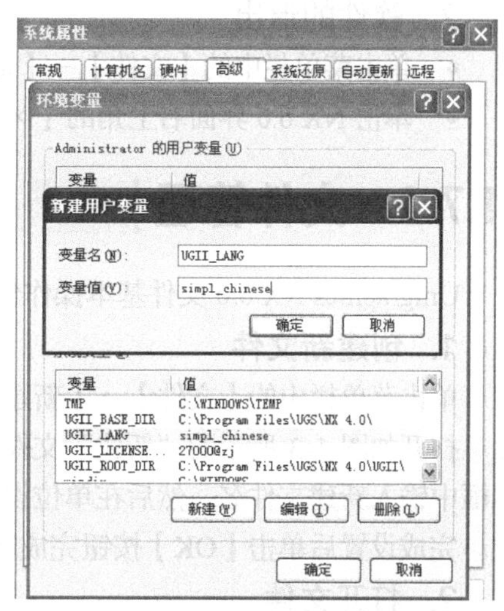

图1-2 将UG NX 6.0英文界面改为简体中文界面

1.6.3 一些主要系统参数的意义和推荐的设置值

- UG_initial Units：设置系统单位，建议用“metric”。
- UG_system Color：设置系统颜色。
- UG_initial Part Dir：设置起始文件的位置。

- UG_layers In List：设置图层列表的显示，建议用“objects”。
- Solids_smooth Edges：设置是否光顺边，建议用“visible”。
- Solids_silhouette：设置是否显示轮廓，建议用“visible”。
- Solids_hidden Edge：设置是否显示隐藏边，建议用“visible”。
- Solids_solid Density Units：设置系统默认的实体密度单位，建议用“kg—m”。
- Drafting_linear Units：设置系统默认的工程图线性单位，建议用“mm”。
- Drafting_fraction Type：设置系统默认的尺寸值显示方式，建议用“decimal”。
- Drafting_angular Units：设置系统默认的工程图角度单位，建议用“degreesMinutes”。

1.7 UG NX 6.0 基本功能介绍

1.7.1 软件的启动与退出

1. 软件的启动

- 在【开始】菜单中单击【程序】→【UGS NX 6.0】→【NX 6.0】选项。
- 利用快捷方式启动。
- 利用【运行】对话框启动。

2. 软件的退出

- 单击菜单栏中的【文件】→【退出】。
- 单击 NX 6.0 界面右上角的【×】。

1.7.2 文件管理

Unigraphics NX 6.0 文件基本操作包括新建、打开和关闭等。

1. 创建新文件

单击菜单栏中的【文件】→【新建】命令，或者单击新建图标。

打开如图 1-3 所示的“新建”文件对话框。在对话框中首先选择文件创建路径，再在文件名文本框中输入新建文件名，然后在单位设置框中选择度量单位，UG NX 6.0 提供了毫米和英寸两种单位。完成设置后单击【OK】按钮完成新文件的创建。

2. 打开文件

单击菜单栏中的【文件】→【打开】命令，或者单击打开图标，打开如图 1-4 所示的“打开”文件对话框。

（1）打开文件。“打开”文件对话框的文件列表框中列出了当前工作目录下存在的文件。移动光标选取需要打开的文件，或直接在“文件名”列表框中输入文件名，在文件名列表框中将显示文件名，在【预览】窗口中将显示所选图形。如果没有图形显示，则需在右侧的【预览】复选框中打上√。

对于不在当前目录下的文件，可以通过改变路径找到文件所在目录。如果是多页面图形，

UG NX 6.0会自动显示“图纸页面”下拉表框，可通过改变显示页面打开用户指定的图形。

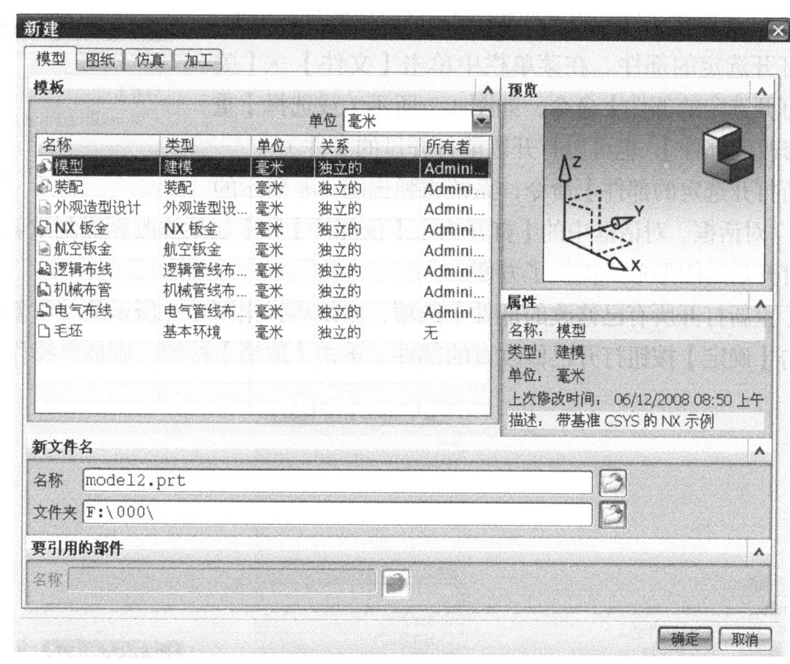

图1-3 “新建”文件对话框

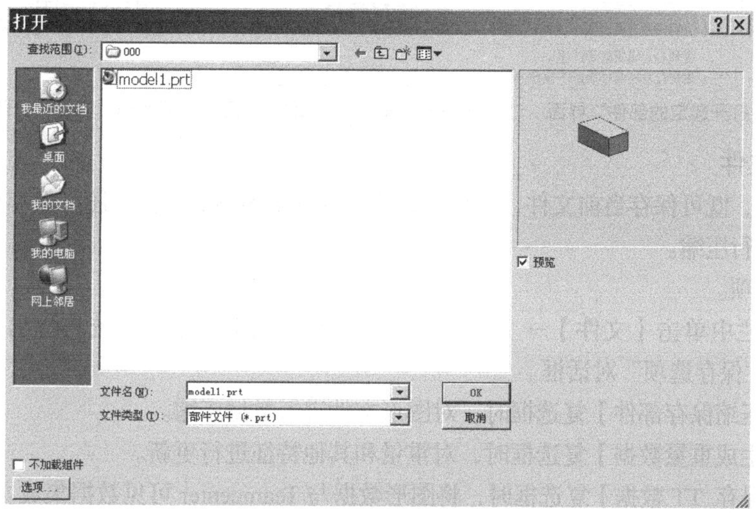

图1-4 “打开” 文件对话框

对话框左下侧的【不加载组件】单选框，用于控制在打开一个装配部件时是否调用其中的组件。选中后不调用组件，可以快速打开一个大型部件。

（2）最近打开的部件。对于上次已经打开的文件，可以在菜单栏中单击【文件】→【最近打开的部件】命令，如图1-5所示。选择需要打开的文件，并单击就可打开最近曾经打开过的文件。

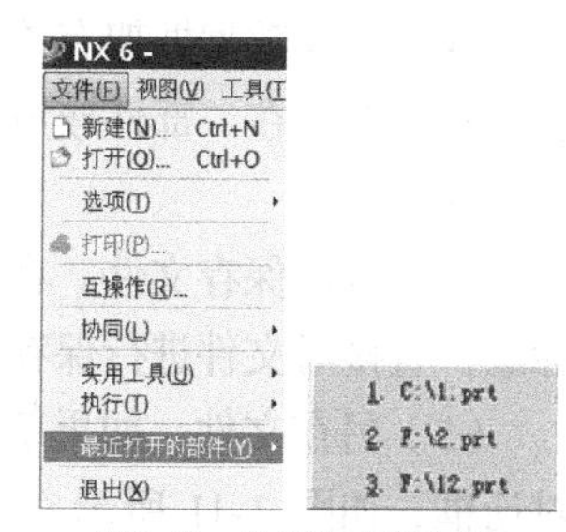

图1-5 最近打开的部件

（3）历史记录。单击主界面左侧的历史（History）图标，系统将

弹出图 1-6 所示的打开文件历史记录。其中有【昨天】文件夹，以及图形预览区。用户可以快速找到所需文件，在预览区选取需要打开的文件并单击，可以快速打开文件。

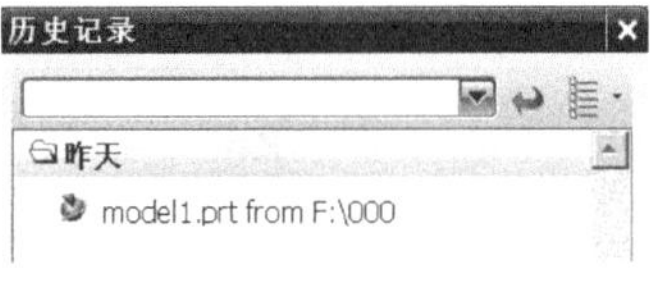

图1-6 历史记录

（4）重新打开选定的部件。在菜单栏中单击【文件】→【关闭】→【重新打开选定的部件】命令，如图 1-7 所示（或选择【重新打开所有已修改的部件】，也可以打开以前打开过的文件）。

选择【重新打开选定的部件】命令，系统将弹出图 1-8 所示的"重新打开部件"对话框。对话框中的【打开为】、【仅部件】和【如果修改则强制重新打开】等复选框为用户定制打开后的图形形式提供了方便。

如果选择【重新打开所有已修改的部件】选项，系统将弹出图 1-9 所示的"重新打开部件"确认提示条，单击【确定】按钮打开已修改过的部件。单击【取消】按钮，则放弃操作。

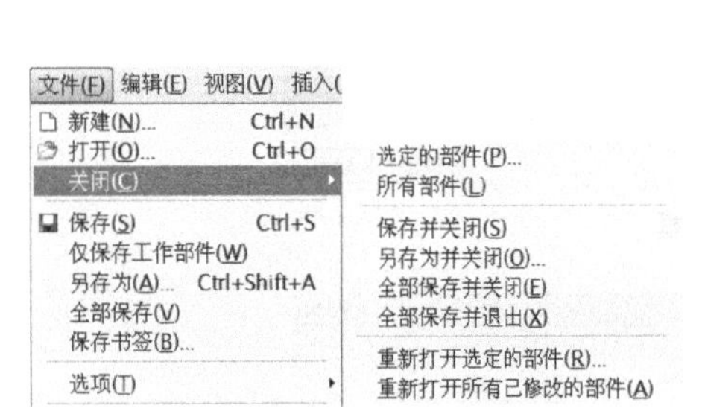

图1-7 "重新打开选定的部件"界面

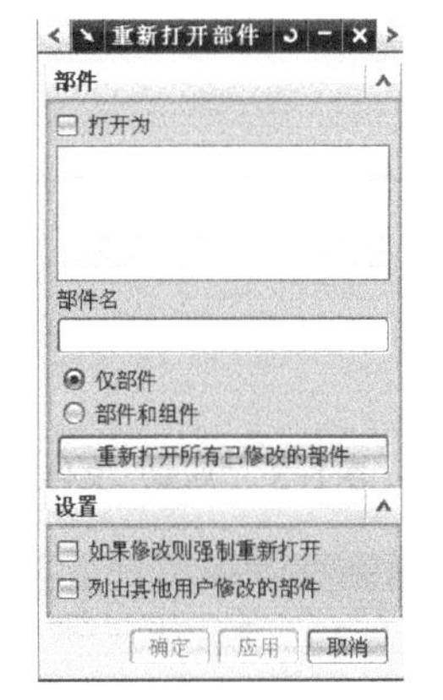

图1-8 "重新打开部件"对话框

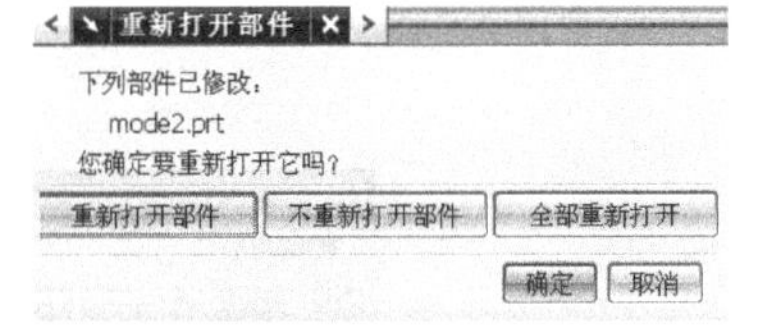

图1-9 "重新打开部件"确认提示条

3. 保存文件

保存文件时，既可保存当前文件，又可另存为另外一个名称的文件，还可保存显示文件或者对文件实体数据进行压缩。

（1）保存选项。

- 在菜单栏中单击【文件】→【选项】→【保存选项】命令，系统将弹出图 1-10 所示的"保存选项"对话框。
- 选择【压缩保存部件】复选框时，对图形文件进行数据压缩。
- 选择【生成重量数据】复选框时，对重量和其他特征进行更新。
- 选择【保存_TT 数据】复选框时，将图形数据与 Teamcenter 可见数据集成。
- 选择【保存图纸的 CGM 数据】复选框时，同时保存图纸的 CGM 格式数据。

图1-10 "保存选项"对话框

保存图样数据框架有【否】、【仅图样数据】、【图样和着色数据】3 种保存方式供用户选择。在"部件族成员目录"列表框指明文件存放路径，单击【浏览】按钮可改变路径。

（2）直接保存文件。在菜单栏中单击【文件】→【保存】命令，或单击保存图标，直接对文件进行保存。

（3）另存文件。如果单击【文件】→【另存为】命令，Unigraphics NX 6.0 打开文件"另存为"对话框，如图 1-11 所示。在对话框中选择保存路径，输入新的文件名，再单击【OK】按钮，完成文件的更名保存。

4. 关闭文件

在菜单栏中单击【文件】→【关闭】命令，可以保证完成的工作不会被系统在意外情况下修改，如图 1-12 所示。用户可以根据需要选择关闭方式。

选择【选定的部件】命令，系统会弹出如图 1-13 所示的“关闭部件”对话框，各选项的功能如下。

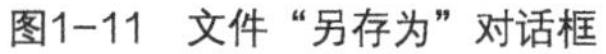
图1-11 文件“另存为”对话框

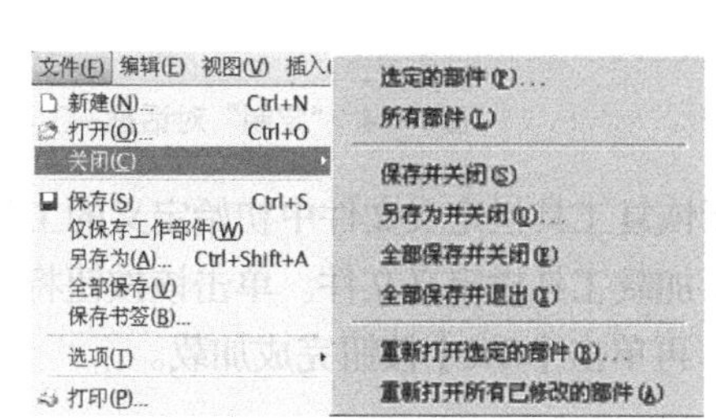

图1-12 文件关闭对话框

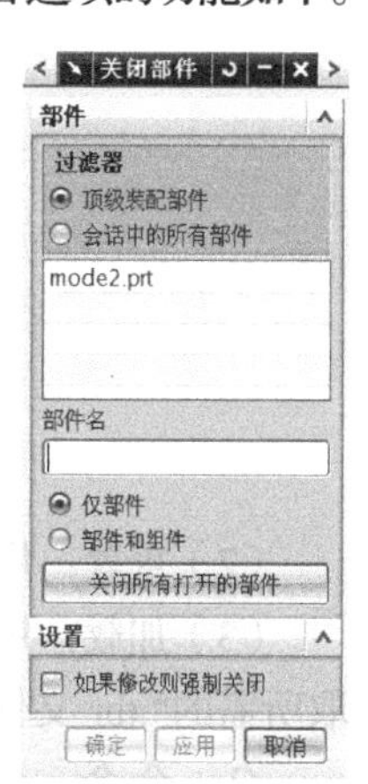

图1-13 “关闭部件”对话框

（1）顶级装配部件：在文件列表框中只列出顶层装配文件，并不列出装配文件中的组件名称。

（2）会话中的所有部件：在文件列表框中列出当前进程中的所有文件。

（3）仅部件：关闭所选择的部件。

（4）部件和组件：如果所选择文件为装配文件，则关闭属于该装配文件的所有文件。

（5）关闭所有打开的部件：关闭所有文件。单击该按钮后，系统会给出确认提示条，用户还可以对文件关闭形式做出新的选择。

（6）如果修改则强制关闭：如果文件在关闭以前没有保存，则强行关闭该文件。

1.8 工具栏的定制

启动某个应用模块后，为了使用户能够拥有较大的工作区，Unigraphics NX 6.0 在默认状态下只是显示一些常用的工具栏及常用图标。在菜单栏中单击【工具】→【定制】命令，或者将鼠标指针移动到对话框或已显示的工具栏上单击鼠标右键，从系统弹出的快捷菜单中单击【定制】命令，会打开如图 1-14 所示的“定制”对话框。

1. 工具条

在如图 1-14 所示的工具条组合框中，左侧的工具条复选框用于控制在主界面上显示的工具条。选取工具栏名称左侧的复选框，则将相应的工具栏显示在主界面上；关闭复选框，则在主界面上隐藏相应的工具栏；右侧的按钮功能如下。

（1）新建：用于定义用户自命名的工具栏。

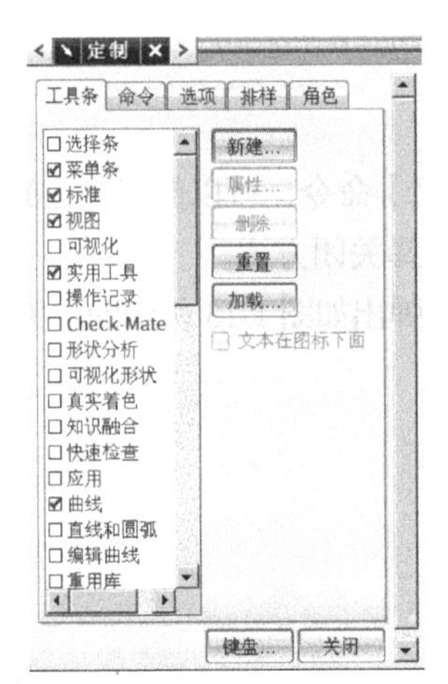

图1-14 “定制”对话框—工具条组合框

（2）重置：用于恢复工具栏定义文件中初始定义的工具栏。

（3）加载：用于加载工具栏定义文件。单击该按钮将打开加载工具条文件对话框，用户可以选取所需的*.tbr 文件，再单击【OK】按钮完成加载。

2. 命令

单击“命令”标签，将对话框切换至命令组合框，如图 1-15 所示。

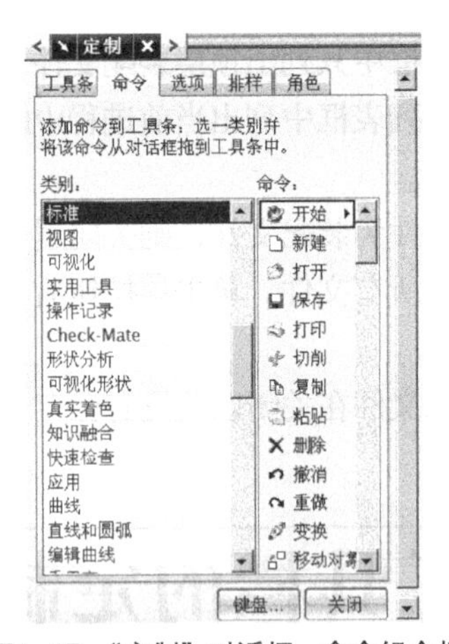

图1-15 “定制”对话框—命令组合框

在命令组合框中用户可单击左侧的【类别】和右侧的【命令】，将某一命令添加到指定的工具条中。在左侧的【类别】列表框中选择要定义的工具条，如【标准】工具条，在右侧的【命令】列表框中将显示所选工具条的图标。选择某一命令拖到工具条中，就可以使该图标在相应的工具条中显示。

3. 选项

选项组合框用于设置个性化的菜单显示形式、工具栏图标大小和菜单图标大小，如图 1-16 所示。

（1）工具栏图标大小：用于设置工具栏图标的尺寸。

（2）菜单图标大小：用于设置菜单图标的尺寸。

4. 排样

排样组合框用于定义工具条的布局、提示/状态位置、窗口融合优先级选项，如图 1-17 所示。

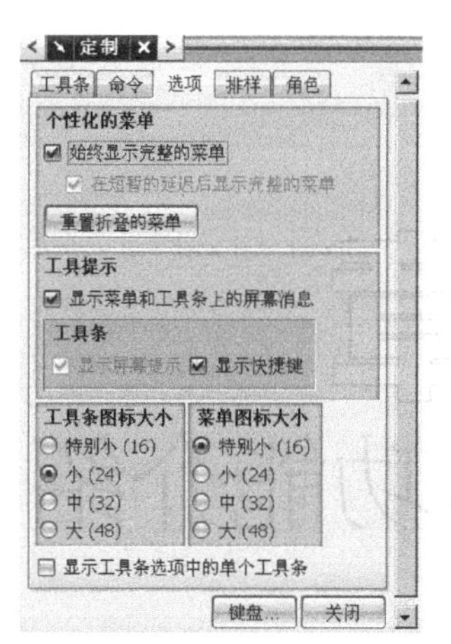

图1-16 “定制”对话框—选项组合框

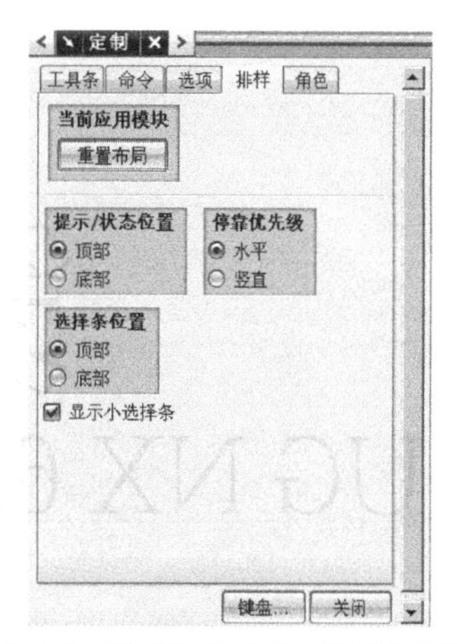

图1-17 “定制”对话框—排样组合框

（1）当前应用模块：用于保存当前工具栏设置。

（2）重置布局：用于恢复工具栏定义文件中的默认设置。

（3）提示/状态位置：用于定义主界面中提示栏和状态行出现的位置，有顶部和底部两种选择。

（4）停靠优先级：用于定义工具栏的摆放方式，有水平和竖直两种位置。

提示/状态位置和停靠优先级（放置方向）两个选项一般在重新启动UG NX 6.0后才能生效。

1. 试述Unigraphics NX 6.0软件有哪些特点？
2. UG NX 6.0的用户界面由哪几部分组成？
3. 如何将UG NX 6.0英文界面改为中文界面？
4. 在UG NX 6.0系统中保存文件，可采用哪几种形式，各有何区别？
5. 试述在UG NX 6.0系统中工具条如何定制？

第2章 | UG NX 6.0基本功能介绍 |

2.1 常用菜单命令

本节介绍 UG NX 6.0 全新的操作界面。新的操作界面更具有 Windows 风格，它加入了大量 XP 风格的操作方式和图标，使整个界面更加清晰，新的 UG NX 6.0 界面如图 2-1 所示。

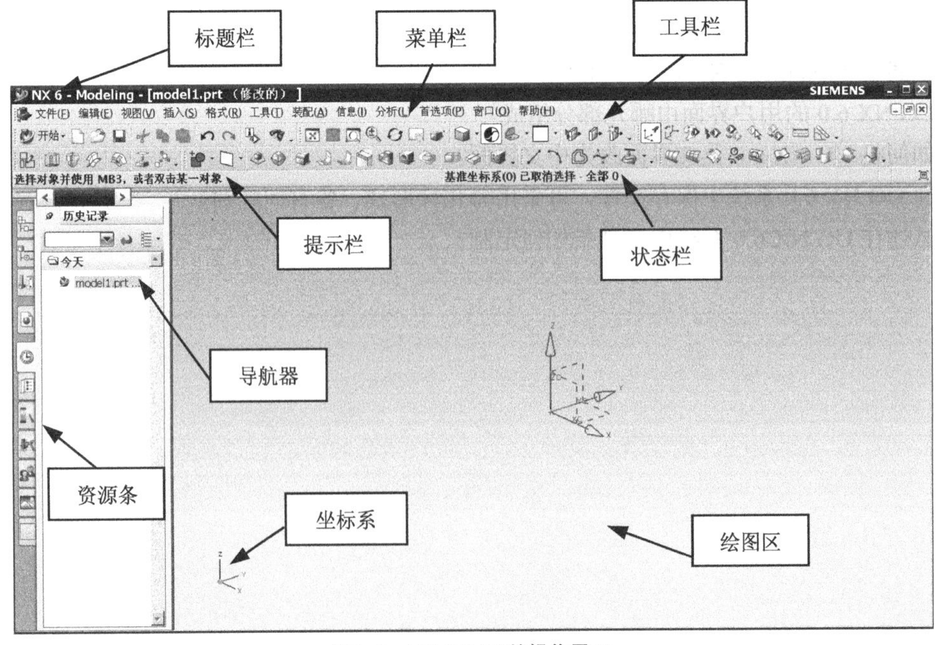

图2-1　UG NX 6.0的操作界面

UG NX 6.0 的软件界面主要由标题栏、菜单栏、工具栏、状态栏、提示栏、导航器、资源条、坐标系、绘图区等组合而成，详细了解每一部分的操作会给用户带来很大的便利。下面简要介绍常用菜单命令。

菜单栏包含了 UG NX 6.0 软件的所有功能命令，UG NX 6.0 系统将所有的命令或设置选项进行分类，分别放置在不同的菜单项中，如图 2-2 所示，用户可以根据需要进入不同的菜单，选择具体的命令。

菜单栏包括文件（File）、编辑（Edit）、视图（View）、插入（Insert）、格式（Format）、工具（Tools）、装配（Assemblies）、信息（Information）、分析（Analysis）、首选项（Preference）、窗口（Window）和帮助（Help）。当用户单击其中的任何一个菜单选项时，系统都会展开一个如图 2-3 所示的下拉式菜单。

NX 6 - Modeling - [mode2.prt]
文件(F) 编辑(E) 视图(V) 插入(S) 格式(R) 工具(T) 装配(A) 信息(I) 分析(L) 首选项(P) 窗口(O) 帮助(H)

图2-2 UG NX 6.0的菜单栏

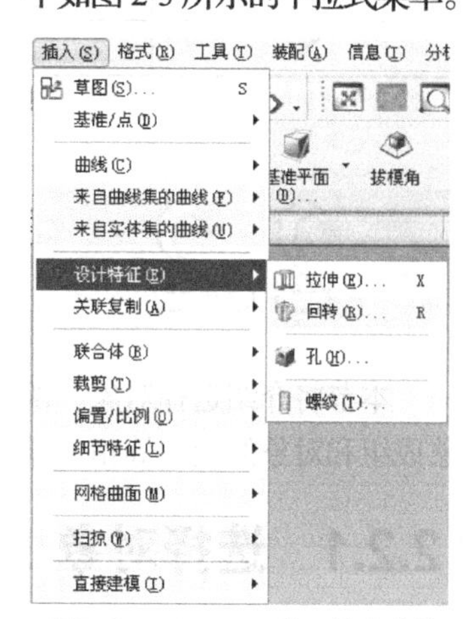

图2-3 UG NX 6.0的下拉式菜单

在 NX 6.0 中，还增加了模型和绘图区的右键快捷菜单，如图 2-4 所示，以便提高绘画速度。

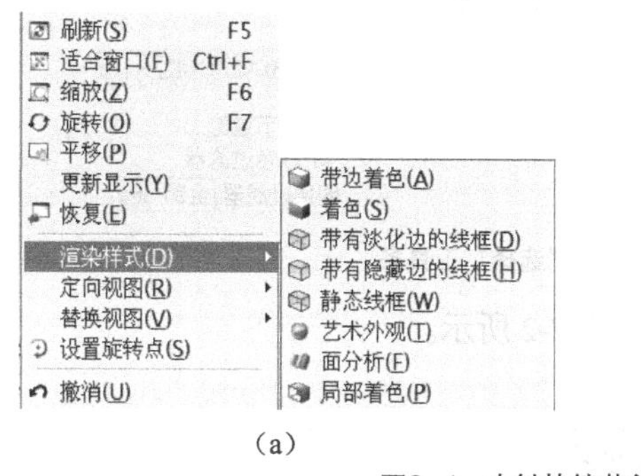

（a）

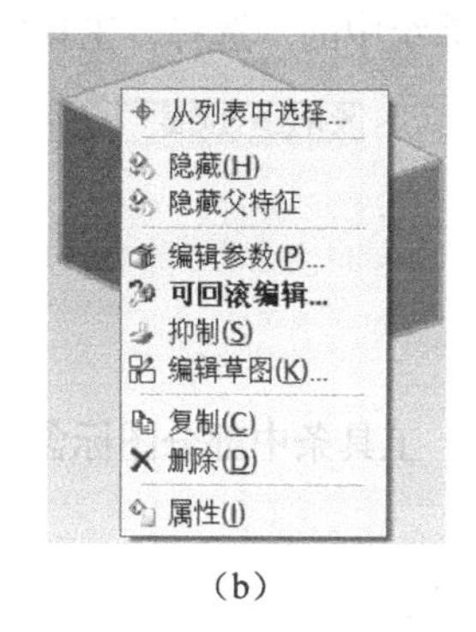

（b）

图2-4 右键快捷菜单

在绘图区空白处单击鼠标右键，系统弹出快捷菜单，如图 2-4（a）所示。在模型上单击鼠标右键，系统弹出快捷菜单，如图 2-4（b）所示。

其中快捷菜单中部分图标含义如表 2-1 所示。

表 2-1

图 标	快捷菜单名称	含 义
	面分析	激活对实体或片体的面分析
	着色	回复到着色状态
	适合窗口	放大或缩小实体、片体与窗口相适应

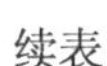

续表

图　标	快捷菜单名称	含　义
	线框	进入相应线框显示状态
	复制	复制所选对象
	编辑参数	更改所指对象的参数
	使用回滚编辑	先移除特征，再进入参数编辑
	抑制	所指特征被抑制，但没被删除
✕	删除	删除该特征

2.2 对象操作

本节将介绍选择对象、视图导航、动态截面视图、编辑对象的显示方式、隐藏与显示对象、对象成组和对象的变换等相关操作方法。

2.2.1 选择对象

当要对对象进行操作时，首先需要选择对象，选择对象时可以利用鼠标在图形界面中直接选取，也可以在导航器中选取。

UG NX 6.0 系统中的“选择”工具条如图 2-5 所示。

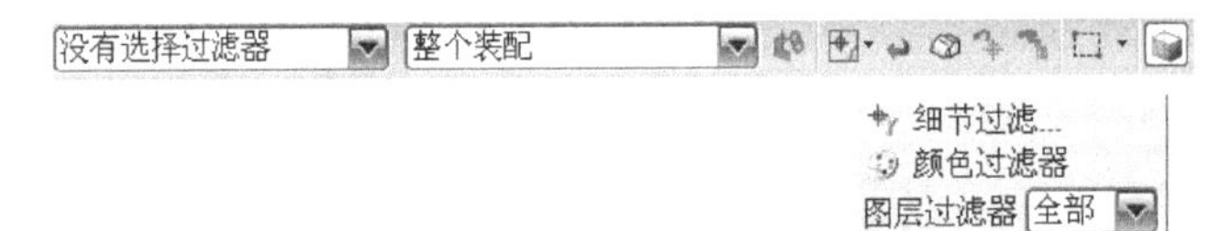

图2-5 “选择”工具条

其中“选择”工具条中部分图标含义如表 2-2 所示。

表 2-2

图　标	快捷菜单名称	含　义
没有选择过滤器	类型过滤器	单击右侧的小三角可以选择过滤条件
	常规选择过滤器	允许访问共用的选择过滤器
	允许选择隐藏线框	允许选择作为显示模式的结果而隐藏的曲线和边
	高亮显示隐藏边	高亮显示隐藏对象时使他们可见
	细节过滤	激活“细节过滤”对话框，选择对图层、类型、显示属性的过滤条件

2.2.2 视图导航

在 UG 各模块的使用过程中，经常会遇到需要改变观察对象的方法和角度等，以便进行操作和分析研究，在这种情况下，就需要通过各种操作使对象满足观察的要求。观察对象的方法有以下 3 种。

1. 利用图标观察对象

位于 UG 操作界面上的“视图”工具条如图 2-6 所示，该工具条中图标的具体功能如表 2-3 所示。

图2-6 “视图”工具条

表 2-3

图　标	快捷菜单名称	含　义
	适合窗口	自动适合窗口的大小
	将视图拟合到选中的区域	自动拟合窗口到所选中的对象
	缩放	自动拟合窗口到鼠标所选中的区域
	放大 / 缩小	将视图进行缩放
	旋转	对视图进行旋转
	平移	对视图进行平移
	透视	将工作视图从平行投影更改为透视投影
	着色	选择可能的显示形式
	线框对照	根据需要调整线框几何图形颜色
	视图方式	选择当前的视图
	背景色	设置绘图区背景色
	剪切工作截面	启用视图剖切
	编辑工作截面	编辑工作视图截面
	新建截面	创建新的动态截面对象并在工作视图中激活它

2. 利用菜单观察对象

在图形窗口中单击鼠标右键，系统弹出的快捷菜单如图 2-7 所示。在该菜单中选择相应命令也可以实现上述工具条中的功能。

该菜单中的【定向视图】命令，可完成各种视图的切换，实现所需视图。

单击下拉菜单【视图】→【操作】命令，如图 2-8 所示，在该下拉菜单中也可以实现部分功能。

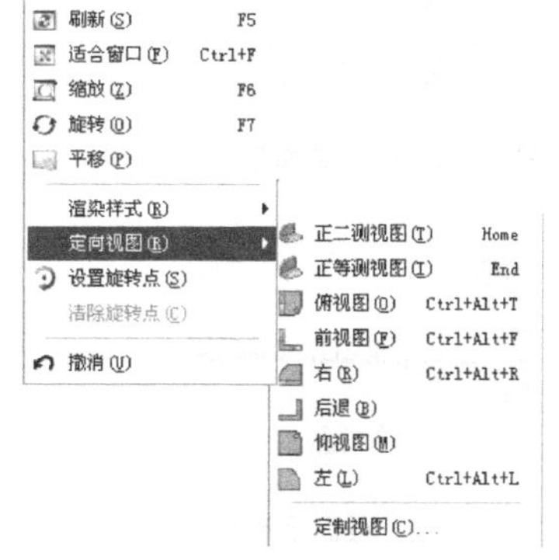

图2-7 快捷菜单

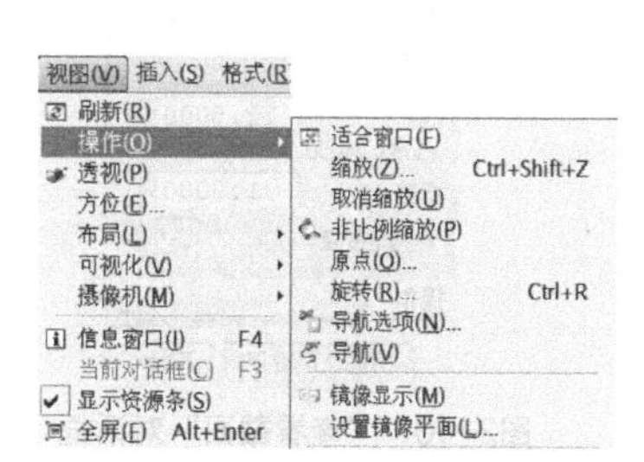

图2-8 视图下拉菜单

3. 利用鼠标观察对象

如果读者的鼠标为带滚轮的三键鼠标，用鼠标就可以完成视图的放大或缩小、旋转或平移，具体方法如下。

（1）视图缩放：将鼠标指针置于图形界面中，滚动鼠标滚轮就可以对视图进行缩放；或者在按下鼠标滚轮的同时按住【Ctrl】键，然后上下移动鼠标也可以对视图进行缩放；或者同时按下鼠标滚轮和鼠标左键，然后上下移动鼠标也可以对视图进行缩放。

（2）旋转视图：将鼠标指针置于图形界面中，按下鼠标滚轮，然后在各个方向移动鼠标就可以旋转视图。

（3）平移视图：将鼠标指针置于图形界面中，同时按下鼠标滚轮和鼠标右键，然后在各个方向移动鼠标就可以平移视图；或者在按下鼠标滚轮的同时按住【Shift】键，然后在各个方向移动鼠标也可以对视图进行缩放。

通过各种操作得到一个满意的视图方位后，单击下拉菜单【视图】→【操作】→【另存为】命令，系统弹出“保存工作视图”对话框，如图2-9所示，在该对话框中输入视图名称，可以将当前视图方位保存，以供其他功能使用。

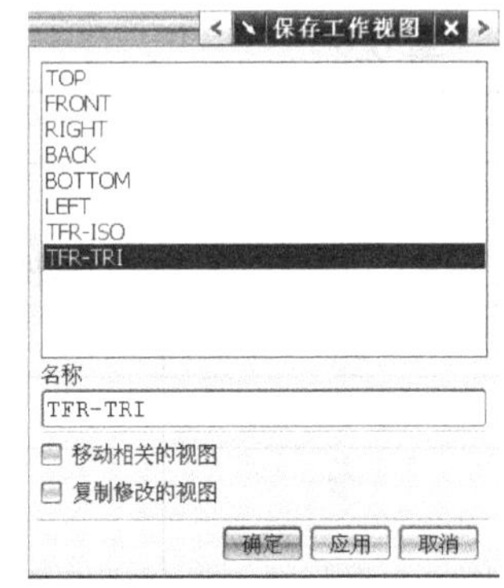

图2-9 “保存工作视图”对话框

2.2.3 动态截面视图

通过建立动态截面，可以更好地观察复杂零件的内部情况，为建立造型横截面确定合理的位置。

单击下拉菜单【视图】→【操作】→【新建截面】命令，系统弹出“查看截面”（截面视图）对话框，如图2-10所示。利用该对话框可以建立动态的截面视图，同时图形界面中显示动态截面坐标轴（见图2-11）和截面（见图2-12）。选择图2-11中所示的圆锥形移动把手，可以在相应坐标轴方向移动截面；选择球形的旋转把手，可以绕相应坐标轴对截面进行旋转；选择方形的原点把手可以任意移动截面。

图2-10 “查看截面”对话框

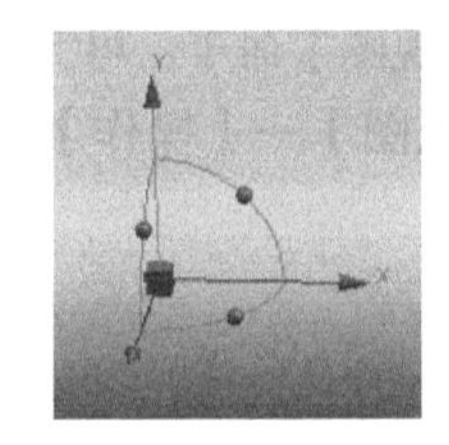

图2-11 动态截面坐标系

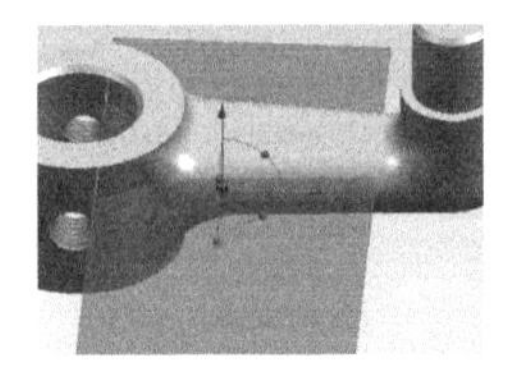

图2-12 截面示意图

2.2.4 隐藏与显示对象

单击下拉菜单【编辑】→【显示和隐藏】，系统弹出【显示和隐藏】下拉菜单，如图 2-13 所示。

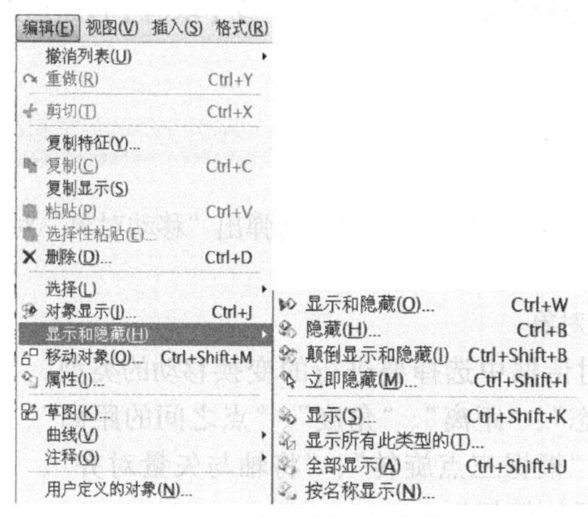

图2-13 【隐藏】下拉菜单

下拉菜单中各主要菜单项的功能如表 2-4 所示。

表 2-4

菜　　单	功　　能
隐藏	单击类选择图标，弹出“分类选择”对话框，选择要隐藏的对象，可以将所选对象隐藏
颠倒显示和隐藏	将所有隐藏的对象显示而将所有显示的对象隐藏
显示	弹出“分类选择”对话框，选择已经隐藏的对象，将它们显示出来
显示所有此类型的	弹出“分类选择”对话框，选择过滤方式或颜色，可以将满足过滤方式或颜色的隐藏对象显示出来
全部显示	将所有隐藏的对象显示出来
按名称显示	弹出对话框，输入隐藏对象的名称可以将其显示出来

2.2.5 编辑对象的显示方式

单击下拉菜单【编辑】→【对象显示】菜单项，系统将弹出“类选择”对话框，如图 2-14 所示，选择要编辑显示方式的对象，然后单击“类选择”中的【确定】按钮，系统弹出“编辑对象显示”对话框，如图 2-15 所示。在该对话框中，可以改变所选对象的层、颜色、线型、宽度、栅格数、透明度和局部着色。其中【继承】按钮用于将其他对象的显示设置用于所选的对象上。

图2-14 “类选择”对话框

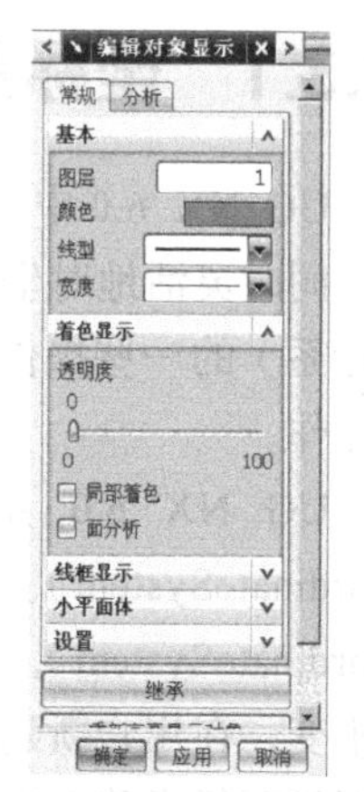

图2-15 “编辑对象显示”对话框

其使用方法为：首先单击【继承】按

钮，系统弹出选择对象的对话框，选择要继承的对象，单击【确定】按钮，该对象的所有显示设置都被最初选择的对象所继承。【选择新的对象】按钮用于选择新的编辑对象。

编辑完对象的显示方式后，单击【应用】按钮，将修改应用于所选的对象，但是对话框并不关闭，可以继续选择其他对象进行编辑。单击【确定】或【取消】按钮退出对话框。

2.2.6 对象的移动

单击下拉菜单【编辑】→【移动对象】，系统将弹出“移动对象”对话框，如图2-16所示。移动的具体操作步骤如下。

（1）选择要进行移动的对象。

（2）在“移动对象”对话框中选择要进行的变换移动的类型，变换移动的类型包括“动态”、“距离”、“角度”、“点之间的距离”、“径向距离”、“点到点”、“根据三点旋转”、“将轴与矢量对齐”、“重定位”、“动态”、“显示快捷键”。

（3）选择不同的变换类型，系统将弹出对应的各种不同的对话框，在这些对话框中设置变换的参数和选择变换参考对象。

（4）选择不同的变换结果，如图2-16所示的“移动原先的”或“复制原先的”选项完成变换。

图2-16 “移动对象”对话框

在如图2-16所示界面中，如果设置“创建追踪线”选项，并且选择的变换对象不是实体、片体或边界对象，则系统将绘制出变换对象与原对象之间的轨迹线，所绘制的轨迹线总是位于当前的工作层上，与所设定的目标层没有关系。

2.3 坐标系和矢量

2.3.1 坐标系设置

UG NX 6.0中默认的建立线条的平面都是*X-Y*面，因此熟练地变换坐标系是所有建模的基础；同时灵活地对坐标系进行设置，将给建模带来巨大的灵活性。本节将介绍有关WCS（工作坐标系）的一些操作功能，其中包含了坐标系原点的设置，坐标系的选配、定位、显示和存储等操作。

UG NX 6.0系统共包含了3种坐标系统，分别是绝对坐标系ACS（Absolute CoordinateSystem）、工作坐标系WCS（WorkCoordinateSystem）和机械坐标系MCS（Machine CoordinateSystem），它们都是符合右手法则的。其中ACS是系统默认的坐标系，其原点位置永远不变，在用户新建文件的时候就产生了；WCS是UG系统提供给用户的坐标系统，用户可以根据需要任意移动它的位置，也可以设置属于自己的WCS；MCS一般用于模具设计、加工、配线等向导操作。

下面介绍 UG NX 6.0 中关于 WCS 坐标系的操作功能。在 UG NX 6.0 中，关于 WCS 的操作功能，可单击下拉菜单【格式】→【WCS】选项，图 2-17 所示的就是 WCS 菜单下的各命令。

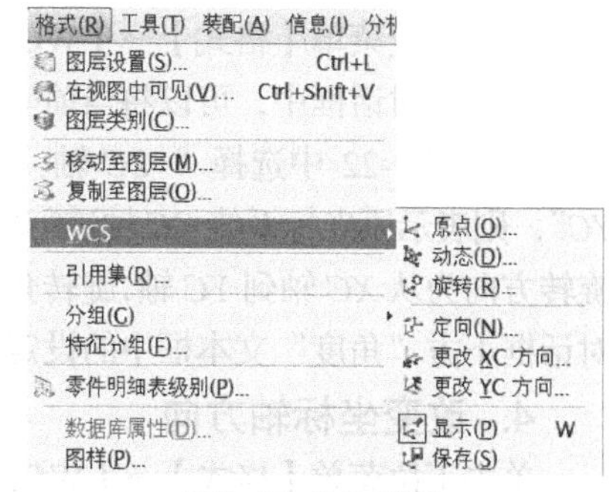

图2-17 WCS菜单

在一个 UG NX 6.0 文件中，可以存在多个坐标系。然而，它们中只有一个可以是工作坐标系。UG NX 6.0 允许用户利用 WCS 下拉菜单中的【保存】命令保存坐标系，这样可以记录下每次操作时坐标系的位置，以后在想要的位置进行操作时，可以使用“原点”移动 WCS 到相应的位置。

2.3.2 坐标系的变换

1. 变化坐标系原点

单击下拉菜单【格式】→【WCS】→【原点】命令，系统弹出“点构造器”对话框，在该对话框中选择或者建立点，坐标系的坐标原点将移动到该点，但是坐标轴方位不变。

2. 动态坐标系

单击下拉菜单【格式】→【WCS】→【动态】命令，系统出现如图 2-18 所示的动态坐标系，选择该坐标系中的移动把手可以移动坐标系，具体方法介绍如下。

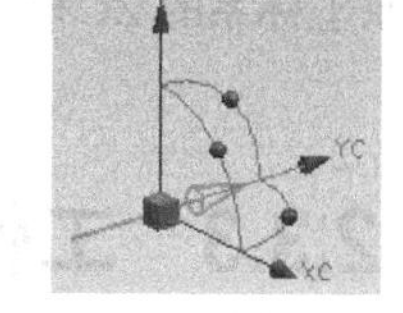

图2-18 动态坐标系

（1）选择圆锥形的移动把手，系统出现图 2-19 所示的移动坐标系。在“距离”文本框中输入距离值然后回车，坐标系将在该轴方向移动所设定的距离；也可以在选择圆锥形的移动把手后，按住鼠标左键直接移动坐标系到合适的位置，移动时只能在所选轴方向上移动。“捕捉”文本框用于设置手动移动的最小步长。

（2）选择方形的原点把手，按住鼠标左键直接移动坐标轴到合适的位置。移动时可以在任意方向移动原点把手；也可以在选择方形的原点把手后，在系统的“捕捉点”工具条中选择要移动到的点，如图 2-20 所示。

（3）选择球形的旋转把手，如图 2-21 所示的旋转坐标系，在“角度”文本框中输入角度值然后按回车键，坐标系绕所选旋转把手对应的轴旋转设定的角度值；也可以在选择球形的旋转把手后，按住鼠标左键直接旋转坐标系到合适的位置，旋转时只能绕所选旋转把手对应的轴旋转。“捕捉”文本框用于设置手动旋转最小步长。在图 2-22 中，特定轴指的是 *XC* 轴。

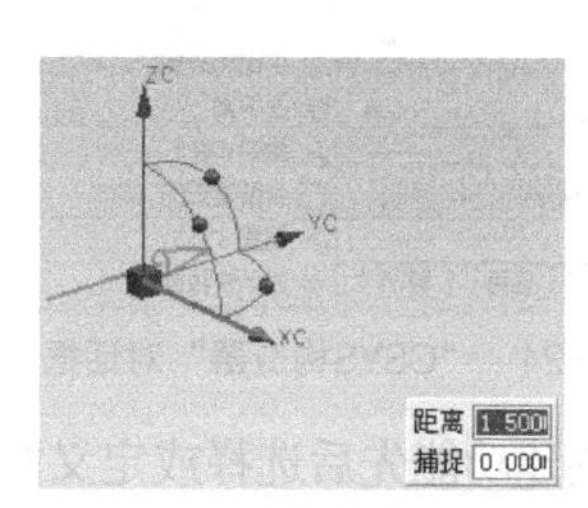

图2-19 动态移动坐标系

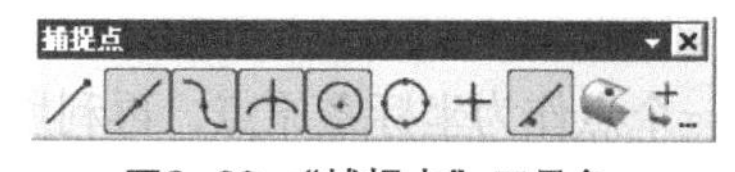

图2-20 “捕捉点”工具条

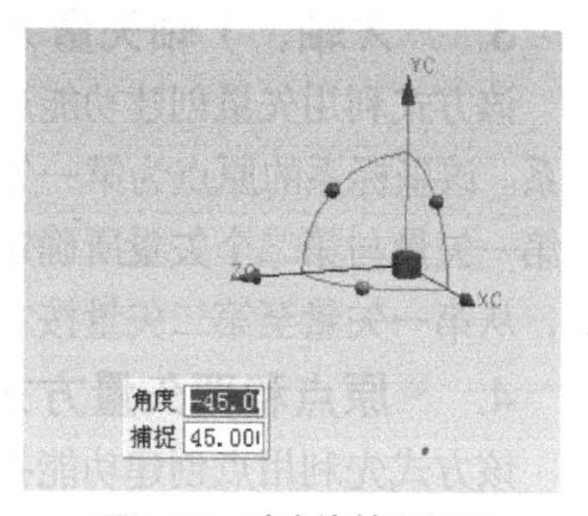

图2-21 动态旋转坐标系

3. 工作坐标系旋转

单击下拉菜单【格式】→【WCS】→【旋转】，系统弹出“旋转 WCS 绕”对话框，如图 2-22 所示。在该对话框中，可以将当前坐标系绕某一轴旋转一定的角度后定义新的坐标系。

如在图 2-22 中选择“+*ZC* 轴：*XC*→*YC*”，则表示原坐标系绕 *ZC* 轴进行旋转，旋转方向为从 *XC* 轴到 *YC* 轴，旋转角度为对话框下方“角度”文本框中的设定值。

4. 改变坐标轴方向

单击下拉菜单【格式】→【WCS】→【改变 XC 方向】或单击下拉菜单【格式】→【WCS】→【改变 YC 方向】，系统弹出“点”构造器对话框，如图 2-23 所示。在该对话框中选择点，系统以原坐标系原点和该点在 *XC-YC* 平面上的投影点连线方向作为新坐标系 *XC* 方向或 *YC* 方向，而原坐标系的 *ZC* 轴方向不变。

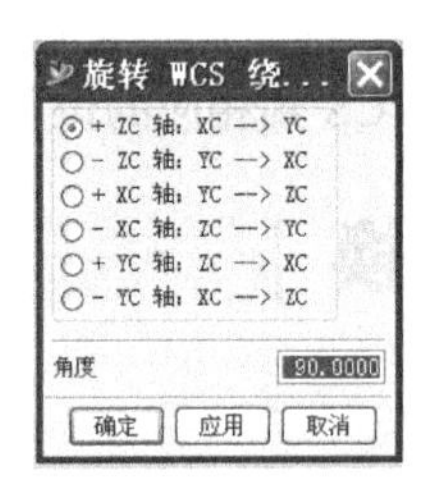

图2-22 “旋转WCS绕”对话框

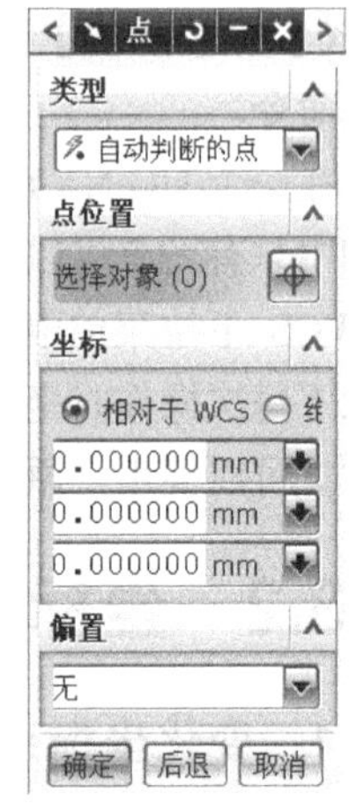

图2-23 “点”构造器对话框

2.3.3 工作坐标系的创建

单击下拉菜单【格式】→【WCS】→【定向】，系统弹出如图 2-24 所示的“CSYS”构造器对话框。

该对话框用于创建一个坐标系。对话框的上方为坐标系创建方法图标，下面介绍各图标的用法。

1. 自动判断模式

该方式通过选择的对象或输入沿 *X*、*Y*、*Z* 坐标轴方向的偏置值来定义一个坐标系。

2. 原点，*X*点，*Y*点方式

该方式利用点创建功能先后指定 3 个点来定义一个坐标系。这 3 点应分别是原点、*X* 轴上的点和 *Y* 轴上的点。设置的第一点为原点，第一点指向第二点的方向为 *X* 轴的正向，从第二点至第三点按右手定则来确定 *Z* 轴正向。

3. *X*轴，*Y*轴矢量方式

该方式利用矢量创建功能选择或定义两个矢量来定义一个坐标系。该坐标系的原点为第一矢量与第二矢量的交点，*XOY* 平面为第一矢量与第二个矢量所确定的平面，*X* 轴正向为第一矢量方向，从第一矢量至第二矢量按右手定则可确定 *Z* 轴的正向。

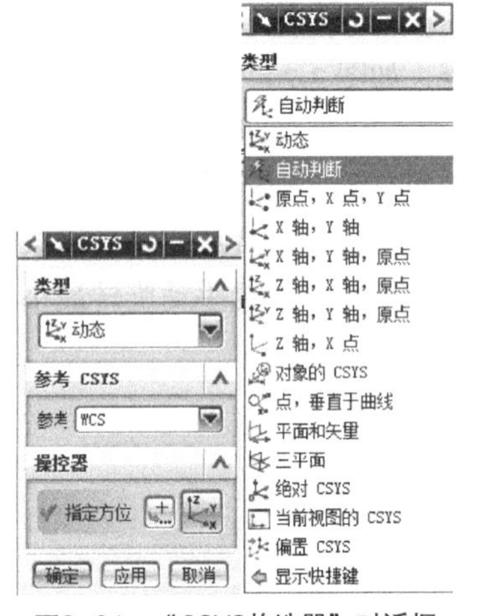

图2-24 “CSYS构造器”对话框

4. 原点和两矢量方式

该方式先利用点创建功能指定一个点作为坐标系原点，再利用矢量创建功能先后选择或定义两个矢量，这样就定义了一个坐标系。坐标系 *X* 轴的正向平行于第一矢量的方向，*XOY* 平面平行于第

一矢量及第二矢量所在的平面，*Z*轴正向由从第一矢量在*XOY*平面上的投影矢量至第二矢量在*XOY*平面上的投影矢量按右手定则确定。

5. 点和一矢量方式

该方式先利用矢量创建功能选择或定义一个矢量，再利用点创建功能指定一个点，来定义了一个坐标系。坐标系*Z*轴的正向为定义的矢量方向，*X*轴正向为沿点和定义矢量的垂线指向定义点的方向，*Y*轴正向由从*Z*轴至*X*轴矢量按右手定则确定，坐标原点为3个矢量的交点。

6. 对象坐标系方式

该方式由选择的平面曲线、平面或实体的坐标系来定义一个新的坐标系，*XOY*平面为选择对象所在的平面。

7. 点和曲线切线方式

该方式利用所选曲线的切线和一个指定点的方法创建一个坐标系。曲线切线的方向即为*Z*轴矢量，*X*轴方向为沿点到切线的垂线指向点的方向，*Y*轴正向由从*Z*轴至*X*轴矢量按右手定则确定，切点即为原点。

8. 平面和矢量方式

该方式通过先后选择一个平面、设定一个矢量来定义一个坐标系。*X*轴为平面的法线方向，*Y*轴为指定矢量在平面上的投影，原点为指定矢量与平面的交点。

9. 三平面方式

该方式通过先后选择3个平面来定义一个坐标系。3个平面的交点为坐标系的原点，第一个面的法向为*X*轴，第一个面与第二个面的交线方向为*Z*轴。

10. 绝对坐标

该方式在绝对坐标的（0，0，0）点处定义一个新的坐标系。

11. 当前视图坐标

该方式用当前视图定义一个新的坐标系。*XOY*平面为当前视图的所在平面。

12. 偏置坐标

该方式通过输入沿*X*、*Y*、*Z*坐标轴方向相对于选择坐标系的偏距来定义一个新的坐标系。

2.4 点与点集

2.4.1 点

在UG NX 6.0软件中，单击曲线工具栏中的+图标或单击【插入】→【基准/点】→【点】命令，系统弹出如图2-25所示的“点”对话框。

结合使用如图2-26所示的捕捉点工具条可以创建端点、中点、控制点、交点、圆心点、象限点、存在点、曲线上点、曲面上点，还可以在图2-25所示的“点”对话框来创建一个点或指定一个点的位置。

在UG NX 6.0中利用点构造器来创建一个点或指定一个点的位置时，用户可以使用以下3种方法。

（1）直接输入坐标值来确定点。

（2）利用对话框中点位置选择对象方法来捕捉一个点。

（3）利用偏置（Offset）方式来指定一个相对于参考点的偏置点。

1. 直接输入坐标值来确定点

直接在“点”对话框的XC、YC和ZC文本框中输入坐标值来确定点，如图2-27所示，用于设置点在X、Y、Z方向上相对于坐标原点的位置。用户可以直接输入点的坐标值，设置后系统会自动生成点。用户还可以根据下方的单选按钮决定采用相对于WCS坐标方式还是绝对坐标方式来指定位置。

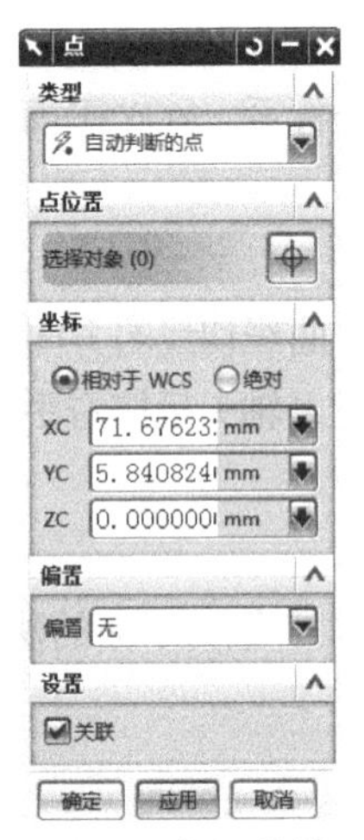

图2-25 “点”对话框

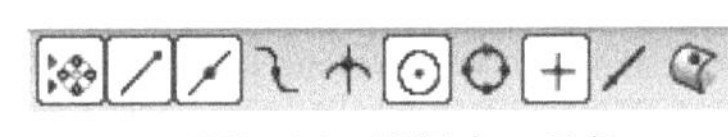

图2-26 捕捉点工具条

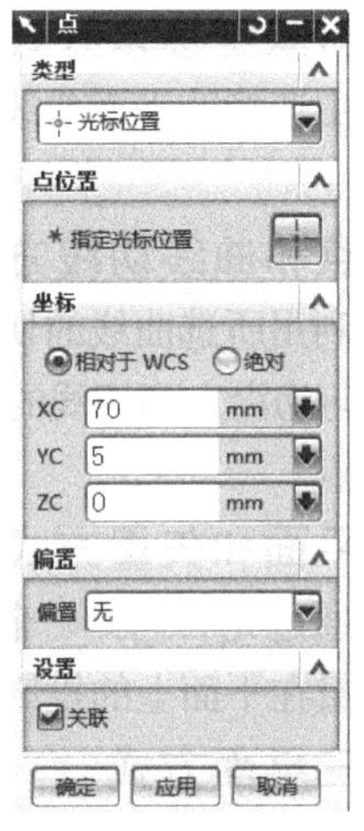

图2-27 “点”对话框

当用户选中WCS选项时，在文本框中输入的坐标值是相对于工作坐标系的，这个坐标系是系统提供的一种坐标功能，可以任意移动和旋转，而点的位置和当前的工作坐标相关。当用户选中绝对坐标选项时，坐标文本框的标识变为“X、Y、Z”，此时输入的坐标值为绝对坐标值，它是相对于绝对坐标系的，这个坐标系是系统默认的坐标系，其原点与轴的方向永远保持不变。系统通常默认WCS方式建立点。

2. 利用对话框上的点类型捕捉方式来捕捉一个点

这种方式就是利用选取的点捕捉功能，与利用捕捉点工具条创建点的方法一样。

3. 利用偏置方式创建点

这种方法是通过指定偏置参数的方式来确定点的位置。在操作过程中，用户首先利用点的捕捉方式确定偏置的参考点，再输入相对于参考点的偏置参数来创建点。

点构造器对话框中的偏置选项可用于设置偏置的方式，UG NX 6.0系统一共提供了矩形（直角）坐标、圆柱形、球形、沿矢量和沿曲线5种偏置方式，如图2-28所示。它们将会影响到基点选项组的设置情况，下面分别对它们的使用方法加以说明。

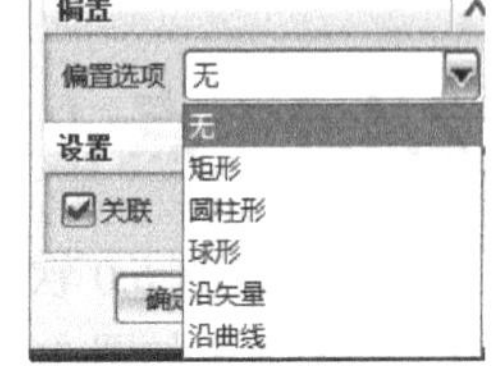

图2-28 偏置方式创建点

（1）矩形（直角）坐标。矩形（直角）坐标方式是利用直角坐标系进行偏置设置的，偏置点的位置相对于所设参考点的偏置值由输入的直角坐标值来确定。在捕捉或创建参考点后，分别在（“输入 WCS 偏置”）选项组的文本框中输入偏置点在X、Y、Z方向上相对于参考点的偏置值，这样就确定了偏置点的位置。

（2）圆柱形。圆柱形偏置方式是利用圆柱坐标系进行偏置设置的，偏置点的位置相对于所设参考点的偏置值由输入的柱面坐标值确定。在捕捉参考点后，分别在（“输入圆柱偏置”）选项组的文本框中输入偏置点在（“半径、角度、ZC 增量”）上相对于参考点的偏置值，这样就确定了偏置点的位置。所有方向和距离的约定和空间几何学中圆柱坐标系的规定是一致的。

（3）球形。球形偏置方式是利用球坐标系进行偏置设置的，偏置点的位置相对于所设参考点的偏置值由输入的球坐标值确定。在捕捉参考点后，分别在（“输入球形偏置”）选项组的文本框中输入偏置点在（“半径、角度 1 、角度 2”）方向上相对于参考点的偏置值，这样就确定了偏置点的位置。所有方向和距离的约定和空间几何学中球坐标系的规定是一致的。

（4）沿矢量。矢量偏置方式是利用矢量法则进行偏置设置的，偏置点相对于所设参考点的偏置由矢量方向和偏置距离确定。在捕捉参考点后，还需要选择一条直线来确定矢量的方向，接着在（“指定偏置距离”）选项组的（“距离”）文本框中输入偏置点在矢量方向上相对于参考点的偏置距离，这样就确定了偏置点的位置。

（5）沿曲线。沿曲线偏置方式是沿所选取的曲线进行偏置设置的，偏置点相对于所设参考点的偏置值由偏置弧长或曲线总长的百分比来确定。在捕捉参考点后，还需要再选择曲线上的另一点，这样参考点至后一点的曲线路径方向就是偏置方向。在设置完偏置方向后，系统提供了两种方式来确定偏置距离：当选择单选按钮【弧长】时，用户可以在文本框中输入偏置点沿曲线的偏置弧长；当选择（“百分比”）时，用户可以在文本框中输入偏置点的偏置弧长占曲线总长的百分比。这和建立基准面、基准轴的方法是一致的。

2.4.2 点集

单击曲线工具栏中的图标或单击下拉菜单【插入】→【基准 / 点】→【点集】命令，系统弹出图 2-29 所示的“点集”对话框。

在“点集”（PointSet）对话框中一共提供了 10 种点集的创建方式，曲线点、在曲线上加点、曲线上的百分点、样条定义点、样条节点、样条极点、面上的点、曲面百分比、B 曲面极点和点设置-关联，下面对这些方式做简要的说明。

1. 曲线点

这种方法主要用于在曲线上创建点集。在图 2-29 所示的“点集”对话框中，单击类型下拉列表【曲线点】选项，如图 2-30 所示。

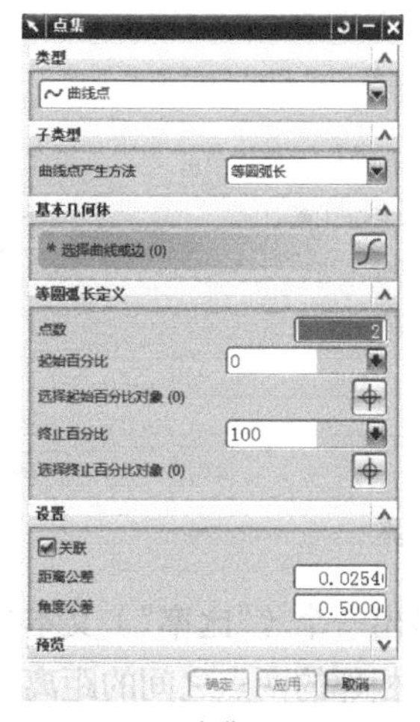

图2-29 “点集”对话框

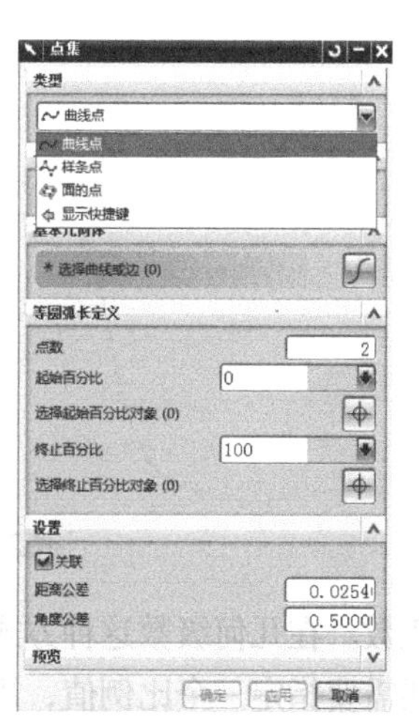

图2-30 “曲线点”对话框

下面就对话框中的选项进行详细说明。

曲线点产生方法下拉列表用于选择曲线上点的创建，提供了7种方法：等圆弧长、等参数、几何级数、弦公差、增量圆弧长、投影点和曲线百分比。

（1）等圆弧长。等圆弧长方法就是在点集的开始点和结束点之间按点间等弧长来创建指定数目的点集。首先用户选取要创建点集的曲线，再确定点集的数目，最后输入起始点和结束点在曲线上的位置，图2-31所示是以等圆弧长方式创建点集的例子。

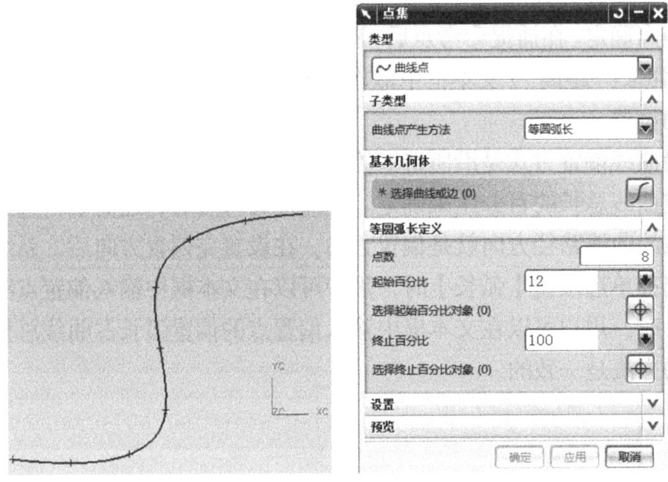

图2-31 等圆弧长方式创建点集

（2）等参数。以等参数方式创建点集时，系统会以曲线的曲率大小来分布点集的位置，曲率越大产生点的距离越大，反之则越小，如图2-32所示。

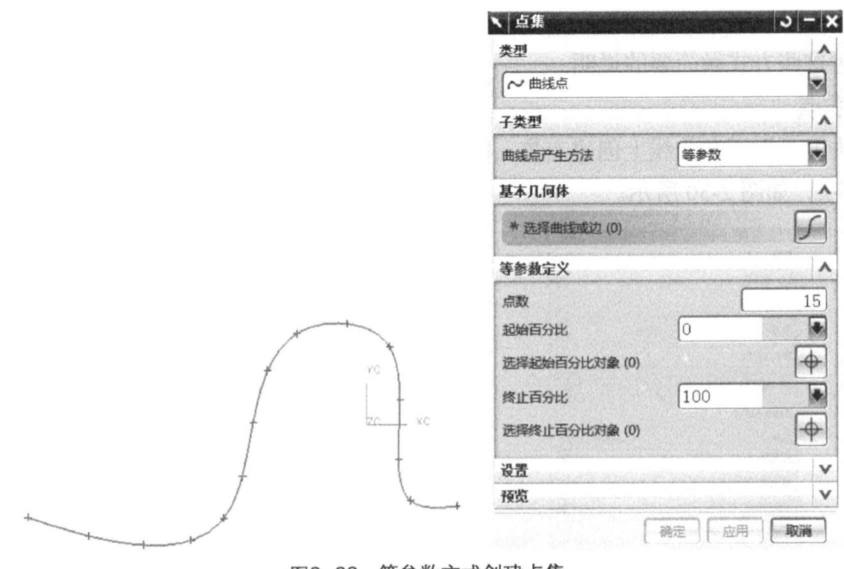

图2-32 等参数方式创建点集

（3）几何级数。在几何级数这种方式下，对话框中会多出一个（“比率”）文本框。在设置完其他参数值后，还需要指定一个比例值，用来确定点集中彼此相邻的两点之间的距离与前两点距离的倍数，如图 2-33 所示。

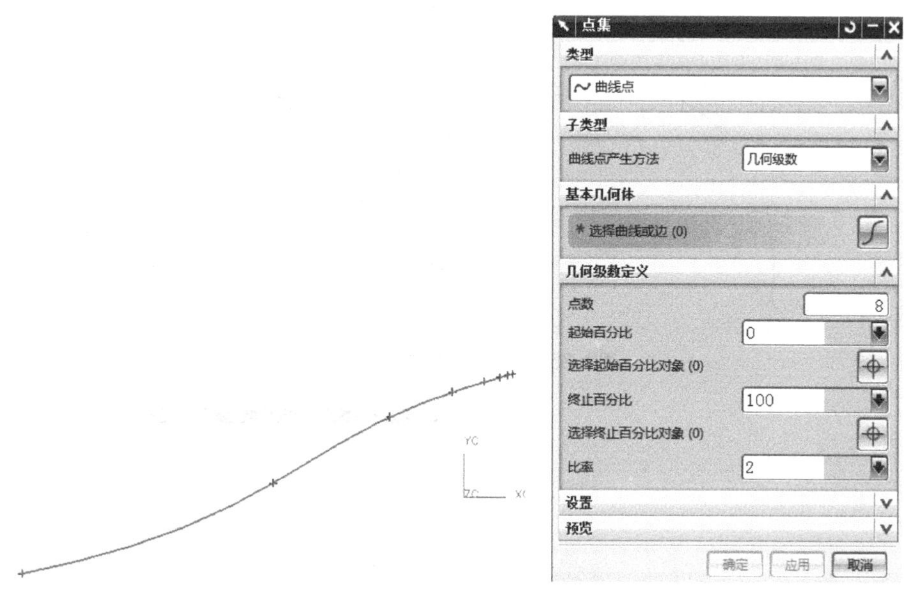

图2-33 几何级数方式创建点集

（4）弦公差。在弦公差这种方式下，对话框中只有一个（“弦公差”）文本框。用户需要给出弦公差的大小，在创建点集时系统会以该弦公差的值来分布点集的位置。弦公差值越小，产生的点数就越多，反之则越少，如图 2-34 所示。

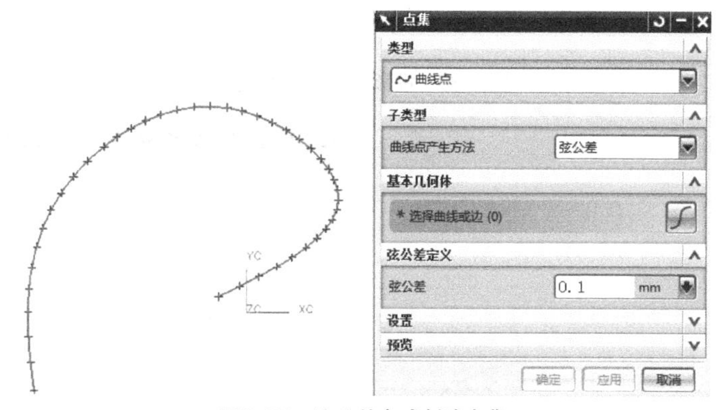

图2-34 弦公差方式创建点集

（5）增量圆弧长。在增量圆弧长这种方式下，对话框中只有一个（“圆弧长”）文本框。用户需要给出弧长的大小，在创建点集时系统会以该弧长大小的值来分布点集的位置，而点数的多少则取决于曲线总长及两点间的弧长。按照顺时针方向生成各点，如图 2-35 所示。

（6）投影点。该方法是利用一个或多个放置点向选定的曲线做垂直投影，在曲线上生成点集，如图 2-36 所示。

（7）曲线百分比。该方法是通过曲线上的百分比值来确定一个点的。选择曲线百分比，系统提示用户选取曲线和在“曲线百分比”中设置曲线的百分比。这种方法和前面介绍采用线上点的百分比来定义基准面、基准轴的方法是一致的，如图 2-37 所示。

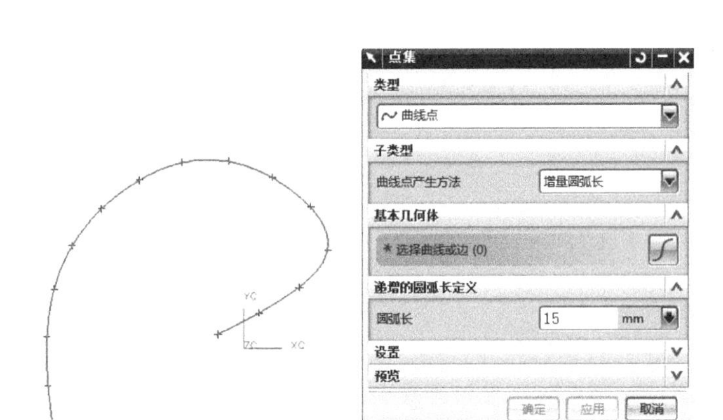

图2-35　增量圆弧长方式创建点集

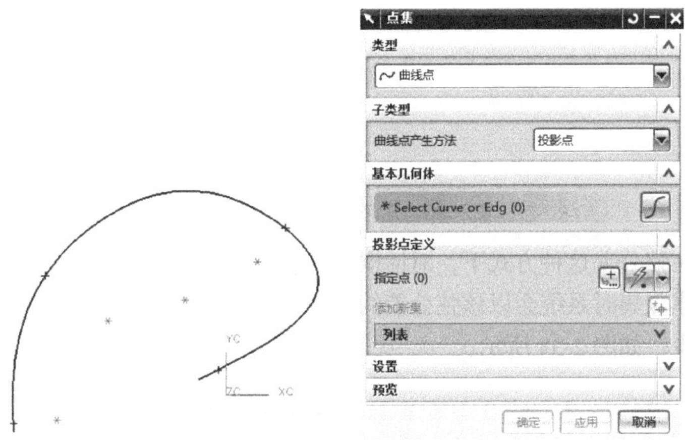

图2-36　投影点方式创建点集

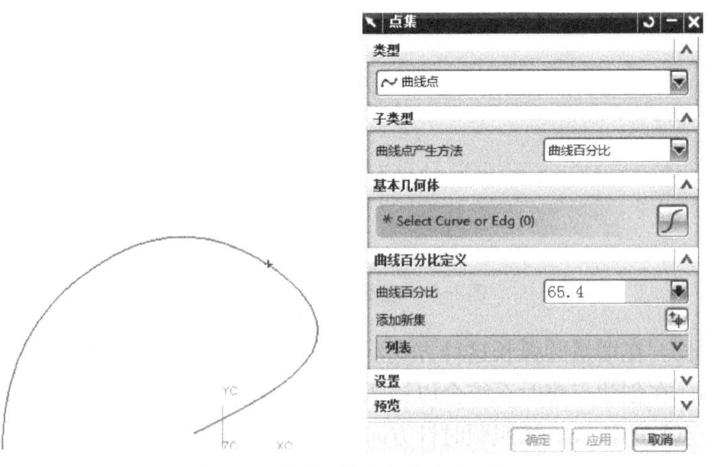

图2-37　曲线百分比方式创建点集

2. 样条点

（1）定义点。该方法是利用绘制样条曲线时的定义点来创建点集的。在对话框的类型下拉列表中选择【样条点】选项，在对话框的子类型下拉列表中选择样条【定义点】选项，系统会提示用户选取曲线，然后根据这条样条曲线的定义点来创建点集，如图 2-38 所示。

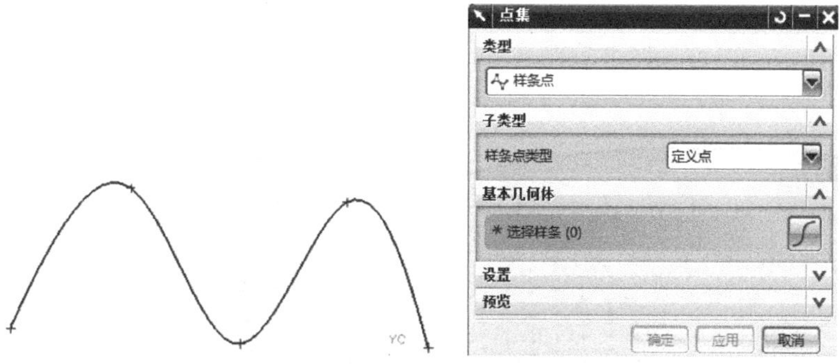

图2-38 样条点方式创建点集

（2）节点。该方法是利用样条曲线的节点来创建点集的。在对话框的子类型下拉列表中选择样条【节点】选项，系统将提示用户选取曲线，然后根据这条样条曲线的节点来创建点集。

（3）极点。该方法是利用样条曲线的控制点来创建点集的。在对话框的子类型下拉列表中选择样条【极点】选项，系统将提示用户选取曲线，然后根据这条样条曲线的控制点来创建点集，如图 2-39 所示。

3. 面的点

这种方式主要用于产生曲面上的点集。在对话框的类型下拉列表中选择【面的点】选项，系统会提示用户选取表面，如图 2-40 所示的对话框。

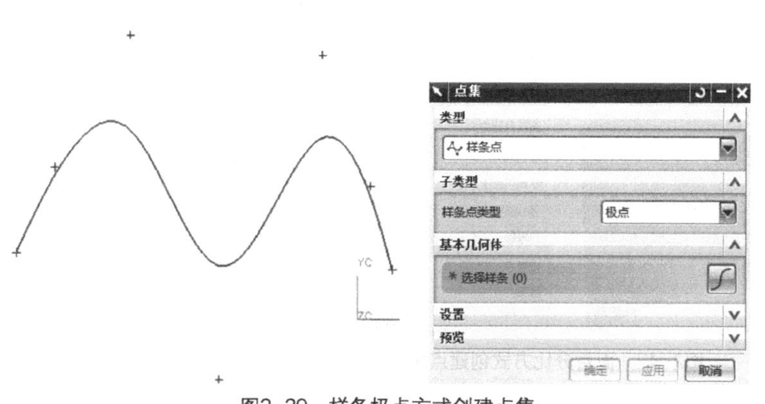

图2-39 样条极点方式创建点集

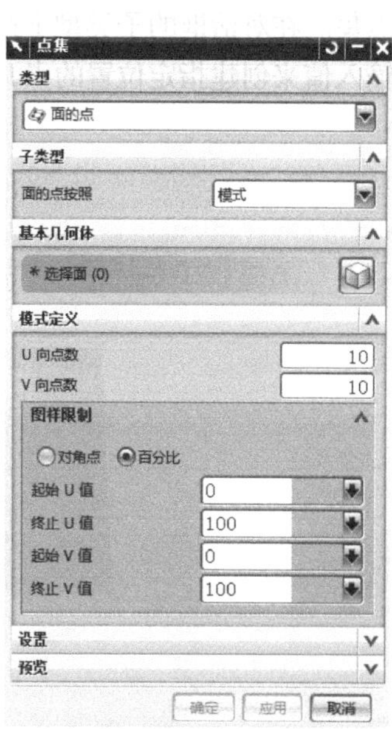

图2-40 面的点方式创建点集

（1）U、V 向点数。该选项组用于设置表面上点集的点数，即点集分布在表面的 U 和 V 方向上，在 U 和 V 文本框中分别输入在这两个方向上的点数。

（2）图样限制（Bounds）选项组。

① 对角点。此选项以对角点方式来限制点集的分布范围。选取该选项时，系统将提示用户在绘图区中选取一点，完成后再选取另一点，这样就以这两点为对角点设置了点集的边界，如图 2-41 所示。

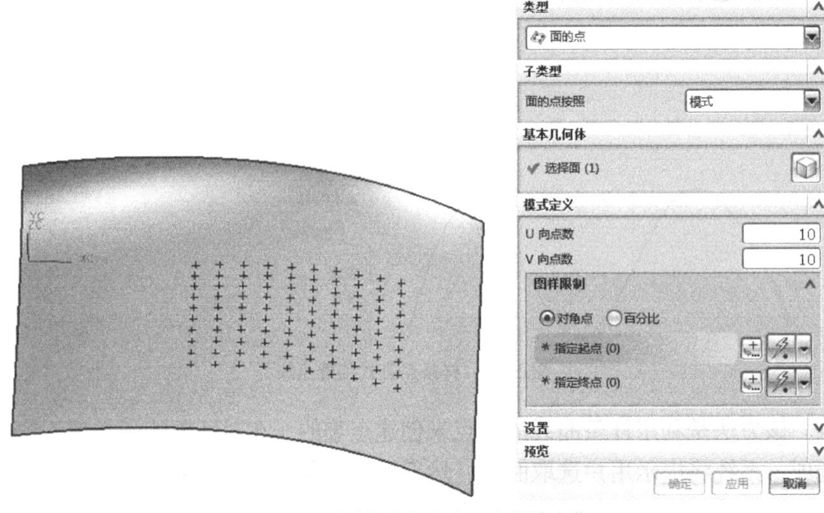

图2-41　以对角点方式在面上创建点集

② 百分比。此选项以表面参数百分比的形式来限制点集的分布范围。选取该选项时，用户在对话框的起始U值、终止U值、起始V值和终止V值文本框中分别输入相应数值来设定点集相对于选定表面U、V方向的分布范围，如图2-40所示。

（3）面百分比。这种方式通过设定点在选定表面的U、V方向的百分比位置来创建该表面上的点集。在对话框的子类型下拉列表中选择【面百分比】选项，用户在U、V向百分比文本框中分别输入值来创建指定位置的点，如图2-42所示。

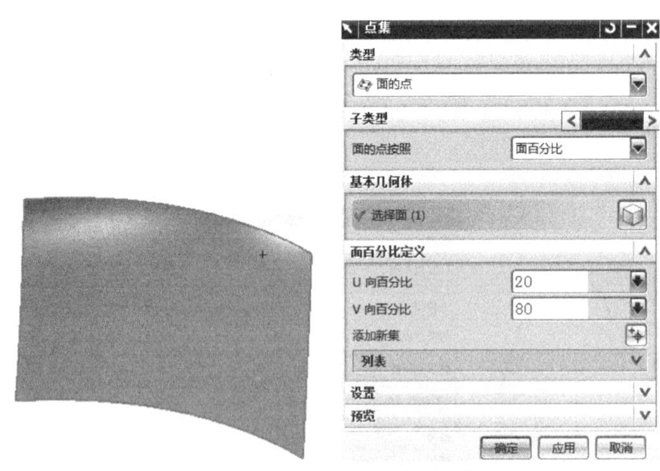

图2-42　面百分比方式创建点集

（4）B曲面极点。这种方式主要以表面（B曲面）控制点的方式来创建点集。在对话框的子类型下拉列表中选择【B曲面极点】选项，用户选择相应的B曲面，这样就会产生与B曲面控制点相应的点集，如图2-43所示。

4. 设置-关联

该选项主要用于设置产生的点集是否需要以组的方式建立。如果打开该设置，则产生的点集会有相关的属性；如果删除具有组群化属性点集中的一个点，那么全部的点集也会被删除。

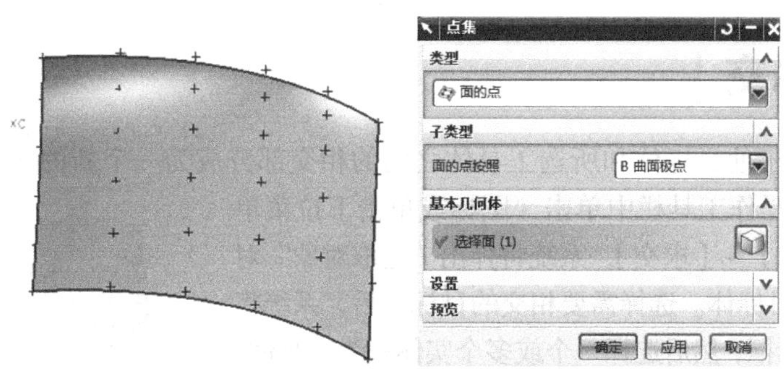

图2-43　B曲面极点方式创建点集

2.5 布尔运算

布尔运算操作用于确定在UG NX 6.0建模中多个实体之间的相互操作关系。布尔操作中的实体或片体称为目标体和工具体。目标体是首先选择的需要与其他实体合并的实体或片体，工具体是用来修改目标体的实体或片体。

布尔运算操作包括布尔加、布尔减和布尔交运算。

2.5.1 布尔加

布尔加运算用于将两个或两个以上的不同实体结合起来，也就是求实体间的并集。在特征操作工具栏中单击图标或单击下拉菜单【插入】→【组合体】→【求和】，系统将弹出“选取对象”对话框，让用户选择目标体。在绘图工作区中选择需要与其他实体相加的目标体后，弹出“类选择”对话框，此时可选择与目标体相加的实体或片体作为工具体。完成工具体选择后，系统会将所选择的工具体与目标体合并成一个实体或片体，如图2-44所示。

（a）布尔加前的两个实体

（b）布尔加后的一个实体

图2-44　布尔加操作

2.5.2 布尔减

布尔减用于从目标体中删除一个或多个工具体，也就是求实体间的差集。在特征操作工具栏中单击图标或单击下拉菜单【插入】→【组合体】→【求差】，系统将弹出“选取对象”对话框，让用户选择目标体。选择需要相减的目标体后，弹出“类选择”对话框，然后选择一个或多个实体作为工具体，则系统会从目标体中删掉所选的工具体，如图2-45所示。

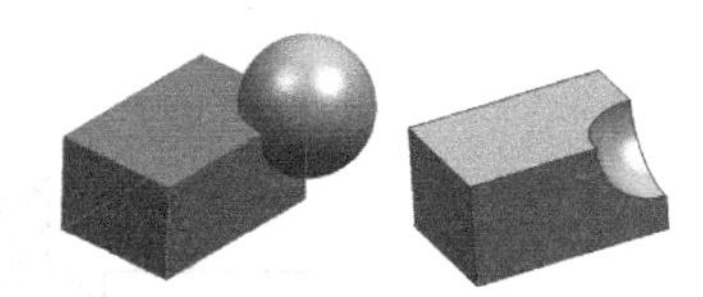

图2-45　布尔减操作

在操作时要注意的是，所选的工具体必须与目标体相交，否则，在相减时会产生出错信息，而且它们之间的边缘也不能重合。另外，片体与片体之间不能相减。

2.5.3 布尔交

布尔交操作用于使目标体和所选工具体之间的相交部分成为一个新的实体，也就是求实体间的交集。在特征操作工具栏中单击图标或单击下拉菜单【插入】→【组合体】→【求交】，系统将弹出“选取对象”对话框，让用户选择目标体。选择需要相交的目标体后，系统将弹出“类选择”对话框，然后选择一个或多个实体作为工具体，系统会用所选的目标体与工具体的公共部分产生一个新的实体或片体，如图2-46所示。

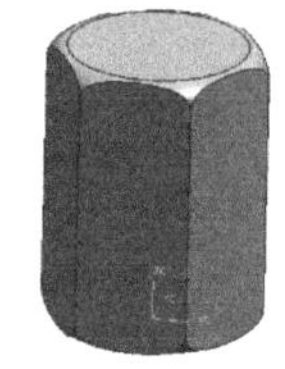

图2-46 布尔交操作

操作时要注意的是，所选的工具体必须与目标体相交。否则，在相交操作时会产生出错信息。

2.6 系定位操作

在UG NX 6.0的成型操作过程中一般都会出现“定位”对话框，如图2-47所示，利用该对话框可以为所创建的特征定位。

定位方法的具体内容介绍如下。

1. 水平

各定位方法的操作步骤基本相同，但同一种定位方法对于不同的特征操作过程却略有不同。这里以生成凸垫时的水平定位为例介绍定位的方法，其操作步骤如下。

（1）在生成凸垫的过程中弹出图2-47所示的对话框，单击图标。

（2）系统弹出图2-48所示的对话框，利用该对话框选择水平参考对象。

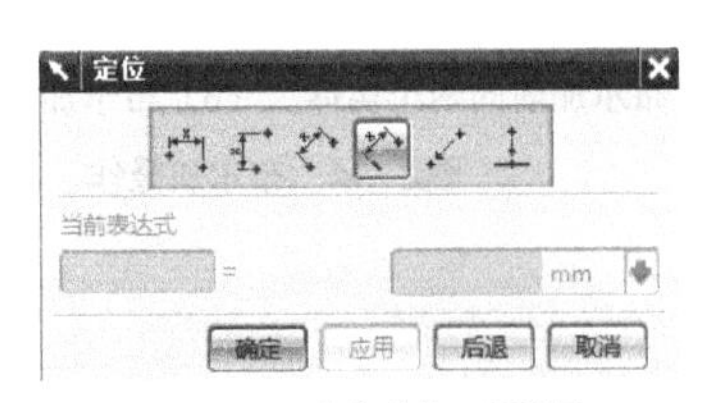

图2-47 “定位”对话框

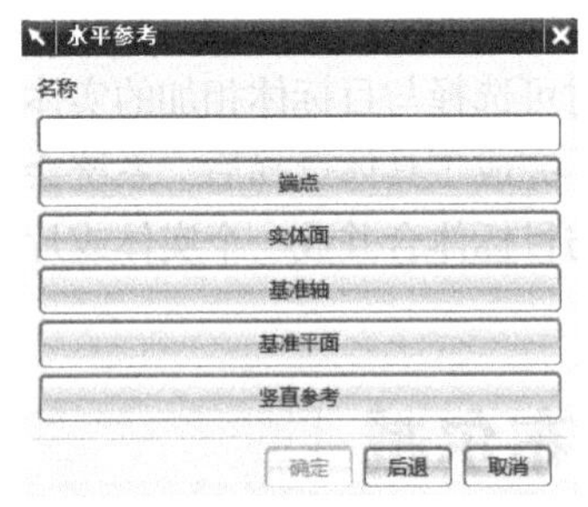

图2-48 “水平参考”对话框

（3）选择好水平参考对象后，系统弹出图2-49所示的对话框，利用该对话框选择目标对象。

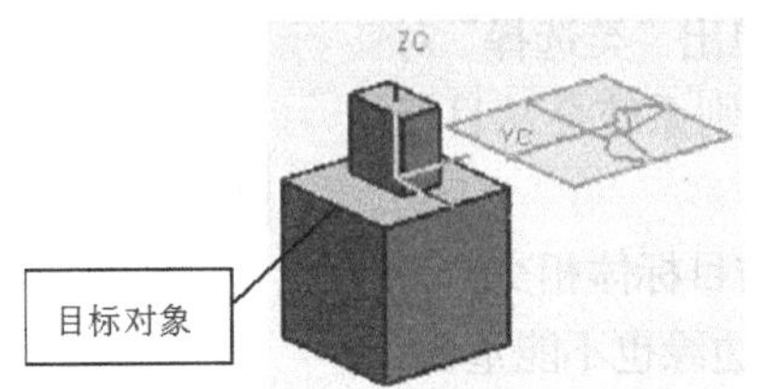

图2-49 选择目标对象

（4）选择目标对象后，系统弹出图 2-50 所示的对话框，在该对话框中设置特征与目标对象沿所选水平参考方向的距离，完成水平定位。

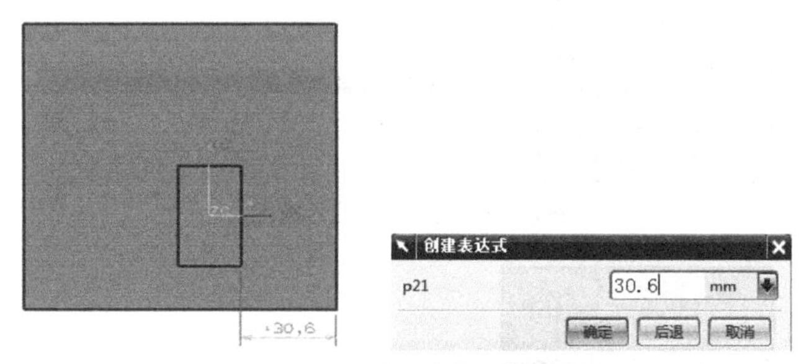

图2-50 设置水平定位距离对话框

凸垫的定位除了要定位水平方向还要定位垂直方向，在图 2-50 所示的对话框之后，可以继续选择垂直定位。

2. 竖直

“竖直”定位方法的定位尺寸垂直于水平参考对象，竖直定位示意图如图 2-51 所示。竖直定位可以和水平定位配合使用，在图 2-50 所示的对话框中设置完水平定位后，可以继续选择竖直定位作为第二个定位尺寸。

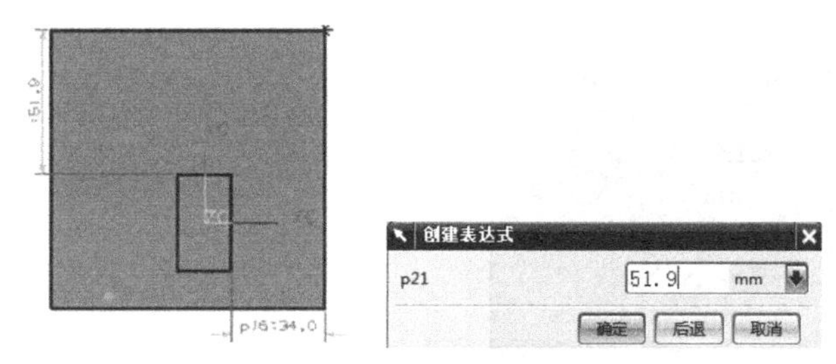

图2-51 垂直定位示意图

3. 平行

“平行”定位方法创建的定位尺寸平行于所选参考对象上两点的连线，平行定位示意图如图 2-52 所示。

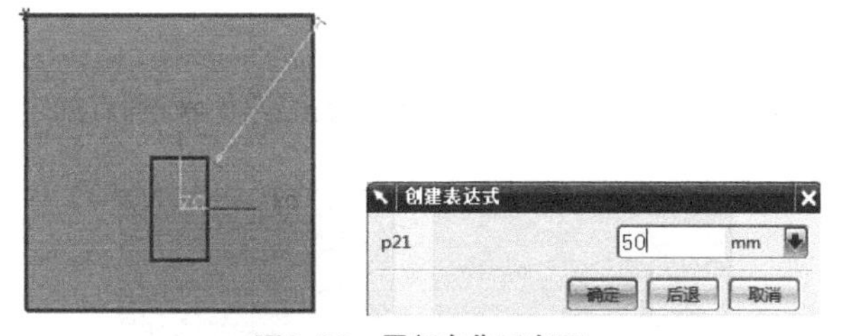

图2-52 平行定位示意图

4. 垂直

“垂直”定位方法以特征上的点或边到所选目标边的距离作为定位尺寸，并且定位尺寸垂直于目标边，垂直的定位示意图如图 2-53 所示。

5. 按一定距离平行

“按一定距离平行”定位方法以特征上的边与实体上的边的距离作为定位尺寸，平行距离定位示意图如图 2-54 所示。

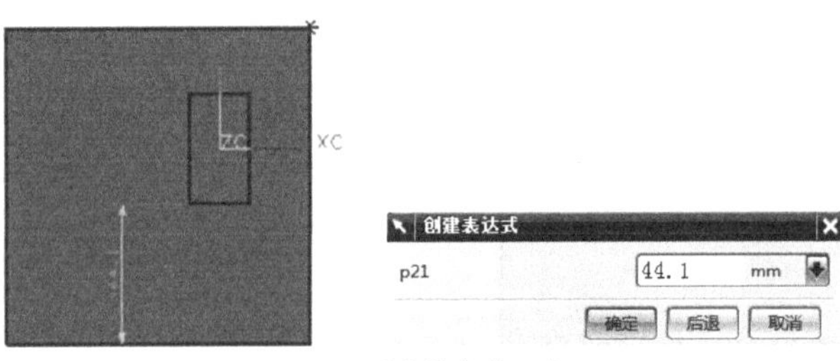

图2-53 垂直的定位示意图

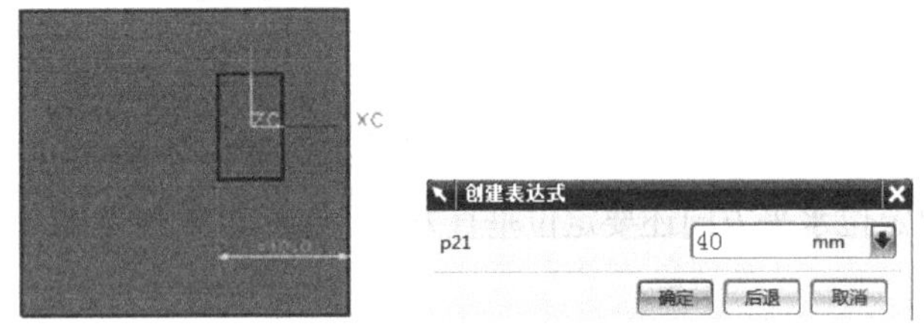

图2-54 平行距离定位示意图

6. 角度

“角度”定位方法以特征上的边与实体上的边所成的角度作为定位尺寸，角度定位示意图如图 2-55 所示。

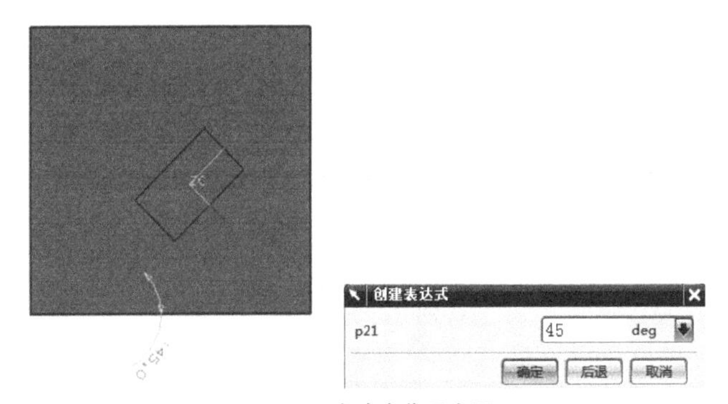

图2-55 角度定位示意图

7. 点到点

“点到点”定位方法是将特征上的点与实体上的点重合来定位，点到点的定位示意图如图 2-56 所示。

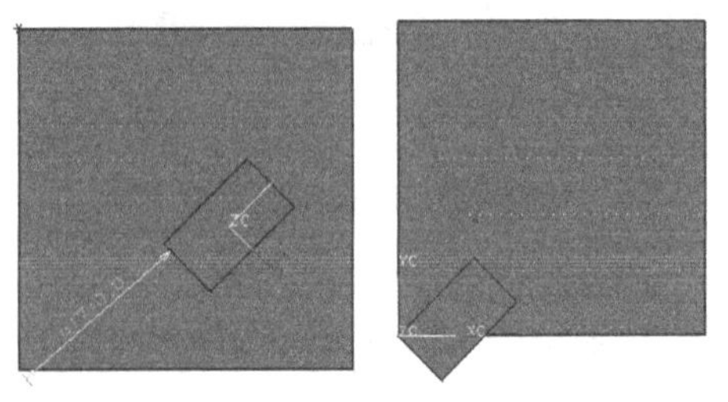
图2-56 点到点定位示意图

8. 点到线

“点到线”定位方法是将特征上的点与实体上的边重合来定位，点到线的定位示意图如图 2-57

所示。

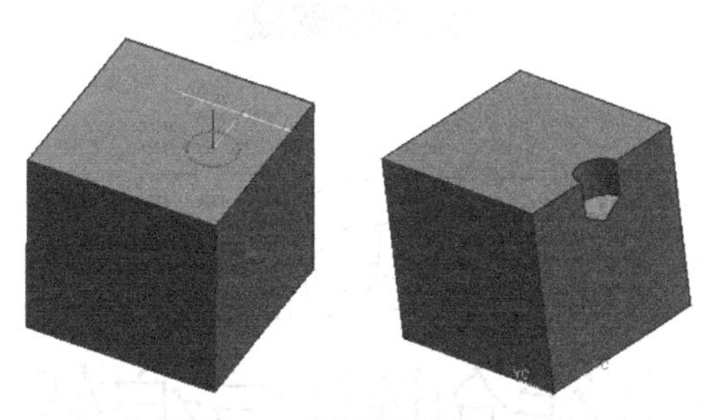

图2-57　点到线定位示意图

9. 线到线

“线到线”定位方法是将特征上的边与实体上的边重合来定位，线到线的定位方法示意图如图 2-58 所示。

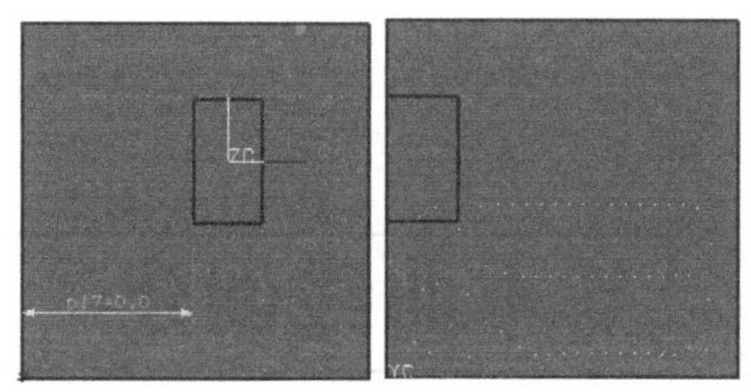

图2-58　线到线定位示意图

1. 熟悉 UG NX 6.0 菜单栏下拉菜单各选项的使用。
2. 提示栏和状态栏的作用是什么？
3. 工作坐标系的功能是什么？
4. 熟练掌握各种定位操作，如图 2-59 所示。

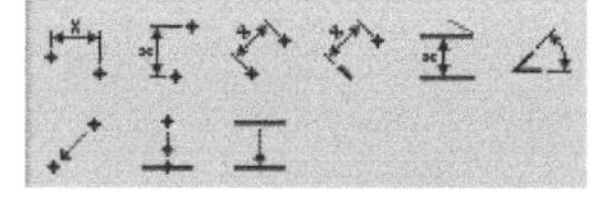

图2-59　各种定位

第3章 曲线创建与编辑

基本曲线创建

3.1.1 直线

单击曲线工具栏中的基本曲线图标或单击下拉菜单【插入】→【曲线】→【基本曲线】，系统会弹出“基本曲线”对话框及“跟踪条”工具条，如图3-1所示。这个对话框包含了绘制直线、圆弧、圆形和倒圆角，以及裁剪曲线、编辑曲线参数的功能。选择不同的功能，对话框会显示相应的功能界面。

（a）“基本曲线”对话框　　（b）“跟踪条”工具条

图3-1　直线的建立

在图3-1（a）所示的对话框中单击图标，系统将弹出直线功能对话框，以下对直线对话框中各选项的作用进行简要说明。

（1）无界。如果选中该复选框，则创建的直线将沿着起点与终点的方向直至绘图区的边界。

（2）增量。如果选中该复选框，则系统会以增量的方式来创建直线。即在选定一点后，分别在绘图区下方跟踪栏里的 XC、YC 和 ZC 文本框中输入坐标值作为后一点相对于前一点的增量。

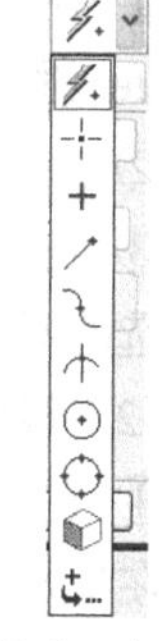

图3-2 点方法下拉列表

（3）点方式。可以通过选取图 3-1（a）所示界面中的“点方法”（见图 3-2），选择直线的端点。

（4）线串模式。如果选中该复选框，将创建连续的折线。

（5）打断线串。单击该按钮后，软件将分别创建线段，彼此之间不连接。

（6）锁定模式。单击该按钮后，新创建的直线平行或垂直于选定的直线，或者与选定的直线有一定的夹角。

（7）解开模式。单击【锁定模式】按钮后，该选项就变为了【解开模式】按钮。在该模式下，系统将锁定模式变换为解开模式，移动鼠标，可在平行于选定直线、垂直于选定直线或与选定直线成一定角度等方向中，选择一个方向来创建直线。

（8）平行于 XC、YC、ZC。单击该选项组中的相应按钮，则创建的直线将与相应的坐标轴平行。

（9）原先的。选中该单选按钮后，新创建的平行线的距离由原先选择线算起。

（10）新建。选中该单选按钮后，新创建的平行线的距离由新选择线算起。

（11）角度增量。如果用户设置了角度增量值，则系统会以角度增量值方式创建直线。

3.1.2 圆弧的建立

在图 3-1（a）所示的“基本曲线”对话框中单击 图标，对话框变成如图 3-3（a）所示的界面，利用该对话框可以建立圆弧。

系统“跟踪条”工具条如图 3-3（b）所示，该工具条包括两部分，一部分为 XC、YC、ZC 对应的文本框，另一部分为半径、直径、起始圆弧角和终止圆弧角对应的文本框。前者用于定义点，后者用于设置圆弧的参数。

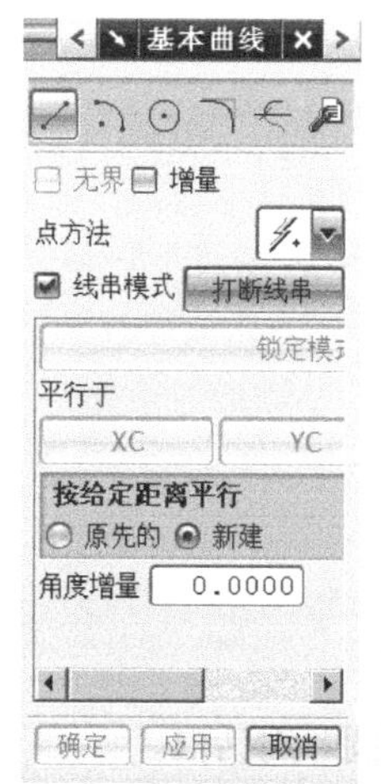

（a）“基本曲线”对话框

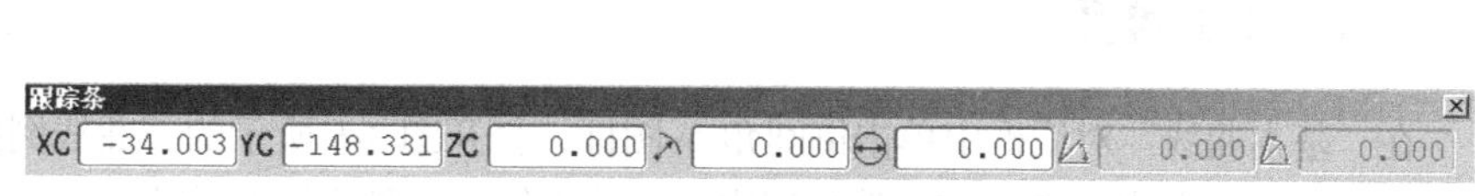

（b）“跟踪条”工具条

图3-3 圆弧的建立

圆弧的建立方法有如下两种。

（1）根据起点、终点和圆弧上的点建立圆弧，其建立的方法有如下3种。

① 在跟踪栏工具条的XC、YC、ZC文本框中依次设置圆弧起点、终点和圆弧上点的坐标，并按Enter键建立圆弧。

② 在图形界面中直接用鼠标定义圆弧起点、终点和圆弧上点，也可以建立圆弧。

③ 定义圆弧起点后，选择对象，然后定义圆弧上的点，建立的圆弧与所选的对象相切，如图3-4所示。

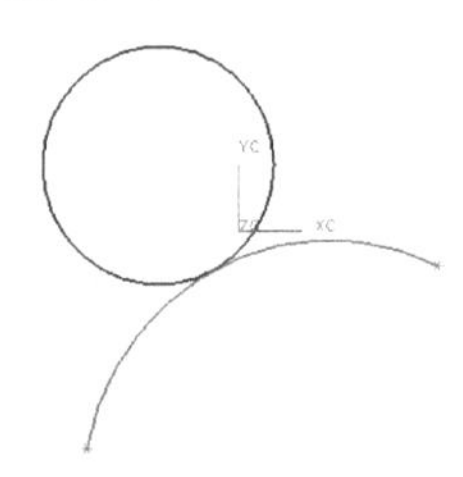

图3-4 创建圆弧

（2）根据中心、起点和终点建立圆弧，其建立的方法有如下两种。

① 在跟踪栏工具条的XC、YC、ZC文本框中设置圆弧中心的坐标，在半径、直径、起始圆弧角和终止圆弧角中输入对应的值，按Enter键建立圆弧。

② 在图形窗口中直接用鼠标定义圆弧中心和圆弧的起点、终点也可以建立圆弧。

3.1.3 圆的建立

在如图3-1（a）所示的对话框中单击⊙图标，“基本曲线”对话框变成如图3-5（a）所示的界面。系统下方的“跟踪条”工具条如图3-5（b）所示，该工具条包括两部分，一部分为XC、YC、ZC对应的文本框，另一部分为半径、直径所对应的文本框。

（a）“基本曲线”对话框

（b）“跟踪条”工具条

图3-5 创建圆

圆的建立方法介绍如下。

（1）在“跟踪条”工具条的文本框中设置圆心坐标、半径和直径以建立圆。

（2）在图形界面中直接用鼠标选取圆心和圆上的点建立圆。

（3）首先定义圆心，然后选择对象，建立与所选对象相切的圆。

3.1.4 倒圆角

在“基本曲线”对话框中单击倒圆角图标，打开图3-6所示的“曲线倒圆”对话框。

在对话框的方法（Method）选项组中，系统提供了3种倒圆角的方式。

（1）简单倒角。该方式仅用于在两共面但不平行的直线间倒圆角，在半径文本框中输入圆角半径或选择继承选项，再选择一个已存在的圆角，以其半径作为当前圆角半径后，将光标移至欲倒圆角的两条直线交点处单击即可。

在确定光标的位置时，用户需要特别注意，因为如果光标位置不同，那么系统进行倒圆角的方式也不同。

（2）两曲线倒圆角。在半径文本框中输入圆角半径，先选择第 1 条曲线，然后选择第 2 条曲线，再给定一个大致的圆心位置即可，图 3-7 所示为以这种方式创建倒圆角的例子。

但用户需要注意的是，利用这种方式生成倒圆角时，选择曲线的顺序不同，倒圆角的方式也不同。通常生成的倒圆角方向是逆时针方向的。

（3）三曲线倒圆角。依次选择 3 条曲线，再确定一个倒角圆心的大概位置，系统则会自动进行倒圆角的生成操作。用户选择了相应的圆角与圆弧相切方式后，再根据系统的提示选取曲线，最后设定一个大致的倒角圆心位置，系统即可完成倒角操作，选择顺序如图 3-8 所示。最后结果如图 3-9 所示，选择的先后顺序也是遵照逆时针方向的。

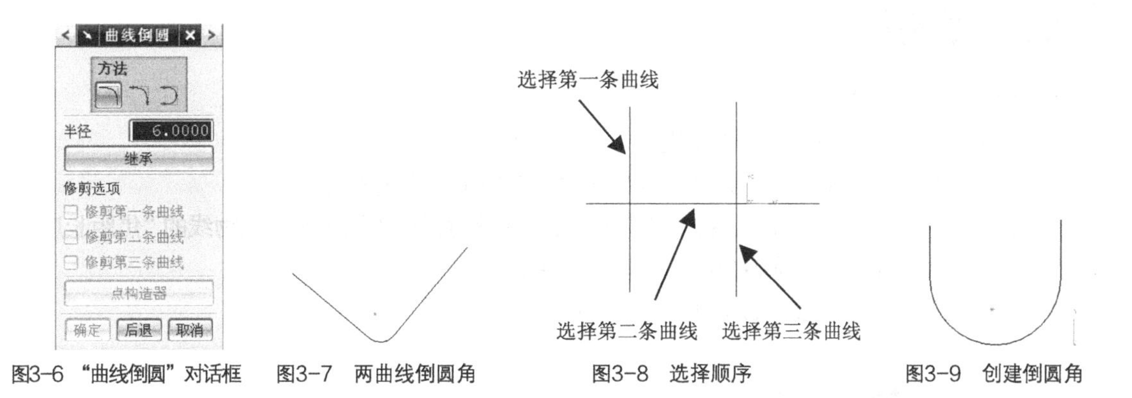

图3-6 “曲线倒圆”对话框　图3-7 两曲线倒圆角　图3-8 选择顺序　图3-9 创建倒圆角

（4）继承。在“曲线倒圆”对话框中【继承】按钮的功能是用于继承已有的圆角半径值。单击该按钮后，系统会提示用户选取存在的圆角，用户可以选择已经存在的圆角应用到现在要创建的圆角上，使两者大小相同。

3.2 二次曲线创建

3.2.1 椭圆

单击曲线工具栏中的 ⊙ 图标或单击下拉菜单【插入】→【曲线】→【椭圆】，系统将弹出“点构造器”对话框，确认后弹出如图 3-10 所示的对话框。

建立椭圆的具体操作步骤如下。

（1）单击下拉菜单【插入】→【曲线】→【椭圆】命令。

（2）系统弹出“点构造器”对话框，利用该对话框定义椭圆的中心。

（3）系统将弹出图3-10所示的“椭圆”对话框，在该对话框中设定所建椭圆的“长半轴”、“短半轴”、“起始角”、“终止角”和“旋转角度”，建立完整的椭圆或椭圆弧。

“椭圆”对话框中各参数含义如图3-11所示。

椭圆	
长半轴	2.0000
短半轴	1.0000
起始角	0.0000
终止角	360.0000
旋转角度	0.0000

确定 后退 取消

图3-10 “椭圆”对话框

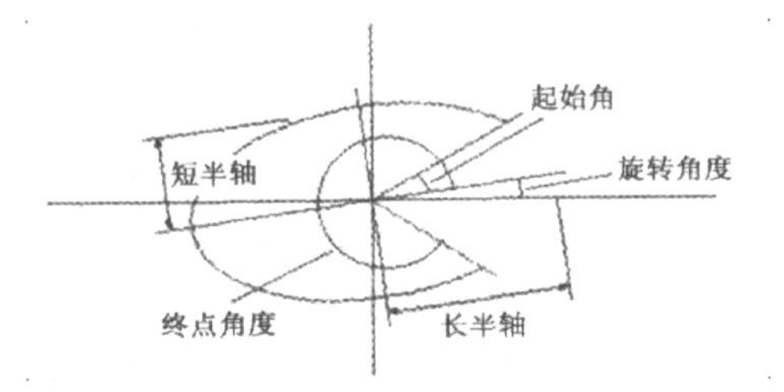

图3-11 椭圆各参数含义示意图

3.2.2 抛物线

建立抛物线的具体操作步骤如下。

（1）单击下拉菜单【插入】→【曲线】→【抛物线】命令。

（2）系统弹出“点构造器”对话框，利用该对话框确定抛物线的顶点。

（3）系统将弹出图3-12所示的“抛物线”对话框，在该对话框中设定所建抛物线的“焦距长度”、“最大DY”、“最小DY”和“旋转角度”，建立抛物线。

抛物线创建对话框中各参数含义如图3-13所示。

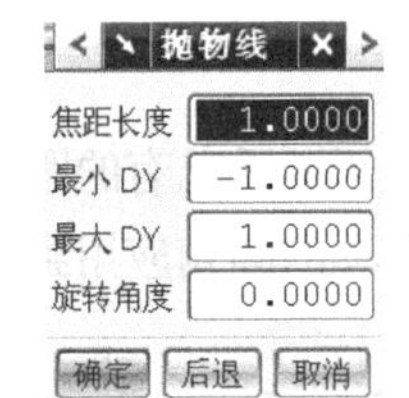

图3-12 “抛物线”对话框

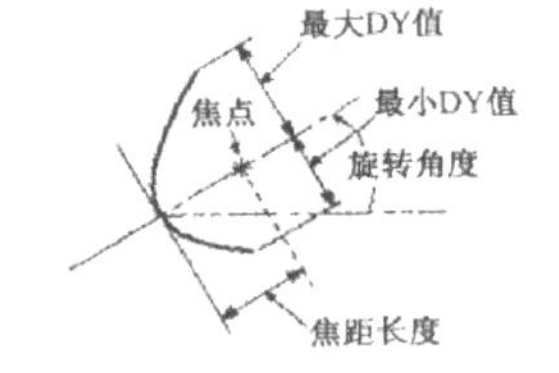

图3-13 抛物线各参数含义示意图

3.2.3 双曲线

建立双曲线的具体操作步骤如下。

（1）单击下拉菜单【插入】→【曲线】→【双曲线】命令。

（2）系统弹出“点构造器”对话框，利用该对话框确定双曲线的中心。

（3）系统将弹出图3-14所示的“双曲线”对话框，在该对话框中设定所建抛物线的“实半轴”、“虚半轴”、“最大DY”、“最小DY”和“旋转角度”，建立抛物线。

“双曲线”对话框中各参数含义如图3-15所示。

图3-14 “双曲线”对话框

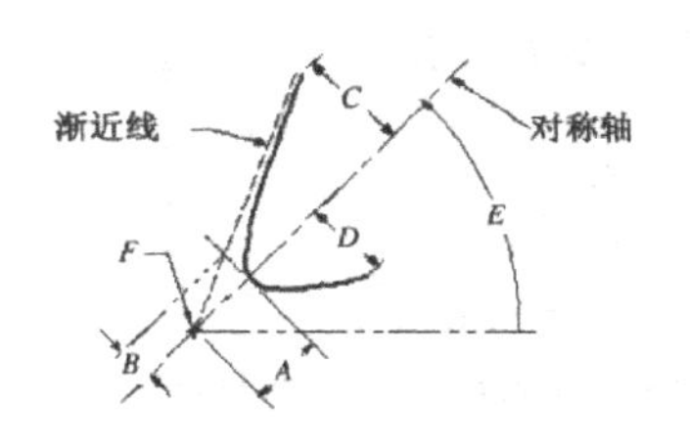

图3-15 双曲线各参数含义示意图

3.3 常用曲线创建

3.3.1 倒斜角

在曲线工具栏中单击倒斜角图标或单击下拉菜单【插入】→【曲线】→【倒斜角】，系统将弹出图3-16所示的“倒斜角”对话框。系统一共提供了两种倒斜角方式：简单倒斜角和用户定义倒斜角。

图3-16 “倒斜角”对话框

（1）简单倒斜角。此选项主要用于建立简单倒斜角，其产生的两边偏置值必须相同，且角度值为45°，而且该选项只能用于两共面的直线间倒斜角。单击该按钮后，在系统弹出对话框的偏置文本框中输入倒斜角尺寸后，再选择两直线的交点，系统便会在两直线间产生倒斜角尺寸的斜角，如图3-17所示。

图3-17 创建简单倒斜角

（2）用户定义倒斜角。此选项主要帮助用户进行自定义倒斜角，用户可以定义不同的偏置值和角度值。该选项可用于两共面的直线或曲线间倒斜角。单击该按钮后，系统将弹出图3-18所示的“倒斜角”对话框。在这个对话框中，系统提供了3种曲线修剪方式：自动修剪、手工修剪和不修剪。

倒斜角
自动修剪
手工修剪
不修剪
确定 后退 取消

图3-18 “倒斜角”对话框

① 自动修剪：用此方式建立倒斜角时，系统会自动根据倒斜角来修剪两条连接曲线。

② 手工修剪：用此方式建立倒斜角后，需要用户干预来完成修剪倒斜角的两条连接曲线。单击该按钮后，系统会提示是否修剪倒斜角的第1条连接曲线，若修剪，则选定第1条连接曲线的修剪端；接着确定是否修剪倒斜角的第2条连接曲线，若修剪，则再选定第2条连接曲线的修剪端。在利用用户定义方式倒斜角时，系统提供了以下两种倒斜角尺寸定义的方式。

- 偏置与角度：选择此种方式时，系统将弹出“倒斜角偏置与角度”设置对话框，如图3-19所示，分别在“偏置”及“角度”文本框中输入偏置和角度值后，再先后选择曲线1及曲线2，最后设定一个倒斜角交点的大致位置即可。
- 偏置值：单击图3-19所示界面中的【偏置值】按钮，系统弹出“倒斜角”设置对话框，如图3-20所示，分别在“偏置1”及“偏置2”文本框中输入两偏距，再先后选择曲线1和曲线2，最后设定一个倒斜角交点的大致位置即可。

图3-19　倒斜角偏置与角度设置对话框

图3-20　“倒斜角偏置值”设置对话框

③ 不修剪：用此方式建立倒斜角时，则不修剪倒斜角的两条连接曲线。

3.3.2　多边形

在曲线工具栏中单击正多边形⊙图标或单击下拉菜单【插入】→【曲线】→【多边形】命令，系统会弹出创建“多边形”对话框，如图3-21所示。

图中“侧面数”选项用来指定多边形的边数。

在文本框中输入一个数值后确认，接着系统会弹出创建多边形时半径定义方式的对话框。在这里一共向用户提供了3种半径定义的方式：内接半径、多边形边数和外切圆半径，如图3-22所示。

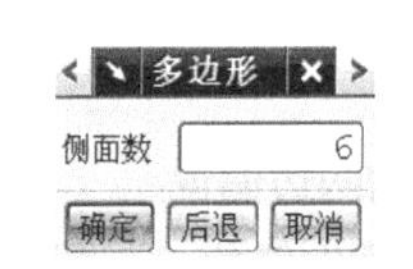

图3-21　“多边形”对话框

图3-22　多边形创建方法对话框

① 内接半径：此方式使用内切圆创建多边形。单击该按钮时，系统弹出其设置对话框，如图3-23所示。分别在“内接半径”和“方位角”文本框中输入数值，再利用弹出的“点创建”对话框设置正多边形的中心即可，结果如图3-24所示。

图3-23　内接创建多边形对话框

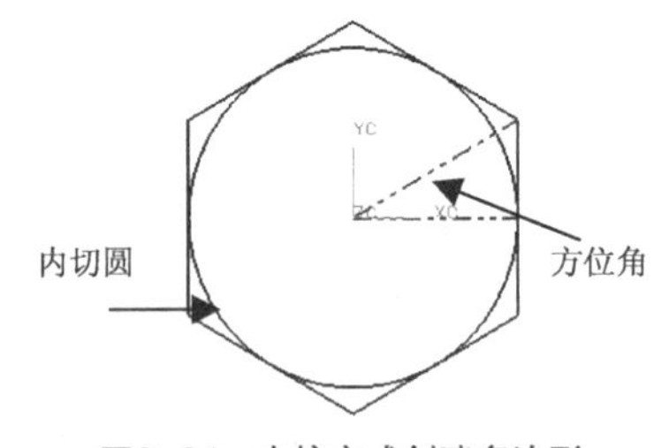

图3-24　内接方式创建多边形

② 多边形边数：单击该按钮，系统将弹出图3-25所示的设置对话框。分别在“侧”和“方位角”文本框中输入数值，再利用弹出的“点创建”对话框确定正多边形的中心即可。

③ 外切圆半径：此方式使用外切圆创建多边形。单击该按钮后，系统弹出设置对话框，如图3-26所示。分别在“圆半径”和“方位角”文本框中输入数值，再利用弹出的“点创建”对话框确定正多边形的中心即可。

图3-25　多边形边数创建对话框

图3-26　外切圆创建多边形对话框

3.3.3 样条曲线

在“曲线”工具栏中单击样条曲线～图标或单击下拉菜单【插入】→【曲线】→【样条】，系统将弹出图3-27所示的“样条” 曲线对话框。对话框中提供了4种生成样条曲线的方式：根据极点、通过点、拟合、垂直于平面。

图3-27 “样条”曲线对话框

1. 根据极点

该选项是通过设定样条曲线的极点来生成一条样条曲线。

单击该按钮后，系统将弹出图3-28所示的“根据极点生成样条”曲线对话框。

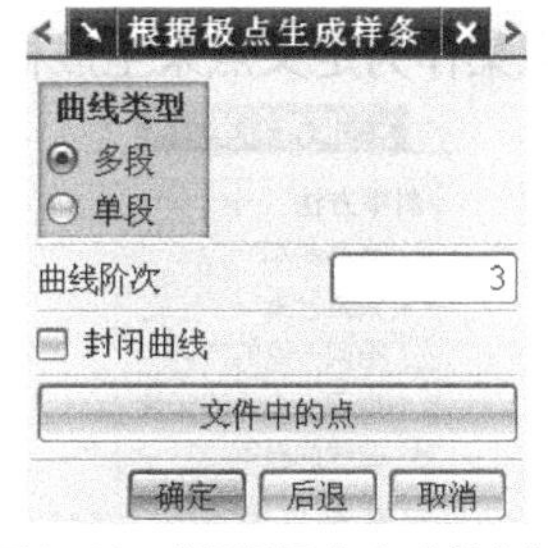

图3-28 “根据极点生成样条”曲线对话框

该对话框中包含了曲线类型、曲线阶次、封闭曲线和文件中的点4个功能选项。

（1）曲线类型。该选项用于设定样条曲线的类型，包括多段和单段两种曲线类型。

① 多段：当选中该单选按钮，产生样条曲线时，必须与对话框中曲线阶次的设置相关。如果曲线阶数为N，则必须设定N+1个控制点，才可建立一个多段样条曲线。如果是多段，则生成NURBS曲线。

② 单段：当选中该单选按钮时，对话框中的曲线阶次及封闭曲线两个选项不被激活。此方式只能产生一个单段的样条曲线。如果是单段则生成Beizer曲线。

（2）曲线阶次。该文本框在选中多段单选按钮时才被激活，用于设置曲线的阶次。用户设置的控制点数必须至少为曲线阶次加1，否则无法创建样条曲线。

（3）封闭曲线。该复选框在选中多段单选按钮时才被激活，用于设定随后生成的样条曲线是否封闭。选择该复选框，所创建的样条曲线起点和终点会在同一位置，生成一条封闭的样条曲线，否则生成一条开放的样条曲线。

（4）文件中的点。单击该按钮后，可以从已有文件中读取控制点的数据。点的数据可以放在.dat文件中。

2. 通过点

这是用户最常用的一种方式。该选项是通过设置样条曲线的各定义点，生成一条通过各定义点的样条曲线。单击该按钮后，系统弹出“通过点生成样条”曲线对话框，如图3-29所示。

其中有两个按钮【赋斜率】和【赋曲率】，且这两个按钮都没有被激活。单击【确定】按钮，系统将弹出图3-30所示的“样条”创建方式对话框。

系统向用户提供了4种样条曲线的创建方式，下面分别介绍这4种方式。

（1）全部成链。该选项用于通过选择起点与终点间的点集作为定义点来生成样条曲线。单击该按钮后，系统提示用户依次选择样条曲线的起点与终点，接着系统将自动辨别选择起点和终点之间的点集，并以此产生样条曲线。

（2）在矩形内的对象成链。该选项用于利用矩形框选择样条曲线的点集作为定义点来生成样条曲线。单击该按钮后，系统提示用户定义矩形框的第1角点和第2角点。然后，在矩形框选中的点集中选择样条曲线的起点与终点，则系统将自动辨别选择起点和终点之间的点集，并以此产生样条曲线。

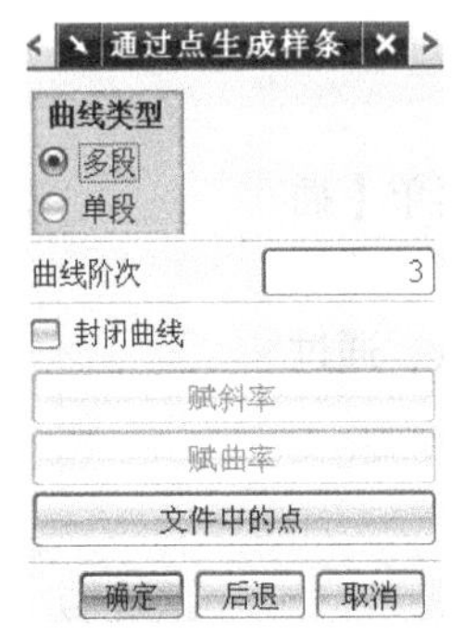

图3-29 “通过点生成样条”曲线对话框

图3-30 “样条”创建方式对话框

（3）在多边形内的对象成链。该选项用于利用多边形选择样条曲线的点集作为定义点来生成样条曲线。单击该按钮后，系统会提示用户定义多边形的各顶点，接着在多边形选中的点集中选择样条曲线的起点与终点，则系统将自动辨别选择起点和终点之间的点集，并以此产生样条曲线。

（4）点构造器。该选项用于利用“点创建”对话框定义样条曲线的各定义点来生成样条曲线。当用户完成样条曲线点集的设置后，【赋斜率】和【赋曲率】按钮处于激活状态，用户可以对它们进行设置。

① 单击【赋斜率】按钮，系统将弹出图 3-31 所示的“指派斜率”对话框，让用户设置各定义点的斜率。在工作区窗口直接选择欲确定斜率的定义点，再选择相应的斜率定义方式。选择不同的斜率定义方式，随后的系统提示也会有所差异。用户根据系统提示，设定所选定义点的斜率。

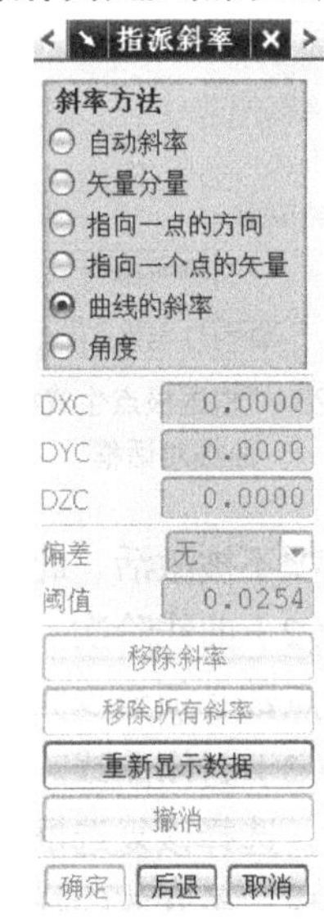

图3-31 “指派斜率”对话框

在指派斜率对话框中，提供了 6 种斜率定义方式：自动斜率、矢量分量、指向一点的方向、指向一个点的矢量、曲线的斜率和角度，下面分别介绍这 6 种方式。

- 自动斜率：选择该单选按钮，系统将自动计算斜率作为所选定义点的斜率。通常情况下都是沿着先前曲线的斜率自然过渡。
- 矢量分量：选择该单选按钮，在其下方的 DXC、DYC、DZC 文本框中分别输入样条曲线在所选定义点的矢量在 XC、YC、ZC 方向的分量值，则系统以设定的切矢量来定义所选定义点的斜率。
- 指向一点的方向：选择该单选按钮，用户需要指定一个方向点，则系统以所选定义点指向该方向点的矢量来定义所选定义点的斜率。
- 指向一个点的矢量：选择该单选按钮，用户需要设定一点，则系统以所选定义点指向该点的矢量来定义所选定义点的斜率。
- 曲线的斜率：选择该单选按钮，再选择一条存在的曲线，则系统以所选曲线端点的斜率来定义所选定义点的斜率。
- 角度：选择该单选按钮，在角度文本框中输入角度值，则系统以该角度来定义所选定义点的斜率。

在“指派斜率”对话框中还有其他一些选项，它们的作用如下。

- 移除斜率：单击该按钮，该选项用于移去自定义的斜率。在曲线上选定了一定义点后，该选项被激活。选择该选项便可移去所选定义点的用户自定义斜率。
- 移除所有斜率：单击该按钮，则可移去样条曲线中所有定义点的自定义斜率。
- 重新显示数据：单击该按钮，选择该选项，在刷新界面后，可在工作图区中重新显示定义点、斜率、曲率及当前所选定义点等信息。
- 撤销：单击该按钮，在编辑样条曲线时，处于修改定义点的斜率操作被激活。选择该选项，则撤销当前修改斜率操作中的前一次改变斜率的操作。

② 单击【赋曲率】按钮，系统会弹出如图 3-32 所示的“指派曲率”对话框。

图3-32 “指派曲率”对话框

该对话框主要是用于设置样条曲线上点的曲率。用户选择需要施加曲率的点，再选择相应的曲率定义方式，并设置所选定义点的曲率值。

在图 3-32 所示的对话框中，系统提供了两种曲率定义的方式：曲线的曲率和输入半径，下面分别加以介绍。

- 曲线的曲率：该选项主要用于以存在曲线的端点曲率来定义所选定义点的曲率。选择该单选按钮，再选择一条已存在曲线的端点，则系统自动以选定曲线端点的曲率来定义所选定义点的曲率。
- 输入半径：该选项主要通过设定所选定义点的曲率半径来定义其曲率。选择该单选按钮，在其下的“半径”文本框中输入曲率半径值，即可定义所选定义点的曲率。

3. 拟合

该选项是用最小二乘法拟合方式生成样条曲线。单击图 3-27 所示界面中的【拟合】按钮，系统将弹出如图 3-33 所示的对话框。利用该对话框提供的 5 种方法，可以定义样条曲线的点集。定义点集后，系统将弹出图 3-34 所示的“用拟合的方法创建样条”曲线对话框。用户可以选择拟合方法，并完成相应的设置，这样系统就会生成相应的样条曲线。现将图 3-34 所示的对话框中主要选项的作用介绍如下。

图3-33 样条创建方式对话框

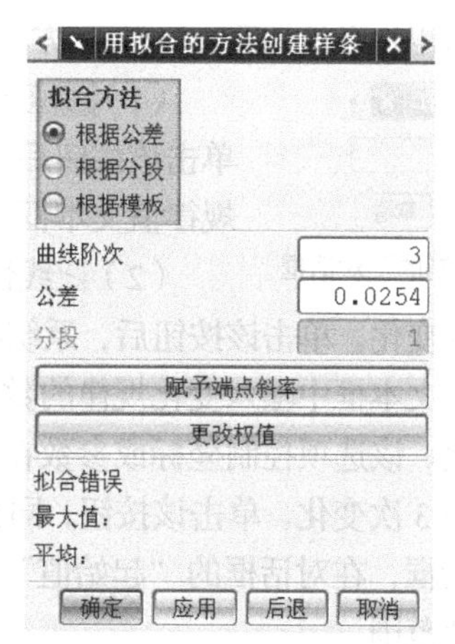

图3-34 “用拟合的方法创建样条”曲线对话框

（1）拟合方法。该选项组用于选择样条曲线的拟合方式，其中提供了如下 3 种拟合方式。

① 根据公差：该方式用于根据样条曲线与数据点的最大许可公差生成样条曲线。选择该单选按钮后，在对话框中间的“曲线阶次”、“公差”文本框中分别输入曲线阶次及样条曲线与数据点的最大许可公差来设置样条曲线。

② 根据分段：该单选按钮用于根据样条曲线的节段数生成样条曲线。选择该单选按钮后，在对话框中间的“曲线阶次”、“分段”文本框中分别输入曲线阶次及样条曲线的分段数来设置样条曲线。

③ 根据模板：该单选按钮根据模板样条曲线，生成曲线阶次及节点顺序均与模板曲线相同的样条曲线。选择该单选按钮后，系统提示用户选择模板样条曲线。

（2）赋予端点斜率。该按钮用于指定样条曲线的起点与终点的斜率。

（3）更改权值。该按钮用于设定所选数据点对样条曲线形状影响的加权因子。加权因子越大，则样条曲线越接近所选数据点；反之，则远离。若加权因子为零，则在拟合过程中系统会忽略所选数据点。选择该选项后，在图形窗口选择数据点，然后在弹出对话框的“重量”文本框中，输入该数据点的加权因子即可。

4. 垂直于平面

该选项是以正交于平面的曲线生成样条曲线。单击【垂直于平面】按钮，首先选择或通过面创建功能定义起始平面，然后选择起始点，接着选择或通过面创建功能定义下一个平面且定义建立样条曲线的方向，然后继续选择所需的平面，完成之后确认，系统便可生成一条样条曲线。

3.3.4 规律曲线

规律曲线就是 X、Y、Z 坐标值按设定规则变化的样条曲线。利用规律曲线可以控制建模过程中某些参数的变化规律，特别是在一些用户已经有了数学方程，想让曲线快速简单显示的时候。

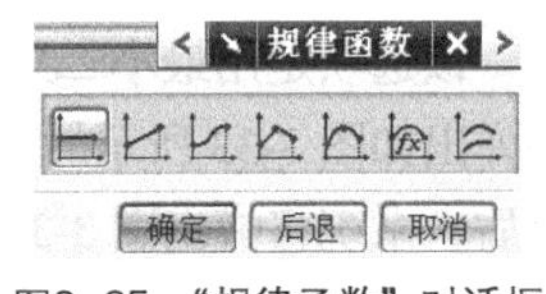

图3-35 “规律函数”对话框

在“曲线”工具栏中单击规律曲线图标或单击下拉菜单【插入】→【曲线】→【规律曲线】命令，系统将弹出图 3-35 所示的“规律函数”对话框。

系统会提示用户必须按照 X、Y、Z 方向依次定义每个坐标值的变化情况。

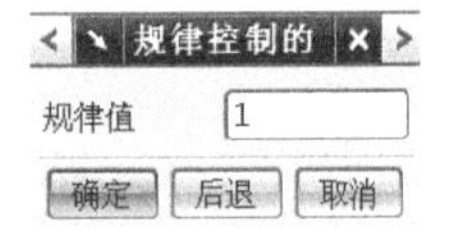

图3-36 “规律控制的”对话框

（1）恒定。该选项控制坐标或参数在创建曲线过程中保持常量。单击该按钮后，系统将弹出图 3-36 所示的“规律控制的”对话框，在规律值文本框中输入一个常数即可。

（2）线性。该选项控制坐标或参数在整个创建曲线过程的某数值范围中呈线性变化。单击该按钮后，系统将弹出图 3-37 所示的“规律控制的”对话框，在“起始值”、“终止值”文本框中输入变化规律的数值范围即可。

规律控制的
起始值 1
终止值 1
确定 后退 取消

图3-37 “规律控制的”对话框

（3）3 次。该选项控制坐标或参数在整个创建曲线过程中，在某数值范围内呈 3 次变化。单击该按钮，同样弹出图 3-37 所示的“规律控制的”对话框，在对话框的“起始值”、“终止值”文本框中输入变化规律的数值范围。

（4）沿着脊线的值—— 线性。该选项控制坐标或参数在沿脊线设定两点或多个点所对应的规律值间呈线性变化。单击该按钮后，首先选择一脊线，然后利用点创建功能设置脊线上的点，最后输入规律值即可。

（5）沿着脊线的值—— 3 次。该选项控制坐标或参数在沿脊线设定两点或多个点所对应的规律值间呈 3 次变化。单击该按钮后，首先选择一脊线，然后利用点创建功能设置脊线上的点，最后输入规律值即可。

（6）根据方程。该选项是相对复杂的一种方法。主要是利用已经有的数学表达式来绘制图形。

（7）根据规律曲线。该选项利用存在的规则曲线来控制坐标或参数的变化。单击该按钮后，逐步响应系统提示，先选择一条存在的规则曲线，再选择一条基线来辅助选定曲线的方向，也可以维持原曲线的方向不变。

3.3.5 螺旋线

在曲线工具栏中单击螺旋线图标或单击下拉菜单【插入】→【曲线】→【螺旋】命令，系统会弹出如图 3-38 所示的“螺旋线”对话框。在此对话框中进行了参数设置后，系统即可产生一条如图 3-39 所示的螺旋线。

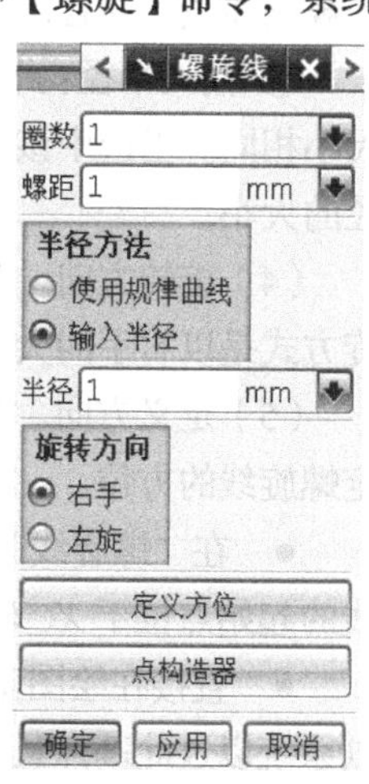

图3-38 “螺旋线”创建方式对话框

下面详细介绍该对话框中各选项的功能。

（1）圈数。此文本框用于设置螺旋线旋转的圈数。

（2）螺距。此文本框用于设置螺旋线每圈之间的导程。

（3）半径方法。此选项用于设置螺旋线旋转半径的方式，系统提供了两种半径方式：使用规律曲线和输入半径。

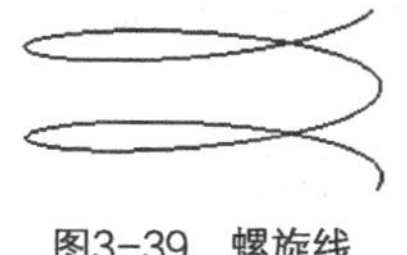

图3-39 螺旋线

① 使用规律曲线：该方式用于设置螺旋线半径按一定的规律法则进行变化。选择该单选按钮后，系统同样弹出图 3-35 所示的“规律函数”对话框，用户可以利用 7 种变化规律方式来控制螺旋半径沿轴线方向的变化规律。

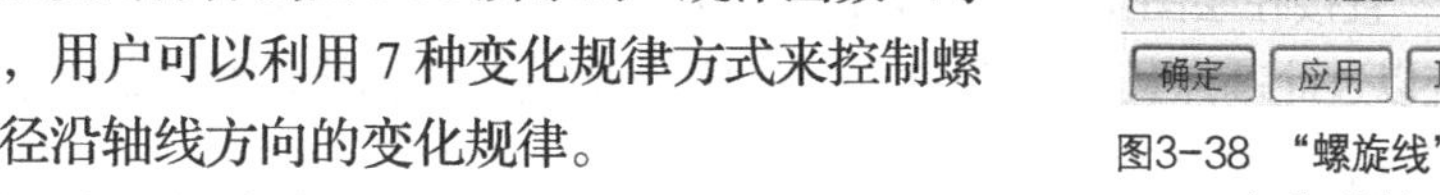

- 恒定的：此选项用于生成固定半径的螺旋线。单击该按钮后，在系统弹出的对话框中输入规律值的参数值即可，该数值将会决定螺旋线的半径。
- 线性：此选项用于设置螺旋线的旋转半径为线性变化。单击该按钮，系统会弹出线性设置对话框，在对话框中的“起始值”及“终止值”文本框中输入参数值即可。
- 3 次：此选项用于设置螺旋线的旋转半径为 3 次方变化。单击该按钮，系统会弹出 3 次方设置对话框，在对话框中的“起始值”及“终止值”文本框中输入参数值即可。
- 沿着脊线的值——线性：此选项用于生成沿脊线变化的螺旋线，其变化形式为线性的。单击该按钮后，按照系统的提示，先选取一条脊线，再利用点创建功能指定脊线上的点，并确定螺旋线在该点处的半径值即可，如图 3-40 所示。
- 沿着脊线的值——3 次：此选项以脊线和变化规律值来创建螺旋线。和上一种方式类似，单击该按钮后，先选取脊线，让螺旋线沿此线变化，再选取脊线上的点并输入相应的半径值即可。这种方式和前一种创建方式最大的差异就是螺旋线旋转时半径变化的方式，前一种是按线性变化，而这种方式是按 3 次方变化，如图 3-41 所示。

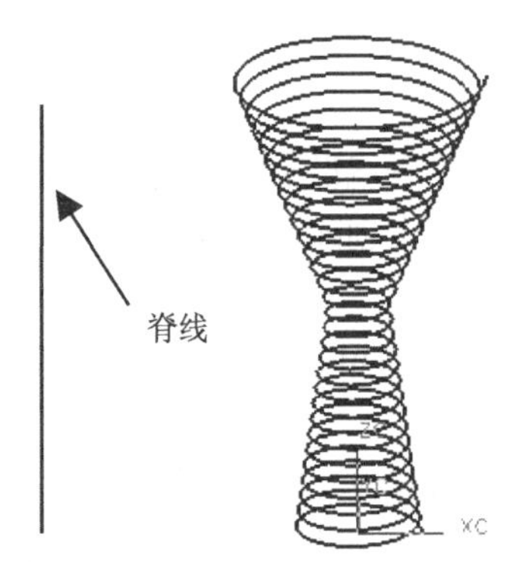

图3-40 沿着脊线的值——线性创建方式

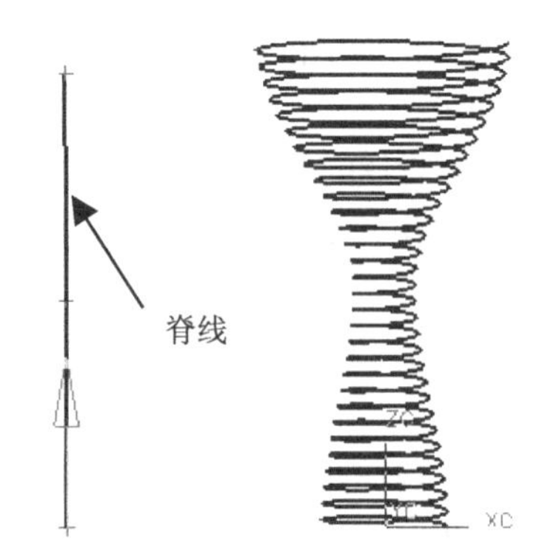

图3-41 沿着脊线的值——3次创建方式

- 根据方程：和规律曲线中的设置是一致的。
- 根据规律曲线：此选项是利用规则曲线来决定螺旋线的旋转半径。单击该按钮后，先选取一条规则曲线，再选取一条基线来确定螺旋线的方向即可。产生螺旋线的旋转半径将会依照所选的规则曲线，并且由工作坐标原点的位置确定。

② 输入半径：此选项是以数值的方式来决定螺旋线的旋转半径，而且螺旋线每圈之间的半径值大小相同。当选中该单选按钮后，用户可以在下面的半径文本框中输入确定的半径值决定螺旋线半径的大小。

（4）旋转方向。此选项用于控制螺旋线的旋转方向。旋转方向可分为右旋和左旋两种方式，右旋方式是以右手的大拇指为旋转的轴线，而另外的4个手指为旋转的方向，左旋则反之。

（5）定义方向。此选项用于选择直线或边线定义螺旋线的轴向。在系统中提供了3种方式来确定螺旋线的方位。

- 在“螺旋线”对话框中直接单击【确定】按钮，则螺旋线轴线为当前坐标系的*ZC*轴，螺旋线的起始点位于*XC*轴的正方向上。
- 直接在绘图工作区中设定一个基点或利用“螺旋线”对话框中的点创建功能设定一个基点，则系统以过此基点且平行于*ZC*轴方向作为螺旋线的轴线，螺旋线的起始点位于过基点并与*XC*轴正方向平行的方向上。
- 单击“螺旋线”对话框中的指定方向按钮后，选择一条直线，以选择点指向与其距离最近的直线端点的方向为*Z*轴正方向，再设定一点来定义*X*轴正方向，然后设定一基点，则系统以过此基点且平行于设定的*Z*轴正方向作为螺旋线的轴线，螺旋线的起始点位于过基点并平行于*X*轴正方向上。

（6）点构造器。此选项用于选择一点定义螺旋线的起始位置。选择方法和其他点选择方法一致。

3.4 常用曲线编辑

3.4.1 编辑曲线参数

单击“编辑曲线”工具条的图标或单击下拉菜单【编辑】→【曲线】→【参数】命令，系统会弹出如图 3-42 所示的“编辑曲线参数”对话框。

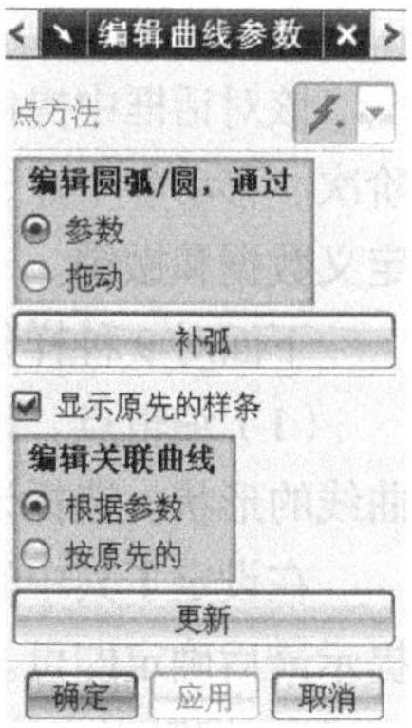

在“编辑曲线参数”对话框中，设置其中的相关选项，随后出现的系统提示会随着选择编辑对象类型的不同而变化。

图3-42 “编辑曲线参数”对话框

1. 编辑直线参数

对直线的编辑包括对直线端点、直线长度和角度的修改，方法介绍如下。

（1）直线端点的编辑：直线端点的编辑方法有如下 3 种。

① 选择直线的端点，系统下方出现如图 3-43 所示的“跟踪条”工具条，在该工具条中输入直线端点坐标或输入直线长度和角度的参数然后按 Enter 键，可以完成对直线端点的编辑。

② 选取直线的端点，直接移动鼠标到合适的位置，单击鼠标左键也可以完成编辑直线的端点。

③ 选取直线的端点，在如图 3-42 所示的对话框中选择“点方法”下拉列表中的相应选项，重新定义直线端点也可以编辑直线。

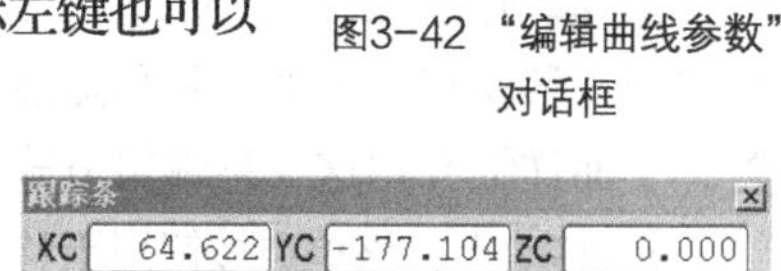

图3-43 “跟踪条”工具条

（2）直接编辑直线：选择直线时不选择直线的端点，就可以选择整条直线。选择直线后，图 3-43 所示的工具条的 XC、YC、ZC 文本框中输入参数后按 Enter 键，可以完成对直线的编辑。

2. 编辑圆弧

对圆弧的修改包括对圆弧中心、端点和半径等的修改，方法介绍如下。

（1）圆弧端点或圆心的编辑。圆弧端点或圆心的编辑方法有如下 3 种。

① 选择圆弧的端点或圆心后，系统下方出现如图 3-44 所示的对话框，在该对话框中设置参数后按 Enter 键，可以完成对圆弧的编辑。

② 选择圆弧的端点或圆心后，直接将鼠标移动到合适位置，然后单击鼠标左键，也可以完成编辑圆弧。

③ 选择圆弧的端点或圆心后，在图 3-42 所示的对话框中选择“点方式”下拉列表中的相应选项，定义新的圆弧的端点或圆心位置，也可以完成编辑圆弧。

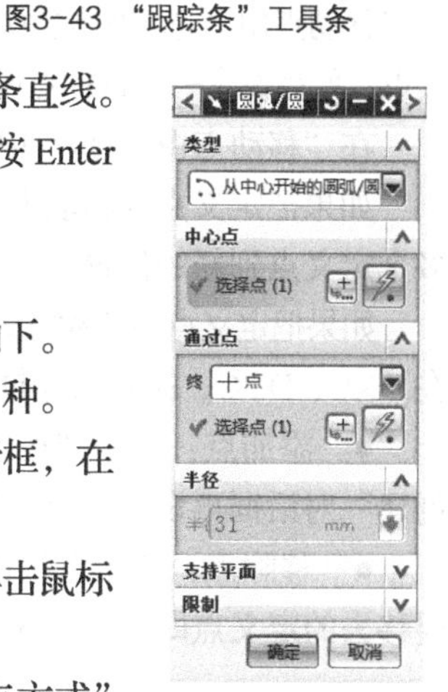

图3-44 圆弧对话框

④ 在图 3-42 所示的对话框中选择“拖动”单选按钮，则可以修改圆弧的起点和终点，但不能修改圆弧的直径。

（2）圆弧的编辑。选择圆弧时不选择圆弧的端点或圆心，就可以选择整条圆弧，选择圆弧后，图 3-44 所示对话框中，有中心点、通过点、半径文本框可修改。对圆弧的编辑有如下两种方法。

① 在中心点、通过点、半径文本框中输入相应的值，然后按回车键，可以完成对圆弧的编辑。

② 在图 3-42 所示的对话框中选择“拖动”单选按钮，可以修改圆弧的半径，但不可以修改圆弧的起点和终点。

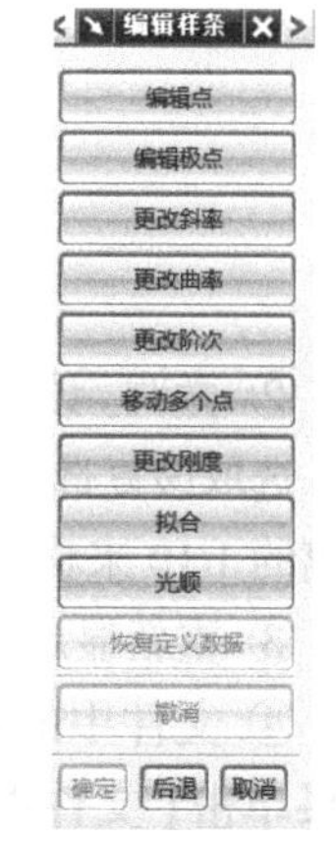

图3-45 “编辑样条”对话框

3. 编辑样条曲线参数

如果选择的编辑对象是样条曲线，可以修改样条曲线的阶次、形状、斜率、曲率和控制点等参数。

用户选取样条曲线后，系统将弹出如图3-45所示的“编辑样条”对话框。

该对话框中提供了样条曲线的9种编辑方式：编辑点、编辑极点、更改斜率、更改曲率、更改阶次、移动多个点、更改刚度、拟合和光顺。另外对话框中还有两个选项：恢复定义数据和撤销。

下面对9种样条曲线的编辑方式进行介绍。

（1）编辑点。该选项用于移动、增加或移去样条曲线的定义点，以改变样条曲线的形状。选择该选项后，系统将弹出图3-46所示的“编辑点”对话框。

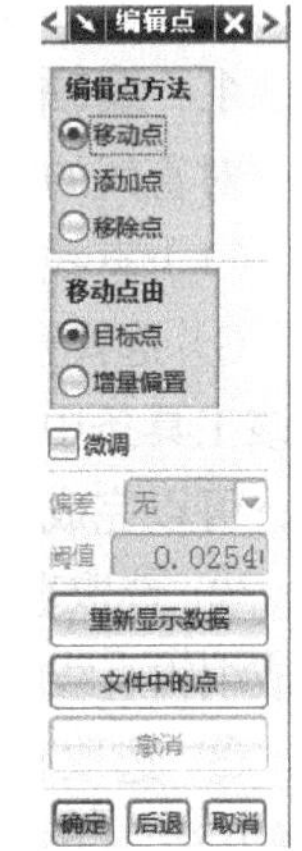

图3-46 “编辑点”对话框

在设定了其中的相应参数，并指定定义点的选择方式后，再逐步响应系统的提示最后确定即可。下面介绍该对话框中的主要选项。

① 编辑点方法。该选项用于设定样条曲线定义点的编辑方式。其中包含了3个选项：移动点、添加点和移除点，其设置方式还要配合对话框中其他选项的设置。下面详细介绍这3种编辑方式。

- 移动点：该单选按钮用于移动一个定义点。选择该单选按钮后，对话框下方的“移动点由”选项组被激活，要求用户选择曲线定义点的移动方式。选择一个定义点，然后设定一个目标点或设定定义点沿*XC*、*YC*、*ZC*坐标轴方向的位移即可。

在“移动点由”选项组中包含两种移动方式：目标点和增量偏置。

如果把定义点的移动方式设为“目标点”，可通过设定一个目标点，来移动样条曲线上的一个或多个定义点到新的位置。

如果把定义点的移动方式设为“增量偏置”，在选择了定义点后，系统将弹出“增量偏置”对话框，在DXC、DYC、DZC文本框中分别输入*XC*、*YC*、*ZC*坐标轴方向的位移，即可确定定义点的新位置。

- 添加点：该单选按钮用于向选定的样条曲线中增加定义点。选取该单选按钮后，利用“点创建”对话框再设定一个新的定义点即可。

- 移除点：该单选按钮用于从样条曲线中移去定义点。选取该单选按钮后，直接用光标选取要移去的定义点即可，图3-47所示就是移去定义点前后的对比图例。

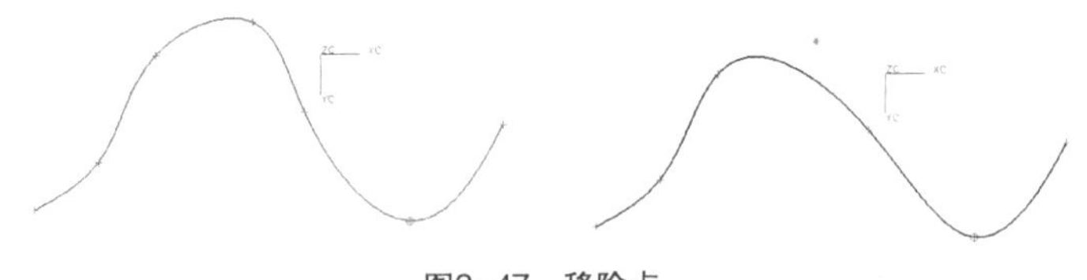

图3-47 移除点

② 微调。该复选框用于以微调方式移动一个定义点，该方式仅在以拖动方式移动一个点时才有效。选取该复选框后，选择一个定义点，按住鼠标左键不放，拖动鼠标，则系统以定义点至光标点距离的1/10来移动定义点。

③ 重新显示数据。该选项用于显示编辑后样条曲线的定义点及切线方向。

④ 文件中的点。该选项用于从数据文件中读取点的位置。在选中“移动点”单选按钮时，如果单击【文件中的点】按钮，将弹出“点文件”对话框，让用户指定一个现有的数据文件（其扩展名为*.dat）。这时系统会读取该文件中的数据点，并且覆盖所有原来的定义点，从而生成一条新的样条曲线。新样条曲线的阶次由从数据文件中读入的点数决定，且不会大于原样条曲线的阶次。

(2)编辑极点。该选项用于编辑样条曲线的极点。选择该选项后，系统将弹出图 3-48 所示的“编辑极点”对话框。

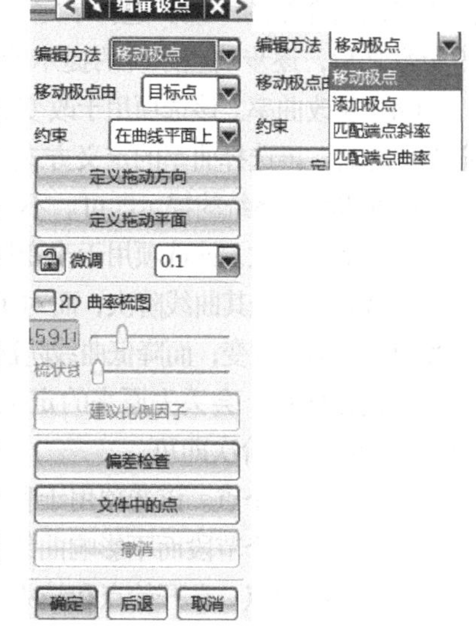

图3-48 “编辑极点”对话框

选择极点的编辑方式，然后设定其中相应的参数后，逐步响应系统的提示即可完成极点的编辑。下面介绍对话框中的主要选项。

① 编辑方法。该选项用于设置极点的编辑方式。其中提供了 4 种设置方式：移动极点、添加极点、端点斜率连续和端点曲率连续。

- 移动极点：该方式用于移动样条曲线上的极点。选择该方式后，其下方的“移动极点由”、“约束”、“定义拖动方向”、“定义拖动平面”、“微调”等选项被激活。选择极点的某种移动方式，其移动方式与上述定义点的移动方式相同。再通过选择约束选项，或单击【定义拖动方向】按钮，或单击【定义拖动平面】按钮来设定极点的移动约束，接下来极点的移动操作与定义点的移动操作是相同的，图 3-49 所示的就是移动极点前后的对比图。

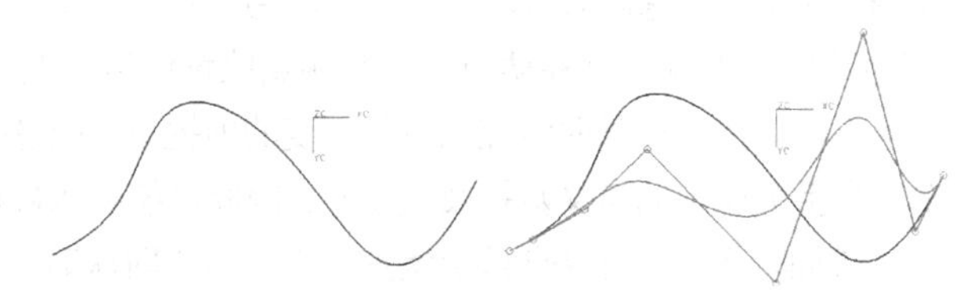
图3-49 移动极点

- 添加极点：该方式用于向样条曲线的控制多边形增加极点。选择该方式后，在绘图窗口中设定一个新点即可。操作方法和增加定义点是一致的。
- 匹配端点斜率：该方式用于以另一条曲线端点的斜率来设定所选样条曲线的端点斜率。选择该方式后，先选择要设定的样条曲线端点，然后选择另一曲线的端点即可。
- 匹配端点曲率：该方式用于以另一条曲线端点的曲率来设定所选样条曲线的端点曲率。选择该方式后，先选择要设定的样条曲线端点，然后选择另一曲线的端点即可。

② 移动极点由。该选项用于设置极点的移动方式，它与前面介绍的定义点移动方式相同。

③ 约束。该选项在选择移动极点编辑方式后才会被激活，它主要用于通过移动约束极点的位置来改变样条曲线的形状。该选项仅在拖动一个极点时才有效，即用鼠标左键选中一个极点后，按住鼠标左键不放，拖动鼠标，则极点的移动受到设定约束的限制。

“约束”下拉列表框中一般只有 4 个选项：在曲线平面上、端点斜率、终点曲率、在视图平面上。如果单击过【定义拖动方向】和【定义拖动平面】按钮，则分别会增加“沿方向”或“在一个平面上”两个约束选项。

④ 定义拖动方向。单击该按钮后，系统会弹出“矢量创建“对话框，用于让用户设置一个矢量方向。

⑤ 定义拖动平面。单击该按钮后，系统会弹出“平面创建”对话框，用于让用户设置一个平面。

⑥ 微调。该选项用于精密设置拖动的距离，选择了相应的微调比例后，控制点的实际移动距离为光标拖动距离乘以微调比例。

（3）更改斜率。该选项用于改变定义点的斜率。单击该按钮后，会弹出“更改斜率”对话框，操作和以前介绍的一致。选择了定义点后，再选择斜率的定义方式，设定了“更改斜率”对话框中的参数之后，逐步响应系统的提示即可。

（4）更改曲率。该选项用于改变定义点的曲率。单击该按钮后，会弹出“更改曲率”对话框。选择定义点之后，再选择曲率的定义方式（曲率定义方法如前所述），设定了“更改曲率”对话框中的参数后，再逐步响应系统的提示即可。不过该选项不适用于3阶样条曲线或由吻合方式产生的样条曲线。

（5）更改阶次。该选项用于改变样条曲线的阶次，这时控制点数也会随之改变。对于单节段样条曲线，可增加或降低其曲线阶次；而对于多节段样条曲线，则只可增加其曲线阶次。增加曲线阶次，样条曲线的形状不会改变；而降低曲线阶次，则样条曲线的形状与原曲线会有所差别，但其形状近似。

单击该按钮，会丢失原来的定义数据，因此系统要求用户确认之后，在弹出的“阶次”对话框中输入新的曲线阶次即可。

（6）移动多个点。该选项用于移动样条曲线的一个节段，以改变样条曲线的形状。该选项允许修改样条曲线的一个节段而不影响曲线的其他部分。选择该选项后，在样条曲线上依次设定要修改节段的开始点和结束点；在开始点和结束点限定的节段间设定第一个位移点，再设定第一个位移点的位移方式，然后逐步响应系统提示，设定第一个位移点的位移值；接着再设定第二个位移点，并设定第二个位移点的位移方式，然后逐步响应系统提示，设定第二个位移点的位移值，则系统根据上述设定移动选定节段，而并不影响其他节段的形状，且移动节段的两端点位置保持不变。

（7）更改刚度。该选项用于在保持原样条曲线控制点数不变的前提下，通过改变曲线的阶次来修改样条曲线的形状。选择该选项会丢失原来的定义数据及关联性，因此系统要求确认之后，在弹出的对话框中输入新的曲线阶次即可。增加阶次时，样条曲线会增加刚性；减少阶次时，样条曲线会降低刚性。

（8）拟合。选择该选项可以修改样条曲线定义所需的参数，从而改变曲线的形状，不过这种方式不能改变曲线的曲率。选择该选项后，会弹出如图3-50所示的“用拟合的方法编辑样条”对话框。对话框的上部列出了样条曲线的3种拟合方法，选择拟合方法后，再设定其中的参数，然后逐步响应系统的提示即可。

（9）光顺。该选项用于使样条曲线变得较为光滑，编辑后的样条曲线的曲线阶次为5。单击该按钮，系统将弹出图3-51所示的“光顺样条”对话框。

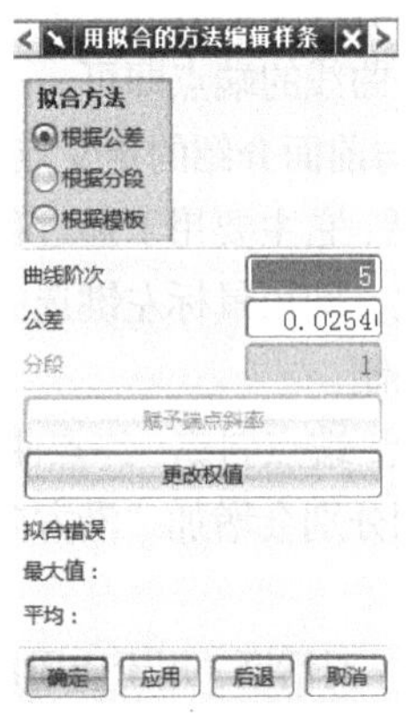

图3-50 “用拟合的方法编辑样条”对话框

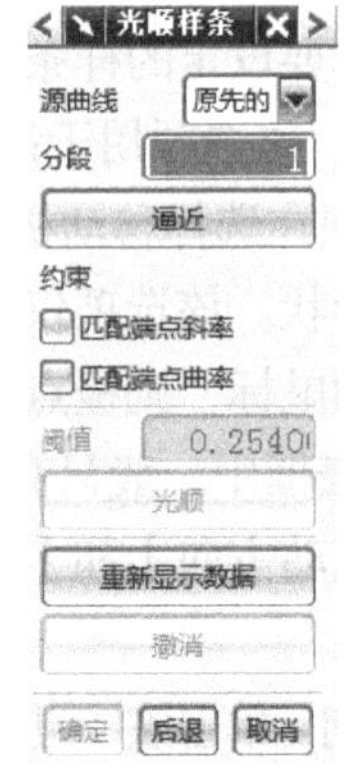

图3-51 “光顺样条”对话框

在该对话框中分别设定“源曲线”和“约束”选项，然后在“阈值”文本框和“分段”文本框中输入各点许可的最大移动量和欲改变的节段数，接着选择近似选项来立刻更新样条曲线的节段数，最后进行光顺操作。

对选定样条曲线的光顺操作可以通过如下两种方式来进行。

- 在做完以上参数设定后，单击【光顺】按钮，系统自动根据以上的设定，对选定样条曲线的所有点进行光顺操作。
- 分别选取样条曲线的单个点，并进行相应的参数设定后，单击【光顺】按钮对选定的样条曲线进行完善。

下面详细介绍对话框中的各个选项。

- 源曲线：该下拉列表框包含了两个选项：原先的和当前。该选项决定在使样条曲线光滑时，是使用原先样条的曲率和斜率还是使用当前样条的曲率和斜率。
- 分段：该文本框用于设置样条曲线在光滑操作时的节段数。
- 逼近：该选项用于按照分段文本框设置的节段数，更新样条曲线，使其比原样条曲线光滑。
- 约束：该选项提供了如下两种约束方式。

√ 匹配端点斜率。该方式用于设定样条曲线在光滑操作时，其端点斜率与原样条曲线的端点斜率匹配。

√ 匹配端点曲率。该方式用于设定样条曲线在光滑操作时，其端点曲率与原样条曲线的端点曲率匹配。

- 阈值：该文本框用于设定样条曲线在光滑操作时，曲线上各点可移动的最大距离。
- 光顺：该选项用于根据设定的“偏差极限值”、“约束”等选项，自动对样条曲线的所有点进行光顺操作。
- 重新显示数据：在更新样条曲线后，该选项用于重新显示样条曲线的各定义点。

3.4.2　修剪曲线

在“编辑曲线”工具栏中单击修剪曲线图标或单击下拉菜单【编辑】→【曲线】→【修剪】命令，系统将弹出图3-52所示的“修剪曲线”对话框。

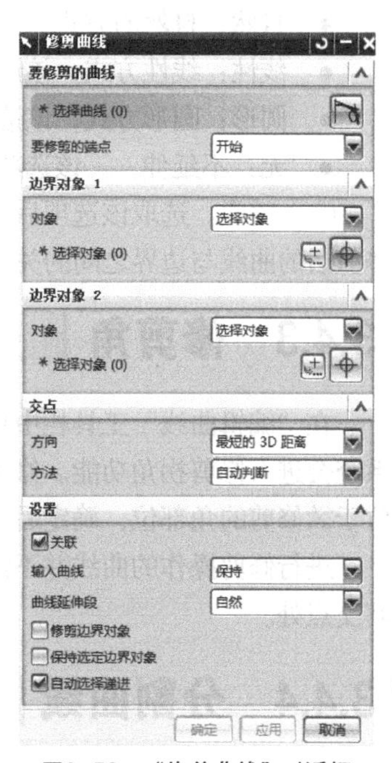

图3-52　“修剪曲线”对话框

利用设定的边界对象调整曲线的端点，可以延长或修剪直线、圆弧、二次曲线或样条曲线。

该对话框的上部为“修剪曲线”的选择步骤，其中的第一边界对象自动被激活。执行完前一步骤后，系统自动选择下一步骤。同时，也可直接选取某个步骤进行相应的操作。在设定好边界对象和欲修剪曲线的交点确定方式及其他相关参数后，逐步响应系统提示即可。下面详细介绍该对话框中的主要选项。

（1）选择步骤。在对曲线实施修剪的过程中，有如下4个选择步骤。

① 第一边界对象：选择第一边界对象用于确定修剪操作的第一边界对象。

② 第二边界对象：选择第二边界对象用于确定修剪操作的第二边界对象。

③ 矢量方向：该选择步骤只有在交点确定方向设置为沿一矢量时才被激活。选择设定矢量方向图标，可以设定一边界对象与待修剪的曲线之间最短距离的测量矢量方向。

④ 待修剪的曲线：选择待修剪的曲线用于选择一条或多条待修剪的曲线。

（2）过滤器。该选项用于设定选择对象的类型。其中包括：任何、点、曲线、边缘、面、草图、线串、平面、基准平面和基准轴，如图3-53所示。

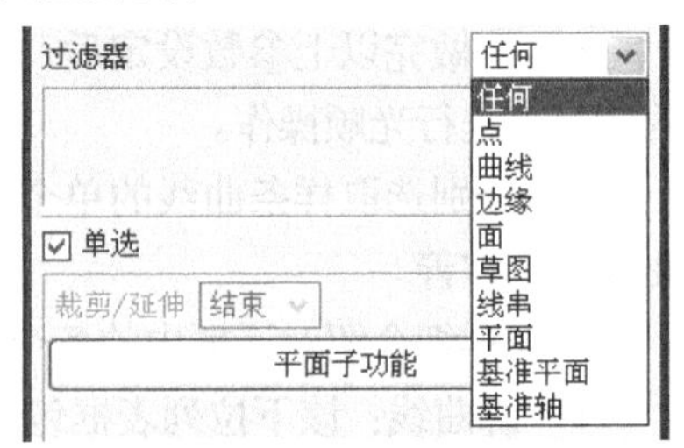

图3-53　过滤器选项

（3）交点。找到相交的方法，该选项用于确定边界对象与待修剪曲线交点的判断方式，它提供了如下4种交点的确定方式。

- 最短的3D距离：选取该选项，则系统按边界对象与待修剪曲线之间的三维最短距离判断两者的交点，再根据该交点来修剪曲线。
- 相对于WCS：选取该选项，则系统按当前工作坐标系*ZC*轴方向上边界对象与待修剪曲线之间的最短距离判断两者的交点，再根据该交点来修剪曲线。
- 沿一矢量方向：选取该选项，则设定矢量方向选择步骤图标被激活，利用其下方出现的矢量创建功能设定一矢量方向，系统按设定矢量方向上边界对象与待修剪曲线之间的最短距离判断两者的交点，再根据该交点来修剪曲线。
- 沿屏幕垂直方向：选取该选项，则系统按当前屏幕法向方向上边界对象与待修剪曲线之间的最短距离判断两者的交点，再根据该交点来修剪曲线。

（4）曲线延伸段。如果欲修剪的曲线为样条曲线且样条曲线需延伸至边界，该选项用于设定其延伸方式。单击样条延伸的下拉箭头后，出现下拉列表框，其中列出样条曲线的如下4种延伸方式。

- 自然：自然的方式，该选项用于将样条曲线沿其端点的自然路径延伸至边界。
- 线性：线性方式，该选项用于将样条曲线从其端点线性延伸至边界。
- 圆形：圆形方式，该选项用于将样条曲线从其端点环形延伸至边界。
- 无：不延伸——该选项用于不将样条曲线延伸至边界。

（5）关联。选取该选项后，则修剪后的曲线与原曲线具有关联性，即若改变原曲线的参数，则修剪后的曲线与边界之间的关系自动更新。

3.4.3　修剪角

在“编辑曲线”工具栏中单击图标或单击下拉菜单【编辑】→【曲线】→【修剪角】命令，系统会进入修剪拐角功能。修剪拐角时，移动鼠标，使光标同时选中欲修剪的两曲线，且光标中心位于欲修剪的角部位，确定后，则两曲线的选中拐角部分会被修剪。

进行修剪操作的曲线并不需要实际相交，选择要修剪的曲线后，系统会自动将两条曲线修剪至其交点处。

3.4.4　分割曲线

在“编辑曲线”工具栏中单击图标或单击下拉菜单【编辑】→【曲线】→【分割】命令，系统将弹出图 3-54 所示的“分割曲线”对话框。它能将曲线分割成多个节段，各节段成为独立的操作对象。

图3-54 “分割曲线”对话框

在“分割曲线”对话框中提供了 5 种曲线的分割方式，下面介绍一下各自的用法。

（1）等分段。该方式是以等长或等参数的方法将曲线分割成相同的节段。单击该按钮后，选择要分割的曲线，系统将弹出图 3-55 所示的“等分段”对话框。

其中的分割方法包括等参数和等圆弧长两种方式。

如果选择了等参数方式，则以曲线的参数性质均匀等分曲线，在线上为等分线段，在圆弧或椭圆上为等分角度，在样条曲线上以其控制点为中心等分角度；如果选择了等圆弧长方式，则把曲线的弧长均匀等分。分段文本框用来设置曲线均匀分割的节段数。

图3-55 “等分段”对话框

（2）按边界对象。该方式是利用边界对象来分割曲线。单击该按钮后，选择要分割的曲线，系统将弹出图 3-56 所示的“按边界对象”对话框。利用该对话框可分别定义点、直线和平面或表面作为边界对象来分割曲线。

（3）圆弧长段数。该方式是通过分别定义各节段的弧长来分割曲线。单击该按钮后，选择要分割的曲线，系统将弹出图 3-57 所示的“圆弧长段数”对话框。当设置完圆弧长以后，会出现分段数和部分长度，“段数”用来表示节段数，“部分长度”表示剩余部分值，是当总弧长不是弧长的整数倍时，最后一段弧长的值等于总弧长除以弧长的余数。

（4）在节点处。该方式只能分割样条曲线，它在曲线的节点处将曲线分割成多个节段。单击该按钮后，选择要分割的曲线，系统将弹出图 3-58 所示的“在节点处”对话框。

图3-56 “按边界对象”对话框

图3-57 “圆弧长段数”对话框

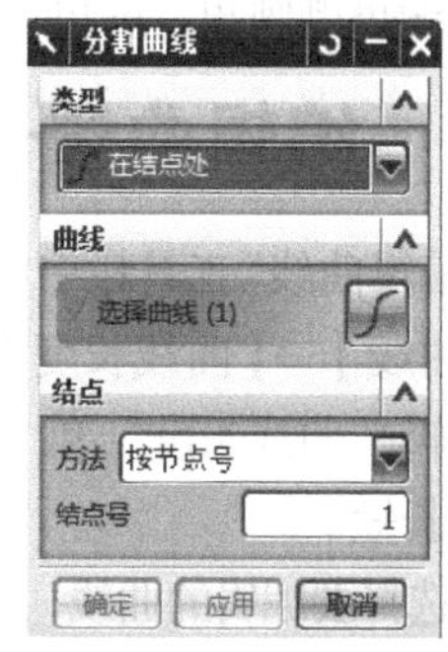

图3-58 “在节点处”对话框

这个对话框中包含了 3 个分割选项：“按节点号”、“选择节点”和“所有节点”。如果单击了【按节点号】按钮，只要在随后弹出的对话框的数字文本框中输入所需的定义点号，则这些点将作为分割点；如果单击了【选择节点】按钮，可以从屏幕上选择所要定义点作为分割点；如果单击了【所有节点】按钮，则所有的定义点都将作为分割点。

（5）在拐角上。该方式是在拐角处（即一阶不连续点）分割样条曲线（拐角点是样条曲线节段的结束点方向和下一节段开始点方向不同而产生的点）。单击该按钮后，选择要分割的曲线，系统会在样条曲线的拐角处分割曲线。

3.4.5 编辑圆角

在“编辑曲线”工具栏中单击图标或单击下拉菜单【编辑】→【曲线】→【圆角】命令，系统将弹出图3-59所示的“编辑圆角”对话框。

在该对话框中选择圆角的两条连接曲线的修剪方式，再依次选择存在圆角的第一条连接曲线、圆角和圆角的第二条连接曲线，然后在随后弹出的图3-60所示的圆角设置对话框中设定相应的参数即可。

图3-59 “编辑圆角”对话框

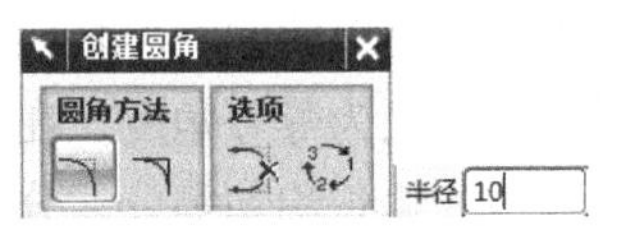

图3-60 圆角设置对话框

在“编辑圆角”对话框中包括了3个修剪方式：“自动修剪”、“手工修剪”和“不修剪”。

（1）自动修剪。选择该方式，系统自动根据圆角来修剪其两条连接曲线。

（2）手工修剪。该方式用于在用户的干预下修剪圆角的两条连接曲线。选择该方式后，接着响应系统提示，直至设置好对话框中的相应参数，然后确定是否修剪圆角的第一条连接曲线，若修剪，则选定第一条连接曲线的修剪端；接着确定是否修剪圆角的第二条连接曲线，若修剪，则选定第二条连接曲线的修剪端即可。

（3）不修剪。选择该方式，则不修剪圆角的两条连接曲线。

注：若单击下拉菜单【编辑】→【曲线】→【圆角】命令后，找不到修剪圆角命令，当前使用的环境是建模环境，可以单击菜单上的开始，切换到外观造型模式，即可。

在建模环境中不能直接对草图中的线进行编辑倒圆角的，如果想在草图状态倒圆角，需要在画线的那个草图进行，退出草图后无法进行编辑倒圆角；需重新进入草图环境，双击进入画线的那个草图进行编辑倒圆角，即可。

3.4.6 编辑曲线长度

在“编辑曲线”工具栏中单击图标或单击下拉菜单【编辑】→【曲线】→【曲线长度】命令，系统将同时弹出图3-61所示的编辑“曲线长度”和“选择意图”对话框，它们能改变曲线的长短。

用户选择要编辑的曲线，设置“选择意图”、“延伸”、“限制”和“设置”选项，最后输入曲线的长度并设置好其他相关选项即可。下面介绍编辑曲线长度对话框中主要选项的用法。

图3-61 编辑“曲线长度”对话框

1. 选择意图

该选项用于设定选择对象的类型，在下拉文本框中包括：单条曲线、相连曲线、相切曲线、特征曲线。

2. 延伸

（1）长度。在“长度”下拉文本框中提供了两种曲线长度方式：递增或全部。

① 递增：该选项是以给定的增加量或减少量来编辑选定曲线的长度，在其下方的“起始/结束”文本框中输入正值是曲线长度增加量，输入负值是曲线长度减少量。

② 全部：该选项以给定总长来编辑选定曲线的长度，在其下方的“起始/结束”文本框中输入的是曲线的总长。

（2）侧。在“侧”下拉文本框中提供了用于设定曲线的哪一端被修剪或延伸，其中包括了2个选项。

① 起点/终点：选择该选项，则从选定曲线的起始点/终点开始修剪或延伸。

② 对称：选择该选项，则同时从选定曲线的起始点及终点开始修剪或延伸。

3.4.7　光顺样条

在“曲线编辑”工具栏中单击图标或单击下拉菜单【编辑】→【曲线】→【光顺样条】命令，系统将弹出图3-62所示的“光顺样条”对话框。

该对话框用来光顺曲线的曲率，使得样条曲线更加光顺。

对话框中的每一项具体意义如下。

1. 类型

① 曲率：通过最小化曲率值的大小来光顺曲线。

② 曲率变化：通过最小化整条曲线的曲率变化来光顺曲线。

③ 部分：光顺部分曲线。

2. 约束

用于选择在光顺曲线的时候对于线条起点和终点的约束。

图3-62　“光顺样条”对话框

3.4.8　拉长曲线

在“曲线编辑”工具栏中单击图标或单击下拉菜单【编辑】→【曲线】→【拉长】命令，系统将弹出图3-63所示的“拉伸曲线”对话框。

该对话框能用来移动几何对象，并可拉伸对象，如果选取的是对象的端点，其功能是拉伸该对象，如果选取的是对象端点以外的位置，其功能是移动该对象。

打开“拉长曲线”对话框后，可在绘图工作区中直接选择要编辑的对象，然后利用其中的选项设定移动或拉伸的方向和距离。移动或拉伸的方向和距离可在“拉长曲线”对话框中，通过以下两种方式来设定。

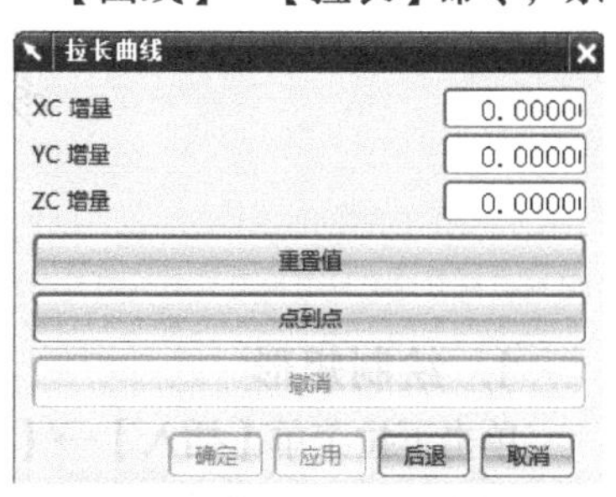

图3-63　“拉长曲线”对话框

- 分别在“XC 增量”、“YC 增量”和“ZC 增量”文本框中输入对象沿 *XC*、*YC*、*ZC* 坐标轴方向移动或拉伸的位移即可。
- 单击【点到点】按钮，再设定一个参考点，然后设定一个目标点，则系统以该参考点至目

标点的方向和距离来移动或拉伸对象。

图 3-64 所示为拉伸曲线图例。

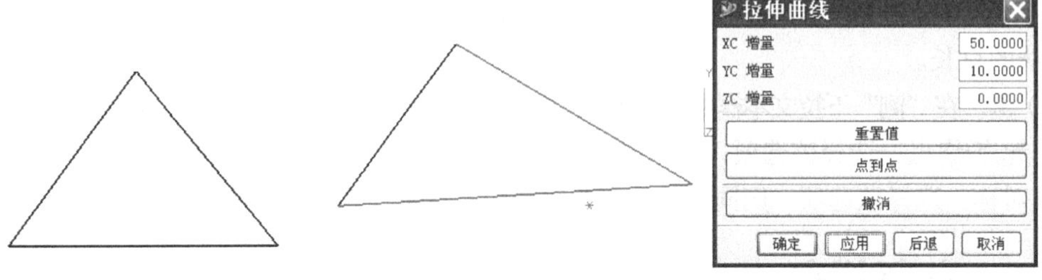

图3-64 拉长曲线图例

3.5 曲线操作与编辑综合实例

建立如图 3-65 所示的曲线，操作步骤如下。

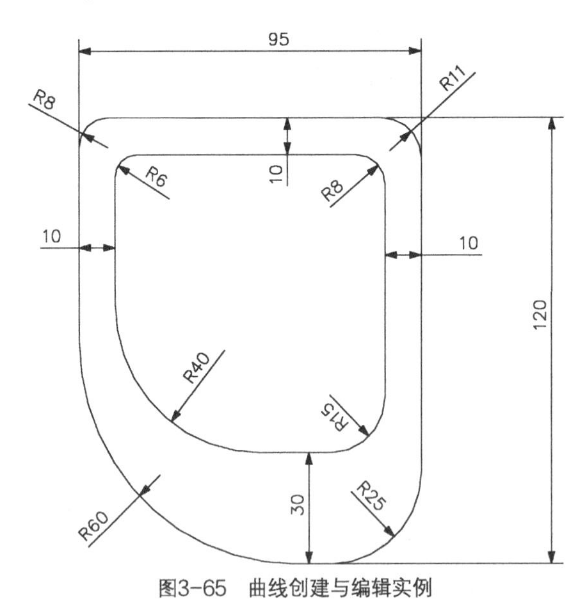

图3-65 曲线创建与编辑实例

1. 绘制矩形

单击下拉菜单【插入】→【曲线】→【矩形】命令，分别输入（0，0，0），（95，120，0），如图 3-66（b）所示，绘制的矩形如图 3-66（a）所示。

2. 偏置曲线

单击图标或单击下拉菜单【插入】→【来自曲线集的曲线】→【偏置曲线】命令，系统弹出如图 3-67（b）所示的“偏置曲线”对话框。选择矩形的上、左、右 3 条边，单击【确定】按钮，在“距离”文本框内添入 10（注意偏置方向，箭头所指方向应该指向矩形内，如果箭头朝外，则要单击【反向】按钮），单击【确定】按钮，结果如图 3-68 所示。

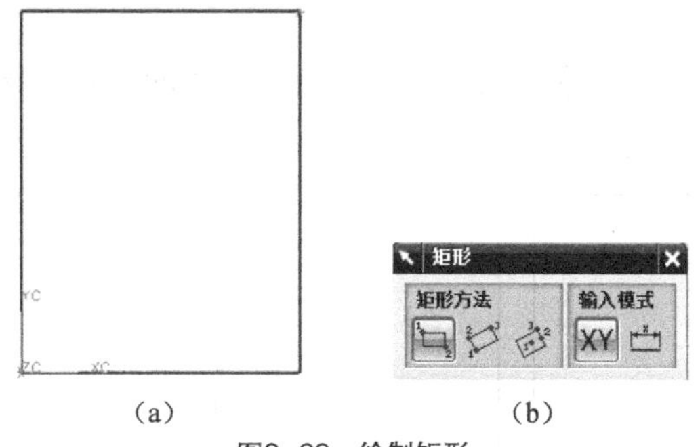

（a）　　（b）

图3-66　绘制矩形

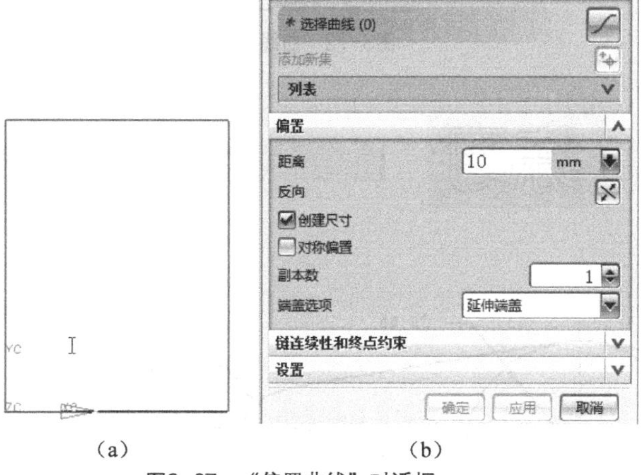

（a）　　（b）

图3-67　“偏置曲线”对话框

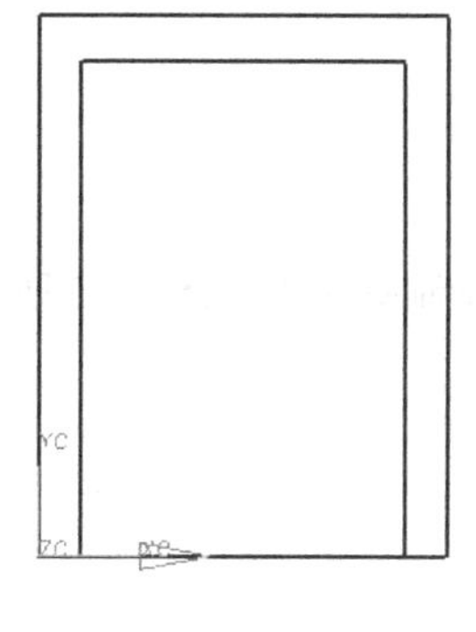

图3-68　完成偏置

3. 偏置曲线

单击图标，系统弹出如图 3-69（b）所示的“偏置曲线”对话框。选择矩形的下边，在“距离”文本框内填入“30”，确定曲线偏置方向（向内），单击【确定】按钮，结果如图 3-70 所示。

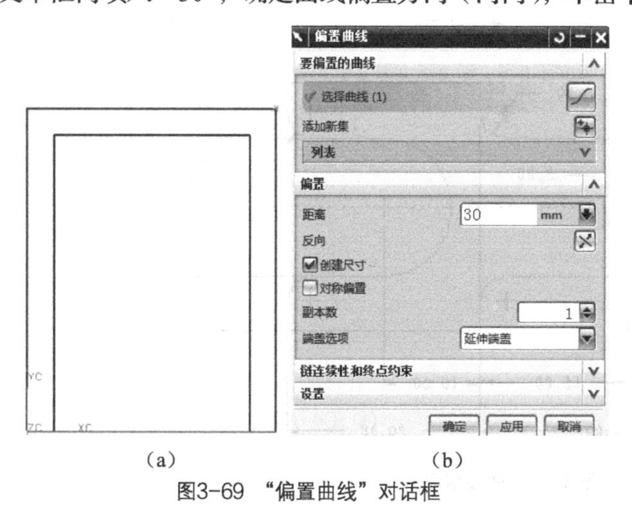

（a）　　（b）

图3-69　“偏置曲线”对话框

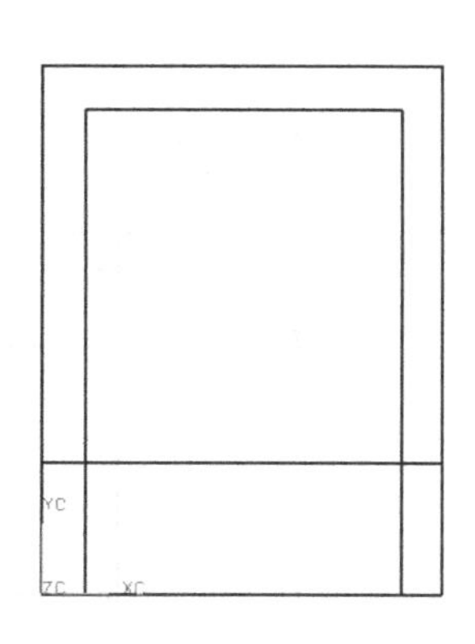

图3-70　偏置“30”

4. 修剪拐角

单击图标，将偏置完成的曲线进行修剪拐角，结果如图 3-71 所示。

5. 倒圆角

单击图标，选择曲线圆角，按照要求进行倒角，结果如图 3-72 所示。

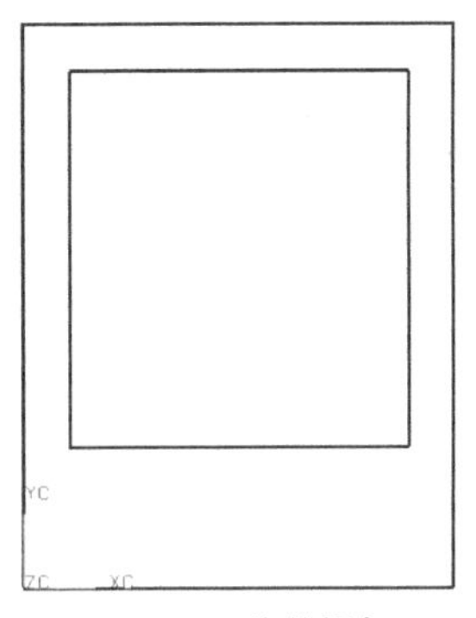

图3-71 修剪拐角

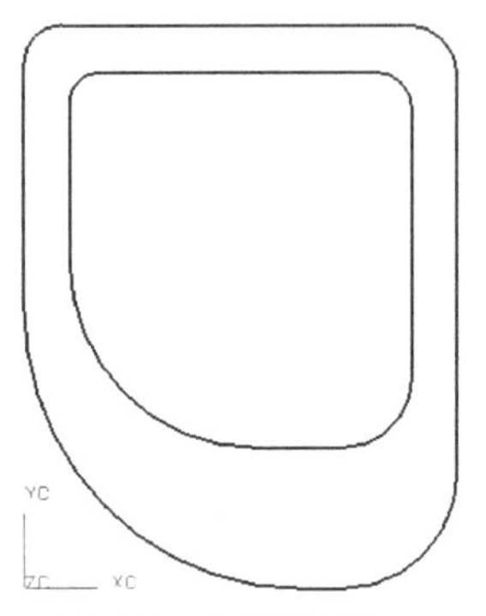

图3-72 曲线倒圆角

绘制图 3-73～图 3-75 所示的图形。

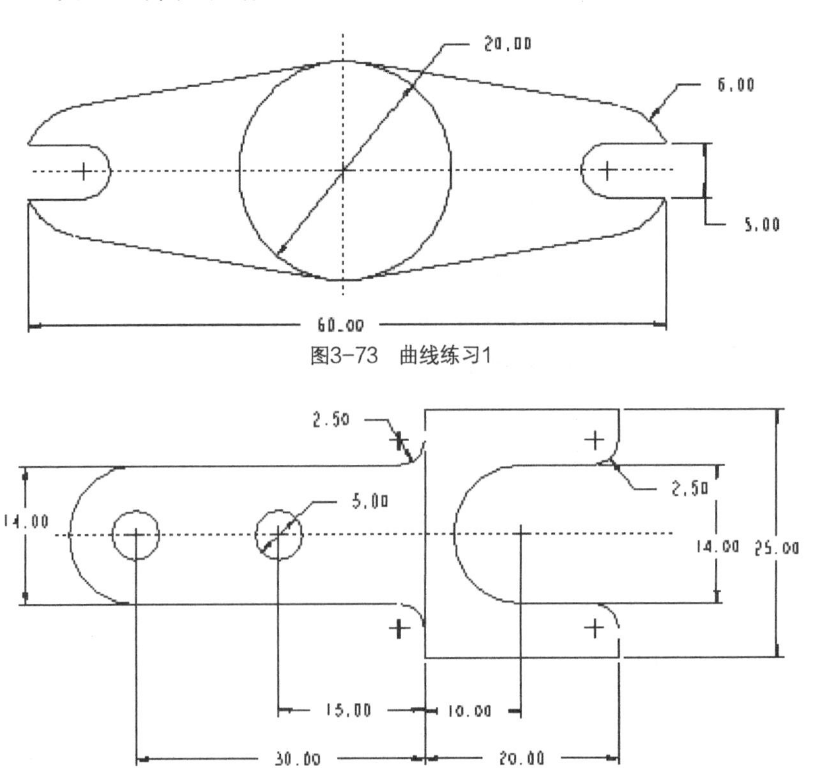

图3-73 曲线练习1

图3-74 曲线练习2

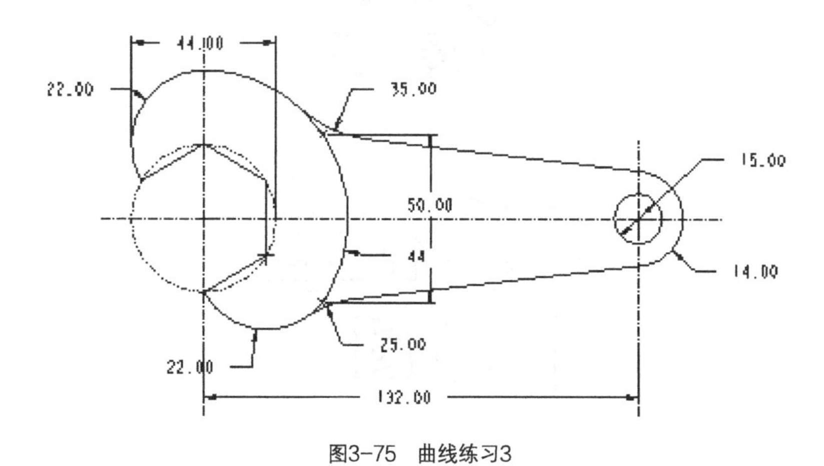

图3-75 曲线练习3

Chapter 4 第4章 草图

4.1 草图的作用

草图是组成一个轮廓曲线的集合。轮廓可以用于拉伸或旋转特征，轮廓可以用于定义自由形状特征的或过曲线片体的截面。

尺寸和几何约束可以用于建立设计意图及提供参数驱动改变模型的能力。

1. 草图的作用

（1）当明确知道一个设计意图时，可以快速应用约束，以满足该意图。

（2）当需要迭代许多解决方案去验证某一设计意图时，设计意图由下列两方面组成。

① 设计考虑：在实际部件上的几何需求，包括决定部件细节配置的工程和设计规则。

② 潜在的改变区域：称之为设计改变或迭代，它们影响部件配置。

2. 草图的应用场合

（1）当需要参数化地控制曲线时。

（2）标准成型特征无效的形状。

（3）使用一组特征去建立模型会使该形状编辑困难时。

（4）从部件到部件尺寸的改变，但有一共同的形状，应考虑将草图作为一个用户定义特征的一部分。

（5）如果形状本身适于拉伸或旋转，草图可以用作一个模型的基础特征。

（6）考虑草图用作扫描特征的引导路经或用作自由形状特征的生成母线。

4.2 草图工作平面

初次进入草图环境，系统会自动出现“创建草图”对话框，提示用户选择一个安放草图的平面，如图 4-1 所示。

用户可以选择实体上的平面或选择基准坐标系上的基准面，如 X-Y 面、Y-Z 面、X-Z 面，作为草图工作平面，如图 4-2 所示，选择实体上表面。选择相应的草图安放平面以后，单击【确定】按钮可以确定该草图，单击【取消】按钮将退出该选择。在选择草图平面的同时，“草图生成器”工具条会出现在绘图区的上方，如图 4-3 所示。

图4-1 “创建草图”对话框

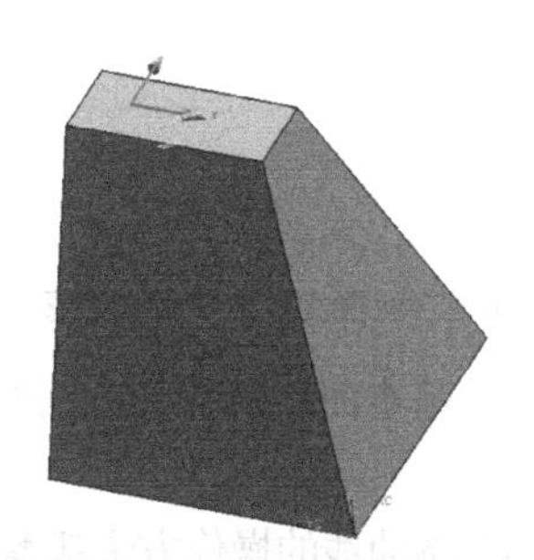

图 4-2 选择实体平面

图4-3 “草图生成器”工具条

进入草图环境以后，系统会按照先后顺序给用户的草图取名为 SKETCH_000、SKETCH_001、SKETCH_002 等。名称会显示在草图名称文本框中，用户可以随时修改草图的名称。当用户完成草图的创建后，可以单击完成草图图标，退出草图环境回到基本建模环境。

4.3 草图曲线创建

进入草图环境之后，系统会出现“草图工具”工具条，如图 4-4 所示。

下面对各个图标进行详细介绍。

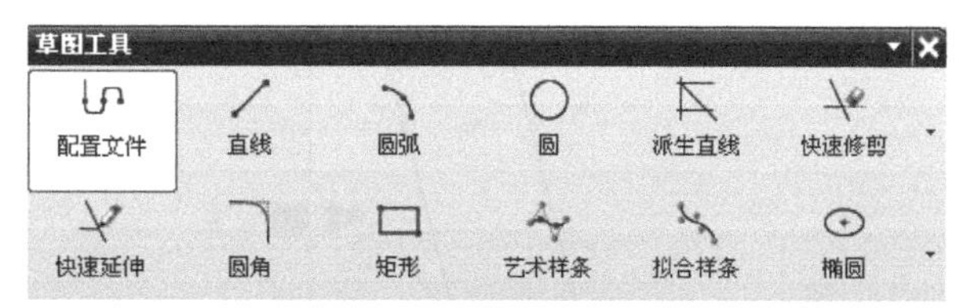

图4-4 “草图工具”工具条

（1）配置文件：可以连续绘制直线和圆弧，按住鼠标左键不放，可以在直线和圆弧之间切换，如图 4-5 所示。

（2）直线：与基本曲线的操作方法基本一样，但是在草图里可以输入长度和角度，

如图 4-6 所示。

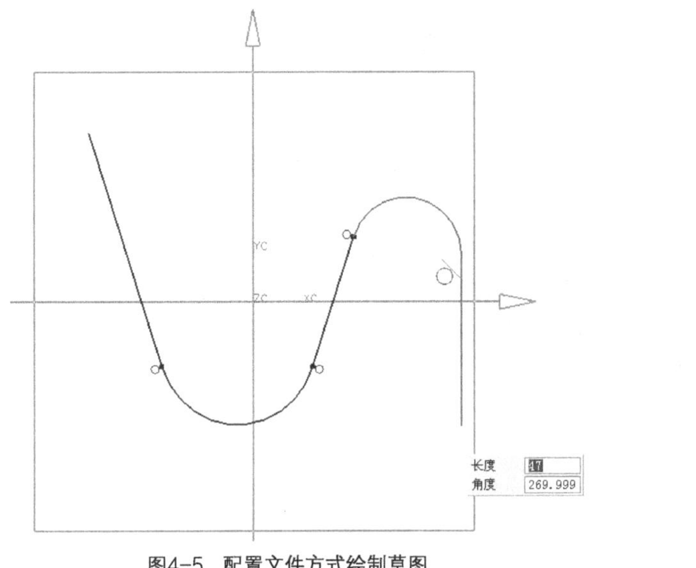

图4-5 配置文件方式绘制草图

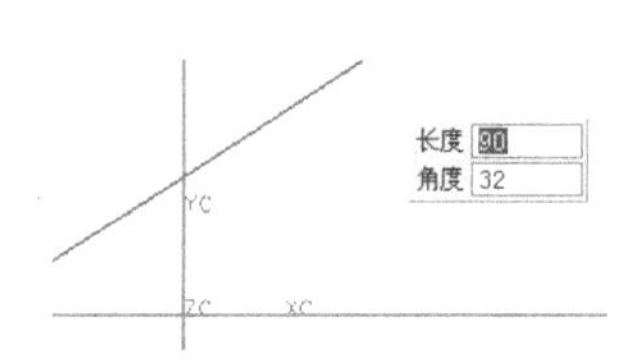

图4-6 直线方式绘制草图

（3）圆弧：与基本曲线的操作方法基本一样，但是可以输入半径、圆心坐标和扫描角度等值，如图 4-7 所示。

（4）圆：与基本曲线的操作方法基本一样，但是可以同时输入直径、圆心等值，如图 4-8 所示。

（5）派生直线：选择一条或几条曲线后，系统自动生成其平行线或角平分线等，如图 4-9 所示。

（6）快速修剪：这个选项类似于 Windows 绘图工具中的橡皮擦，可以擦掉任意不想要的曲线，如图 4-10 所示。

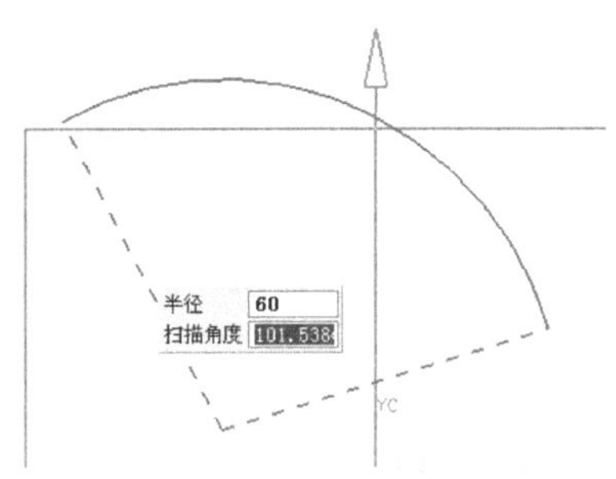

图4-7 圆弧方式绘制草图

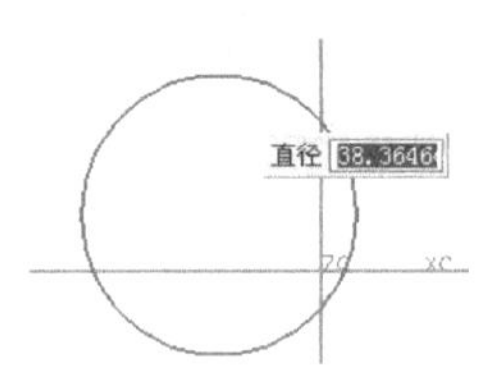

图4-8 圆方式绘制草图

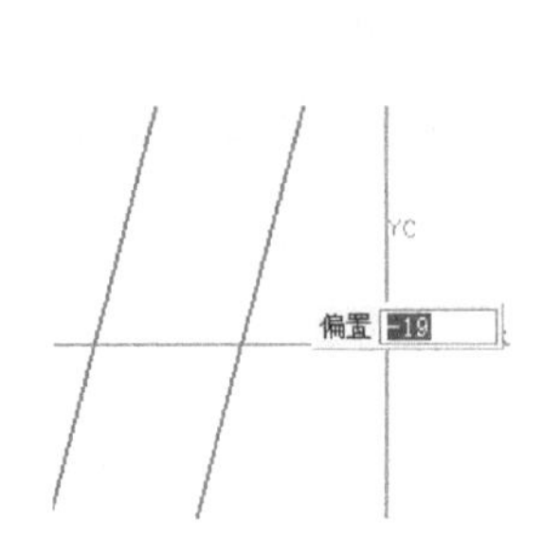

图4-9 派生直线方式绘制草图

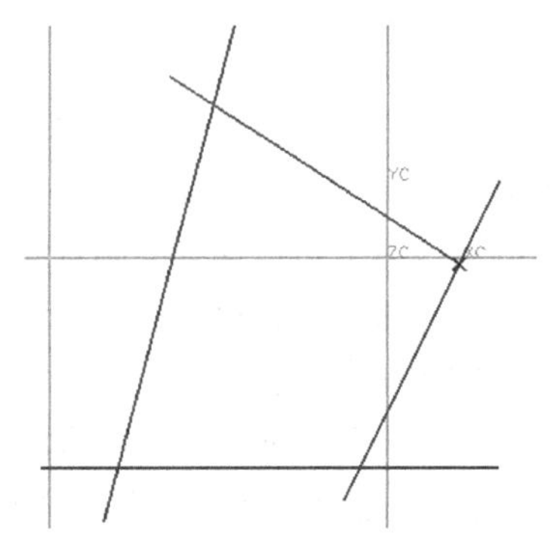

图4-10 快速修剪方式绘制草图

（7）快速延伸：可以自动延伸曲线到和另外一条曲线相交的位置，如图 4-11 所示。

（8）圆角：依次选取两条曲线，就可以在曲线之间进行倒角，并且可以动态改变圆角半径，如图 4-12 所示。

（9）矩形：可以支持 3 种方式生成矩形，用户可以选择对角点、三点、中心点和拐角来绘制矩形，如图 4-13 所示。

（10）艺术样条：与样条建立基本一样，可以绘制不同阶次的曲线，如图 4-14 所示。

（11）拟合样条：通过已指定的数据点拟合来创建样条。与样条曲线建立操作基本一样。

（12）椭圆：用户确定椭圆中心后，在“创建椭圆”对话框中输入各参数值，绘制的椭圆如图 4-15 所示。

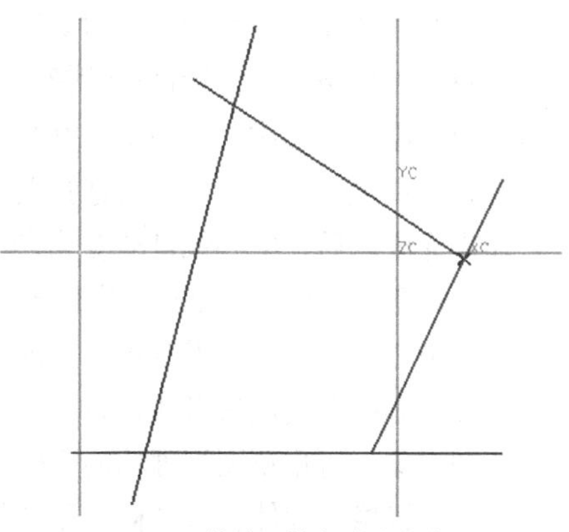

图4-11 快速延伸方式绘制草图

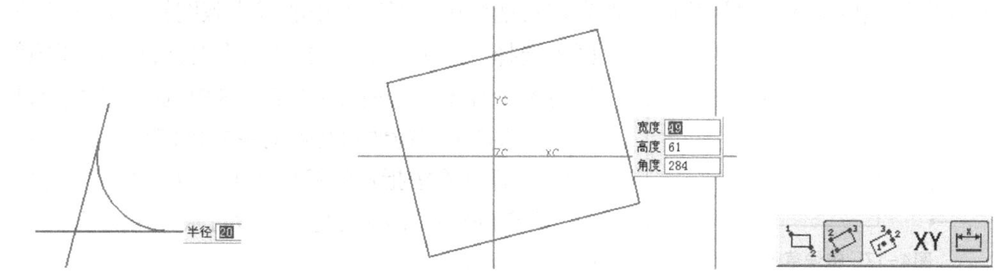

图4-12 圆角方式绘制草图

图4-13 矩形方式绘制草图

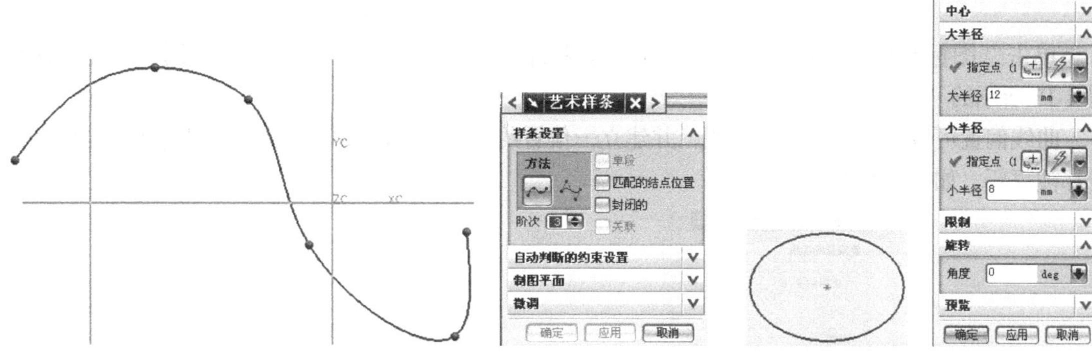

图4-14 艺术样条方式绘制草图

图4-15 椭圆方式绘制草图

4.4 草图基本操作

4.4.1 草图镜像

单击图标或单击下拉菜单【插入】→【来自曲线集的曲线】→【镜像曲线】命令，系统将弹出“镜像曲线”对话框，如图 4-16 所示。

镜像曲线操作是将草图几何对象以一条直线为对称中心线，将所选取的对象以这条直线为轴进行镜像，复制成新的草图对象。镜像复制的对象与原对象形成一个整体，并且保持相关性。

图4-16 “镜像曲线”对话框

首先选择镜像中心线，然后选择要镜像的草图，就可以完成操作了。操作完成以后，中心线自动变为参考线。

（1）镜像中心线：该图标用于选择存在的直线作为镜像中心线。选择镜像中心线时，系统限制用户只能选择草图中的直线。镜像操作后，镜像中心线会变成参考线，暂时失去作用。如果要将其转化为正常的草图对象，可用草图管理功能中转换参考对象的方法进行转换。

（2）镜像几何体：该图标用于选择一个或多个要镜像的草图对象。在选取镜像中心线之后，用户可以在草图中选取要产生镜像的一个或多个草图对象。

用户在进行镜像草图对象操作时，首先在对话框中选择镜像中心线步骤图标，并在绘图工作区中选择一条镜像中心线。然后在对话框中选择镜像几何对象步骤图标，并在绘图工作区中选择要镜像的几何对象。选择了要镜像的几何对象并确定后，系统会将所选的几何对象按指定的镜像中心线进行镜像复制，同时，所选的镜像中心线变为参考对象并用浅色显示，如图 4-17 所示。

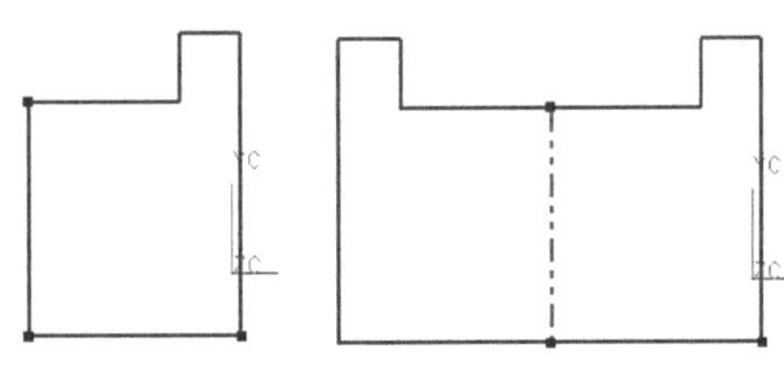

图4-17 镜像草图

4.4.2 偏置曲线

单击图标或单击下拉菜单【插入】→【来自曲线集的曲线】→【偏置曲线】，系统将弹出图 4-18 所示的“偏置曲线”对话框。

曲线偏置可以在草图中偏置曲线，并建立一偏置约束，修改原几何对象，抽取的曲线与偏置曲线都被更新，如图 4-19 所示。

图4-18 “偏置曲线”对话框

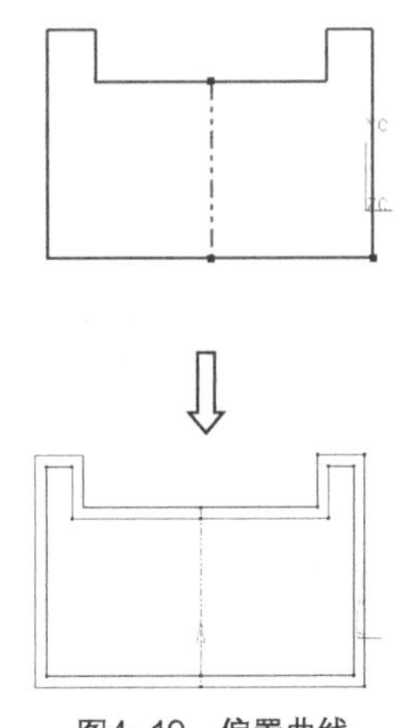

图4-19 偏置曲线

（1）距离：在输入曲线的平面中按指定的距离偏置曲线。

（2）“端盖选项”下拉列表：用于设置偏置曲线拐点处的样式 ，包括“延伸端盖”和“圆弧帽形体”两个选项，生成的偏置曲线分别在拐点处自然延伸和以圆角代替偏置曲线上的拐点。

（3）“链连续性和终点约束”标签栏中的“显示拐点”和“显示终点”复选框：“显示拐点”用于在原曲线的拐点处显示拐点球，双击此拐点球可将生成的偏置曲线在拐点处断开。“显示终点”将原曲线和偏置曲线的端点连在一起，当其中一条曲线的端点发生变化时， 其他曲线的端点随之改变 。

4.4.3 编辑定义线串

草图一般用于拉伸、旋转生成扫掠特征（SweptFeature），因此大多数草图是作为扫描特征的截面曲线，如果要改变扫描特征截面的形状，需要增加或去掉某些曲线，可以通过编辑定义曲线这个操作来实现。单击下拉菜单【编辑】→【编辑定义线串】，或在“草图操作”工具栏中单击图标，系统将弹出图4-20所示的“编辑线串”对话框。

必须在已经有了以草图曲线为基础的拉伸、扫掠等特征以后，才能编辑定义线串，否则系统不允许执行此操作。它用于将某些曲线、边和表面等几何对象添加到用来形成扫掠特征的截面曲线中，或从用来形成扫掠特征的截面曲线中移去一些曲线、边和表面等对象。用户在进行编辑定义曲线操作时，首先要在对话框的“线串类型”选项中设定需要编辑曲线的类型，然后在特征列表框中选择与当前草图相关的关联特征。如果要添加几何对象到定义曲线中，可在绘图工作区中选取欲添加的曲线、边或表面，然后确定即可。如果要从定义曲线中删除几何对象，则在绘图工作区中选取欲删除的曲线、边或表面，按住Shift键不放并单击鼠标左键，然后单击【确定】按钮即可，如图4-21所示。

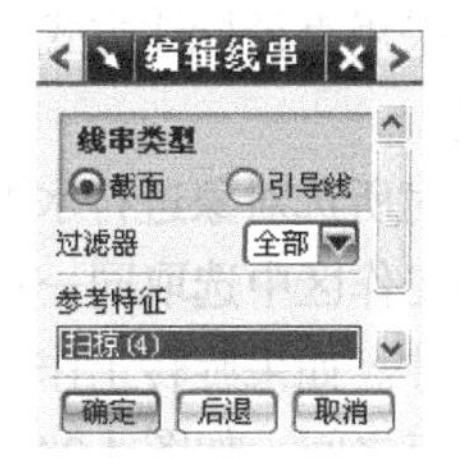

图4-20 “编辑线串”对话框

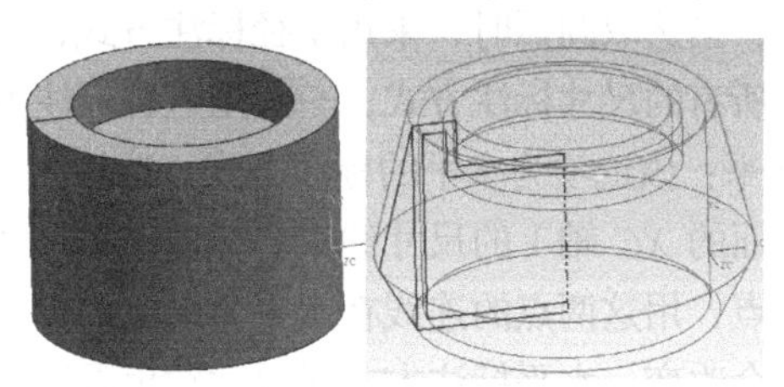
图4-21 编辑定义线串实例

4.4.4 投影

在“草图工具”工具条中单击图标时，系统将弹出如图4-22所示的“投影曲线”对话框。

投影曲线是通过选择草图外部的对象建立投影的曲线或线串，对投影有效的对象包括曲线、边缘、表面、其他草图。这些从相关曲线投影的线串都可以维持对原几何体的相关性。

图4-22 “投影曲线”对话框

4.5 草图约束

草图约束分为尺寸约束和几何约束。尺寸约束是指对草图线条标注详细的尺寸约束，通过尺寸来驱动线条变化。几何约束是指对线条之间施加平行、垂直、相切等约束充分固定线条之间的相对位置。

4.5.1 尺寸约束

建立草图尺寸约束是限制草图几何对象的大小和形状，也就是在草图上标注草图尺寸，并设置尺寸标注线的形式与尺寸。进入草图环境以后，系统会弹出草图“尺寸”对话框，如图4-23所示。

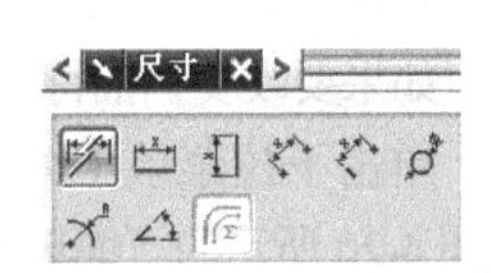

图4-23 草图“尺寸”对话框

在草图模式中进行尺寸标注，即将约束限制条件附在草图上，如在两点间标注尺寸，即限定两点的距离约束。除此之外，对于已经标注完成的尺寸，也可以修改其数值或位置，并且同时更新其他相关的尺寸。

在草图“尺寸”对话框中包括了主要的9种尺寸标注方式。

（1）自动判断的尺寸：该选项为自动判断方式。选择该方式时，系统根据所选草图对象的类型和光标与所选对象的相对位置采用相应的标注方法。当选取水平线时，采用水平尺寸标注方式；当选取垂直线时，采用垂直尺寸的标注方式；当选取斜线时，则根据鼠标位置可按水平、竖直或平行等方式标注；当选取圆弧时，采用半径标注方式；当选取圆时，采用直径标注方式。自动判断方式几乎涵盖了所有的尺寸标注方式，一般用这种标注方式比较方便。

（2）水平：该选项为水平的标注方式。选择该方式时，系统对所选对象进行水平方向（平行于草图工作平面的 *XC* 轴）的尺寸约束。标注该类尺寸时，在绘图工作区中选取同一对象或不同对象的两个控制点，用这两点的连线在水平方向上的投影长度标注尺寸。如果旋转工作坐标，则尺寸标注的方向也会改变。水平标注方式时尺寸约束限制的距离位于两点之间，如图4-24所示。

（3）竖直：该选项为竖直标注方式。选择该方式时，系统对所选择的对象进行垂直方向（平行于草图工作平面的 *YC* 轴）的尺寸约束。标注该类尺寸时，在绘图工作区中选取同一对象或不同对象的两个控制点，用这两点的连线在垂直方向的投影长度标注尺寸。如果旋转工作坐标，则尺寸标注的方向也会改变。垂直标注方式时尺寸约束限制的距离位于两点之间，如图4-25所示。

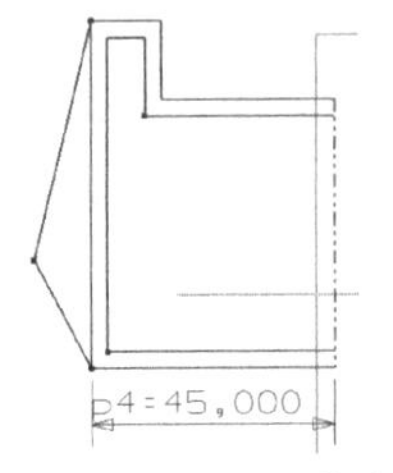

图4-24 水平标注方式

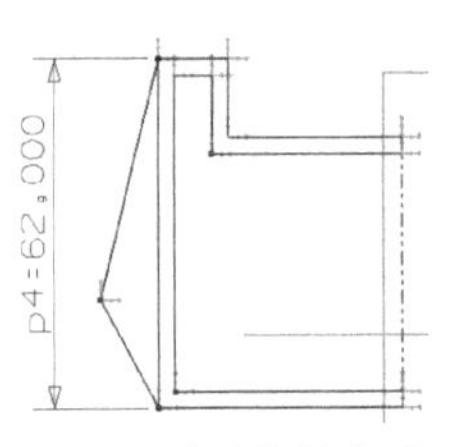

图4-25 竖直标注方式

（4）平行：该选项为平行标注方式。选择该方式时，系统对所选择的对象进行平行于对象的尺寸约束。标注该类尺寸时，在绘图工作区中选取同一对象或不同对象的两个控制点，用这两点的连线的长度标注尺寸，尺寸线将平行于这两点的连线方向，如图 4-26 所示。

（5）垂直：该选项为垂直的标注方式，选择该方式时，系统对所选的点到直线的距离进行尺寸约束。标注该类尺寸时，首先在绘图区选取一条直线，然后选取一个点，系统用点到直线的垂直距离长度标注尺寸，尺寸线垂直于所选取的直线，如图 4-27 所示。

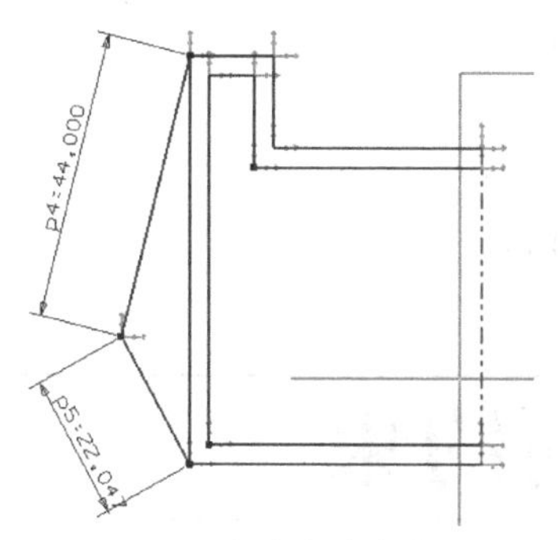

图4-26 平行标注方式

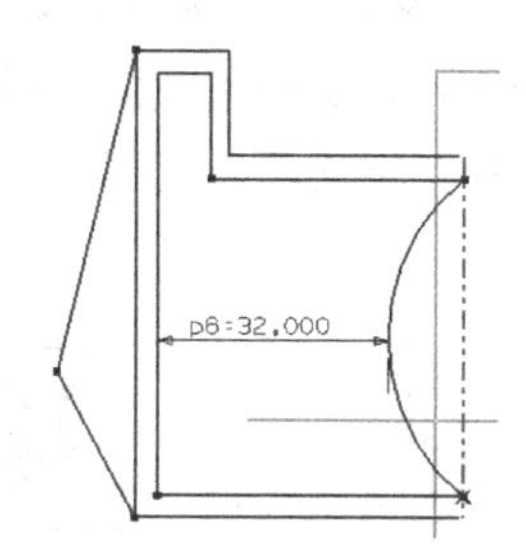

图4-27 垂直的标注方式

（6）直径：该选项为直径标注方式，选择该方式时，系统对所选的圆弧对象进行尺寸约束。标注该类尺寸时，首先在绘图区选取一条圆弧曲线，则系统直接标注圆的直径尺寸，在标注尺寸时所选取的圆弧或圆，必须是在草图模式中创建的，如图 4-28 所示。

（7）半径：该选项为半径标注方式，选择该方式时，系统对所选的圆弧对象进行尺寸约束。标注该类尺寸时，首先在绘图区选取一条圆弧曲线，则系统直接标注圆的半径尺寸，在标注尺寸时所选取的圆弧或圆，必须是在草图模式中创建的，如图 4-29 所示。

（8）成角度：该选项为角度标注方式，选择该方式时，系统对所选的两条直线进行尺寸约束。标注该类尺寸时，首先在绘图区远离直线交点的位置选择两条直线，则系统会标注这两条直线之间的夹角，如果选取直线时光标比较靠近两直线的交点，则标注的该角度是对顶角，如图 4-30 所示。

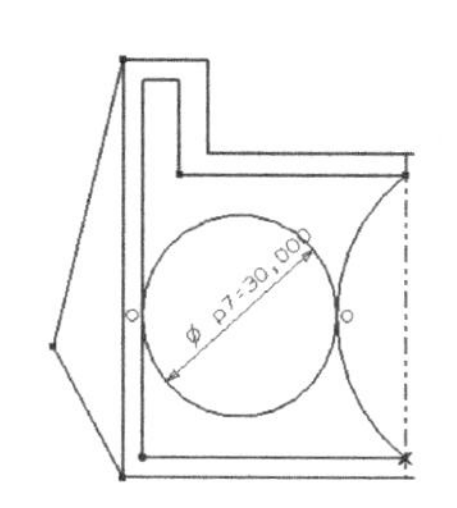

图4-28 直径标注方式

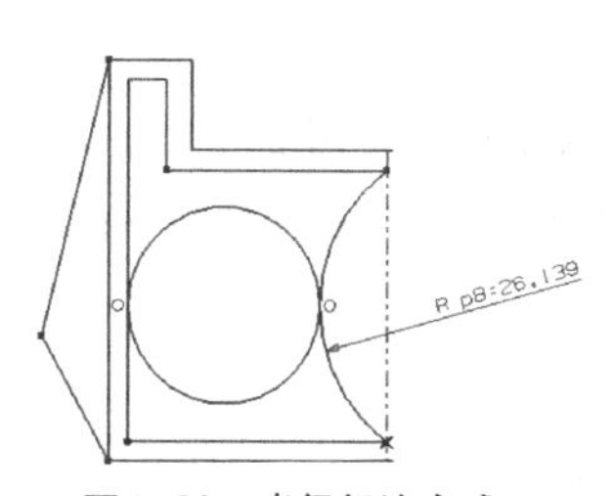

图4-29 半径标注方式

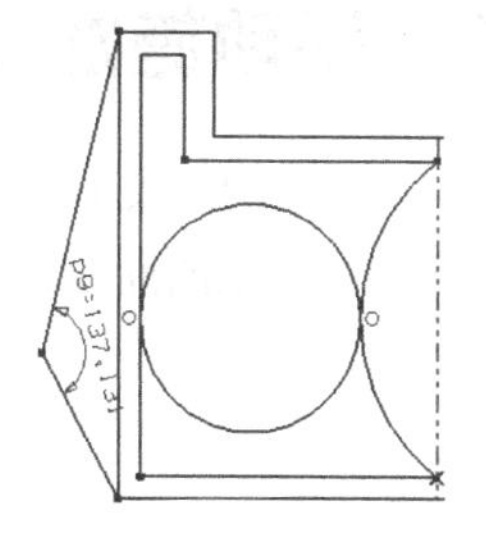

图4-30 角度标注方式

（9）周长：该选项为周长标注方式，选择该方式时，系统对所选的多个对象进行周长的尺寸约束。标注该类尺寸时，用户可在绘图区中选取一段或多段曲线，则系统会标注这些曲线的周长。

4.5.2 几何约束

几何约束用于定义建立的草图对象的几何特性及两个或两个以上对象间的相互关系，几何约束主要包括如下几种。

（1）固定的：该类型是将草图对象固定在某个位置上。不同的几何对象有不同的固定方法。

（2）重合：定义两个或两个以上的点位置重合。

（3）同心：定义两个或两个以上的圆弧或椭圆圆弧圆心同心。
（4）共线：定义两条或两条以上的直线共线。
（5）曲线上的点：定义点位于曲线上。
（6）水平：定义直线为水平直线。
（7）垂直：定义直线为垂直直线。
（8）平行：定义两条或两条以上的直线彼此平行。
（9）相切：定义选定的两个对象相切。
（10）等长度：定义两条或两条以上的直线长度相等。
（11）等半径：定义两条或两条以上的圆弧半径相等。

4.6 添加几何约束

几何约束的添加分为两种方法：一种是自动判断约束，另一种是手动施加。

4.6.1 自动判断约束

在草图环境中画曲线时，系统会自动判断用户的作图意图，提示用户将要施加的几何约束，系统可以捕捉平行、垂直、等长等多种约束，“自动判断约束”设置对话框如图4-31所示。

在对话框中可以设置在自动判断的时候需要系统推断的约束类型。

系统可以同时推断两种类型约束，在使用鼠标中键确定一种约束以后，可以将该约束锁定，然后可以继续判断下一种约束。

4.6.2 手动施加

在对自动判断的约束不满意或者没有施加的约束时，用户可以手动施加相关的约束。单击⫽⊥图标，然后选择要施加约束的曲线，系统会把可能的约束情况列举在绘图区的左上角，如图4-32所示。

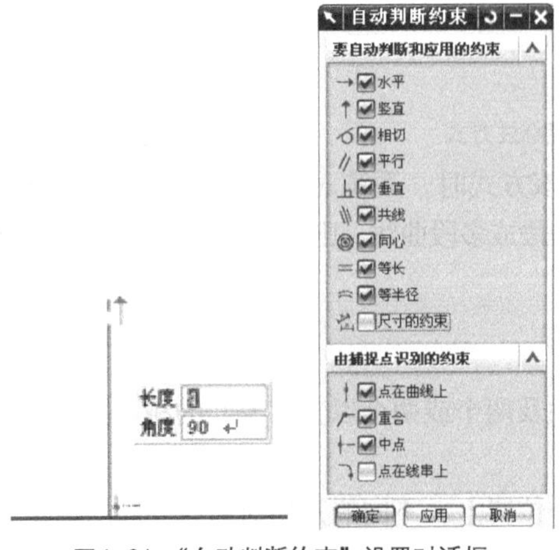

图4-31 “自动判断约束”设置对话框

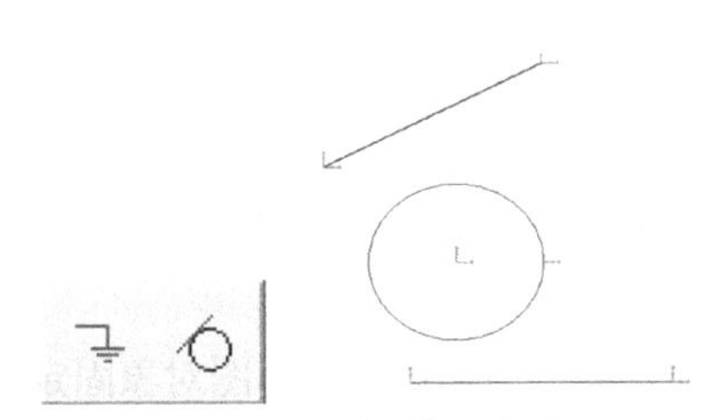

图4-32 列举约束类型

4.7 约束相关操作

4.7.1 显示所有约束

在施加约束以后，系统会自动显示已经施加的相应约束，用户可以通过单击图标来显示所有的约束，如图 4-33 所示。

图标处于按下状态时显示约束，再次单击图标，使图标处于弹起状态将不显示约束。

4.7.2 显示/移除约束

单击图标，会弹出“显示 / 移除约束”对话框，如图 4-34 所示。选择相应的曲线，施加在该曲线上的所有约束都会出现在列表中，可以选择某种约束或所有约束进行去除，对话框中相应各项的功能如下。

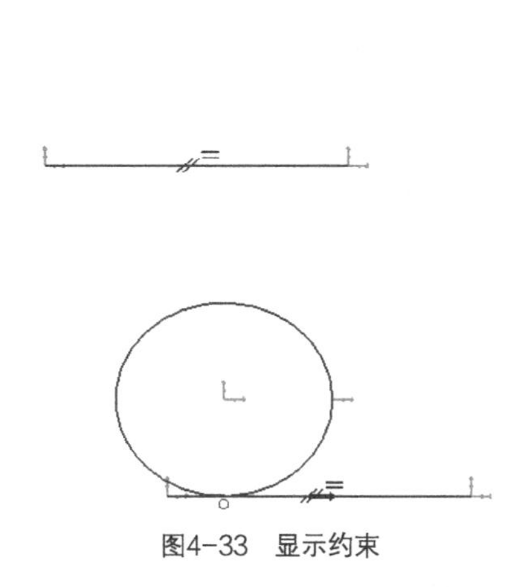

图4-33 显示约束

图4-34 “显示/移除约束”对话框

（1）选定的对象（即对话框中的第一项“选定的对象”）：该选项会在显示约束列表中显示所选中的对象的几何约束，用户只能在绘图工作区中选择一个对象。

（2）选定的对象（即对话框中的第二项“选定的对象”）：该选项允许用户选取多个草图对象。

（3）活动草图中的所有对象：该选项用于在约束列表框中列出当前草图中所有草图对象的几何约束。

（4）约束类型：该下拉列表用于显示当前草图中所选对象指定类型的几何约束。当在该列表框中选择某个约束时，约束对应的草图对象在绘图工作区中会高亮显示，并在该对象旁显示草图对象的名称。

（5）移除高亮显示的：该按钮可以移去当前高亮显示的几何约束。

（6）移除所列的：该按钮可以移去显示约束列表框中所有的几何约束。

4.7.3 备选解

当用户对一个草图对象进行约束操作时，可能存在多种满足条件的约束情况。这时可以使用“备选解（另解）”功能，使用合适的约束情况来替代原有的约束。

单击图标，系统提示用户选择操作对象，选择对象后，系统自动将当前的约束方式转换为另一种约束方式，如图 4-35 所示。

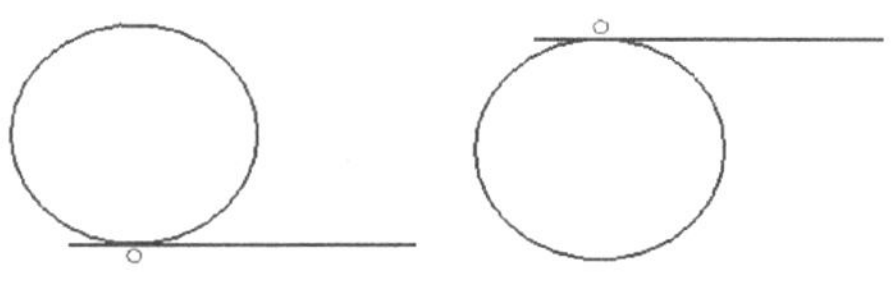

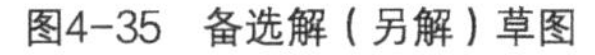

图4-35 备选解（另解）草图

4.8 草图操作实例

应用草图功能，设计图 4-36 所示的草图。

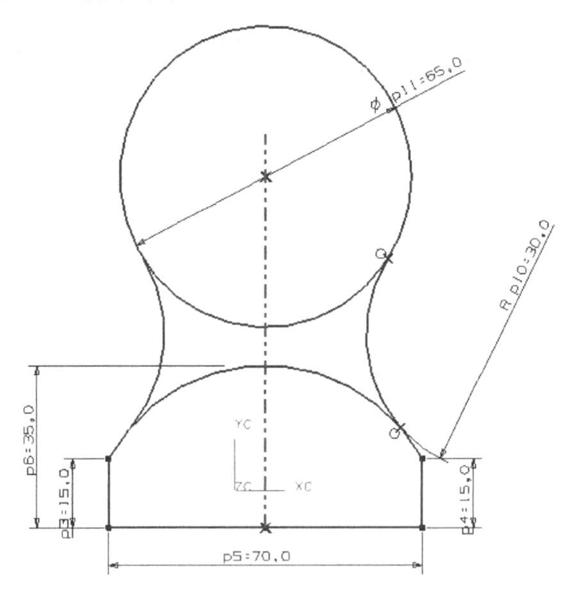

图4-36 草图实例

设计步骤如下。

（1）单击图标，选择 *XC-YC* 平面作为草图平面。

（2）单击图标，绘制图 4-37 所示的曲线。

（3）添加约束，如图 4-38 所示。先施加 P3、P4、P5 约束，然后施加 P6 约束。

（4）在图 4-38 所示的中心线上任选一点绘制一个圆，然后绘制一段圆弧，结果如图 4-39 所示。

（5）添加约束，如图 4-40 所示。先施加几何约束，使得圆弧与另外两个对象相切，然后分别约束

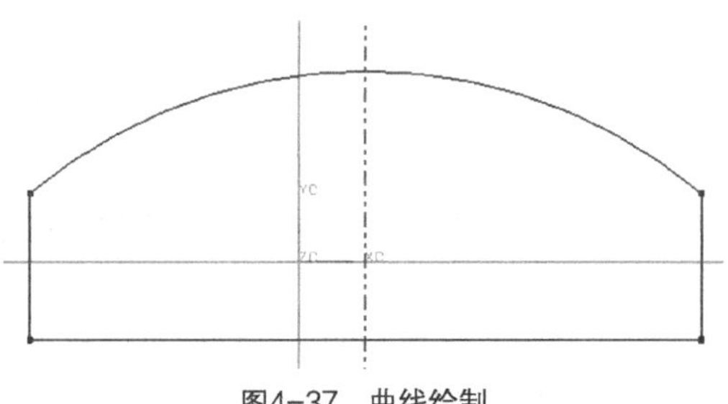

图4-37 曲线绘制

P10、P11。

（6）单击图标，镜像P10圆弧，如图4-41所示。

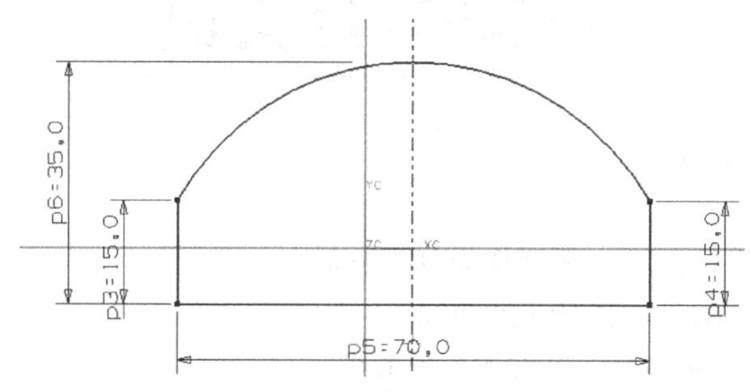

图4-38 约束草图

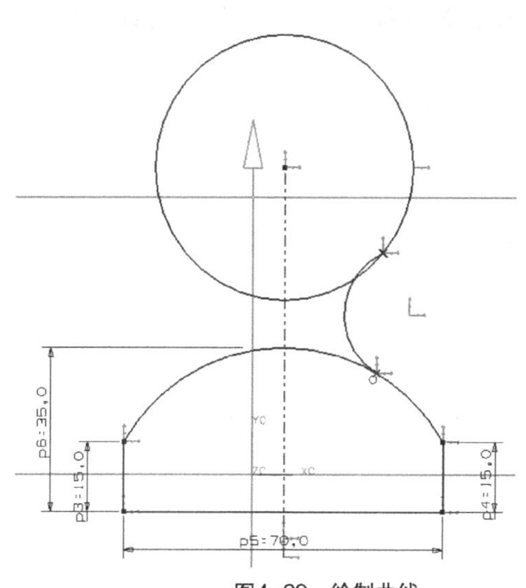

图4-39 绘制曲线

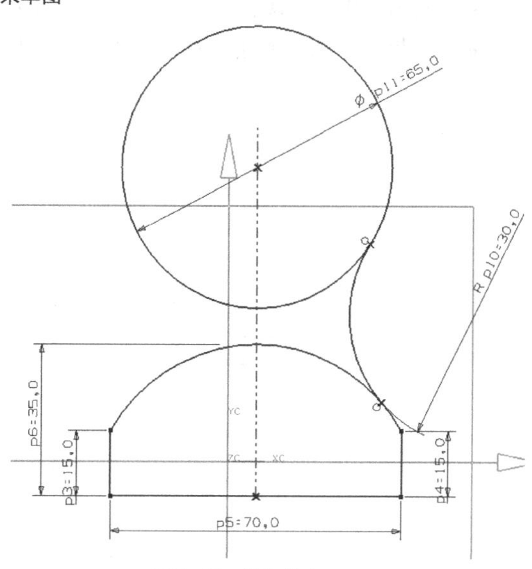

图4-40 施加约束

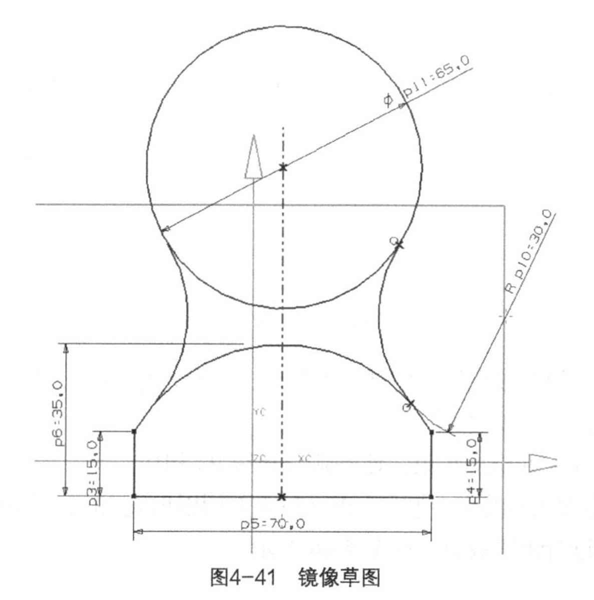

图4-41 镜像草图

4.9 草图综合实例

绘制图 4-42 所示的草图。

设计步骤如下。

（1）单击图标，选择 *XC-YC* 平面作为草图平面。

（2）单击图标，绘制图 4-43 所示的曲线。

- 绘制两条相互垂直的直线，并转化为参考线。
- 使用派生直线图标，绘制直线，并施加约束 P0=105。
- 绘制两个圆，施加尺寸约束 P1=11（左边），P2=20，然后施加几何约束，使圆与直线相切。

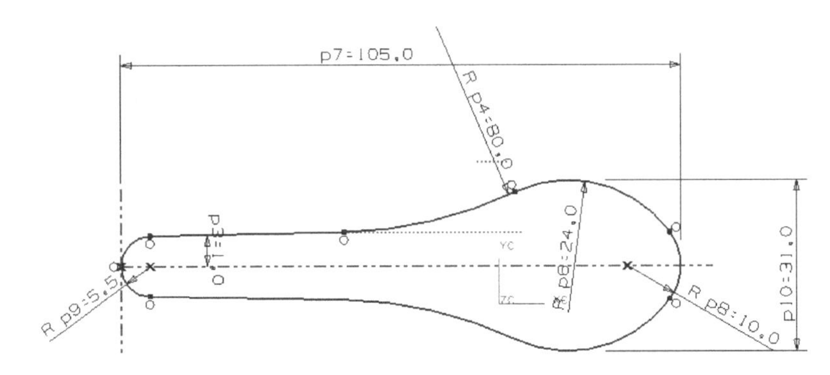

图4-42 草图综合实例

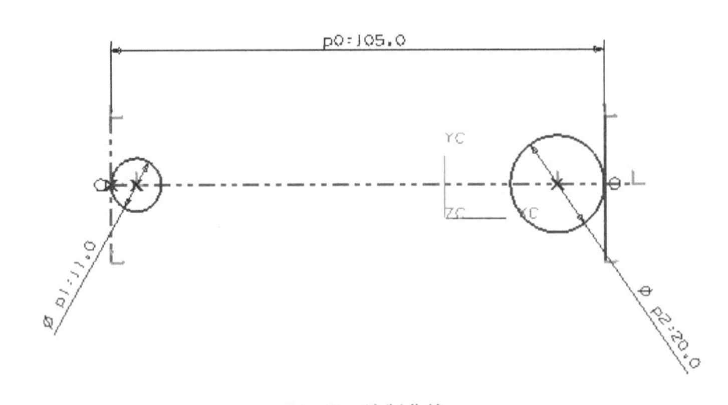

图4-43 绘制曲线

（3）绘制一条直线，约束该直线，使其与圆相切，并与水平参考线成 1° 角，如图 4-44 所示。

（4）绘制两段圆弧，如图 4-45 所示。

- 绘制圆弧 P4=R80，并施加约束，使圆弧与直线 P3 相切。
- 绘制圆弧 P6，施加几何约束，使圆弧 P6 与 P4、P2 相切，施加尺寸约束，使 P5=15.5，P6=R24。

（5）镜像曲线，并进行快速裁剪，如图 4-46 所示。

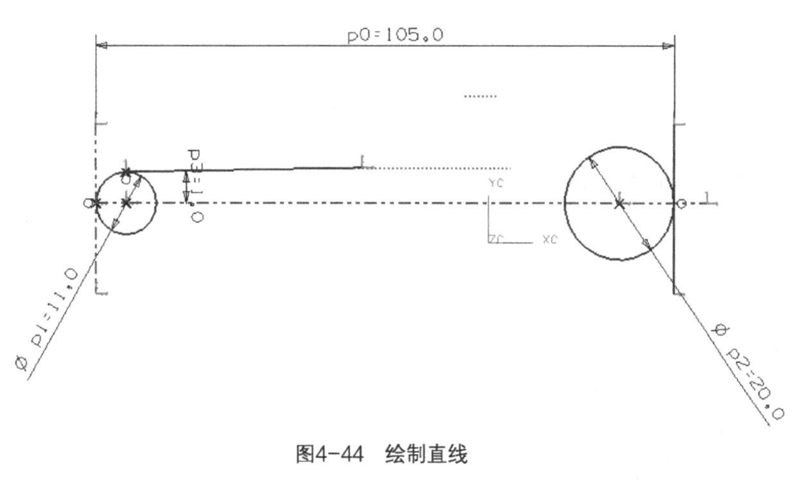

图4-44 绘制直线

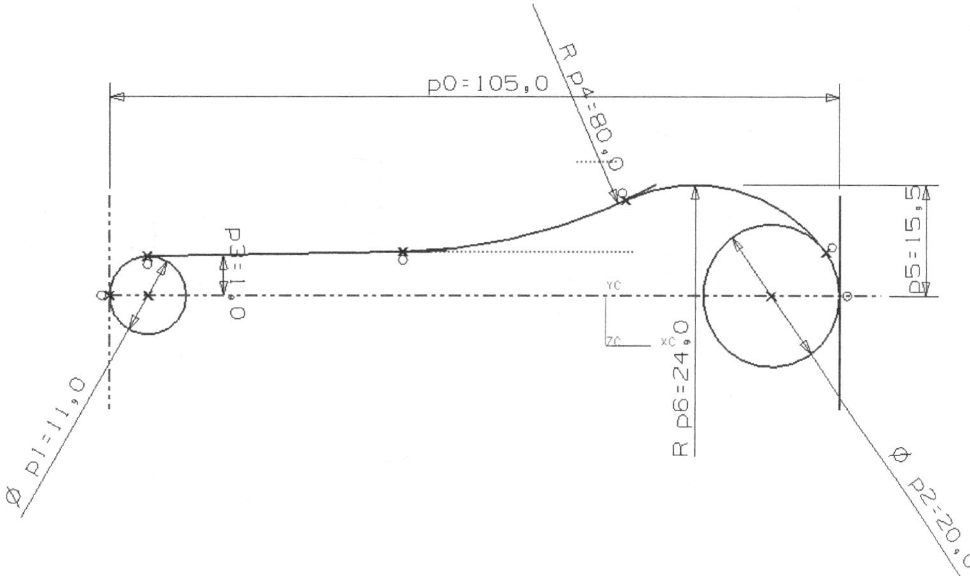

图4-45 绘制两段圆弧

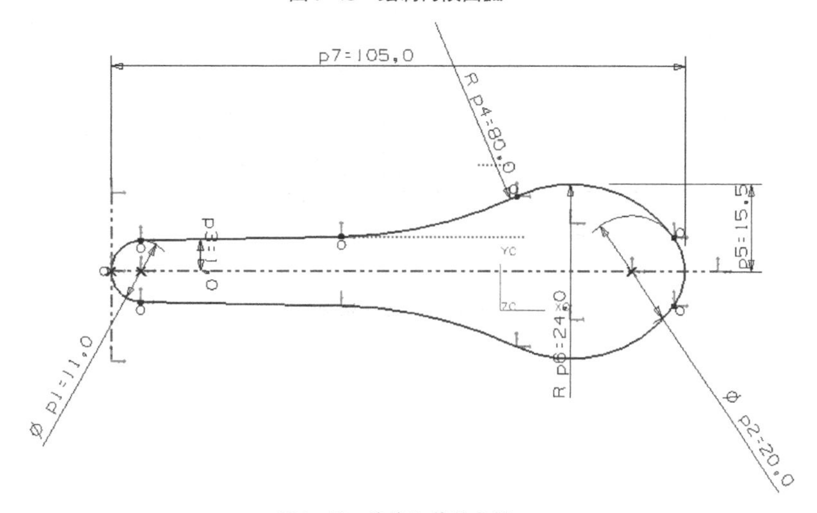

图4-46 镜像和裁剪曲线

绘制图 4-47 至图 4-49 所示的草图。

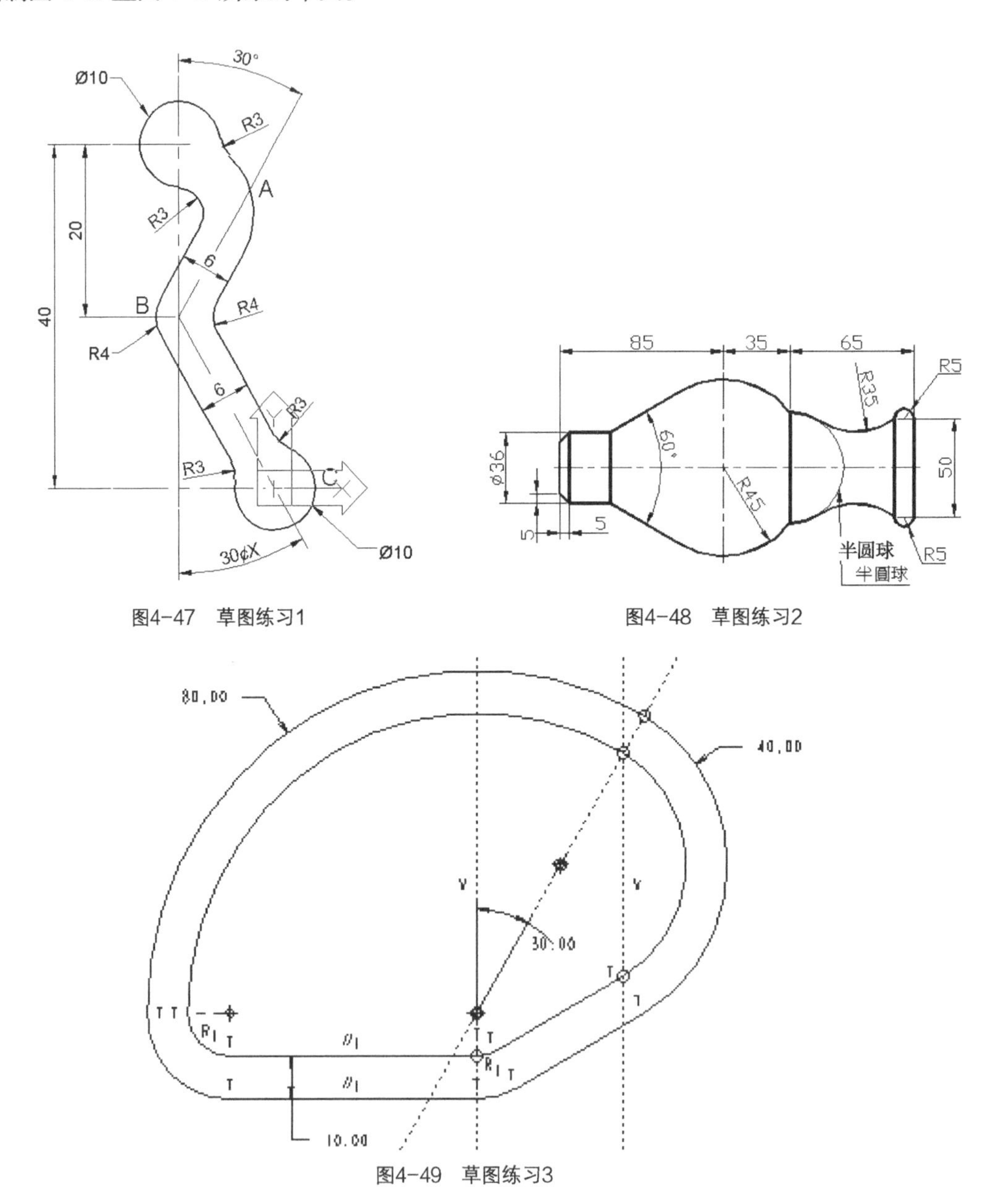

图4-47 草图练习1

图4-48 草图练习2

图4-49 草图练习3

第5章 实体建模

5.1 UG NX 6.0 建模特点

UG NX 6.0 的建模分为实体建模、特征建模和自由曲面建模 3 大部分，而其中的实体建模和特征建模是所有 UG CAD 的基础。

在 CAD 的发展史上，显式的或传统的建模是第 1 种类型的建模方法；第 2 种类型的建模方法是基于历史的建模；第 3 种类型的建模方法是基于约束的建模，是以草图为基础，对草图进行拉伸、扫略等生成三维模型，而 UG NX 6.0 采用了先进的复合建模技术。

UG NX 6.0 建模将基于约束的特征造型功能和显示的直接几何造型功能无缝地集合为一体，采用了最强大的复合建模功能,使用户可以充分利用集成在先进的参数化特征造型环境中的传统实体、曲面和线架功能。实体建模提供用于快速有效地进行概念设计的变量化草图工具、尺寸驱动编辑和用于一般建模和编辑的工具，使用户既可以进行参数化建模又可以方便地用非参数方法生成二维、三维线框模型。扫略和旋转实体以及进行布尔运算也可以将部分参数化或非参数化模型再进行二次编辑，方便地生成复杂机械零件的实体模型。

5.2 UG NX 6.0 建模方法

UG NX 6.0 具有强大的建模功能，用户可以选择多种建模方法，也可以方便地混合使用不同的建模方法。

1. 非参数化建模

非参数化建模是显式建模，对象相对于模型空间而建立，彼此之间并没有相互的依存关系。对一个或多个对象所做的改变不影响其他对象。例如，过两个已存点建立一条直线或过 3 个已存点建立一段弧，如果移动一个已存点，线、弧将不会因此而发生改变。

2. 参数化建模

为了进一步编辑一个参数化模型，将用于模型定义的参数值随模型存储。参数可以彼此引用，以建立模型各个特征间的关系。

3. 基于约束的建模

在基于约束的建模中，模型的几何体是从作用到定义模型几何体的一组设计规则，称之为约束，来驱动或求解的。这些约束可以是尺寸约束（如草图尺寸或定位尺寸）或几何约束（如平行或相切），例如一条直线相切于一段弧。设计者的意图是直线的角度改变时仍维持相切，或当角度修改时仍维持正交条件。

4. 复合建模

复合建模是指上述 3 种建模技术的发展与选择性组合。UG 复合建模支持传统的显式几何建模及基于约束的草绘和参数化特征建模。所有工具无缝地集成在单一的建模环境内。

基准特征

在 UG 的使用过程中，经常会遇到需要指定基准特征的情况。例如，在圆柱面上生成键槽时，需要指定平面作为键槽放置面，此时就需要建立基准平面。在建立特征的辅助轴线或参考方向时需要建立基准轴。在有的情况下还需要建立基准坐标系。本节将介绍基准平面、基准轴和基准坐标系的建立方法。

5.3.1 基准平面

单击下拉菜单【插入】→【基准 / 点】→【基准平面】命令，系统将弹出“基准平面”对话框，如图 5-1 所示。该对话框中共有 14 种建立基准平面的方法。

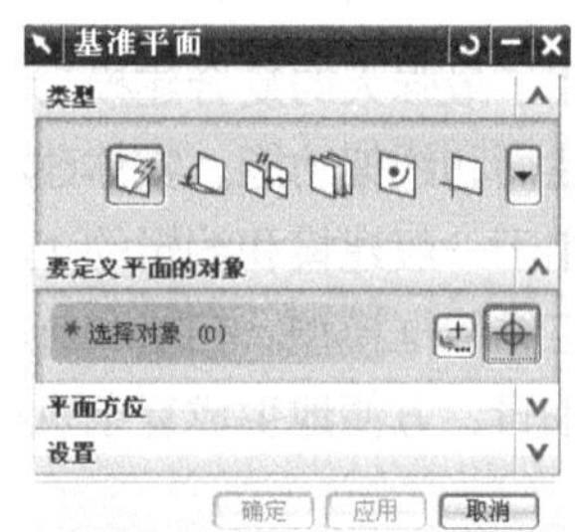

图5-1 “基准平面”对话框

以下介绍“类型”中的前 5 种方法和固定方法。

1. 类型

（1）自动判断的平面。自动判断的约束方式有 7 种：重合、平行、垂直、中心、相切、偏置和角度。这里介绍一下平行和偏置。

① 平行：选择两个平行平面或基准面，系统会在所选的两平面之间建立基准平面，该平面与两平面距离相同，如图 5-2 所示。

② 偏置：选择一个平面或基准面并且输入偏置值，系统会建立一个基准平面，该平面与参考平面距离为所设置的偏置值，如图 5-3 所示。

（2）点和方向。“点和方向”方式通过选择一个参考点和一个参考矢量，建立通过该点且垂直于所选矢量的基准平面，其步骤如下。

① 选择一个点，选择时可以利用图 5-4 所示的“点构造器”对话框和“捕捉点”工具条帮助进行选择。

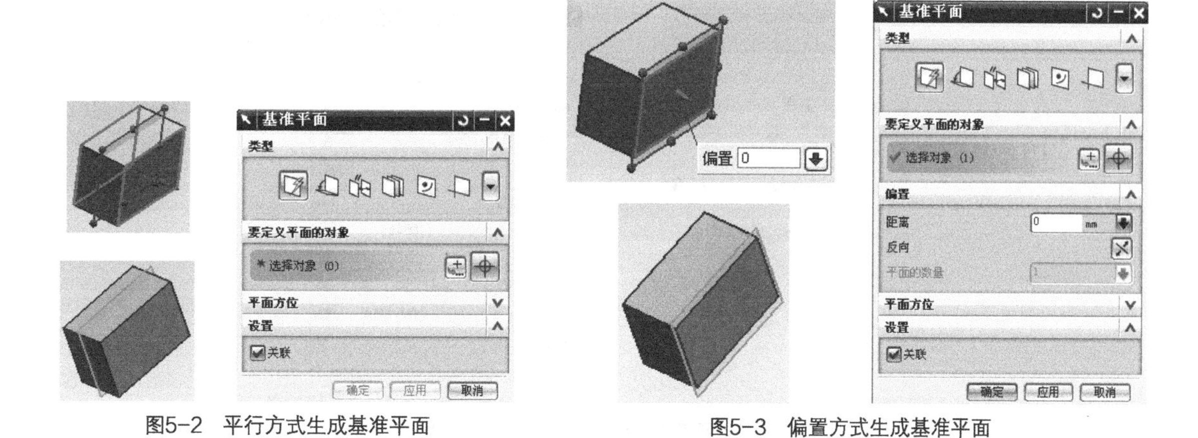

图5-2 平行方式生成基准平面

图5-3 偏置方式生成基准平面

② 选择一个矢量，选择时可以利用图 5-4 所示的“矢量构造器”对话框帮助进行选择。

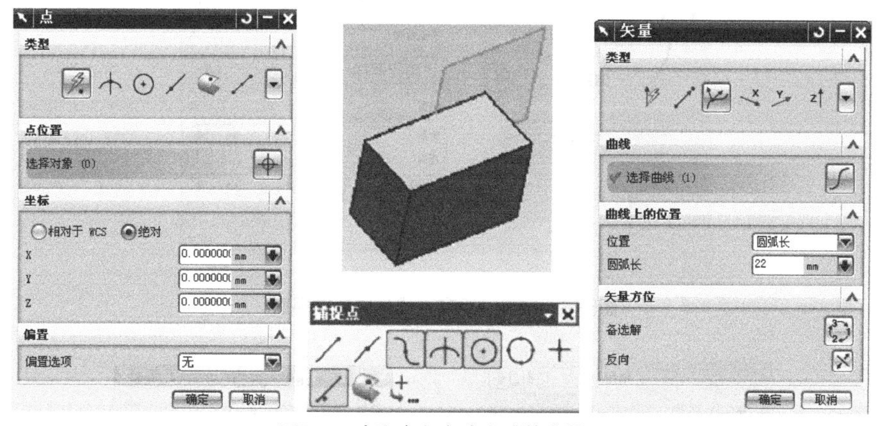

图5-4 点和方向方式生成基准平面

③ 单击【确定】或【应用】按钮，“点和方向”方式生成的基准平面，如图 5-4 所示。

（3）在曲线上（plane on curve）。“平面在曲线上”方式通过选择一条参考曲线，建立垂直于该曲线某点处的矢量或法向矢量的基准平面，其建立步骤如下。

① 选择参考曲线或边界。

② “基准平面”对话框变为如图 5-5 所示的界面，在该对话框的“位置”文本框中通过参数设置曲线上点的位置。在图形界面中拖动在所选点处出现的把手，也可以改变点的位置。

③ 设置好参数后，单击【确定】或【应用】按钮，“平面在曲线上”生成的基准平面，如图 5-5 所示。

（4）按某一距离。该方法通过选择平的面或基准平面，建立与所选面平行且按给定偏置值的基准平面。

“按某一距离”方式生成的基准平面，如图 5-6 所示。

（5）成一角度。该方式通过选择平的面、平面或基准平面，再选择线型曲线或基准轴，建立与所选面且通过所选线按给定角度值的基准平面，“成一角度”方式生成的基准平面，如图 5-7 所示。

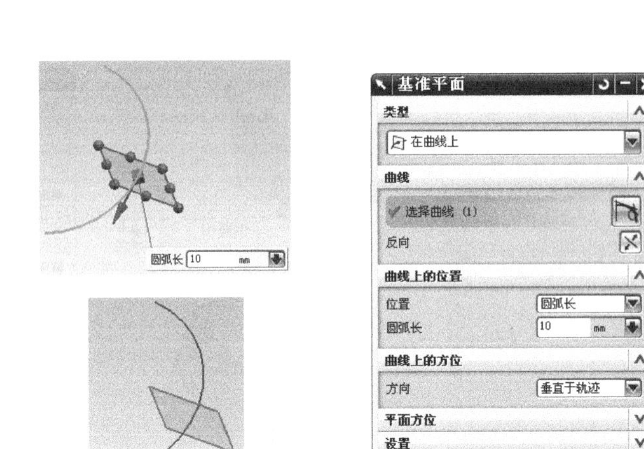

图5-5　平面在曲线上方式生成基准平面

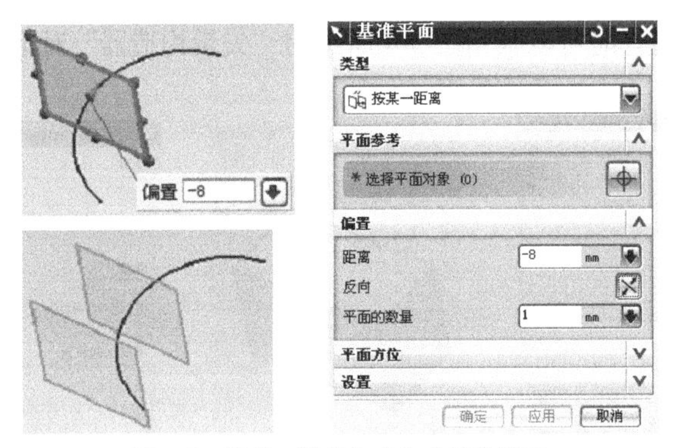

图5-6　按某一距离方式生成基准平面

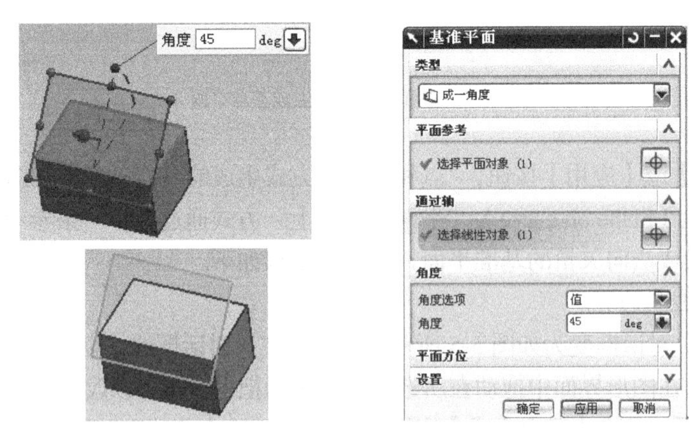

图5-7　成一角度方式生成的基准平面

2. 固定方法

单击“类型”中的某一个工作坐标系中的 4 种基准平面之一：*XC-YC* 平面、*XC-ZC* 平面、*YC-ZC* 平面和 *a*,*b*,*c*,*d* 系数，如图 5-8 所示。

例如建立“*XC-YC* 基准平面”，可单击图标后，在“偏置”文本框中输入值，再单击【确定】

或【应用】按钮，生成的“*XC-YC* 基准平面”，如图 5-8 所示。

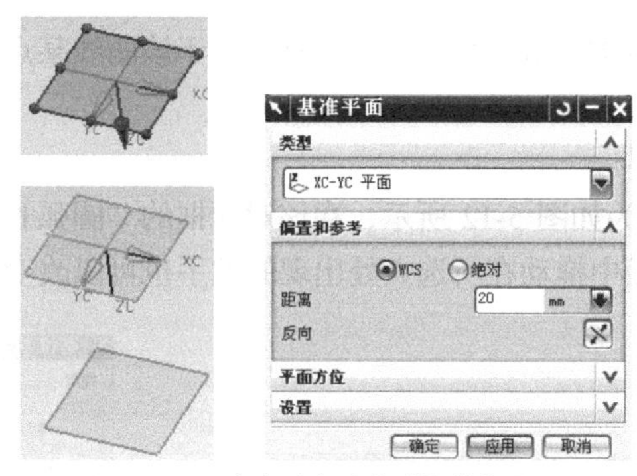

图5-8 固定方法方式生成的基准平面

5.3.2 基准轴

单击图标或单击下拉菜单【插入】→【基准 / 点】→【基准轴】命令，系统将弹出“基准轴”对话框，如图 5-9 所示。利用该对话框可以建立基准轴。

建立基准轴的 5 种方法介绍如下。

1. 自动判断

自动判断的约束方式有 3 种：重合、平行和垂直。 在自动判断方式下系统根据所选对象选择可用的约束。如果指定了一种约束，则只能选择该约束条件允许选择的对象。

2. 点和方向

“点和方向”方式通过选择一个参考点和一个参考矢量，建立通过该点且平行于所选矢量的基准轴，其步骤如下。

（1）选择一个参考点，选择时可以利用“点构造器”对话框帮助进行选择。

（2）选择一个矢量，选择时可以利用“矢量构成”对话框帮助进行选择。

（3）单击【确定】或【应用】按钮，生成基准轴，如图 5-10 所示。

图5-9 “基准轴”对话框

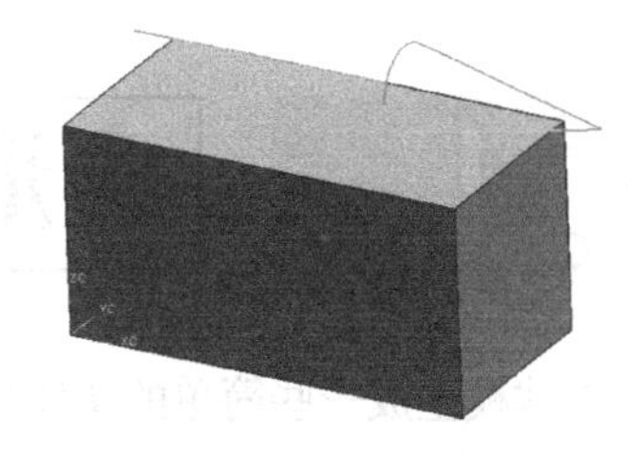

图5-10 点和方向方式生成基准轴

3. 两个点

“两个点”方式通过选择两个点来定义基准轴，选择时可以利用“点构造器”对话框来帮助进行选择。图 5-11 中两个参考点为立方体对角的两个顶点，通过设置“U 参数”的值还可以修改点的位

置，生成的基准轴如图 5-11 所示。

4. 曲线上矢量

“曲线上矢量”方式通过选择一条参考曲线，建立平行于该曲线某点处切矢量或法向矢量的基准轴，其步骤如下。

（1）选择参考曲线或边界。

（2）“基准轴”对话框变为如图 5-12 所示，在该对话框的“圆弧长”文本框中设置参数，设置曲线上点的位置。在图形界面中拖动在所选点处出现的把手也可以改变点的位置。

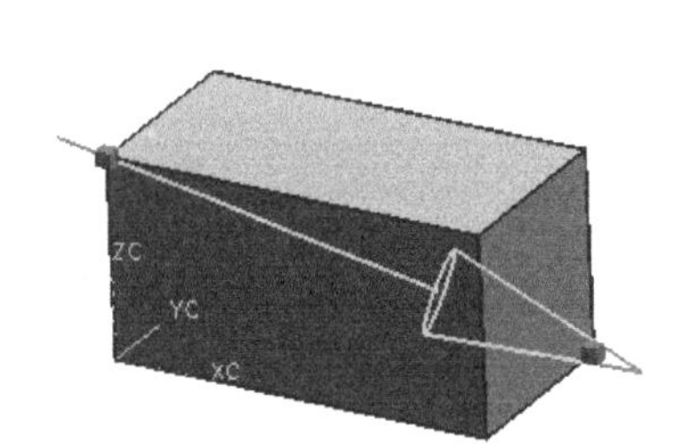

图5-11 两个点方式生成基准轴

图5-12 “基准轴”对话框

（3）设置好参数后，单击【确定】或【应用】按钮，生成基准轴，如图 5-13 所示。

5. 沿 *XC* 轴创建基准轴

单击图标，系统将弹出“基准轴”对话框，该方式可以建立沿 *XC* 轴创建基准轴，如图 5-14 所示。

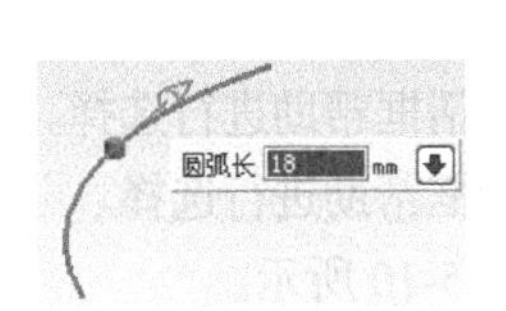

图5-13 点在曲线上方式生成基准轴

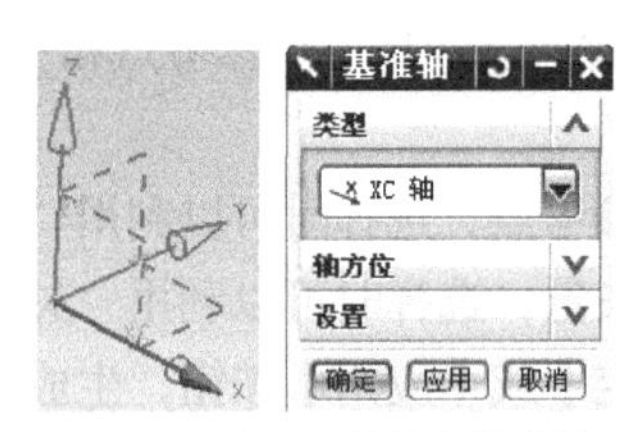

图5-14 沿*XC*轴创建基准轴

5.4 成形特征

通过 CAD 建模生成一些简单的实体模型后，可以通过成形特征来建立孔、圆台、腔体、凸垫、键槽和沟槽等细部特征，本节将介绍这些成形特征操作的具体方法。

5.4.1 孔

单击下拉菜单【插入】→【设计特征】→【孔】命令，系统将弹出“孔”对话框，如图 5-15 所

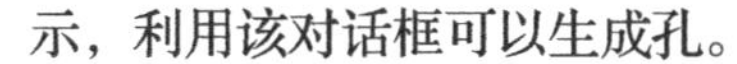

示，利用该对话框可以生成孔。

生成孔的步骤如下。

（1）选择一种孔的类型。

（2）在图 5-15 所示的对话框中设置孔的参数。

（3）选择孔的放置面。

（4）若要创建通孔则选择要通过的面。

（5）设置好参数后，单击【确定】或【应用】按钮，在弹出的“定位”对话框中为要创建的孔定位，最后生成孔。

孔的类型有 3 种，具体介绍如下。

- 简单孔：选择简单孔，需要设置孔的参数，如图 5-16 所示（位于“孔”对话框中部）。

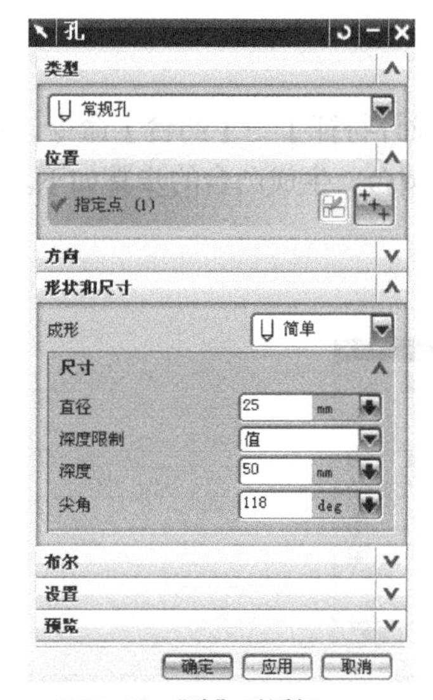

图5-15 “孔”对话框

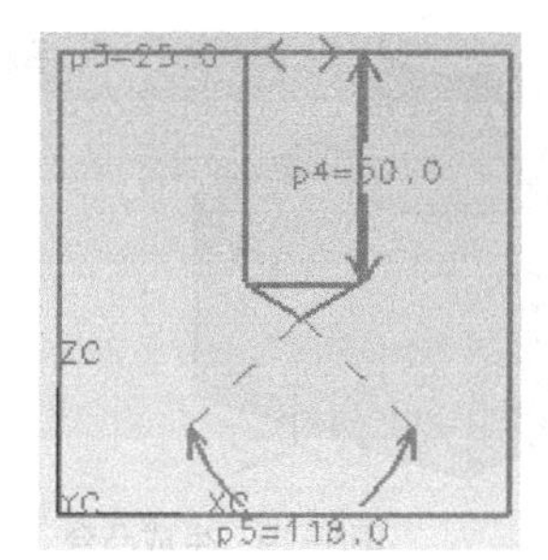

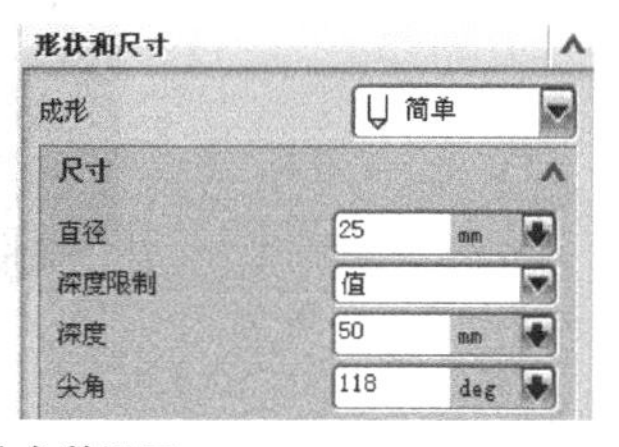

图5-16 简单孔参数设置

- 沉头孔：选择沉头孔，需要设置孔的参数，如图 5-17 所示。

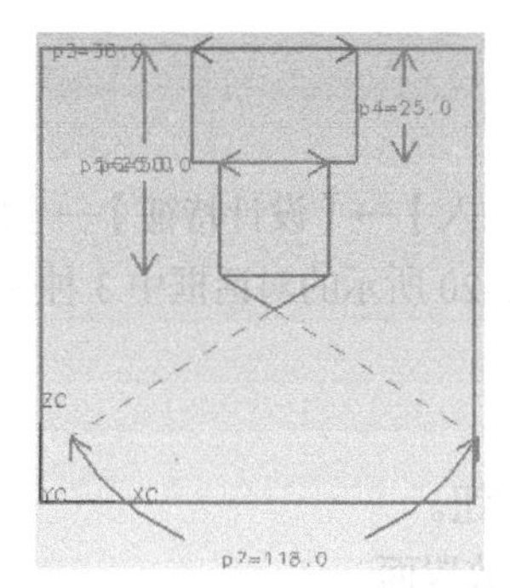

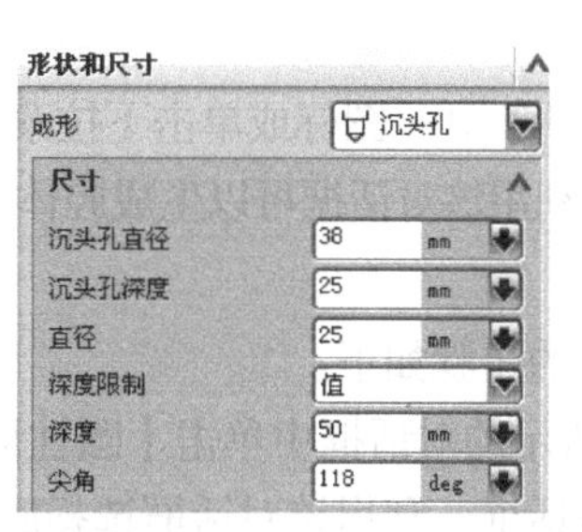

图5-17 沉头孔参数设置

- 埋头孔：选择埋头孔，需要设置孔的参数，如图 5-18 所示。

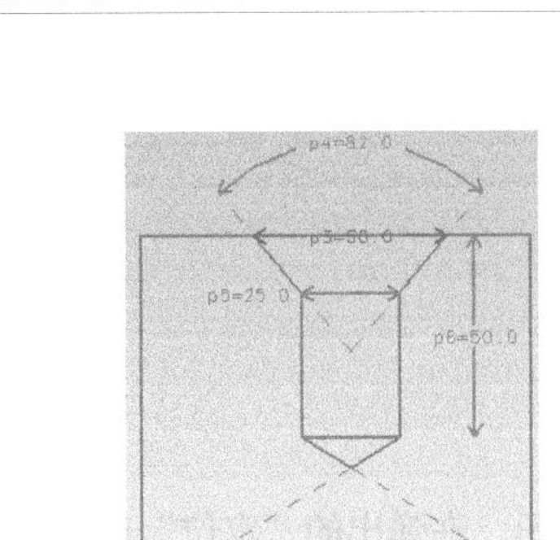

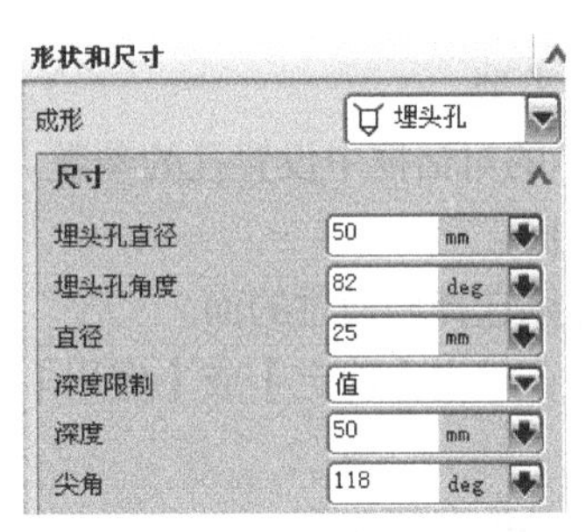

图5-18　埋头孔参数设置

5.4.2　凸台

单击“特征”工具条中图标或单击下拉菜单【插入】→【设计特征】→【凸台】命令，系统将弹出“凸台”对话框，如图5-19所示，利用该对话框可以生成圆台。生成凸台的步骤如下。

（1）在图5-19所示的对话框中设置凸台的参数。

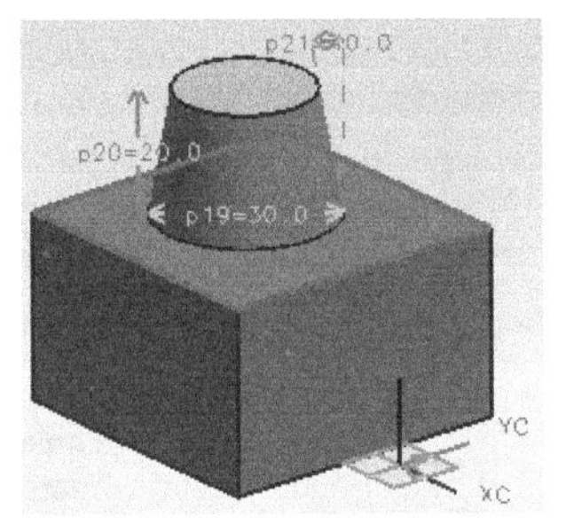

图5-19　生成凸台

（2）选择凸台的放置面。

（3）在“定位”对话框中为要创建的凸台定位，然后生成凸台。

5.4.3　腔体

单击“特征”工具条中图标或单击下拉菜单【插入】→【设计特征】→【腔体】命令，系统弹出“腔体”对话框，利用该对话框可以生成腔体，图5-20所示的对话框中3种生成腔体的方法如下。

1. 圆柱形

生成圆柱形腔体的步骤如下。

（1）在图5-20所示的对话框中单击【圆柱形】按钮。

（2）系统弹出对话框，利用该对话框选择腔体的放置面。

（3）选择好放置面后，系统将弹出图5-21所示的对话框，在该对话框中设置圆柱形腔体的参数。

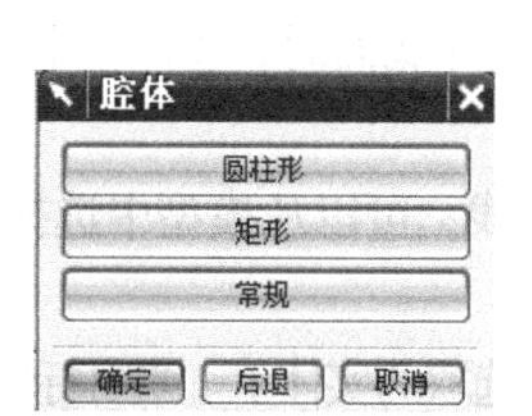

图5-20 “腔体”对话框

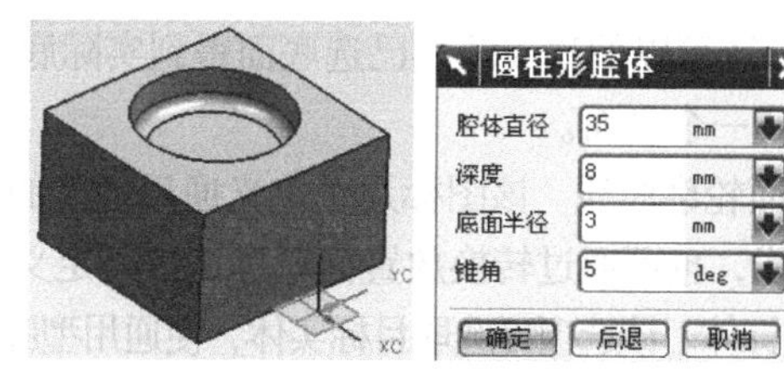

图5-21 生成圆柱形的腔体

（4）设置好腔体参数后，系统弹出“定位”对话框，为创建的腔体定位并生成腔体。

2. 矩形

生成矩形腔体步骤如下。

（1）在图 5-20 所示的对话框中单击【矩形】按钮。

（2）系统弹出对话框，利用该对话框选择腔体的放置面。

（3）选择好放置面后，系统弹出“水平参考”对话框，利用该对话框选择矩形腔体的水平参考对象，以确定矩形腔体的长度方向。

（4）选择好水平参考后，弹出图 5-22 所示的“矩形腔体”对话框，在该对话框中设置矩形腔体的参数。

（5）设置好腔体参数后，系统弹出“定位”对话框，为创建的腔体定位并生成腔体。

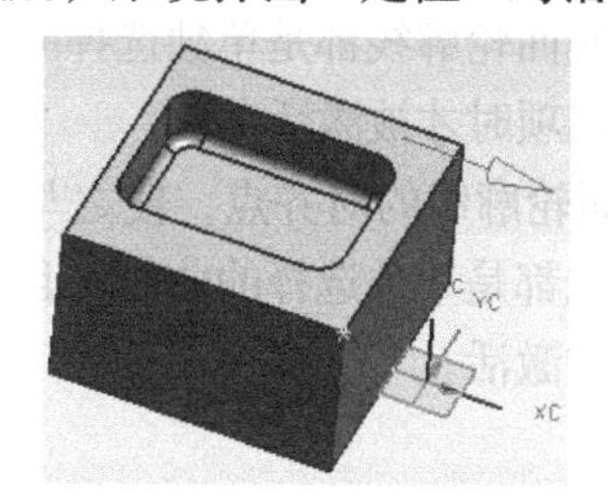
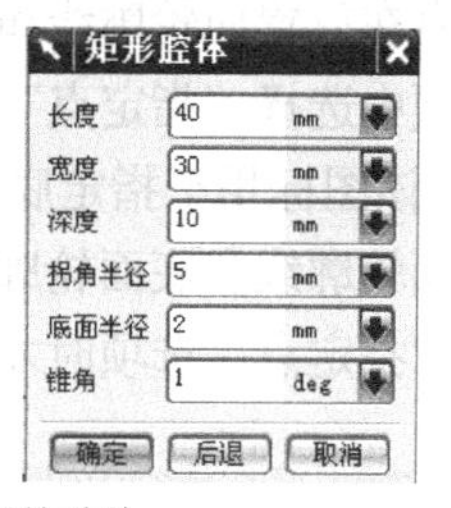

图5-22 生成矩形的腔体

3. 常规

在图 5-20 所示的对话框中单击【常规】按钮，系统弹出“常规腔体”对话框，如图 5-23 所示，利用该对话框可以更加自由地创建腔体。

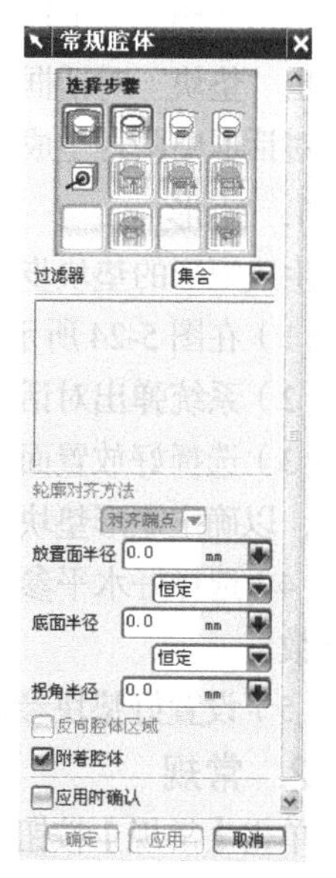

图5-23 “常规腔体”对话框

下面详细介绍“选择步骤”各个图标的使用。

（1）放置面。该图标用于选择通用型腔的放置面。放置面可位于实体的任何一个表面，所定义的放置面将会成为型腔的顶面。因为放置面属于第 1 个操作步骤，所以定义放置面时必须考虑到其他步骤的应用，比如由于放置面轮廓线必须投影在放置面上，所以在选择放置面时，要考虑到放置面轮廓曲线的投影方向。可以选择一个或多个放置面。

（2）放置面轮廓。该图标用于定义放置面轮廓线，它是用来定义通用型腔在放置面上的顶面轮廓。可以从模型中选择曲线或边来定义放置面轮廓线，也可用转换底面轮廓线的方式来定义放置面轮廓。

（3）底面。该图标用于定义通用型腔的底面。绘图工作区将显示实线箭头。若没有定义底面，则箭头表示从放置面偏移或转换得到底面的默认方向；否则，箭头表示从已选底面偏移或转换得到实际底面的默认方向。定义底面时，既可直接选择底面，也可偏移或转换放

置面得到底面，还可以偏移或转换已选底面得到实际底面。直接选择底面时，选择一个或多个表面、一个基准平面或一个平面。

（4）底面轮廓曲线。该图标用于定义通用型腔的底面轮廓线，可以从模型中选择曲线或边来定义底面轮廓线，也可通过转换放置面轮廓线进行定义。

（5）目标体。该选项可选取目标实体，使通用型腔产生在所选取的实体上。当目标实体不是第1个放置面所在的实体或片体时，应选择该图标以指定放置通用型腔的目标实体。当设定放置面时，如果选择的第1个面为基准平面，则必须指定目标体。单击该图标，在模型中选择需要的一个实体或片体即可。

（6）放置面轮廓线投影矢量。该图标用于指定放置面轮廓线的投影方向。当放置面轮廓线不在放置面上时，应指定轮廓线向放置面投影的方向。该图标只有在选择了曲线作为放置面轮廓线后才能被激活。

（7）底面轮廓线投影矢量。该图标用于指定底面轮廓线的投影方向。当底面轮廓线不在底面上时，应指定轮廓线向底面投影的方向。该图标只在选择底面轮廓线后才被激活。单击该图标，可在弹出的下拉列表中选择投影方向的定义方法，然后再定义投影方向。

（8）底面移动矢量。该图标用于指定底面的转换方向。当要转换放置面或已选择底面得到实际底面时，应指定其转换方向。该图标只在定义底面为一个转换面时才被激活。

（9）放置面上的对准点。该图标用于指定放置面轮廓线的对齐点，使之与底面轮廓线上的相应对齐点对齐。该图标只有在放置面轮廓线和底面轮廓线都是单独选择的曲线，且在创建对话框下方的“轮廓对齐方式”选项中选择“指定点”选项时才被激活。

（10）底面对准点。该图标用于指定底面轮廓线的对齐点，使之与放置面轮廓线上相应对齐点对齐。该图标只在放置面轮廓线和底面轮廓线都是单独选择的曲线，且在创建对话框下方的“轮廓对齐方式”选项中选择“指定点”选项时才被激活。

5.4.4 垫块

单击“特征”工具条中图标或单击下拉菜单【插入】→【设计特征】→【垫块】命令，系统将弹出“垫块”对话框，如图5-24所示，利用该对话框可以生成垫块。

图5-24 “垫块”对话框

对话框中两种生成垫块的方法介绍如下。

1. 矩形

生成矩形的垫块步骤如下。

（1）在图5-24所示的对话框中单击【矩形】按钮。

（2）系统弹出对话框，利用该对话框选择腔体的放置面。

（3）选择好放置面后，系统弹出“水平参考”对话框，利用该对话框选择矩形垫块的水平参考对象，以确定矩形垫块的长度方向。

（4）选择好水平参考后，弹出图5-25所示的“矩形垫块”对话框，在该对话框中设置矩形垫块的参数。

（5）设置好垫块参数后，系统弹出“定位”对话框，为创建的垫块定位生成垫块。

2. 常规

单击【常规】按钮，系统弹出“常规垫块”对话框，利用该对话框可以更加自由地创建垫块。垫块和腔体基本一致，所以操作方法可以参考前面的“常规腔体”的操作方法。

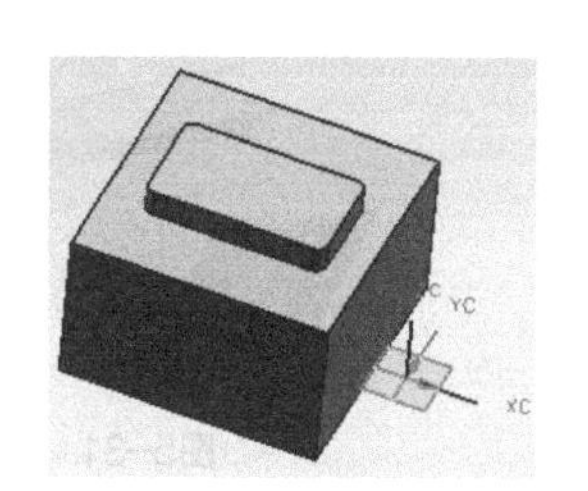

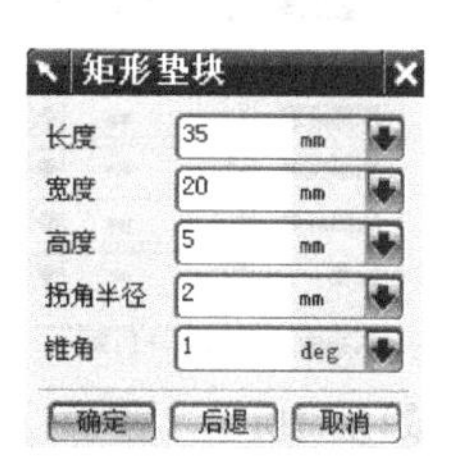

图5-25 生成矩形垫块

5.4.5 键槽

单击“特征”工具条中图标或单击下拉菜单【插入】→【设计特征】→【键槽】命令，系统弹出“键槽”对话框，如图 5-26 所示。利用该对话框可以生成键槽。

1. 生成键槽的步骤

（1）在图 5-26 所示的对话框中选择一种键槽类型。

（2）系统弹出对话框，利用该对话框选择键槽的放置面。

（3）选择好放置面后，系统弹出“水平参考”对话框，利用该对话框选择键槽的水平参考对象，以确定键槽的长度方向。

（4）选择好水平参考后，根据所选键槽类型的不同系统会弹出不同键槽参数对话框，在该对话框中设置键槽的参数。

（5）设置好键槽参数后，系统弹出“定位”对话框，为创建的键槽定位生成键槽。

2. 不同键槽类型的键槽参数对话框

（1）矩形键槽（直角坐标）。“矩形键槽”对话框如图 5-27 所示。

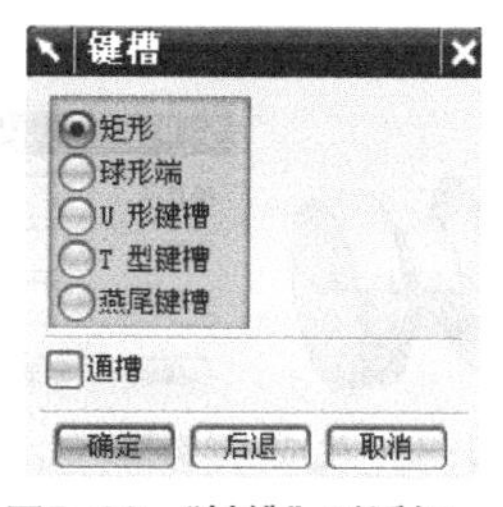

图5-26 “键槽”对话框

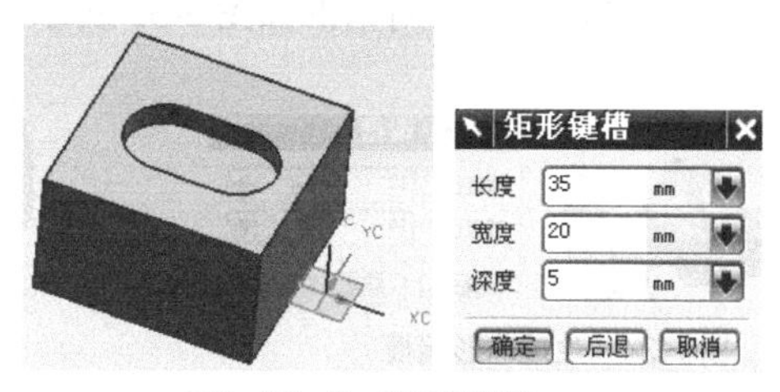

图5-27 生成矩形键槽

（2）球形端键槽。“球形键槽”对话框如图 5-28 所示。

（3）U 形键槽。“U 形键槽”对话框如图 5-29 所示。

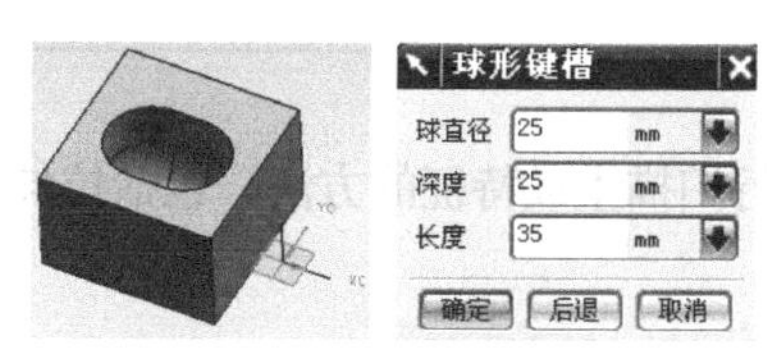

图5-28 生成球形键槽

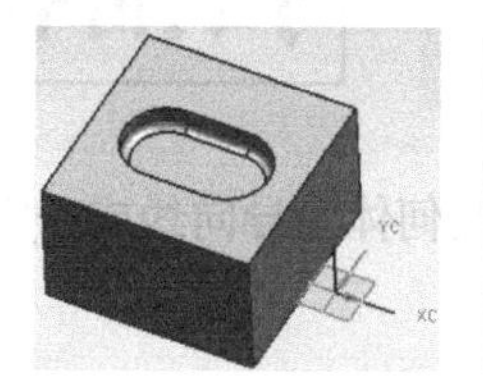

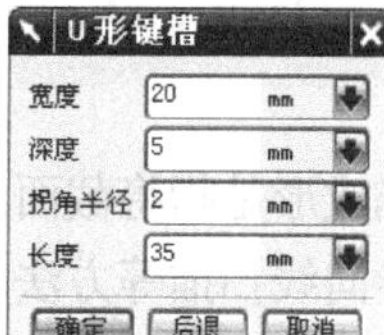

图5-29 生成U形键槽

（4）T 型键槽。“T 型键槽”对话框如图 5-30 所示。

（5）燕尾形键槽。“燕尾形键槽”对话框如图 5-31 所示。

图5-30 生成T型键槽

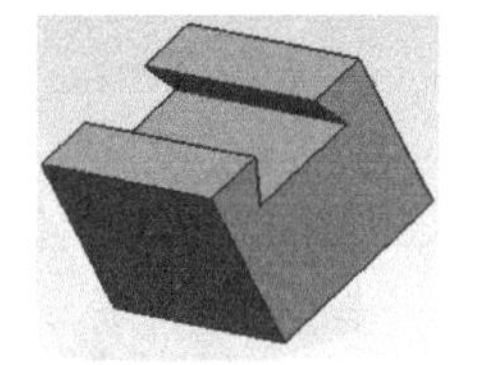

图5-31 生成燕尾形键槽

5.4.6 沟槽

单击“特征”工具条中图标或单击下拉菜单【插入】→【设计特征】→【坡口焊】命令，系统弹出“槽”对话框，如图5-32所示，利用该对话框可以生成沟槽。

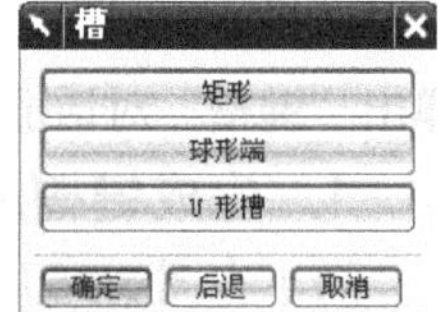

图5-32 “槽”对话框

1. 生成沟槽的步骤

（1）在图5-32所示的对话框中选择一种沟槽类型。

（2）系统弹出对话框，利用该对话框选择沟槽的放置面，放置面只能是圆柱面或圆锥面。

（3）选择好放置面后，根据所选沟槽类型的不同，系统会弹出不同的沟槽参数对话框，在该对话框中设置沟槽的参数。

（4）设置好沟槽参数后，系统弹出“定位”对话框，为创建的沟槽定位并生成沟槽，沟槽的定位方式不同于其他特征。

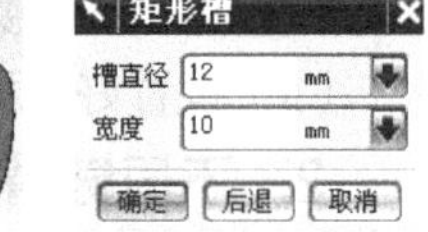

图5-33 生成矩形沟槽

2. 不同沟槽类型的沟槽参数对话框

（1）矩形沟槽。“矩形槽”对话框如图5-33所示。

（2）球形端槽。“球形端槽”对话框如图5-34所示。

（3）U形沟槽。“U形槽”对话框如图5-35所示。

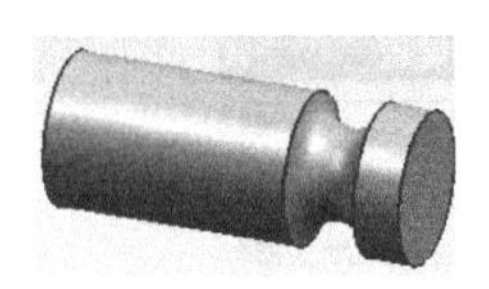

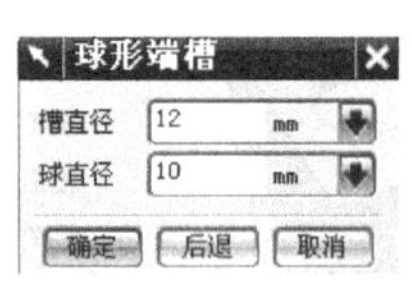

图5-34 生成球形端槽

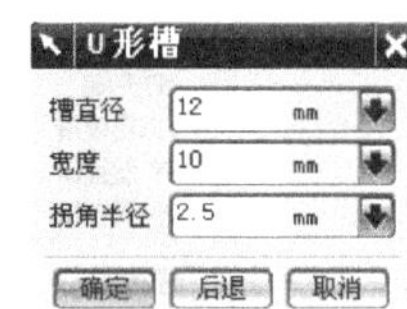

图5-35 生成U形沟槽

5.5 扫描特征

扫描成形是指将截面几何体沿导向线或一定的方向进行扫描生成特征的方法，包括拉伸、旋转和沿着导向线扫描等方法。

5.5.1 拉伸

单击“特征”工具条中图标或单击下拉菜单【插入】→【设计特征】→【拉伸】命令，系统

将弹出“拉伸”对话框，如图5-36所示，利用该对话框可以进行拉伸操作。

“拉伸”对话框简介如下。

1. 截面

（1）选择曲线。单击“拉伸”对话框中选择曲线的【曲线】按钮，系统提示用户选择要草绘的平面，或选择剖面几何图形。

（2）绘制截面。单击“拉伸”对话框中【绘制截面】按钮，系统进入草图绘制状态。

（3）自动判断的矢量。单击“拉伸”对话框中【自动判断的矢量】下拉列表，系统弹出【矢量构成】下拉菜单，通过该下拉菜单用户可选择拉伸方向矢量。

（4）布尔运算。单击“拉伸”对话框中【布尔】下拉列表，对拉伸操作的运算方法进行选择，包括创建、求和、求差、求交运算。

（5）反向。单击“拉伸”对话框中【反向】按钮，可直接改变拉伸方向。

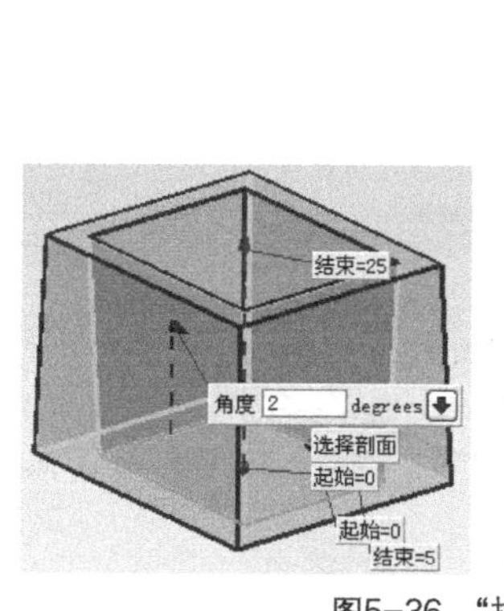

图5-36 “拉伸”对话框

2. 限制

开始/结束：该选项组包括是否对称拉伸、起始和结束值的定义。单击起始或者结束下拉菜单，可以定义起始或结束拉伸方式为“值”、“对称值”、“直至下一个”、“直至选定对象”、“直到被延伸”及“贯过全部对象”，当选择起始或者结束类型为数值型时，需要输入起始或者结束的值，单位为毫米。

3. 拔模

该选项组包括设置类型与角度，其中下拉菜单里包括“从起始限制”、“从剖面”、“从剖面-对称角度”和“从剖面匹配的端部”。

4. 偏置

该选项组包括了起始和结束偏置值的设置，以及偏值方式设置。其中偏置方式包括“两侧”、“单侧”和“对称”。

5. 设置

可以进行拉伸的体类型包括如下。

（1）实体：选取实体的面作为拉伸对象。

（2）片体：选取片体作为拉伸对象。

（3）实体边缘：选取实体的边作为拉伸对象。

（4）曲线：选取曲线或草图的部分线串作为拉伸对象。

（5）成链曲线：选取相互连接的多段曲线的其中一条，就可以选择整条曲线作为拉伸对象。

6. 预览

启用预览项，UG NX 6.0 提供了对拉伸成型前的预览功能，对于拉伸对象的选择，可以直接在图形界面中选择，系统会跟据所选对象自动确定拉伸对象。

5.5.2 回转

单击“特征”工具条中图标或单击下拉菜单【插入】→【设计特征】→【回转】命令，系统将弹出“回转”对话框，如图 5-37 所示，利用该对话框可以进行回转操作。

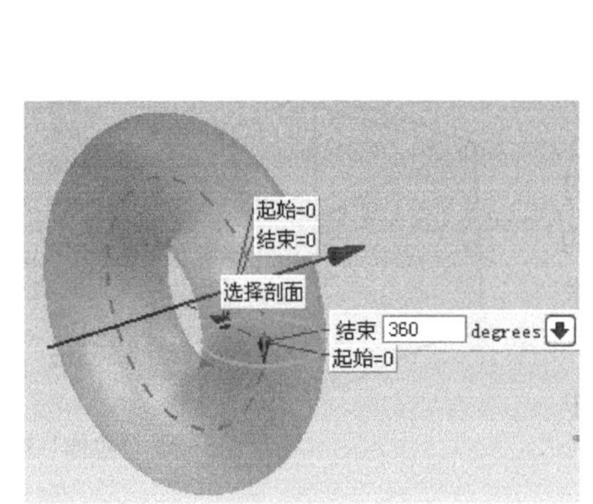

图5-37 “回转”对话框

“回转”对话框简介如下。

（1）截面：该选项组中各按钮的具体内容与拉伸操作中各项的内容相同。

系统提示用户选择要草绘的平面，或选择剖面几何图形。

（2）轴：单击【轴】下拉列表，系统弹出【矢量构成】下拉菜单，通过该下拉菜单用户可选择回转方向矢量，即选择一个对象来判断矢量。

（3）限制：该选项组包括回转起始和结束值的定义。单击【开始】或者【结束】下拉菜单，可以定义起始或结束回转方式为“值”或“直至选定对象”。当选择起始或者结束类型为数值型时，需要输入起始或者结束的值，单位为毫米。

（4）偏置：该选项组包括了开始和结束偏置值的设置，以及偏值方式设置。其中偏置方式包括“测量”、“公式”、“函数”、“参考”和“设为常量”。

5.5.3 扫掠

单击“特征”工具条中图标或单击下拉菜单【插入】→【扫掠】→【沿引导线扫掠】命令，系统弹出“沿导引线扫掠”对话框，如图 5-38 所示。

扫掠向导操作步骤如下。

在系统弹出“沿引导线扫掠”对话框后，操作如下。

（1）截面：选择线串作为截面线串。

（2）引导线：选择截面线串后，再选择线串作为引导线串。

（3）偏置：在该对话框中设置扫掠的第一和第二偏置的值，单击【确定】按钮完成扫掠，生成的扫掠体为截面线串沿导引线串扫掠形成的实体，如图 5-38 所示。

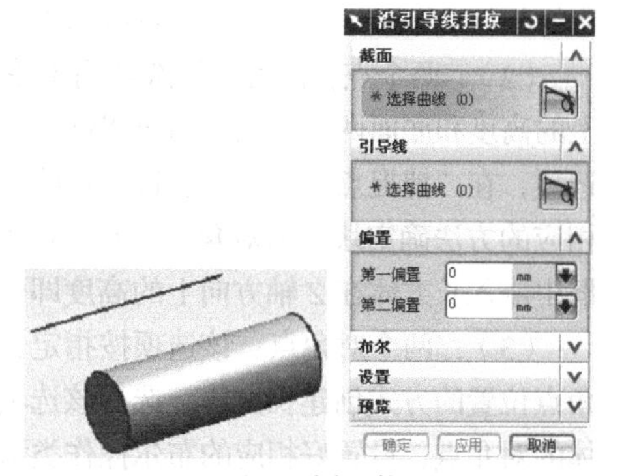

图5-38 “沿导引线扫掠”对话框

截面线串最好位于导引线串上，或者截面线串接近所选的闭合导引线串终点或在所选的不闭合导引线串附近，如果截面线串和导引线串距离过远，可能会得到不可预料的结果。

5.5.4 管道

单击“特征”工具条中图标或单击下拉菜单【插入】→【扫掠】→【管道】命令，系统弹出“管道”对话框，如图 5-39 所示，利用该对话框可以进行管道操作。

管道操作步骤如下。

（1）在“管道”对话框中设置管道的参数。管道“外径”必须大于 0；“内径”可以等于 0，但是不能大于或等于外直径。

（2）设置“输出”类型。选择【多段】单选按钮，则生成的管道由多段表面组成；选择【单段】单选按钮，则生成的管道只有一段。

（3）设置好参数后单击【确定】按钮，系统弹出对话框，利用该对话框选择引导线，单击【确定】按钮生成沿着引导线的管道，如图 5-39 所示。

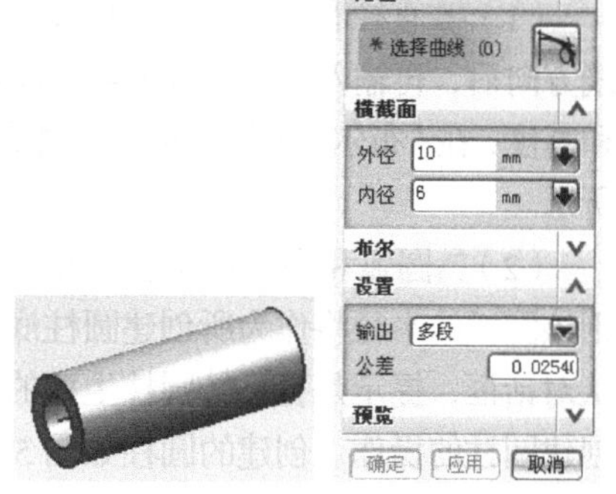

图5-39 “管道”对话框

5.6 常用特征

5.6.1 长方体

单击“特征”工具条中图标或单击下拉菜单【插入】→【设计特征】→【长方体】命令，系统将弹出“长方体”对话框，如图 5-40 所示。在对话框中选择一种长方体生成方式，然后对话框就会变成该方式下的定义，分别输入参数，然后选择布尔运算的类型即可生成相应的块体。

下面介绍块的 3 种创建方式。

（1）原点和边长：在各文本框中分别输入长方体在 X、Y、Z 方向上的长度，然后在“捕捉点”工具栏中选择设置顶点的方法。按照选择的方法指定顶点的位置，该点是长方体左下角的顶点。设

置好相应的布尔运算类型后，就可以生成长方体了。

（2）两个点，高度：该选项用于按指定 Z 轴方向上的高度和底面两个对角点的方式创建长方体。选择该选项，在“捕捉点”工具栏上选择点的方法，然后按照相应的方法确定块体的对角点，在“高度（ZC）”文本框中输入长方体在 Z 轴方向上的高度即可。

（3）两个对角点：该选项按指定长方体的两个对角点位置的方式创建长方体。选择该选项后，选择长方体的对角点，设置好相应的布尔操作类型就可以了。

创建的长方体如图 5-40 所示。

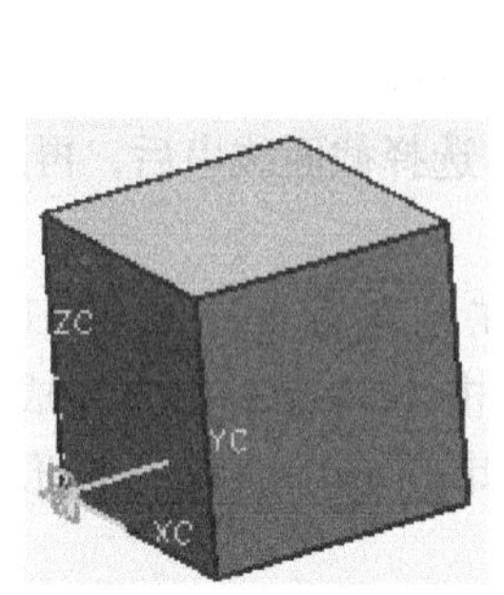

图5-40 “长方体”对话框

5.6.2 圆柱

单击“特征”工具条中图标或单击下拉菜单【插入】→【设计特征】→【圆柱】命令，系统将弹出如图 5-41 所示的“圆柱”对话框。

在对话框中选择一种圆柱创建方式。所选方式不同，系统弹出的对话框也不同。

下面介绍圆柱的两种创建方式。

（1）直径和高度：该选项按指定直径和高度的方式创建圆柱。创建一矢量方向作为圆柱的轴线方向后，再输入圆心坐标值或在绘图工作区指定一点为创建圆柱底圆中心位置，输入圆柱的直径和高度，在“布尔”操作中选择一种布尔操作方法，即可完成创建圆柱的操作。创建的圆柱如图 5-41 所示。

（2）圆弧和高度：该选项按指定的高度和所选择的圆弧创建圆柱。在绘图工作区选择一圆弧，则该圆弧的半径将作为所创建圆柱底面圆的半径，此时绘图工作区会显示矢量方向箭头，并弹出确认对话框，提示是否反转圆柱生成的方向，接着在“布尔”操作中选择一种布尔操作方法即可完成创建圆柱的操作。创建的圆柱如图 5-42 所示。

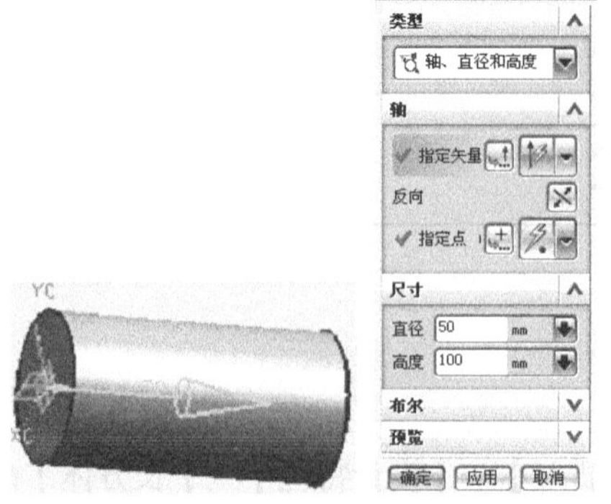

图5-41 直径和高度设定对话框

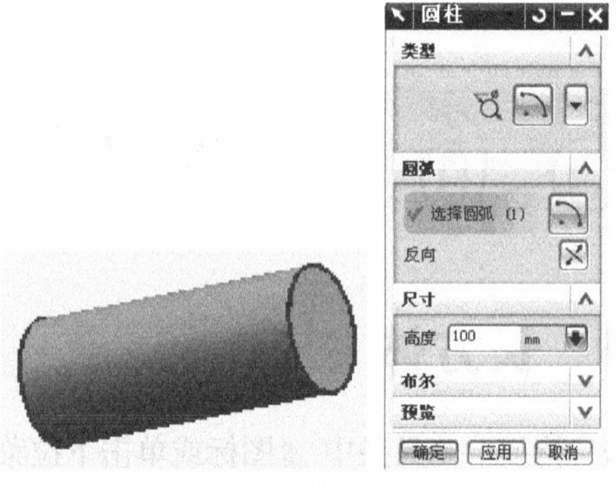

图5-42 高度和圆弧设定对话框

5.6.3 圆锥

单击“特征”工具条中图标或单击下拉菜单【插入】→【设计特征】→【圆锥】命令，系统弹出图 5-43 所示的“圆锥”对话框。

下面介绍对话框中圆锥生成方式的 5 种用法。

（1）直径和高度：该选项按指定底直径、顶直径和高度来生成圆锥。单击该按钮，指定圆锥的轴线方向，在“底部直径”、“顶部直径”和“高度”文本框中分别输入数值，再利用“点构造器”指定圆锥底圆的圆心位置，最后在 “布尔”操作中选择一种布尔操作方法，即可完成创建圆锥的操作。

（2）直径和半角：该选项按指定的底面直径、顶面直径、半角及生成方向的方式创建圆锥。单击该按钮，指定圆锥的轴线方向后，在文本框中输入“底部直径”、“顶部直径”和“半角”值，再利用“点构造器”指定圆锥底圆的中心位置，最后在“布尔”操作中选择一种布尔操作方法，即可完成创建圆锥的操作，如图 5-44 所示。

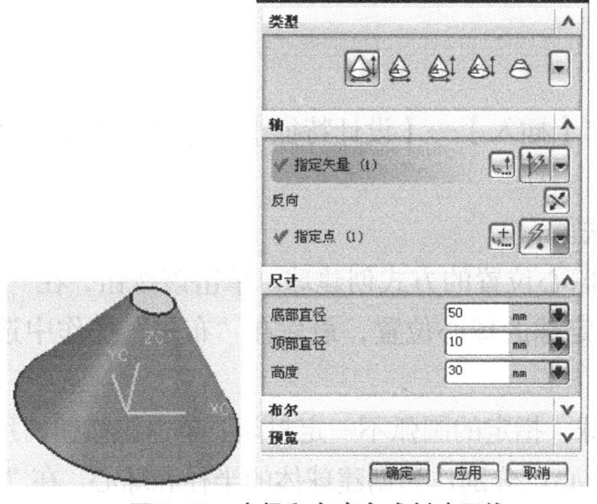

图5-43 直径和高度方式创建圆锥

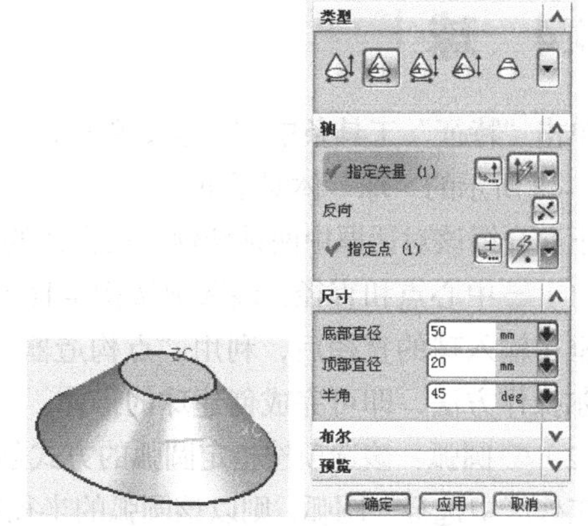

图5-44 直径和半角方式创建圆锥

（3）底部直径，高度和半角：该选项按指定底部直径、高度、半角的方式创建圆锥。单击该按钮，用“矢量构造器”指定圆锥的轴线方向，在文本框中分别输入“底部直径”、“高度”和“半角”值，利用 “点构造器”指定锥体底圆的中心位置，最后在“布尔”操作中选择一种布尔操作方法，即可完成创建圆锥的操作，如图 5-45 所示。

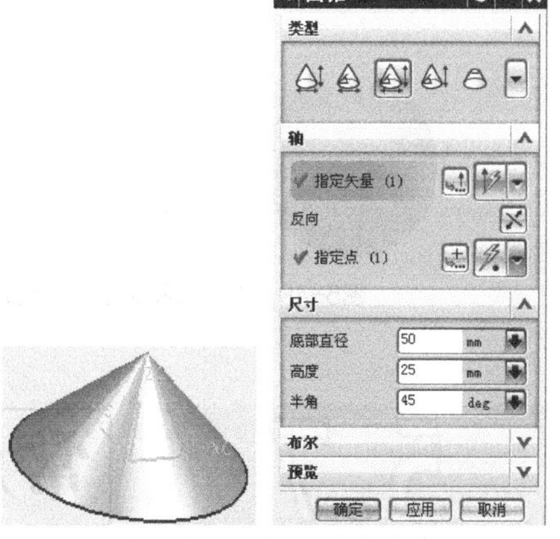

图5-45 底部直径，高度和半角方式创建圆锥

（4）顶部直径，高度和半角：该选项按指定顶部直径、高度、半角及生成方向的方式创建圆锥。操作方法和前面的利用底部直径、高度和半角生成锥体的方法是一致的，如图 5-46 所示。

（5）两个共轴的圆弧：该选项按指定两同轴圆弧的方式创建圆锥。单击该按钮，用户先后选择两个圆弧分别作为圆锥的底面和顶面，如果两个圆弧不同轴，系统会以投影的方式将顶端圆弧投影到基准圆弧轴上，圆弧可以不封闭，如图 5-47 所示。

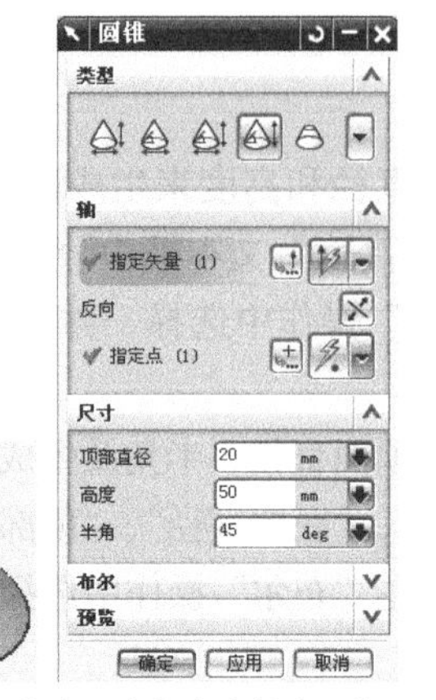

图5-46　顶部直径，高度和半角方式创建圆锥

图5-47　两个共轴的圆弧方式创建圆锥

5.6.4 球

单击“特征”工具条中图标或单击下拉菜单【插入】→【设计特征】→【球】命令，系统弹出图5-48所示的“球”体对话框。

下面介绍该对话框中两种球体生成方式的用法。

（1）中心点和直径：该选项按指定直径和球心位置的方式创建球。单击该按钮，在“直径”文本框中输入球的直径后，利用“点构造器”指定球的球心位置，最后在“布尔”操作中选择一种布尔操作方法，即可完成创建球的操作。

（2）圆弧：该选项按指定圆弧的方式创建球，指定的圆弧不一定封闭。单击该按钮，用户在绘图工作区中选择一圆弧，则以该圆弧的半径和中心点分别作为创建球体的半径和球心。在“布尔”操作中选择一种布尔操作方法，即可完成创建球的操作，如图5-49所示。

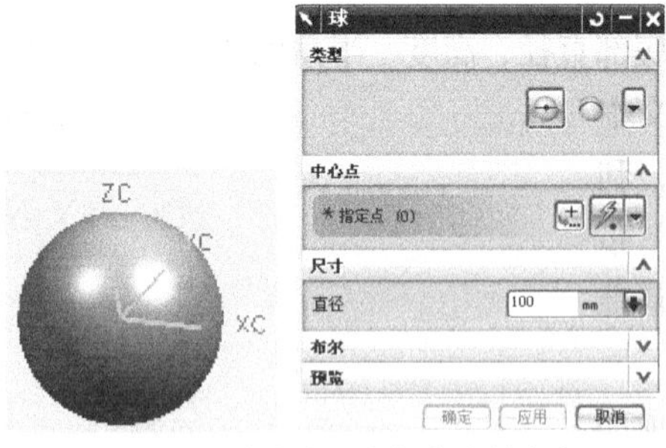

图5-48　中心点和直径方式创建球

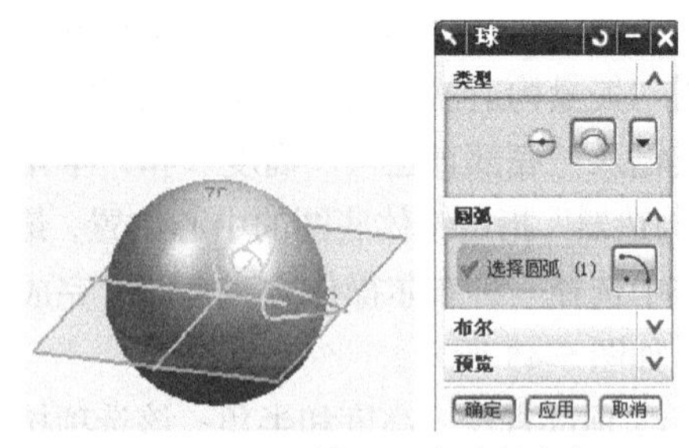

图5-49　选择圆弧方式创建球

5.7 常用特征编辑

编辑特征主要是完成特征创建以后，对特征不满意的地方进行编辑的过程。UG的特征编辑功能为特征的变动与修改带来了极大的方便。用户可以重新调整尺寸、位置、先后顺序等，以满足新的设计要求。本节主要介绍参数编辑、定位编辑、移动编辑、特征重排序、抑制与释放。

5.7.1 编辑参数

单击下拉菜单【编辑】→【特征】→【编辑参数】命令，系统将弹出图 5-50 所示的“编辑参数”对话框。

用户可以通过两种方式编辑特征参数：可以在绘图工作区中直接双击要编辑参数的特征；也可以在该对话框的特征列表框中选择要编辑参数的特征名称。随选择特征的不同，弹出的编辑参数对话框形式也有所不同。

根据编辑各特征对话框的相似性，编辑特征参数分成以下几类情况：编辑一般实体特征参数、编辑扫描特征参数、编辑阵列特征参数、编辑倒角特征参数、编辑偏移表面特征参数和编辑其他特征参数等，实际的编辑情况都是大同小异，下面介绍 4 种主要的情况。

1. 编辑一般实体特征参数

这里所讲的一般实体特征是指基本特征、成形特征与用户自定义特征等，它们的“编辑参数”对话框，如图 5-51 所示。对于某些特征，其“编辑参数”对话框可能只有其中的一个或两个选项。

2. 编辑引用特征参数

当所选特征为引用特征时，其“编辑参数”对话框如图 5-52 所示。选择不同的阵列特征，该对话框包含的选项数目可能不同。

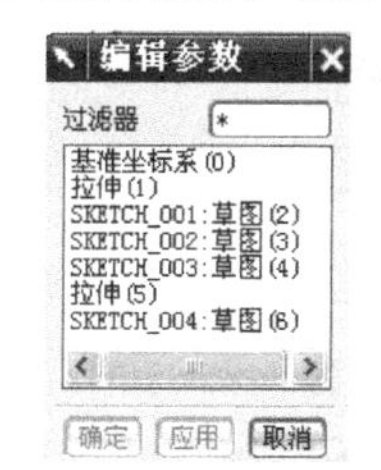

图5-50 “编辑参数”对话框（1）

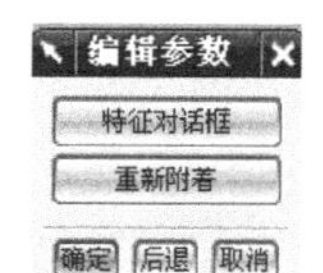

图5-51 “编辑参数”对话框（2）

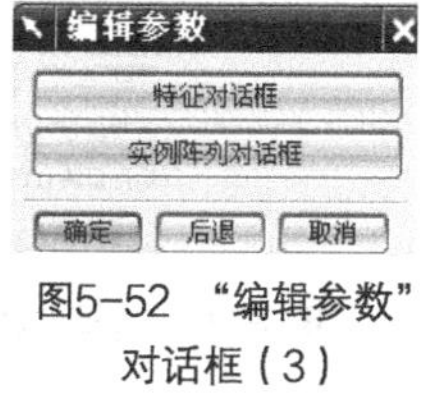

图5-52 “编辑参数”对话框（3）

3. 编辑扫描特征参数

这里所讲的扫描特征包括了拉伸特征、旋转特征和沿轨迹扫掠特征。这些特征既可通过修改与扫描特征关联的曲线、草图、面和边来编辑，也可以通过修改这些特征的特征参数来编辑。编辑这些特征时，大部分的编辑参数对话框与特征创建时类似，如图 5-53 所示。

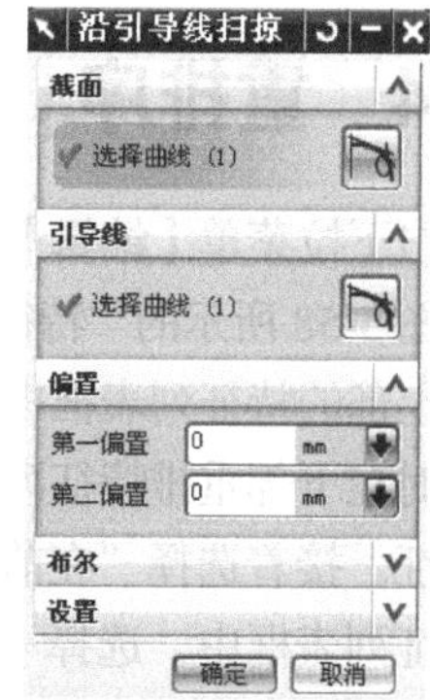

图5-53 编辑“扫掠特征”参数对话框

4. 编辑其他特征参数

这种编辑特征参数中包括挖空、拔模、螺纹、比例缩放、修补和缝合等特征。其“编辑参数”对话框就是创建对应特征时的对话框，只是有些选项和图标是灰显的，其编辑方法与创建时的方法相同。

5.7.2 编辑定位

在工具栏中单击图标或单击下拉菜单【编辑】→【特征】→【编辑位置】命令，系统弹出“编辑位置”对话框，如图 5-54 所示。用户可在绘图工作区中直接选取特征，或在对话框的特征列表框中选择需要编辑位置的特征。选择特征后，系统将弹出“定位”尺寸对话框，如图 5-55 所示。同时，所选特征的定位尺寸在绘图工作区中以高亮度显示，用户可以利用“定位”尺寸对话框来重新定位所选的特征位置。

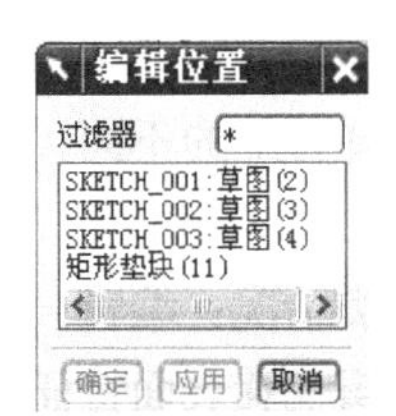

图5-54 “编辑位置”对话框

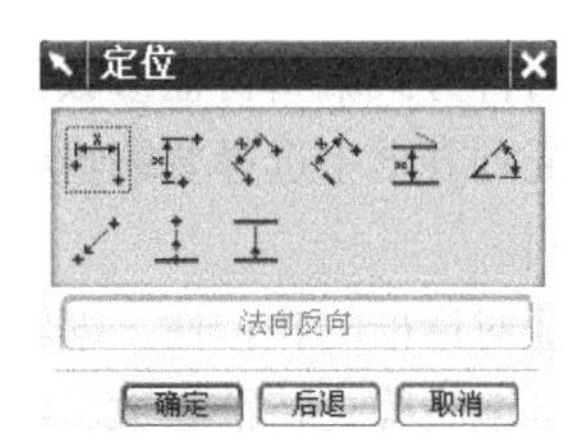

图5-55 “定位”尺寸对话框

5.7.3 编辑移动

单击下拉菜单【编辑】→【特征】→【移动特征】命令，系统弹出选择“移动特征”对话框如图 5-56 所示。用户可以在绘图工作区或对话框的特征列表框中，选择需要移动位置的非关联特征。选择特征后，系统将弹出如图 5-57 所示的“移动特征”对话框。

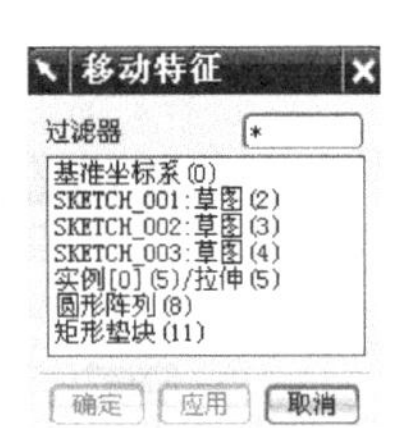

图5-56 选择“移动特征”对话框

图5-57 “移动特征”对话框

5.7.4 重排序

单击下拉菜单【编辑】→【特征】→【特征重排序】命令，系统将弹出图 5-58 所示的“特征重排序”对话框。编排特征顺序时，先在对话框上部的特征列表框中选择一个特征作为特征重新排序的基准特征，此时在下部重排特征列表框中，列出可按当前的排序方式调整顺序的特征。接着选择“在前面”或“在后面”设置排序方式，然后从重排特征列表框中，选择一个要重新排序的特征即可，系统会将所选特征重新排到基准特征之前或之后。

图5-58 “特征重排序”对话框

5.7.5 抑制和释放

单击下拉菜单【编辑】→【特征】→【抑制特征】命令，系统会弹出“抑制特征”对话框，如

图 5-59 所示。所有特征会出现在上面的列表框中，双击要抑制的特征，它就会移动到下方的“选中的特征”列表框中，然后单击【确定】按钮即可。

图5-59 “抑制特征”对话框

单击下拉菜单【编辑】→【特征】→【释放】命令，系统会弹出“取消抑制特征”对话框，操作方法与抑制相同，选择已经抑制的特征就可以释放相应的特征了。在 UG NX 6 中，用户也可以直接在模型导航器的每个特征的前面，去掉相应的绿色小勾表示抑制特征，勾选上表示释放该特征。

5.8 实体特征操作实例

本节以创建图 5-60 所示的棘轮为例，介绍实体特征具体操作步骤。

具体操作步骤如下。

1. 绘制棘轮体草图

单击“开始” 开始 图标，选择右侧下拉 建模(M) 图标，进入“建模”状态。

单击“特征”工具条中图标，进入 UG 的草图绘制模式，选择 *XC-YC* 平面作为草图平面，绘制如图 5-61 所示的草图曲线。草图尺寸如图 5-61 所示，倒角均为 1×45°。

图5-60 棘轮实体

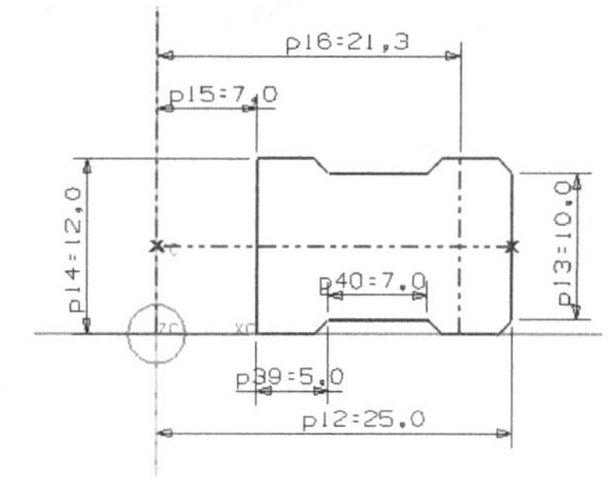

图5-61 绘制棘轮体草图曲线

2. 创建回旋体

单击“特征”工具条中图标，系统将弹出图 5-62 所示的“回旋”对话框。

“回旋”对话框操作如下。

（1）系统提示选择要草绘的平面，或选择剖面几何图形。选择第一步所绘制的草图曲线作为旋转截面线。

（2）在指定矢量处，单击“自动判断的矢量”右侧下拉图标，选择“YC”以 *YC* 轴为旋转轴。

（3）在指定点处，选择点以定位旋转矢量，选择“点构造器”，系统将弹出“点”对话框如图 5-63 所示，在坐标的 X，Y，Z 文本框中分别输入 0，即选择原点为旋转矢量点。

（4）在“回旋”对话框（见图 5-62）的“布尔”操作选项中选择“创建”。

（5）在“回旋”对话框（见图 5-62）的限制“角度”选项组中，默认系统参数，至此，【确定】

和【应用】按钮亮显，单击【确定】按钮，得到如图5-64所示的轮体。

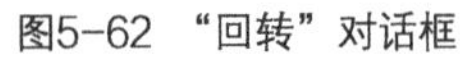

图5-62 “回转”对话框

图5-63 “点”对话框

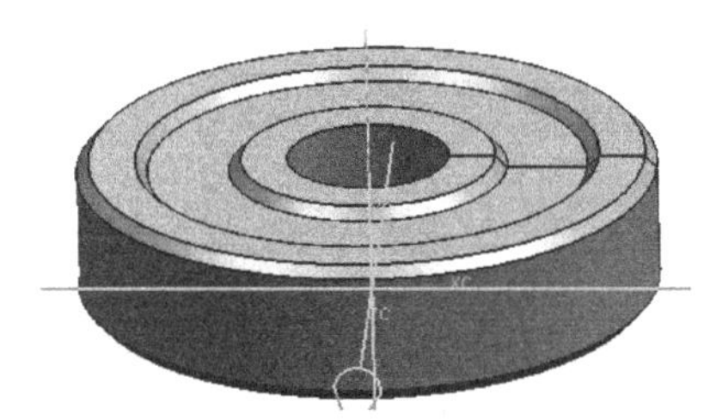

图5-64 创建的轮体

3. 绘制轮齿草图

选择*XC-ZC*作为草图平面，绘制如图5-65所示的轮齿草图曲线。

4. 拉伸轮齿

单击“特征”工具条中图标，系统会弹出图5-66所示的“拉伸”对话框。

（1）选择步骤三绘制的轮齿草图曲线。

（2）选择“布尔”操作中图标，实现“求差” 操作。

（3）在“拉伸”对话框中设置并输入图5-66所示的参数。单击【确定】按钮，创建的一个轮齿结果如图5-67所示。

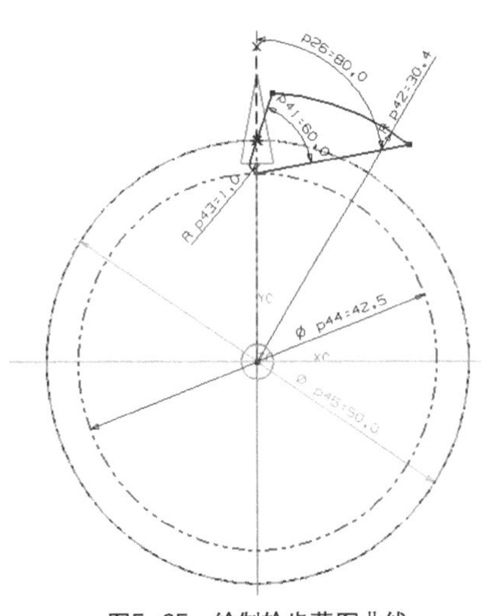

图5-65 绘制轮齿草图曲线

图5-66 “拉伸”对话框

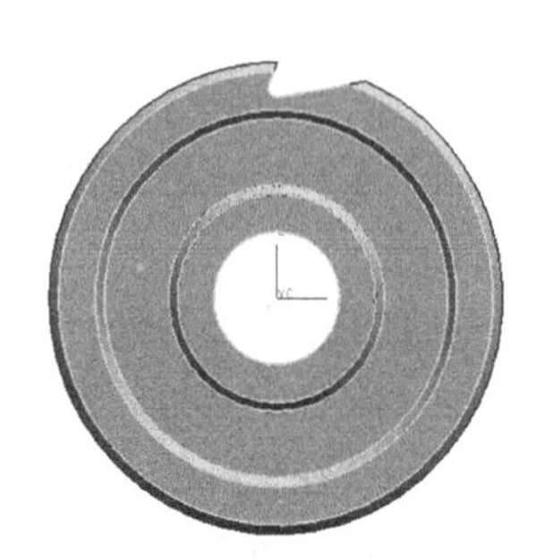

图5-67 创建的一个轮齿

5. 阵列轮齿

单击下拉菜单【插入】→【关联复制】→【实例】，系统弹出“实例”对话框。

（1）在弹出的“实例”对话框中，单击【圆形阵列】按钮，系统将弹出如图5-68所示的“实例”对话框，选择最后一项“拉伸（Extrude）”，单击【确定】按钮。

（2）系统弹出如图5-69所示的“实例”对话框，在“数字”文本框中输入10，在“角度”文本框中输入36，单击【确定】按钮。

图5-68 “实例”对话框（1）

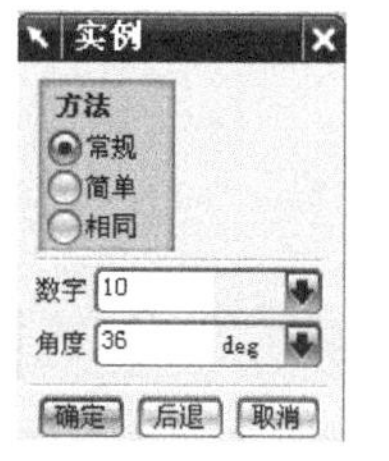

图5-69 “实例”对话框（2）

（3）系统弹出“实例”对话框，单击【点和方向】按钮。

（4）系统弹出“矢量构造器”对话框，选择“YC”作为矢量方向。

（5）系统弹出“点构造器”对话框，设置（0，0，0）点作为基点。

（6）系统弹出“创建实例”对话框，选择“是”，单击【确定】按钮。

阵列的轮齿结果如图5-70所示。

6. 倒斜角

单击“特征操作”工具条中图标，系统将弹出图5-71所示的“倒斜角”对话框。选择“对称”选项，在“偏置”文本框中输入1，选择内孔的两条边缘，单击【确定】按钮。倒斜角，结果如图5-72所示。

图5-70 阵列轮齿

图5-71 “倒斜角”对话框

7. 绘制键槽草图

绘制键槽草图曲线，选择*XC-ZC*平面作为草图平面，绘制图5-73所示的草图曲线。

8. 拉伸键槽

选择步骤七绘制的键槽草图曲线，在图5-66所示的“拉伸”对话框中设置并输入相同的数值，并在“布尔”操作中选择“求差”，单击【确定】按钮。

最终创建的棘轮，结果如图 5-74 所示。

图5-72 倒斜角

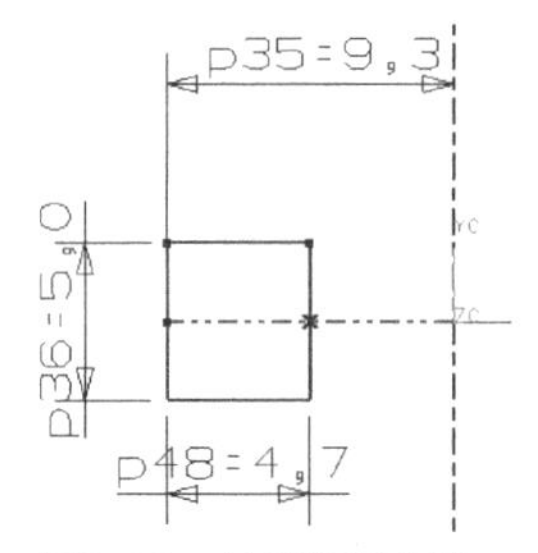

图5-73 键槽草图曲线

图5-74 棘轮创建结果

练习

创建如图 5-75～图 5-79 所示实体。

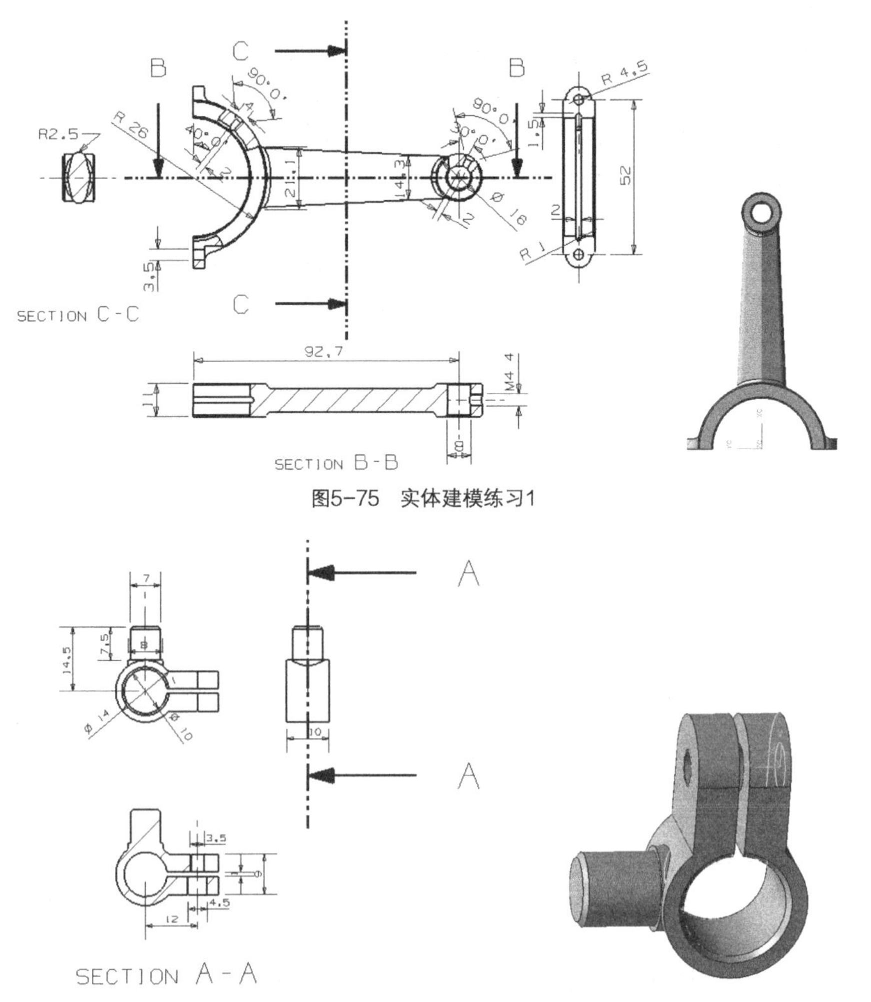

图5-75 实体建模练习1

图5-76 实体建模练习2

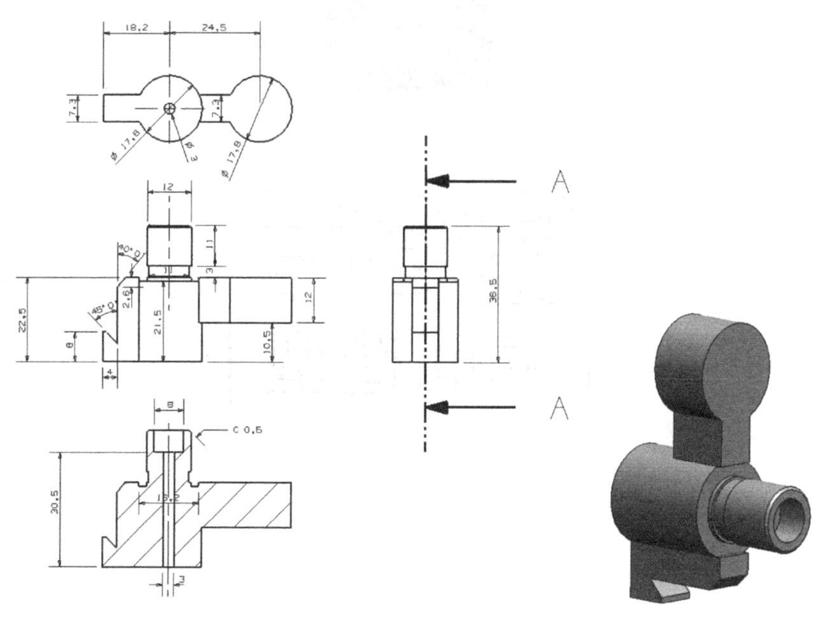

图5-77　实体建模练习3

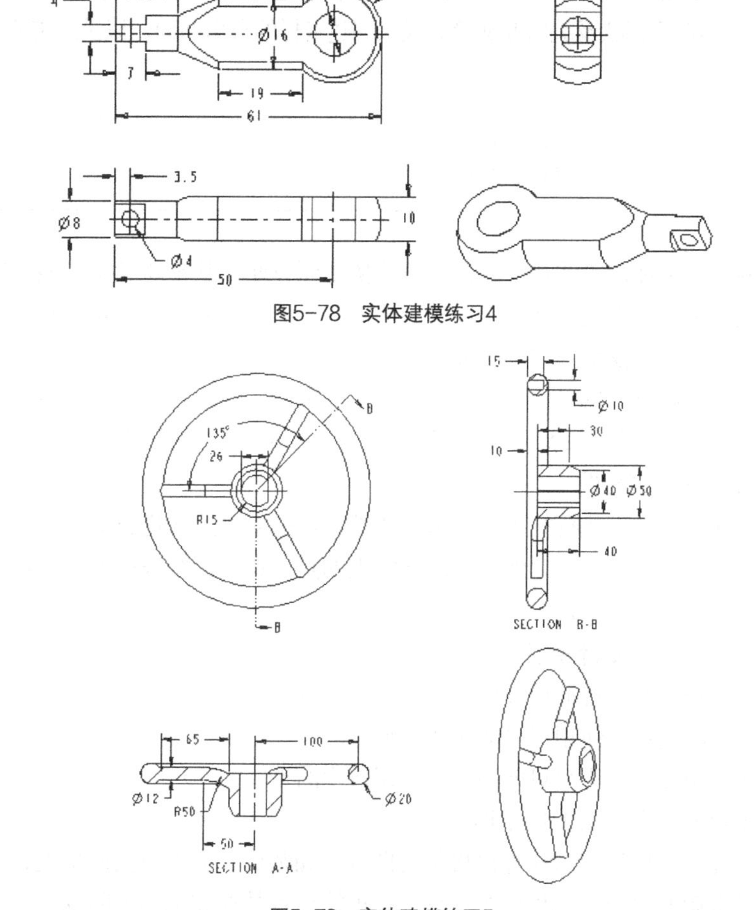

图5-78　实体建模练习4

图5-79　实体建模练习5

第6章 曲面造型

曲面造型同绘制草图、创建特征及特征操作一样，是 CAD 模块中创建模型过程的重要组成，是体现 CAD/CAM 软件建模功能的重要标志。UG NX 6.0 不但能通过拉伸、旋转等特征操作方式创建曲面，还可以通过曲面、自由曲面形状及编辑曲面等方式来创建多样的自由曲面，以满足工业设计的需要。

6.1 概述

对于较规则的 3D 零件，实体特征的造型方式快捷而方便，基本能满足造型的需要，但实体特征的造型方法比较固定化，不能胜任复杂度较高的零件，而自由曲面造型功能则提供了强大的弹性化设计方式，成为三维造型技术的重要组成。

对于复杂的零件，可以采用自由形状特征直接生成零件实体，也可以将自由形状特征与实体特征相结合完成。目前，在日常用品及飞机、轮船和汽车等工业产品的壳体造型设计中应用十分广泛。

1. 曲面特征的可修改性

同实体特征一样，自由形状特征也具有可修改性。可以对表达式进行修改，例如片体偏置中的偏置值；也可以修改图形定义数据，例如修改曲线上的点。在曲面特征中的大多数特征具有可修改性，当改变数据时，片体随之变化。

2. 曲面特征的一般设计原则

在设计过程中，针对曲面特征设计应当遵从下述原则。

（1）模型应尽可能简单，使用尽可能少的特征。

（2）如果采用样条曲线，应尽可能简单，采用较少的点。

（3）模型造型数据应当按照 1:1 的比例。

（4）在两个片体的拼接处应当检查拼接是否良好，如裁剪、尖点及扭曲情况，这些因素会影响曲面的光滑，而且会影响数控加工程序的计算，并可能导致数控加工出现问题。

（5）测量的数据点应先生成曲线，再利用各种曲面构造方法。

（6）为了使后面的加工简单方便，曲面的曲率半径应尽可能大。

6.2 构造曲面的一般方法

6.2.1 曲面构造的基本概念

1. 体类型

在UG中，构造的物体类型有两种：实体与片体（一般指曲面）。曲面的概念是相对于实体而言的，它同实体有本质的区别。曲面本身没有厚度和质量，是一种面或面的组合特征；而实体则是具有一定体积和质量的实体性几何特征。

（1）实体：具有厚度，由封闭表面包围的具有体积的物体。

（2）片体：厚度为0，没有体积存在，一般指曲面。

2. 行与列

曲面在数学上是用两个方向的参数定义的：行方向由U参数定义，列方向由V参数定义。对于“通过点”的曲面，大致具有同方向的一组点构成了行，与行大约垂直的一组点构成了列方向，如图6-1所示。对于“通过曲线”和“直纹面”的生成方法，曲线方向代表了U方向，如图6-2所示。

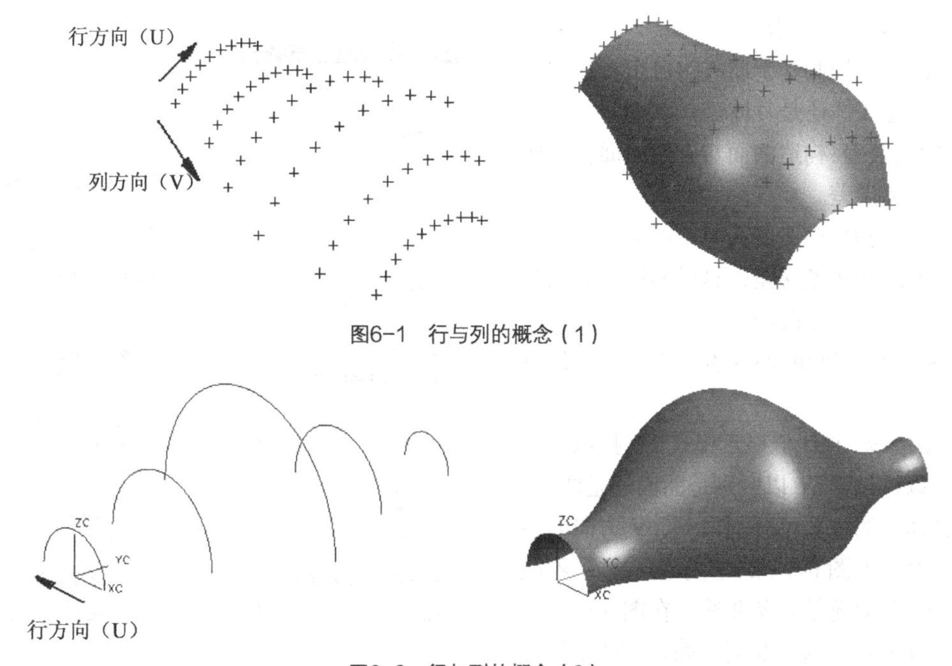

图6-1 行与列的概念（1）

图6-2 行与列的概念（2）

3. 阶次

曲面的阶次是一个数学概念，用来描述曲面多项式的最高次数，需在U、V两个方向分别指定

次数。片体在 U、V 方向的次数必须介于 1 ~ 24，由于阶次过高会导致系统运算速度变慢，同时在数据转换时容易产生问题。因此，建议构造曲面的 U、V 次数使用 3 次为宜，称为双三次曲面，工程上大多数使用的是这种双三次曲面。

曲面不同方向的次数与输入的数据有关，在一个方向上如果输入点，次数与点数的关系为：

（1）如果为单张曲面，次数=点数−1。

（2）如果为多张曲面，次数由用户指定。

如果 U 方向为曲线，则 U 方向的次数继承曲线的原有次数，仅需指定 V 方向的次数。如果 U、V 方向均为曲线，则两个方向继承原有曲线的次数。

4. 补片类型

片体是由补片构成的，根据补片的类型可分为单补片和多补片。单补片是指所建立的片体只包含一个补片，而多补片则是由一系列的单补片组成。用户在相应的对话框中可以控制生成单张或多张曲面片。补片越多，越能在更小的范围内控制片体的曲率半径。一般情况下，减少补片的数量可以使所创建的曲面更光滑，如图 6-3 所示。因此，从加工的观点出发，应尽可能使用较少的曲面片。

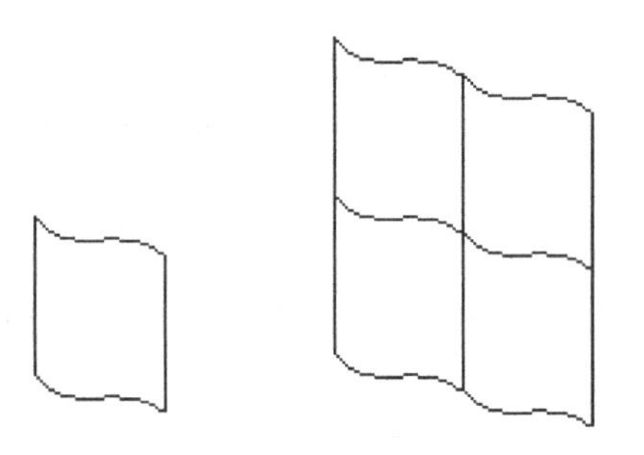

（a）单个补片　　（b）4 个补片组成一张片体

图6-3　补片与片体的概念

5. 曲面造型预设置

在数学上，曲面是采用逼近和插值方法进行计算的，因此需要指定造型误差，预设置应当在建模之前设定。

单击【首选项】→【建模】命令，打开“建模首选项”对话框，如图 6-4 和图 6-5 所示。

（1）“常规”选项卡。

① 体类型：控制基于曲线的自由特征扫掠特征生成的是实体还是片体。

② 距离公差：构造曲面与原始曲面在对应点的最大距离误差。

③ 角度公差：构造曲面与原始曲面在对应点的法矢的最大角度误差，这里的原始曲面指的是数学表达的理论曲面。

④ 密度和密度单位：密度主要用于几何特性计算。

⑤ 栅格线：在线框显示模式下，控制曲面内部是否以线条显示，以区别是曲面还是曲线，曲面内部曲线的个数可分别由 U、V 方向的显示个数控制；如图 6-6（a）所示的线框，不能看出是一个曲面还是 4 条曲线。在图 6-6（b）中，用户立即看出这是曲面。如果在造型误差中没有设定，可以在曲面构造完成后，单击【编辑】→【对象显示】命令，选择需编辑的曲面，单击【确定】按钮，在图 6-7 所示的对话框中设置“栅格数-U”和“栅格数-V”文本框。

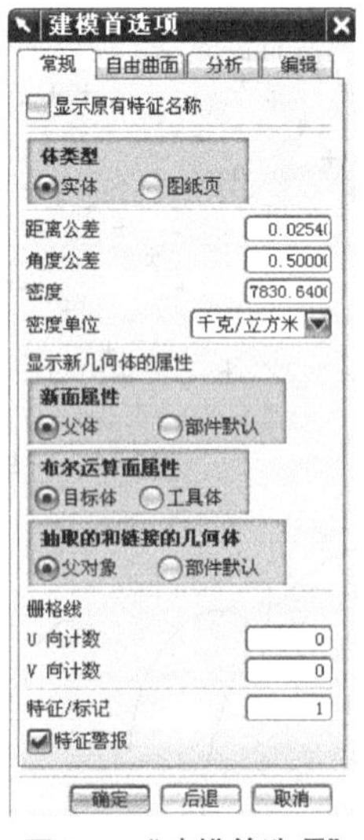

图6-4　“建模首选项”对话框“常规”选项卡

图6-5　“建模首选项”对话框“自由曲面”选项卡

⑥ 动态更新：控制定义曲线动态改变时模型是否随之实时改变。

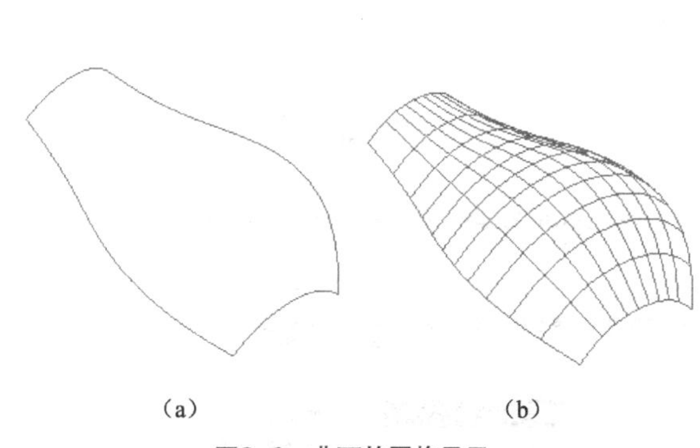

图6-6　曲面的网格显示

图6-7　“编辑对象显示”对话框

（2）“自由曲面”选项卡。

① 曲线拟合方法：在拟合方法中使用三次还是五次曲线，主要用在样条曲线的构造上。

② 自由曲面构造结果：控制生成的平面在数学上是“平面”表示还是“B-曲面”表示。选中【B曲面】单选按钮时，即使所生成的几何体是平面，系统总是建立一个样条曲面类型的片体；而选择【平面】单选按钮时，当定义曲面的边界线在同一平面上时，系统建立一个平面类型的片体。

（3）“分析”选项卡。

曲线曲率显示：曲线显示时，是否显示曲率梳或曲率梳半径。

（4）“编辑”选项卡。

① 动态更新：控制定义曲线动态改变时模型是否随之实时改变。

② 删除时通知：一个带有子特征的特征被删除时，是否发出警告。

6.2.2　曲面构造的一般方法

构造曲面时，一般先根据产品外形要求，建立用于构造曲面的边界曲线，或者根据实样测量的数据点生成曲线。然后，使用 UG 提供的各种曲面构造方法构造曲面。对于简单的曲面，可以一次完成建模。而实际产品的形状往往比较复杂，首先应该采用曲线构造方法生成主要或大面积的片体，然后进行曲面的过渡连接、光顺处理、曲面的编辑等完成整体造型。

构造曲面的方法按照原始数据的类型可大致分为以下 3 类。

（1）基于点的构造方法：它根据导入的点数据构建曲线、曲面。如通过点、由极点、从点云等构造方法，该功能所构建的曲面与点数据之间不存在关联性，是非参数化的，即当构造点编辑后，曲面不会产生关联变化。由于这类曲面的可修改性较差，建议尽量少用。

（2）基于曲线的构造方法：根据曲线构建曲面，如直纹面、通过曲线、过曲线网格、扫掠、剖面线等构造方法，此类曲面是全参数化特征，曲面与曲线之间具有关联性，工程上大多采用这种方法。

（3）基于曲面的构造方法：根据曲面为基础构建新的曲面，如桥接、N-边曲面、延伸、按规律延伸、放大、曲面偏置、粗略偏置、扩大、偏置、大致偏置、曲面合成、全局形状、裁剪曲面、过

渡曲面等构造方法。

构造曲面的工具条和菜单如图 6-8 所示。

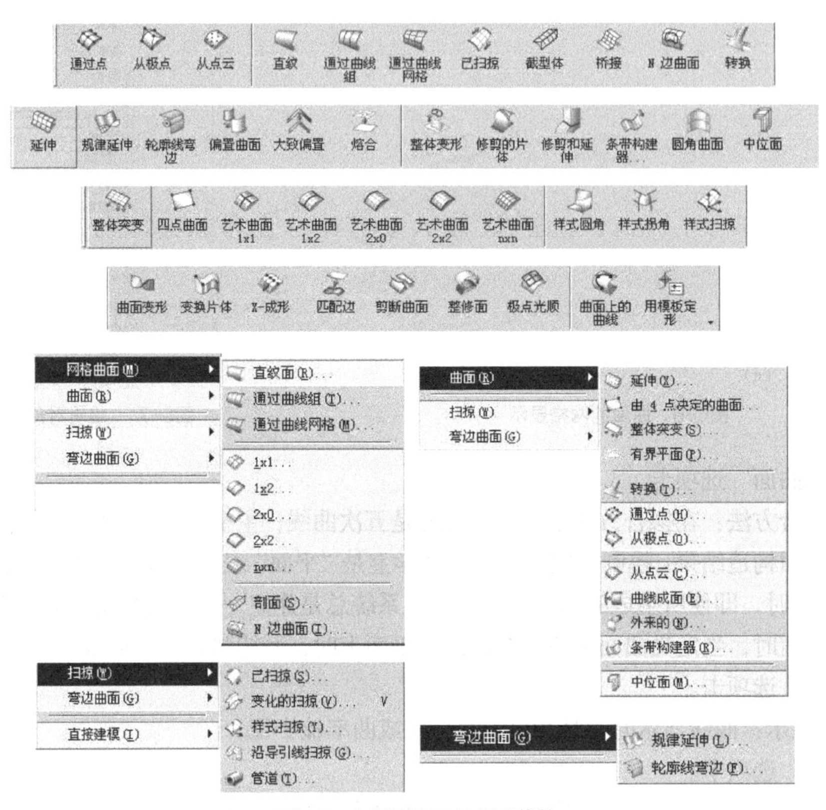

图6-8　曲面构造工具条及菜单

6.3 点构造曲面

点构造曲面是根据导入的点数据构建曲线、曲面，一般只用于构建曲面的母面。基于点的自由曲面特征如下。

（1）通过点：输入的点一定落在构造的曲面上。

（2）从极点：由控制多边形逼近出一个曲面。

（3）从点云：由大量数据点拟合的曲面。

（4）四点曲面：通过指定的 4 个点构造一个曲面。

1. 通过点与从极点的操作实例

【例 6-1】　根据图 6-9 所示点，用“通过点”或“从极点”的方法构造曲面。

操作步骤如下。

（1）单击图标或单击【插入】→【曲面】→【通过点】，将弹出图 6-10 所示的对话框（如果为【从极点】，应单击图标，后面的操作类似）。

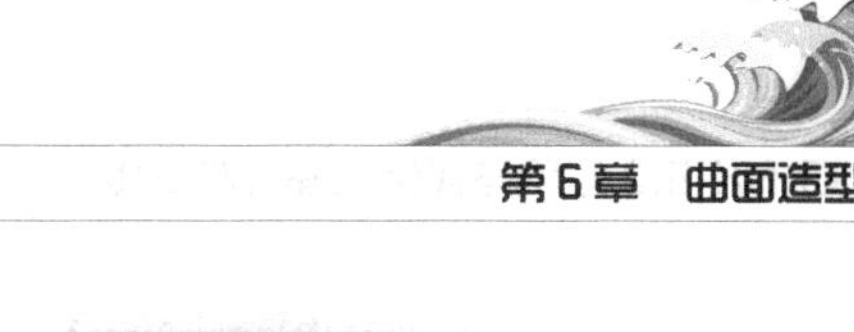

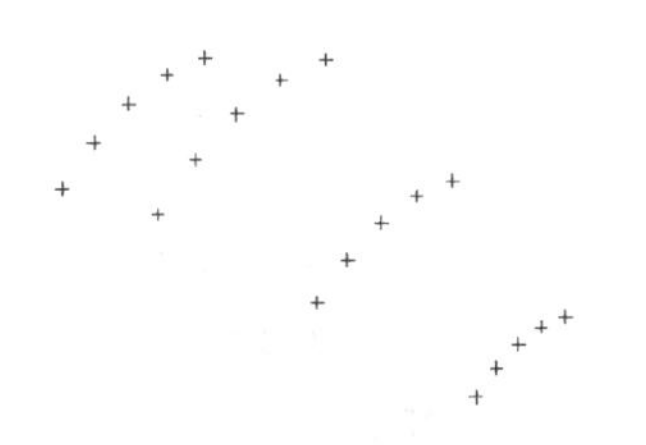

图6-9 已知若干点

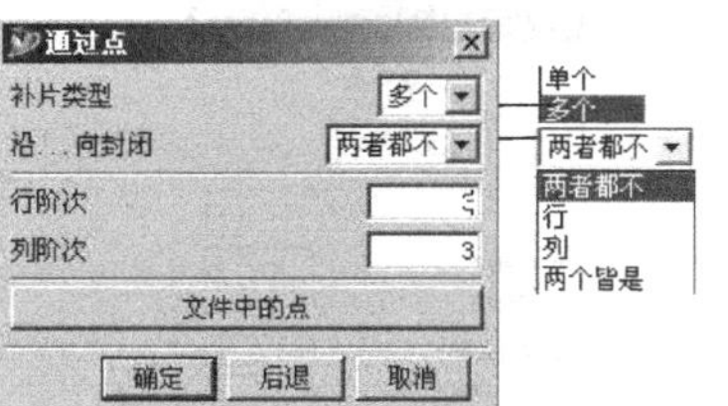

图6-10 “通过点”对话框

（2）如图 6-10 所示进行设置，单击【确定】按钮，将弹出图 6-11 所示的“过点”对话框。

（3）选择点的选择方法，根据点的选择方法，按提示在屏幕上依次选择点，选完一行后，单击【确定】按钮，选择下一行点，全部完成点的指定后，单击图 6-12 所示的【所有指定的点】按钮，完成曲面，如图 6-13 所示。其中，图 6-13（a）所示为通过点构造的曲面，图 6-13（b）所示为从极点构造的曲面。

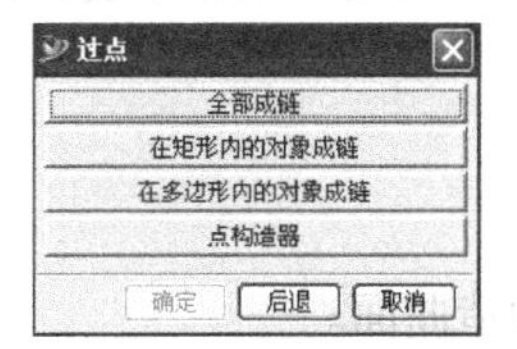

图6-11 “过点”对话框

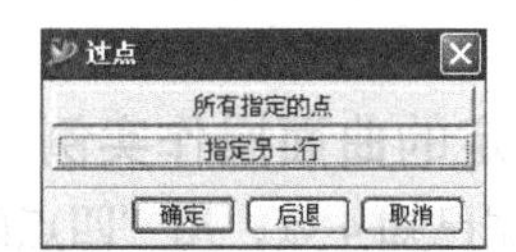

图6-12 点的选择

选择点时，按行选择，而且应当按照同样的顺序进行，否则可能导致曲面扭曲，如图 6-14 所示。

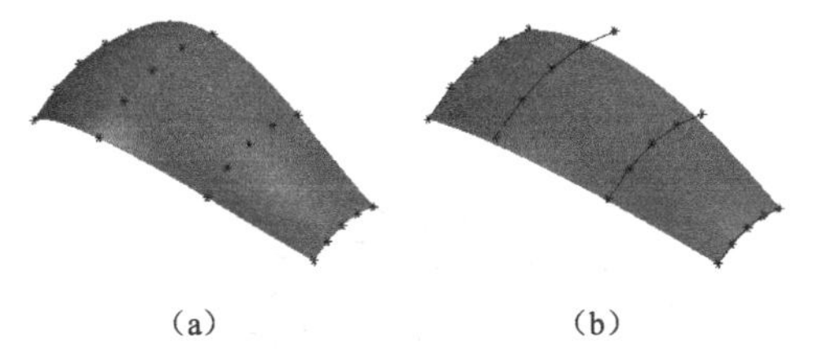

图6-13 由通过点和从极点完成的曲面

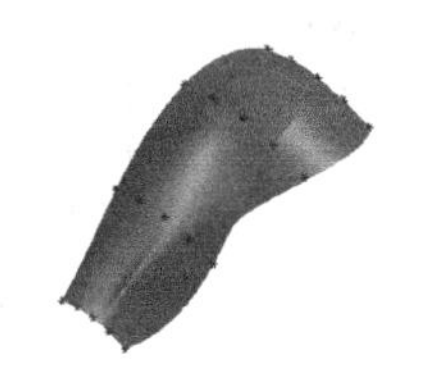

图6-14 扭曲的曲面

2. 从点云的操作实例

当点来自扫描仪或数控测量点时，数据非常庞大，输入的点数很多，而且这些点可能没有严格按照行或列组织，是一种无规律的散乱点形式，此时利用“从点云”的构造方式比较方便。

【例 6-2】 根据图 6-9 所示点，用“从点云”的方法构造曲面。

操作步骤如下。

（1）单击图标或单击【插入】→【曲面】→【从点云】，将弹出图 6-15 所示的对话框。

（2）输入 U 方向和 V 方向次数，建议输入“3”；输入 U 方向和 V 方向曲面片数。

（3）确定坐标方向，由于点云没有行、列组织，因此，需要指定一个坐标系。如果用户不指定，系统有默认的四边形和 U、V 轴，如图 6-16 所示。

（4）在屏幕上选择点：直接用鼠标画出矩形框将需要输入的点全部包含在内，构造的曲面如图 6-17 所示。

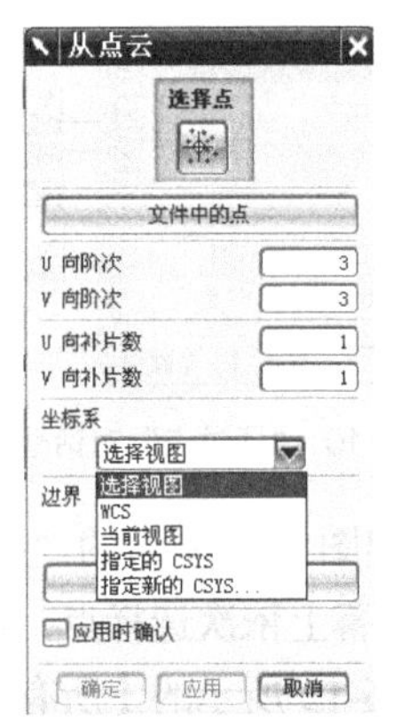

图6-15 “从点云”对话框

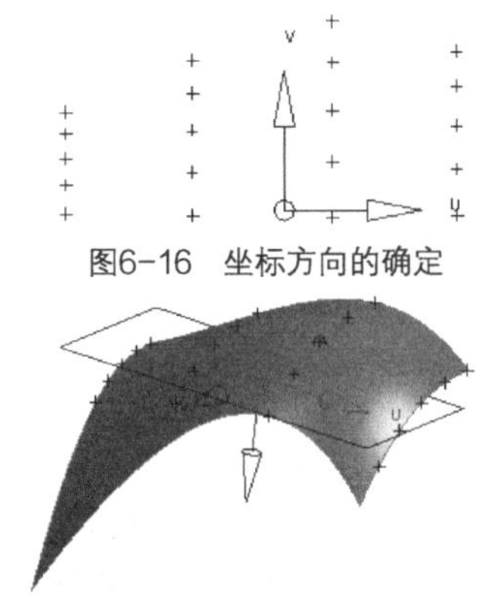

图6-17 从点云构造的曲面

在同样数据点的情况下，点云方式逼近的曲面比通过点方法要光滑得多，但有误差，点不一定落在曲面上。

3. 由四点决定的曲面操作实例

【例 6-3】 根据已知 4 点，用“四点曲面”的方法构造曲面。

操作步骤如下。

（1）单击图标□或单击【插入】→【曲面】→【四点曲面】，将弹出图 6-18 所示的“四点曲面”对话框。

（2）按提示依次选择 4 点，单击【确定】按钮，完成曲面构造，如图 6-19 所示。

图6-18 “四点曲面”对话框

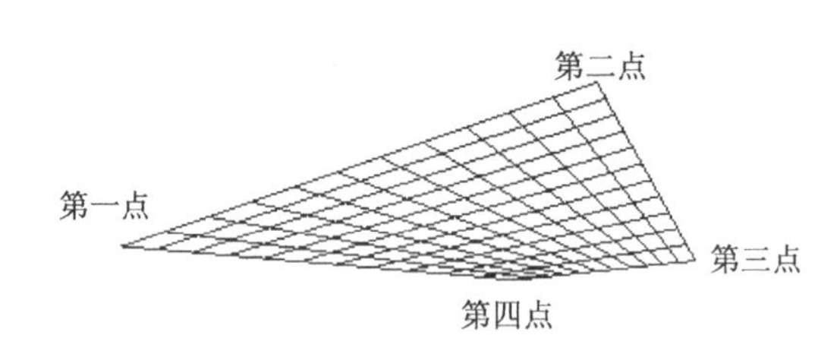

图6-19 由四点构造的曲面

曲线构造曲面

利用曲线构造曲面在工程上应用非常广泛，如飞机的机身、机翼等，原始输入数据是若干剖面上的点，一般先将其生成样条曲线，再构造曲面。基于曲线的自由特征如下。

（1）输入一个方向的曲线：直纹面、过曲线组、剖面线。

（2）输入两个方向的曲线：过曲线网格、扫掠曲线。

这里所指的曲线可以是曲线、片体的边界线、实体表面的边、多边形的边等。

6.4.1 直纹面

直纹面曲面是严格通过两条剖面线串生成的片体或实体，它主要表现为在两个剖面之间创建线性过渡的曲面。输入的曲线可以是光滑的曲线，也可以是直线；而每条曲线是一个线串，它可以是单段，也可以是多段组成。

1. 生成直纹面的操作过程

（1）单击直纹面图标或单击【插入】→【网格曲面】→【直纹】。

（2）选择第一条曲线串，在第一条曲线上，会出现一个方向箭头。

（3）单击截面线串 2 图标，选择第二条曲线串，在第二条曲线上，也会出现一个方向箭头，如图 6-20 所示。

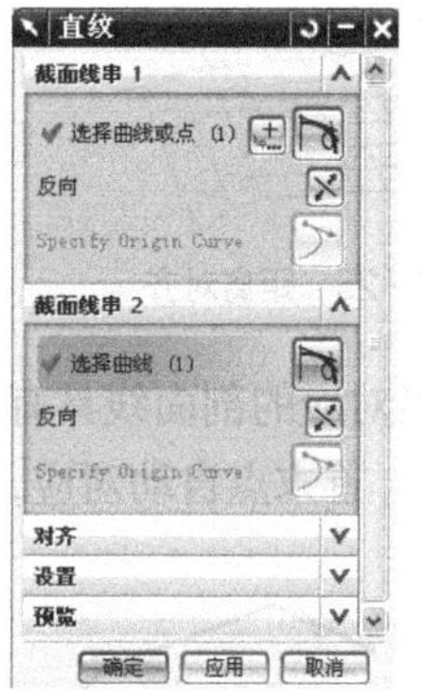

图6-20 直纹面的曲线选择

（4）根据输入曲线的类型，选择需要的对齐方式，指定公差，如图 6-21 所示，然后单击【确定】按钮，得到图 6-22 所示的曲面，完成曲面创建。

第二条曲线的箭头方向应与第一条线的箭头方向一致，否则会导致曲面扭曲，如图 6-23 所示。

图6-21 直纹面参数设置

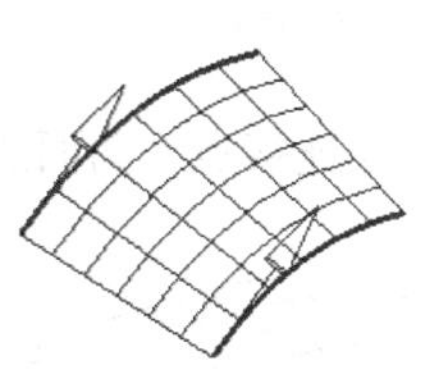

图6-22 直纹面

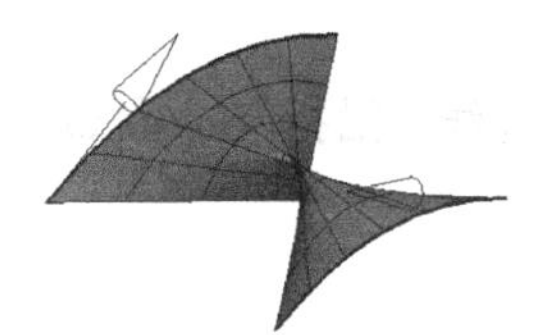

图6-23 扭曲的直纹面

2. 对齐方法

用曲线构成曲面时，对齐方法说明了剖面曲线之间的对应关系，对齐将影响曲面形状。对齐方法共有 6 种方式，如图 6-21 所示。一般常用“参数”对齐，对于多段曲线或者具有尖点的曲线，采用“根据点”对齐方法较好。

（1）参数：参数对齐指的是沿曲线等参数分布的对应点连接，如图 6-24（a）所示。

（2）圆弧长：两组剖面线和等参数曲线建立连接点，这些连接点在剖面线上的分布和间隔方式是根据等弧长的方式建立，如图 6-24（b）所示。

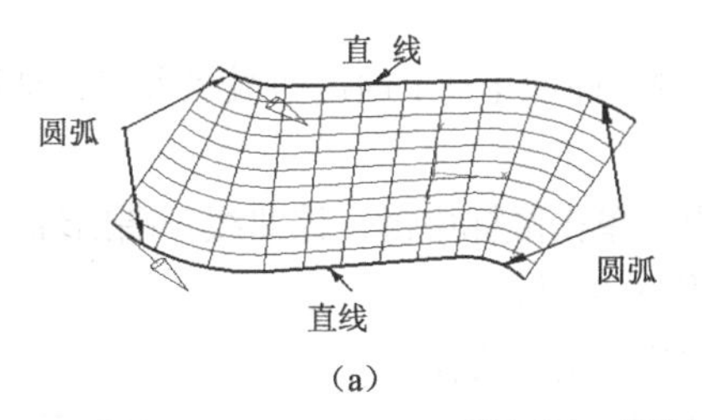

（a）

（b）

图6-24 参数对齐和弧长对齐

（3）距离：以指定的方向沿曲线以等距离间隔分布点，如图 6-25 所示。

（4）角度：绕一条指定轴线，沿曲线以等角度间隔分布点，如图 6-26 所示。

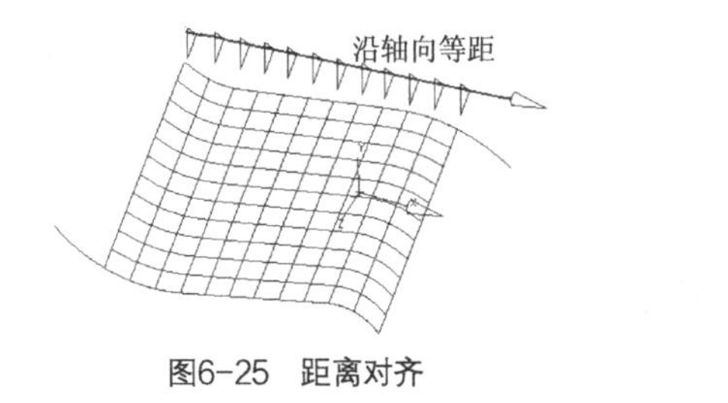

图6-25　距离对齐

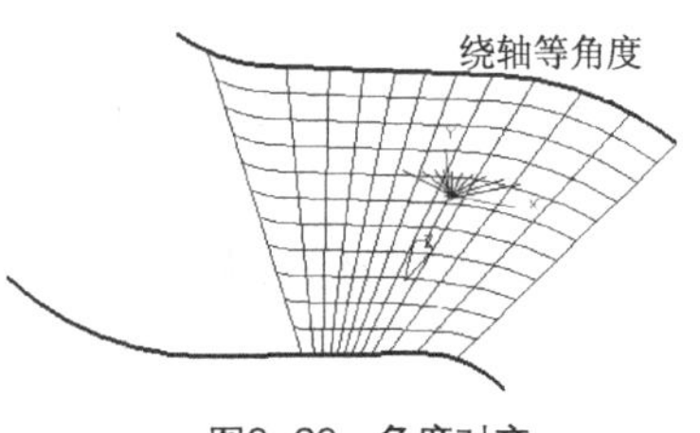

图6-26　角度对齐

（5）根据点：当对应的剖面线具有尖点或多段时，这种方法要求选择对应的点，如图 6-27（a）中对应的点 1、点 2，首末点自动对应，不需指定，构成直纹曲面如图 6-27（b）所示。

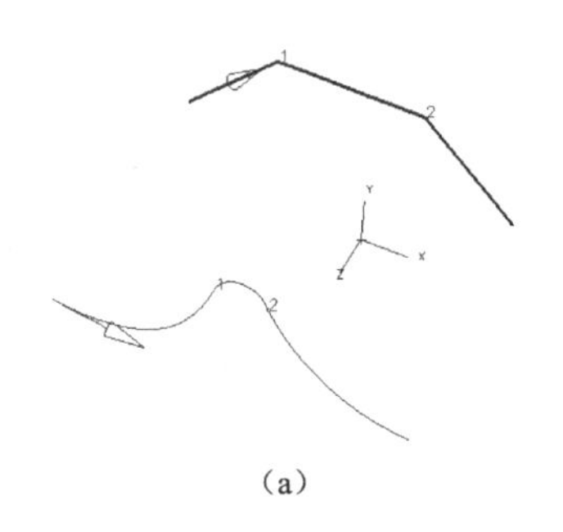

（a）

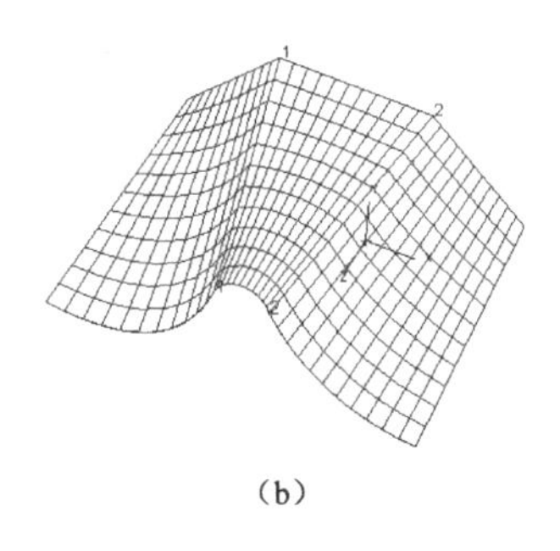

（b）

图6-27　点对齐

（6）脊线：沿指定的脊线以等距离间隔建立连接点，曲面的长度受脊线限制，如图 6-28 所示。

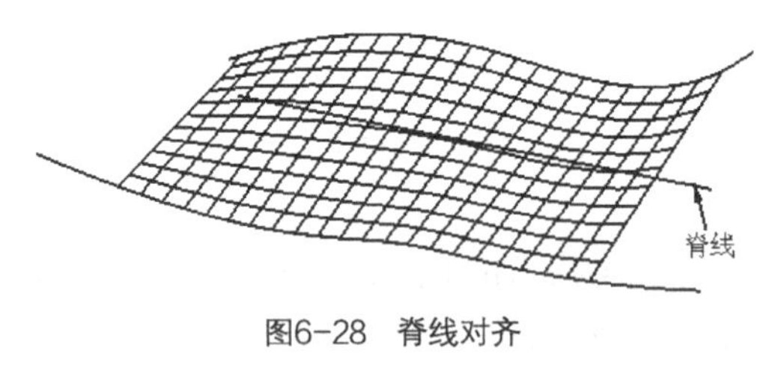

图6-28　脊线对齐

6.4.2　通过曲线组

构造复杂曲面时，先输入多个点，然后构成一系列样条曲线，再通过曲线构造曲面，这种方法构造的曲面通过每一条曲线，其操作步骤如下。

（1）单击通过曲线图标或单击【插入】→【网格曲面】→【通过曲线组】，系统将弹出图 6-29 所示的“通过曲线组”对话框。

（2）依次选择每一条曲线（每选完一个曲线串，单击鼠标中键，该曲线一端出现箭头，应当注意各曲线箭头方向一致），完成所有曲线选择，如图 6-30 所示。

（3）在“通过曲线组”对话框中选择曲面片类型、对齐方法。

（4）设置阶次数（建议输入“3”），单击【确定】按钮，得到图 6-31 所示的曲面。

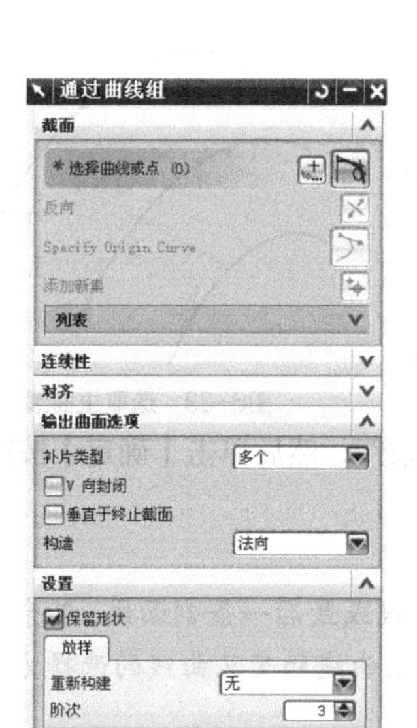

图6-29 “通过曲线组”对话框

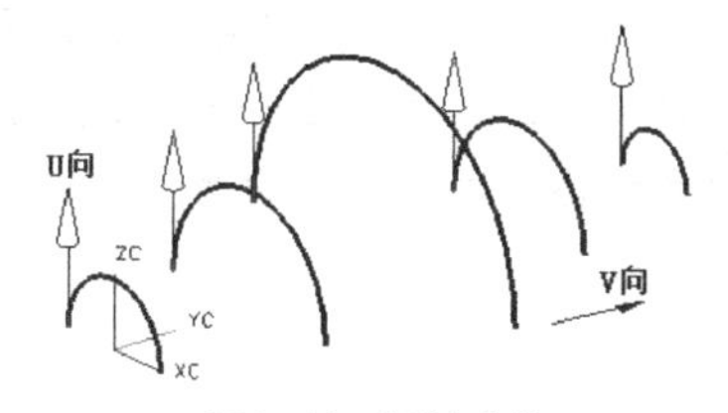

图6-30 通过曲线

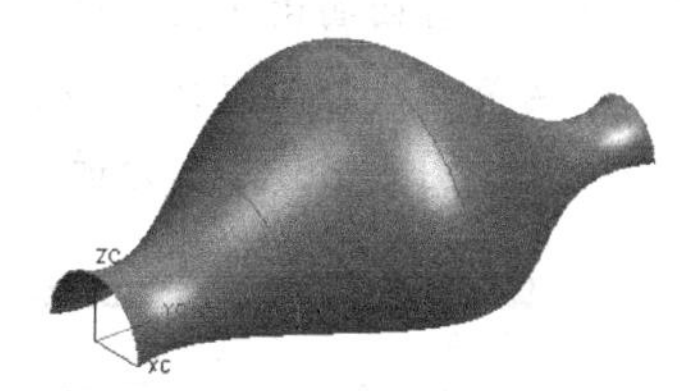
图6-31 通过曲线组构成的曲面

如果输入曲线的第一条和最后一条恰好是另外两张曲面的边界，而且曲线与两张曲面在边界又有连续条件，如图 6-32（a）所示，用户可在图 6-32（b）所示对话框中确定起始与结束的连续方式（其中 G0 为无约束，G1 为相切连续，G2 为曲率连续）。单击图标，选择与之有约束的曲面，就能够控制在曲面拼接处的 V 方向为相切或曲率连续。图 6-32（c）所示为起始和结束与两曲面相切连续的“通过曲线组”曲面。

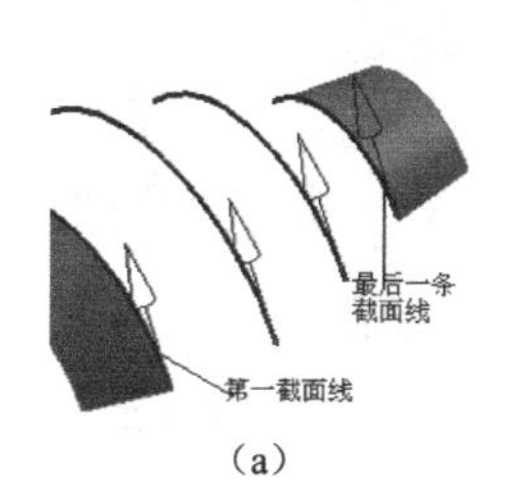

（a）

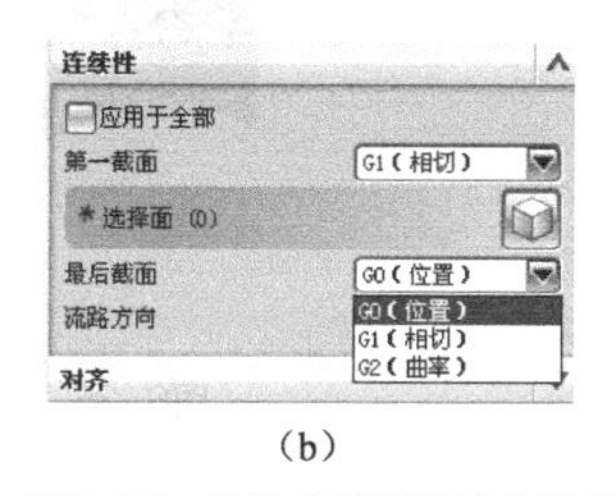

（b）

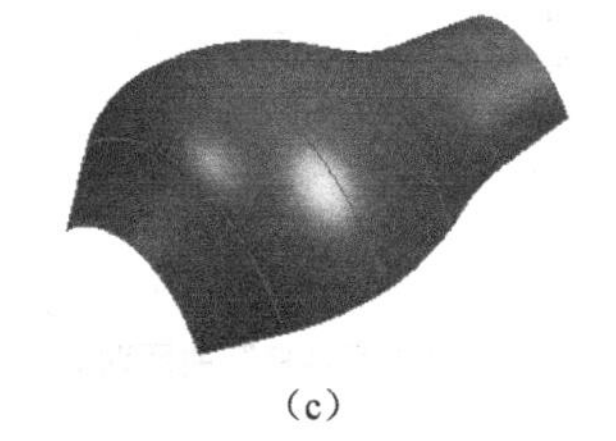
（c）

图6-32 带约束关系的过曲线组曲面

6.4.3 通过曲线网格

曲线网格方法是使用两个方向的曲线来构造曲面。其中，一个方向的曲线称为主曲线，另一个方向的曲线称为交叉曲线。

过曲线网格生成的曲面是双三次的，即 U、V 方向都是 3 次的。

由于是两个方向的曲线，构造的曲面不能保证完全过两个方向的曲线，因此用户可以强调以哪个方向为主，曲面将通过主方向的曲线，而另一个方向的曲线则不一定落在曲面上，可能存在一定的误差。

通过曲线网格构造曲面的一般操作步骤如下。

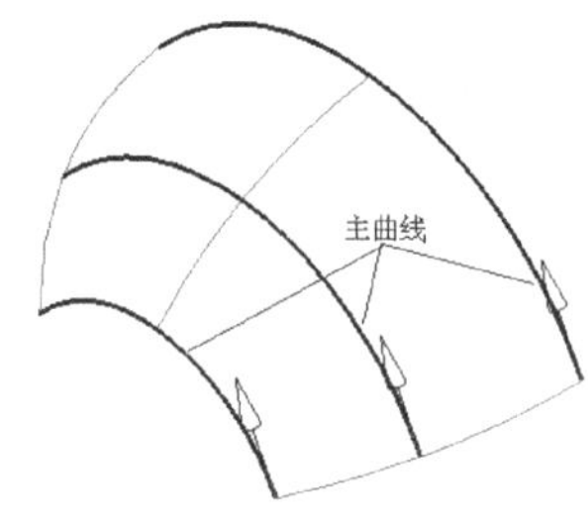

图6-33 选取主曲线

（1）单击图标或单击【插入】→【网格曲面】→【通过曲线网格】，系统将弹出“通过曲线网格”对话框。

（2）选择主曲线：单击图标，选择一条主曲线后，单击鼠标中键，该曲线一端出现箭头；依次选择其他的主曲线（注意每条主曲线的箭头方向应一致），如图6-33所示。

（3）选择交叉曲线：单击图标，选择另一方向的曲线为交叉曲线，每选择完一条交叉曲线后，单击鼠标中键，然后选择其他交叉曲线。

（4）在图6-34所示的对话框中选择设置重新构建，确定无约束条件，然后单击【确定】按钮，曲面如图6-35所示。

当曲面由3条曲线边构造时，可以将点作为第一条剖面线或最后一条剖面线，其余两条曲线作为交叉曲线，如图6-36所示。图6-36（a）为主曲线和交叉曲线的选择方法，图6-36（b）为通过曲线网格方式创建的曲面。

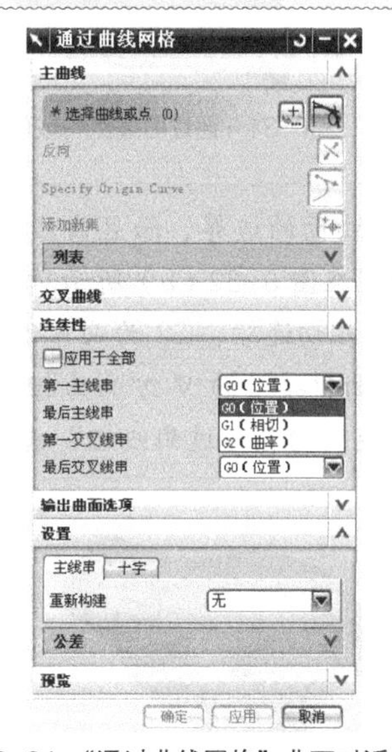

图6-34 “通过曲线网格”曲面对话框

图6-35 通过曲线网格构造的曲面

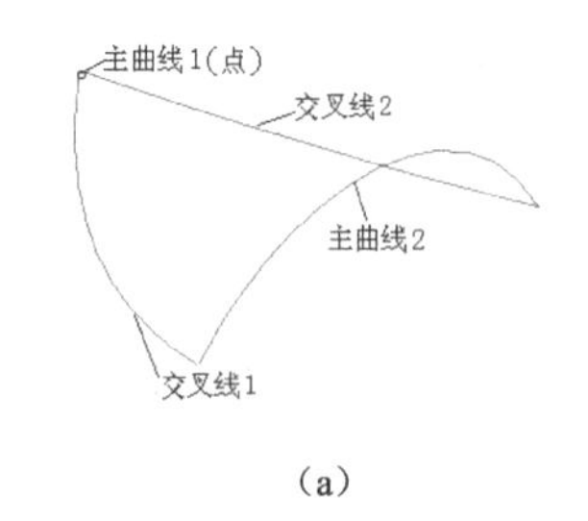

（a）

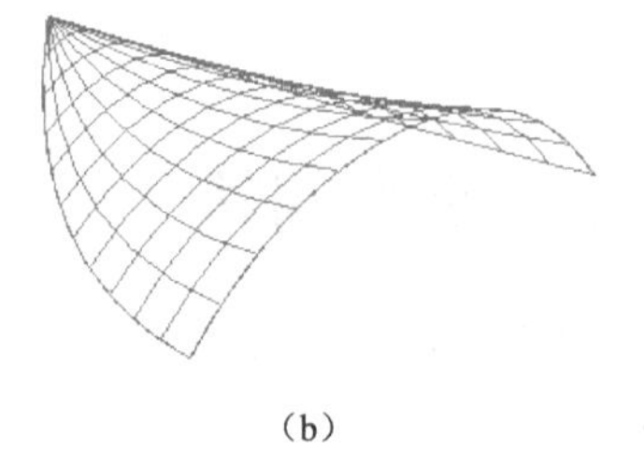
（b）

图6-36 三边域曲面

6.4.4 扫掠

扫掠曲面是将剖面线沿引导线运动扫掠而成，它具有较大的灵活性，可以控制比例、方位的变化。

1. 引导线

扫掠路径称为引导线串，用于在扫掠方向上控制扫掠体的方位和比例，每条引导线可以是多段曲线合成的，但必须是光滑连续的。引导线的条数可以为 1 ~ 3 条。

（1）1 条引导线：由用户指定控制剖面线的方位和比例，如图 6-37 所示。

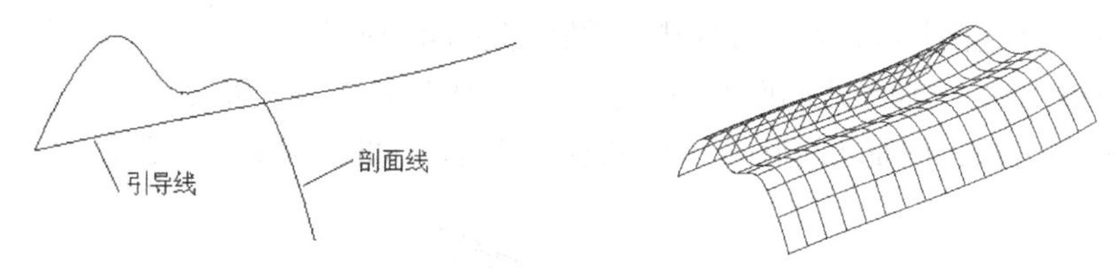

图6-37 1条引导线

（2）2 条引导线：自动确定方位，比例则由用户指定，如图 6-38 所示。

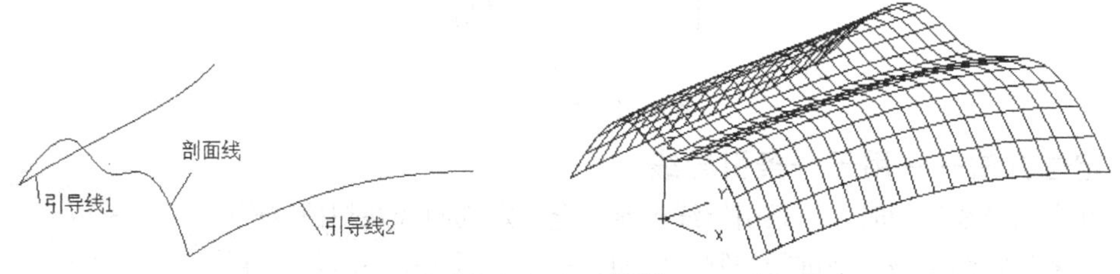

图6-38 2条引导线

（3）3 条引导线：自动控制比例和方位，如图 6-39 所示。

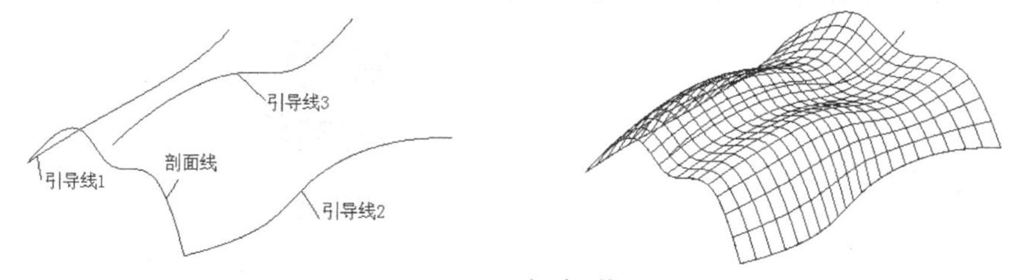

图6-39 3条引导线

2. 剖面线

轮廓曲线称为剖面线串，剖面线不必是光滑的，但必须是位置连续的。剖面线和引导线可以不相交，剖面线最多可以达到 150 条。

图 6-40 所示为由两条引导线和两条剖面线生成的曲面。

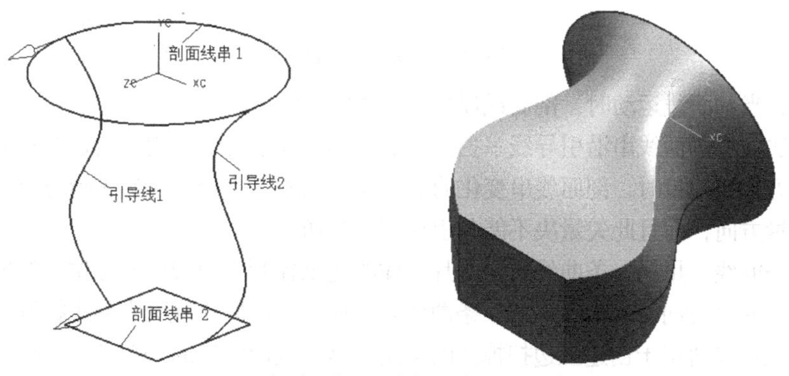

图6-40 两条引导线和两条剖面线生成的扫掠曲面

3. 脊线

脊线的作用主要是控制扫掠曲面的方位、形状。在扫掠过程中，剖面线所在的平面保持与脊线垂直。

4. 插值方法

当剖面线多于一条时，必须指定介于剖面线间的插值方法，用于确定扫掠时在两组剖面线串之间扫掠体的过渡形状，插值如图 6-41 所示。

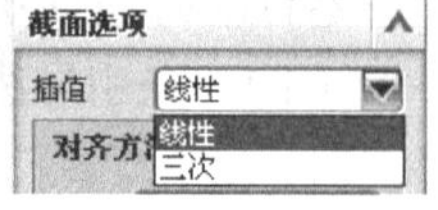

图6-41 扫掠插值

（1）线性插值方法：剖面线之间形成线性过渡形状，如图 6-42（b）所示。

（2）三次插值方法：剖面之间形成三次函数过渡形状，如图 6-42（c）所示。

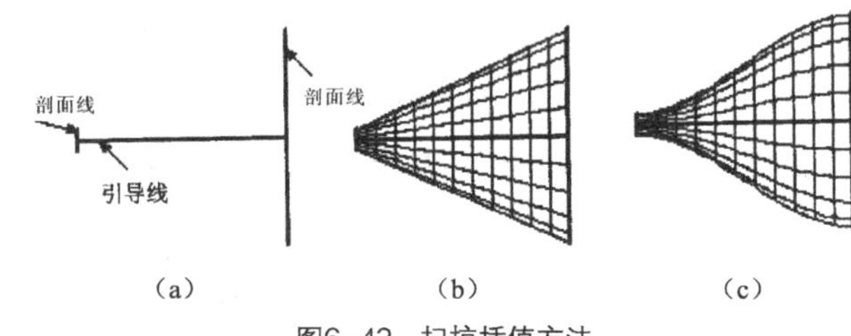

图6-42 扫掠插值方法

5. 定位方法——用于一条引导线

剖面线沿引导线运动时，一条引导线不能完全确定剖面线在扫掠过程中的方位，需要指定约束条件来进行控制。例如，一条剖面线串在沿着引导线串扫掠时，可以是简单的平移，也可以在平移的过程中进行转动。“定位方法”如图 6-43 所示，其控制方法有如下 7 种，如图 6-44 所示。

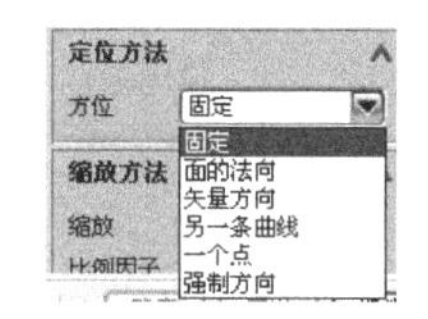

图6-43 扫掠定位方法

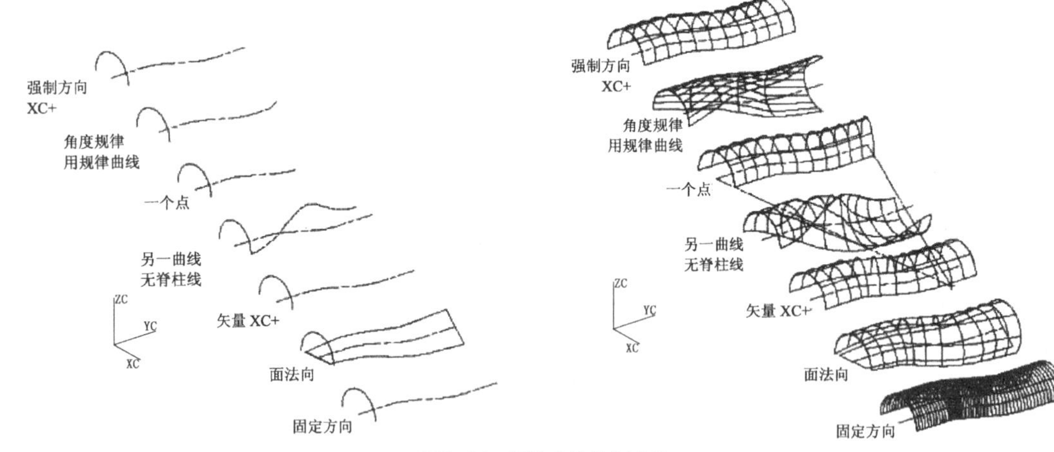

图6-44 扫掠方位控制方法

（1）固定：当剖面线运动时，剖面线保持一个固定方位。

（2）面的法向：剖面线串沿引导线串扫掠时的局部坐标系的 *Y* 方向与所选择的面法向相同。

（3）矢量方向：扫掠时，剖面线串变化的局部坐标系的 *Y* 方向与所选矢量方向相同，使用者必须定义一个矢量方向，而且此矢量决不能与引导线串相切。

（4）另一条曲线：用另一条曲线或实（片）体的边来控制剖面线串的方位。扫掠时剖面线串变化的局部坐标系的 *Y* 方向由导引线与另一条曲线各对应点之间的连线的方向来控制。

（5）一个点：仅适用于创建三边扫掠体的情况，这时剖面线串的一个端点占据一固定位置，另一个端点沿导向线串滑行。

（6）角度规律：该选项只适用于一条剖面线串的情况，当剖面线沿引导线运动时，用规律曲线控制方位。

（7）强制方向：将剖面线所在平面始终固定为一个方位。

6. 缩放方法——用于一条引导线

控制剖面线沿引导线运动时的比例变化，UG提供的比例控制功能如图6-45所示。

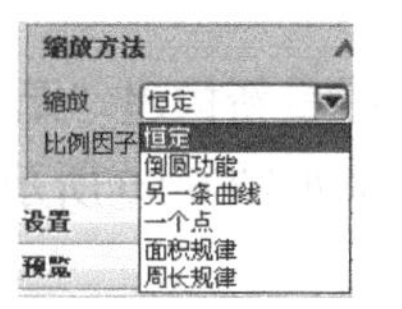

图6-45 扫掠缩放方法

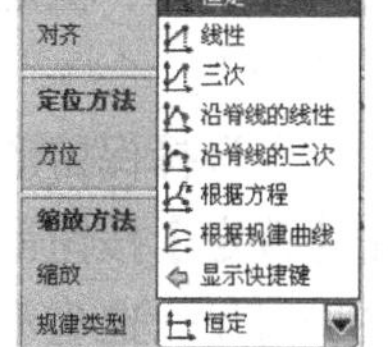

图6-46 面积规律缩放方法

（1）恒定：常数比例，剖面线先相对于引导线的起始点进行缩放，然后在沿引导线运动过程中，比例保持不变，默认值为1。

（2）倒圆功能：圆角过渡比例，在扫掠的起点和终点处施加一个比例，介于二者之间部分的缩放比例是以线性或三次插值变化规律进行比例控制。

（3）另一条曲线：类似于方位控制中的另一曲线。

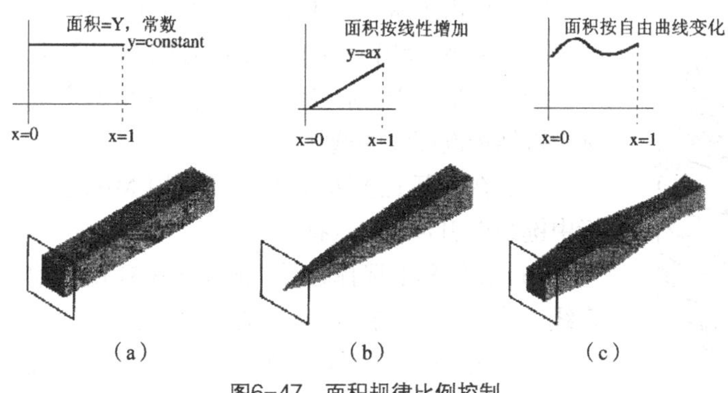

图6-47 面积规律比例控制

（4）一个点：与另一曲线方法类似。

（5）面积规律：剖面曲线围成的面积在沿引导线运动过程中用规律曲线控制大小，方法如图6-46所示。图6-47（a）所示的剖面面积在扫掠过程中等于一个常数，即面积保持不变，图6-47（b）所示的剖面面积沿引导线线性增加，从Y=0到Y=a，图6-47（c）所示的剖面面积沿引导线按照自由曲线比例变化。

（7）周长规律：剖面曲线的周长在沿引导线运动过程中用规律曲线控制长短。

7. 扫掠操作实例

【例6-4】 如图6-48所示，已有一条引导线、一条剖面线，利用扫掠方法和“固定”方位控制，制作图6-50所示的弹簧。

操作步骤如下。

（1）绘制图6-48所示的螺旋线和矩形。

（2）单击图标或单击【插入】→【扫掠】→【扫掠】，系统将弹出“扫掠”对话框如图6-49所示。

（3）在屏幕上选择剖面线，使用【MB2】鼠标中键结束剖面线的选择。

（4）在屏幕上选择引导线，使用【MB2】鼠标中键结束引导线的选择。

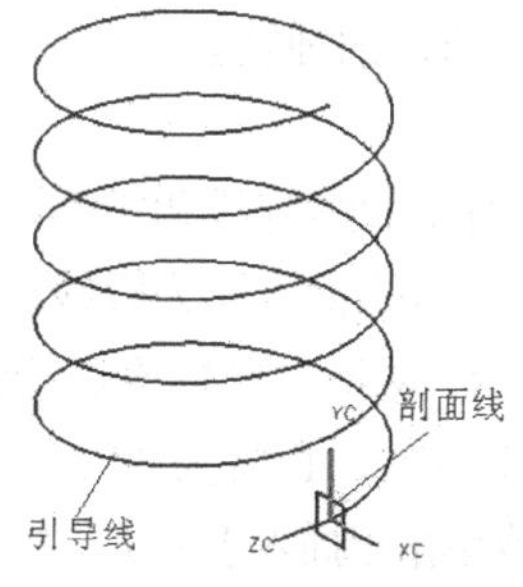

图6-48 螺旋线和矩形

图6-49 “扫掠”对话框

（5）在“扫掠”对话框如图6-49所示中设置参数，在对齐方法下拉列表中选择“参数”。

（6）在定位方法下拉列表中选择“固定”。

（7）选择“恒定”的缩放方法，输入比例因子值为1。

（8）选择保留形状引导线重新构建“无”，单击【确定】按钮得到的弹簧如图6-50所示，从图中可见，造型不够理想。

【例6-5】 如图6-51所示，一条引导线、一条剖面线、一条脊线，利用扫掠方法和“另一条曲线”方位控制，制作图6-50所示的弹簧。

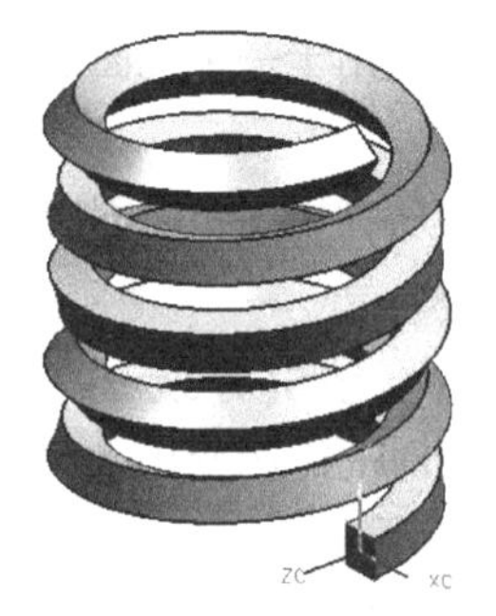

图6-50 扫掠结果

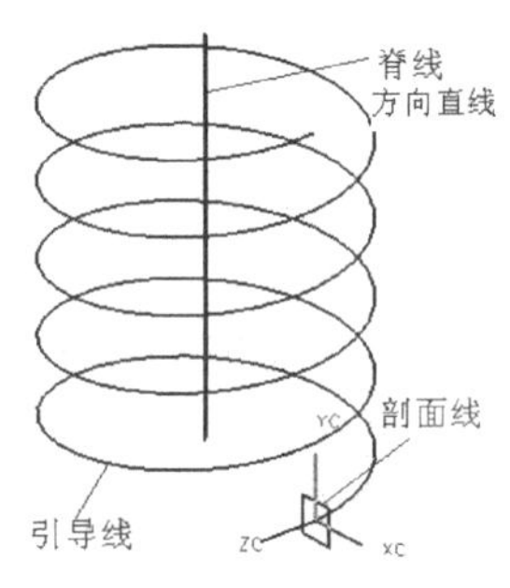

图6-51 绘制脊线

操作步骤如下。

图6-52 “扫掠”对话框

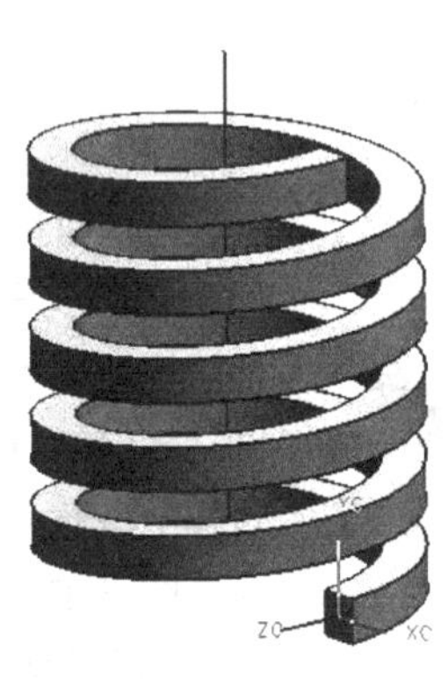

图6-53 扫掠结果

（1）绘制图6-51所示的螺旋线和矩形。

（2）绘制图6-51所示的直线作为脊线。

（3）单击图标或单击【插入】→【扫掠】→【扫掠】，系统将弹出“扫掠”对话框如图6-52所示。

（4）在屏幕上选择剖面线，使用【MB2】鼠标中键结束剖面线的选择。

（5）在屏幕上选择引导线，使用【MB2】鼠标中键结束引导线的选择。

（6）在屏幕上选择脊线，选取图6-51所示的直线，该直线为“脊线”且为方向直线。

（7）在“扫掠”对话框如图6-52所示中设置参数，在对齐方法下拉列表中选择“参数”。

（8）选择定位方法为“另一条曲线”。

（9）选择“恒定”的比例方法，输入比例因子值为1。

（10）单击【确定】按钮，得到的弹簧如图6-53所示。

【例6-6】 如图6-51所示，已有一条引导线、一条剖面线、一条脊线，利用扫掠方法、“另一曲线”方位控制和“面积规律”比例方式，“根据规律曲线”，制作图6-56所示的弹簧。

操作步骤如下。

（1）绘制图6-51所示的螺旋线和矩形。

（2）绘制图6-51所示的直线作为脊线。

（3）如图6-54所示，从绝对坐标原点绘制一条直线（与X轴夹角为30°，长度为30）。

（4）单击图标或单击【插入】→【扫掠】→【扫掠】，系统将弹出“扫掠”面积规律对话框如图6-55所示。

（5）在屏幕上选择剖面线，使用【MB2】鼠标

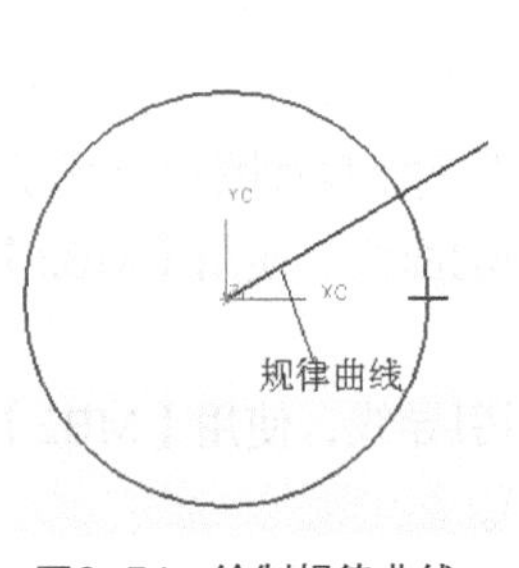

图6-54 绘制规律曲线

图6-55 “扫掠”面积规律对话框

中键结束剖面线的选择。

（6）在屏幕上选择引导线，使用【MB2】鼠标中键结束引导线的选择。

（7）在屏幕上选择脊线，选取图6-51所示的直线，该直线为“脊线”且为方向直线。

（8）在“扫掠”对话框如图6-55所示中设置参数，在对齐方法下拉列表中选择“参数”。

（9）选择定位方法为“另一条曲线”。

（10）缩放方法，选择“面积规律”的比例方法，选择“根据规律曲线”，在屏幕上选取如图6-54所示绘制的直线为“规律曲线”。

（11）单击【确定】按钮，得到的弹簧如图6-56所示。

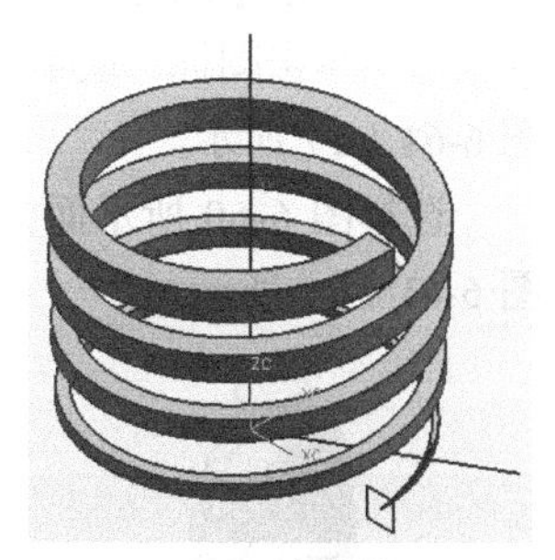

图6-56 扫掠结果

【例6-7】 如图6-57（a）所示曲线，利用扫掠、抽壳等操作方法，创建瓶体如图6-57（b）所示。

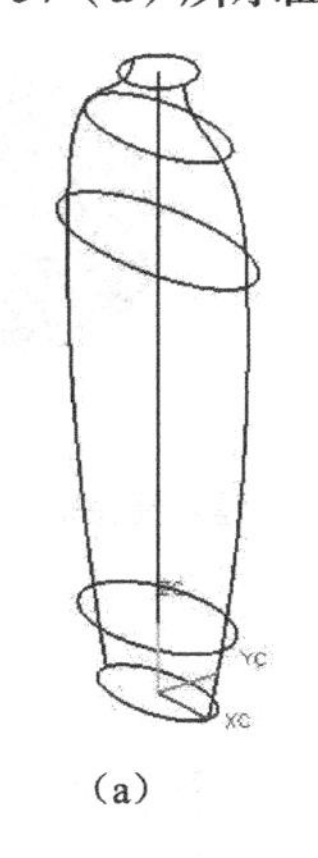

（a）

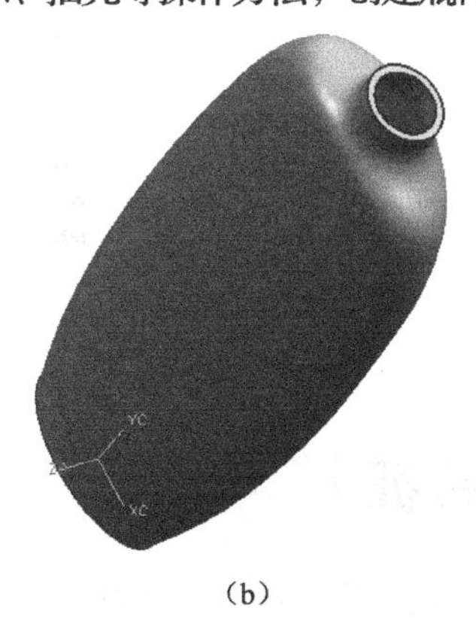

（b）

图6-57 创建瓶体特征

操作步骤如下。

（1）绘制图6-57（a）所示曲线。

（2）单击图标或单击【插入】→【扫掠】→【扫掠】，系统将弹出“扫掠”面积规律三次对话框。

（3）如图6-58所示，选取两条引导线和5条剖面线，选取剖面线时应注意箭头方向要一致。

（4）如图6-58所示选择直线为脊线线串。

（5）选取对象后，如图6-59所示选择参数，选择对齐方法“参数”，定位方法“另一条曲线”，

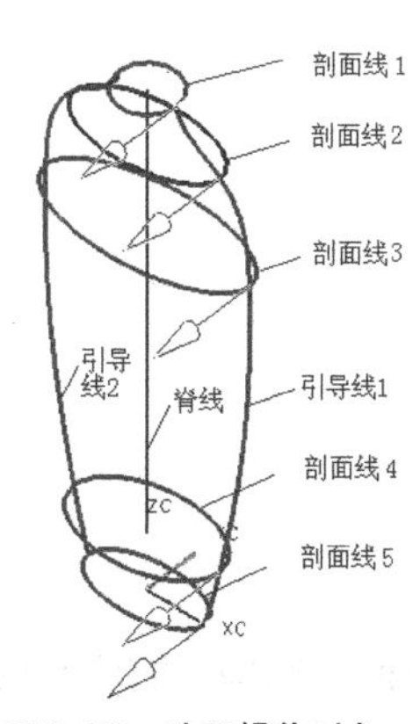

图6-58 选取操作对象

图6-59 “扫掠”面积规律三次对话框

缩放方法“面积规律”、“三次”。

（6）单击【确定】按钮，得到的瓶体如图 6-60 所示。

（7）单击图标或单击【插入】→【偏置/缩放】→【抽壳】，系统将弹出“壳单元”对话框如图 6-61（a）所示。

选择图 6-60 所示面为开口面，设置厚度为“2”；单击【确定】按钮，完成瓶体的创建，如图 6-61（b）所示。

图 6-60　瓶体特征

（a）

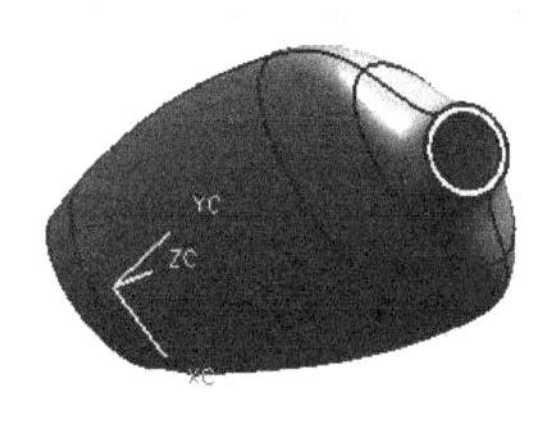

（b）

图6-61　创建外壳特征

6.4.5　截面特征

截面特征是把一个曲面想象成若干条截面线，每条截面线在一个平面上，截面线的起点、终点分别位于指定的控制曲线上，它的切矢可从控制曲线上获得。控制曲线对应于 U 方向，截面曲线对应于 V 方向。例如图 6-62 给定了 4 条控制曲线，起点、终点的控制曲线决定了曲面的首末端，起点、终点切矢控制曲线分别控制截面线的起点和终点的切矢，由每个截面上两条切矢的交点产生顶点曲线。脊线的作用使得平面与脊线总是保持垂直。

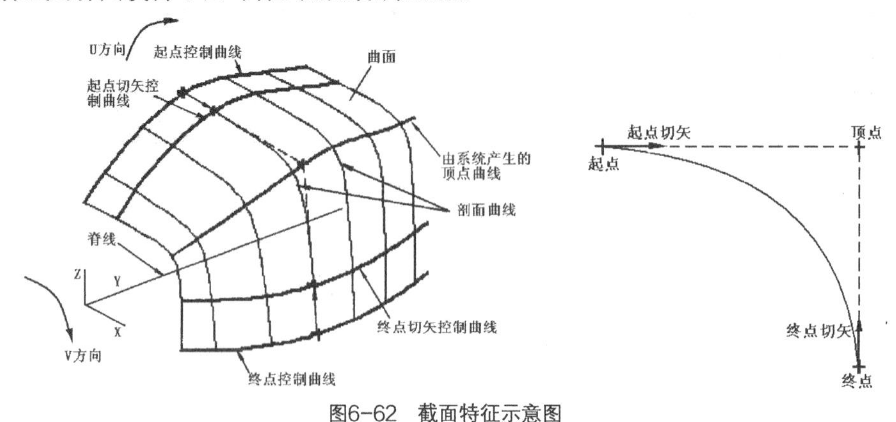

图6-62　截面特征示意图

截面特征的构造方法如图 6-63 所示。

1. 基本概念

（1）截面类型（U-向）。截面类型是指截面曲线在 U 方向的类型，它所在的平面与脊线垂直，有以下 3 种类型。

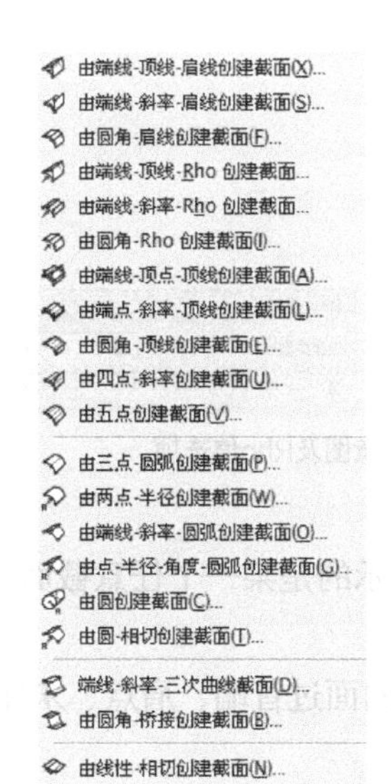

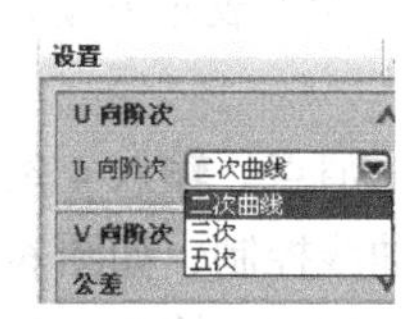

图6-63 截面特征的构造方法

① 二次曲线：提供一个逼真、精确的二次截面形状，而且不产生反向曲率。

② 三次：三次截面类型的截面线与二次曲线形状大致相同，但生成曲面更好地参数化，但不生成精确的二次截面形状，采用逼近方法，例如，当 Rho > 0.75 时，产生的截面曲线不像二次形状，因此，三次截面类型的 Rho≤0.75。

③ 五次：曲面是 5 次的，沿 V 方向的曲面片之间为曲率连续。

圆角—桥接、端点—斜率—Rho 以及端点-斜率—三次构造方法不能用二次曲线类型。

（2）拟合类型（V-向）。这个选项控制 V 方向的次数和形状，即与脊线平行方向的曲线形状。

① 三次：曲面为三次，曲面片之间为切矢连续。

② 五次：曲面为五次，曲面片之间为曲率连续。

（3）创建顶线。如图 6-62 所示，顶线是由截面曲线端点切矢相交形成的曲线，通常用来作为公共切矢控制曲线。

（4）顶线（Hilite）。顶线是一条二次曲线，该曲线通过两个点，并且与 3 条直线相切，需要指定点和曲线端点的斜率，然后再需要定义一条与二次曲线相切的线。

（5）脊线。脊线的作用是控制截面线所在平面的方向，在建立曲面时，系统在脊线的各个点上构造一个截平面，截平面与脊线上的该点的切线相垂直，如图 6-64 所示。

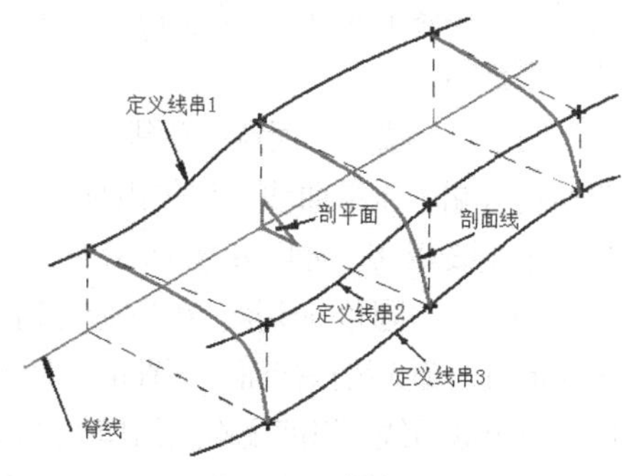

图6-64 脊线图

（6）投射判别式。如图 6-65 所示，Rho 投射判别式是控制二次截面线“丰满度”的一个比例值，有 3 种选项如下。

① 恒定：Rho 值沿整个截面体长度方向是常数。

② 最小张度：Rho 值根据最小张力法计算，通常该方法生成一个椭圆。

③ 一般：使用规律子功能定义 Rho 值。

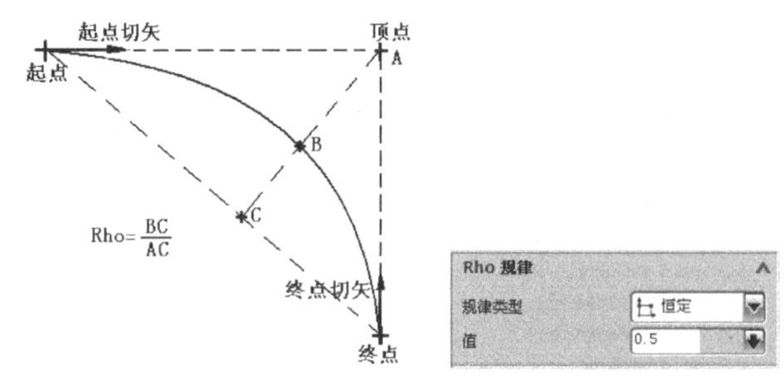

图6-65 Rho判别式示意图及Rho值选项

2. 几种创建方法介绍

在下面的各种方法中，为了表示方便，图形表示的是某一个任意截面，实际上所有的点（+）都落在给定的控制曲线上。

（1） 端点—顶点—肩点。输入4条曲线，曲面过首端、肩点、末端曲线，首末端点处的切矢由两个切矢交点的顶点曲线控制，如图6-66所示。

（2） 端点—斜率—肩点。输入5条曲线，曲面过首端、肩点、末端曲线，首末端点处的切矢分别由两个切矢端点曲线控制，如图6-67所示。

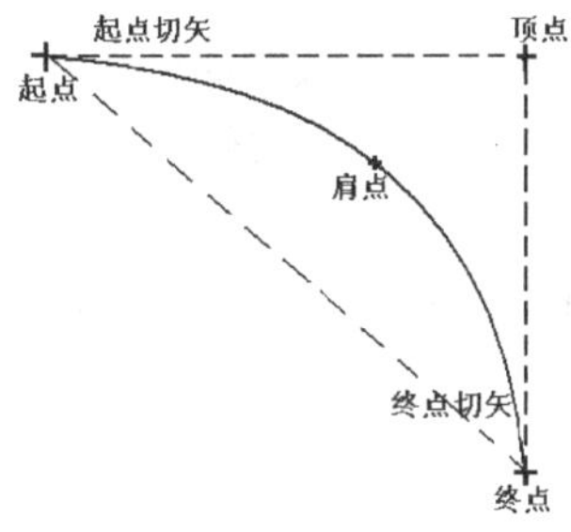

图6-66 端点—顶点—肩点方法

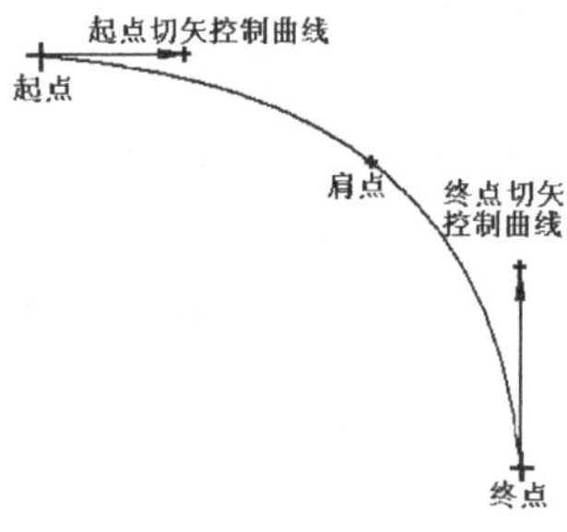

图6-67 端点—切矢—肩点方法

（3） 端点—顶点—Rho。输入3条曲线和一条脊线，曲面过首端、末端曲线，首末端点处的切矢由两个切矢交点的顶点曲线控制，曲线的丰满程度由Rho值决定，如图6-68所示。

（4） 圆角—Rho。在分别位于两个曲面上的两条曲线之间形成一个光滑倒圆面，每个截面的曲线丰满程度由对应的Rho值控制，曲面的长度由脊线的长度控制，如图6-69所示。其中图6-69（a）为生成的曲面，图6-69（b）为其中的一个截面。

（5） 端点—顶点—顶线。输入5条曲线和1条脊线，曲面过首端、末端曲线，切矢由顶点曲线控制，生成的曲线与一条直线相切，如图6-70所示。

（6） 圆角—桥接。在分别位于两个曲面上的两条曲线之间形成一个光滑桥接面，如图6-71所示。同桥接曲线操作类似，每个截面线可以匹配端点的切矢或曲率，也可以选择一个样条曲线，作为截面曲线要继承形状的参考曲线，匹配条件对话框如图6-72所示，截面调整对话框如图6-73所示。

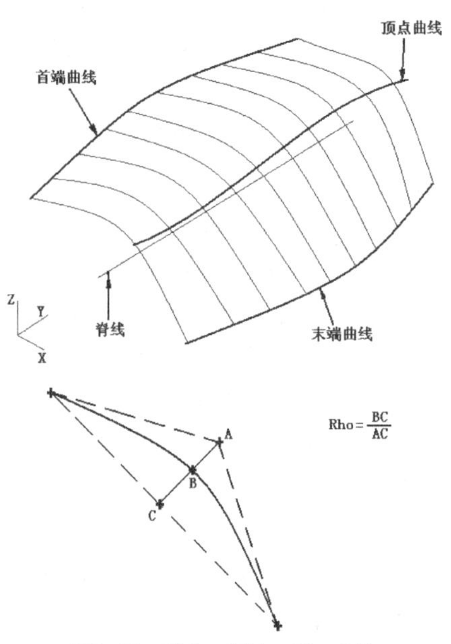

图6-68 端点—顶点—Rho方法

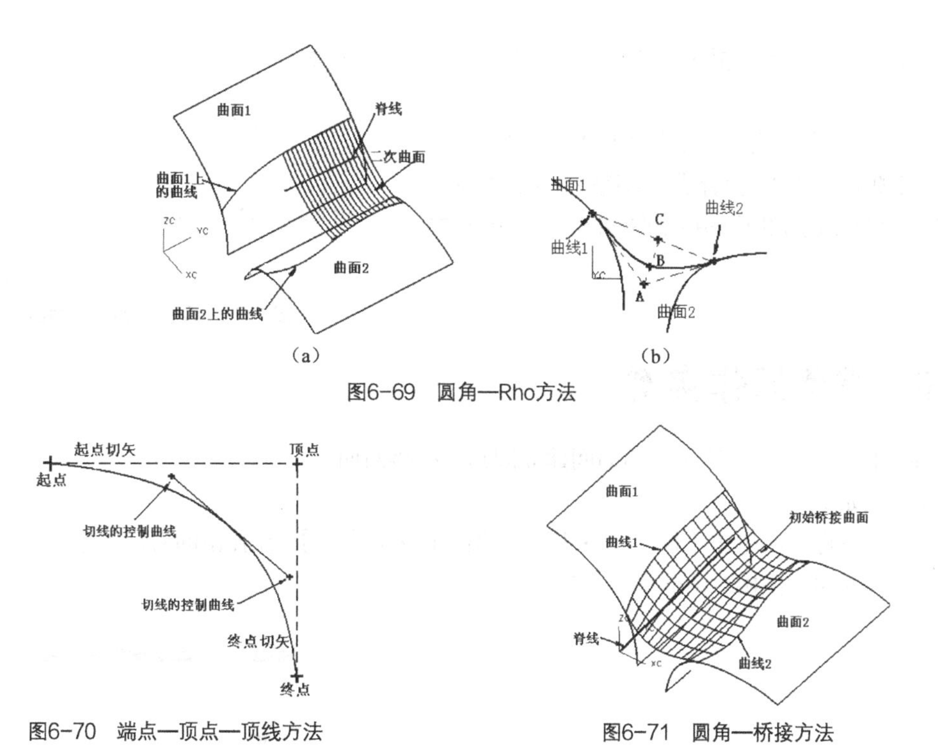

图6-69　圆角—Rho方法

图6-70　端点—顶点—顶线方法

图6-71　圆角—桥接方法

（7）连续性 G1（相切）。特征与边界曲面相切连续过渡。

（8）连续性 G2（曲率）。特征与边界曲面曲率连续过渡。

（9）连续性 G3（流）。特征与边界曲面相切连续，其截面形状与所选择的曲线相似。

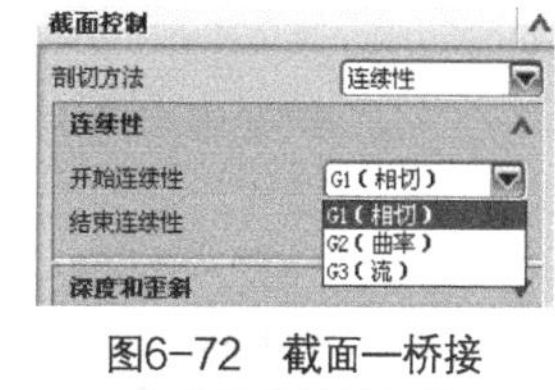

图6-72　截面—桥接方法的连续性条件

（10）反向。在选择的桥接曲面的端点处改变切矢的方向。

（11）起始面和终止面。选择与两个曲面的连续条件为相切连续或曲率连续。

（12）控制区域。调整桥接深度和扭矢的范围。

（13）桥接深度。桥接深度控制曲率对曲面形状的影响，如图 6-74 所示。

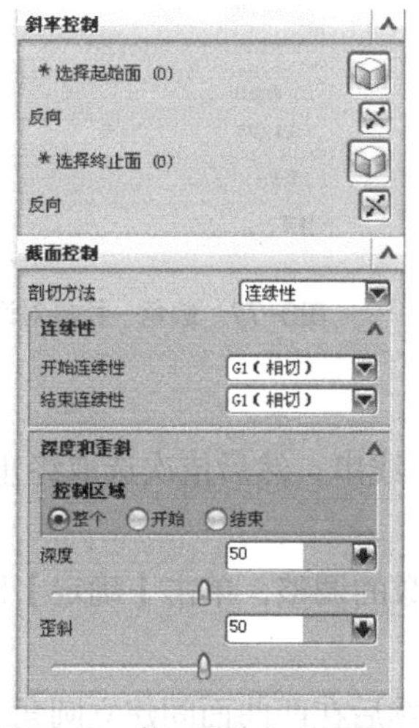

图6-73　截面调整方法对话框

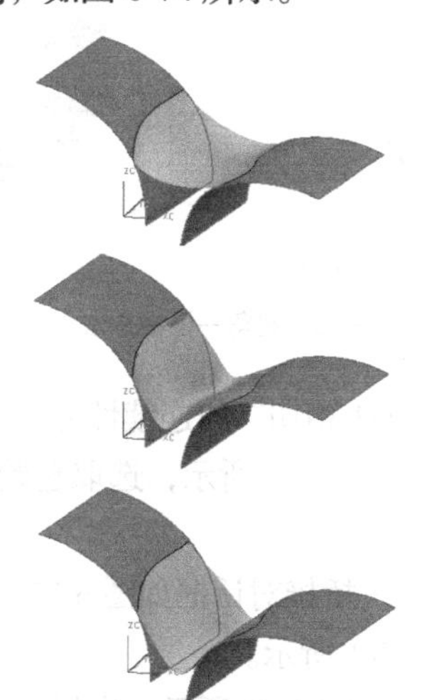

图6-74　桥接深度和桥接歪斜对曲面的影响

（14）桥接歪斜。桥接歪斜是指曲率沿曲面转动的变化率。

（15）五点。输入5条曲线和1条脊线，5条控制曲线必须是不同的，但脊线可以选择5条曲线中的1条。操作时只要选择相应的控制曲线即可，如图6-75所示。

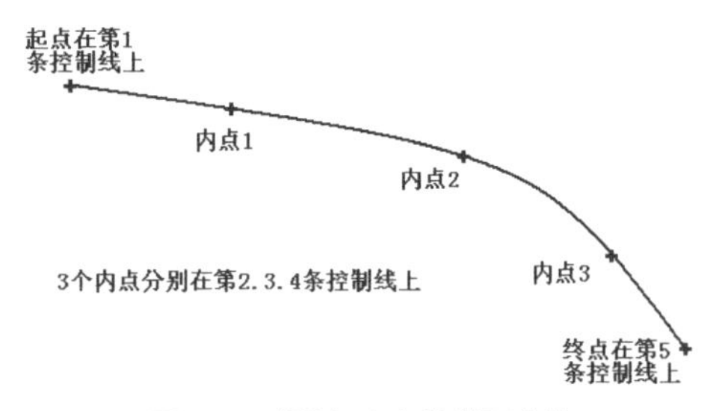

图6-75　通过5个点的截面曲线

6.4.6　截面操作实例

【例6-8】　在图6-76所示两曲面间建立圆角—桥接曲面。

操作步骤如下。

（1）单击图标或单击【插入】→【网格曲面】→【截面】，在弹出的对话框中选择“圆角-桥接”图标，圆角—桥接对话框如图6-77所示。

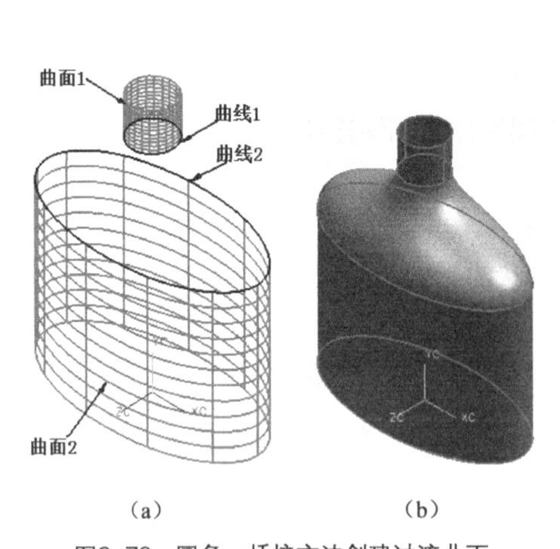

图6-76　圆角—桥接方法创建过渡曲面

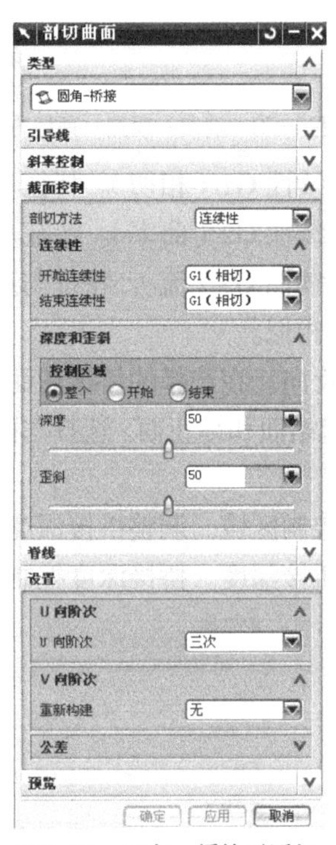

图6-77　圆角—桥接对话框

（2）选择“G1相切”的连续性方式。

（3）如图6-76（a）所示，选取起始面，选择起始面上线串；然后依次选取终止面和终止面上线串。

（4）在圆角—桥接对话框如图6-77所示，进行截面参数的调整，单击【确定】按钮完成操作，曲面如图6-76（b）所示。

【例6-9】　如图6-78所示，利用五点方式建立曲面，然后在两曲面间建立圆角—桥接曲面。

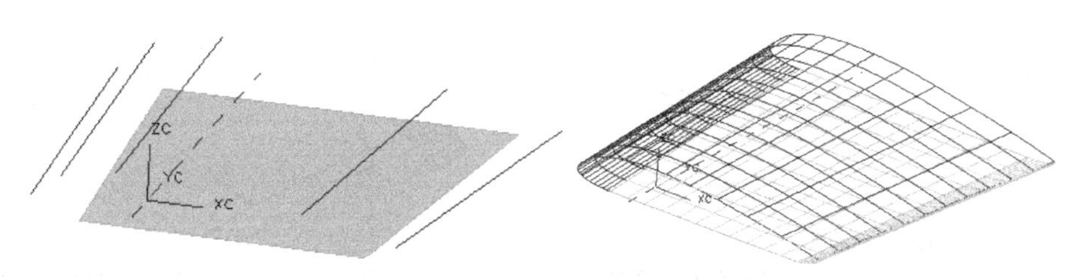

图6-78 5点和截面-桥接创建方法实例

操作步骤如下。

（1）单击图标或单击【插入】→【网格曲面】→【截面】，在弹出的对话框中选择“五点”方式图标，如图6-79（a）所示。

（2）在图6-79（b）所示中，选取“起始边”曲线为起始引导线，“结束边”为终止引导线，依次选取第1、2、3“内点”曲线为内部引导线。

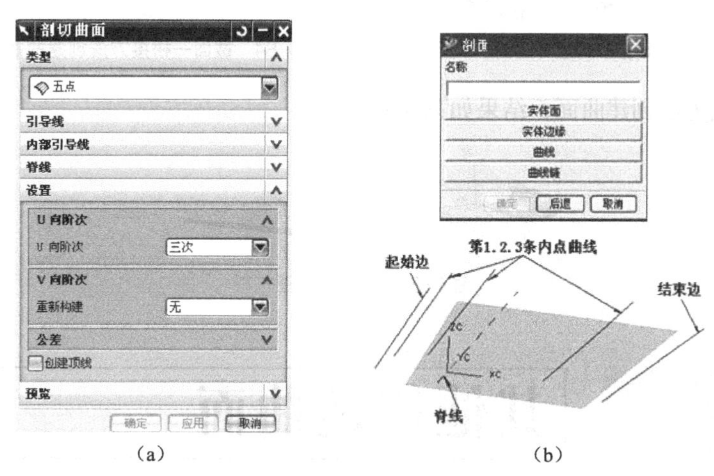

（a）　　（b）

图6-79 5点方法操作基本顺序

（3）选取脊线，单击【确定】按钮，得到图6-80所示的曲面。

（4）在“截面”对话框中单击图标选择“圆角-桥接”方法，选择“G1（相切）”的连续性方式。

（5）如图6-81所示，依次选择曲面1上曲线为起始引导线、曲面2上曲线为终止引导线；选择曲面1为起始引导面、曲面2为终止引导面；选择脊线。

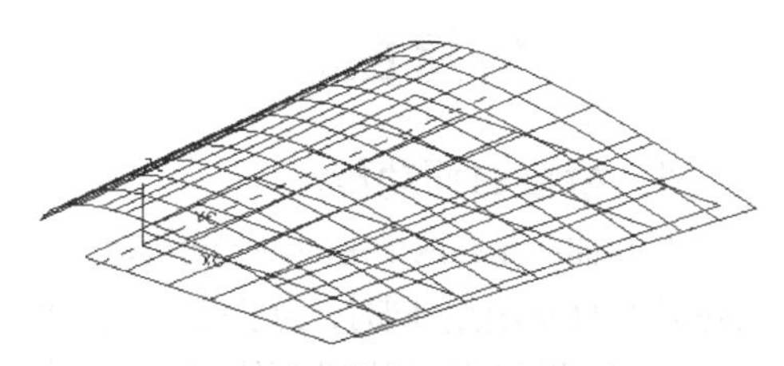

图6-80 5点方法创建的曲面

（6）在“截面控制”中进行截面参数的调整，单击【应用】按钮完成操作，曲面如图6-82所示。

（7）同理。在“截面”对话框中单击图标选择“圆角—桥接”方法，选择“G1（相切）”的连续性方式。

（8）如图6-83所示依次选择曲面1上曲线为起始引导线、曲面2上曲线为终止引导线；选择曲面1为起始引导面、曲面2为终止引导面；选择脊线。

（9）在“截面控制”中进行截面参数的调整，单击【确定】按钮完成操作，曲面如图6-84所示。

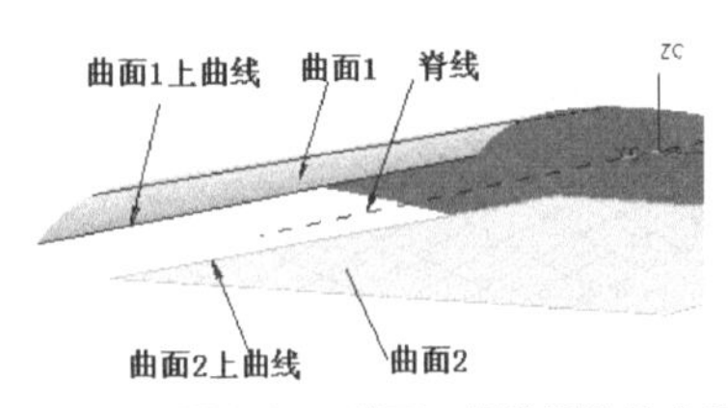

图6-81　截面—桥接操作基本顺序

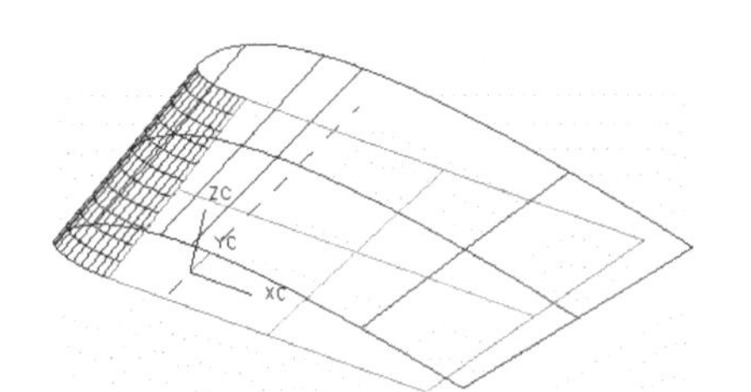

图6-82　截面—桥接方法创建的曲面

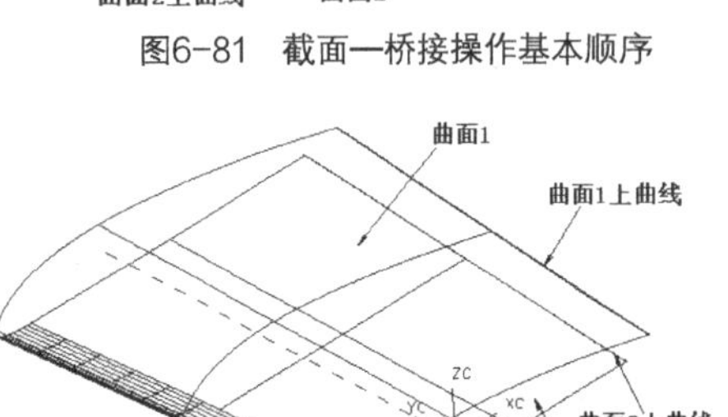

图6-83　截面—桥接操作基本顺序

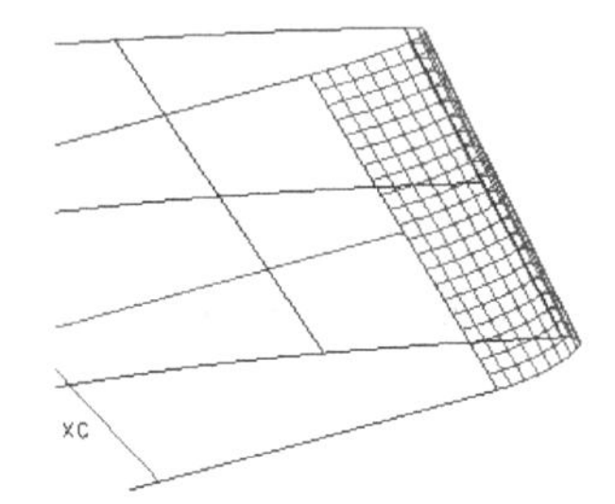

图6-84　截面—桥接方法创建的曲面

（10）完成截面方法创建曲面，结果如图 6-85 所示。

图6-85　完成曲面图

6.5 其他构造曲面

6.5.1　桥接曲面

1. 桥接曲面功能

桥接曲面是在两个主曲面之间构造一个新曲面，过渡曲面与两个曲面的连续条件可以采用切矢连续或曲率连续两种方法，同时，为了进一步精确控制桥接片体的形状，可选择另外两组曲面或两组曲线作为曲面的侧面边界条件。桥接曲面使用方便，曲面连接过渡光滑，边界条件灵活自由，形状编辑宜于控制，是曲面间过渡的常用方法。图 6-86（a）所示是用侧面边界控制形状，图 6-86（b）所示是用侧边控制形状。

桥接曲面与边界曲面相关联，当边界曲面编辑修改后，曲面会自动更新。

2. 操作步骤

（1）单击图标或单击【插入】→【细节特征】→【桥接】，出现图 6-87 所示的对话框，在对话框中选择连续条件。

（2）选择要桥接的两个主曲面，注意两个主曲面的箭头方向应一致，如图 6-88 所示。如果需要邻接的侧曲面，选择侧曲面或侧边。

（3）单击【应用】按钮，得到图 6-89 所示的曲面。

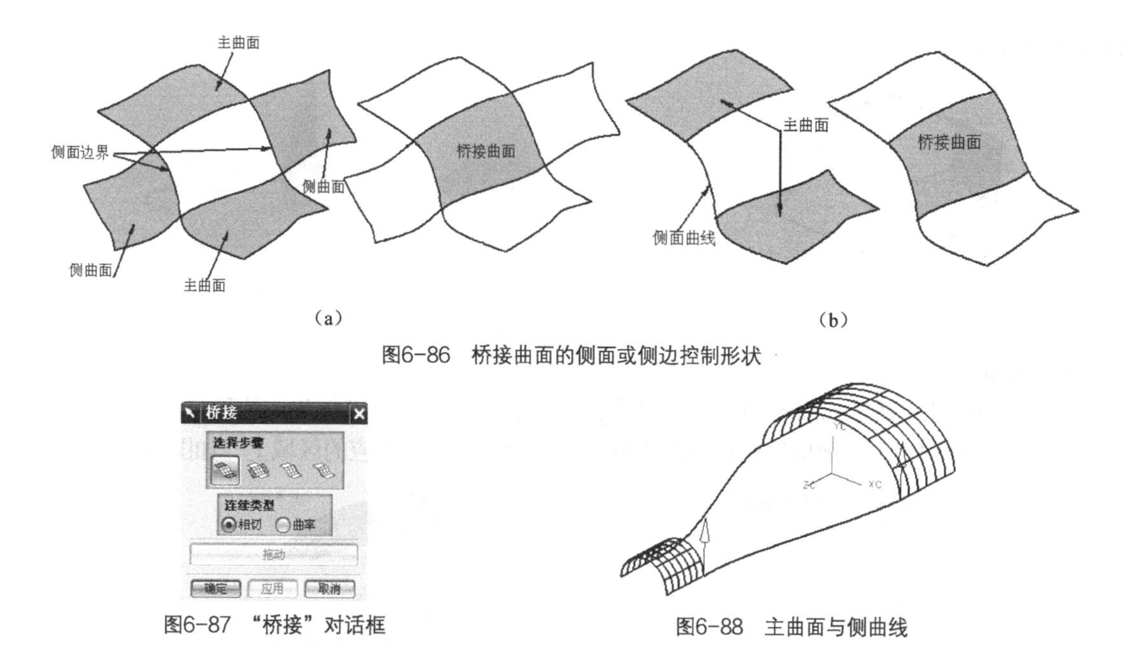

图6-86 桥接曲面的侧面或侧边控制形状

图6-87 “桥接”对话框

图6-88 主曲面与侧曲线

（4）如果未选择侧曲面或侧边，可以单击【拖动】按钮改变桥接曲面的形状，对话框如图 6-90 所示。选择图 6-91 中所示的桥接曲面右侧，显示出切矢方向，沿箭头方向，单击鼠标左键，或按住鼠标左键拖动，其形状就沿着箭头方向改变，在边界处的连续条件并不改变。如果希望回到桥接曲面的原始状态，单击【重置】按钮，否则单击【确定】按钮，得到图 6-92 所示的曲面。

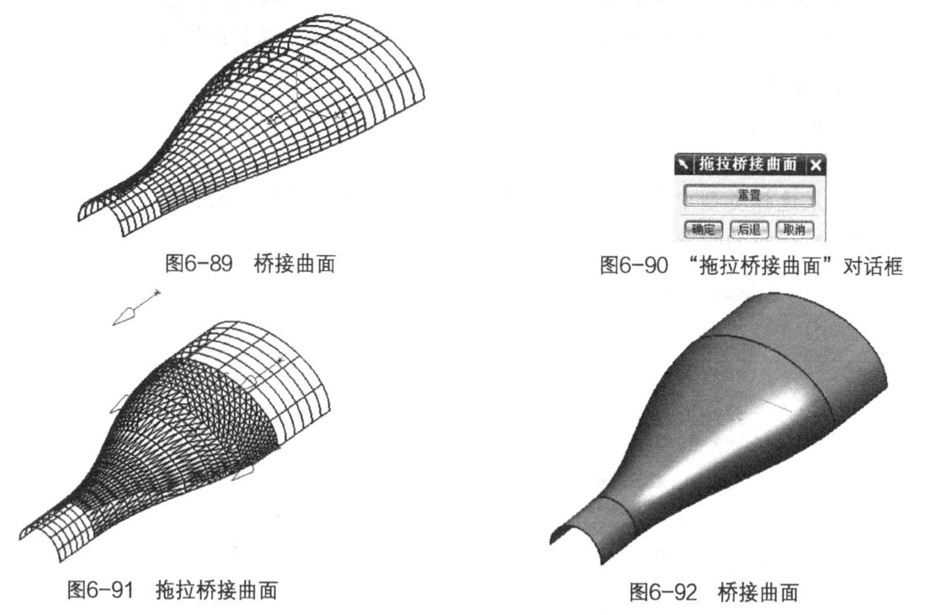

图6-89 桥接曲面

图6-90 “拖拉桥接曲面”对话框

图6-91 拖拉桥接曲面

图6-92 桥接曲面

6.5.2 N 边曲面

利用封闭的多条曲线或边（不受条数限制）构成曲面，或指定一个约束曲面（边界曲面），将新曲面补到边界曲面上，形成一个光滑的曲面。利用图 6-93（a）上 6 条直边可以构成一个封闭环，在环内补拼一个曲面与 6 个边界曲面光滑拼接，如图 6-93（b）所示。而图 6-93（c）为改变形状控制条件得到的不同曲面。

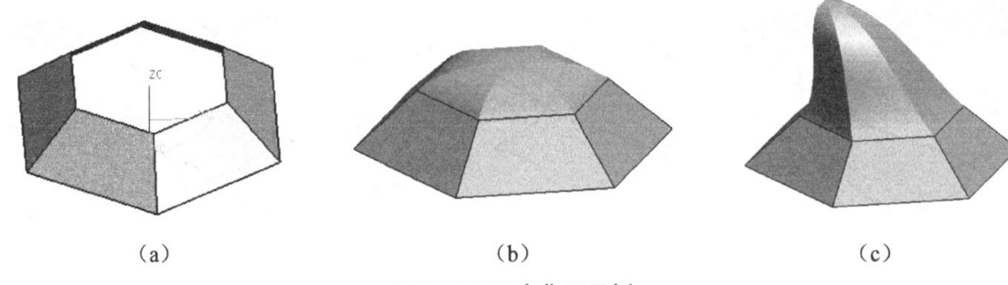

（a）　　（b）　　（c）

图6-93　N边曲面示例

1. 类型

N 边曲面特征对话框如图 6-94 所示，其中提供了 N 边曲面特征能够生成的种类。

（1）已修剪。由封闭曲线构成的环生成一张单面，覆盖在相应的区域上，如图 6-95 所示。

图6-94　“N边曲面”对话框

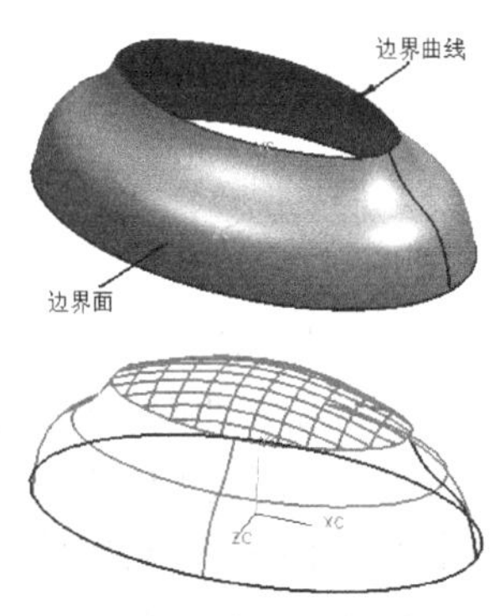

图6-95　裁剪的单片体

① ：选择外部环。

② ：选择约束面。

如果选择类型中的三角形，则系统生成一个临时的曲面，图 6-96 所示的“N 边曲面”对话框的形状控制选项含义如下。

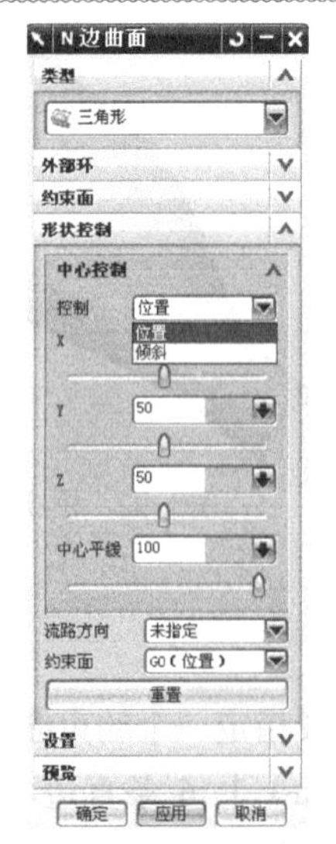

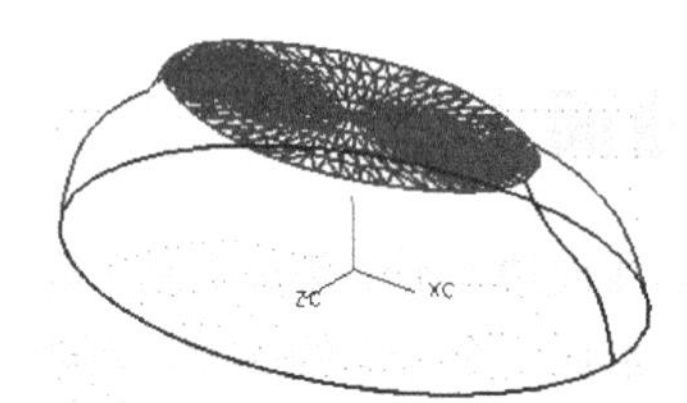

图6-96　“N边曲面”对话框的形状控制及临时曲面

（2）三角形：由多个三角片构成新表面，以中心点连接这些三角片，如图 6-97 所示。在选择了边界线和边界面后，系统自动生成一个临时曲面，在图 6-96 所示的“N 边曲面”形状控制对话框中，用户可以调整相应的参数以调整新曲面的形状。

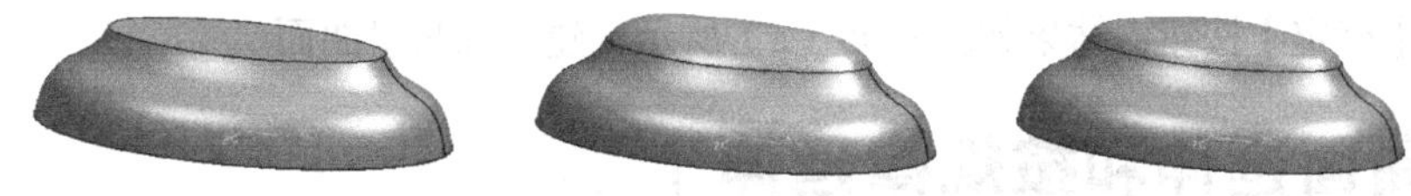

图6-97 流路方向，约束面对曲面的影响

① 中心控制。如果选择控制下拉中的【位置】，通过鼠标拖动 *X*、*Y*、*Z* 分量改变新曲面中心点处的位置；如果选择【倾斜】，用户可以用鼠标拖动 *X*、*Y* 分量改变新曲面中心点处的 *XY* 平面法矢，但中心点处的位置不变。

② 中心平缓。平坦性调整，控制曲面中心的平坦性。

③ 流路方向，约束面。控制新曲面在边界曲线上与边界面之间的几何连续条件，用 G0 表示位置连续，G1 表示相切连续，G2 表示曲率连续，如图 6-97 所示。

④ 中心控制。图 6-98 所示为 *Z* 分量对曲面的影响。

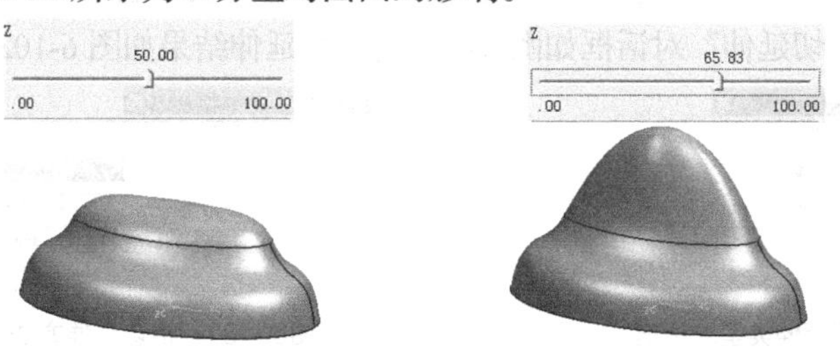

图6-98 *Z*分量对曲面的影响

2. 实例操作

【例 6-10】 利用图 6-99（a）所示曲线，建立五角星曲面。

操作步骤如下。

（1）单击图标或单击【插入】→【网格表面】→【N 边表面】，弹出“N 边曲面”对话框，如图 6-99（b）所示。

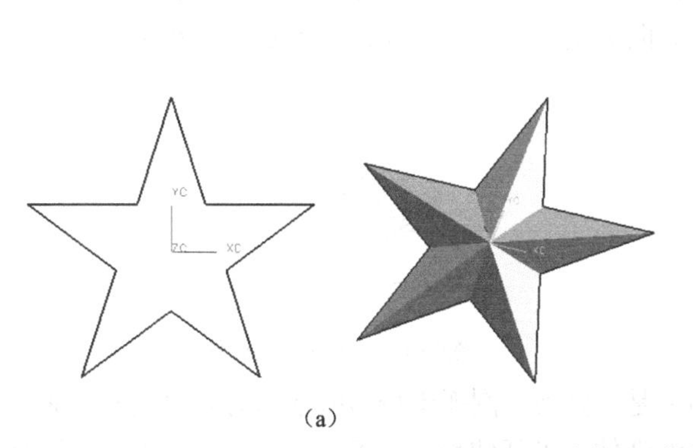

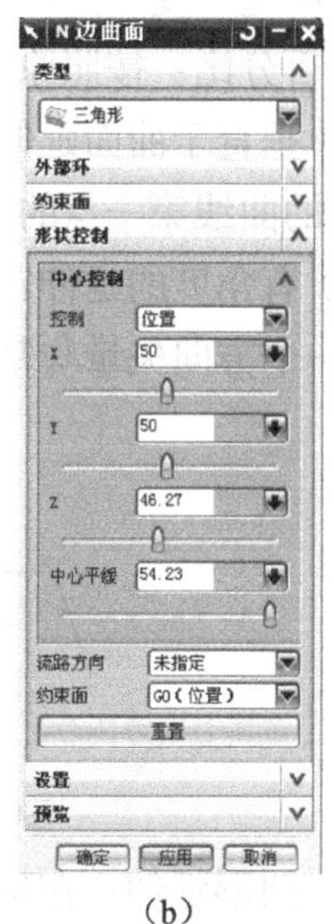

（a） （b）

图6-99 N边曲面及操作

（2）确定N边曲面的类型为“三角形”，选择所有直线为边界曲线。

（3）在“形状控制”项中，选择“中心控制”方式为“位置”，如图6-99（b）所示调整中心平缓值为46.27和Z参数值为54.23，预览结果。

（4）单击【确定】按钮，结果如图6-99（a）所示，建立五角星曲面。

6.5.3 曲面延伸和按规律延伸

在曲面设计中经常需要将曲面向某个方向延伸，主要用于扩大曲面片体。延伸通常采用近似的方法建立，但如果原始曲面是B—曲面，则延伸的结果可能与原来的曲面相同，也是B-曲面。

延伸的曲面是独立曲面，如果与原有曲面一起使用，必须通过缝合特征构成一个曲面。

1. 曲面延伸

延伸曲面根据延伸的边界条件，可以有若干种延伸类型，对话框如图6-100所示。

（1）相切延伸：延伸曲面与一个已有面（称为基面）在边界上具有相同的切平面，延伸长度可以采用“固定长度”或“百分比”长度两种方法，在按百分比长度延伸时又可以选择“边延伸”和“拐角延伸”方法，“相切延伸”对话框如图6-101所示，延伸结果如图6-102和图6-103所示。

图6-100 曲面延伸类型对话框

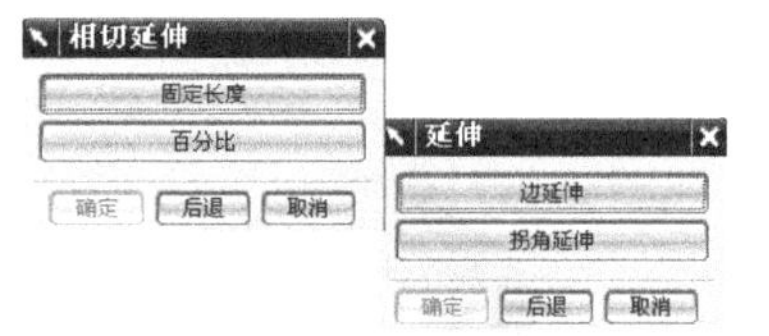

图6-101 相切延伸方法类型

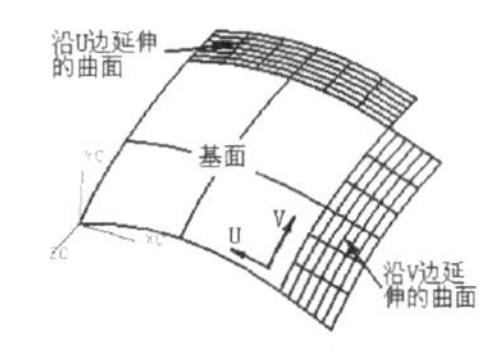

图6-102 相切边缘延伸曲面

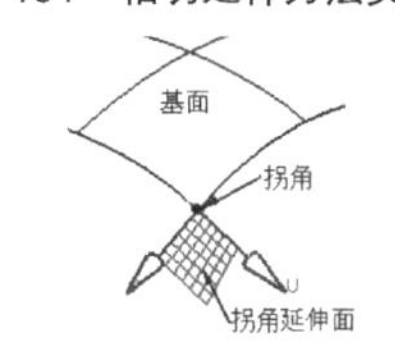

图6-103 相切拐角延伸曲面

① 固定长度：延伸长度按照指定的长度值，负数向相反方向。

② 百分比：按照原曲面（0～100%）的百分比进行延伸，角点只能通过百分比延伸。

（2）垂直于曲面延伸：在曲面的一条曲线上沿着与曲面垂直的方向延伸，延伸长度为延伸方向（曲面上的曲线第一点的法向）测量值，如果值为负，则向相反方向延伸，如图6-104所示。

（3）有角度的延伸：沿与曲面呈一个角度的方向延伸，得到延伸曲面，系统临时显示两个方向矢量，一个方向矢量与基面相切，另一个方向矢量则垂直于基面，如图6-105所示。

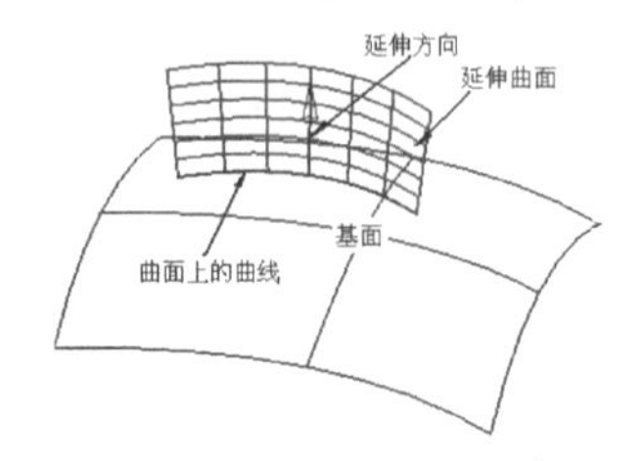

图6-104 垂直于曲面延伸

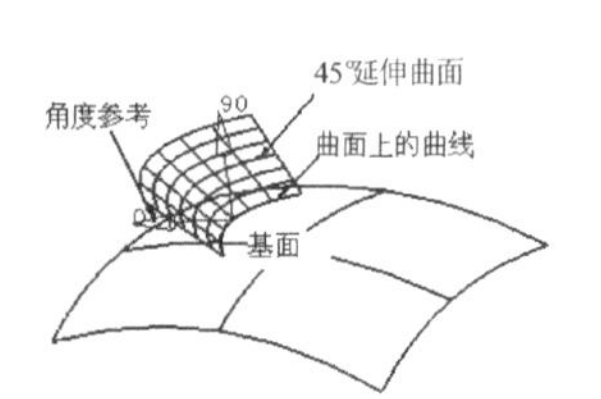

图6-105 有角度的延伸

（4）圆形延伸：在延伸方向的横截面上是一圆弧，圆弧半径与所选择的曲面边界的曲率半径相等，并且曲面与基面保持相切，构成的圆弧延伸。当延伸长度为正时，图6-106中所示的箭头，延伸长度值为负，则向相反方向延伸。

圆弧延伸的边界必须是等参数边，修剪过后边界不能延伸。

2. 曲面延伸实例操作

延伸曲面的基本步骤是相同的，不同的延伸类型仅在个别步骤中略有区别。

【例 6-11】 将图 6-107 所示的曲面沿指定曲线或边进行延伸。

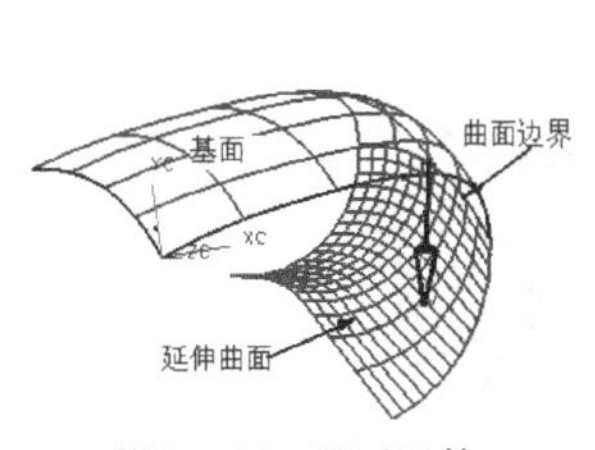

图6-106 圆弧延伸

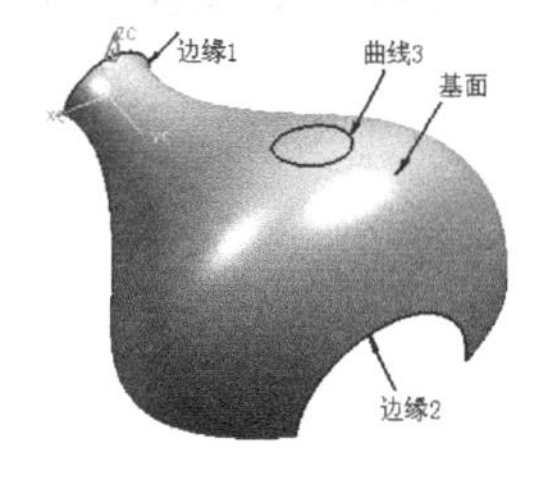

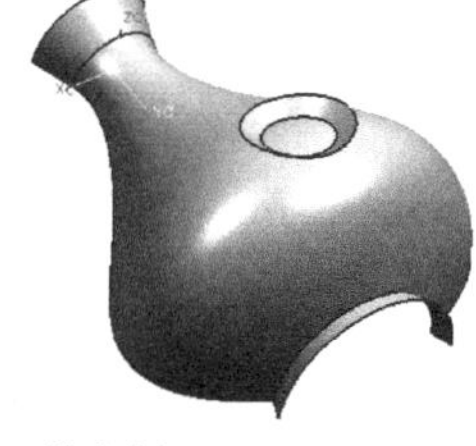

图6-107 曲面延伸实例

操作步骤如下。

（1）单击图标或单击【插入】→【曲面】→【延伸】，弹出曲面“延伸”的对话框。

（2）选择延伸类型和长度方法。依次单击【相切的】按钮、【固定长度】按钮和系统弹出【固定的延伸】对话框，如图 6-108 所示。

图6-108 延伸曲面操作顺序

（3）在屏幕上选择基面，即要延伸的曲面，选择边缘 1，在【固定的延伸】对话框中输入延伸长度 10，单击【确定】按钮，延伸结果如图 6-109 所示。

（4）在曲面“延伸”对话框中单击【垂直于曲面】，选择基面，然后选择边缘曲线 2，输入延伸长度 5，单击【确定】按钮，结果如图 6-110 所示。

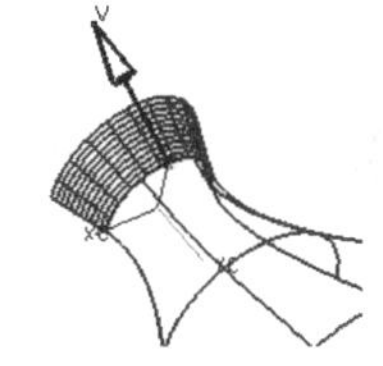

图6-109 相切延伸曲面

图6-110 垂直于曲面延伸

操作时需要选择曲面上的一条曲线，因此，要先在曲面上建立曲线。若在曲面的边上延伸，不能直接选择边，必须预先使用【抽取】命令抽出曲面的边线。

（5）在曲面“延伸”对话框中单击【有角度的】按钮，选择基面，然后选择曲面上曲线 3，输入延伸“长度”为 5 和延伸“角度”为 45，单击【确定】按钮，如图 6-111 所示。

3. 按规律延伸

利用规律曲线控制延伸曲面的长度和角度，用于建立复杂的延伸曲面，同时它能对修剪过的边界进行延伸，如图 6-112 所示。规律控制延伸方法可以选择一个基面或多个面，也可以选择一个平面作为角度测量的参考平面。

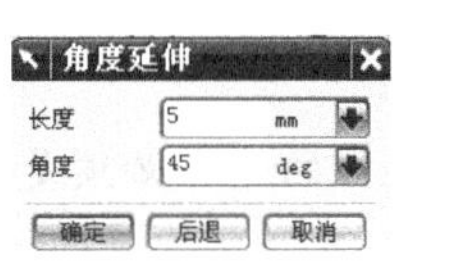

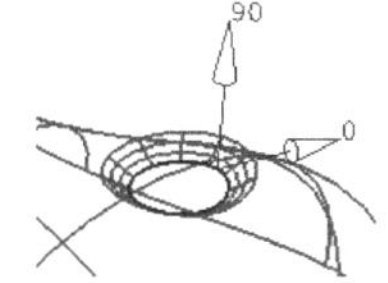

图6-111　有角度延伸曲面

UG NX 6.0 以动态拖动方式建立规律延伸曲面，系统显示用于控制长度和角度变化规律的拖动手柄，可以直接拖动生成规律延伸曲面。在所需要建立的曲面没有精确参数控制要求的条件下，使用动态拖动方式非常方便直观，特别适合于造型设计或初步设计，如图 6-113 所示。

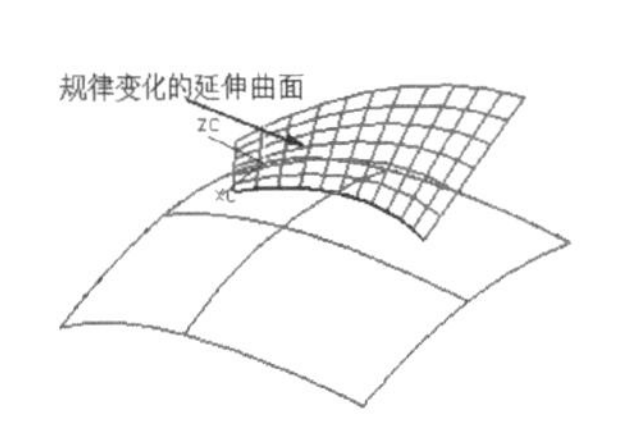

图6-112　规律控制延伸

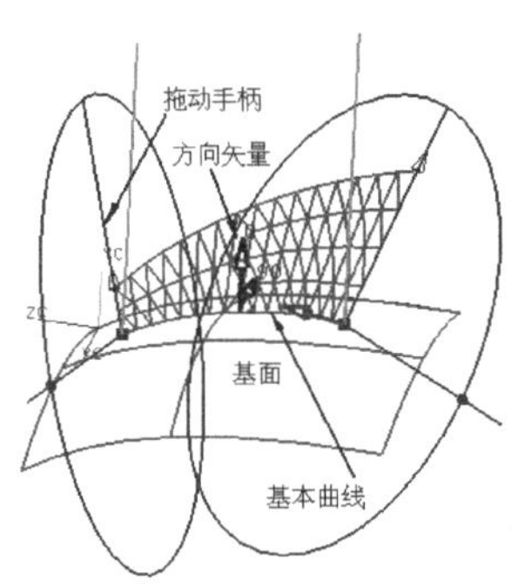

图6-113　规律控制动态操作

4. 按规律延伸操作实例

【例 6-12】　根据图 6-114 所示的曲面和曲线，按规律延伸曲面。

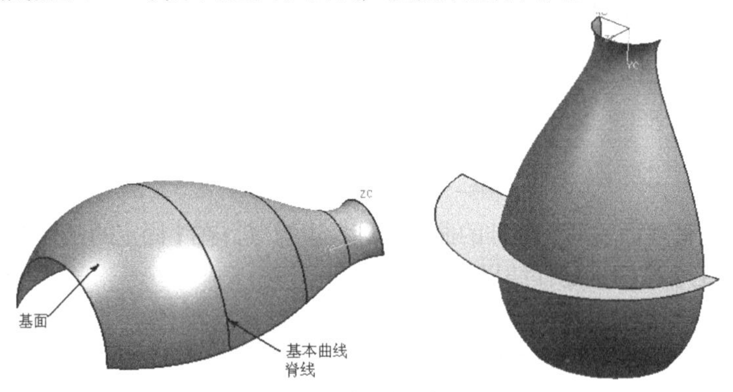

图6-114　按规律延伸曲面

操作步骤如下。

（1）单击图标或单击【插入】→【曲面】→【规律延伸】，系统将弹出图 6-115 所示的“规律延伸”对话框。

（2）“类型”默认为“基面”方式，即“基面”图标被激活。

（3）曲线图标被激活，在图形区选择图 6-114 所示的基本曲线串，延伸的曲面从该曲线开始。

（4）单击“参考面”图标，激活参考面，在图形区选择基面。

（5）单击图标，激活脊线选择功能，在图形区选择脊线，如图 6-116 所示。

（6）单击【长度规律】下拉图标，在“规律类型”中，单击【线性】按钮，输入开始值 5 和结束值 20。

（7）单击【角度规律】下拉图标，在“规律类型”中，单击【恒定】按钮，输入角度规律值 90。

（8）单击【确定】按钮，完成操作，结果如图 6-117 所示。

图6-115 “规律延伸”对话框

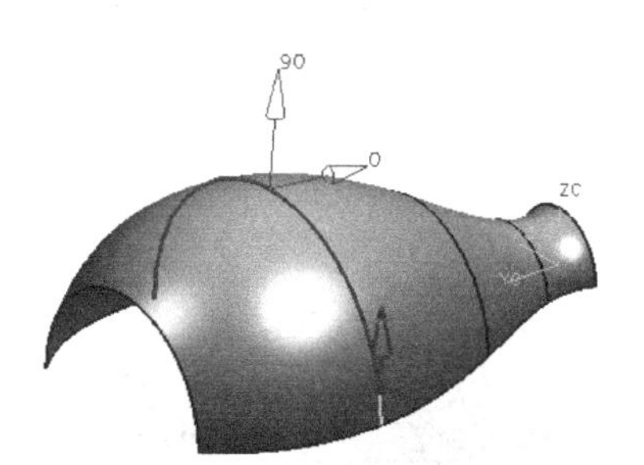

图6-116 按规律延伸曲面操作

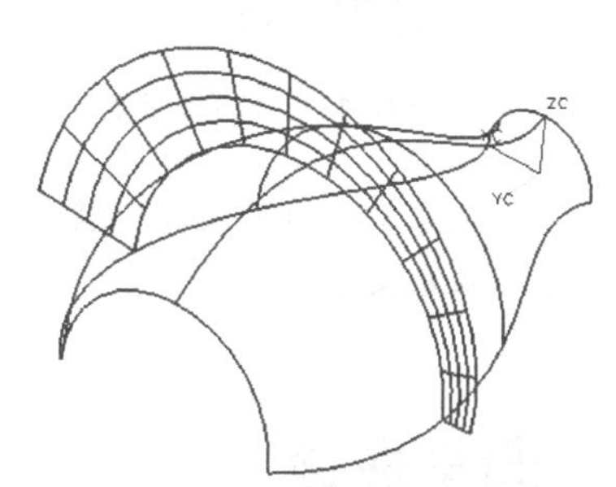

图6-117 按规律延伸曲面

6.5.4 曲面偏置

曲面偏置用于在曲面上建立等距面，系统通过法向投影方式建立偏置面，输入的距离称为偏置距离，偏置所选择的曲面称为基面。

1. 曲面偏置

如图 6-118 所示，给定偏置值，与偏置方向相同，偏置值为正；否则偏置值为负。

2. 偏置曲面实例操作

【例 6-13】 创建图 6-119 所示曲面的等距偏置面。

操作步骤如下。

（1）单击图标或单击【插入】→【偏置/缩放】→【偏置曲面】，系统将弹出“偏置曲面”对话框，如图 6-120 所示。

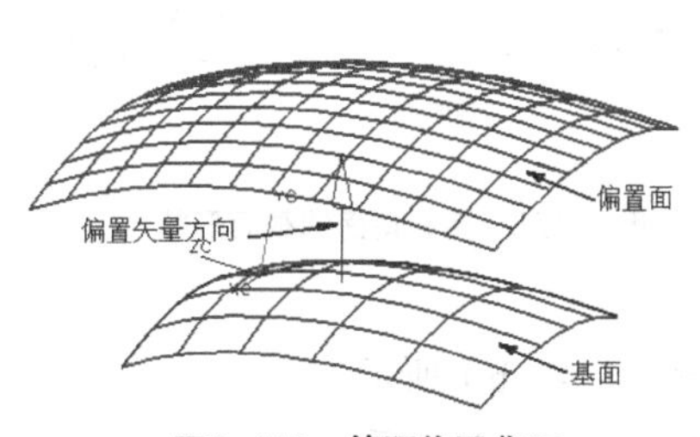

图6-118 等距偏置曲面

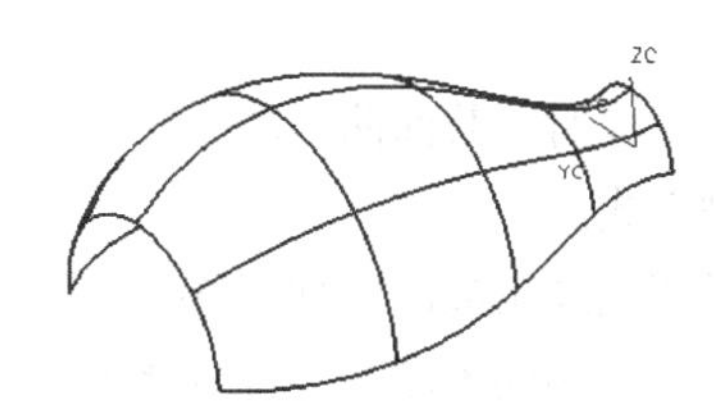

图6-119 偏置曲面

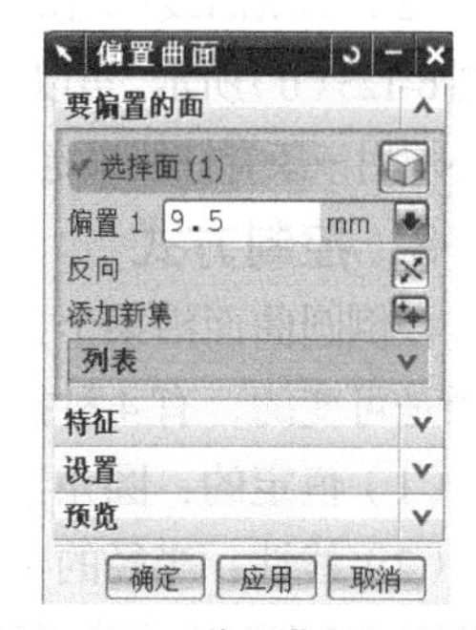

图6-120 “偏置曲面”对话框

（2）在屏幕上选择基面，如图 6-121 所示，可预览偏置曲面，选择箭头能实时拖动偏置面，或者在“偏置 1”文本框中输入偏置值。

（3）单击【确定】按钮，完成操作，结果如图 6-122 所示。

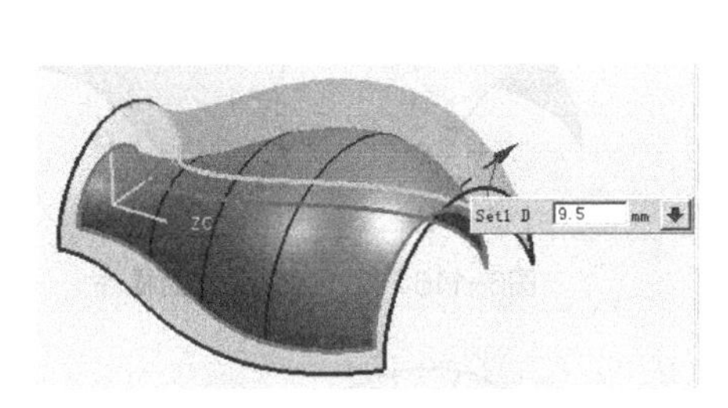

图6-121 预览偏距面

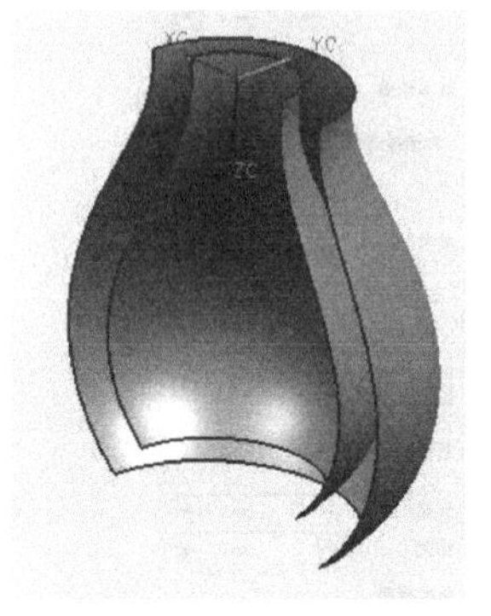

图6-122 偏距曲面

在偏置曲面的时候，可激活【列表】命令，选取任何类型的单一曲面或多个面同时进行偏置操作。

6.5.5 圆角曲面

1. 概述

圆角曲面用于在两组曲面之间建立常数或可变半径的相切圆角曲面，可以选择是否修剪原始曲面。倒圆角面可以在曲面上倒圆角，也可以在实体上倒圆，其功能比边倒圆角要强得多，特别适合于实体倒圆角失败时。

2. 圆角类型

圆角半径可以是常数，按规律变化，或相切控制。

圆角类型：指圆角在其横截面上的形状，使用边倒圆角时，截面总是圆弧，而面倒圆角则可以使用圆形和二次曲线进行倒圆角。

（1）圆形：圆形圆角与边倒圆角相似，生成的截面为圆形，如图 6-123（a）所示，圆角横截面位于垂直于两组曲面的平面内，圆角半径沿整个长度方向变化可以采用“常数”、“规律控制”、“相切控制”。

（2）二次曲线：圆角的截面形状为二次曲线，如图 6-123（b）所示，可以控制两个偏置和一个 Rho，还必须用一条脊柱线来定义二次曲线的截平面。

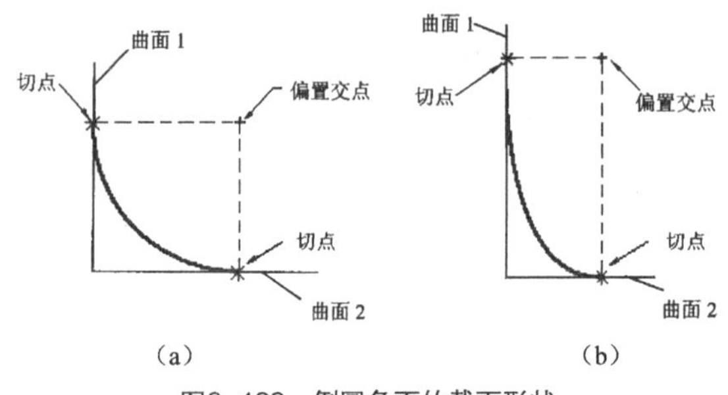

图6-123 倒圆角面的截面形状

3. 控制方式

在倒圆曲面沿某个方向生成时，截面曲线的半径是可变的，有 4 种控制方式。

（1）恒定的：圆角半径值是固定数值，如图 6-124（a）所示。

（2）线性：半径的变化从首端到末端是线性变化的，如图 6-124（b）所示。

（3）S 型：半径的变化从首端到末端是 S 形变化的，如图 6-124（c）所示。

（4）一般：半径的变化从首端到末端是受任意半径控制的，选择脊线后，在脊线的指定点上，输入对应的半径，可得到所需的形状，如图 6-124（d）所示。

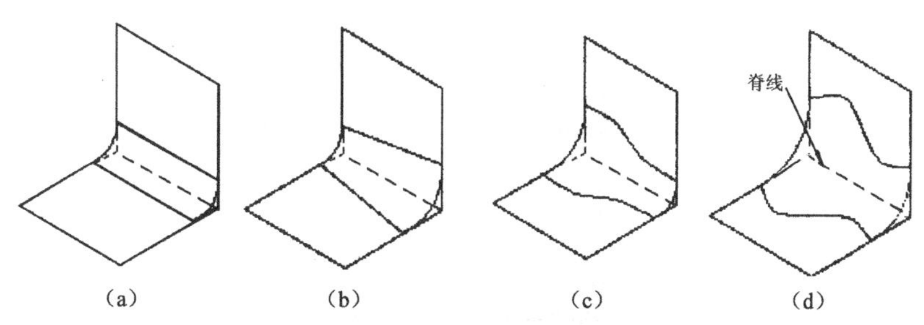

图6-124 倒圆角面的截面形状

4. 倒圆角面创建实例操作

【例 6-14】 在图 6-125（a）所示的二曲面间创建倒圆角面。

操作步骤如下。

（1）单击图标或单击【插入】→【细节特征】→【圆角】选项。

（2）选择面链 1，确认曲面法向方向，单击按钮反向。

（3）选择面链 2，确认曲面法向方向，法向方向如图 6-125（b）所示。

两个面所指定的方向指向生成倒圆面的一侧。

（4）选择图 6-125（b）所示的脊线。

（5）倒圆横截面参数设置：形状为“圆形”、半径方法为“规律控制的”、 规律类型为“沿脊线的三次”。

（6）沿着脊线的值：在图 6-125（b）中选择起始点 1、输入 Pt1 半径值“2”、 %脊线上的位置 0；选择点 2、输入该点 Pt2 的半径值“10”、%脊线上的位置 50；选择点 3，输入该点的 Pt3 半径值“5”、%脊线上的位置 100。

（7）单击【确定】按钮。得到图 6-125（c）所示的倒圆曲面。

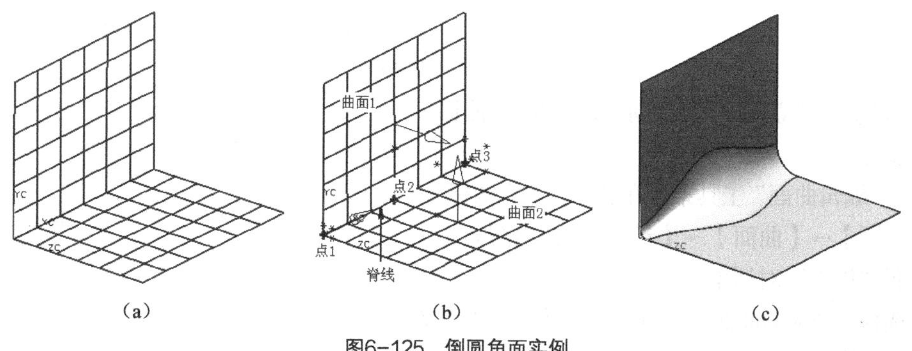

图6-125 倒圆角面实例

倒圆角面操作参数设置对话框，如图 6-126 所示。

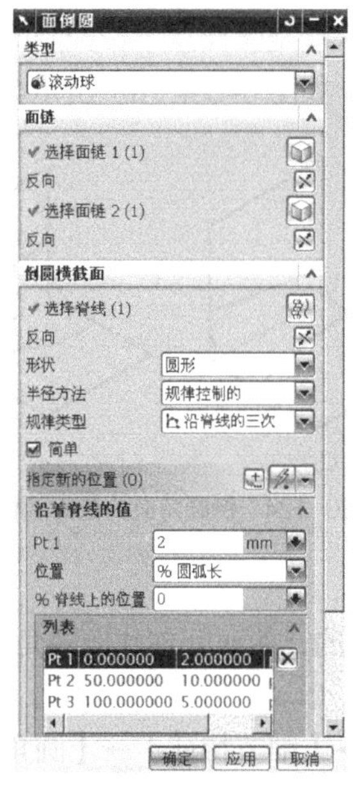

图6-126 倒圆角面参数设置对话框

6.5.6 扩大曲面

对未裁剪的片体或表面，为改变曲面尺寸，进行扩大或缩小操作，生成的特征与原曲面相关。图 6-127（a）所示为原始曲面；图 6-127（b）所示为曲面的 U 和 V 向；图 6-127（c）所示为在 U 向扩大了的曲面；图 6-127（d）所示为在 V 向缩小了的曲面。

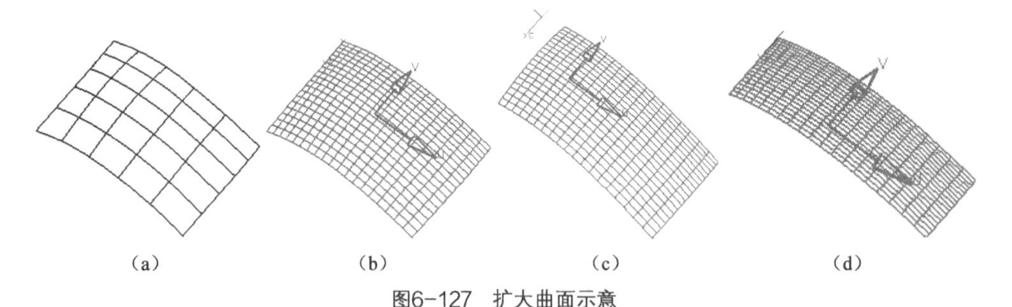

（a） （b） （c） （d）

图6-127 扩大曲面示意

【例 6-15】 建立图 6-128 所示曲面的扩大曲面。

操作步骤如下。

（1）在“编辑曲面”工具条中单击“扩大”图标或单击【编辑】→【曲面】→【扩大】，弹出图 6-129 所示的曲面“扩大”对话框。

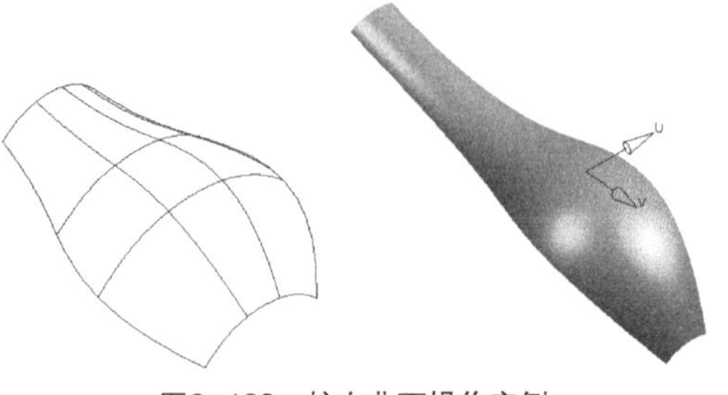

图6-128 扩大曲面操作实例

（2）选择要放大的曲面，一旦选中，系统将以 UV 方向的网格线显示该面，并显示 U 方向的箭头。

（3）选择扩大的类型。

① 线性：按线性扩大曲面。

② 自然：沿自然样条扩大曲面。

（4）在图 6-129（a）所示的对话框中用光标分别拖动 4 个滑块，观察曲面变化；或者在编辑框中输入数据，得到有精确尺寸的曲面。

（5）单击【确定】按钮，创建的扩大曲面如图 6-129（b）所示。

（a）

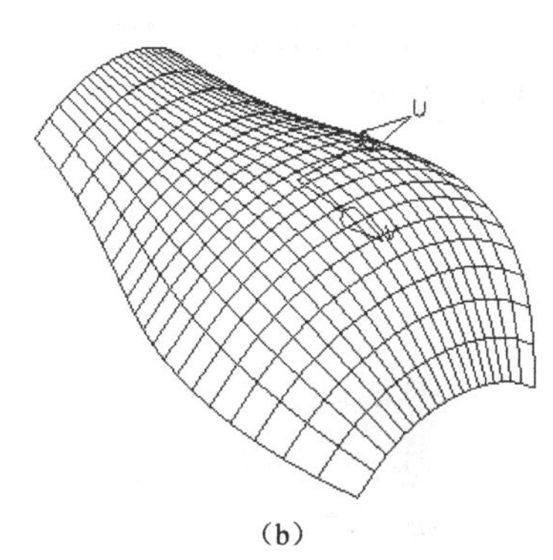

（b）

图6-129　曲面“扩大”对话框

在扩大曲面时，如果选择【线性】单选按钮，只能对所选取的曲面按一定的方式扩大，而不能进行缩小操作。

6.5.7　修剪片体

修剪片体是通过投影边界轮廓线对片体进行修剪。例如，要在一张曲面上挖一个洞，或裁掉一部分曲面，都需要曲面具有裁剪功能，其结果是关联性的修剪片体。

单击图标或单击【插入】→【修剪】→【修剪的片体】，弹出“修剪的片体”对话框，如图 6-130 所示。

图6-130　“修剪的片体”对话框

1. 选择步骤

（1）目标片体：选择需要修剪的目标片体。

（2）投影方向：当投影方向设为基准轴时，用于选择一个基准轴。

（3）边界对象：用于选择需要修剪的边界曲线或边，如图 6-131（a）所示。

（4）区域：用于选择需要剪去或者保留的区域。

2. 投影方向

确定边界的投影方向，用来决定修剪部分在投影方向反映在曲面上的大小，主要有“垂直于面”，如图 6-131（c）所示；基准轴、*ZC* 轴，如图 6-131（b）所示；*XC* 轴、*YC* 轴及矢量构成等几种方式。

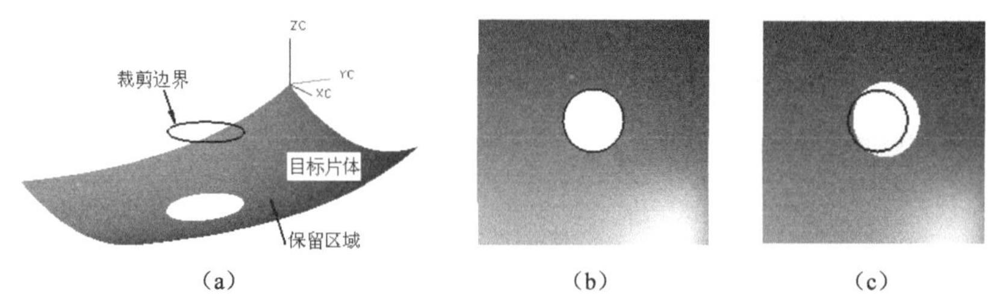

图6-131　修剪边界与投影方向

3. 保留或删除区域

（1）保留：修剪时所指定的区域将被保留。

（2）舍弃：修剪时所指定的区域将被删除。

4. 修剪曲面实例操作

【例 6-16】　用图 6-132（a）所示曲线和曲面作为裁剪边界对目标片体进行裁剪。

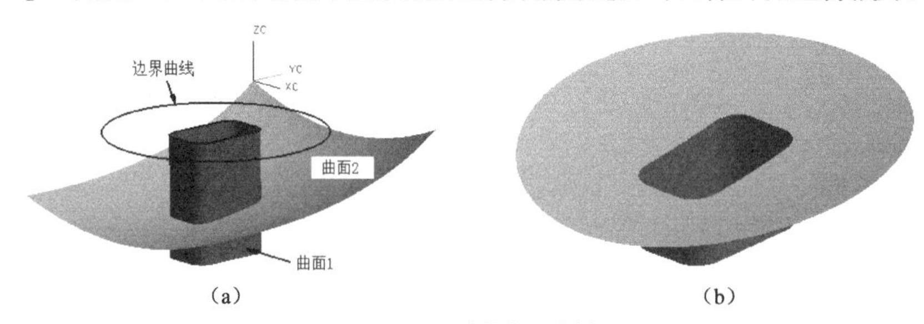

图6-132　修剪曲面实例

操作步骤如下。

（1）单击图标或单击【插入】→【修剪】→【修剪的片体】，弹出“修剪的片体”对话框，如图 6-130 所示。

（2）图标被激活，选择曲面 2 为目标片体，单击图标被激活，进入裁剪边界的选择状态，选择曲线作为裁剪边界。

（3）指定投影方向：选择“矢量构成器”的投影方式，弹出图 6-133 所示的对话框，选择“-ZC”方向，返回“修剪的片体”对话框。

（4）单击区域图标，在曲线内部的曲面上指定一个点，确定该区域被保留，单击【应用】按钮，修剪后的曲面 2，如图 6-134 所示。

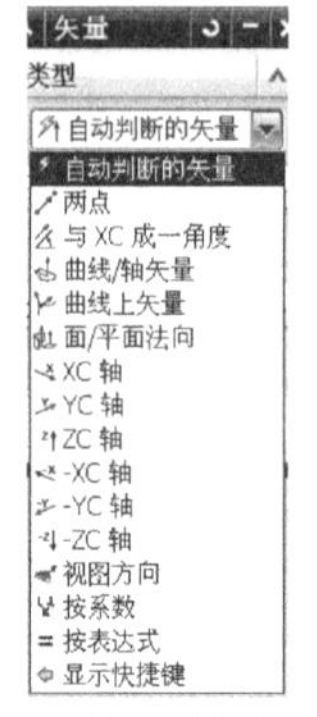

图6-133　“矢量构成”对话框

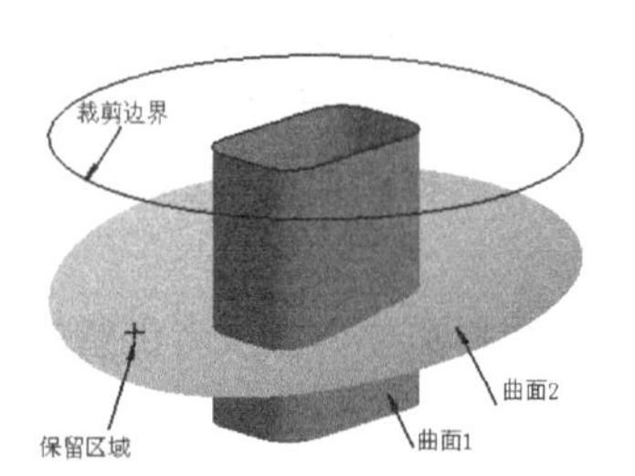

图6-134　曲面2的修剪操作

（5）系统返回到“修剪的片体”对话框，选择曲面1为目标片体，指定曲面2为裁剪边界面。
（6）确定被保留的区域，单击【应用】按钮，修剪后的曲面1，如图6-135所示。
（7）系统返回到“修剪的片体”对话框，选择曲面2为目标片体，选择曲面1作为修剪边界面。
（8）确定被保留的区域，单击【确定】按钮，修剪后的曲面2，如图6-136所示。

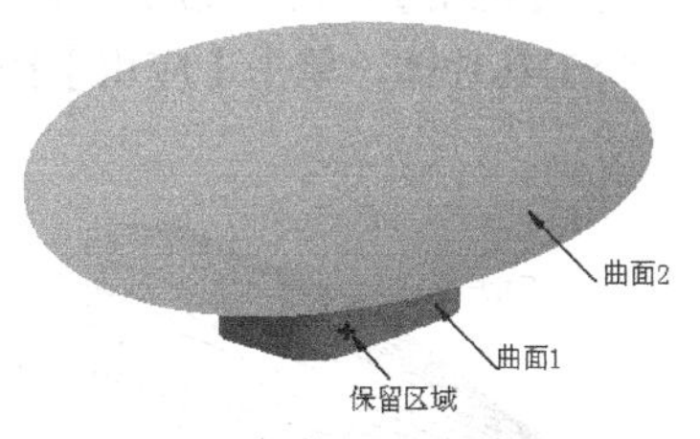

图6-135 曲面1的修剪结果

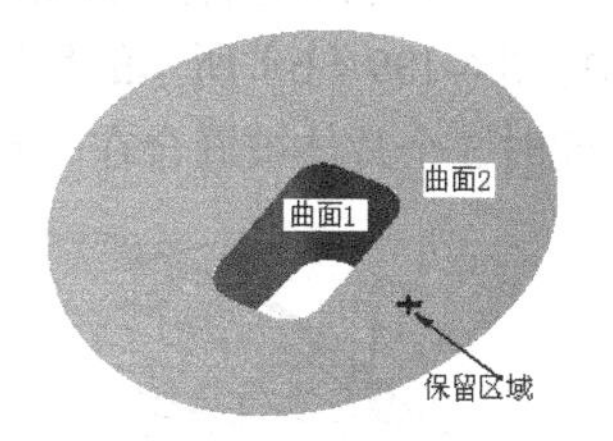

图6-136 曲面2的修剪结果

6.5.8 曲面缝合

曲面缝合用于将两个或两个以上的片体缝合为单一的片体。如果被缝合的片体封闭成一定体积，缝合后可形成实体（片体与片体之间的间隙不能大于指定的公差，否则结果是片体而不是实体）。

单击图标或单击【插入】→【组合体】→【缝合】，系统将弹出“缝合”对话框，如图6-137所示。

1. 选项说明

（1）缝合输入类型：选择进行缝合的对象是片体还是实体。

① 图纸页（片体）：用于缝合曲面。

② 实线（实体）：用于缝合实体，要求两个实体具有形状相同、面积接近的重合表面。

（2）输出多个片体：用于建立多个缝合片体（用于片体缝合）。

（3）缝合所有实例：在实体缝合时，如果所选择的体是阵列的一部分，选择该项可以缝合所有的阵列。

（4）缝合公差：用于确定片体在缝合时所允许的最大间隙，如果缝合片体之间的间隙大于系统设定的公差，片体不能缝合，此时需要增大公差值才能缝合片体，如图6-138所示。

图6-137 “缝合”对话框

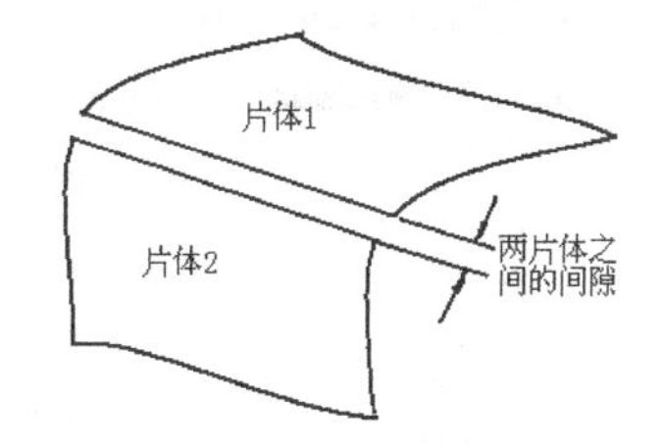

图6-138 片体间的缝合间隙

2. 缝合操作实例

【例6-17】 将图6-139（a）所示的3个片体缝合成一个片体。

操作步骤如下。

（1）单击图标 或单击【插入】→【组合体】→【缝合】，系统将弹出“缝合”对话框，如图6-137所示。

（2）选择“缝合类型”为“图纸页（片体）”单选项，输入“缝合公差”。

（3）选择片体1为目标片体，选择片体2为工具片体，单击【应用】按钮，完成片体1和2的缝合。

（4）选择图6-139（b）所示的目标片体，选择片体3为工具片体，单击【应用】按钮，完成片体的缝合，此时3个片体被缝合在一起。

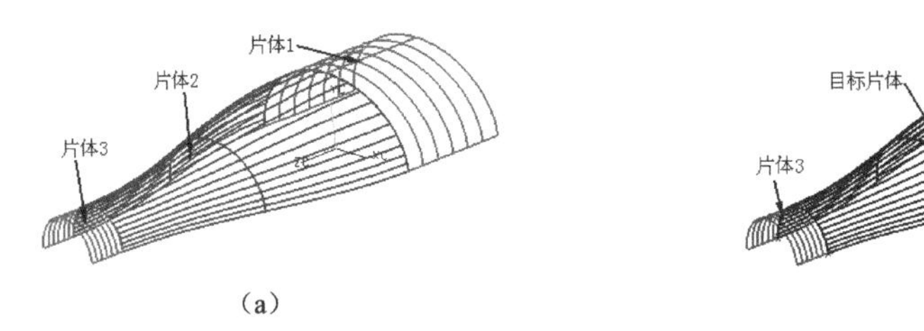

图6-139 缝合实例

6.6 曲面编辑

6.6.1 概述

利用自由曲面能够设计复杂的造型，在工业产品设计中应用十分灵活，自由曲面是可修改的，具有灵巧性，编辑曲面作为主要的曲面修改方式，在整个过程中起着决定性的作用，它可以通过特征参数来更改曲面形状。UG软件曲面编辑功能很多，常用自由曲面的编辑功能如图6-140所示。

在设计中经常用到编辑片体定义点、片体分割、改变片体阶次、硬度、修改片体边界及改变边等操作。

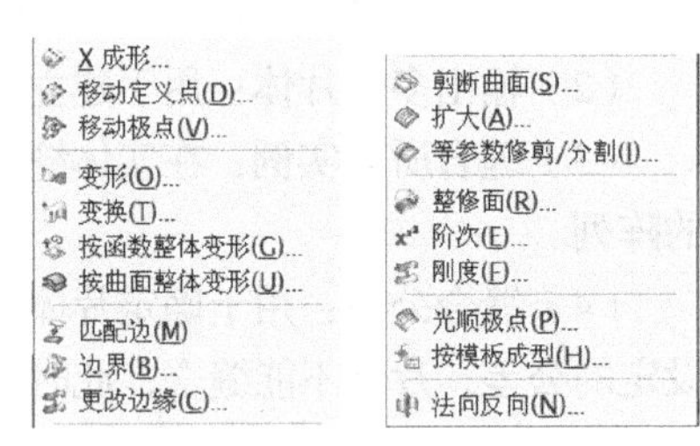

图6-140 常用自由曲面的编辑功能

6.6.2 移动定义点

能够编辑以点为数据构造的曲面，通过移动或重新定义点代替原来的点，从而达到改变曲面形状的目的。新点可以在屏幕上直接给出，也可以来自于数据文件，操作对话框如图6-141所示。

图6-141 “移动定义点”对话框

1. 对话框选项说明

（1）编辑原先的片体：直接编辑原来的曲面，选项中的“片体”即为曲面。

（2）编辑副本：使原来的曲面保持不变，编辑一个副本曲面，即编辑一个复制的曲面；在需要保留原始曲面时，一般采用这种方式对曲面进行编辑。

（3）移动的点：定义进行移动的点的方式。

① 单个点：选择一个点，并指定一个新位置。

② 整行：选择某行上的一个点，则整行点被选中，给定一个位移量，整行的点同时按此值移动。

③ 整列：选择某列上的一个点，则整列点被选中，给定一个位移量，整列的点同时按此值移动。

④ 矩行阵列：用光标指定两个对角点，由对角点围成的矩形区域内包含的所有点都按照给定的位移量移动。

2. 确定定义点的位置方式

确定点的新位置对话框如图 6-142 所示，图 6-142（a）为定义“单个点”时的对话框，图 6-142（b）为定义“整行”或“整列”时的对话框。

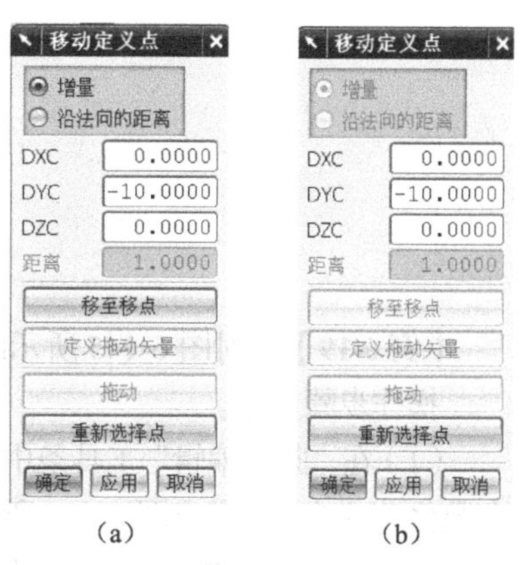

（a） （b）

图6-142 确定点的新位置对话框

① 增量：相对原来的点，给定 3 个分量的偏移量，即得到点的新位置。

② 沿法向的距离：指定沿曲面上该点的法矢移动距离。

③ 移至移点：从当前点位置移动到指定的点。

④ 拖动：定义一个拖动矢量，用光标拖动原来的点到新位置，只用于移动极点。

3. 移动定义点操作实例

【例 6-18】 编辑图 6-143 所示曲面的定义点。

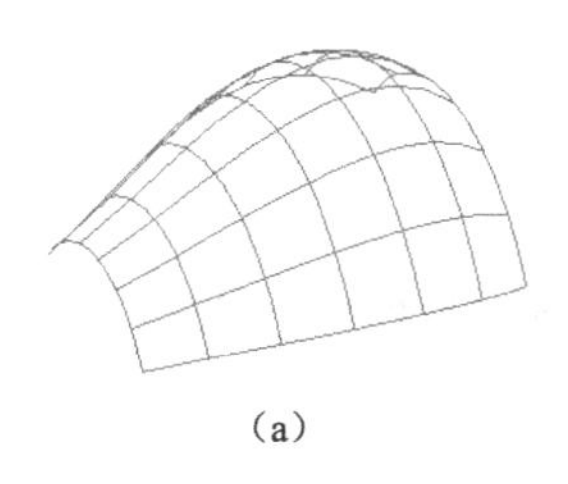

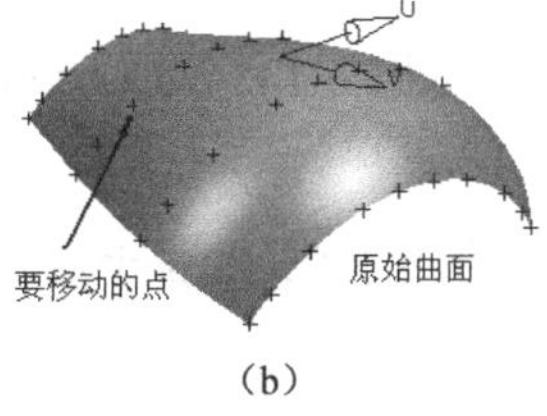

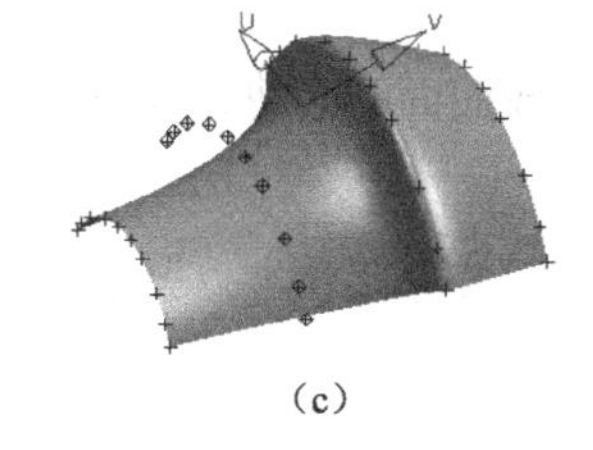

（a） （b） （c）

图6-143 移动定义点实例

操作步骤如下。

（1）在“曲面编辑”工具条中单击“移动定义点”图标或单击【编辑】→【曲面】→【移动定义点】，弹出图 6-141（a）所示的对话框。

（2）选择要编辑的曲面，如果直接编辑曲面，选择【编辑原先的片体】单选按钮。如果要保留原始曲面，则选择【编辑副本】单选按钮，复制面与原曲面不相关。

（3）选择移动定义点的方式为“整行”，然后在屏幕上选择要移动的点，如图 6-143（b）所示，弹出图 6-142（b）所示的对话框。

（4）在“移动定义点”对话框中确定点的新位置，如图 6-143（c）所示，单击【确定】按钮。

（5）完成的曲面如图 6-144 所示。

图6-144 编辑后的曲面

6.6.3 等参数修剪/分割

将曲面裁剪或将曲面分割成两片，它们都是沿参数进行的，图 6-145（a）所示为原始曲面，沿曲面 Umin=20，Umax=80%，Vmin=20，Vmax=80%进行修剪，得到如图 6-145（c）所示的曲面。

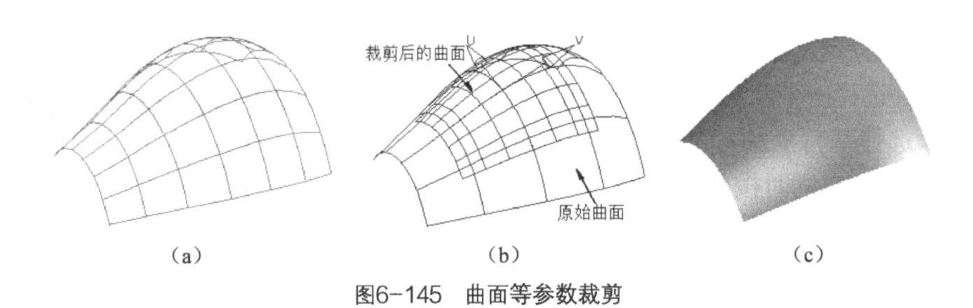

图6-145　曲面等参数裁剪

【例 6-19】　对图 6-145 所示的曲面进行裁剪。

操作步骤如下。

（1）在“曲面编辑”工具条中单击“等参数修剪/分割”图标或单击【编辑】→【曲面】→【等参数修剪/分割】，弹出图 6-146 所示的对话框。

（2）单击【等参数修剪】按钮，选择【编辑原先的片体】单选按钮。

（3）在图形区选择要编辑的原始曲面，如图 6-146 所示设置参数，单击【确定】按钮。

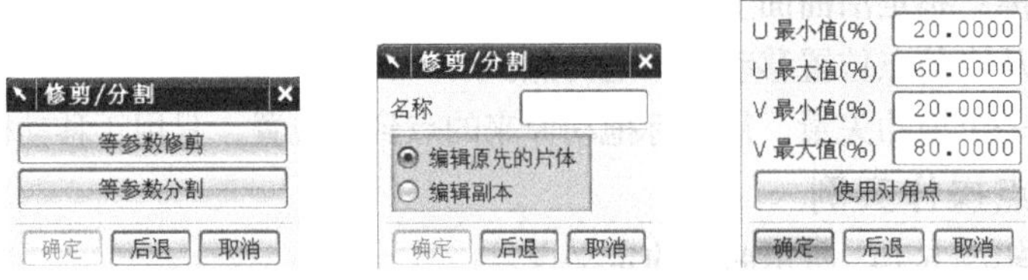

图6-146　等参数修剪/分割曲面对话框

（4）完成曲面的修剪，修剪后的曲面如图 6-145（c）所示。

百分比值可以大于 100%或者小于 0，相当于沿参数方向延伸出一部分。

6.6.4　片体边界和改变边

片体边界是对片体的边界进行修改和替换，包括片体的内部边界。改变边则是修改片体的边，但要满足指定的约束条件。

1. 片体边界

修改和替换片体的边界，用户可以删除曲面上的裁剪边或孔，如果是单张曲面，还可以延拓曲面。对话框如图 6-147 所示，主要选项说明如下。

（1）移除孔：从曲面上删除孔。

（2）移除修剪：从曲面上删除修剪的边，恢复原来未修剪的曲面。

（3）替换边：此项操作只限于单张曲面，指定要替换的边和边界对象，这个边投影到边界对象上得到的交线将替换原有的边界，用户要确定保留边界的哪一侧，保留的部分为修剪后的片体。

（4）选择面：以物体的面作为边界对象。

（5）指定平面：用平面构造器构造的平面作为边界的一部分。

（6）沿法向的曲线：沿着基面的法矢，投影到基面上的曲线或边作为边界对象。

（7）沿矢量的曲线：沿着指定的矢量方向，投影到基面上的曲线或边作为边界对象。

（8）指定投影矢量：指定一个方向，曲线沿该方向投影后作为边界。

图6-147 “编辑片体边界”对话框

2. 片体边界实例操作

【例 6-20】 将图 6-148（a）所示曲面上的孔填上，并将指定边界替换，完成后如图 6-148（b）所示。

操作步骤如下。

（1）单击“片体边界”图标或单击【编辑】→【曲面】→【边界】，系统将弹出图 6-149（a）所示的对话框。

（2）选择【编辑副本】选项，即编辑复制面，选择要编辑的曲面。

（3）单击【移除孔】按钮，弹出对话框，选择孔的边缘，孔被填补上，如图 6-150 所示。

（4）系统自动返回到图 6-149（a）所示的对话框，选择刚才所操作的片体，弹出图 6-149（b）所示的对话框，单击【替换边】按钮，选择要替换的边界，单击【确定】按钮，弹出图 6-151 所示的对话框。

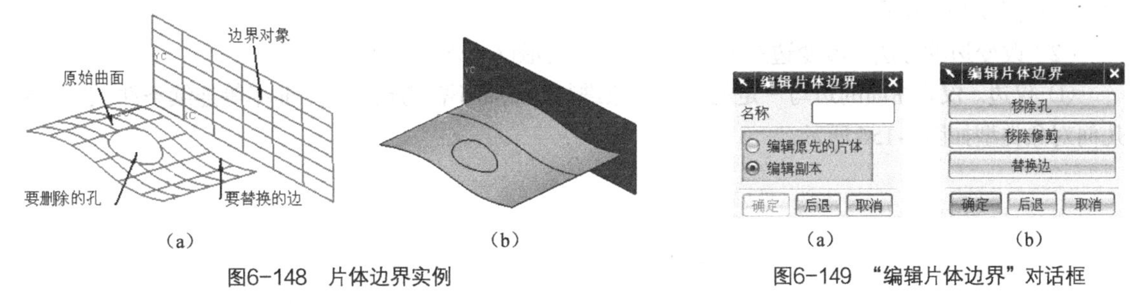

（a） （b） （a） （b）

图6-148 片体边界实例 图6-149 “编辑片体边界”对话框

（5）单击【选择面】按钮，选择作为边界对象的曲面，单击【确定】按钮，系统返回图 6-151 所示的对话框。

（6）单击【指定投影矢量】按钮，弹出图 6-152 所示的“矢量构成”对话框，选择-*ZC* 方向，单击【确定】按钮，如图 6-153（a）所示。

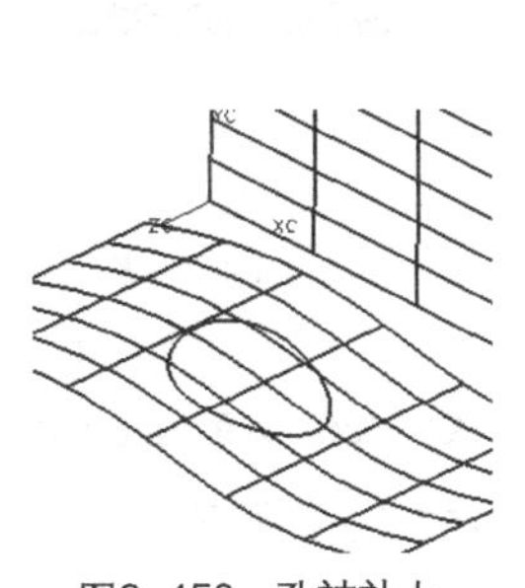

图6-150 孔被补上

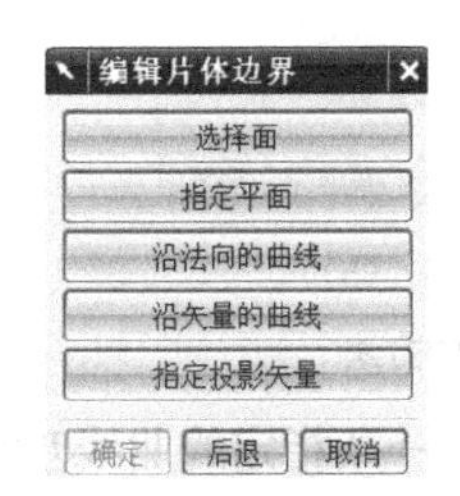

图6-151 “编辑片体边界”对话框

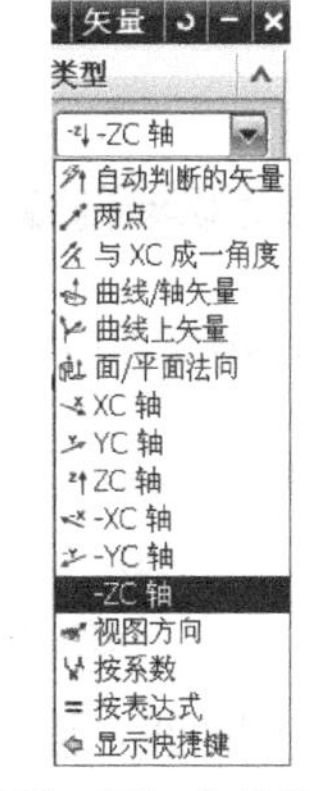

图6-152 矢量构成

（7）选择要保留的部分，单击【确定】按钮。

（8）完成操作，如图 6-153（b）所示。

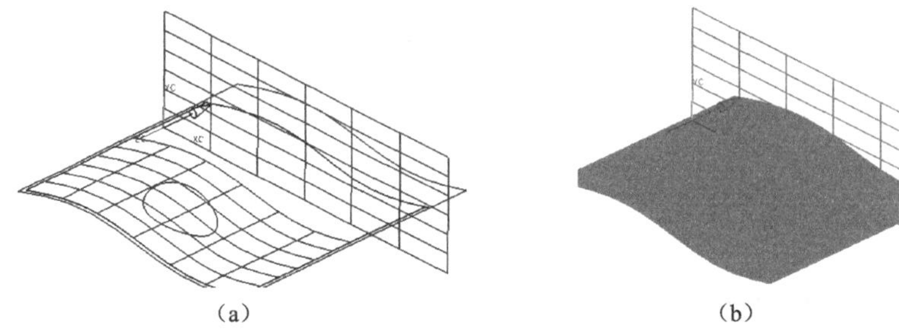

图6-153 片体边界操作

3. 改变边

在曲面缝合操作中，要求缝合面之间的边重合，如果边不重合，可以修改曲面的边，使该边与另一个曲面的边匹配，然后进行缝合操作。这种修改仅适用于 B-样条曲面。

单击图标或单击【编辑】→【曲面】→【更改边缘】，系统将弹出图 6-155（a）所示的对话框。

（1）边的修改概念。

① 从属片：指要改变边的曲面片。

② 主对象：与从属片要改变的边相匹配的对象，既可以是一条曲线，也可以是匹配边所在的曲面片，如图 6-154 所示。

（2）改变边的方法。改变边的方法共有 4 种，如图 6-155（b）所示。

① 仅边。仅将曲面的边与一定的几何对象进行匹配而不需考虑切矢、曲率等连续条件。匹配的几何对象类型如图 6-156 所示。

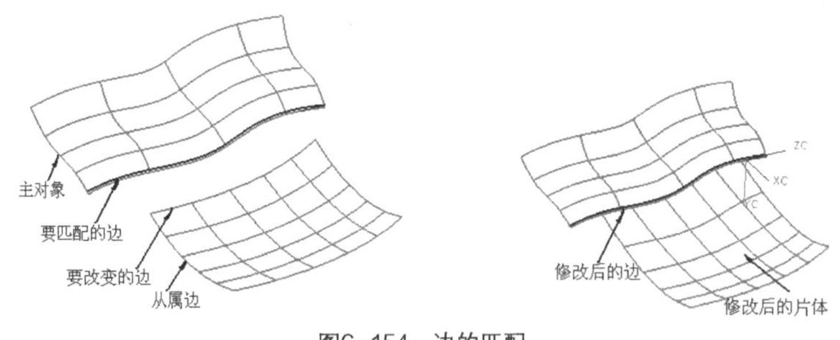

图6-154 边的匹配

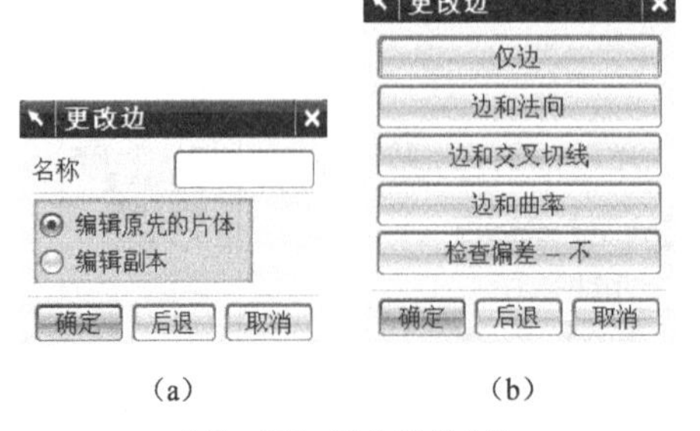

图6-155 改变边的方法

图6-156 匹配的几何对象类型

- 匹配到曲线：要修改的边与一条指定的曲线匹配，如图 6-157（a）所示。
- 匹配到边：要修改的边与一个曲面的边匹配，如图 6-154 所示。

注意

主匹配边必须长于从属片边，从属片边投影到主边，使得主边的一部分代替从属边。

- 匹配到体：要修改的曲面的边与一个指定的曲面匹配，如图 6-157（b）所示。
- 匹配到平面：要修改的边与平面匹配，使得边位于平面上，如图 6-157（c）所示。

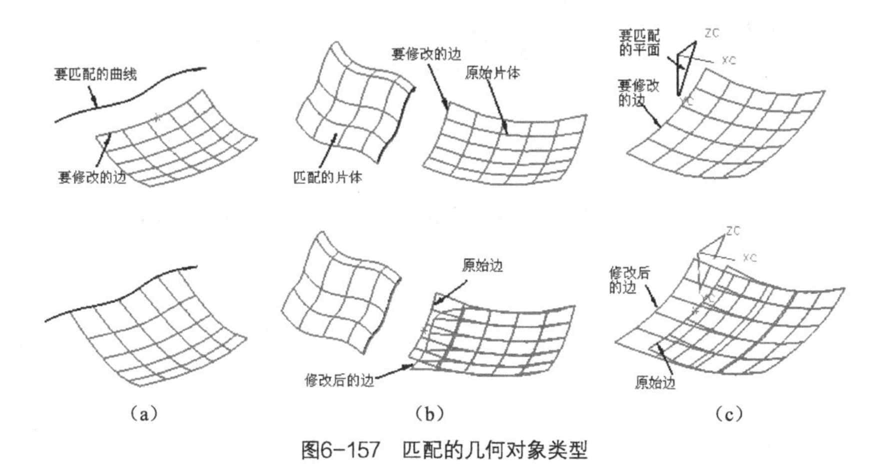

图6-157 匹配的几何对象类型

② 边和法向。将所选的边、法向与其他对象进行匹配，对话框如图 6-158（a）所示。

- 匹配到边：要修改的边与主曲面的边和法向匹配，主曲面边的一部分是修改曲面的一部分，而且满足切向连续的条件，如图 6-159（b）所示。

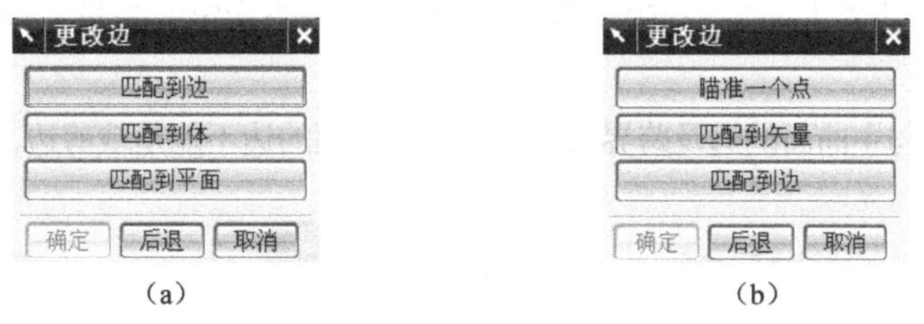

图6-158 边和法向、边界和交叉切线对话框

- 匹配到体：要修改的曲面的边与一个指定曲面的边和法向匹配，但位置不重合，如图 6-159（c）所示。

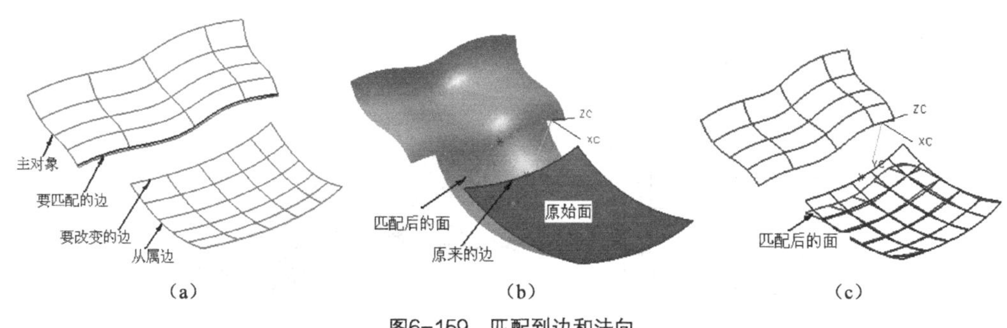

图6-159 匹配到边和法向

- 匹配到平面：要修改的边与一个平面匹配，使得边、法向和面都位于平面上，如图 6-160 所示。

③ 边和交叉切线。将所选的边、交叉切线（横向切矢或跨界切矢）与其他对象进行匹配。所谓

交叉切线是指从属面与主对象在曲面边界上（这里指要修改的边）满足切矢条件。这种修改有3种方法，如图6-158（b）所示。

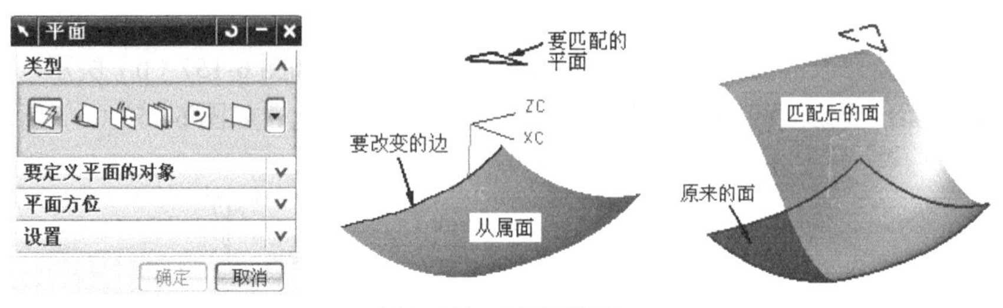

图6-160 匹配到平面

- 瞄准一个点：边界上的每一点的跨界切矢指向一个点，如图6-161所示。

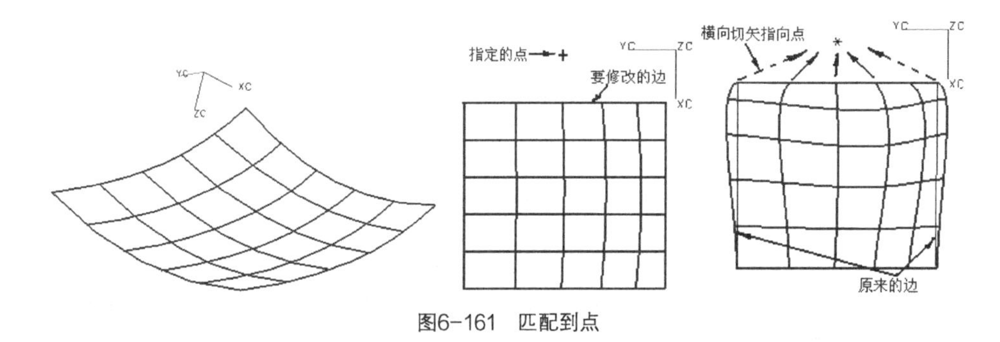

图6-161 匹配到点

- 匹配到矢量：边界上的每一点的跨界切矢平行于一个指定的矢量，但边的形状不改变，如图6-162（a）所示。
- 匹配到边：边与主曲面的边及跨界切矢匹配，主曲面的边不能是裁剪边，如图6-162（b）所示。

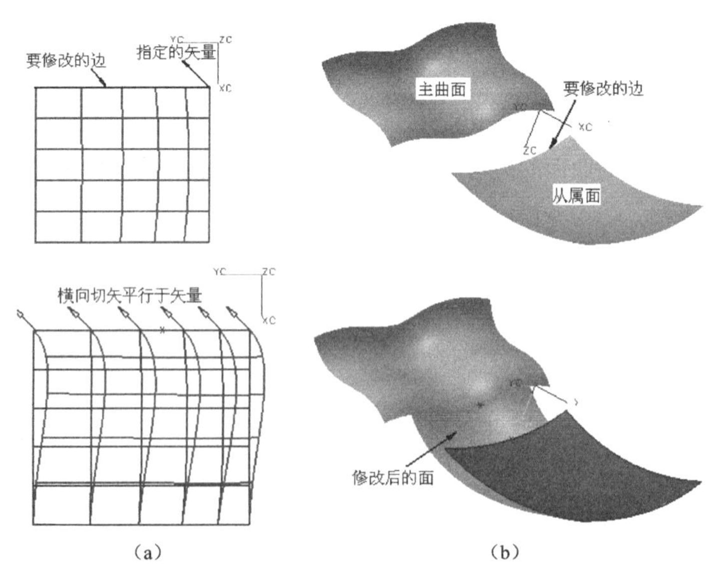

图6-162 边界和交叉切线

④ 边和曲率。与边界和交叉切线方法相似，只是连续的条件由切矢改为曲率。

⑤ 检查偏差。确定是否对匹配后的曲面在距离、切矢的偏差方面进行计算。

- 检查偏差-不：对匹配后的曲面在距离、切矢方面的偏差不进行计算和输出。
- 检查偏差-是：对匹配后的曲面在距离、切矢方面的偏差进行计算，并输出到信息窗口。

4. 改变次数和改变刚性

（1）改变次数。在曲面编辑中改变曲面的 U 或 V 向的次数，但曲面形状不会改变。

如果是多片生成的片体，或者是封闭曲面，只能增加阶次。降低曲面的阶次可能导致曲面的变化。

单击图标或单击【编辑】→【曲面】→【阶次】，系统将弹出图 6-163 所示的对话框，在对话框中输入曲面新的阶次。

（2）改变刚度（硬度）。通过改变曲面的阶次来改变曲面的形状。增加阶次，极点不变，曲面形状改变，曲面远离控制多边形；减小阶次，降低了刚性，曲面与控制多边形更接近。

单击图标或单击【编辑】→【曲面】→【刚度】，系统将弹出图 6-164 所示的对话框，在对话框中输入曲面新的阶次。

图6-163　“更改阶次”对话框

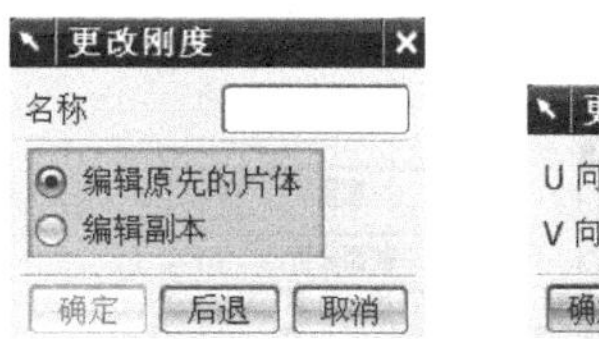

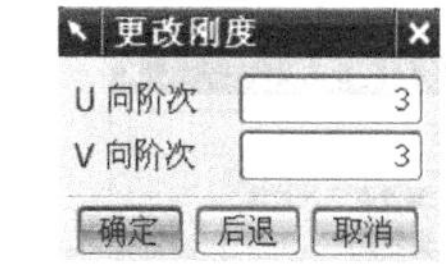

图6-164　“更改刚度”对话框

5. 法向反向

改变曲面法矢的正方向，使其反向，并将法向作为一个特征加到曲面上。

主要的用途是防止由于裁剪曲面刷新可能出现的问题。

单击图标或单击【编辑】→【曲面】→【法向反向】，系统将弹出图 6-165 所示的对话框，选择曲面后将显示曲面的法向。

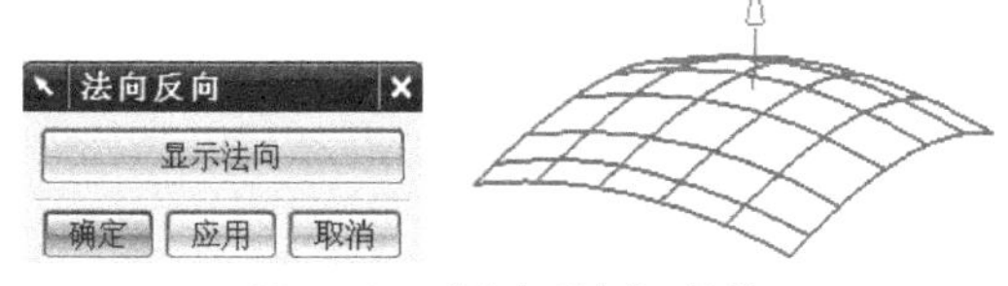

图6-165　“法向反向”对话框

6. 曲面变形

曲面变形功能可以让用户十分直观地改变曲面的形状，对曲面从不同和方位进行拉伸、折弯、歪斜、扭转、推移等操作。图 6-166（a）所示为原始面，图 6-166（b）所示为编辑后的曲面。

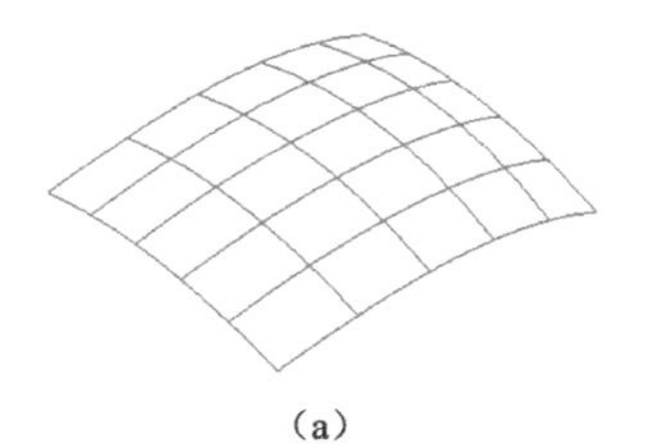

（a）　　（b）

图6-166　曲面变形

单击图标或单击【编辑】→【曲面】→【变形】，系统将弹出图 6-168 所示的“使曲面变形”对话框，通过选择“中心点控制”方式，拖动滑块，使曲面形状变化。

7. 变换片体

用于动态比例缩放、旋转和移动一个单独的曲面，并实时反映出曲面的变化。图 6-168（a）所示为原始面，图 6-168（b）所示为编辑前后位置和形状的变化情况。

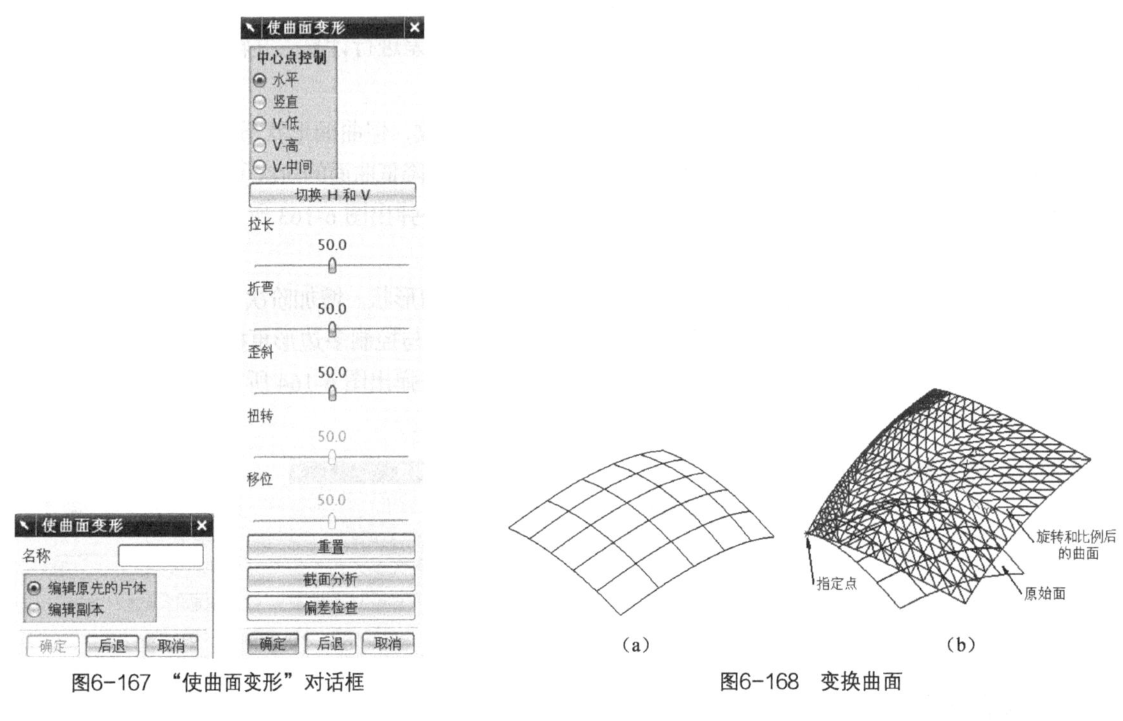

图6-167 “使曲面变形”对话框

图6-168 变换曲面

单击图标或单击【编辑】→【曲面】→【变换】，系统将弹出图 6-169（a）所示的对话框，选择作为变换中心的点后，弹出图 6-169（b）所示的对话框，通过选择“选择控制”方式，拖动滑块，使曲面形状、位置实时变换。

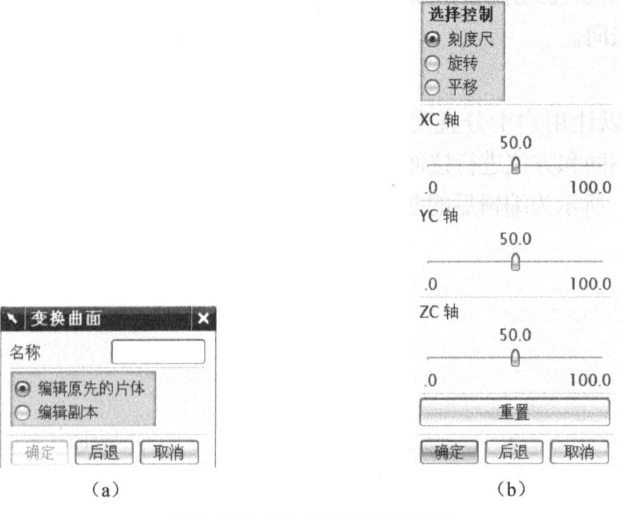

图6-169 “变换曲面”对话框

① 刻度尺（比例）：曲面相对于一个选择轴按比例或尺寸缩放。

② 旋转：绕一个选定的轴旋转曲面。

③ 平移：沿一个选定的轴移动曲面。

6.7 曲面操作与编辑综合实例

利用 UG NX 6.0 软件设计电熨斗造型，操作步骤如下。

1. 新建零件

（1）启动 UG NX 6.0 软件，新建文件 iron.prt。

（2）单击开始，选择【建模】命令，进入“建模”界面。

2. 创建基准曲线

（1）单击“图层的设置”图标或单击【格式】→【图层的设置】，选择 20 层为工作层。

（2）单击“草图”图标，选择 *XC-YC* 平面为草图平面，绘制草图，如图 6-170（a）所示，单击图标完成草图。

（3）单击“草图”图标，选择 *ZC-YC* 平面为草图平面，绘制草图，如图 6-170（b）所示，单击图标完成草图。

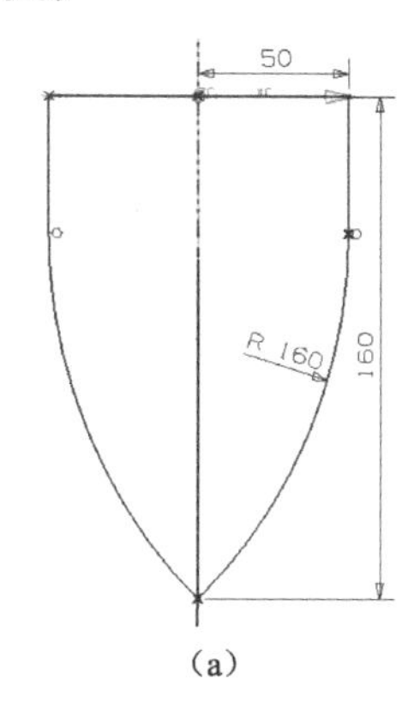

（a）

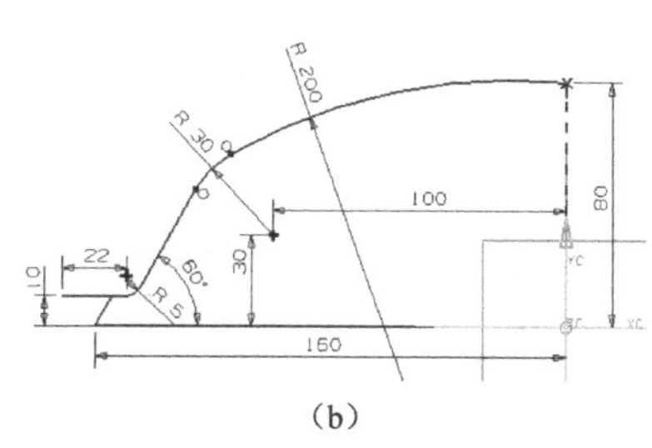

（b）

图6-170 建立草图曲线

（4）单击“草图”图标，选择 *XC-ZC* 平面为草图平面，绘制草图，如图 6-171（a）所示，单击图标完成草图。

（5）单击“WCS 原点”图标，在弹出的“点构造器”中，将 ZC 值改为“10”，单击【确定】按钮，坐标系原点向 *Z* 的正方向平移 10。

（6）单击“草图”图标，选择 *XC-YC* 平面为草图平面，绘制草图，如图 6-171（b）所示，单击图标完成草图。（图中曲线为利用 3 点创建的样条曲线，需确定样条曲线起点和终点的切矢方向）。

3. 利用扫掠创建上表面曲面

（1）单击“图层的设置”图标，设置工作层为 30 层。

（2）单击“扫掠”图标，系统弹出“扫掠”对话框如图 6-173 所示，依次选择剖面线和引导线，如图 6-172 所示。

（3）如图 6-173 所示，依次设定扫掠参数，单击【确定】按钮，完成的曲面如图 6-174 所示。

4. 创建投影曲线

（1）单击“图层的设置”图标或单击【格式】→【图层的设置】，选择 21 层为工作层。

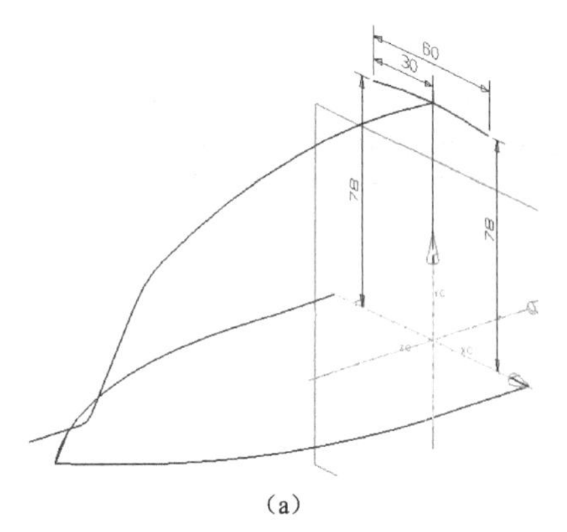

（a）

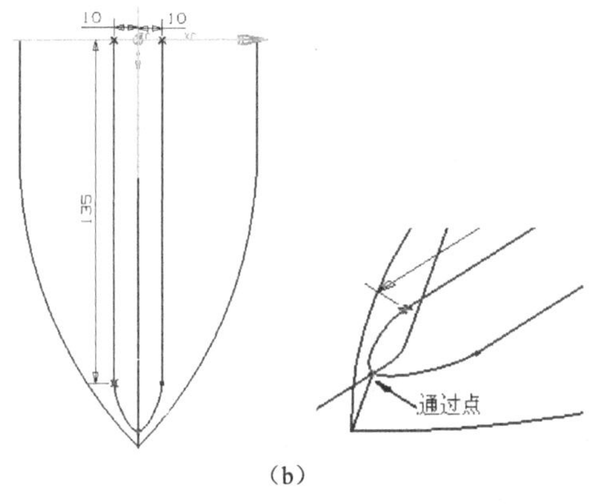

（b）

图6-171　建立草图曲线

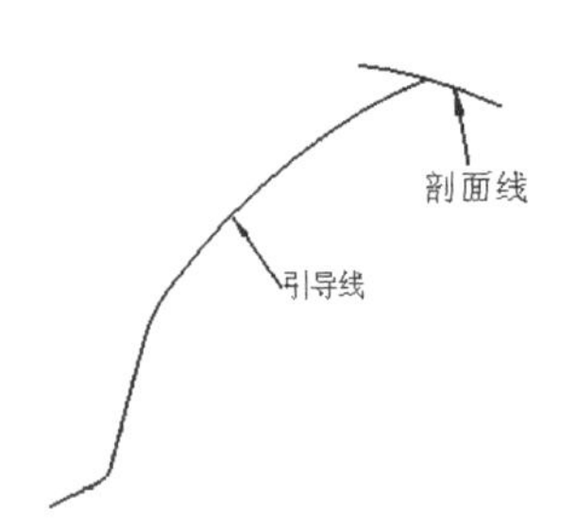

图6-172　扫掠曲面对象选择

图6-173　扫掠曲面参数设置

图6-174　扫掠曲面

（2）单击“投影”图标或单击【插入】→【来自曲线集的曲线】→【投影】，系统将弹出图 6-175 所示的对话框。

（3）如图 6-174 所示选择投影曲线、投影面。

（4）选择沿矢量+*ZC*的投影方向，单击【确定】按钮，得到的曲线如图 6-176（a）所示。

（5）单击【编辑】→【曲线】→【分割】，将图 6-176（b）所示的投影曲线进行分割。

5. 创建曲面边界曲线

（1）单击“旋转 WCS”图标，旋转坐标系，在图 6-177（a）所示对话框中选择旋转方向+XC 轴，单击【确定】按钮。

（2）将视图转为前视方向，如图 6-177（b）所示。

（3）单击【插入】→【曲线】→【样条】，过 3 点绘制图 6-177（c）所示样条曲线。

图6-175 “投影曲线”对话框

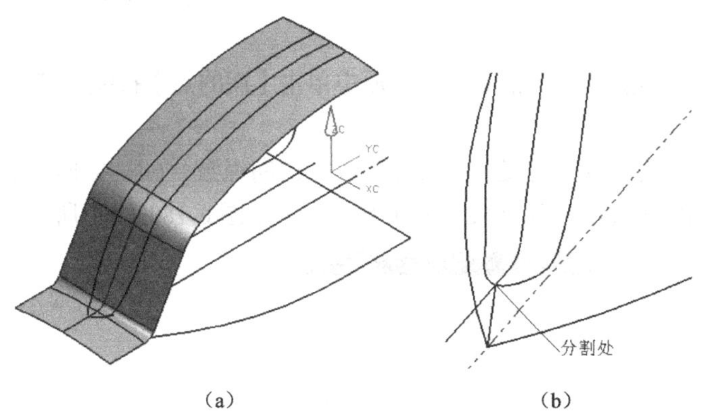

图6-176 投影曲线

（a）

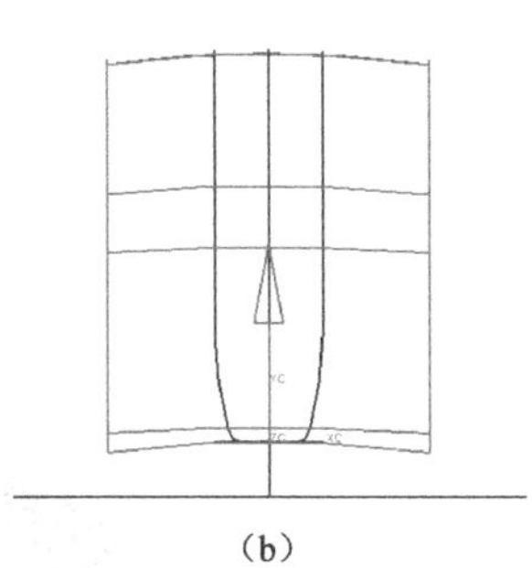

（b）

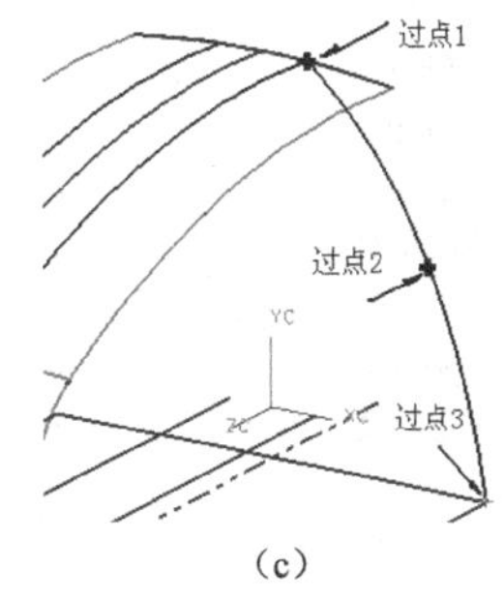

（c）

图6-177 创建样条曲线

6. 建立网格曲面

（1）单击“图层的设置”图标或单击【格式】→【图层的设置】，选择31层为工作层。

（2）单击图标或单击【插入】→【网格曲面】→【通过曲线网格】。

（3）如图6-178（a）所示，选择主曲线1，单击鼠标中键，选择主曲线2，单击鼠标中键，然后在“通过曲线网格”对话框中单击图标，依次选择两条交叉曲线。

（4）对话框中的设置采用系统默认值。

（5）单击【确定】按钮，结果如图6-178（b）所示。

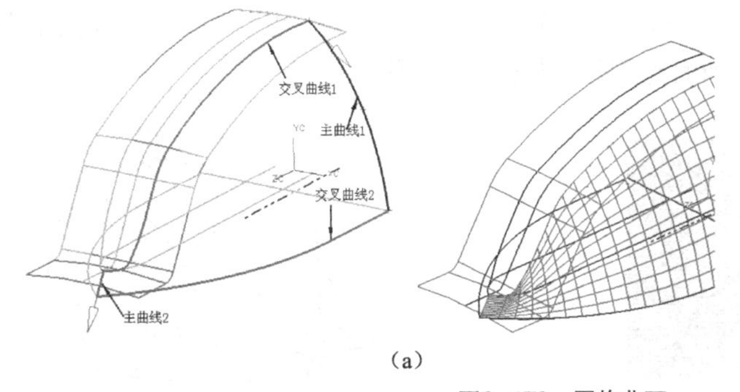

（a）

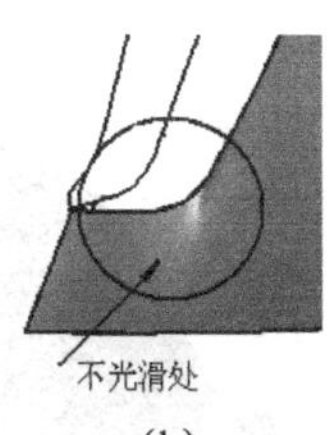

（b）

图6-178 网格曲面

7. 用点云方法建立新曲面

（1）将视图转为右视方向，如图 6-179 所示。

（2）单击“点集”图标或单击【插入】→【基准/点】→【点集】。

（3）在弹出的“点集”对话框中单击【面的点】按钮，选择曲面。

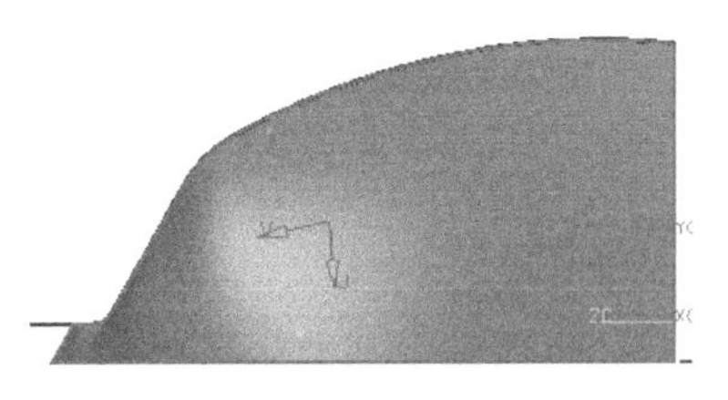

图6-179 曲面右视图

（4）在“模式定义”中设定参数，U 向点数 = 60，V 向点数 = 200，如图 6-180（a）所示，单击【确定】按钮，创建 12 000 个基准点，如图 6-180（b）所示。

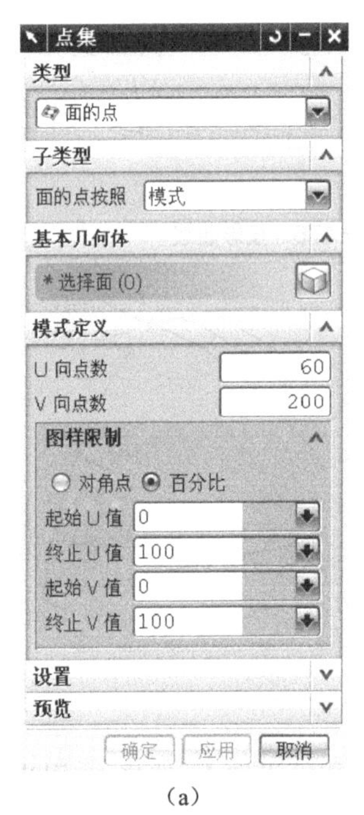

（a）

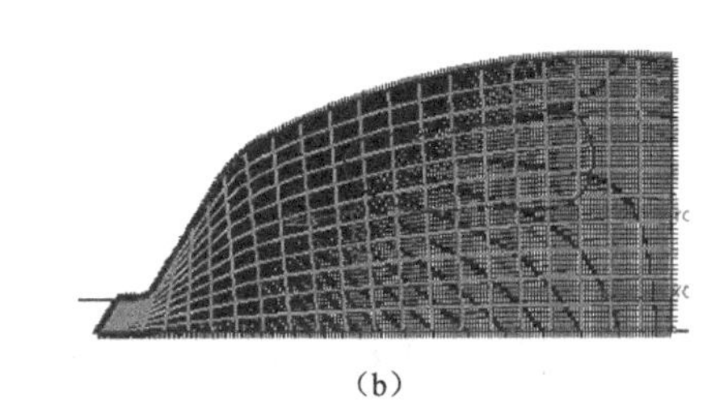

（b）

图6-180 用点集方法创建基准

（5）单击“从点云”图标或单击【插入】→【曲面】→【从点云】选项。

（6）在弹出的“从点云”对话框中将 U 向和 V 向的阶次设为“3”。

（7）拖动鼠标，用框选的方法将所有的点选上，单击【确定】按钮。

（8）单击【确定】按钮，接受误差，得到曲面如图 6-181 所示。

（9）删除所有的点。单击“删除”图标，将选择对象类型改为“点”，单击【全选】按钮，所有点被选中，单击【确定】按钮，将所有点删除，如图 6-182 所示。

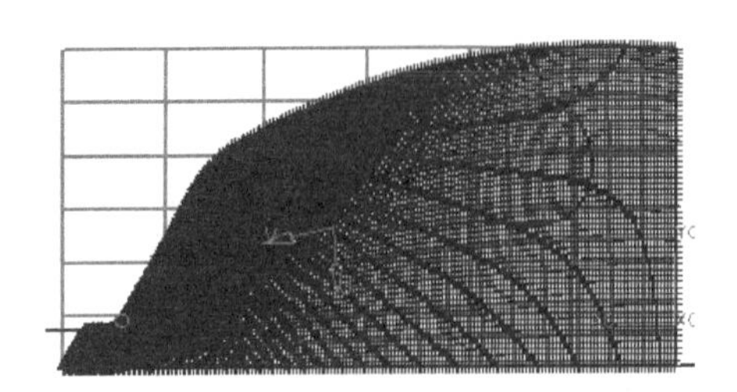

图6-181 用点云方法创建曲面

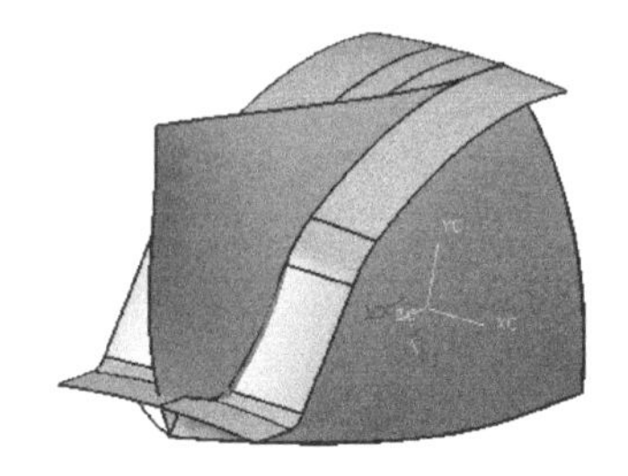

图6-182 用点云方法创建的曲面

8. 延伸上一步“从点云”产生的曲面

（1）按【Ctrl+B】组合键，选择扫掠曲面及网格曲面，单击【确定】按钮，将它们隐藏起来，以保证视图清晰。

利用【Ctrl+B】组合键，能快速实现隐藏对象；利用【Ctrl+Shift+K】组合键，能将已隐藏的对象重新转为可见。灵活运用这些组合键，可使绘图区清晰，便于操作。

（2）单击图标或单击【编辑】→【曲面】→【等参数修剪/分割】。

（3）如图 6-183（a）所示，选择曲面，进行参数设置“等参数修剪”、“编辑原先的片体”、“输入U，V最大最小值”，单击【确定】按钮，曲面如图 6-183（b）所示。

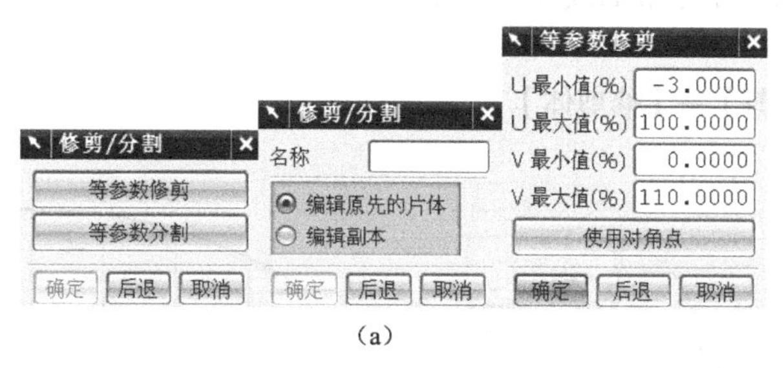

（a）

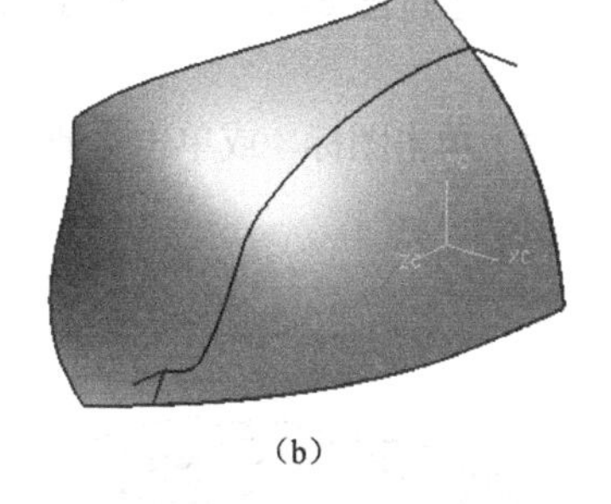

（b）

图6-183　用点云方法创建的曲面

9. 修剪曲面

（1）单击“修剪体”图标或单击【插入】→【修剪】→【修剪体】，弹出“修剪体”对话框如图 6-184 所示。

（2）图 6-184 所示“修剪体”对话框中的“目标”按钮被激活，选择图 6-183（b）所示曲面，单击指定平面下拉按钮，选择 *YC-ZC* 平面作为边界，确定曲面被去除的方向，单击【确定】按钮，结果如图 6-185（a）所示。

（3）按【Ctrl+Shift+K】组合键，选择要显示的扫掠曲面；按【Ctrl+B】组合键，选择曲线，单击【确定】按钮，将曲线隐藏，如图 6-185（b）所示。

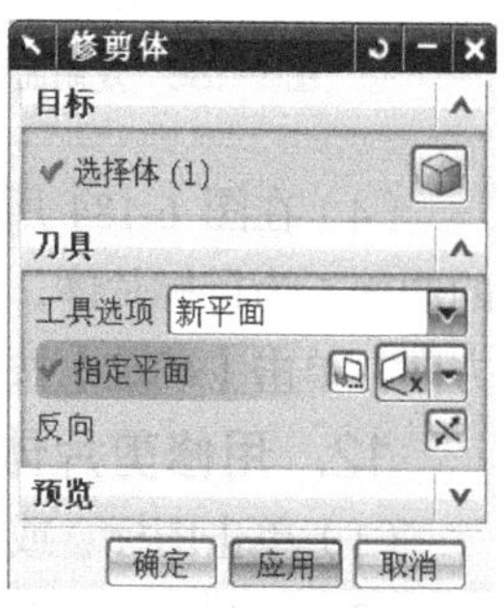

图6-184　“修剪体”对话框

（4）单击图标或单击【插入】→【修剪】→【修剪体】。

（5）在图 6-184 所示的“修剪体”对话框中，“目标”按钮被激活，选择图 6-185（b）所示的曲面 1 为目标片体，单击按钮，选择曲面 2 作为裁剪边界，确定曲面被去除的方向，单击【确定】按钮，结果如图 6-185（c）所示。

10. 复制曲面

（1）单击图标或单击【插入】→【关联复制】→【镜像体】，弹出“镜像体”对话框。

（2）选择曲面 1 为复制对象，选择 *YC-ZC* 平面作为镜像平面。

（3）单击【确定】按钮，结果如图 6-186 所示。

11. 用裁剪的方法修剪曲面

（1）单击图标或单击【插入】→【基准/点】→【基准平面】。

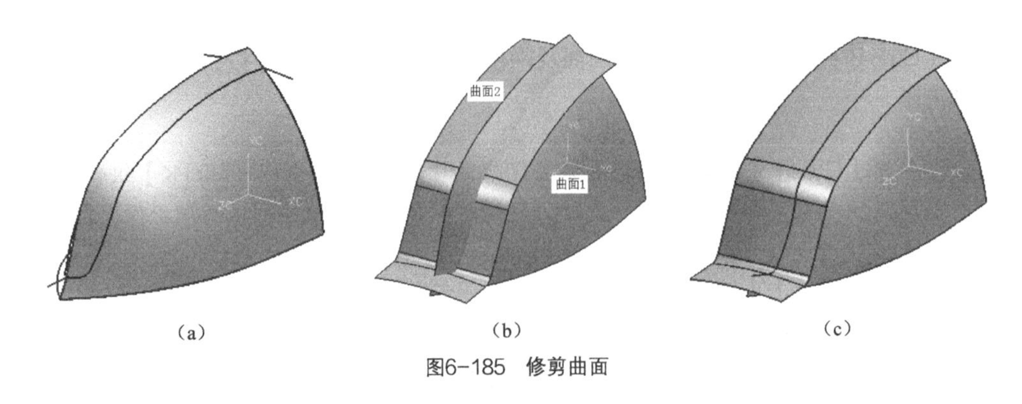

（a）　（b）　（c）

图6-185　修剪曲面

（2）经过图 6-187（a）所示的 X 轴，与水平基准面成 82° 角创建一个斜平面，如图 6-187（b）所示。

（3）单击图标或单击【插入】→【修剪】→【修剪体】。

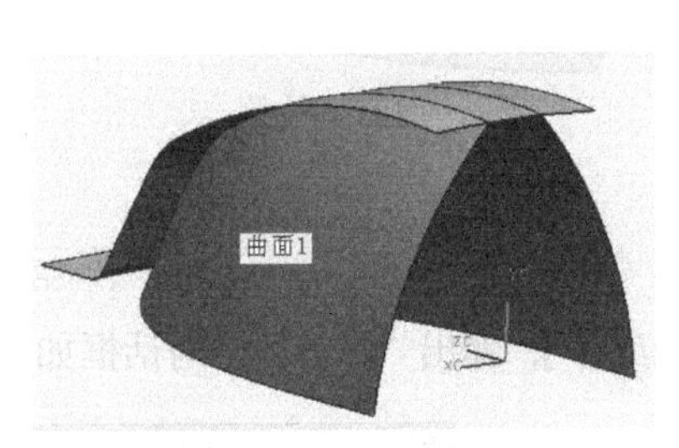

图6-186　复制曲面

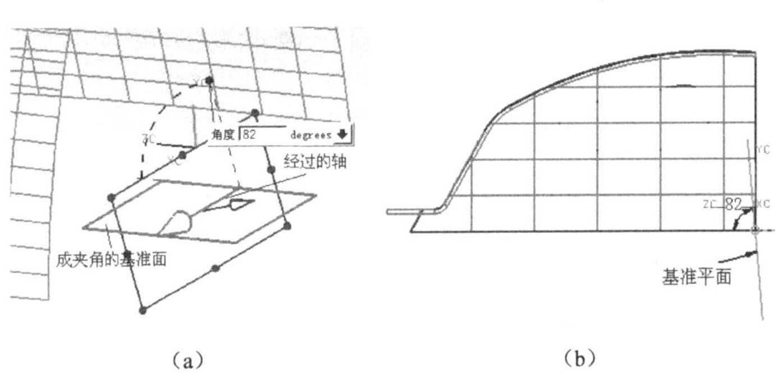

（a）　（b）

图6-187　创建基准平面

（4）在图 6-184 所示的“修剪体”对话框中，“目标”按钮被激活，选择图 6-185（b）所示的曲面 1 为目标片体，单击按钮，选择上一步建立的基准平面作为裁剪边界，确定曲面被去除的方向，单击【确定】按钮，结果如图 6-188 所示。

12. 用修剪片体的方法修剪曲面

（1）单击图标或单击【插入】→【修剪】→【修剪的片体】。

（2）如图 6-189 所示，选择曲面 2 为目标曲面。

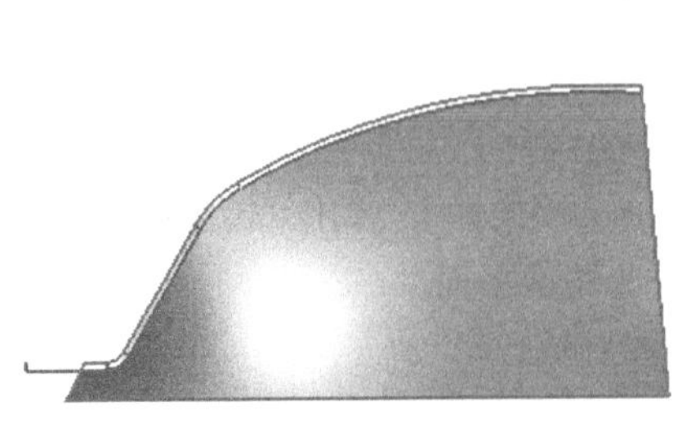

图6-188　修剪后的曲面

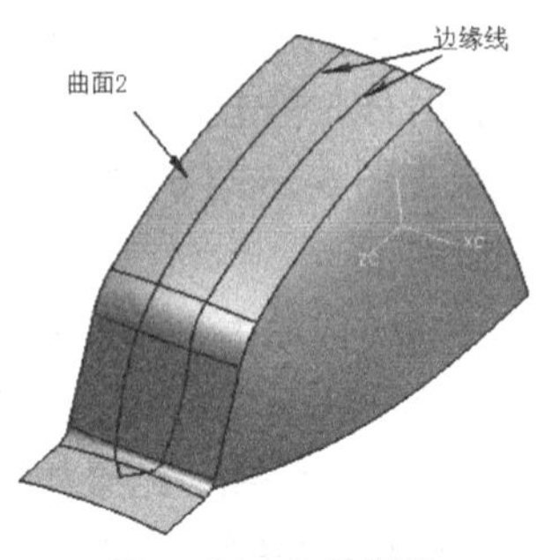

图6-189　修剪曲面

（3）将“过滤器”选为边缘，选择图 6-189 所示的边缘线作为裁剪边界。

（4）确定被去除的部分，单击【确定】按钮，如图 6-190 所示。

13. 建立曲线

（1）单击图标，将坐标的坐标轴 ZC→XC 旋转 90°，单击【确定】按钮。

（2）将视图转为右视方向。

（3）单击【插入】→【曲线】→【样条】，用【根据极点】的方法绘制 3 条封闭样条曲线。

（4）如果曲线不满意，单击【编辑】→【曲线】→【参数】或双击曲线，拖动极点，对样条曲线的极点进行编辑，曲线如图 6-191 所示。

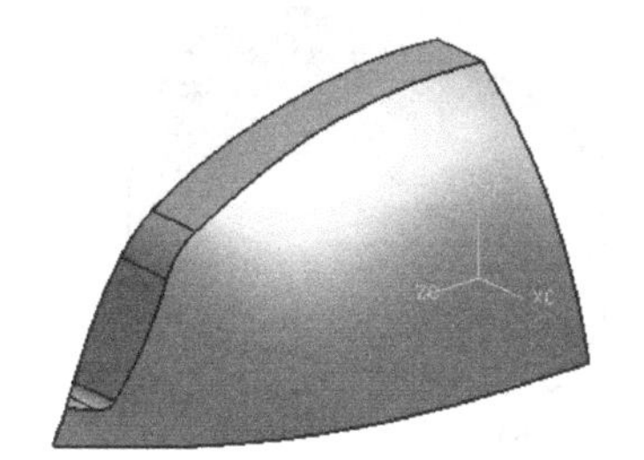

图6-190 修剪后的曲面

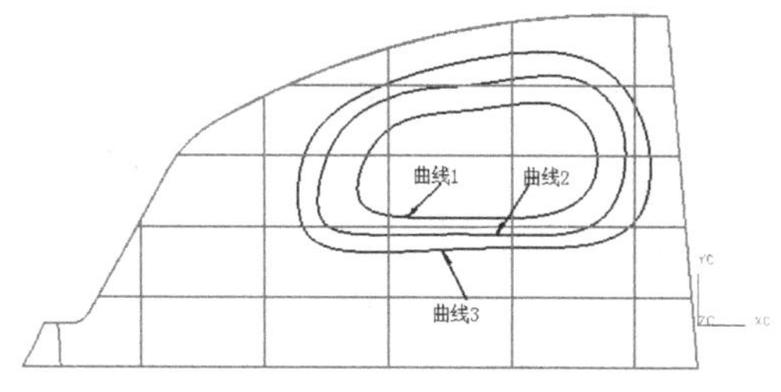

图6-191 建立曲线

14. 建立投影曲线

（1）单击图标或单击【插入】→【来自曲线集中曲线】→【投影】。

（2）如图 6-192（a）所示选择投影曲线 2、投影面曲面 1，选择沿矢量-ZC 的投影方向，单击【确定】按钮，得到曲线 5。

（3）同上步，选择投影曲线 2、投影面曲面 2。选择沿矢量+ZC 的投影方向，单击【确定】按钮，得到曲线 4，如图 6-192（b）所示。

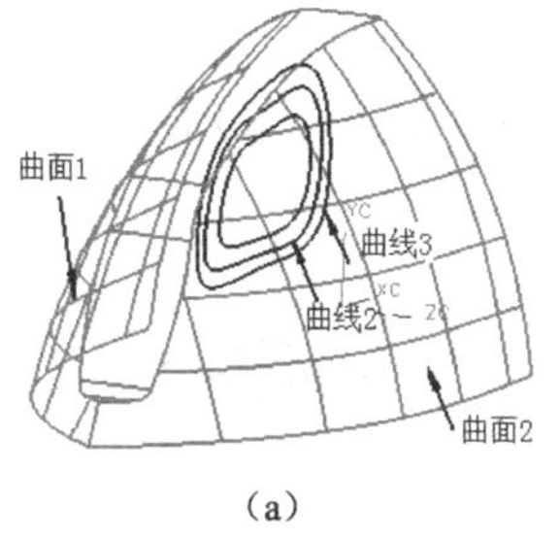

（a）

（b）

图6-192 建立投影曲线

15. 建立通过曲线组曲面

（1）单击图标或单击【插入】→【网格曲面】→【通过曲线组】，系统将弹出“通过曲线组”对话框。

（2）依次选择图 6-192（b）中所示的曲线 5、曲线 1 和曲线 4，单击鼠标中键确认。

（3）在对话框中取消【保留形状】及【垂直于终止截面】单选按钮，在“对齐”下拉列表中选择【脊线】方式，“脊线”图标被激活，如图 6-193（a）所示。

（4）选择曲线 1 为脊线，单击鼠标中键确认，单击【确定】按钮，曲面如图 6-193（b）所示。

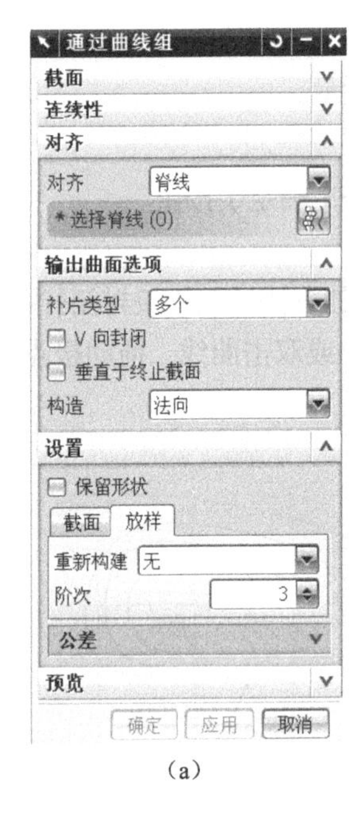

（a）

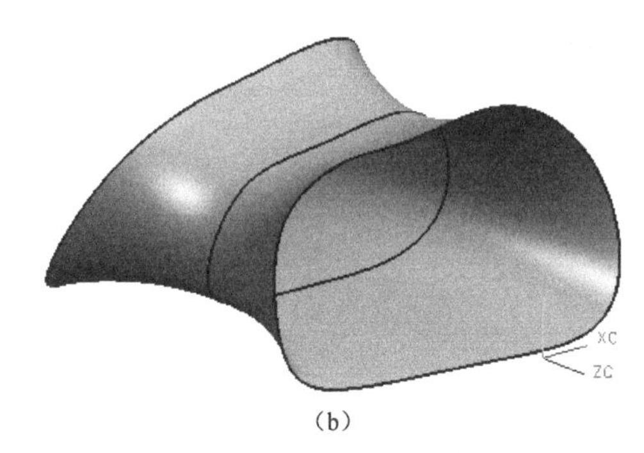

（b）

图6-193 创建通过曲线曲面

16. 用修剪片体的方法修剪曲面

（1）单击图标单击【插入】→【修剪】→【修剪的片体】，系统将弹出“修剪的片体”对话框。

（2）如图 6-194（a）所示选择曲面 1 为目标曲面。

（3）选择边缘线 1 作为裁剪边界。

（4）确认被去除或被保留的部分，单击【确定】按钮。

（5）单击图标或单击【插入】→【裁剪】→【修剪片体】。

（6）如图 6-194（a）所示选择曲面 2 为目标曲面。

（7）选择边缘线 2 作为裁剪边界。

（8）确认被去除或被保留的部分，单击【确定】按钮，如图 6-194（b）所示。

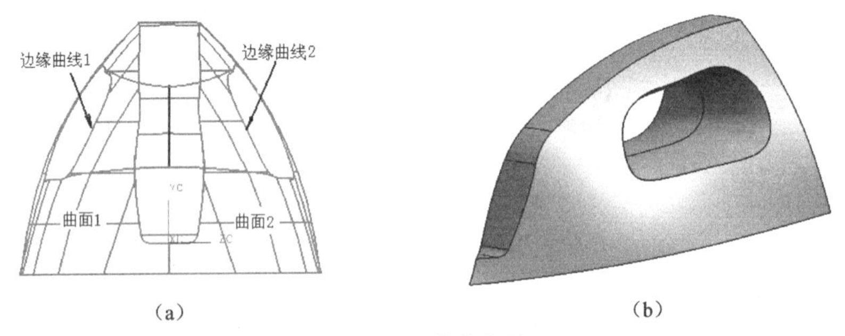

（a） （b）

图6-194 修剪曲面

17. 建立投影曲线

（1）单击图标或单击【插入】→【来自曲线集中曲线】→【投影】。

（2）如图 6-195 所示选择投影曲线 3、投影面曲面 1。选择沿矢量-*ZC* 的投影方向，单击【确定】按钮，得到曲线 6。

（3）同上步，选择投影曲线 3、投影面曲面 2。选择沿矢量+ZC 的投影方向，单击【确定】按钮，得到曲线 7，如图 6-195 所示。

18. 创建拉伸平面草图

单击图标，选择 XC-YC 平面为草图平面，绘制草图，如图 6-196 所示，单击图标完成。

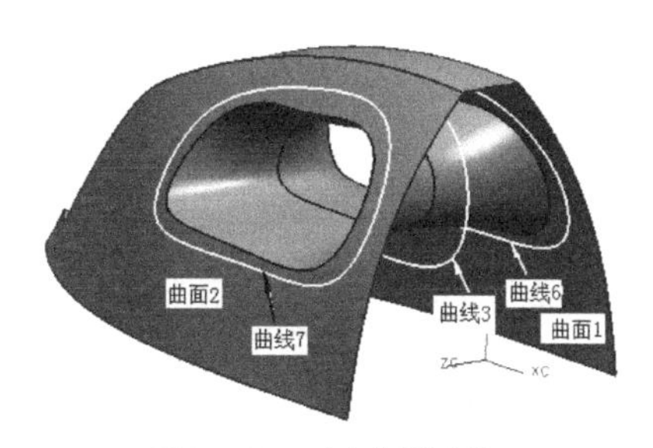

图6-195 建立投影曲线

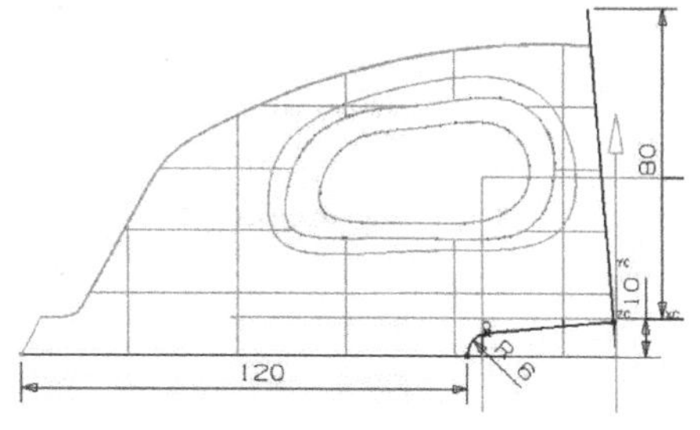

图6-196 绘制草图

19. 创建拉伸曲面

（1）单击“拉伸”图标，弹出“拉伸”对话框，选择上一步所绘制的草图曲线。

（2）在“拉伸”对话框中设置拉伸起始和终止位置，单击【确定】按钮，如图 6-197（a）所示。

20. 对手柄处进行面倒圆

（1）单击图标或单击【插入】→【细节特征】→【面倒圆】，弹出“面倒圆”对话框。

（2）选择第一组面为曲面 1，单击图标，选择第二组面为曲面 2。

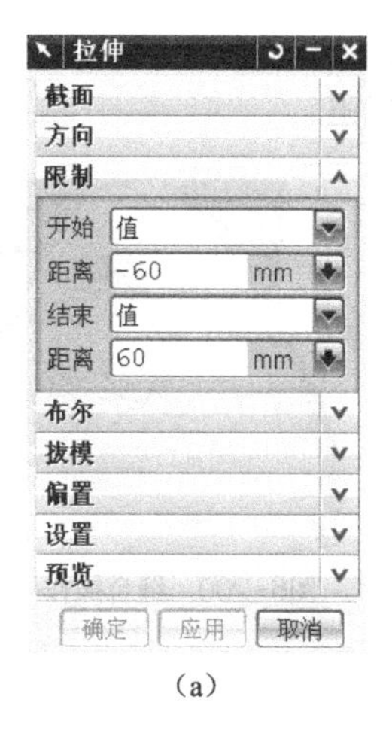

（a）

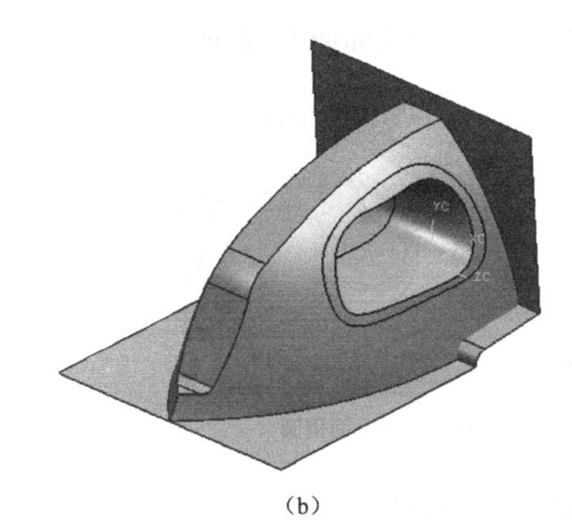

（b）

图6-197 建立拉伸曲面

要确认曲面法向方向是否指向倒圆曲面的圆心方向，如果要切换法向方向，单击图标。

（3）在“半径”下拉列表中选择“相切约束”，“相切曲线”图标被击活，在“圆角面（Blend Faces）”下拉列表中选择“修剪所有输入面”，取消【缝合所有面】单选按钮，如图 6-198（a）所示。

（4）选择图 6-198（b）所示的相切控制线。

（5）单击【确定】按钮，完成一个倒圆面的创建。

（6）重复上面的步骤，对另一边两个曲面进行面倒圆操作，如图 6-199 所示。

（a）

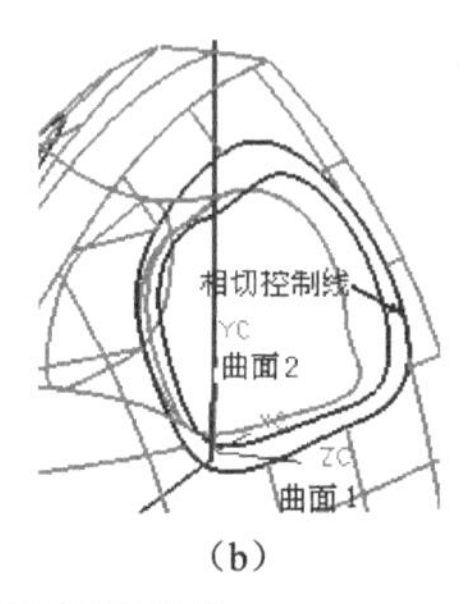

（b）

图6-198 “面倒圆”对话框及面倒圆操作

21. 缝合前后两曲面

（1）单击图标或单击【插入】→【组合体】→【缝合】。

（2）选择图6-200所示的曲面1、曲面2，单击【确定】按钮。

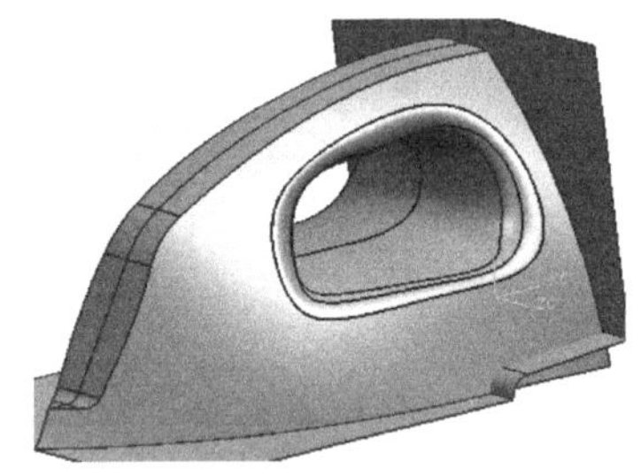

图6-199 面倒圆

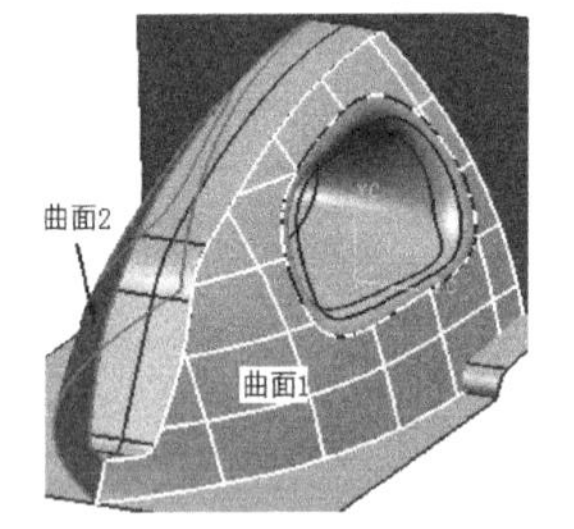

图6-200 缝合操作

22. 修剪前后两曲面

（1）单击图标或单击【插入】→【修剪】→【修剪的片体】。

（2）选择图6-201所示的前面缝合的曲面1作为目标曲面。

（3）选择拉伸曲面2作为裁剪边界。

（4）确认被去除或被保留的部分，单击【确定】按钮，如图6-201所示。

23. 修剪拉伸平面

（1）单击图标或单击【插入】→【修剪】→【修剪的片体】。

（2）选择图6-202所示的拉伸曲面1为目标曲面。

（3）选择曲面2和曲面3作为裁剪边界。

（4）确认被去除或被保留的部分，单击【确定】按钮，如图6-203所示。

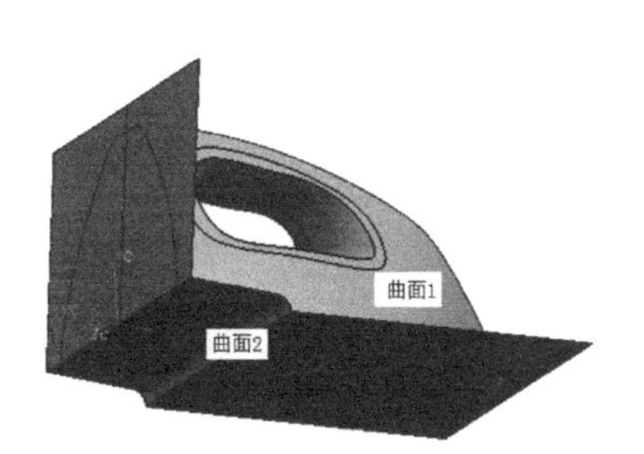

图6-201 修剪曲面操作（1）

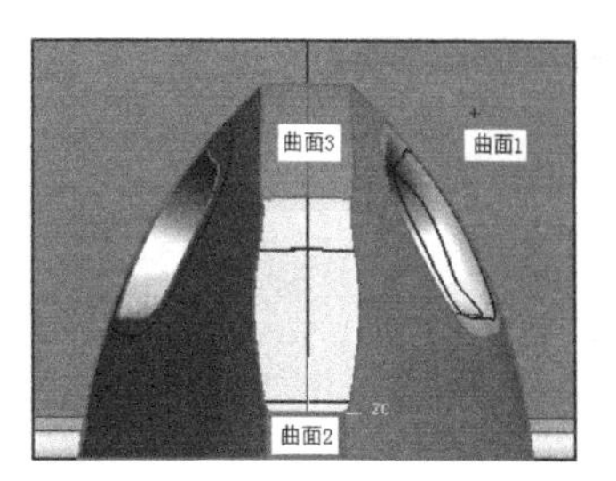

图6-202 修剪曲面操作（2）

24. 缝合全部曲面

（1）单击图标或单击【插入】→【组合体】→【缝合】。

（2）依次选择全部曲面进行缝合（由于曲面形成一个封闭的空间，将在内部产生实体）。

25. 等半径倒圆角操作

（1）单击图标或单击【插入】→【细节特征】→【边圆角】。

（2）如图 6-204 所示输入半径为“3”，选择圆角边，单击【确定】按钮。

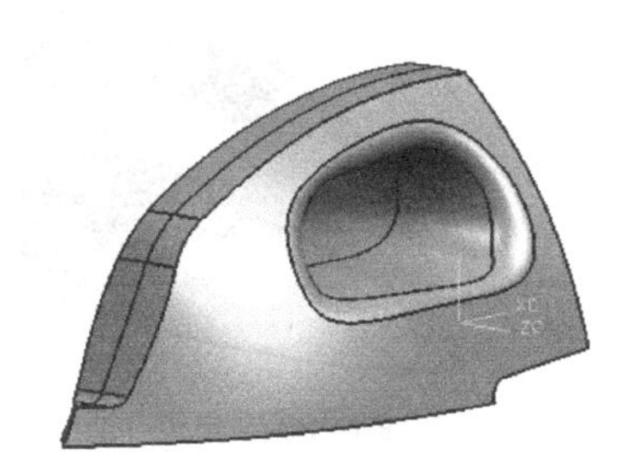

图6-203 修剪操作

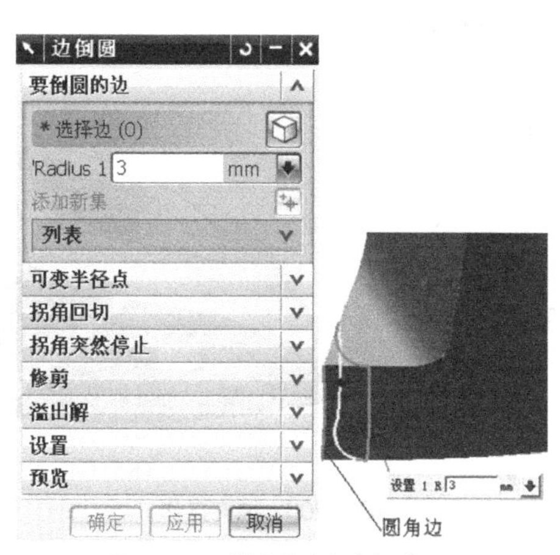

图6-204 创建等半径倒圆角

26. 变半径倒圆角操作

（1）单击图标或单击【插入】→【细节特征】→【边圆角】。

（2）选择图 6-205（a）所示的边，在“边倒圆”对话框中单击“可变半径点”，进入变半径倒圆角。

（3）选择点 1，输入 R=10；依次选择点 2，输入 R=5；选择点 3，输入 R=2；选择点 4，输入 R=2；选择点 5，输入 R=5；选择点 6，输入 R=10；单击【确定】按钮，创建的倒圆角面如图 6-205（b）所示。

27. 抽壳

（1）单击图标或单击【插入】→【偏置/缩放】→【抽壳】，弹出“壳单元”对话框，如图 6-206（a）所示。

（2）输入抽壳的厚度为“2”。

（3）单击“移除面，然后抽壳”图标，选择图 6-206（b）所示的曲面 1 和曲面 2 作为抽壳的面，单击【确定】按钮，结果如图 6-207 所示。

当然，在整个造型的过程中，操作方法是多种多样的，读者可以根据所学知识，灵活运用。

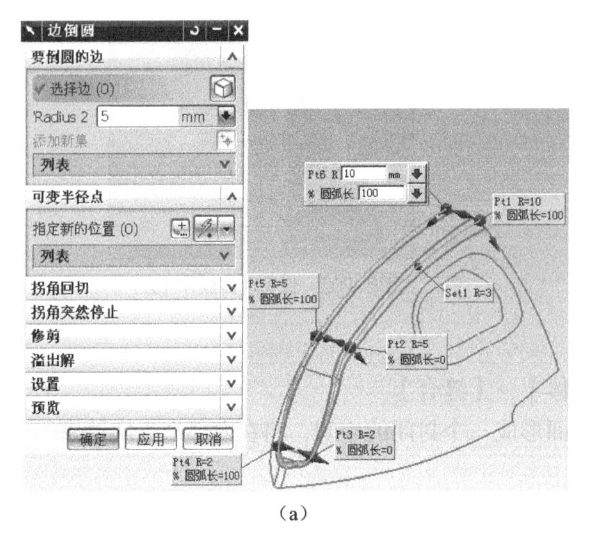

（a）

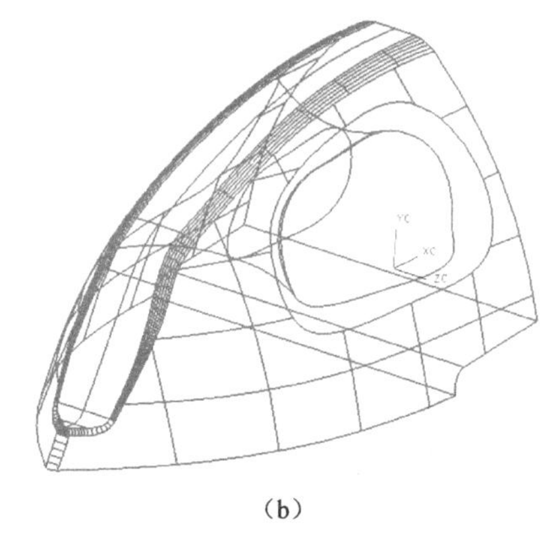

（b）

图6-205 变半径圆角操作

（a）

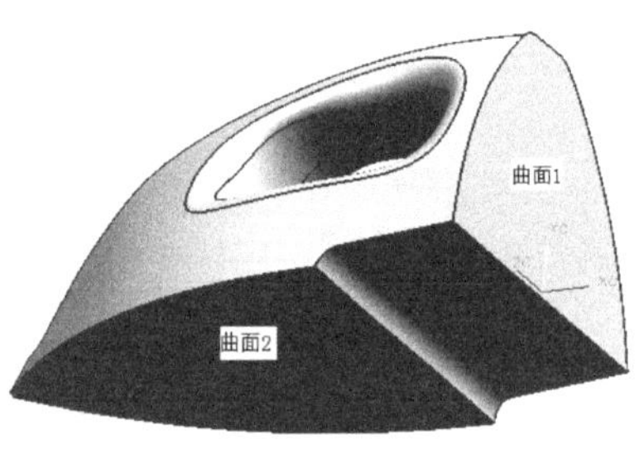

（b）

图6-206 抽壳操作

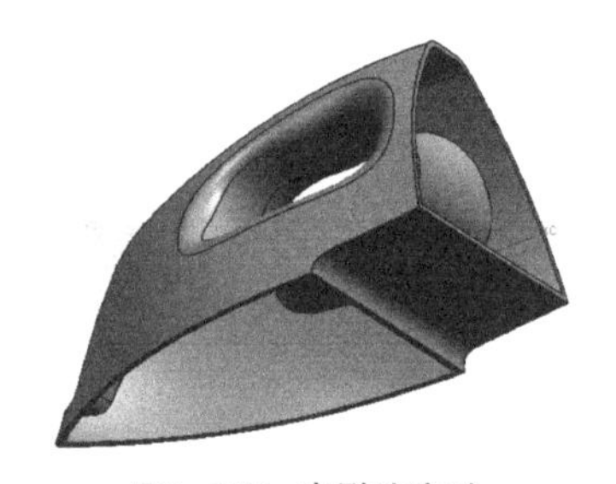

图6-207 电熨斗造型

1. 利用曲面功能创建图 6-208 所示的零件。

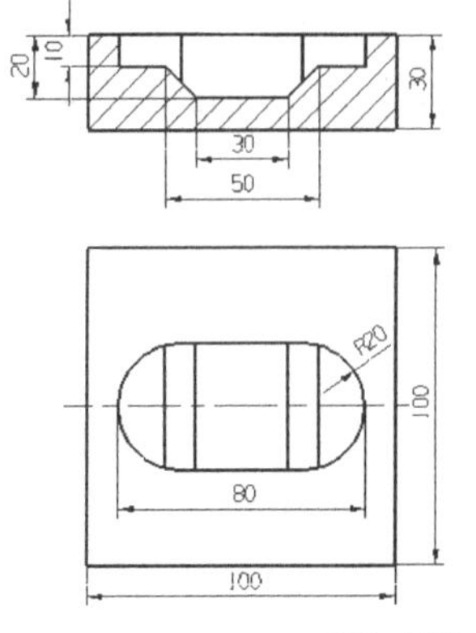

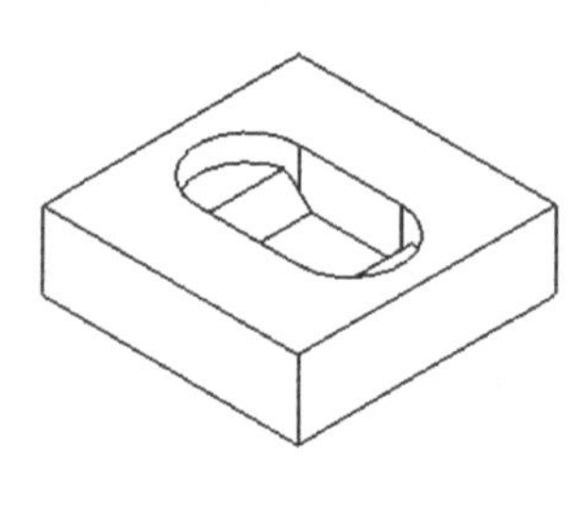

图6-208 曲面练习1

2. 创建图 6-209（a）所示的曲线，并利用曲面、抽壳等方法（壳厚为“2”）完成吹风嘴实体的创建，如图 6-209（b）所示。

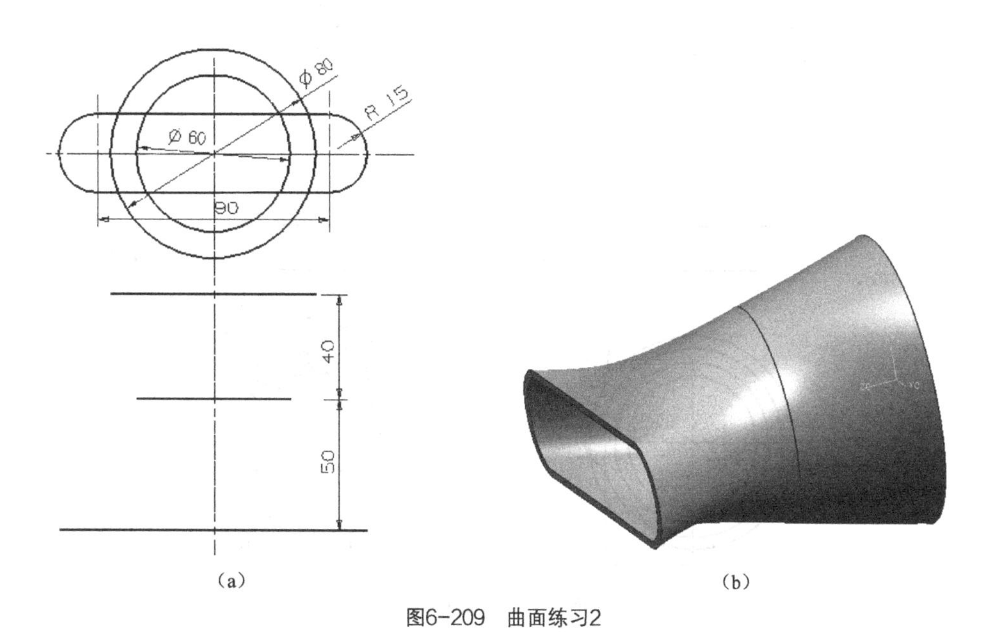

图6-209　曲面练习2

3. 创建图 6-210（a）所示的曲线，并利用曲面、镜像等方法完成橄榄球实体的创建，如图 6-210（b）所示。

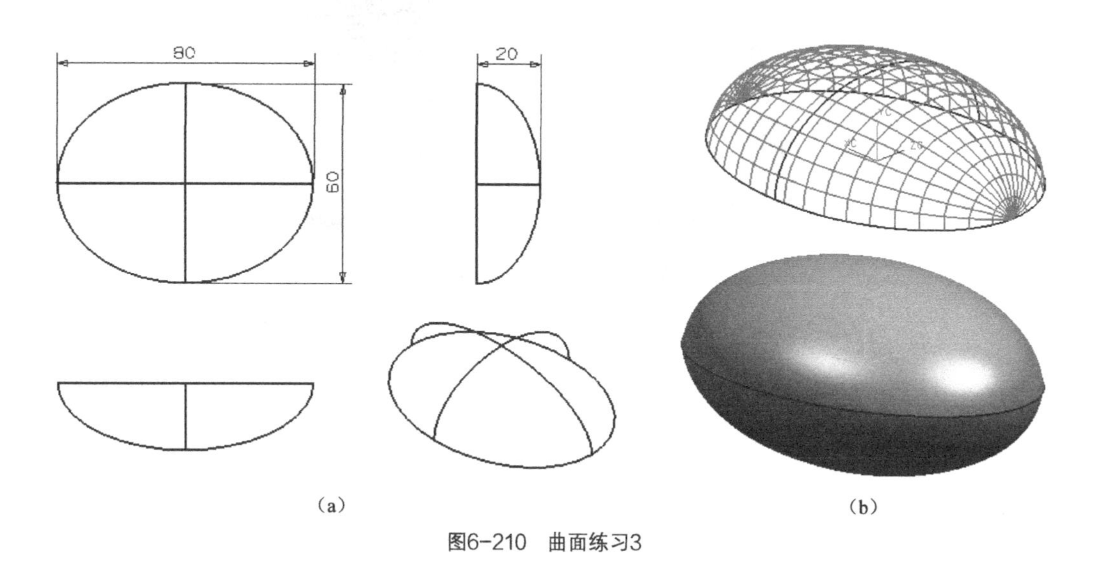

图6-210　曲面练习3

4. 综合练习：创建图 6-211 所示的曲线，并利用曲面、裁剪、抽壳、倒圆等方法完成玻璃杯实体的创建，如图 6-212 所示，倒圆角尺寸由读者自行确定。

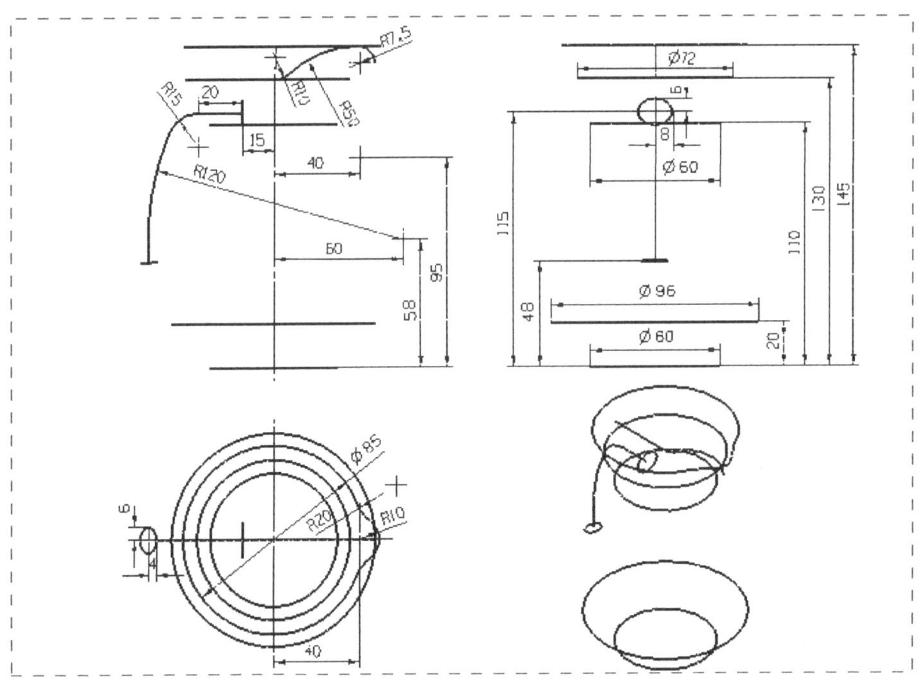

图6-211　曲面练习4

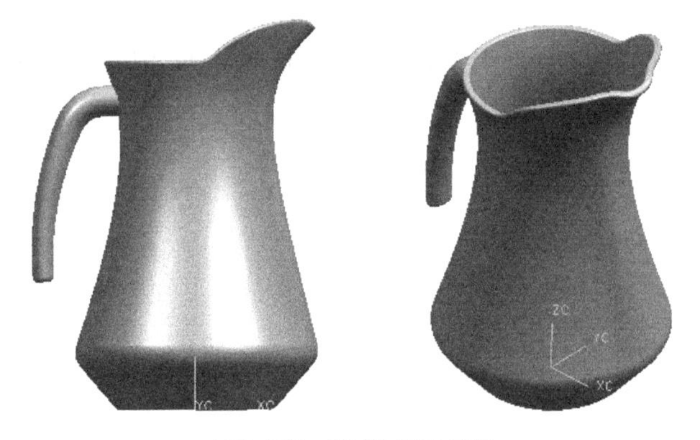

图6-212　玻璃杯综合练习

第7章 零部件装配

7.1 UG NX 6.0 装配概述

UG 装配模块不仅能快速地将零部件组合成产品，而且在装配中，可参考其他部件进行部件关联设计，并可对装配模型进行间隙分析和重量管理等操作。装配模型产生后，可建立爆炸视图，并可将其引入到装配工程图中。同时，在装配工程图中可自动产生装配明细表，并对轴测图进行局部挖切。

7.1.1 装配概念

（1）装配部件（Assembly）。装配部件是由零件和子装配构成的部件。在 UG 中，允许向任何一个 Part 文件中添加部件构成装配，因此任何一个 Part 文件都可作为一个装配部件。在 UG 中，零件和部件不必严格区分。需要注意的是，当存储一个装配时，各部件的实际几何数据并不是存储在装配部件文件中，而是存储在相应的部件中。

（2）子装配件（Subassembly）。子装配件是在高一级装配中被用做组件的装配，子装配件也是拥有自己的组件，如图 7-1 所示。子装配件是一个相对的概念。任何一个装配部件都可以在更高级装配中用做子装配，如图 7-1 所示。

（3）组件对象（Component Object）。组件对象是一个从装配部件链接到部件主模型的指针实体。一个组件对象记录的信息有部件名称、层、颜色、线型、引用集和配对条件等。

（4）组件部件（Component Part）。组件部件是在装配中由组件对象所指的部件文件。组件既可以是单个部件（即零件），也可以是一个子装配，组件由装配部件引用而不是复制到装配部件中。

（5）单个零件（Piece）。单件零件是指在装配外存在的零件几何模型，它可以添加到一个装配中去，但它本身不能含有下级组件。

（6）主模型（Master Model）。主模型是供 UG 各模块共同引用的部件模型。同一主模型可同时被工程图、装配、加工、机构分析和有限元分析等模块引用。装配件本身也可以是一个主模型，被制图、分析等应用模块引用。主模型修改时，相关应用自动更新，如图 7-2 所示。

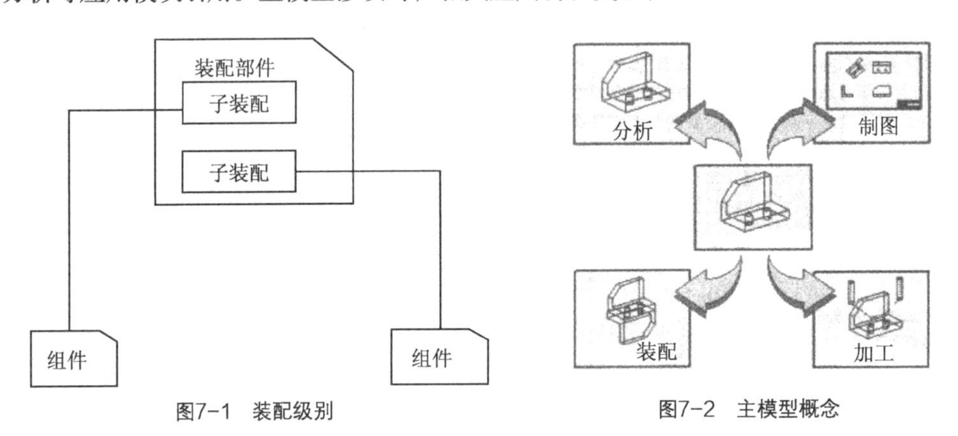

图7-1 装配级别　　图7-2 主模型概念

7.1.2 装配模式

在大多 CAD/CAM 系统中，有两种不同的装配模式，多组件装配（Multi-Part Assemblies）和虚拟装配（Virtual Assemblies）。

（1）多组件装配（Multi-Part Assemblies）。该装配模式是将部件的所有数据复制到装配中，装配中的部件与所引用的部件没有关联性。当部件修改时，不会反映到装配中，因此，这种装配属于非智能装配。同时，由于装配时要引用所有部件，需要用较大的内存空间，因而影响装配工作速度。

（2）虚拟装配（Virtual Assemblies）。该装配模式是利用部件链接关系建立装配，该装配模式有如下优点。

- 由于是链接部件而不是将部件复制到装配中，因此，装配时要求内存空间较小。
- 装配中不需要编辑的下层部件可简化显示，提高显示速度。
- 当构成装配的部件修改时，装配自动更新。

7.1.3 装配方法

（1）自顶向下装配（Top-Down Assemblies）。自顶向下装配，是指在装配级中创建与其他部件相关的部件模型，是在装配部件的顶部向下产生子装配和部件的装配方法。

（2）自底向上装配（Bottom-Up Assemblies）。自底向上装配是先创建部件几何模型，再组合成子装配，最后生成装配部件的装配方法。

（3）混合装配。混合装配是指将自顶向下装配和自底向上装配结合在一起的装配方法。例如，先创建几个主要部件模型，再将其装配在一起，然后在装配中设计其他部件，即为混合装配。在实际设计中，可根据需要在两种模式下切换。

7.1.4　装配中部件的不同状态

（1）显示部件（Displayed Part）。在图形窗口显示的部件、组件和装配都称为显示部件。在 UG 的主界面中，显示部件的文件名称显示在图形窗口的标题栏上。

（2）工作部件（Work Part）。工作部件是可在其中建立和编辑几何对象的部件，工作部件的文件名称显示在窗口的标题栏上。

工作部件可以是显示部件，也可以是包含在显示部件中的任一部件。当打开一个部件文件时，它既是显示部件又是工作部件。显示部件与工作部件可以不同，在这种情况下，工作部件的颜色与其他部件有明显的区别。如图 7-3 所示，工作部件的颜色比其他部件的颜色要深。

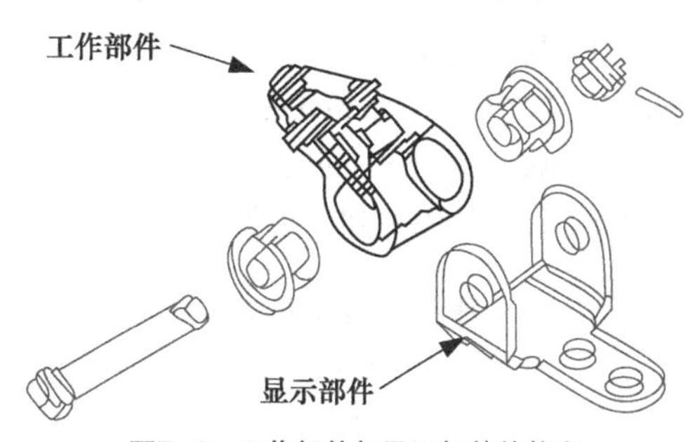

图7-3　工作部件与显示部件的状态

如果当前的工作部件是装配件，如只想保存该装配件，而不想保存该装配件中的任何组件，可以选择菜单【文件（File）】→【仅保存工作部件（Save Work Part Only）】。在大装配中使用此选项可以节省操作时间。

7.1.5　装配模块的启动

单击菜单【开始（Starts）】→【所有应用模块】→【装配（Assemblies）】，启动装配模块后方可使用相关的装配功能，进入装配菜单的方法具体有两种。

（1）通过装配模块工具条（Assemblies Toolbar），如图 7-4 所示。

（2）通过装配组件（Components）。

图7-4　装配模块工具条

7.2　引用集（Reference Sets）

7.2.1　引用集的基本概念

1. 什么是引用集

如果显示整个组件部件或子装配部件，可能得到比需要的信息多得多的信息，如草图、基准面、基准轴及几何体等，如图 7-5 所示。引用集是.Prt 文件中被命名的部分数据，这部分数据就是要装入装配中的数据。例如部件中除了实体图形外，可能还有基准面、基准轴、草图等，而在装配时只需要实体图形和基准面，那么就定义一个引用集只包含实体图形和基准面等，从而可以大大减少装配件中的数据，同时也提高了图形显示的清晰度。

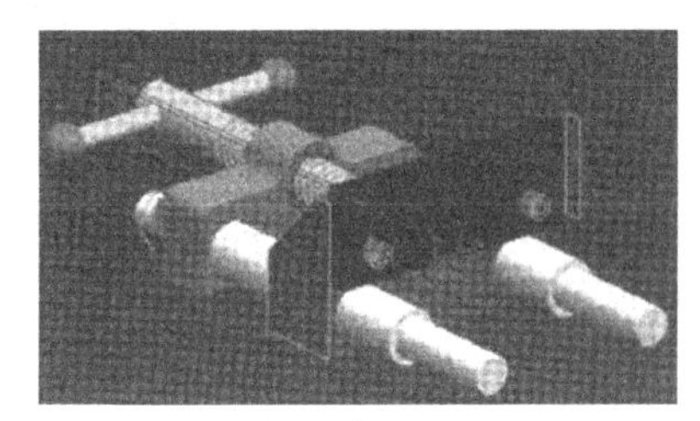
图7-5 无引用集装配部件的显示

引用集如果建立了，就可以单独地被装入装配件中。它可以含有下列数据。

（1）名字（Name）、原点（Origin）、方位（Orientation）。

（2）几何图形（Geometry）、坐标系（Csys）、参考面（Datum plane）、参考轴（Datum Axis）和图样体素（Patten objects）。

（3）属性（Attributes）。

（4）任何被添加到引用集中的组件信息。

技巧

建立引用集属于当前的工作部件。一个.Prt文件中的引用集没有数目限制，引用集附属于.Prt文件，不同的.Prt文件中的引用集可以同名，因此可以根据实际情况给一个部件建立若干个引用集。

2. 默认的引用集

在系统的默认状态下，每个装配件都有两个引用集。

（1）全集（Entire part）。全集表示整个部件，即引用部件的全部几何数据。在添加部件到装配中时，如果不选择其他引用集，默认使用全集。

（2）空集（Empty）。空集是不含任何几何数据的引用集，当部件发空集形式添加到装配时，在装配中看不到该部件。如果部件几何对象不需要在装配模型中显示，可以使用空集，以提高显示速度。如果工作部件中包括实体和片体，则系统自动生成模型引用集Model。在装配中，根据需要可以更改部件的引用集。

7.2.2 建立引用集

所建立的引用集属于当前的工作部件，单击下拉菜单【格式（Format）】→【引用集（Reference Sets）】，系统弹出“引用集”对话框，如图7-6所示。单击添加新的引用集按钮□图标，进入“添加新的引用集”对话框，如图7-7所示，在这里输入引用集的名字，引用集的名字是一个小于或等于30个字母的数字组成的字符串，中间不可以有空格。

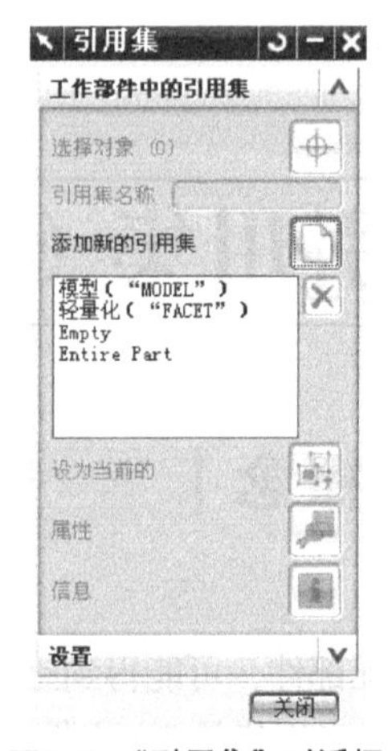

图7-6 “引用集”对话框

图7-7 “添加新的引用集”对话框

1. 建立引用集的步骤

（1）首先必须将要建立引用集的组件变成工作组件。

（2）单击下拉菜单【格式】→【引用集】，系统将弹出“引用集”对话框。单击【添加新的引用集】图标□，弹出“添加新的引用集”对话框。

（3）在“添加新的引用集”对话框中输入引用集名称。

（4）这时“选择对象”激活，提示选择引用集的内容，并单击【关闭】按钮。

说明

如果在“添加新的引用集”对话框中，重新为引用集建立坐标系，如果不建立新坐标系，则系统默认使用当前的工作坐标系。

建立引用集不会影响到部件的显示。当把部件装配到装配件中并且使用了这个引用集时，部件在装配件中的显示才会改变。

2. 引用集的编辑

引用集建立完后，其中的内容可以增加或减少，引用集本身也可以被删除，删除引用集不会删除任何几何图形。对引用集所做的任何编辑修改工作都可以在“创建引用集”对话框中完成。

3. 引用集的信息查询

引用集的信息查询。

在“添加新的引用集”对话框中选择图标i，进行查询。

7.3 自底向上装配（Bottom-Up Assemblies）

自底向上装配（Bottom-Up Assemblies）的设计方法是常用的装配方法，即先设计装配中的部件，再将部件添加到装配中，由底向上逐级地进行装配。若要进行装配，首先必须启动装配模块，然后单击下拉菜单【装配（Assemblies）】→【组件（Components）】，系统将弹出图7-8所示的组件装配下拉菜单。

采用自底向上装配方法，选择已存在组件方法有两种：绝对坐标定位方法和配对定位方法。一般地说，第一个部件采用绝对坐标定位方法添加，其余的部件采用配对定位方法添加。配对定位方法的优点是，部件修改后，装配关系不会改变。

添加组件(A)...
新建组件...
新建父对象(W)...
创建阵列(Y)...
替换组件(E)...
移动组件(E)...
装配约束(N)...
显示和隐藏约束(H)...
转换配对条件(S)...
记住装配约束(B)...
镜像装配(I)...
变形部件(O)...
布置(C)...
检查间隙(K)

图7-8 组件装配的下拉菜单

7.3.1 按绝对坐标定位方法添加组件

新建一个装配件或打开一个存在的装配件，按下述步骤添加存在部件到装配中。这一步就相当于手工画图时拿一张新图纸一样，很多初学者都容易忽略这一步，在零件图中画装配图。

1. 选择要进行装配的部件

单击下拉菜单【装配（Assemblies）】→【组件（Components）】→【添加组件（Add Existing）】，或单击添加组件图标弹出“添加组件”对话框，如图7-9所示。如果要装配的部件还没有打开，可以单击打开按钮，从其他的目录中选择；已经打开的部件名字会出现在已加载部件列表框中，可以从列表框中直接选择。

2. 指定部件的添加信息

选择好部件，单击【确定（OK）】按钮，系统将弹出图7-10所示的“装配约束”对话框，

图7-9 选择部件对话框

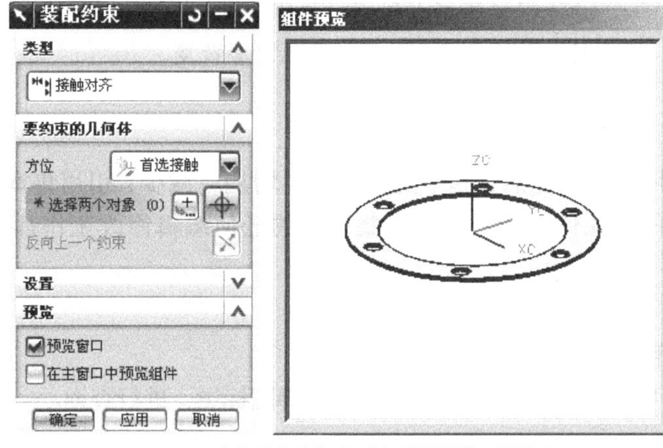

图7-10 “装配约束”和“组件预览”对话框

同时还会弹出“组件预览”对话框。如果在图7-9中选择重复（Multiple Add）选项，可以添加多个该部件。下面分别以其他选择做介绍。

（1）设置（Reference Set）

- 默认引用集为模型（Entire Part）。
- 整个部件。
- 空（Empty）。

（2）放置（Positioning）

- 绝对原点（Absolute）：按绝对坐标定位方法确定部件在装配中的位置。
- 选择原点（Absolute）：按选择坐标定位方法确定部件在装配中的位置。
- 通过约束（Mate）：按配对条件确定部件在中的位置。
- 移动（Reposition）：选择此项，则可以重新定位部件在装配中的位置。

（3）图层选项（Layer Options）

- 工作（Work）：将组件放置在装配件的当前工作层上。
- 原先的（Original）：选择此项，仍保持组件原来的层设置。
- 按指定的（AS Specified）：将组件放在指定的层上。

按绝对坐标定位方法添加组件时，只需将定位方法（Positioning）设置为绝对的（Absolute），其余选项可按默认设置。

（4）要约束的几何体

指定组件的添加信息后，单击【确定（OK）】按钮，在图7-10所示的“装配约束”对话框中单击“点构造器”，用点构造器指定的点就是组件在装配中的参考点，即参考位置。

如果在图7-10所示界面中引用的集设置为整个部件，那么以组件部件的绝对坐标系为参考，否则以其他引用集的工作坐标系为参考。

7.3.2　按配对条件添加组件

配对条件是指一对组件的面、边缘、点等几何对象之间的配对关系，用以确定组件在装配中的相对位置；配对条件由一个或多配对约束组成。

配对约束限制组件在装配中的自由度。定义组件间的配对约束时，有图形窗口可以看到图 7-11 所示的自由度（Degrees of　Freedom）符号。自由度符号表示组件在装配中没有限制的自由度，有线性自由度和旋转自由度两种。对组件的最终约束结果如下。

（1）完全约束：组件的全部自由度都被约束，在图形窗口中看不到约束符号。

（2）欠约束：组件还有自由度没有被约束，称为欠约束，在装配中允许欠约束存在。

线性自由度　　旋转自由度

图7-11　自由度符号

在图 7-10 所示的“装配约束”对话框中，将方位方法（Positioning）设置为通过约束（Mate），则组件添加到装配中后弹出图 7-12 所示的“装配约束”接触对齐对话框，该对话框由类型、要约束的几何体、复制等选项组成，下面分别对其进行介绍。

图7-12　“装配约束”接触对齐对话框

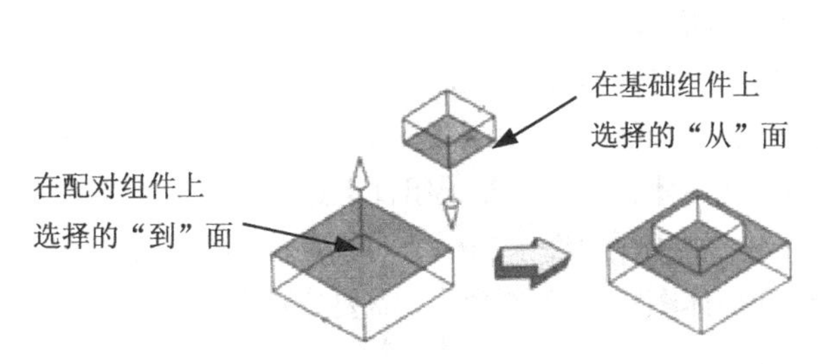

图7-13　接触

1. 类型（Type）

（1）接触（Mate）约束。接触对齐首选接触配对约束类型定位两个同类对象相一致，对于平面对象，它们共面且法线方向相反，如图 7-13 所示。对于圆锥面，用贴合约束时，系统首先检查其角度是否相等，如果相等，则对齐其轴线，如果是圆柱面，要求相配组件直径相等才能对齐轴线。对于边缘和线，贴合类似于对齐（Align），配对的组件（Mated Component）是指需要添加约束进行定位的组件，基础组件（Base Component）是指已经添加完的组件。

（2）对齐（Align）约束。该配对约束类型定位对齐相配对象，当对齐平面时，使两个面共面且法线方向相同；当对齐圆锥、圆柱和圆环面等对称实体时，使其轴线相一致；当对齐边缘和线时，使两者共线，如图 7-14 所示。

但对齐（Align）与接触（Mate）不同，当对齐圆锥、圆柱和圆环面时，不要求相配对象直径相同。

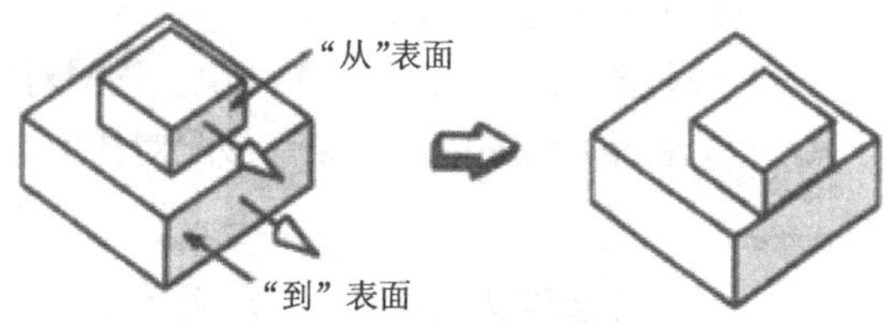

图7-14　对齐约束

（3）角度（Angle）约束。该配对约束类型是在两个对象间定义角度，用于约束相配组件正确的方位上。角度约束可以在两个具有方向矢量的对象间产生，角度是两个方向矢量的夹角，

逆时针方向为正。

角度约束有两种类型：平面角度（Planar）和三维角度（3D），平面角度约束需要一条转轴（Rotation axis），两个对象的方向矢量与其垂直，如图 7-15 所示。

（4）中心（Center）约束。该配对约束类型约束两个对象的中心，使其中心对齐，当选择中心约束时，单击要约束的几何体子类型下拉图标，有相应的选项含义如下。

1 对（to）1：将相配组件中的一个对象定位到基础组件中一个对象的中心上，其中一个对象必须是圆柱体或轴对称实体，如图 7-16 所示。

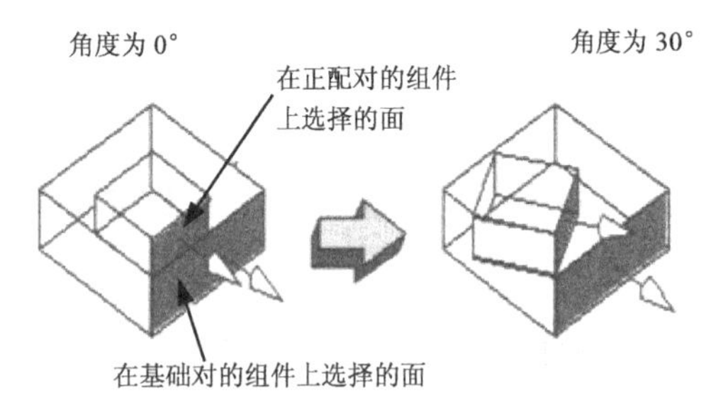

图7-15 角度约束

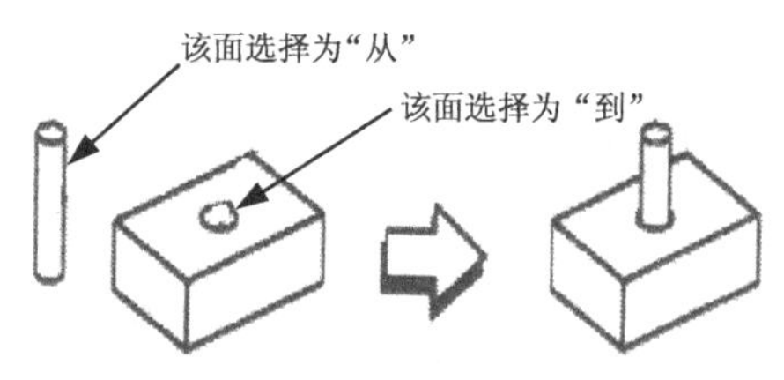

图7-16 1对1中心约束

1 对（to）2：将相配组件中的一个对象定位到基础组件中两个对象的中心上，当选择该项时，选择轴向几何体，允许在基础组件上选择第二个对象，如图 7-17（a）所示。

2 对（to）1：将相配组件中的两个对象定位到基础组件中一个对象上，并与其对称。当选择该项时，选择轴向几何体，允许在相配组件上选择第二个配对对象，如图 7-17（b）所示。

2 对（to）2：将相配组件中的两个对象定位到基础组件中，两个对象成对称布置。当选择该项时，选择轴向几何体图标全部被激活，需要分别选择对象，如图 7-17（c）所示。

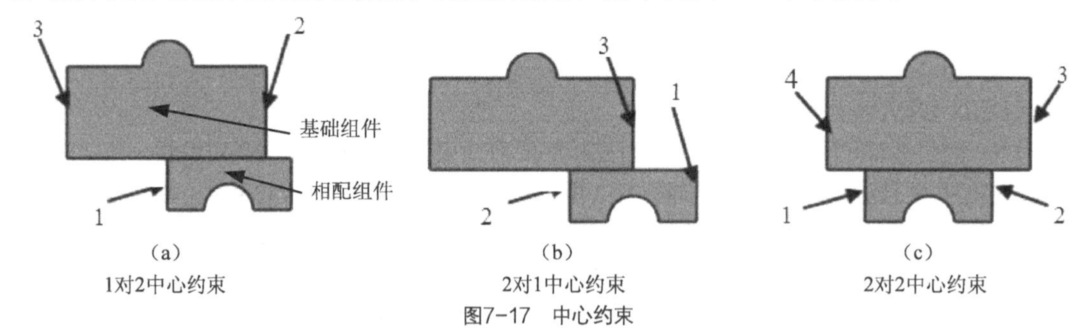

（a）1对2中心约束 （b）2对1中心约束 （c）2对2中心约束

图7-17 中心约束

（5）距离（Distance Constrain）约束。该配对约束类型用于指定两个相距对象间的最小距离，此距离可以是正值也可以是负值，正负号确定相配组件的哪一侧，如图 7-18 所示。距离由图所示的选项和距离表达式（Distance Expression）的数值确定。

（6）垂直（Perpendicular）约束。该配对约束类型约束两个对象的方向矢量彼此垂直。

（7）平行（Parallel）约束。该配对约束类型约束两个对象的方向矢量彼此平行。

约束信息可以单击下拉菜单【装配】→【报告】→【列出组件】进行查询。

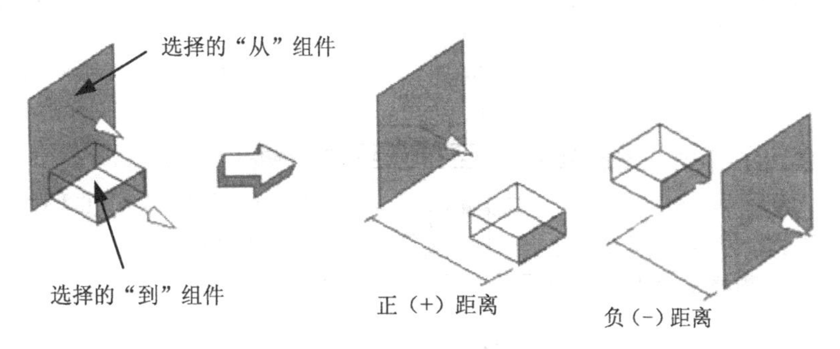

图7-18 距离约束

2. 要约束的几何体

选择步骤是从相配组件上选择几何对象与基础组件上的几何对象相配。

（1）选择相配组件上的第一个几何对象。

（2）选择基础组件上的第一个几何对象。

（3）选择相配组件上的第二个几何对象。

（4）选择基础组件上的第二个几何对象。

3. 复制

在装配过程中多重添加。

（1）无。只添加一个装配件。

（2）添加后重复。装配件添加后重复添加

（3）添加后生成阵列。

- 从实例特征添加。
- 线性添加。
- 圆形添加。

7.4 自顶向下装配（Top-Down Assembly）

自顶向下装配的方法是指在上下文设计（working in context）中进行装配。上下文设计是指在一个部件各定义几何对象时引用其他部件的几何对象，如在一个组件中定义孔时需引用其他组件的几何对象进行定位。当工作部件是未设计完的组件而显示部件是装配件时，上下文设计非常有用。自顶向下装配有两种方法。

1. 第一种方法

（1）先建立装配结构，如图 7-19 所示，此时没有任何对象。

（2）使其中一个组件成为工作部件。

（3）在该组件中建立几何对象。

（4）依次使其余组件成为工作部件并建立几何对象，注意可以引用显示部件中的几何对象。

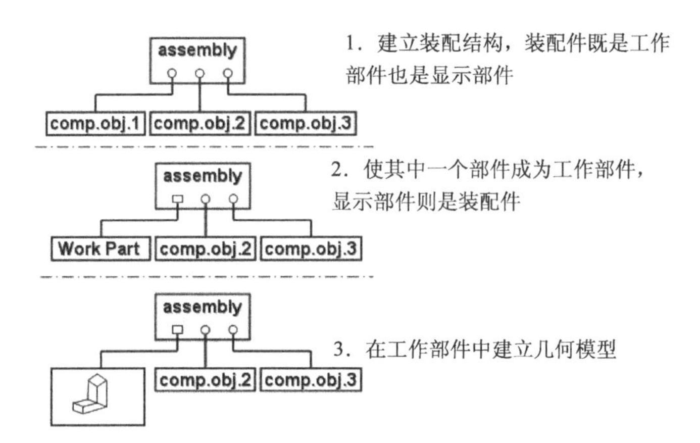

图7-19 自顶向下装配设计第1种方法

2. 第二种方法

（1）在装配操作中建立几何对象，如图 7-20 所示。

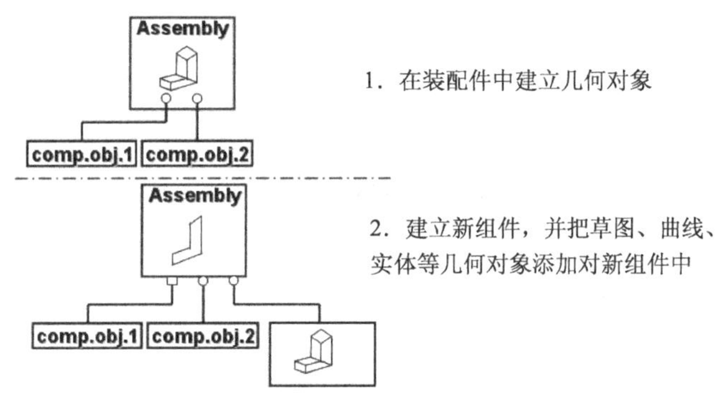

图7-20 自顶向下装配设计第2种方法

（2）建立新组件，并把图形加到新组件中。

在装配的上下文设计中，当工作部件是装配中的一个组件而显示部件是装配件时，定义工作部件中的几何对象可以引用显示部件中的几何对象，即引用装配件中其他组件的几何对象。建立和编辑的几何对象发生在工作部件中，但是显示部件中的几何对象是可以选择的。

组件中的几何对象只是被装配体引用而不是复制，修改组件的几何模型后装配件会自动改变，这就是主模型概念。

当用点的子功能进行定位或者用【信息（Information）】→【对象（Object）】及【分析（Analysis）】→【测量距离（Distance）】等查询信息时，这一点很有用。例如当使用对角点定义长方体时，引用其他对象的中点，就不需要计算边长，如图 7-21 所示。

此例中长方体的尺寸和位置与引用点之间不具有关联性。

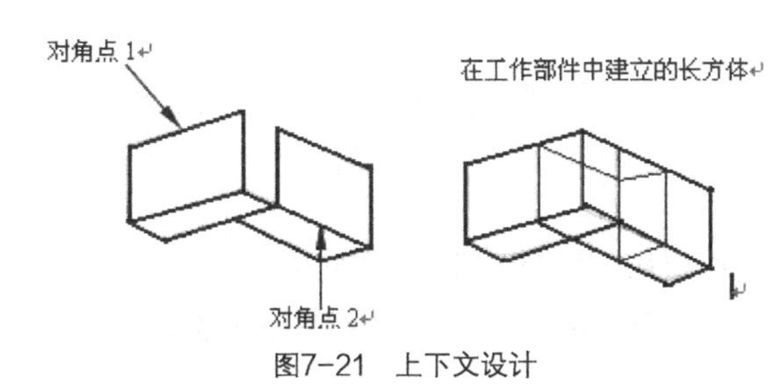

图7-21 上下文设计

3. 自顶向下装配设计的第一种方法

此种方法首先建立装配结构即装配关系，但不建立任何几何模型，然后使其中的组件成为工作部件，并在其中建立几何模型，即在上下文设计中进行设计，边设计边装配。例如要完成只包含两个简单部件的装配设计，具体步骤如下。

（1）建立一个新装配件，如 xiehui.prt。

（2）单击下拉菜单【装配（Assemblies）】→【组件（Components）】→【新建组件（Create New Components）】，或单击图标。

（3）这时类型对话框出现，类型选装配，因为不添加任何图形，直接单击【确定（OK）】按钮。

（4）在“新建组件”对话框中输入新组件名字，如 plate。

图7-22 “新建组件”对话框

（5）这时“新建组件”对话框出现了，如图 7-22 所示。其中【删除原对象（Delete Originals）】选项是采用第 2 种方法建立新组件时才可选的，如果选择此项，图形被加到组件中，则装配件中的原来数据将被删除。

（6）单击【确定】按钮，新建组件就被装到装配件中了。

（7）用同样的方法新建名为 pin 的新组件。

（8）选择装配导航器图标，检查装配关系，如图 7-23 所示。

图7-23 装配导航器

（9）下面要在新组件中建立几何模型，首先使 plate 成为工作部件，建立图 7-24 所示的图形。

（10）然后使 pin 成为工作部件，建立图 7-25 所示的图形。

（11）使装配件 xiehui.Prt 成为工作部件。

（12）单击下拉菜单【装配（Assemblies）】→【组件（Components）】→【装配约束（Mate Components）】，或单击图标，给组件 plate 和 pin 建立配对约束。此时，组件 pin 为相配组件，组件 plate 为基础组件。

（13）单击下拉菜单【装配（Assemblies）】→【组件（Components）】→【创建阵列（Create Array Components）】，或单击图标，弹出“创建组件阵列”对话框，选择“阵列定义”为”从实例特征（From Feature ISET）”，则基于基础组件 plate 的引用特征对模板组件 pin 进行阵列，用组件阵列的方法增加组件 pin 在装配件中的个数，如图 7-25 所示。

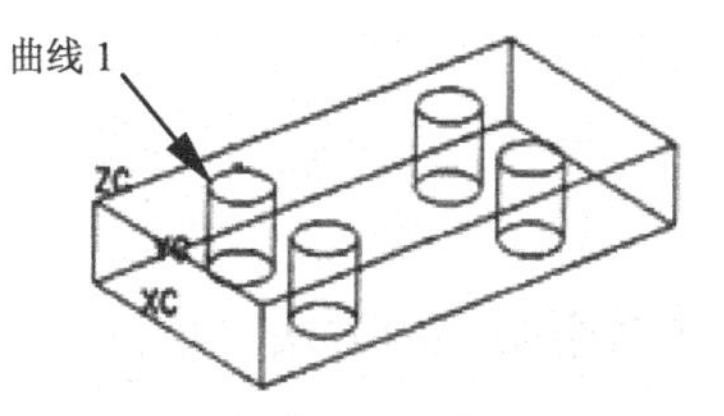

图7-24 组件plate

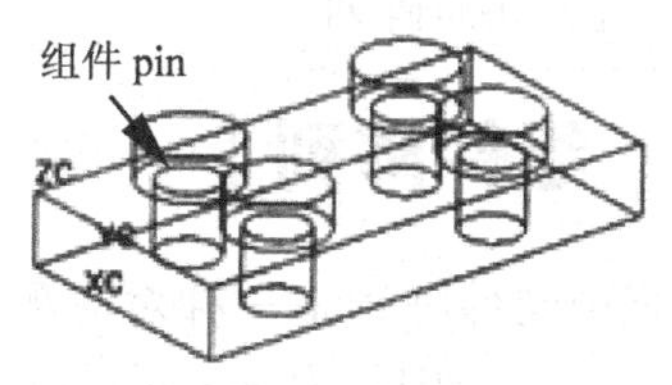

图7-25 装配件

组件 plate 中的 4 个孔必须是引用特征阵列方法创建的，否则不能使用基于特征的阵列方法。

- 将组件 plate 变成工作部件，并将组件阵列孔改为 3×3=9。
- 使装配件 xiehui.prt 成为工作部件，将会发现组件 pin 数变成 9 个。

本例中的组件 pin，可以采用建立关联几何对象方法，抽取组件 plate 中的曲线 1，如图 7-24 所示，然后用拉伸的方法建立，这样可保持两个组件尺寸的关联性。后面将会讲到，读者不防自己先试试。

4. 自顶向下装配设计的第 2 种方法

此种方法首先在装配件中建立几何模型，然后建立组件即建立装配关系，并将几何模型添加到组件中，具体步骤如下。

（1）打开一个含几何模型的装配件或首先在装配件中建立几何模型。

（2）单击下拉菜单【装配（Assemblies）】→【组件（Components）】→【新建组件（Create New Components）】，或单击图标。

（3）这时“新组件文件”对话框出现，选择模型，输入新组件名字和路径，单击【确定（OK）】按钮。

（4）这时“新建组件”对话框出现，选择【删除原对象（Delete Originals）】选项，几何模型添加到组件后删除装配件中的几何模型。

（5）单击【确定（OK）】按钮，新建组件就被装到装配件中了，并且添加了几何模型。

（6）重复上述方法，直至完成自顶向下装配设计为止。

（7）选择装配导航器图标，检查装配关系。

7.5 复合装配方法

7.5.1 编辑装配结构

组件添加到装配件以后，可对其进行删除、抑制、阵列、替换和重新定位等操作。删除组件是把组件从装配件中删除，但不会删除相关组件；抑制组件与移去组件不同，组件的数据仍然在装配件中，只是暂时断开指针，不可对抑制组件执行一些相关装配的操作，可以用解除抑制命令来解除抑制。本节重点讲解阵列。

7.5.2 组件阵列

在装配中组件阵列是一种对应配对条件快速生成多个组件的方法。单击下拉菜单【装配（Assemblies）】→【组件（Components）】→【创建阵列（Create Array Components）】，或单击图标，弹出“类选择”对话框，选择对象，单击【确定（OK）】按钮，弹出“创建组件阵列”对话框，如图 7-26 所示。从对话框中可以看出组件阵列有 3 种方法：从实例特征阵列（From Feature ISET）、线形阵列（Linear）和圆形阵列（Circular），下面分别介绍。

1. 基于特征的阵列集（From Feature ISET）

基于特征阵列集的组件根据模板组件的配对约束生成各组件的配对约束。因此要实现基于特征的阵列必须满足以下两个条件：

（1）模板组件必须具有配对约束。

（2）基础组件上的与模板组件配对特征必须按阵列方法产生特征阵列集。

基于特征的阵集组件阵列是关联的，如果放置阵列的基础组件发生变化，则配对到其上的组件也会改变。例如在基础组件上增加、删除特征个数或者改变位置，则阵列组件的个数或位置也会随着发生改变。

2. 线形阵列（Linear）

线形阵列包括一维和二维阵列，二维阵列也称为矩形阵列。在图 7-26 所示的对话框中选择线形，则系统弹出图 7-27 所示的对话框，对话框上部用来确定线形阵列 X、Y 的方向，下部用来确定线形阵列的参数，下面分别对各项进行介绍。

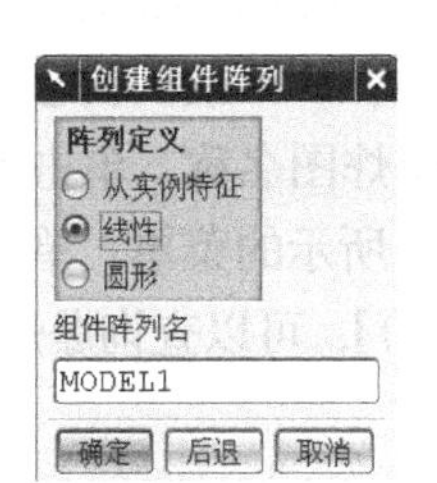

图7-26 “创建组件阵列”对话框

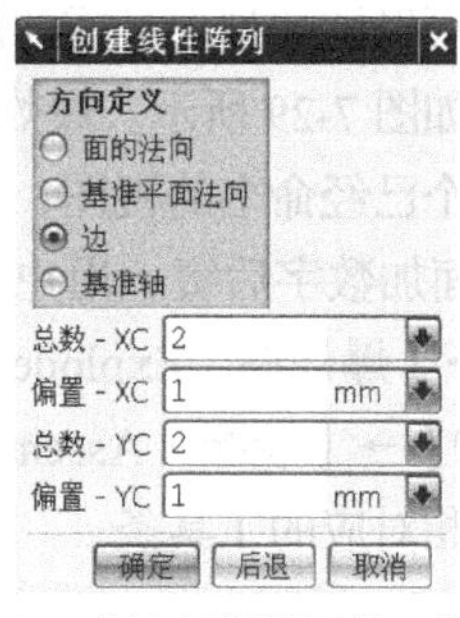

图7-27 “创建线性阵列”对话框

（1）面的法向（Face Normal）：选择此项，则基于选择表面的法线方向确定阵列的 X、Y 方向。

（2）基准平面法向（Datum Plane Normal）：选择此项，则基于选择基准平面的法向方向确定阵列的 X、Y 方向。

（3）边（Edge）：选择此项，则基于选择实体的边缘确定阵列的 X、Y 方向。

（4）基准轴（Datum Axis）：选择此项，则基于选择基准轴确定阵列的 X、Y 方向。

（5）总数-XC（Total Number-XC）：选择此项指定组件阵列在 X 方向的阵列数目。

（6）偏置-XC（Offset-XC）：选择此项指定组件阵列在 X 方向的阵列距离。

（7）总数-YC（Total Number-YC）：选择此项指定组件阵列在 Y 方向的阵列数目。

（8）偏置-YC（Offset-YC）：选择此项指定组件阵列在 Y 方向的阵列距离。

3. 环形阵列（Circular）

环形阵列的定义方法与线形阵列基本相同，在图 7-28（a）所示界面中选择【圆形】（Circular）单选按钮，弹出图 7-28（b）所示的对话框，在对话框上部用来确定环形阵列的中心轴，下部用来确定环形阵列的参数，下面分别对各项进行介绍。

（1）圆柱面（Cylindrical Face）：选择此项，则指定所选圆柱的轴线为环形阵列的中心轴。

（2）边（Edge）：选择此项，则基于选择实体的边缘为环形阵列的中心轴。

（3）基准轴（Datum Axis）：选择此项，则基于选择基准轴为环形阵列的中心轴。

（4）总数（Total Number）：此项指定环形阵列的组件数目。

（5）角度（Angle）：此项指定环形阵列组件的夹角。

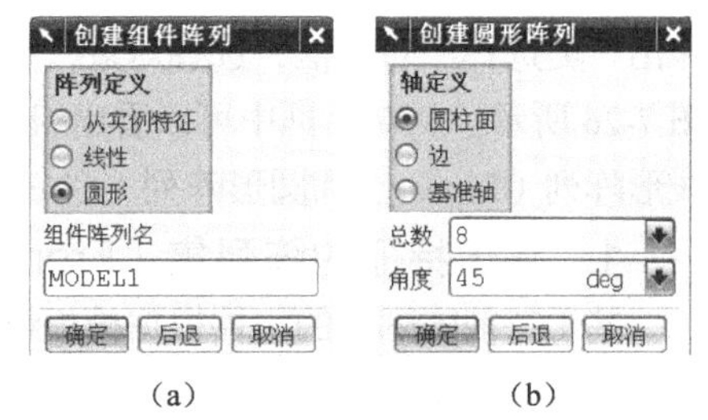

图7-28 环形阵列对话框

7.6 装配爆炸图

7.6.1 概述

一旦建立了装配图，便可以为其中的组件定义爆炸图（Exploded Views），爆炸图像其他的用户定义视图一样，可以被加到任意需要的视图布置中。在该视图中，各个组件或子装配已经从它们的装配位置移走，如图7-29所示。爆炸图与显示部件相关联，并且可以和显示部件一起保存。

爆炸图是一个已经命名的视图，一个模型中可以有多个爆炸图。UG默认状态使用的爆炸图名为Explode，后面加数字后缀。用户也可以根据需要指定自己的爆炸图名称。单击下拉菜单【装配（Assemblies）】→【爆炸图（Exploded Views）】，系统弹出图7-30所示的菜单。单击下拉菜单【信息（Information）】→【装配（Assemblies）】→【爆炸（Explosion）】，可以查询爆炸信息。图7-31所示为与爆炸图相对应的工具条。

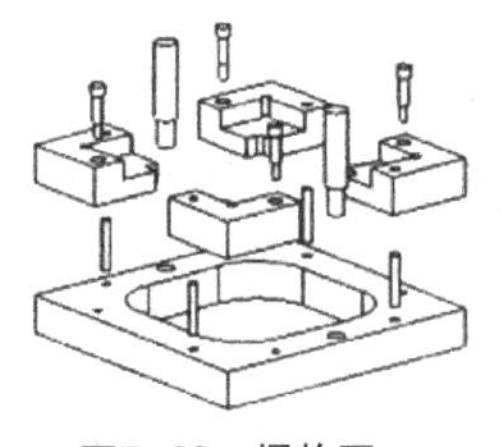
图7-29 爆炸图

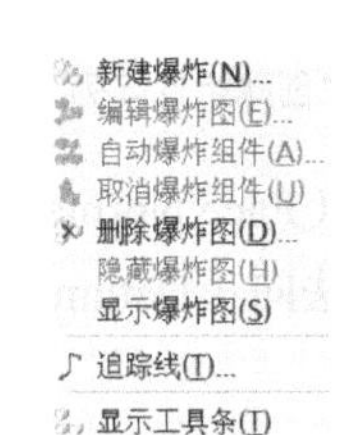

图7-30 爆炸图下拉菜单

图7-31 爆炸图工具条

1. 爆炸图的特点

（1）可对爆炸图中的组件进行所有的UG操作，如编辑特征参考。

（2）任何对爆炸图中组件的操作均会影响到非爆炸图中的组件。

（3）爆炸图可随时在任意视图中显示或不显示。

2. 爆炸图的限制

（1）不能爆炸装配部件中的实体，只能爆炸装配部件中的组件。

（2）爆炸图不能从当前模型中输入或输出。

7.6.2 爆炸图的建立和编辑

1. 建立爆炸图

单击下拉菜单【装配 （Assemblies）】→【爆炸图（Exploded Views）】→【新建爆炸图（Create Explosion）】，或单击建立爆炸图标，弹出图7-32所示的“创建爆炸图”对话框，在对话框中输入爆炸图名称，此时图7-31所示的当前工作视图名显示此爆炸图名。爆炸图与非爆炸图之间的切换方法如下。

图7-32 建立爆炸视图对话框

（1）单击下拉菜单【装配 （Assemblies）】→【爆炸图（Exploded Views）】→【隐藏爆炸图（Hide Explosion）】，隐藏爆炸图，显示非爆炸图。如果选择【显示爆炸图（Show Explosion）】选项，则返回爆炸图。

（2）在图7-31所示的当前工作视图名中选择【无爆炸（NO Explosion）】命令，则显示非爆炸图；选择爆炸图名，则显示相应的爆炸图。

建立爆炸图后，各个组件并没有从它们的装配位置移走，将组件从它们的装配位置移走的方法有编辑爆炸图（Edit Explosion）和自动爆炸图（Auto-explode Explosion）两种方法。

2. 编辑爆炸图（Edit Explosion）

编辑爆炸图可以单击下拉菜单【装配 （Assemblies）】→【爆炸图（Exploded Views）】→【编辑爆炸图（Edit Explosion）】，或单击建立爆炸图标，弹出图7-33（a）所示的“编辑爆炸图”对话框，可以从装配导航器（ANT）或图形区域选择要爆炸的组件。选择爆炸组件的方法有3种：

（1）用鼠标左键（MB1）选择一个组件进行爆炸。

（2）用【Shift+MB1】组合键选择多个连续组件进行爆炸。

（3）用【Ctrl+MB1】组合键选择多个不连续组件进行爆炸。

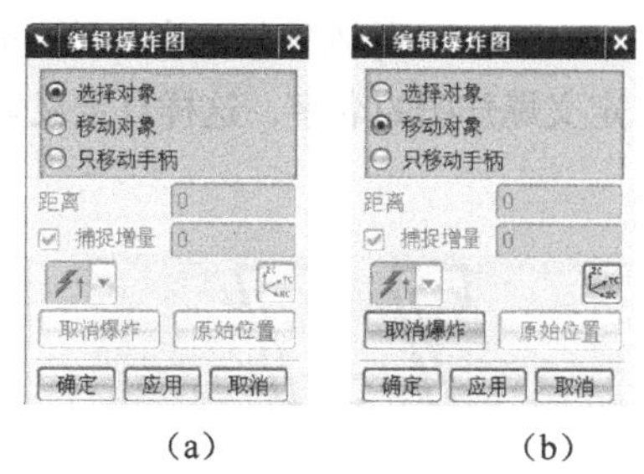

（a） （b）

图7-33 “编辑爆炸图”对话框

选择完爆炸图组件以后，选择【移动对象（Move Object）】选项，弹出图7-33（b）所示的“编辑爆炸图”对话框，用动态手柄直接拖动组件到合适的位置。完成编辑爆炸参数设置后，单击【应用（Apply）】或【确定（OK）】按钮。如果对产生的爆炸效果不满意，可以选择【非爆炸 Unexplode）】选项使组件复位。

3. 自动爆炸组件

自动爆炸组件就是按组件的配对约束输入偏置距离来建立爆炸图。单击下拉菜单【装配（Assemblies）】→【爆炸图（Exploded Views）】→【自动爆炸组件（Auto-explode Explosion）】，或单击建立爆炸图标，系统显示“类选择”对话框，可以从装配导航器（ANT）或图形区域选择要爆炸的组件。选择爆炸组件后，单击【确定（OK）】按钮，弹出图7-34所示的对话框。

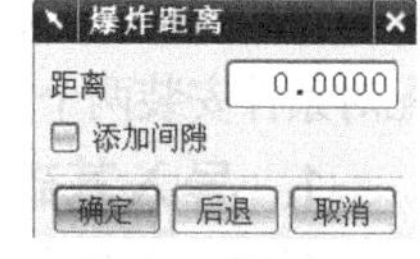

图7-34 自动爆炸组件

- 距离（Distance）：用于指定自动爆炸的距离值。
- 添加间隙（Add Clearance）：如果关闭此项，则指定的距离为绝对距离，即组件从当前位置移到指定的距离；如果打开此项，指定的距离为组件相对于配对组件移动的相对距离。

可以选择具有配对关系的多个组件一起进行自动爆炸；自动爆炸只能爆炸具有配对条件的组件，组件的配对条件决定了自动爆炸的结果，因此爆炸之前建议采用【信息（Information）】→【装配（Assemblies）】→【配对条件（Mating Conditions）】查询配对信息。

7.6.3 爆炸图与装配图纸

爆炸图的用途之一是将其引入到装配图纸中，使装配图结构更清晰，方便装配图纸的阅读。

1. 引入爆炸图

（1）建立爆炸图，并注意爆炸图是在轴测图（TFR-TRI）还是在等轴测（TFR-ISO）上建立的。

（2）单击菜单【开始（Starts）】→【所有应用模块】→【制图（Drafting）】，进入工程图应用。

（3）单击下拉菜单【首选项】→【可视化】，将隐藏线型设为不可见，这样引入的爆炸图会自动消除隐藏线。

（4）单击下拉菜单【插入（Insert）】→【视图（View）】，弹出“添加视图”对话框。

（5）在对话框中选择爆炸图的名称（TFR-TRI 或 TFR-ISO），将鼠标移到图形窗口，选择一点，单击鼠标左键，则爆炸图以该点为参考点引入到工程图中。

2. 引入用户自定义的爆炸图

由于 TFR-TRI 或 TFR-ISO 视图观察模型的方向是固定的，因此插入到工程图中的爆炸图方向也是固定的。如果要改变视角观察爆炸图，需要用户自定义爆炸图，自定义爆炸图的方法如下。

（1）建立爆炸图，旋转到满意的方位，以获得合适的观察角度。

（2）单击下拉菜单【视图（View）】→【操作（Operation）】→【另存为（Save AS）】，系统弹出“保存工作视图”对话框。在对话框中输入自定义爆炸图的名字，单击【确定（OK）】按钮。

（3）回到制图中，单击下拉菜单【插入（Insert）】→【视图（View）】，在弹出的列表中选择自定义爆炸图的名字，这样自定义爆炸图就被引入到工程图中。

7.7 装配综合实例（减速器装配）

7.7.1 高速轴装配

本节对高速轴组件进行装配，高速轴组件包括 3 个零件，齿轮轴为基础零件，两个完全相同的轴承为相配合零件。在装配过程中，首先在空的装配体中导入齿轮轴作为基础零件，然后在齿轮轴上按配对条件安装两个完全相同的轴承。完成后的效果如图 7-35 所示。

图7-35 高速轴组件

1. 导入基础零件——齿轮轴

新建一个名为“0-10”的空的装配部件，然后将基础零件（齿轮轴）导入到装配件中，具体的操作步骤如下。

（1）进入 UG NX6.0 软件，单击新建图标或者单击下拉菜单【文件（File）】→【新建（New）】，在打开的“新建”文件对话框中，选择文件存盘位置，输入文件名“0-10”，单位选择“毫米”，完成后单击【确定（OK）】按钮。

（2）单击菜单【开始（Starts）】→【所有应用模块】→【装配（Assemblies）】，进入装配模式，最初的界面如图 7-36 所示。

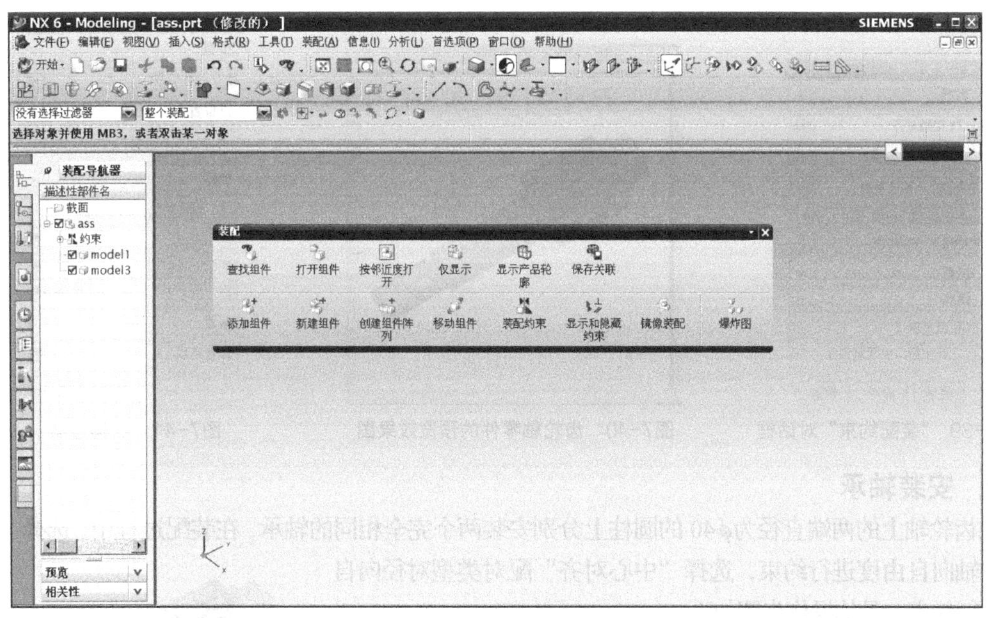

图7-36　最初的装配模式界面

（3）单击下拉菜单【装配（Assemblies）】→【组件（Components）】→【添加组件（Add Existing）】，或单击图标，系统弹出图 7-37 所示的“添加组件”对话框。单击打开图标，系统弹出选择“部件名”对话框，在本地磁盘目录中选择文件“6”的齿轮轴零件，并在对话框右侧生成零件预览，如图 7-38 所示。

图7-37　“添加组件”对话框

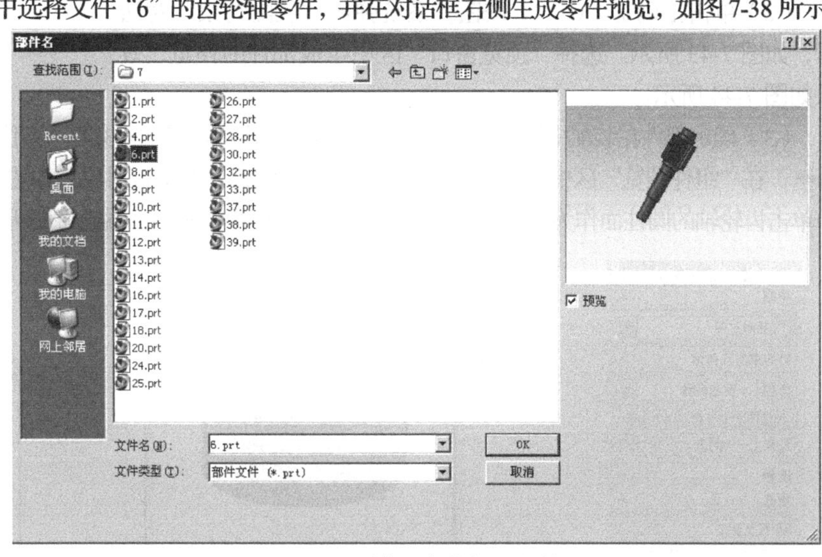

图7-38　选择“部件名”对话框

（4）单击【确定（OK）】按钮，系统弹出“装配约束”对话框。在该对话框的“方位”下拉列表中选择定位方式，确定部件在装配中的位置，选择“预览窗口”区中生成部件的预览，完成设置后的对话框如图 7-39 所示，系统同时预览效果如图 7-40 所示。

（5）在图 7-39 中单击点构造器图标，弹出图 7-41 所示的“点构造器”对话框，输入坐标（x，y，z）为（0，0，0）作为部件在装配中的目标位置，单击【应用（Apply）】按钮，齿轮轴零件被导入到装配体中，效果如图 7-42 所示。

图7-39 “装配约束”对话框

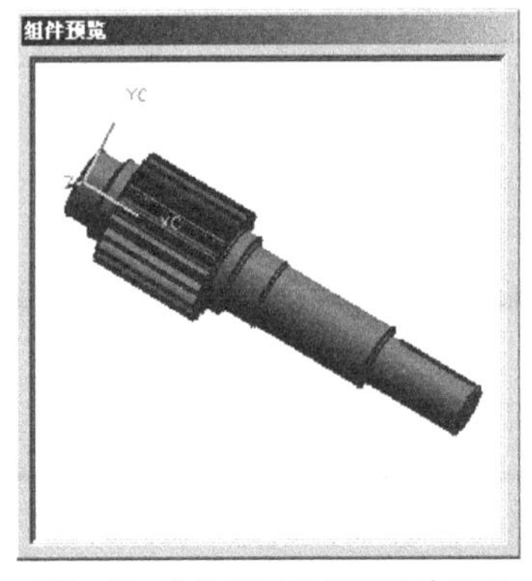

图7-40 齿轮轴零件的预览效果图

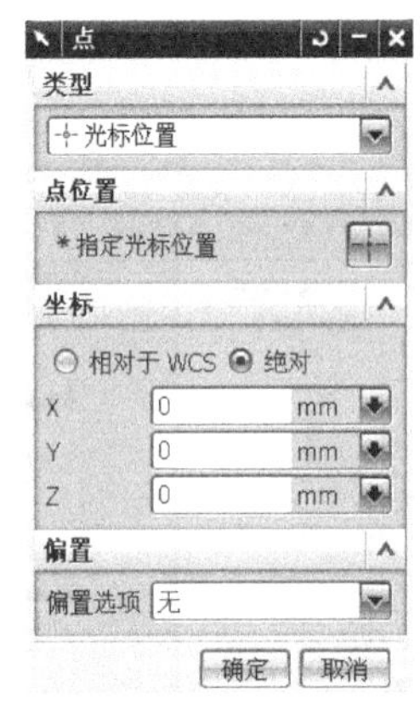

图7-41 点构造器

2. 安装轴承

在齿轮轴上的两端直径为ϕ40的圆柱上分别安装两个完全相同的轴承，在装配过程中，选择“配对”类型对轴向自由度进行约束，选择“中心对齐”配对类型对径向自由度进行约束，具体操作步骤如下。

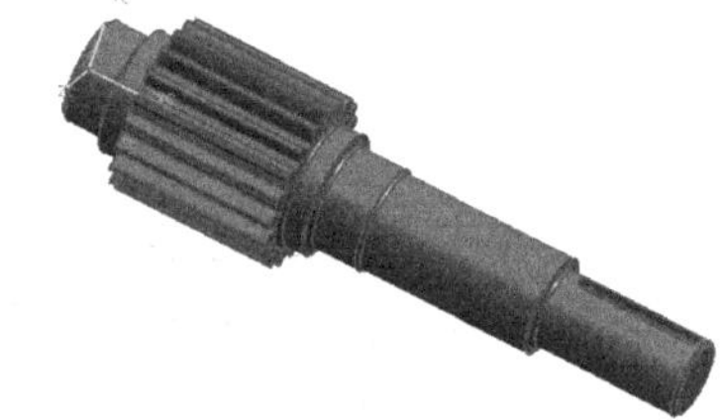

图7-42 被导入的齿轮轴零件

（1）在图7-37所示的“添加组件”对话框中，单击打开图标，系统弹出选择“部件名”对话框，在本地磁盘目录中选择文件“24”的轴承零件，并在对话框右侧生成零件预览。

（2）单击【确定（OK）】按钮，系统弹出“装配约束”对话框，如图7-43所示。选择“预览窗口”区中生成部件的预览，效果如图7-44所示。

（3）确定部件在装配中的位置，在“装配约束”对话框如图7-43的“方位”下拉列表中选择中心约束，在“组件预览”区中单击轴承的内孔面作为相配部件的配合对象，如图7-45所示，然后在绘图区中单击齿轮轴的圆柱面作为基础部件的配合对象，如图7-46所示，系统将使所选的两个对象中心对齐。

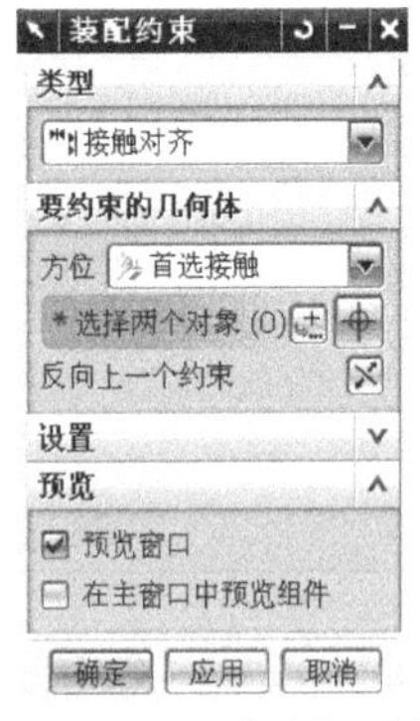

图7-43 “装配约束”对话框

图7-44 轴承零件的组件预览效果图

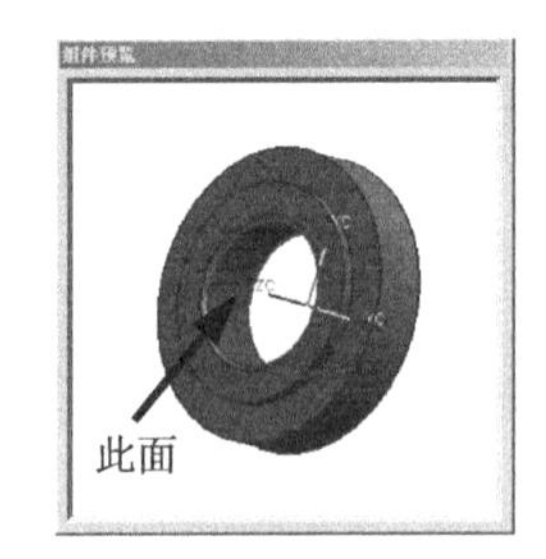

图7-45 “组件预览”轴承的内孔面

（4）在“装配约束”对话框如图7-43的“方位”下拉列表中选择对齐（Mate）约束，在“组件预览”区中单击轴承的端面作为相配部件的配合对象，如图7-47所示。然后在绘图区中单击齿轮轴的阶梯端面作为基础部件的配合对象，如图7-48所示。系统将使所选的两个对象共面且法线方向相反。

（5）单击对话框中的【应用（Apply）】按钮，系统按照配对条件将一个轴承安装在齿轮轴上，效果如图7-49所示。此时的配对条件如图7-50所示。

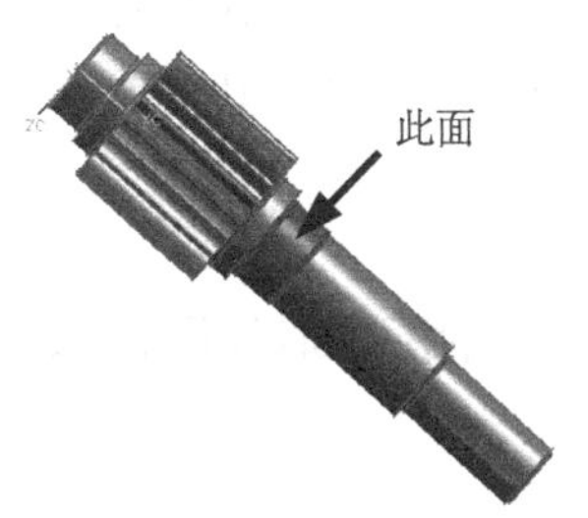

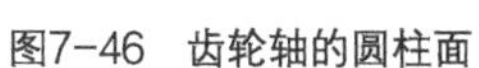
图7-46 齿轮轴的圆柱面

图7-47 “组件预览”轴承的端面

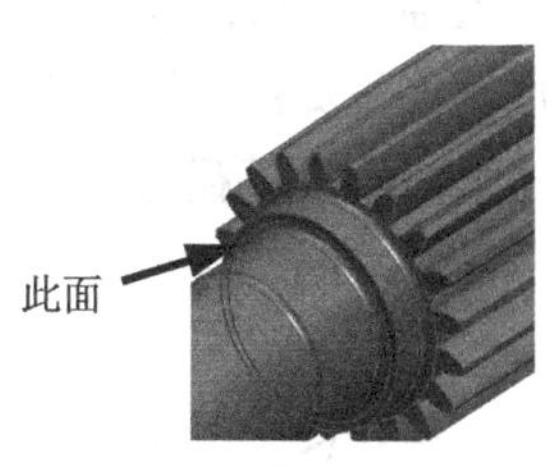

图7-48 齿轮轴的阶梯端面

（6）同理，将第2个轴承零件“24”安装到齿轮轴的另一端，重复安装轴承步骤（1）至步骤（6）。

在“装配约束”对话框的“方位”下拉列表中选择中心约束，在“组件预览”区中单击轴承的内孔面作为相配部件的配合对象，如图7-50所示，然后在绘图区中单击齿轮轴的圆柱面作为基础部件的配合对象，如图7-51所示，系统将使所选的两个对象中心对齐。

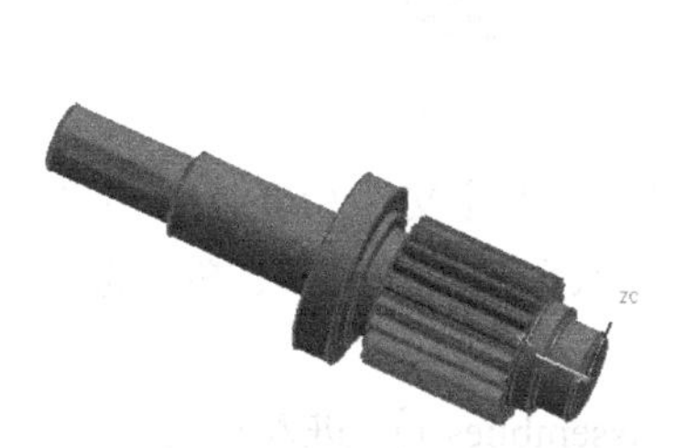
图7-49 安装完一个轴承的效果图

图7-50 单击轴承的内孔面

图7-51 单击齿轮轴的圆柱面

再在“装配约束”对话框的“方位”下拉列表中选择对齐（Mate）约束，在“组件预览”区中单击轴承的端面作为相配部件的配合对象，如图7-52所示。然后在绘图区中单击齿轮轴的阶梯端面作为基础部件的配合对象，如图7-53所示，系统将使所选的两个对象共面且法线方向相反。

单击【确定（OK）】按钮，关闭对话框，安装完第二个轴承的效果如图7-54所示。

图7-52 单击轴承的端面

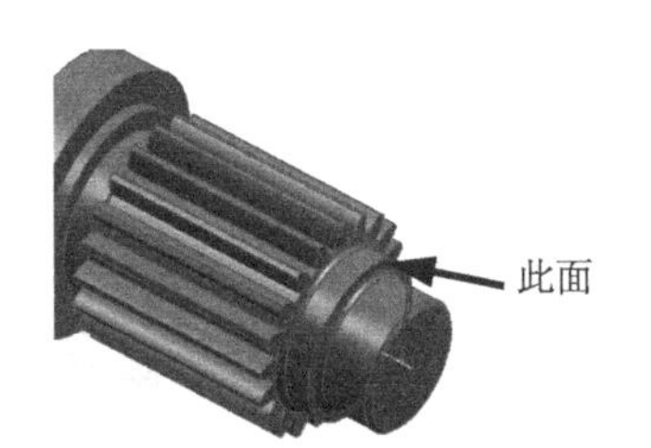

图7-53 单击齿轮轴的阶梯端面

图7-54 安装完第二个轴承的效果图

3. 保存高速轴装配组件文件

单击“标准”工具条中的“保存”按钮，保存文件名为“0-10”的高速轴装配组件，以备后续装配时使用。

7.7.2 低速轴装配

本小节将介绍对低速轴进行装配，低速轴包含6个零件，其中轴为基础零件，键、齿轮、定距

环和两个轴承为配合零件，各零件相互间的位置如图 7-55 所示。在装配过程中，首先在空的装配体中导入轴作为基础零件，然后在轴上按配对条件依次安装轴承、键、齿轮和定距环，其中轴承要在不同部位各安装一个，完成后的最终效果如图 7-56 所示。

1. 导入基础零件——轴

新建一个名为“0-20”的空的装配部件，然后将基础零件（轴）导入到装配件中，具体操作步骤如下。

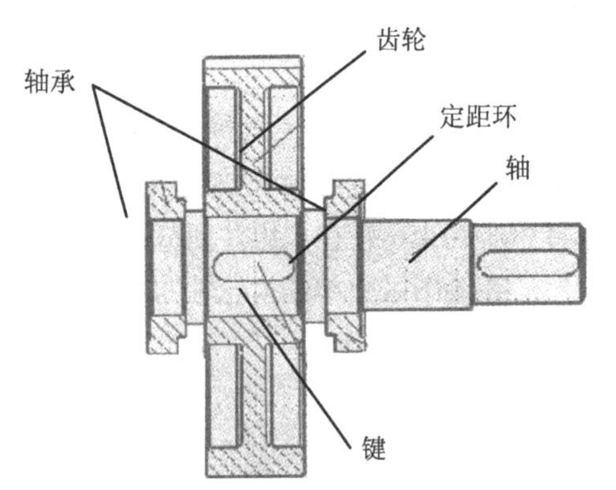

图7-55　低速轴组件各零件间的相互关系图

图7-56　低速轴组件的效果图

（1）进入 UG NX 6.0 软件，单击“新建”文件图标，或者单击下拉菜单【文件（File）】→【新建（New）】，在打开的“新建”文件对话框中，选择文件存盘位置，输入文件名“0-20”，单位选择“毫米”。完成后单击【确定（OK）】按钮。

（2）单击菜单【开始（Starts）】→【所有应用模块】→【装配（Assemblies）】，进入装配模式。

（3）单击下拉菜单【装配（Assemblies）】→【组件（Components）】→【添加组件（Add Existing）】，或单击图标，系统弹出图 7-37 所示的“添加组件”对话框，单击打开图标，系统弹出选择“部件名”对话框，在本地磁盘目录中选择文件“11”轴零件，并在对话框右侧生成零件预览，如图 7-57 所示。

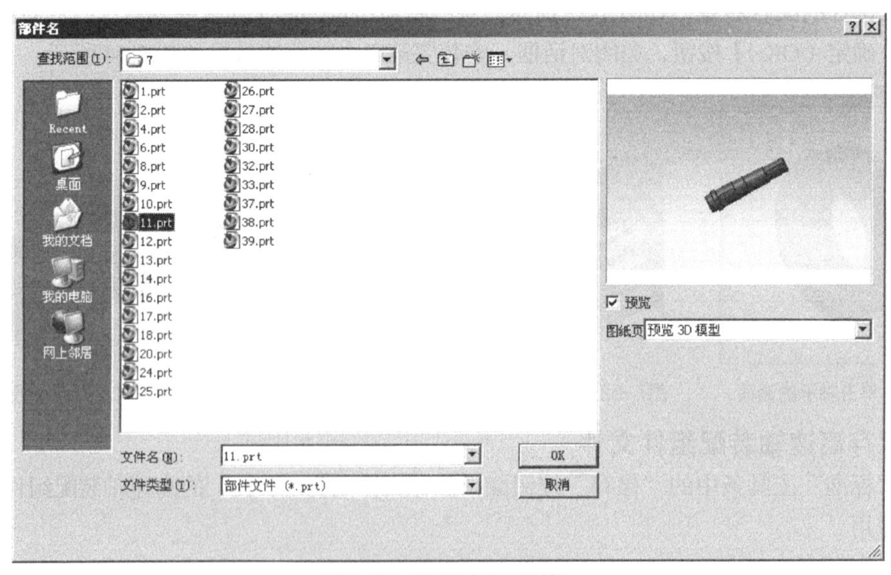

图7-57　“部件名”对话框

按前述方法将轴零件“11”以坐标（0，0，0）作为部件在装配中的目标位置导入到装配体中，效果如图 7-58 所示。

2. 安装轴承

在轴的端部直径为“ϕ55”的圆柱上安装轴承。在装配过程中，选择“中心约束”和“对齐”进行约束，将轴承安装到轴上。

（1）在“添加组件”对话框中单击打开图标，系统弹出选择“部件名”对话框，在本地磁盘目录中选择文件“10”轴承零件，并在“组件预览”区中生成轴承零件的预览，效果如图7-59所示。

图7-58 被导入的轴零件效果图

图7-59 “组件预览”轴承零件的效果图

（2）按“中心约束”，在“组件预览”区中单击轴承的内孔面作为相配部件的配合对象，如图7-60所示。然后在绘图区中单击轴的圆柱面作为基础部件的配合对象，如图7-61所示，系统将使所选的两个对象中心对齐。

图7-60 单击轴承的内孔面

图7-61 轴的圆柱面

（3）按对齐（Mate）约束，在“组件预览”区中单击轴承的端面作为相配部件的配合对象，如图7-62所示。然后在绘图区中单击轴的阶梯端面作为基础部件的配合对象，如图7-63所示，系统将使所选的两个对象共面且法线方向相反。

（4）单击对话框中的【应用（Apply）】按钮，系统按照配对条件将一个轴承安装在轴上，效果如图7-64所示。

图7-62 单击轴承的端面

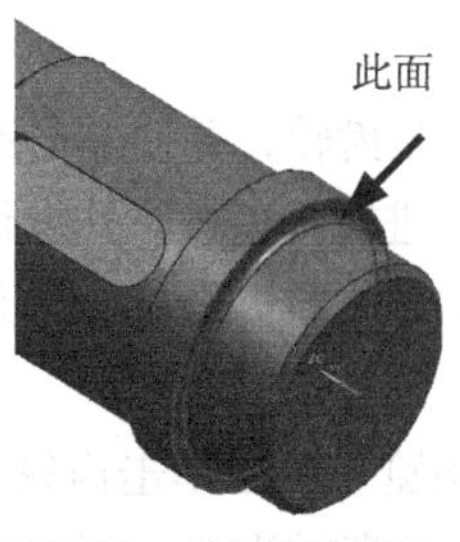

图7-63 轴的阶梯端面

图7-64 安装一个轴承后的效果图

3. 安装键

在轴中部键槽内安装键。在装配过程中，选择“中心对齐”配对类型对纵向自由度进行约束，选择“对齐”类型对横向和垂直自由度进行约束，具体操作方法如下。

（1）同理，在“添加组件”对话框中单击打开图标，系统弹出选择“部件名”对话框，在本地磁盘目录中选择文件“12”键。

（2）按“中心约束”，在“组件预览”区中单击键的半圆柱面作为相配部件的配合对象，如图7-65所示。然后在绘图区中单击轴上键槽的半圆柱面作为基础部件的配合对象，如图7-66所示，系统将使所选的两个对象中心对齐。

（3）按对齐（Mate）约束，在“组件预览”区中单击键的底面作为相配部件的配合对象，如图7-67所示。然后在绘图区中单击轴上键槽底面作为基础部件的配合对象，如图7-68所示，系统将使所选的两个对象共面且法线方向相反。

图7-65 键半圆柱面

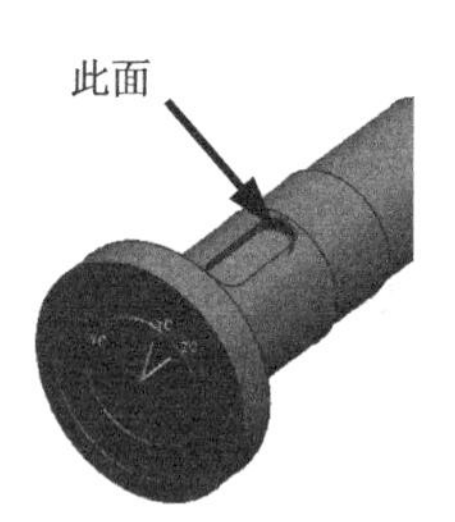

图7-66 轴上键槽半圆柱面

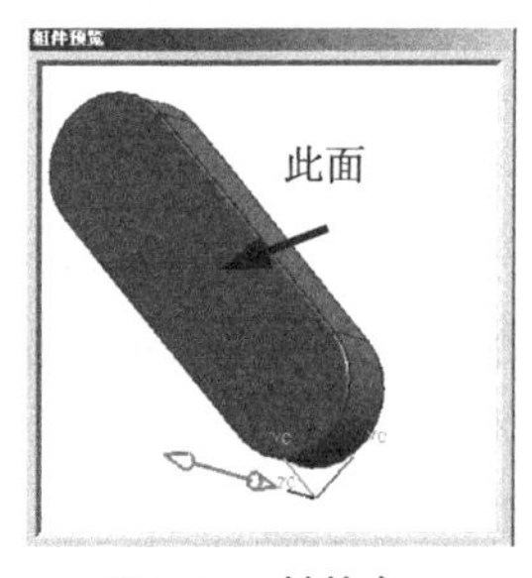

图7-67 键的底面

图7-68 轴上键槽底面

（4）再按对齐（Mate）约束，在“组件预览”区中单击键的侧面作为相配部件的配合对象，如图7-69所示。然后在绘图区中单击轴上键槽侧面作为基础部件的配合对象，如图7-70所示，系统将使所选的两个对象共面且法线方向相反。

（5）单击对话框中的【应用（Apply）】按钮，系统按照配对条件将键安装在轴上，效果如图7-71所示。

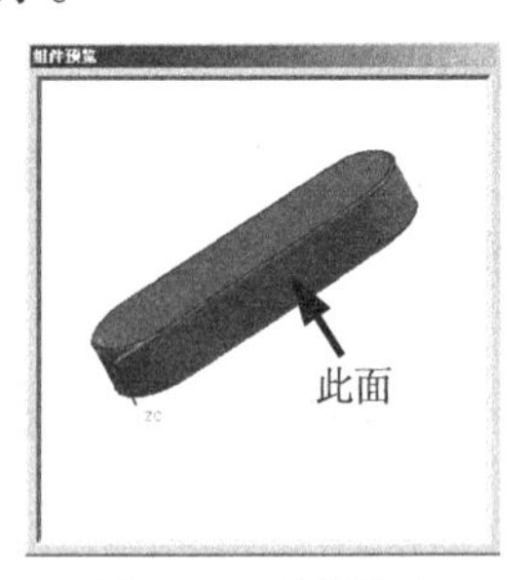

图7-69 键的侧面

图7-70 轴上键槽侧面

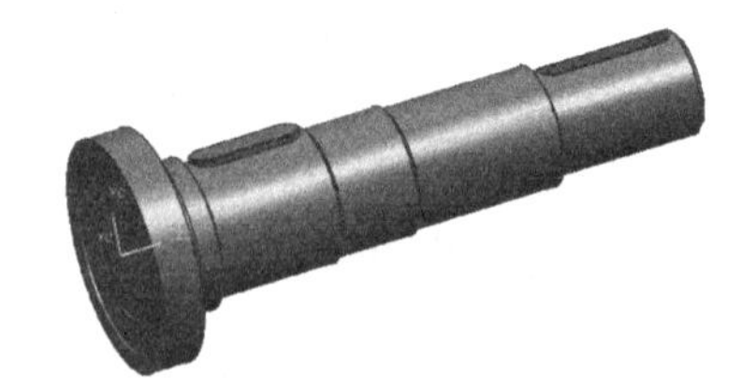

图7-71 安装完键的效果图

4. 安装齿轮

在轴中部直径为“ϕ58”的圆柱上安装齿轮，并使之与键相配合。在装配过程中，选择“中心对齐”和“对齐”配对类型对径向自由度进行约束，具体操作方法如下。

（1）同理，在“添加组件”对话框中单击打开图标，系统弹出选择“部件名”对话框，在本地磁盘目录中选择文件“13”齿轮。

（2）按“中心约束”，在“组件预览”区中单击齿轮的中心孔面作为相配部件的配合对象，如图7-72所示。然后在绘图区中单击轴上直径为“ϕ58”的圆柱面作为基础部件的配合对象，如

图 7-73 所示，系统将使所选的两个对象中心对齐。

（3）按对齐（Mate）约束，在“组件预览”区中单击齿轮的端面作为相配部件的配合对象，如图 7-74 所示。然后在绘图区中单击轴的阶梯端面作为基础部件的配合对象，如图 7-75 所示，系统将使所选的两个对象共面且法线方向相反。

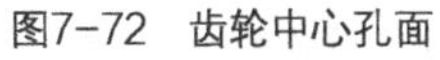
图7-72　齿轮中心孔面

图7-73　轴上直径

图7-74　齿轮的底面

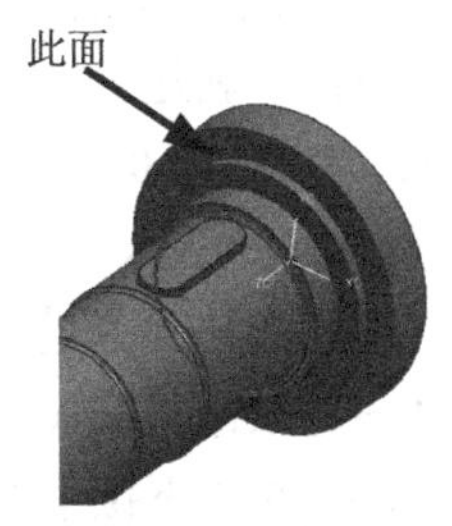

图7-75　轴的阶梯端面为ϕ58的圆柱面

（4）再按对齐（Mate）约束，在“组件预览”区中单击齿轮的键槽侧面作为相配部件的配合对象，如图 7-76 所示。然后在绘图区中单击键的侧面作为基础部件的配合对象，如图 7-77 所示，系统将使所选的两个对象共面且法线方向相反。

（5）单击对话框中的【应用（Apply）】按钮，系统按照配对条件将齿轮安装在轴上，效果如图 7-78 所示。

图7-76　齿轮的键槽侧面

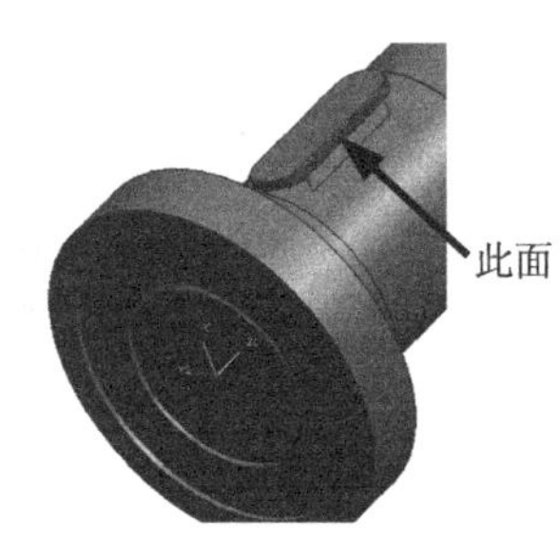

图7-77　键的侧面

图7-78　安装完齿轮后的效果图

5. 安装定距环和另一个轴承

定距环、另一个轴承的安装过程和上述步骤基本相同，这里就不再详细介绍，留给读者自己去练习。

低速轴安装完成的最终效果如图 7-56 所示。

6. 保存低速轴装配组件文件

单击“标准”工具条中的“保存”按钮，保存文件名为“0-20”的低速轴装配组件，以备后续装配时使用。

7.7.3 在机座中安装轴组件

本小节开始进行减速器的整体安装。主要介绍在机座上安装高速轴组件和低速轴组件，各零件的相互位置关系如图 7-79 所示。首先将机座零件导入到空的装配体中，然后在机座上安装高速轴组件和低速轴组件，最后调整齿轮和齿轮圆周方向和位置，使它们接触的齿相互啮合。本小节重点掌握如何为零件添加引用集，通过引用集的使用可以避免占用大量内存，提高装配速度。完成本节操作后的效果如图 7-79 所示。

1. 导入基础零件——机座

新建一个名为“0-0”的空的装配部件，然后将基础零件（机座）导入到装配件中，具体的操作步骤如下。

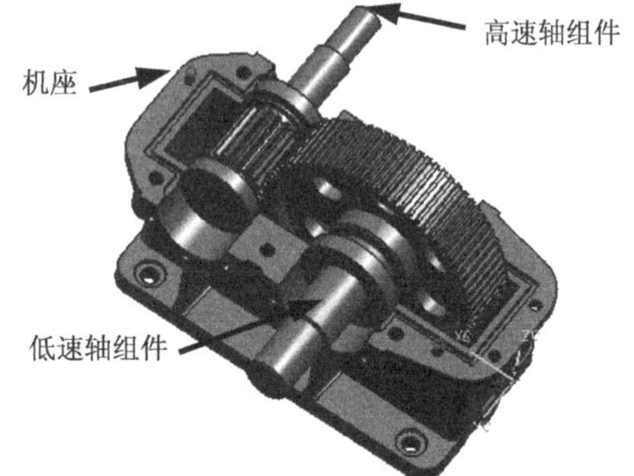

图7-79　完成本节操作后的效果图

（1）进入 UG NX 6.0 软件，单击“新建”文件图标，或者单击下拉菜单【文件（File）】→【新建（New）】，在打开的“新建”文件对话框中，选择文件存盘位置，输入文件名“0-0”，单位选择“毫米”。完成后单击【确定（OK）】按钮。

（2）单击菜单【开始（Starts）】→【所有应用模块】→【装配（Assemblies）】，进入装配模式。

（3）单击下拉菜单【装配（Assemblies）】→【组件（Components）】→【添加组件（Add Existing）】，或单击图标，系统弹出“添加组件”对话框，单击打开图标，系统弹出选择“部件名”对话框，如图 7-80 所示，在本地磁盘目录中选择文件“26”机座零件，并在对话框右侧生成零件预览。

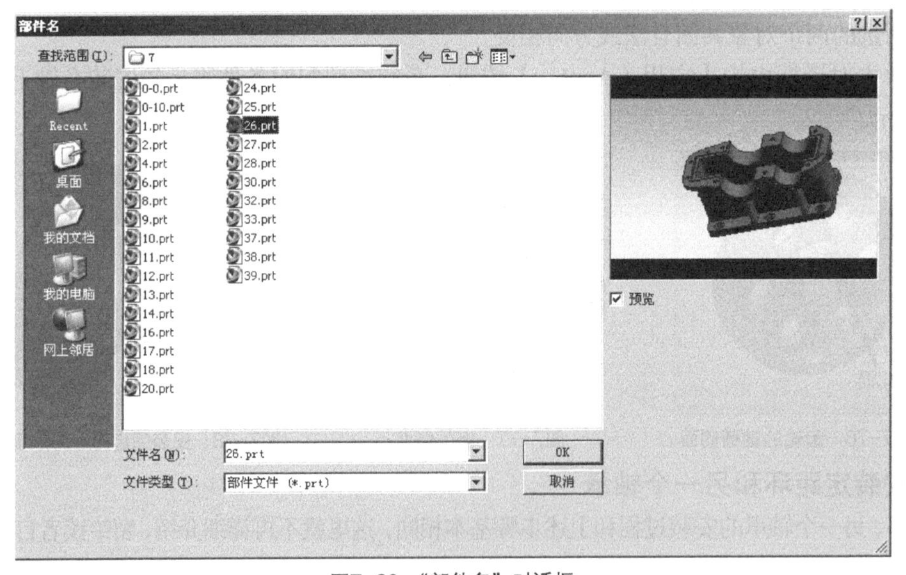

图7-80　“部件名”对话框

（4）单击【确定（OK）】按钮，按前述方法将机座零件“26”以坐标（0，0，0）作为部件在装配中的目标位置导入到装配体中，被导入机座效果如图 7-81 所示。

2. 安装高速轴组件

在机座的小轴承孔处安装高速轴组件。在装配过程中，选择“对齐”配对类型对轴向自由度进行约束，选择“中心对齐”配对类型对径向自由度进行约束，具体操作方法如下。

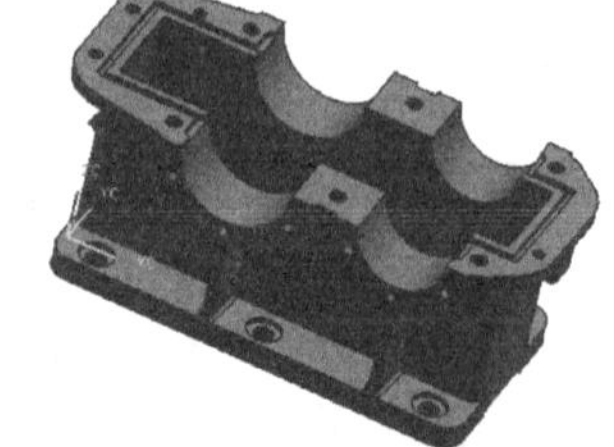

图7-81　被导入机座效果图

（1）在“添加组件”对话框中，单击打开图标，系统弹出选择“部件名”对话框，在本地磁盘目录中选择文件“0-10”的高速轴组件，在“组件预览”区中生成部件的预览，效果如图 7-82 所示。

（2）按“接触”约束，在“组件预览”区中单击高速轴组件的轴承端面作为相配部件的配合对象，如图 7-83 所示。然后在绘图区中单击机座的内壁作为基础部件的配合对象，如图 7-84 所示，系统将使所选的两个对象共面且法线方向相反。

图7-82　高速轴组件的效果图

图7-83　高速轴组件的轴承端面

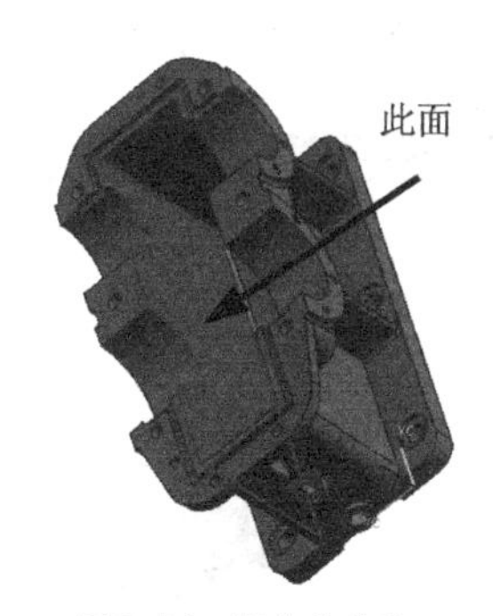

图7-84　机座的内壁

（3）按“中心约束”，在“组件预览”区中单击高速轴组件的轴承外圆柱面作为相配部件的配合对象，如图 7-85 所示。然后在绘图区中单击机座的小半圆槽面作为基础部件的配合对象，如图 7-86 所示，系统将使所选的两个对象中心对齐。

（4）单击对话框中的【应用（Apply）】按钮，系统按照配对条件将高速轴组件安装在机座上，效果如图 7-87 所示。

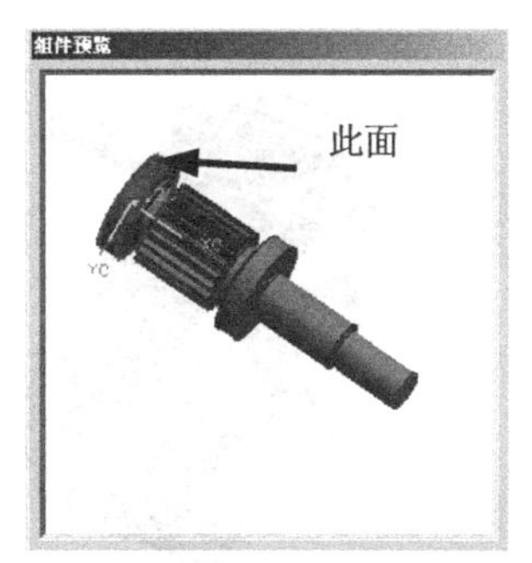

图7-85　高速轴组件的轴承外圆柱面

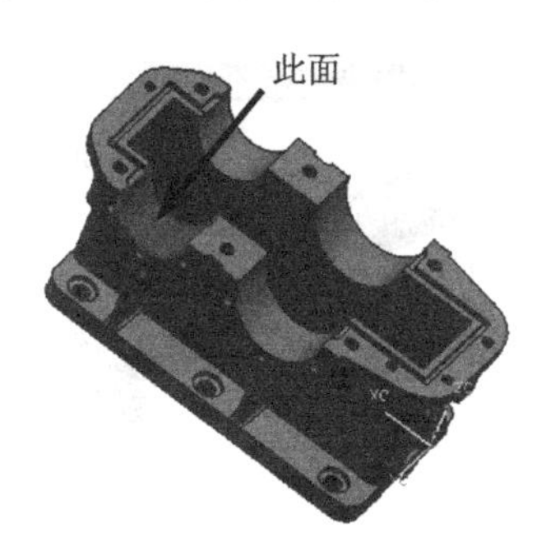

图7-86　机座的小半圆槽面

图7-87　安装完高速轴组件后的效果图

3. 安装低速轴组件

（1）在机座的大轴承孔处安装低速轴组件。在装配过程中，仍然选择“对齐”配对类型对轴向自由度进行约束，选择“中心对齐”配对类型对径向自由度进行约束，具体操作方法如下。

（2）在“添加组件”对话框中，单击打开图标，系统弹出选择“部件名”对话框，在本地磁盘目录中选择文件“0-20”的低速轴组件，并在对话框右侧生成零件预览。

（3）在“方位”下拉列表中选择“配对”选项，系统同时按照对话框中的设置在“组件预览”区中生成部件的预览，效果如图 7-88 所示。

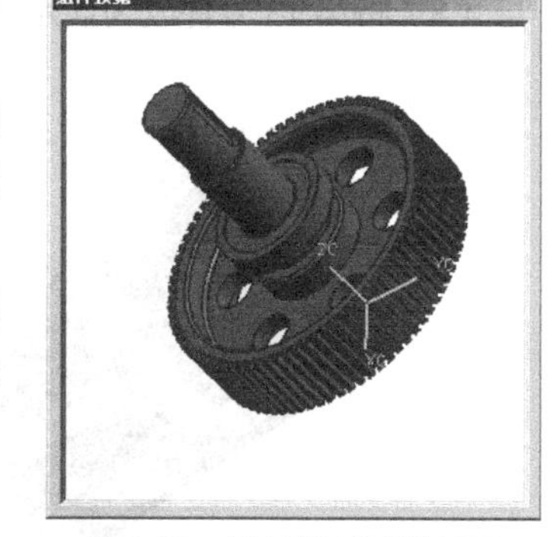

图7-88　低速轴组件的效果图

（4）在装配导航器的装配结构树中单击 0-20 组件前面的“+”号，将 0-20 组件节点展开，然后在展开的子树中单击第 13 件（齿轮）前面的符号，将齿轮改为隐藏状态，效果如图 7-89 所示。装配结构树的效果如图 7-90 所示。

（5）在“装配约束”对话框中单击“对齐约束”![]，在“组件预览”区中单击低速轴组件的轴承端面作为相配部件的配合对象，如图 7-91 所示。然后在绘图区中单击机座的内壁作为基础部件的配合对象，如图 7-92 所示，系统将使所选的两个对象共面且法线方向相反。

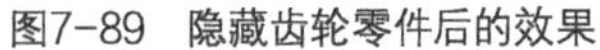

图7-89　隐藏齿轮零件后的效果

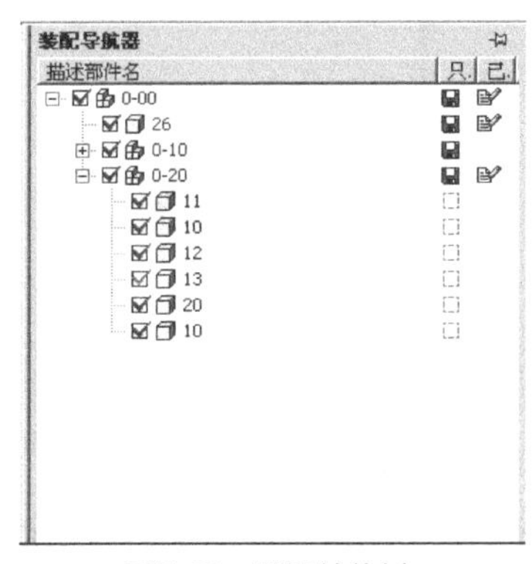

图7-90　装配结构树

图7-91　低速轴组件的轴承端面

（6）在“装配约束”对话框中单击“中心约束”![]，在“组件预览”区中单击低速轴组件的轴承外圆柱面作为相配部件的配合对象，如图 7-93 所示。然后在绘图区中单击机座的大半圆槽面作为基础部件的配合对象，如图 7-94 所示，系统将使所选的两个对象中心对齐。

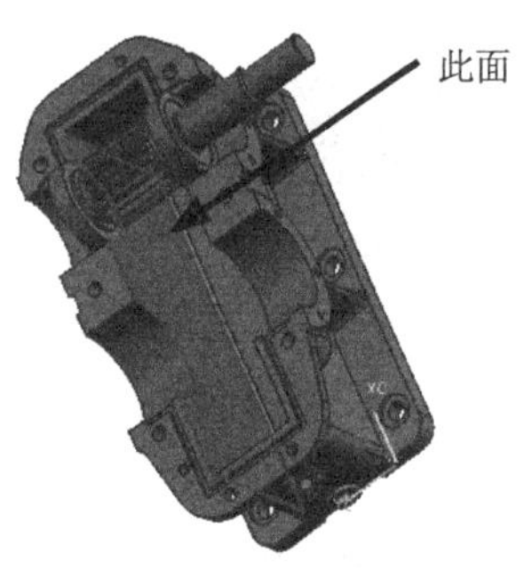

图7-92　机座的内壁

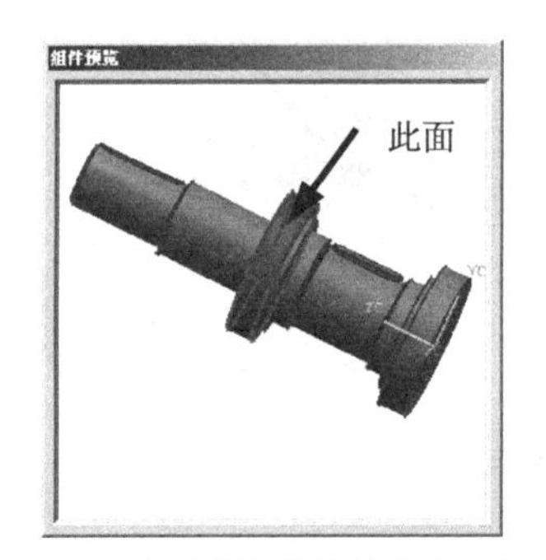

图7-93　低速轴组件的轴承外圆柱面

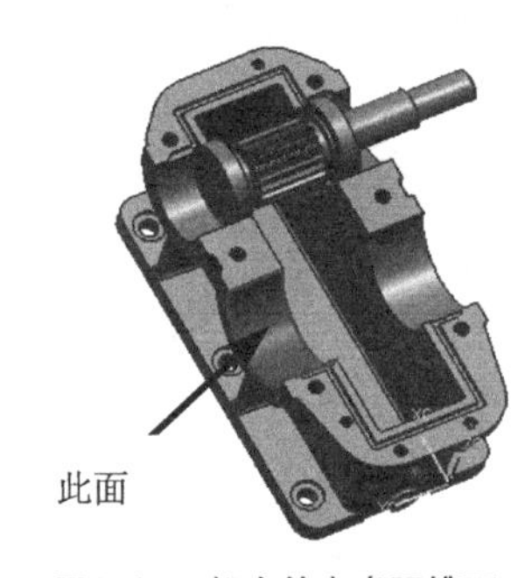

图7-94　机座的大半圆槽面

（7）单击对话框中的【应用（Apply）】按钮，系统按照配对条件将低速轴组件安装在机座上，效果如图 7-95 所示。

（8）将第 13 号件改为显示状态，效果如图 7-96 所示。

图7-95　安装完低速轴组件后的效果图

图7-96　恢复齿轮的显示状态效果图

（9）单击【确定（OK）】按钮，返回到“添加组件”对话框。

4. 为齿轮轴和齿轮增加引用集

在装配中，由于各部件含有草图、基准平面及其他辅助图形的数据，如果要显示装配中各部件和子装配的所有数据，一方面容易混淆图形，另一方面由于引用零部件的所有数据，需要占用计算机大量的内存，让计算机做无用功，减慢计算机速度，因此不利于装配工作的进行。通过引用集就可以减少这类混淆，提高计算机的运行速度。本节将详细介绍为齿轮轴和齿轮增加引用集的详细过程，此引用集只包含零件的基准信息，具体操作步骤如下。

（1）单击装配导航器中的按钮，将装配结构树全部展开，效果如图7-97所示。

（2）在展开的装配结构树中用鼠标右键单击6号件（齿轮），弹出图7-98所示的快捷菜单。执行其中的【转为工作部件】命令，使齿轮轴零件作为可编辑的工作部件。在绘图区中可以看到，只有工作部件处于高亮显示状态。

（3）单击下拉菜单【格式】→【图层设置】，弹出图7-99所示的“层设置”对话框。在“层/状态”列表框中双击21层、41层、42层，将它们设置为可见层，单击【确定（OK）】按钮，关闭对话框，可以看到基准面和草图已变为不可见。

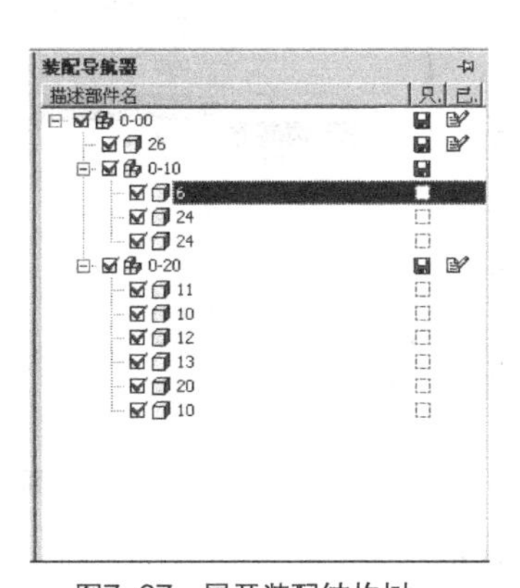

图7-97　展开装配结构树

图7-98　快捷菜单

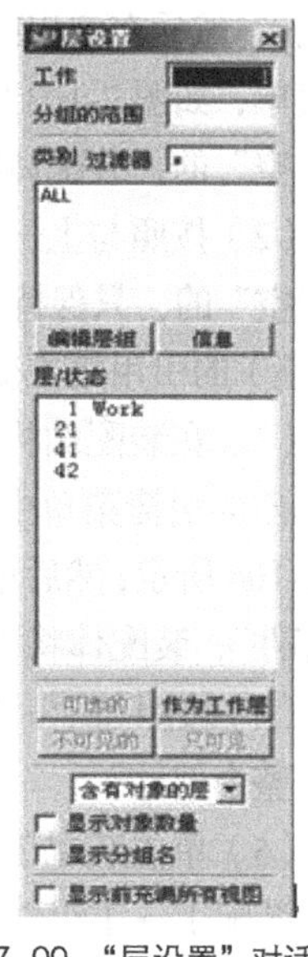

图7-99　“层设置”对话框

（4）单击下拉菜单【格式】→【引用集】，弹出图7-100所示的“引用集”对话框。单击对话框中的【添加新的引用集】按钮，弹出图7-101所示的创建“引用集”对话框，在对话框中输入引用集名称“base”。

（5）单击UGNX6.0界面左上角的“类型选择过滤器”下拉列表框中“基准”项，如图7-102所示。

（6）将齿轮轴零件所包含的基准面和基准轴全部选中，可以看到引用集名称被自动列入列表框中，表示齿轮轴零件的“base”引用集创建完毕，在装配中使用此引用集时，将只载入零件的基准。

（7）按照与步骤（1）至步骤（6）同样的方法，使第13号件（齿轮）作为工作部件，然后为齿轮增加一个同样的名为“base”引用集，此引用集只包含零件的基准信息。

（8）在展开的装配结构树用鼠标右键单击0-00，在弹出的快捷菜单中选择其中的【使成为工作部件】命令，使整个装配作为可编辑的工作部件。在绘图区中可以看到，所有部件都处于高亮度状态。

图7-100 "引用集"对话框

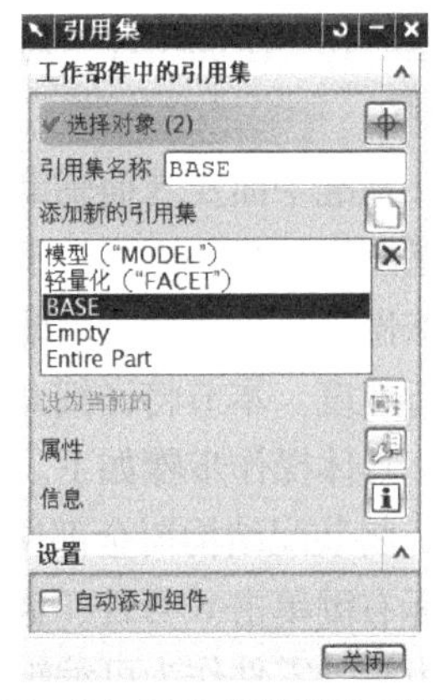

图7-101 创建"引用集"对话框

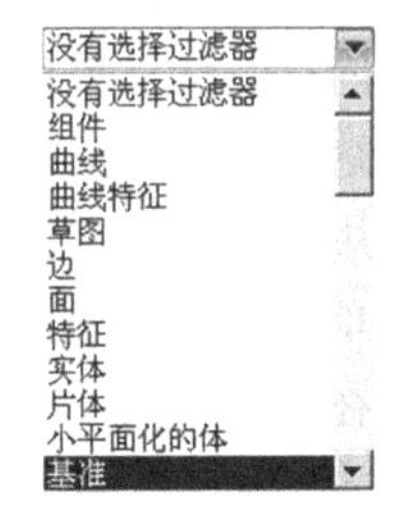

图7-102 "类型选择过滤器"

5. 使齿轮和齿轮轴相互啮合

调整齿轮和齿轮轴的方向位置，使两个零件相互接触的齿相互啮合，具体操作步骤如下。

（1）在"装配导航器"的结构树中用鼠标右键单击10号件（大齿轮），然后在弹出的快捷菜单中单击【替换引用集】，弹出下一级子菜单，如图7-103所示，然后单击【空】，将大轴承的引用集替换为"空"的，装配体将不引用大轴承的任何数据。

（2）按照与上一步同样的方法，将其他一些零件的引用集替换为"空"的，只保持6号件（齿轮轴）、13号件（齿轮）和26号件（基座）的引用集不变。

（3）在装配结构树中用鼠标右键单击6号件（大轴承），然后在弹出的快捷菜单中单击【替换引用集】，弹出下一级子菜单，如图7-104所示，然后单击【整个部件】，将齿轮轴的引用集替换为"整个部件"，装配体将引用齿轮轴零件的所有数据。

（4）按照与上一步同样的方法，将13号（齿轮）的引用集替换为"整个部件"。

图7-103 装配结构树中快捷菜单

（5）单击装配工具条中的【装配约束】按钮，或单击下拉菜单【装配】→【组件】→【装配约束】，系统弹出"装配约束"对话框。

（6）在"装配约束"对话框的类型中单击平行约束，在"过滤器"下拉列表中选择"基准"平面，如图7-105所示。在绘图区中单击通过齿轮轴轴线的基准平面作为相配部件的配合对象，然后在"过滤器"下拉列表中选择"面"，单击机座上的平面作为基础部件配合对象，系统将使所选的两个对象相互平行。

（7）单击对话框中的【确定（OK）】按钮，系统为高速轴组件与低速轴之间的装配增加了一个"平行（Parallel）"配对条件。

（8）在装配结构树中用鼠标右键单击26号件（大轴承），然后在弹出的快捷菜单中单击【替换引用集】，弹出下一级子菜单，单击【空】的，将机座零件的引用集替换为"空"的，装配体将不引用机座零件的任何数据。

（9）单击装配工具条中的【装配约束】按钮，或单击下拉菜单【装配】→【组件】→【装配约束】，系统弹出"装配约束"对话框。

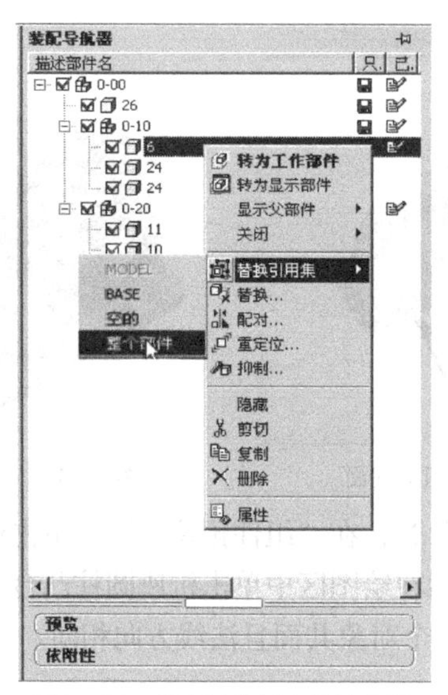

图7-104 装配结构树中快捷菜单

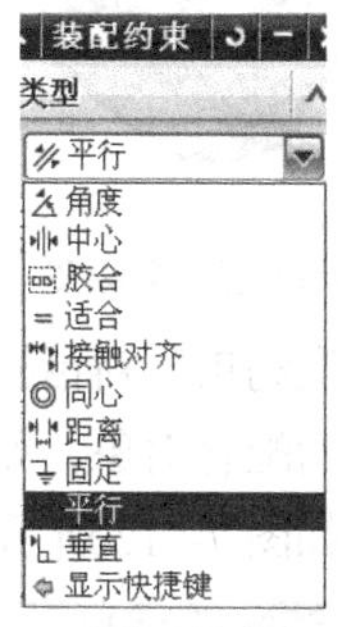

图7-105 “装配约束”对话框

（10）在对话框中配对“类型”组合中单击接触约束，在“过滤器”下拉列表中选择“基准”平面选项，在绘图区中单击通过齿轮轴线的基准平面作为相配部件的配合对象，然后单击通过齿轮轴轴线的基准平面作为基础部件配合对象，系统将使所选的两个对象共面且法线方向相反。

（11）单击对话框中的【确定（OK）】按钮，系统根据增加的配对条件对高速轴组件与低速轴之间进行配合，使齿轮和齿轮轴相互啮合，效果如图 7-106 所示。

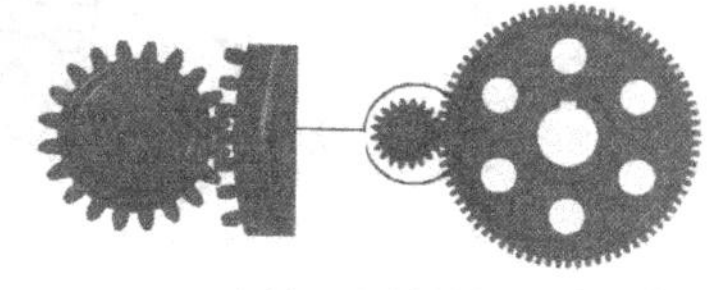

图7-106 齿轮和齿轮轴相互啮合效果

（12）按照与第（1）步同样的方法，将所有部件零件的引用集替换为“Model”。

7.7.4 安装机盖和轴承端盖

本小节将在装配体中安装机盖、销和轴承端盖零件，在装配过程中，还要对机盖和机座零件进行编辑，利用几何连接器为两个零件添加销孔特征，完成本节以后的效果图 7-107 所示。

图7-107 完成本节后的效果图

1. 安装机盖

在机座上部安装机盖零件，在装配过程中，选择“配对”配对类型对垂直方向的自由度进行约束，选择“对齐”配对类型对横向自由度进行约束，选择“中心”配对类型对纵向自由度进行约束，具体步骤如下。

（1）单击下拉菜单【装配（Assemblies）】→【组件（Components）】→【添加组件（Add Existing）】，或单击图标，弹出“添加组件”对话框。

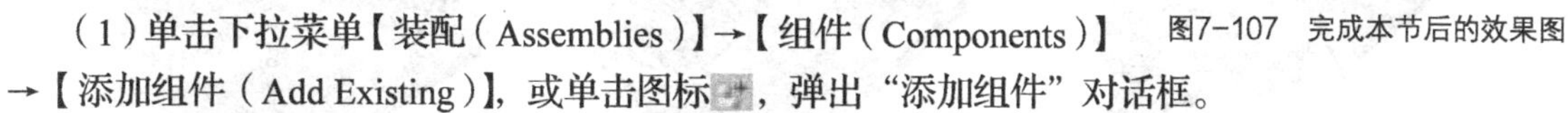

（2）在“添加组件”对话框中，单击打开图标，系统弹出选择“部件名”对话框，在本地磁盘目录中选择文件“30”机盖零件，并在对话框右侧生成零件预览，“组件预览”效果如图 7-108 所示。

（3）在“装配约束”对话框中单击“接触（Mate）约束”，在“组件预览”区中单击机盖底面作为相配部件的配合对象，如图 7-109 所示，然后在绘图区中单击机座上平面作为基础部件的配合对象，如图 7-110 所示，系统将使所选的两个对象共面且法线方向相反。

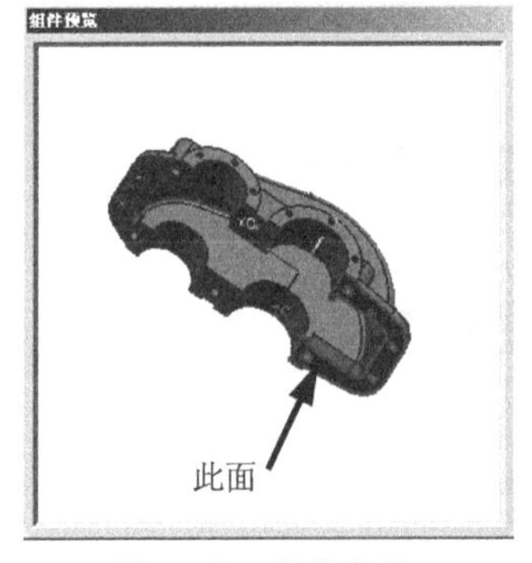

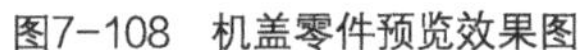

图7-108 机盖零件预览效果图　　图7-109 机盖底面　　图7-110 机座上平面

（4）在“装配约束”对话框中单击“对齐约束”，在“组件预览”区中单击机盖圆柱凸台端面作为相配部件的配合对象，如图 7-111 所示，然后在绘图区中单击机座圆柱凸台端面作为基础部件的配合对象，如图 7-112 所示，系统将使所选的两个对象共面且法线方向相向。

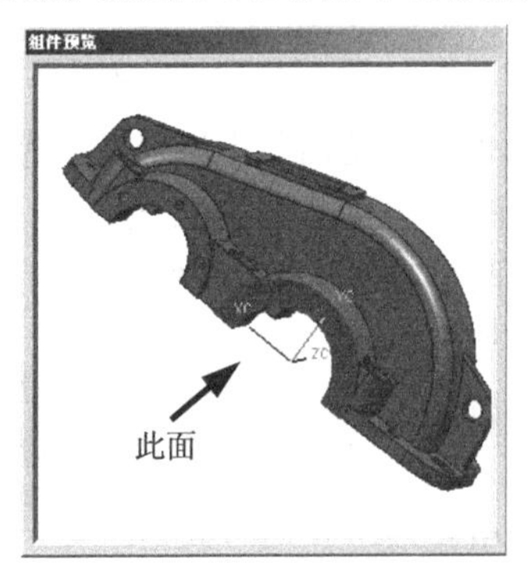

图7-113 机盖圆柱凸台端面

图7-112 机座圆柱凸台端面

（5）在“装配约束”对话框中单击“中心约束”，在“组件预览”区中单击机盖的半圆柱槽面作为相配部件的配合对象，如图 7-113 所示，然后在绘图区中单击机座半圆柱槽面作为基础部件的配合对象，如图 7-114 所示，系统将使所选的两个对象中心对齐。

（6）单击对话框中的【应用（Apply）】按钮，系统按照配对条件将机盖安装在装配体中，效果如图 7-115 所示。

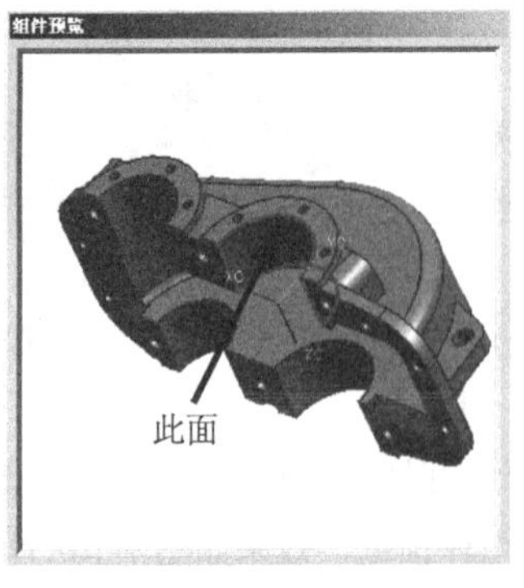

图7-113 机盖的半圆柱槽面

图7-114 机座半圆柱槽面

图7-115 安装完机盖后效果图

2. 安装销

将机盖的引用集替换为“整个部件”，则装配体会引用所包含的所有信息（模型、基准和草图）。

然后以基准为配合对象，在装配体中安装两个销，具体步骤如下。

（1）按照上节学过的方法，将 0-10、0-20、以及 26 号零部件改为隐藏状态，使绘图区只保留 30 零件（机盖）。然后将 30 号零件的引用集替换为“整个部件”，装配体将引用机盖零件的所有数据，效果如图 7-116 所示。

（2）单击下拉菜单【装配（Assemblies）】→【组件（Components）】→【添加组件（Add Existing）】，或单击图标，弹出“添加组件”对话框。

（3）在“添加组件”对话框中，单击打开图标，系统弹出选择“部件名”对话框，在本地磁盘目录中选择文件“37”销零件，并在对话框右侧生成零件预览，在“组件预览”区中生成部件的预览，效果如图 7-117 所示。

图7-116　机盖零件效果图

（4）在“装配约束”对话框中单击距离约束图标，在“组件预览”区中单击通过销轴的基准平面作为相配部件的配合对象，如图 7-118 所示，然后在绘图区中单击机盖对称中心基准面作为基础部件的配合对象，如图 7-119 所示。在“装配约束”对话框中输入距离尺寸“−65”，系统将所选的两个基准之间的距离条件设置为“−65”。

图7-117　销零件预览效果图

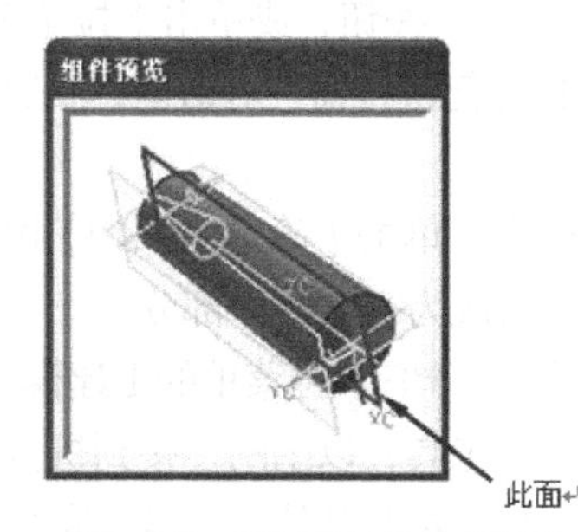

图7-118　通过销轴的基准平面

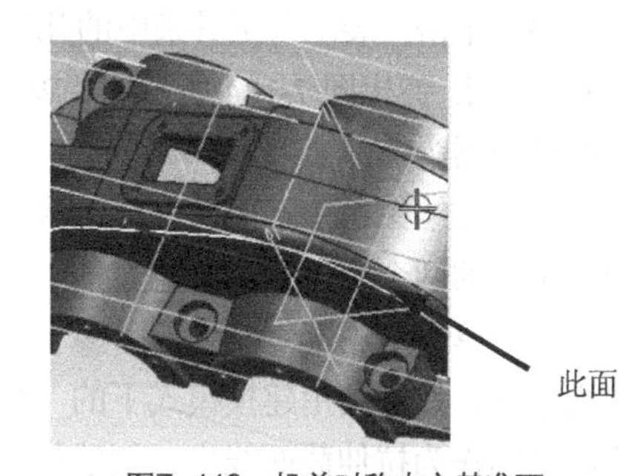

图7-119　机盖对称中心基准面

（5）仍在对话框中的“装配约束”中单击“距离约束”，在“组件预览”区中单击通过销轴的另一个基准平面作为相配部件的配合对象，如图 7-120 所示。然后在绘图区中单击机盖大圆柱凸台的基准面作为基础部件的配合对象，如图 7-121 所示。在“装配约束”对话框中输入距离尺寸“−110”，系统将所选的两个基准之间的距离条件设置为“−110”。

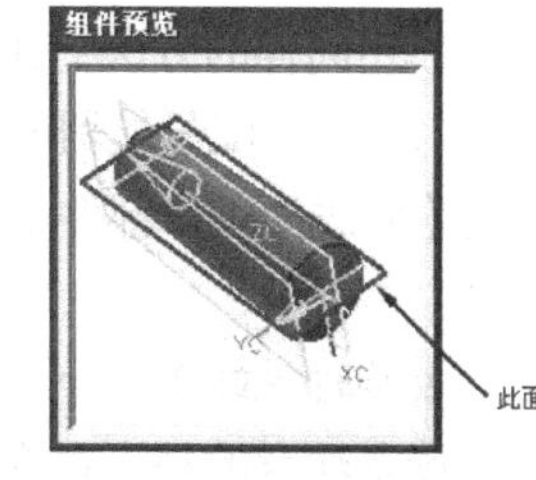

图7-120　通过销轴的另一个基准平面

（6）仍在对话框中的“装配约束”中单击“距离约束”。在“组件预览”区中单击销大头一端的基准轴作为相配部件的配合对象，如图 7-122 所示。然后在绘图区中单击机盖底面作为基础部件的配合对象，如图 7-123 所示。在“装配约束”对话框中输入距离尺寸“−14”，系统将所选的两个基准之间的距离条件设置为“−14”。

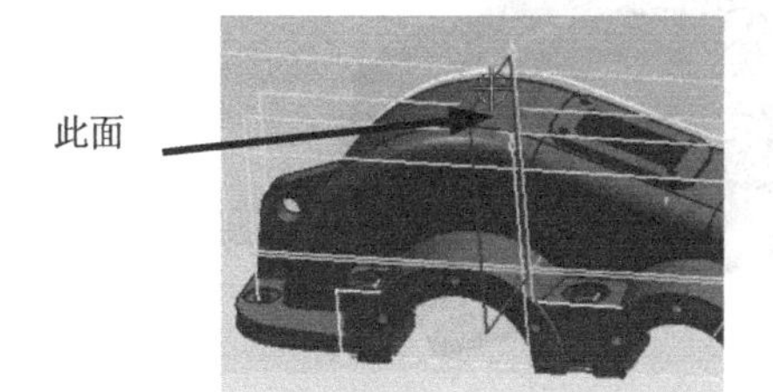

图7-121　机盖大圆柱凸台的基准面

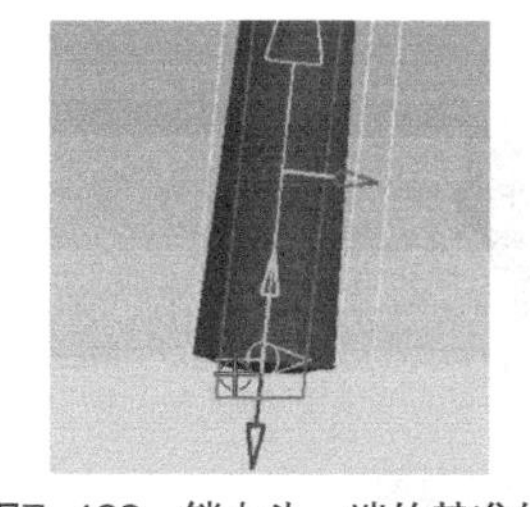
图7-122　销大头一端的基准轴

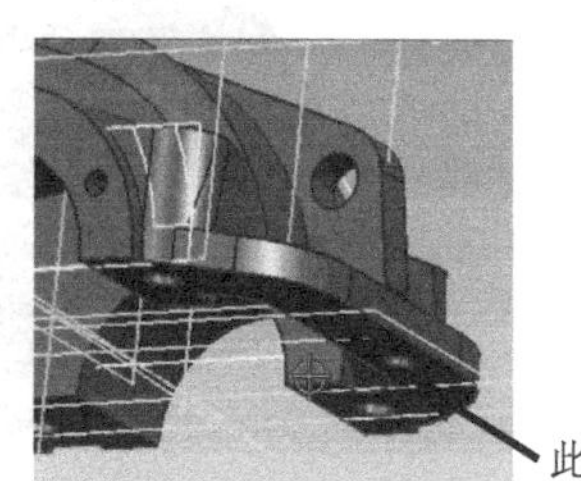

图7-123　机盖底面

（7）单击对话框中的【应用（Apply）】按钮，系统按照配对条件将销安装在装配体中。

如果距离尺寸不相匹配，在“装配约束”对话框的条件树中单击相应的配对条件，则此距离尺寸值变为可编辑状态。

（8）在“添加组件”对话框中，单击打开图标，系统弹出选择“部件名”对话框，在本地磁盘目录中仍然选用37号件（销），按照上述步骤，将销安装到机盖的另一位置处，并将30号零件（机盖）和37号零件（销）的引用集替换为“MODEL”。

3. 在机盖和机座中添加销孔特征

这里机盖零件和机座零件中并没有与销配合的销孔特征，可以将两个零件转换为可编辑的工作部件，然后利用几何连接器工具抽取销零件上的边缘线，使其成为工作部件的一部分，最后利用拉伸切除工具，在工作部件上生成销孔特征，具体步骤如下。

（1）在装配导航器的装配结构树中用鼠标右键单击30号件（机盖），在弹出的快捷菜单中单击【使成为工作部件】，使机盖零件成为可编辑的工作部件。

（2）在“实用程序”工具条的“工作图层”文本框中输入“61”，按回车键，将当前层改为61层。

（3）单击“装配”工具条中的几何链接器按钮，或单击下拉菜单【装配】→【WAVE】→【几何链接器】，弹出图7-124所示的“WAVE几何链接器”对话框，然后选择其中的过滤器为曲线。

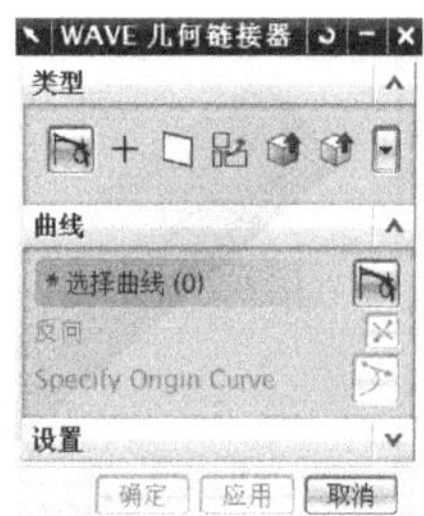

图7-124 “WAVE几何链接器”对话框

（4）在绘图区中选中两个销的大头边缘，单击【确定（OK）】按钮，系统将选中的两个圆连接到机盖零件中，使其成为零件的一部分。

（5）单击“建模”按钮图标，或单击开始·下拉菜单的【建模】，进入建模模式，然后利用建模模式下的“拉伸”工具，以刚刚连接到机盖零件中的两个圆作为拉伸截面线串，创建拉伸特征，再与基体做“减”布尔运算，生成两个销孔特征，具体步骤这里不再详述。

（6）将30号零件（机盖）变为隐藏，将第26号零件（机座）变为显示状态，并使其成为工作部件，用同样的方法，在机座中创建另一个销孔特征。

（7）在装配导航器的装配结构树中用鼠标右键单击0-00装配体，在弹出的快捷菜单中，执行其中的【使成为工作部件】，使整个装配体作为工作部件，并将所有的隐藏零件变为显示部件，效果如图7-125所示。

安装轴承端盖（小通盖、大通盖、小封盖、大封盖）比较简单，这里就留给读者自己练习。要提醒读者注意的是，在安装轴承端盖（小通盖、大通盖、小封盖、大封盖）时，要注意螺栓孔的位置要对应，安装完轴承端盖的效果如图7-126所示。

图7-125 恢复零件显示状态后的效果图

图7-126 安装完轴承端盖的效果图

7.7.5 利用组件阵列功能安装标准件

组件阵列是一种在装配中用对应配对条件快速生成多个组件的方法。例如，要在轴承端面盖上装多个螺栓，可用配对条件先装其中一个，其他螺栓的装配可采用组件阵列的方式，而不必去为每一个螺栓定义配对条件。组件阵列有3种方式：基于特征的阵列、线性阵列和环形阵列。基于特征的阵列比较简单，本节将不介绍这种方法，主要采用线性阵列和环形阵列安装标准件。减速器装配中包含3组标准件：M8螺钉；M12螺栓、M12螺母；M10螺栓、M10螺母。

1. 安装M8螺钉

在每个轴承端盖的6个均匀分布孔处安装6个M8螺钉。首先按配对条件安装其中1个，然后利用环形阵列组件的方法安装其他5个螺钉。在“添加组件”对话框的“复制”项中选【多重添加】，则安装完1个螺栓，系统会自动弹出“创建组件阵列”对话框，接着就可以选择环形阵列方法，对螺钉进行环形阵列，具体操作步骤如下。

（1）继续上一节的操作，在“添加组件”对话框中单击打开图标，系统弹出选择“部件名”对话框，在本地磁盘目录中选择文件名为“9”的M8螺钉零件，在对话框右侧生成预览。

（2）在“添加组件”对话框中，在“设置”下拉列表中选择“MODEL”选项，在“图层选项”下拉列表中仍然选择“原先的”选项，在“定位”下拉列表中选择“通过约束”选项。系统同时按照对话框的设置在“组件预览”区中生成部件的预览，效果如图7-127所示，并选中“多重添加”。

（3）单击【确定（OK）】按钮，弹出“装配约束”对话框。

（4）在对话框的配对“类型”中单击接触（Mate）约束，在“组件预览”区中单击螺钉端头阶梯端面作为相配部件的配合对象，如图7-128所示，然后在绘图区中单击小通盖端面作为基础部件的配合对象，如图7-129所示，系统将使所选的两个对象共面且法线方向相反。

图7-127 M8螺钉零件的预览效果图

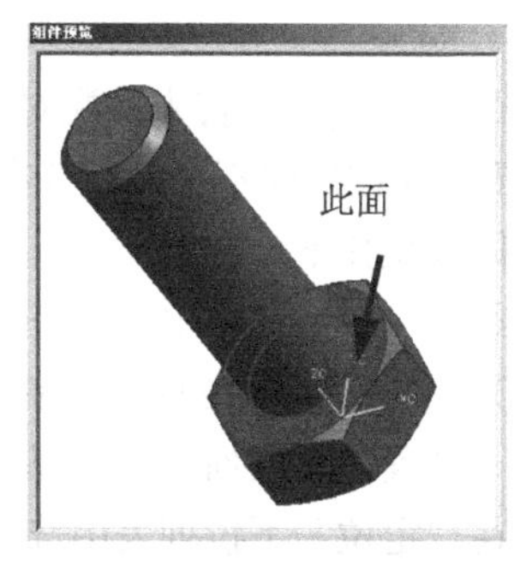

图7-128 螺钉端头阶梯端面

图7-129 小通盖端面

（5）在对话框的配对“类型”中单击中心约束，在“组件预览”区中单击螺钉圆柱面作为相配部件的配合对象，如图7-130所示。然后在绘图区中单击小通盖的任意一孔内壁作为基础部件的配合对象，如图7-131所示，系统将使所选的两个对象中心对齐。

（6）单击对话框中的【应用（Apply）】按钮，系统按照配对条件将螺钉安装在装配体中，效果如图7-132所示。

（7）单击【确定（OK）】按钮，弹出“创建组件阵列”对话框。在其中的“阵列定义”组合框中选择【圆形】单选按钮，即选择了环形阵列方式，保持默认的零件“9”不变，如图7-133所示。

（8）单击【确定（OK）】按钮，弹出“创建圆形阵列”对话框。在其中的“轴定义”选项组中选择

【圆柱面】单选按钮，然后在绘图区中单击大通盖的圆柱面，如图 7-134 所示，系统将以所选的圆柱面轴线作为组件环形阵列中心。在对话框中设置阵列总数“6”，角度为“60”，如图 7-135 所示。

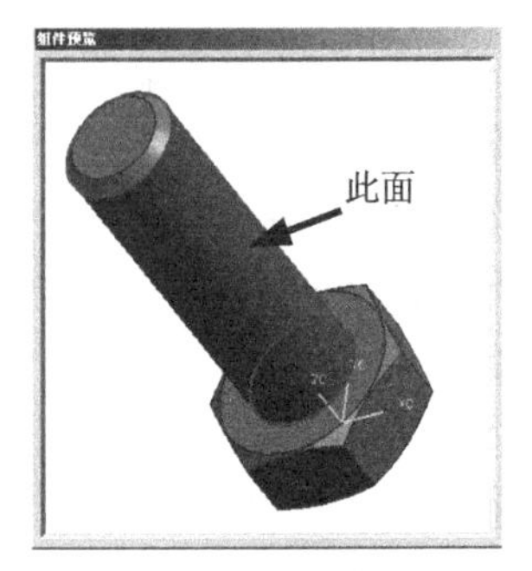

图7-130 螺钉圆柱面

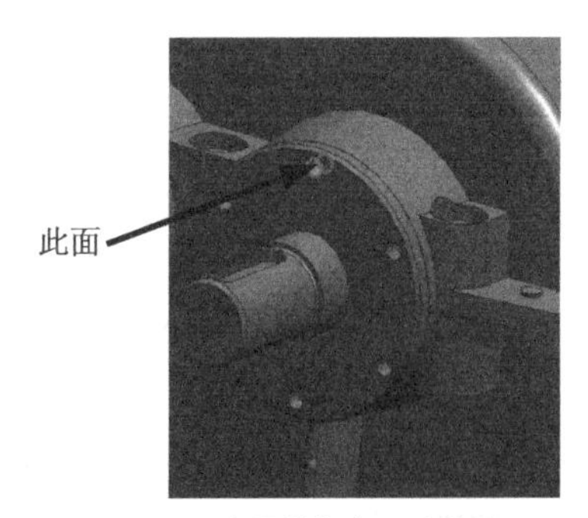

图7-131 小通盖任意一孔内壁

图7-132 安装完一个M8螺钉后的效果图

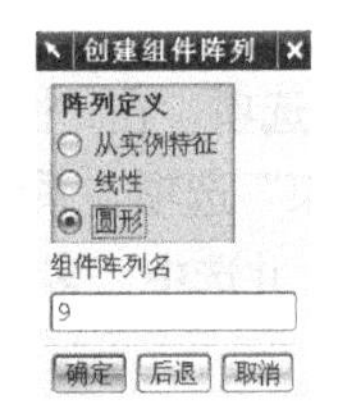

图7-133 “创建组件阵列”对话框

图7-134 大通盖的圆柱面

图7-135 设置阵列参数

（9）单击【确定（OK）】按钮，在装配体中生成 M8 螺钉的环形阵列，效果如图 7-136 所示。重复上述步骤，将其他 3 个轴承端面的均匀分布孔中安装同样的 M8 螺钉。

2. 安装 M12 螺栓

在装配体中的 6 个螺栓孔处安装 6 个 M12 螺栓，首先按配对条件安装其中 1 个，然后利用线性阵列组件的方法安装其他 5 个螺钉。由于螺栓在纵向不是等距分布的，所以要分两次线性阵列安装，第一次安装 4 个，第二次安装 2 个，具体步骤如下。

（1）继续上一节的操作，在“添加组件”对话框中单击打开图标，系统弹出选择“部件名”对话框，在本地磁盘目录中选择文件名为“27”的 M12 螺钉零件，在对话框右侧生成预览。

（2）在“添加组件”对话框中，在“设置”下拉列表中选择“MODEL”选项，在“图层选项”下拉列表中仍然选择“原先的”选项，在“定位”下拉列表中选择“通过约束”选项。系统同时按照对话框的设置在“组件预览”区中生成部件的预览，效果如图 7-137 所示，并选中“多重添加”。

（3）单击【确定（OK）】按钮，弹出“装配约束”对话框。

（4）在对话框中的配对“类型”组合框中单击接触（Mate）约束，在“组件预览”区中单击螺栓端头阶梯端面作为相配部件的配合对象，如图 7-138 所示。然后在绘图区中单击机座的螺栓孔底端沉头槽底面作为基础部件的配合对象，如图 7-139 所示，系统将使所选的两个对象共面且法线方向相反。

（5）在对话框中的配对“类型”中单击中心约束，在“组件预览”区中单击螺栓圆柱面作为相配部件的配合对象，如图 7-139 所示。然后在绘图区中单击机座螺栓孔面作为基础部件的配合对象，如图 7-140 所示，系统将使所选的两个对象中心对齐。

（6）单击对话框中的【应用（Apply）】按钮，系统按照配对条件将螺栓安装在装配体中。

图7-136 阵列M8后的效果

图7-137 M12螺钉零件的预览效果图

图7-138 螺栓端头阶梯端面

图7-139 机座的螺栓孔底端沉头槽底面

图7-140 螺栓圆柱面

图7-141 机座螺栓孔面

（7）单击【确定（OK）】按钮，弹出“创建组件阵列”对话框。在其中的“阵列定义”组合框中选择【线性】选项，即选择了线性阵列方式，保持默认的零件“27”不变。

（8）单击【确定（OK）】按钮，弹出“创建线性阵列”对话框。在其中的“方向定义”选项组中选择【边】选项，然后在绘图区中单击机盖矩形凸台棱边作为线性阵列的 *XC* 参考方向，再单击机盖底座棱边作为线性阵列的 *YC* 参考方向，对话框中设置 *XC* 方向阵列数量为“2”，*XC* 方向偏值为“128”，*YC* 方向阵列数量为“2”，*YC* 方向偏值为“-146”。

（9）单击【确定（OK）】按钮，在装配体中生成 M12 螺栓的 4 个阵列特征，效果如图 7-142 所示，同时系统返回“添加组件”对话框。

第二次线性阵列和第一次线性阵列方法一样，这里就不再详述，读者自己可以试试。

如果在“添加组件”对话框中不选中【多重添加】复选框，而是在安装完一个螺栓（螺母）零件后，采用单击【创建阵列】选项的方式弹出“创建组件阵列”对话框，同样可以完成上述环形阵列和线性阵列，读者不妨采用这种方法来完成 M10 螺栓和螺母的安装。

3. 安装完成

安装完成所有附件后的效果如图 7-143 所示。

图7-142 线性阵列M12螺栓后的效果

图7-143 最终的装配效果图

建立图 7-144 至图 7-148 所示的 5 个零件，将其组合成图 7-149 所示的装配体，并设置爆炸图显示，如图 7-150 所示。

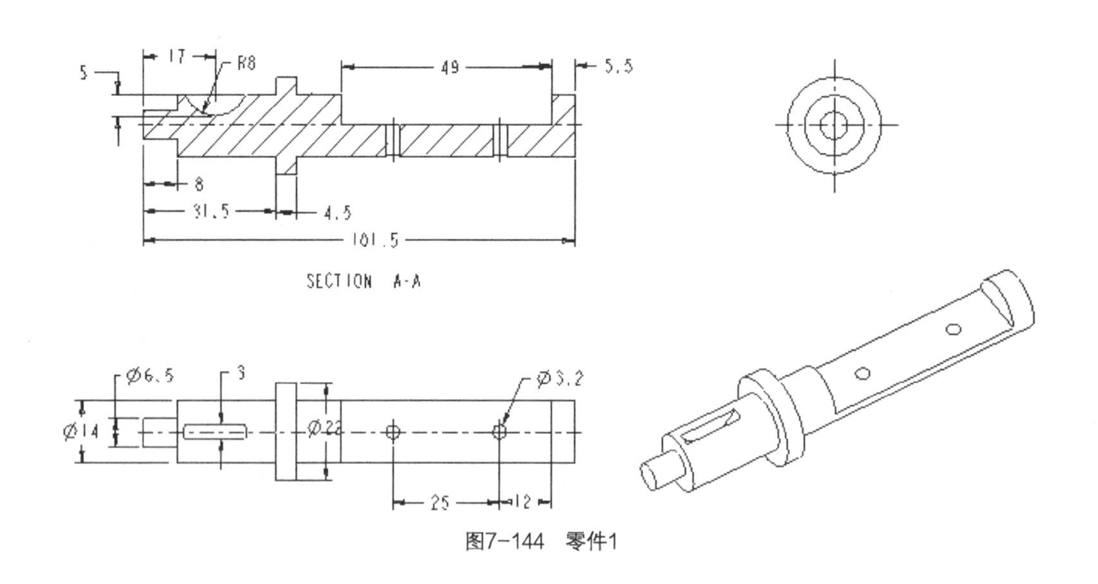

图7-144 零件1

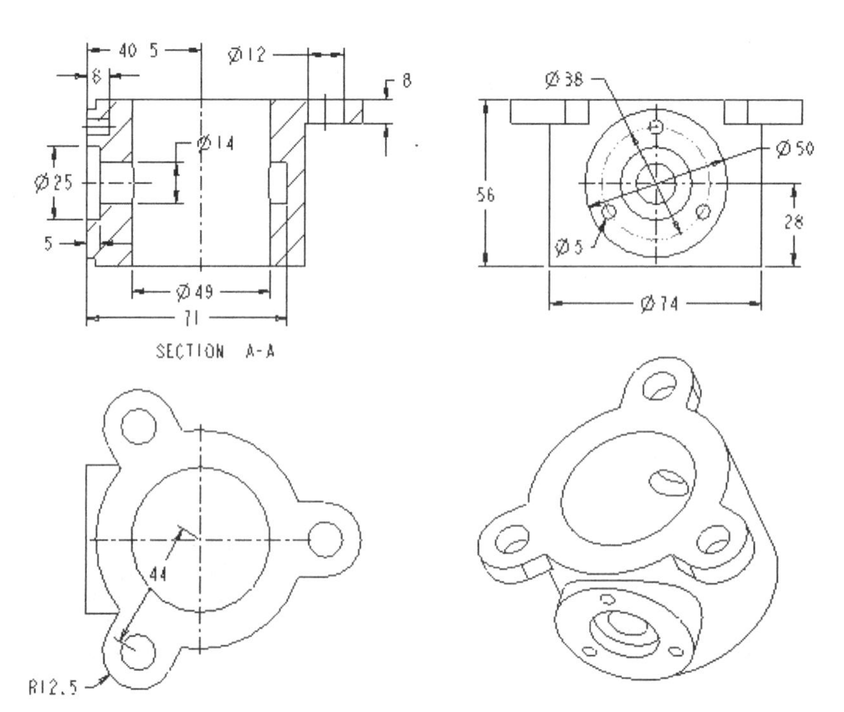

图7-145 零件2

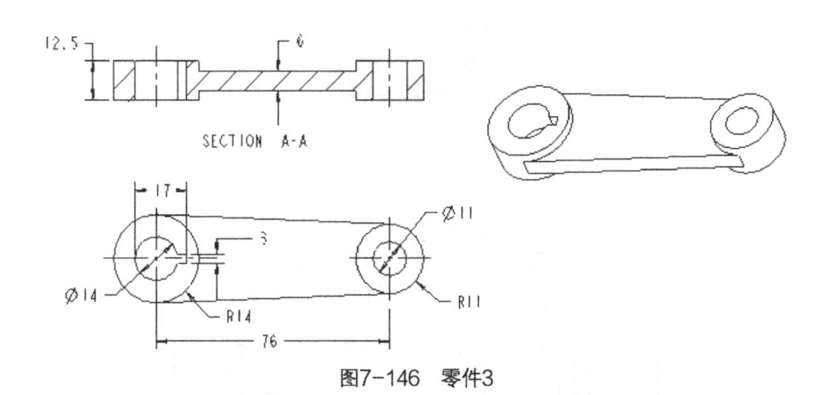

图7-146 零件3

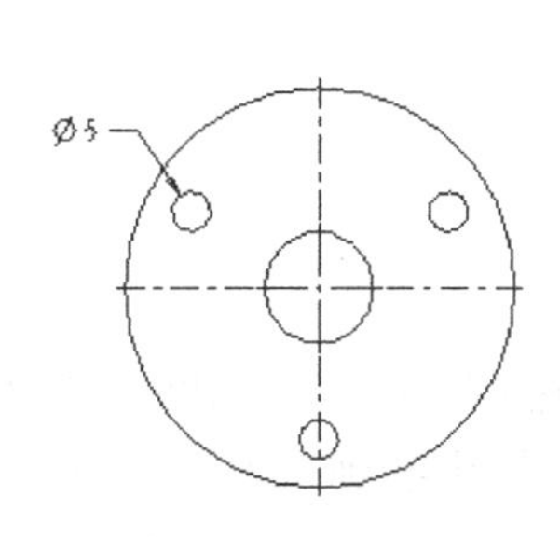

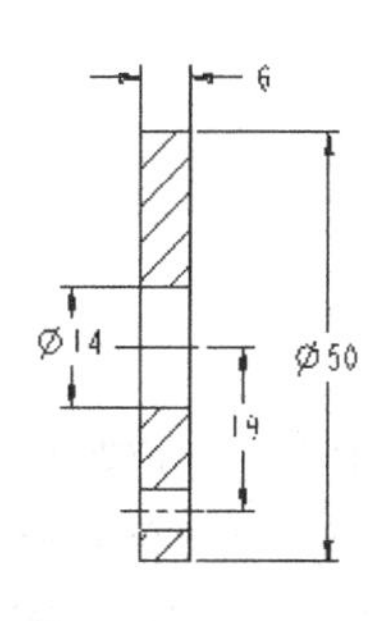

图7-147 零件4

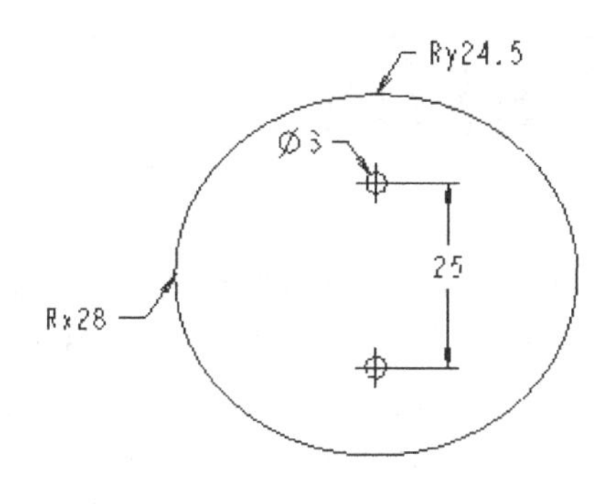

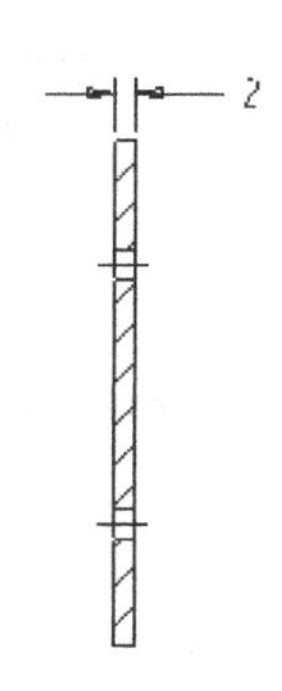

图7-148 零件5

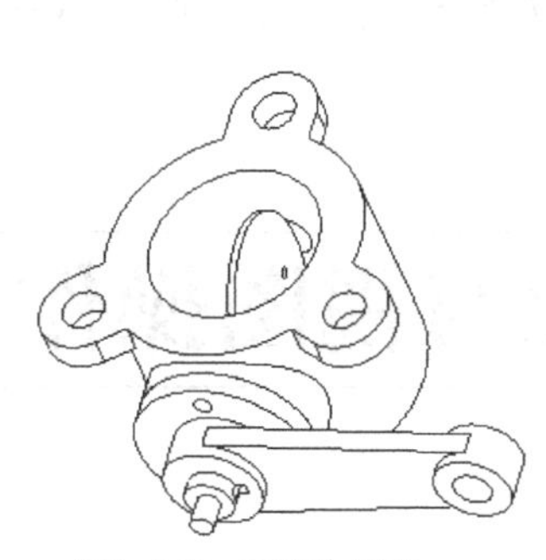

图7-149 装配体模型

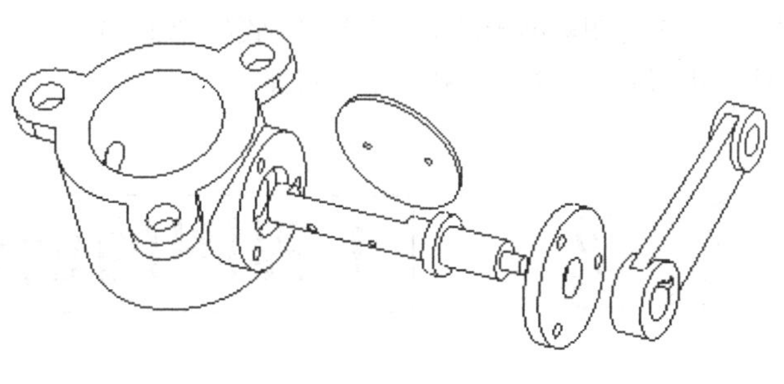

图7-150 装配体的爆炸图

第8章 制作工程图

在 UG 软件中，工程图主要是为了满足二维出图的需要，利用“建模”模块创建三维实体模型，利用“制图”模块实现从三维空间到二维空间的投影，经过变换得到二维图形，用户的主要工作是在投影视图之后，完成图纸需要的其他信息的绘制、标注、说明等。本章主要介绍 UG 软件的“制图”模块功能。

8.1 工程图概述

在利用 UG 软件进行工程设计时，产品可以完全用几何模型来表示，并且能进行各种物理特性计算以及干涉检查和运动模拟。波音飞机公司在 20 世纪 90 年代就已经实现了无纸化设计。目前在我国，完全脱离二维图纸是不现实的，图纸仍然是传递加工工艺信息的主要介质。

在 UG 软件中，工程图是三维空间到二维空间投影变换得到的二维图形，这些二维图形与三维模型相关联，用户一般不能在二维空间进行随意修改，因为它会破坏零件模型与视图之间的对应关系。用户的主要工作是在投影视图之后，完成图纸需要的其他信息的绘制、标注及说明等。工程制图的内容主要包括：工程图标准的设定、图纸的确定、视图的布局、各种符号的标注（中心线、粗糙度）、尺寸标注、几何形位公差标注和文字说明等。

8.2 工程图的创建与视图操作

1. 创建工程图的基本步骤

（1）新建图纸，设置图纸格式，进行制图首选项设置。

（2）创建一般视图。

（3）根据设计需要，创建其他视图，如投影视图、辅助视图、详细视图、旋转视图及剖视图等，表达方法可以采用全视图、半视图或局部视图等。

（4）进行尺寸及其他技术指标的标注。

（5）对工程图进行编辑。

（6）填写明细栏。

注意 制作工程图时需先创建三维模型。

2. 工程图创建与视图操作实例

【例8-1】 根据三维实体模型，创建三视图和正等测图。

操作步骤如下。

（1）新建图纸

① 单击 开始 →【制图】选项，或者单击图标，进入“制图”模块，系统弹出“工作表”对话框，如图8-1所示。

② 在图8-1中，在“图纸页名称”中设定图纸名称为SHT8-1，在下拉列表中选择标准图纸A4的尺寸。

③ 在“比例”文本框中设定比例值为1。

④ 设定图纸单位为毫米。

⑤ 设定投影角度为“第一象限角投影”。

⑥ 单击【确定】按钮。

（2）创建视图

① 系统弹出“基本视图”对话框，另一种方法是单击“基本视图”图标，如图8-2所示。

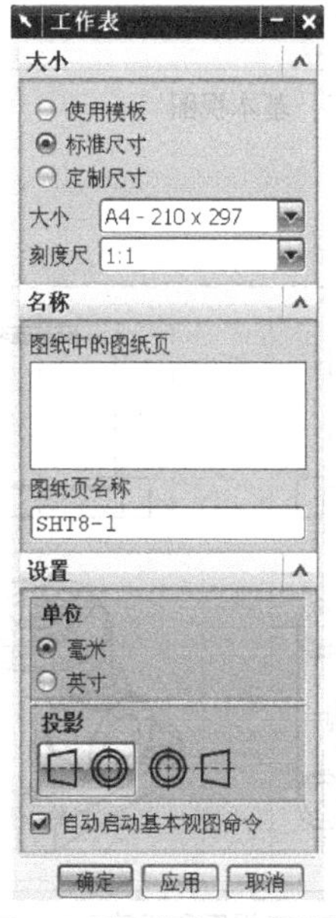

图8-1 “工作表”对话框

图8-2 创建基本视图

在模型视图下拉列表中选择“前视图”选项，确定前视图位置，生成图 8-3 所示的主视图。

② 建立其余投影视图。当生成图 8-3 所示主视图后，系统将自动进入图 8-4 所示的“投影视图”创建状态。另一种方法是单击“投影视图”图标进入。如果需要改变投影方向，可选反转投影方向选项。在图纸中移动鼠标到适当的位置，单击鼠标左键，可以得到图 8-5 所示的基本视图，完成后，单击鼠标中键或按【Esc】键退出。

③ 创建正等测视图。单击“基本视图”图标，弹出对话框，在下拉列表中选择“正等测视图”，如图 8-6 所示。移动鼠标确定正等测视图位置，单击鼠标左键，完成图 8-7 所示的视图，按鼠标中键退出。

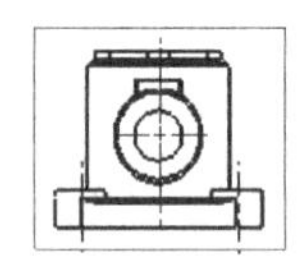

图8-3 主视图

图8-4 创建投影视图

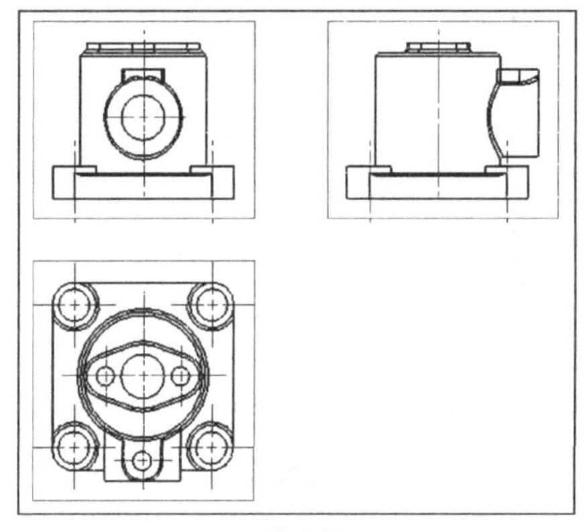

图8-5 基本视图

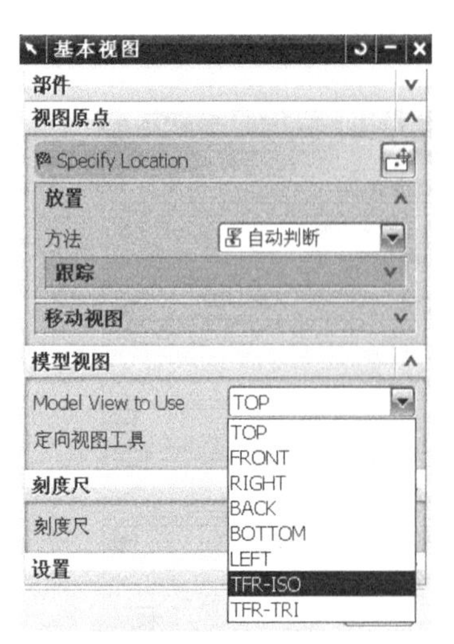

图8-6 创建正等测视图

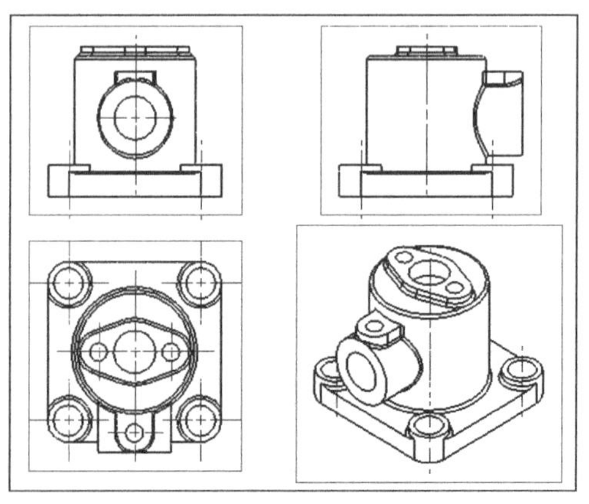

图8-7 三视图和正等测图

3. 视图创建与视图操作实例

【例 8-2】 根据三维实体模型，创建向视图、局部视图和正等测图。

操作步骤如下。

（1）创建图纸

如果未进入“制图”模块，单击 开始·→【制图】，或者单击图标进入；如果已进入“制图”模块，则单击“新建图纸页”图标，弹出“工作表”对话框，如图 8-8 所示进行设定，单击【确定】按钮。

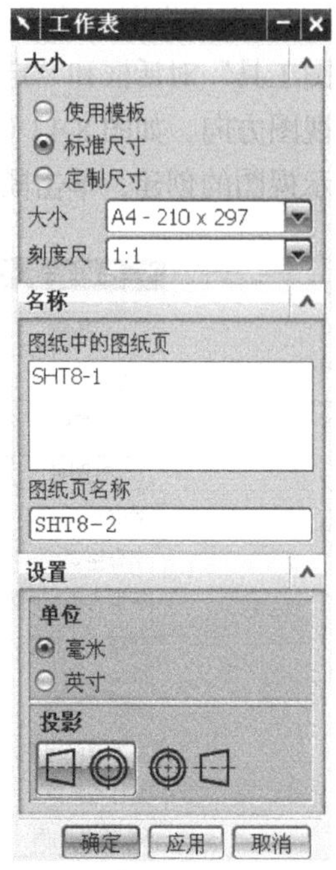

图8-8 “工作表”对话框

（2）创建视图

① 创建主视图：单击“基本视图”图标，弹出图 8-9 所示的对话框。在下拉列表中选择“右视图”选项，生成图 8-9 所示的主视图，单击鼠标中键完成。

② 创建向视图：单击投影视图图标，在图纸中移动鼠标，单击鼠标左键，可以得到图 8-10 所示的向视图，单击鼠标中键或按【Esc】键退出。

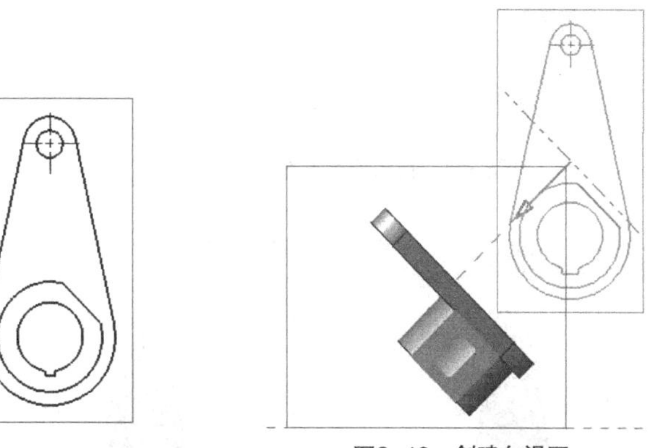

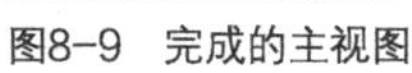
图8-9 完成的主视图

图8-10 创建向视图

③ 局部详图首选项：单击【制图首选项】→【视图标签首选项】，或单击视图标签首选项图标，系统弹出“视图标签首选项”对话框，选择“局部放大图”选项卡，如图 8-11 所示进行设置，单击【确定】按钮。

④ 创建局部放大图：单击“局部放大图”图标，系统弹出“局部放大图”对话框，在类型栏中单击圆形图标，选取中心位置作为局部详图的中心，拖动鼠标，在视图中选取一点确定局部详图的大致区域，接着在“局部放大图”对话框的刻度尺选项如图 8-12 所示下拉列表中选择比例，在文本框中输入比例值“3:1”，最后移动光标即可将局部详图加到工程图中指定的位置，如图 8-12 所示。

⑤ 创建正等测视图：单击“基本视图”图标，弹出对话框，在下拉列表中选择“正等测视

图”，但该视图方位不太合适，单击“定向视图工具”图标，如图 8-13（a）所示，弹出“定向视图工具”对话框和“定向视图”预览窗，在预览窗中按住鼠标中键，移动鼠标旋转视图确定正等测视图方向，如图 8-13（b）所示，单击鼠标中键，确定视图位置，单击鼠标左键完成图 8-13（c）所示视图的创建，单击鼠标中键退出。

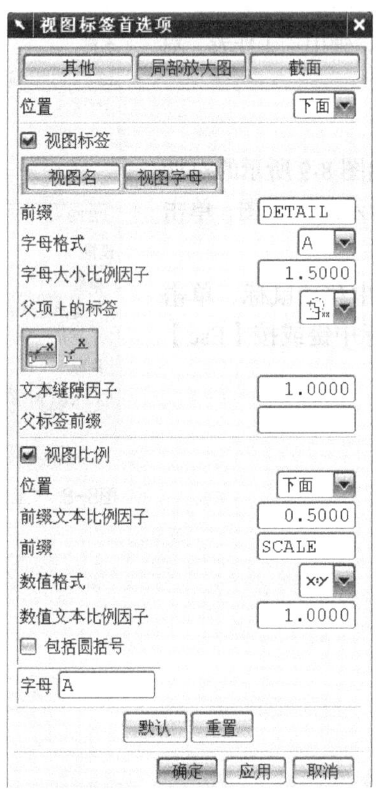

图8-11　视图标签首选项

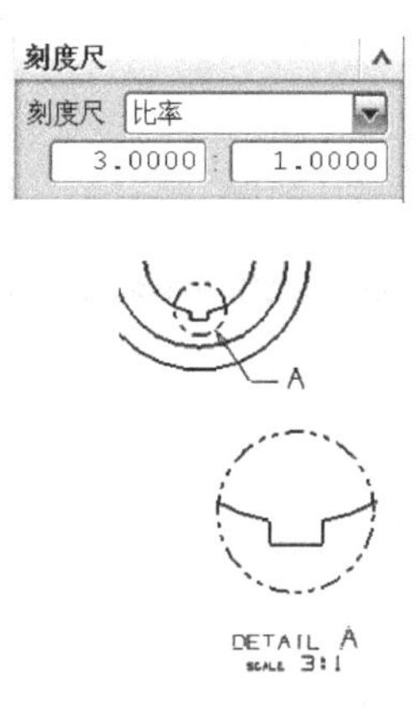

图8-12　创建局部详图

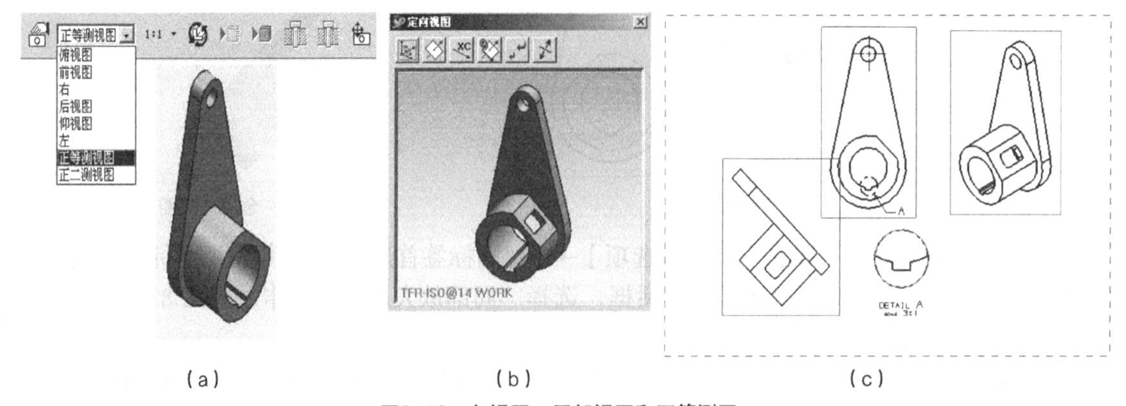

图8-13　向视图、局部视图和正等测图

⑥ 隐藏视图边界：视图边界如图 8-13 所示，单击【首选项】→【制图】，弹出“制图首选项”对话框，如图 8-14 所示，选择“视图”选项卡，去除“边界”中【显示边界】复选框，单击【应用】按钮，结果如图 8-15 所示。

图8-14 制图首选项

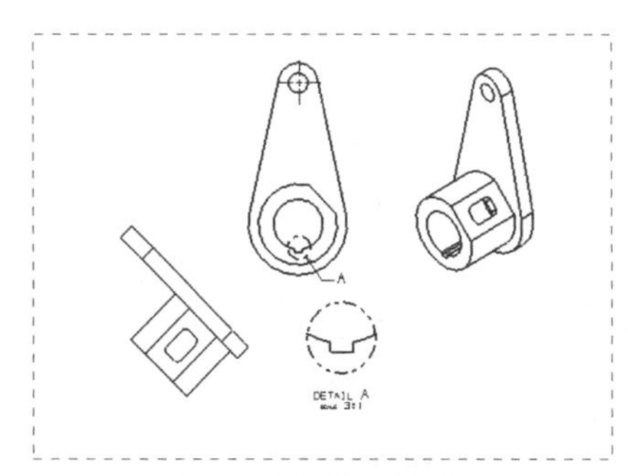
图8-15 隐藏视图边界

4. 视图管理

视图生成后，需要调整视图位置、删除视图、改变视图的参数等，这些内容可归结为视图管理。

（1）删除视图

- 方法一：选择需要删除的视图，单击✕图标，即可删除。如果删除的是一个剖视图的父视图，则剖视图也将被删除。
- 方法二：选择需要删除的视图，单击鼠标右键，在快捷菜单中选择【删除】。

（2）移动/复制视图

用来调整视图位置，移动/复制视图的步骤如下。

① 单击【编辑】→【视图】→【移动/复制视图】，或选择图标，弹出图8-16所示的对话框。

② 选择需要进行移动或复制的视图，从对话框中选择一种移动方法。（如果选错视图，可单击图标【取消选择视图】按钮重选。）对话框中的几种移动方法如下。

- 至一点：用鼠标左键拖动视图到目标点。
- 水平：保证 Y 方向不变，沿 X 方向移动/复制视图。
- 竖直：保证 X 方向不变，沿 Y 方向移动/复制视图。
- 垂直于直线：视图的移动方向，沿着与折页线垂直的方向移动。
- 至另一图纸：将视图移动到其他图纸上。

③ 如果复制视图，则选择【复制视图】复选框。

④ 指定视图位置。如果精确定位视图，则选择【距离】复选框，输入距离值，移动鼠标确定视图位置。

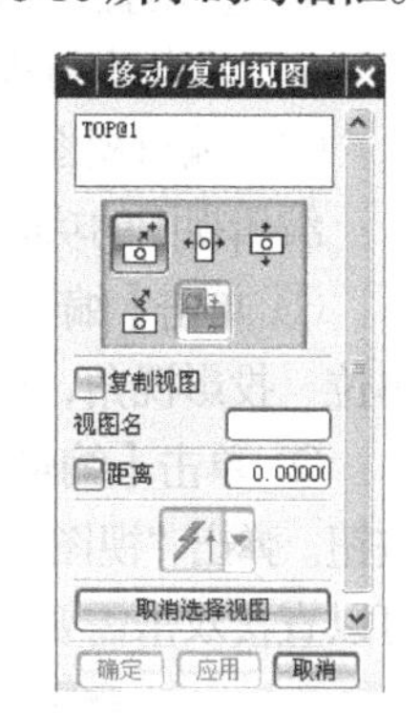

图8-16 “移动/复制视图”对话框

（3）对齐视图

如图8-17所示，对于未对齐的视图，可以将其对齐。其中一个为静止视图，与之对齐的为对齐视图。用户在静止视图和移动视图上要分别指定对应点，对齐视图的步骤如下。

① 单击【编辑】→【视图】→【对齐视图】，或选择图标，弹出图8-18所示的“对齐视图”对话框。

② 选择对齐点选项为“视图中心”。对应点有3种选项，其含义如下。

- 模型点：选择模型上的点。
- 视图中心：各视图的中心点。
- 点到点：以指定的点为对齐对应点。

③ 选择静止视图，选择要对齐的视图。

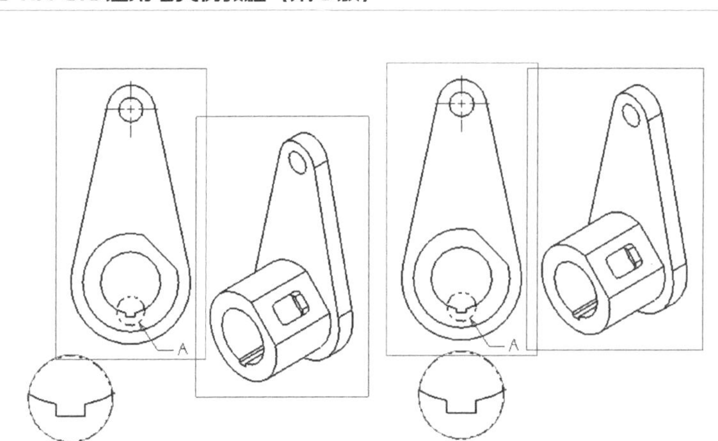

图8-17 视图对齐

图8-18 “对齐视图”对话框

④ 选择对齐类型，单击【应用】按钮，完成对齐操作。针对要对齐的对应点，有5种对齐类型，含义如下。

- 叠加方式：对应点重合，视图重叠在一起。
- 水平：基准点水平对齐。
- 竖直：基准点垂直对齐。
- 垂直于直线：两个基准点的连线与一条参考线垂直。
- 自动判断：根据用户选择的静止视图的方位，自动推断可能的对齐形式。

（4）编辑视图

编辑视图的功能主要包括修改视图比例、旋转视图、视图标号和比例标号等，编辑视图的步骤如下。

① 单击【编辑】→【图纸页】，弹出图8-19所示的“工作表”对话框，可修改图纸大小、比例、单位、投影视角，单击【确定】按钮。

② 单击【编辑】→【式样】，弹出“类选择”对话框，选择需要编辑的视图边界，单击【确定】按钮。弹出“视图式样”对话框，在“视图式样”对话框中选择“常规”选项卡，如图8-20所示（也可以直接双击需要编辑的视图边界，弹出“视图式样”对话框）。

图8-19 编辑视图属性

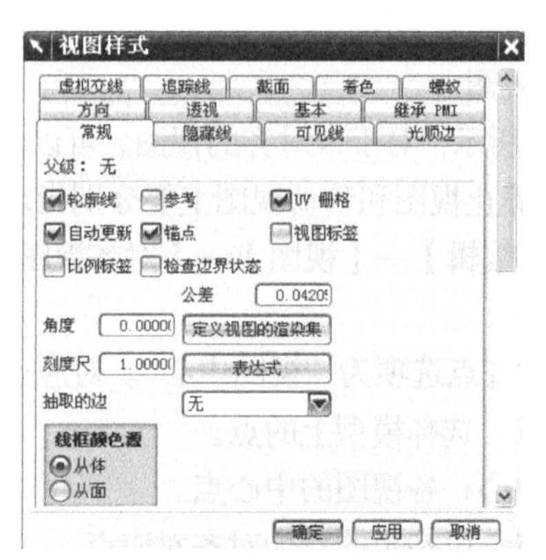

图8-20 编辑视图式样

③ 选择要修改的视图，设定要编辑的内容和参数，单击【应用】按钮即可。“视图式样”对话框中“常规”选项卡的主要选项及含义如下。

- 参考：参考视图仅以视图边框显示视图。选择该项，视图为参考视图，如图 8-21 所示。取消该项，视图恢复为正常视图。
- 角度：视图旋转角，它只能相对制图空间进行平面内的旋转，如图 8-22 所示，将视图旋转−45°。
- 比例：修改视图比例。
- 表达式：单击【表达式】按钮，弹出“表达式”对话框，可以选择一个表达式作为比例值。
- 视图标签和比例标签：如果选择这两项，在视图中显示视图标签和比例标记，如图 8-23 所示。

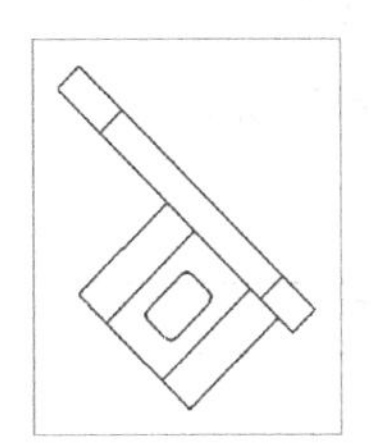
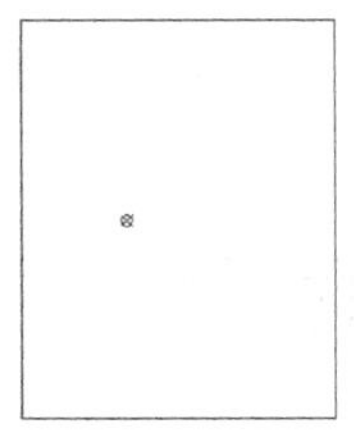

图8-21　将视图转换为参考视图

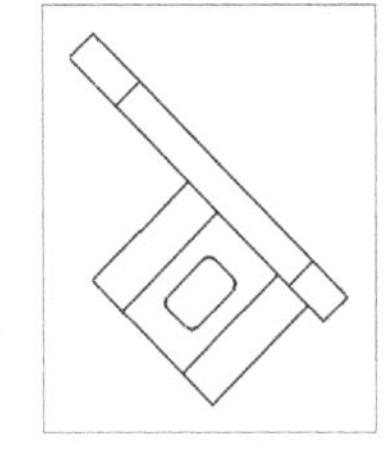
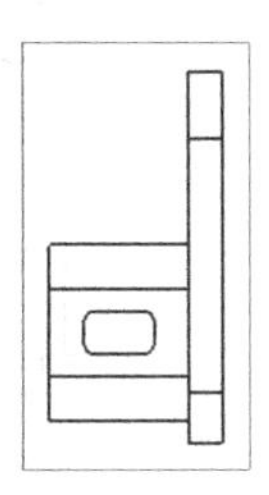

图8-22　视图旋转

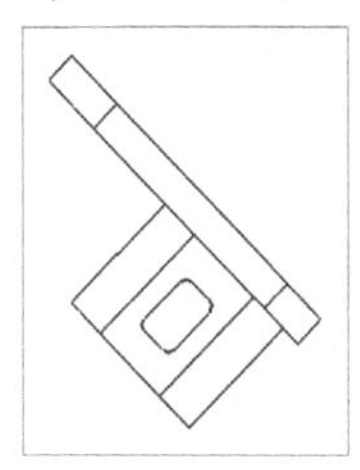
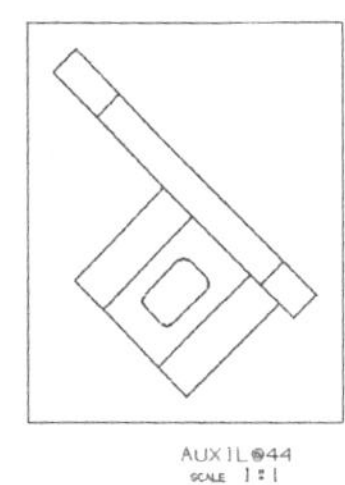

图8-23　视图标签和比例标签

剖视图

8.3.1　剖视图操作中的基本概念

- 剖切线：由剖切段、折弯段、箭头段组成，如图 8-24 所示。
- 剖切段：剖切线的一部分，用来定义剖切平面。
- 箭头段：箭头所在位置。

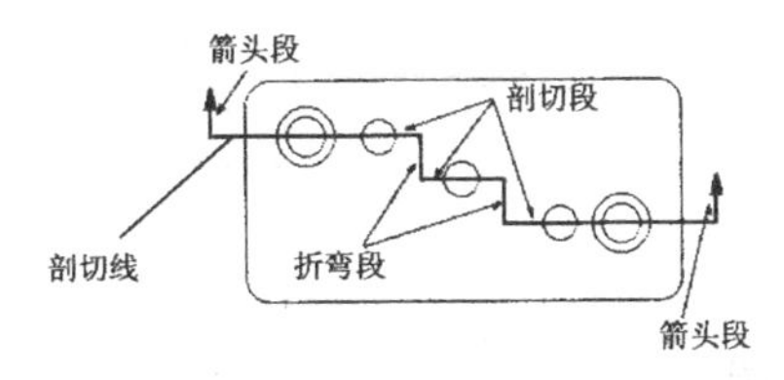

图8-24　剖视图基本概念图示

- 折弯段：非剖切位置，主要用于阶梯剖、旋转剖中连接两个剖切段。
- 简单剖视图：只包含一个剖切段和两个箭头段，用一个直的剖切平面通过整个零件，如图 8-25 所示。
- 半剖视图：用于对称零件，它由一个剖切段、一个箭头段和一个折弯段组成，最终将剖开部分和未剖部分展现在一个视图中，如图 8-26 所示。
- 局部剖视图：用于局部表现零件不可见部分结构，需要定义剖切范围、切削基点、投影方向等，如图 8-27 所示。
- 阶梯剖视图：阶梯剖含有多个互相平行的剖切段，剖切段之间由折弯段连接，如图 8-28 所示。
- 旋转剖视图：旋转剖包含两段，每段由若干个剖切段、折弯段和箭头组成，它们相交于旋转中心，剖切线都绕同一个旋转中心旋转，所有的剖切面展开在一个公共平面上，如图 8-29 所示。

● 展开剖视图：展开剖是不含折弯段的连续剖切段相接的剖切方法，最终将它们展开在一个平面上，如图 8-30 所示。

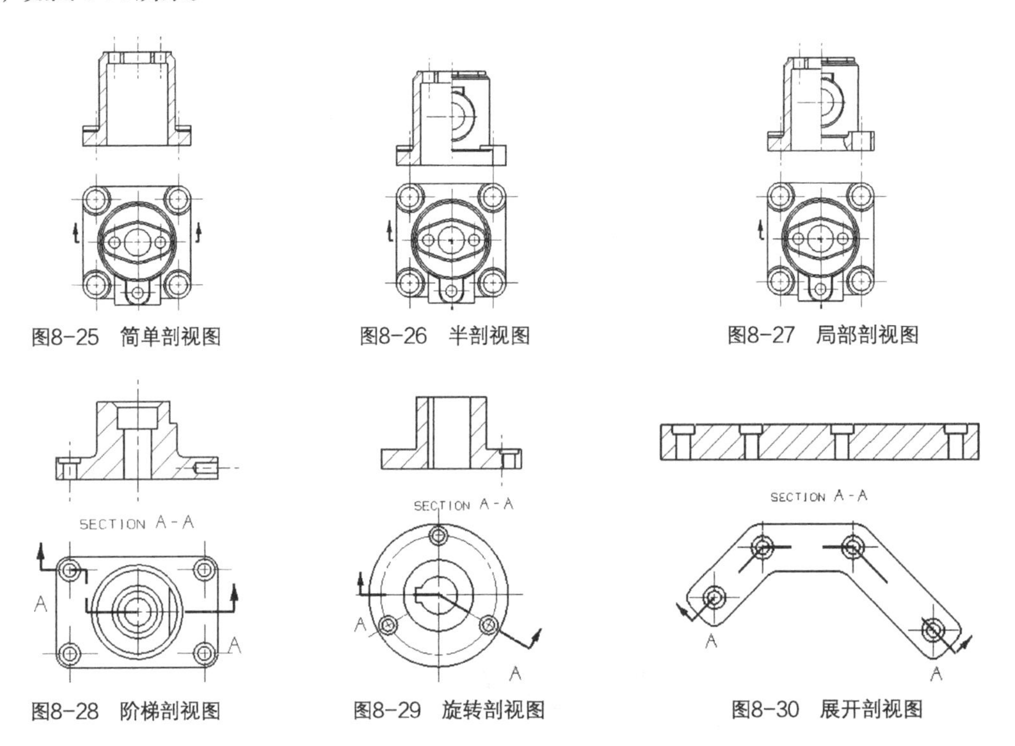

图8-25 简单剖视图　图8-26 半剖视图　图8-27 局部剖视图

图8-28 阶梯剖视图　图8-29 旋转剖视图　图8-30 展开剖视图

8.3.2 剖视图创建实例

【例 8-3】 由已有的父视图创建简单剖视图、半剖视图和局部剖视图。

操作步骤如下。

（1）设置剖面线显示。

① 单击【首选项】→【剖面线】，弹出“剖面线首选项”对话框。

② 如图 8-31 所示进行设置，单击【确定】按钮，完成设置。

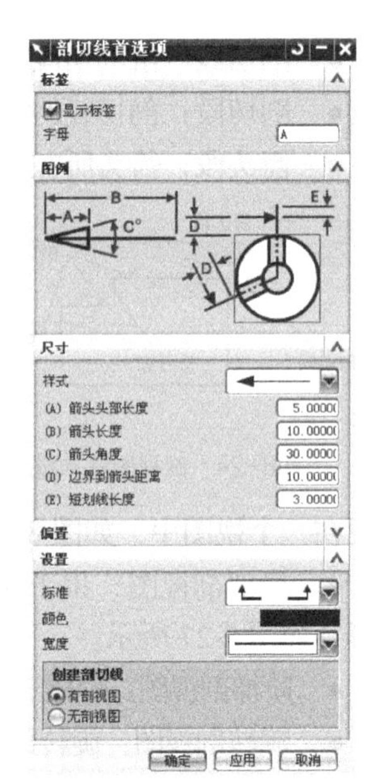

图8-31 “剖切线首选项”对话框

（2）创建全剖视图。

① 单击“全剖视图”图标，选择图 8-32 所示视图为父视图，利用光标选取中心点作为切削处。

② 移动鼠标确定视图的位置（单击图标可以切换投影方向），如图 8-33 所示。

（3）创建半剖视图。

① 删除步骤（2）中所创建的全剖视图。

② 单击“半剖视图”图标，选择图 8-32 所示视图为父视图，利用光标选取中心点作为切削处。

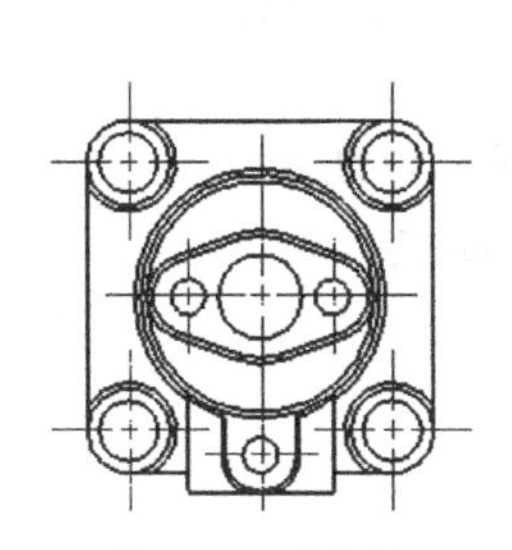

图8-32 父视图

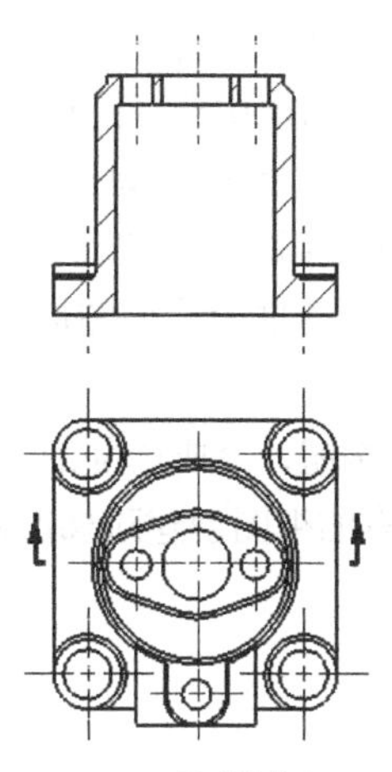

图8-33 简单剖视图

③ 利用光标选取中心点作为折弯处。

④ 移动鼠标确定视图的位置（单击✗图标可以切换投影方向），如图 8-34 所示。

（4）创建局部剖视图。

① 选择第（3）步中所创建的半剖视图边界，单击鼠标右键，在弹出的快捷菜单中选择【扩展成员视图】选项，单击【插入】→【曲线】→【样条】，绘制样条曲线作为剖切边界，如图 8-35 所示。单击鼠标右键，在弹出的快捷菜单中选择【扩展】，回到视图空间。

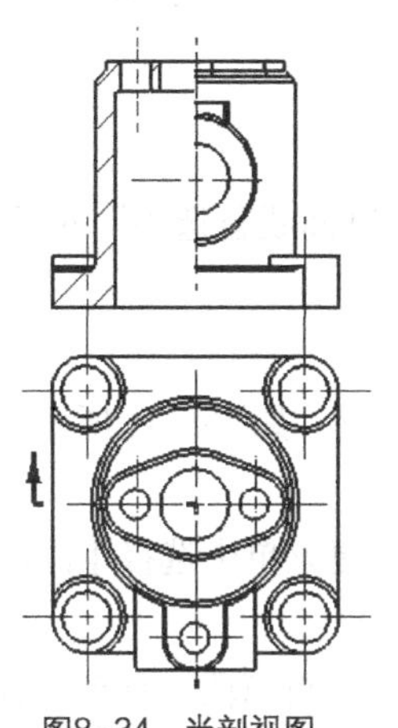

图8-34 半剖视图

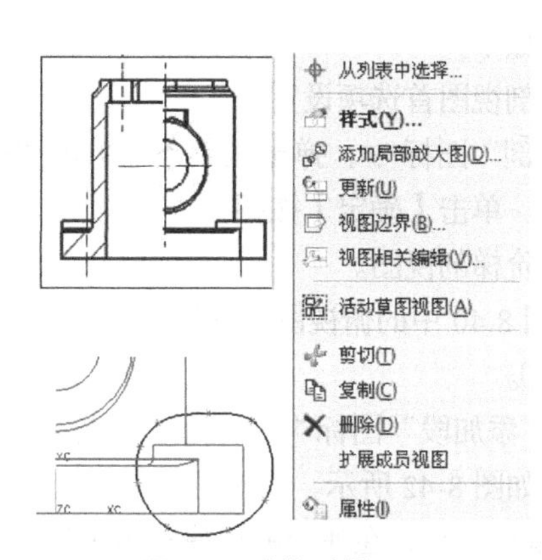

图8-35 剖切边界

② 单击“局部剖”图标，弹出图 8-36 所示的对话框，选择主视图作为创建局部剖的视图，弹出图 8-37 所示的对话框。

图8-36 “局部剖”对话框

图8-37 “局部剖”对话框

③ 在“局部剖”对话框中选择图标，选择剖切基点，如图 8-38 所示。

④ 在“局部剖”对话框中选择图标，定义拉伸矢量，如图 8-38 所示。

⑤ 在“局部剖”对话框中选择图标，选择剖切边界曲线，形成封闭区域，从基点处向前拉伸，并且将被零件布尔减运算，如图 8-38 所示。

⑥ 在“局部剖”对话框中选择图标，单击曲线上的红色圆圈，移动鼠标，可以修改曲线的边界。

⑦ 单击【应用】按钮，完成局部剖视图的创建，如图 8-39 所示。

【例 8-4】 由已有的视图创建阶梯剖视图，如图 8-40 所示。

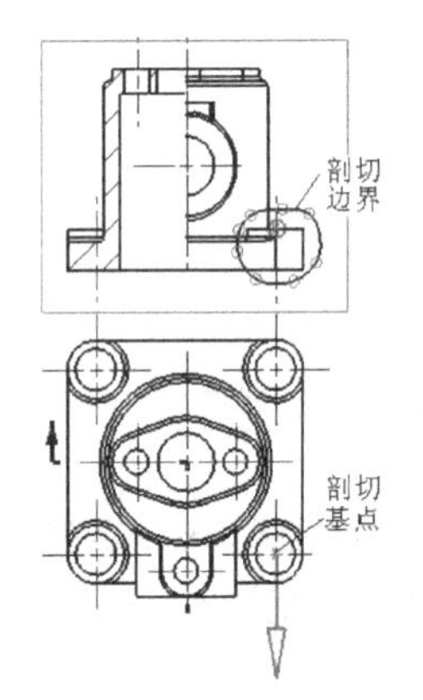

图8-38 选择基点、定义拉伸矢量

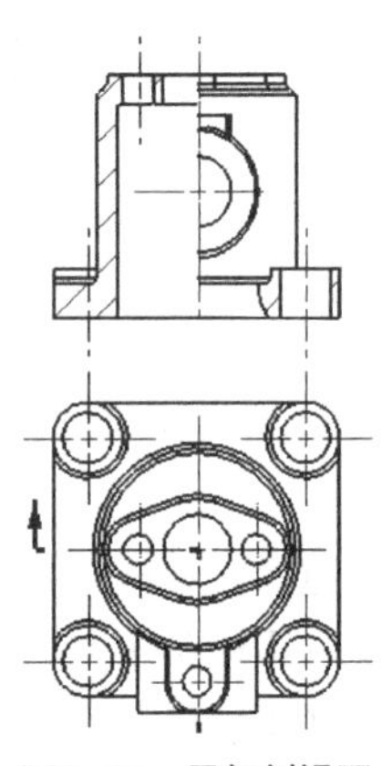

图8-39 局部剖视图

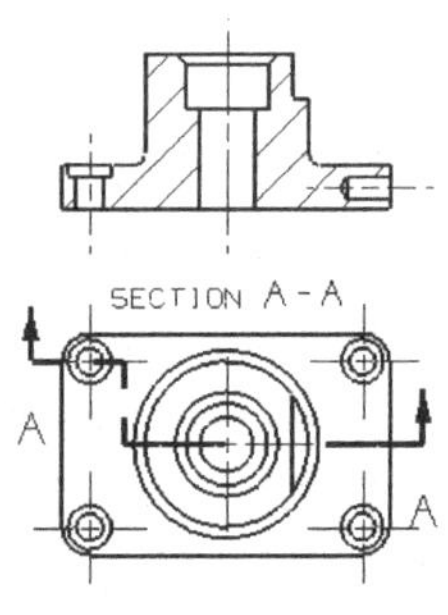

图8-40 阶梯剖视图

操作步骤如下。

（1）进行剖视图首选项设置。

单击“全剖”图标，弹出工具条，单击图标，弹出“剖面线首选项”对话框，如图 8-31 所示进行设置。单击【确定】按钮。

（2）创建阶梯剖视图。

① 选择图 8-40 中的俯视图，利用光标选取中心点作为切削处，如图 8-41 所示（单击图标可切换投影方向）。

② 单击“添加段”图标（或单击鼠标右键，在弹出的快捷菜单中选择【添加段】），选择第二个剖切点，如图 8-42 所示。

③ 单击鼠标右键，在弹出的快捷菜单中选择【移动段】，单击折弯段，移动鼠标，将折弯段移动到合适的位置，单击鼠标左键。

④ 移动鼠标确定视图的位置，完成阶梯剖视图的创建，如图 8-43 所示。

【例 8-5】 由已有的视图创建旋转剖视图，如图 8-44 所示。

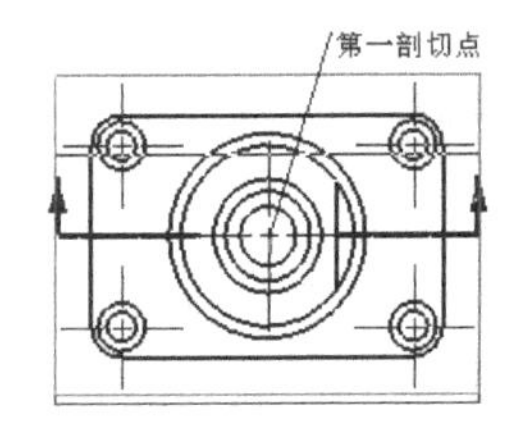

图8-41 选择第一个剖切点

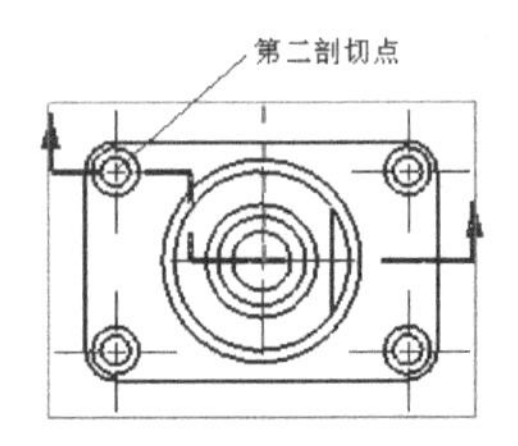

图8-42 选择第二个剖切点

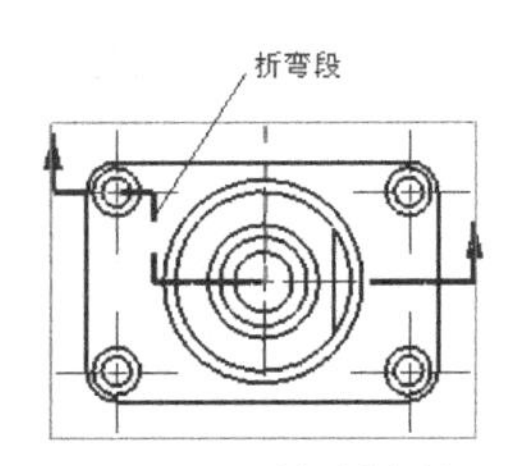

图8-43 选择折弯处

操作步骤如下。

（1）进行剖视图首选项设置。

单击“旋转剖”图标，弹出工具条，单击图标，弹出剖面线显示对话框，如图 8-31 所示进行设置，单击【确定】按钮。

（2）创建旋转剖视图。

① 选择图 8-44 中的俯视图，利用光标选取中心点作为旋转点，如图 8-45 所示。

② 移动鼠标，选定两个剖切基点，单击图标可切换投影方向，如图 8-46 所示。

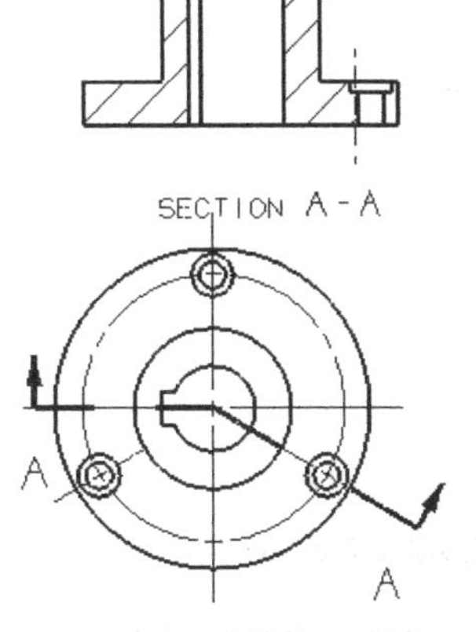

图8-44 旋转剖视图

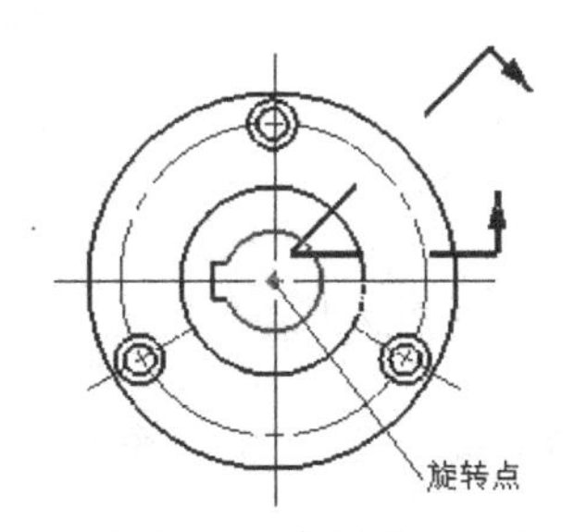

图8-45 选择旋转点

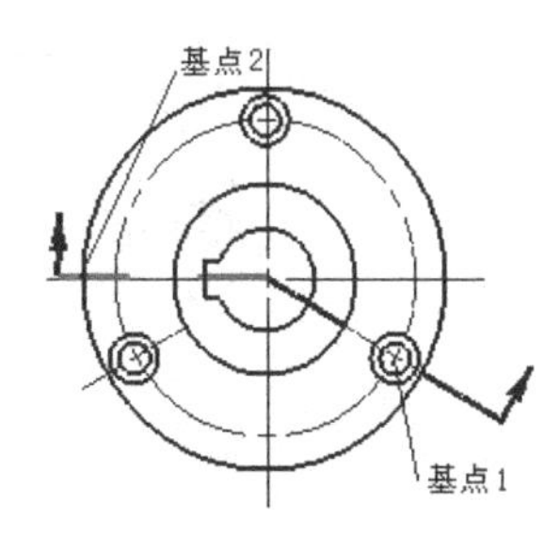

图8-46 选择剖切基点

③ 移动鼠标确定视图的位置，单击鼠标左键，完成旋转剖视图的创建，如图 8-44 所示。

【例 8-6】 由已有的视图创建展开剖视图，如图 8-47 所示。

操作步骤如下。

（1）单击展开的点到点剖视图图标，弹出“展开的点到点剖视图”对话框，如图 8-48 所示。

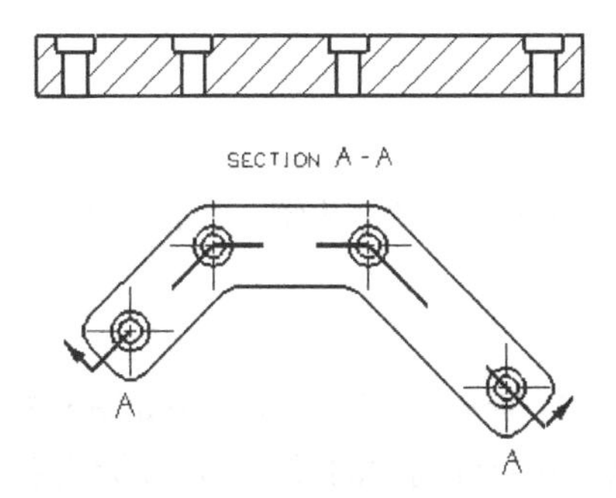

图8-47 展开剖视图

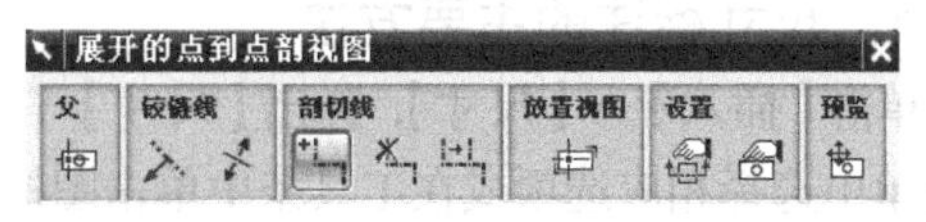

图8-48 “展开的点到点剖视图”对话框

（2）单击图标，选择图 8-47 中的俯视图为父视图。

（3）定义如图 8-49 所示直线为折页线。

（4）依次选择 4 个圆心点，单击鼠标中键或单击【确定】按钮结束选择。

点到点：指定若干点，通过连接这些点，形成各个剖切段。

（5）移动鼠标，确定视图位置，单击鼠标左键确定。如要移动剖视图，单击移动图标，重新

用光标定位。完成展开剖视图的创建，如图 8-47 所示。

单击展开剖视图线段和角度图标，弹出“展开剖视图线段和角度”对话框，如图 8-50 所示，同样可创建展开剖视图。

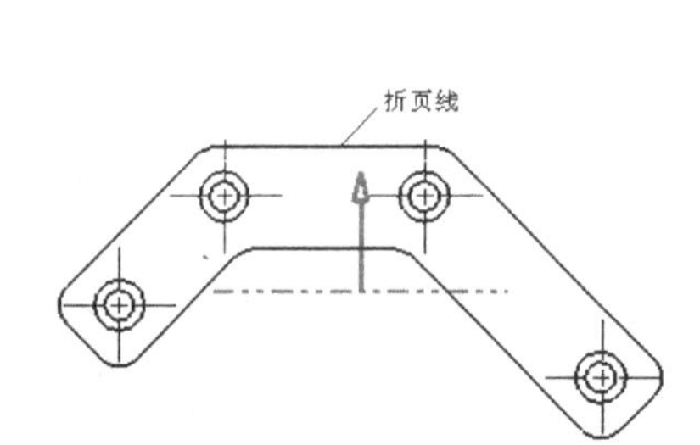

图8-49 定义折页线

图8-50 “展开剖视图线段和角度”对话框

段和角度：用各段的角度指定剖切段。每定义一个剖切段，输入一个角度，角度值是关于 *XC* 轴测量的。

8.4 尺寸和符号标注

8.4.1 尺寸标注

工程图创建后，需要对工程图进行尺寸标注，在 UG 软件中标注和修改统一在相同的对话框中，操作十分方便。

1. 尺寸标注的主要方法

单击【插入】→【尺寸】，弹出【尺寸】子菜单，如图 8-51 所示，“尺寸” 工具条如图 8-52 所示。在菜单中选择相应选项或在工具条中单击图标，可以在视图中标注对象的尺寸，尺寸标注主要方法如下。

（1）自动判断：系统根据所选对象的类型和鼠标位置自动判断创建尺寸标注。可选对象包括点、直线、圆弧、椭圆弧等。

（2）水平：选择该命令后，界面窗口将激活捕捉点工具条。利用该工具条在视图中选择定义尺寸的参考点，选择好参考点后，移动光标到合适位置，单击鼠标左键，就可以在所选的两个点之间建立水平尺寸标注。

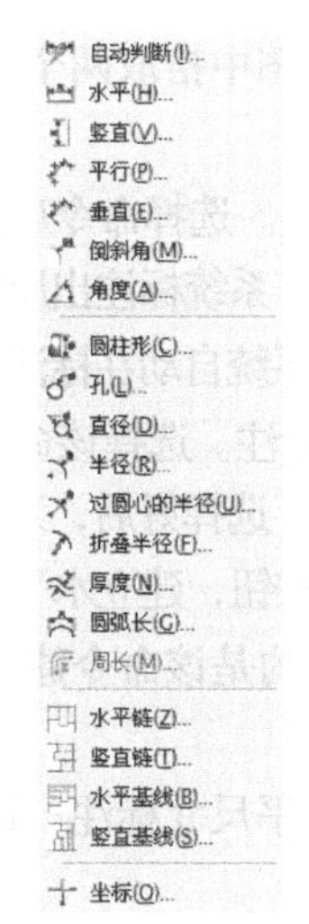

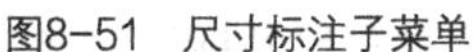
图8-51 尺寸标注子菜单

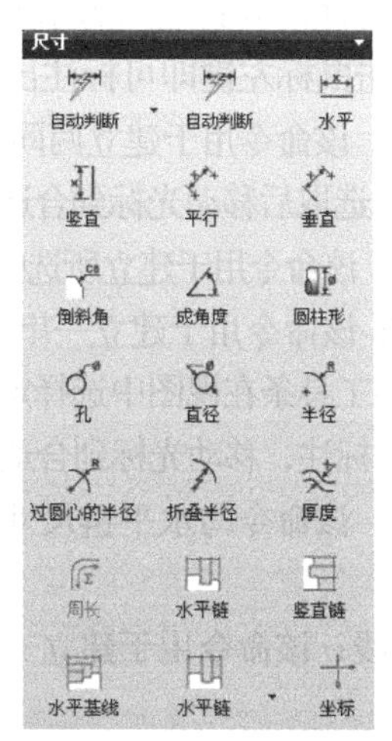

图8-52 尺寸标注工具条

（3）竖直：选择该命令后，界面窗口将激活捕捉点工具条，利用该工具条在视图中选择定义尺寸的参考点，选择好参考点后，移动光标到合适位置，单击鼠标左键，就可以在所选的两个点之间建立竖直尺寸标注。

（4）平行：选择该命令后，可在视图中选择定义尺寸的参考点，选择好参考点后，移动光标到合适位置，单击鼠标左键，就可以建立尺寸标注平行于所选的两个参考点的连线。

（5）垂直：选择该命令后，首先选择一个线性的参考对象，线性参考对象可以是存在的直线、线性中心线、对称线或者是圆柱中心线。然后利用捕捉点工具条在视图中选择定义尺寸的参考点，移动鼠标到合适位置，单击鼠标左键，就可以建立尺寸标注。建立的尺寸为参考点和线性参考之间的垂直距离。

（6）倒角：该命令用于定义倒角尺寸，但是该选项只能用于45°的倒角。在尺寸属性栏中可以设置倒角标注的文字、导引线等的类型。

（7）角度：该选项用于标注两个不平行的线性对象间的角度尺寸。

（8）圆柱形：该命令以所选两个对象或点之间的距离建立圆柱的尺寸标注。系统自动将系统默认的直径符号添加到所建立的尺寸标注上，在尺寸中可以自定义直径符号和直径符号与尺寸文本的相对关系。

（9）孔：该命令用于标注视图中孔的尺寸。在视图中选取圆弧特征，系统自动建立尺寸标注，并且自动添加直径符号，所建立的标注只有一条引线和一个箭头。

（10）直径：该命令用于标注视图中的圆弧或圆。在视图中选取圆弧或圆后，系统自动建立尺寸标注，并且自动添加直径符号，所建立的标注有两个方向相反的箭头。

（11）半径：该命令用于建立半径尺寸标注，所建立的尺寸标注包括一条引线和一个箭头，并且箭头从标注文本指向所选的圆弧。系统还会在所建立的标注中自动添加半径符号。

（12）到中心的半径：该命令也是用于建立半径尺寸标注，与“半径”方法基本相同，不同的是，该方法自动从圆心到圆弧添加一条延长线。

（13）带折线的半径：该命令用于建立大半径圆弧的尺寸标注。首先选择要建立尺寸标注的圆弧，然后选择偏置中心点和折线弯曲位置，移动光标到合适位置，单击鼠标左键建立带折线的尺寸标注。系统也会在标注中自动添加半径符号。

（14）厚度：标注两要素之间的厚度，选择该命令，在视图中拾取两个要素，拾取后移动光标，在合适的位置单击鼠标左键即可标注出两要素之间的厚度。

（15）同心圆：该命令用于建立两同心圆半径差的尺寸标注。选择命令后，在图纸中选取两个同心而不同半径的圆，选取后移动光标到合适位置，单击鼠标左键，系统标注出所选两圆的半径差。

（16）圆弧长：该命令用于建立所选弧长的长度尺寸标注，系统自动在标注中添加弧长符号。

（17）水平链：该命令用于建立一串首尾相接的水平尺寸标注。选择该命令后，系统下方出现捕捉点工具条，利用该工具条在视图中选择定义尺寸的多个参考点，选择好后，系统自动在相邻的参考点之间水平方向的尺寸标注，移动光标到合适位置，单击【确定】按钮，建立水平链尺寸标注。

（18）垂直链：该命令与水平链尺寸标注方法类似，不同的是该命令建立的是竖直方向的尺寸标注。

（19）水平基线：该命令用于建立一串具有相同基准的水平尺寸标注，选取的第一个参考点为公共基准。

（20）垂直基线：该命令用于建立一串具有相同基准的垂直尺寸标注，选取的第一个参考点为公共基准。

2. 尺寸标注属性栏

选择标注尺寸的方法后，将弹出尺寸标注属性栏，如图8-53所示，该属性栏中相关图标功能如下。

图8-53 尺寸标注属性栏

（1）值功能如下。

① 名义：设置主尺寸小数点后的位数。

② 公差样式：设置尺寸的公差类型，其默认类型为无公差。

（2）文本功能如下。

注释编辑器：可以在工程图添加必要的图形、符号，以表示零件的某些特征或形位公差等内容。

（3）设置功能如下。

① 尺寸样式：可以对尺寸、直线/箭头、文字和单位进行设置。

② 重置：重置所做的设置。

3. 尺寸标注实例

【例8-7】 在已有的视图上标注尺寸，如图8-54所示。

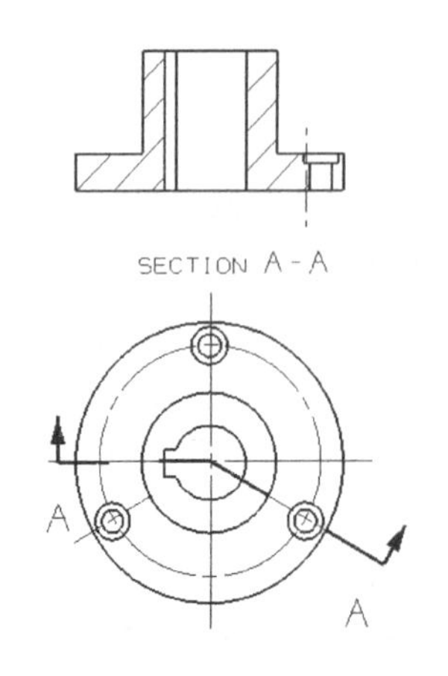

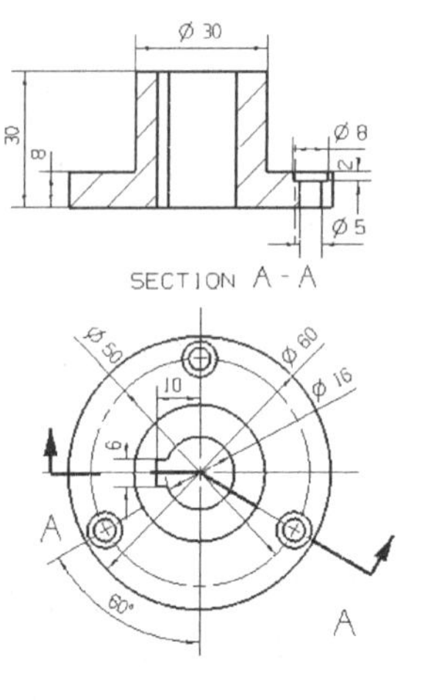

图8-54 尺寸标注实例

操作步骤如下。

（1）注释设置。单击【首选项】→【注释】，在弹出的“注释首选项”对话框中对尺寸标注式样进行设置，如图 8-55 所示，单击【确定】按钮。

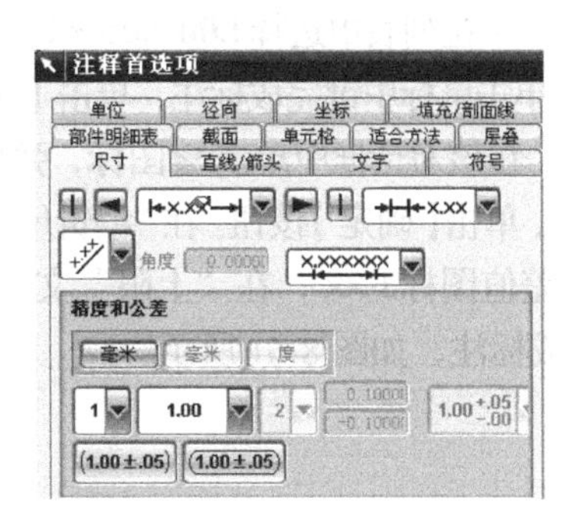

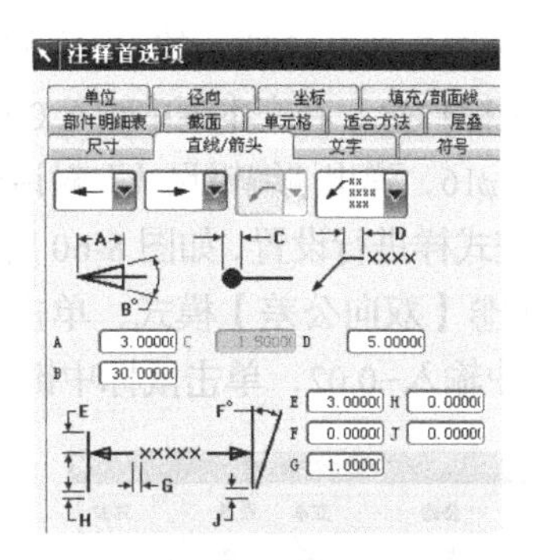

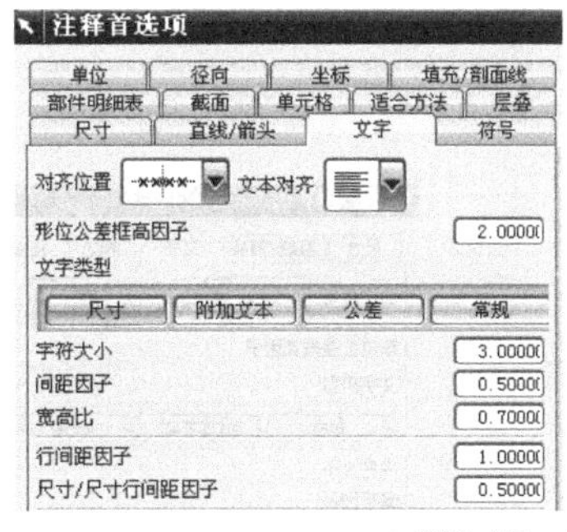

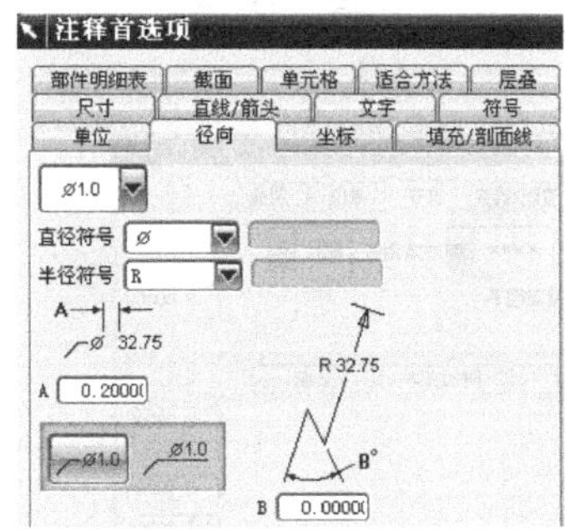

图8-55　尺寸式样设置

（2）标注尺寸。

① 选择图 8-56 所示的圆弧进行直径尺寸的标注。

② 单击△图标，进行角度标注，如图 8-56 所示。

③ 单击图标，进行圆柱形尺寸标注，如图 8-57 所示。

④ 单击图标，进行直线尺寸标注，如图 8-58 所示。

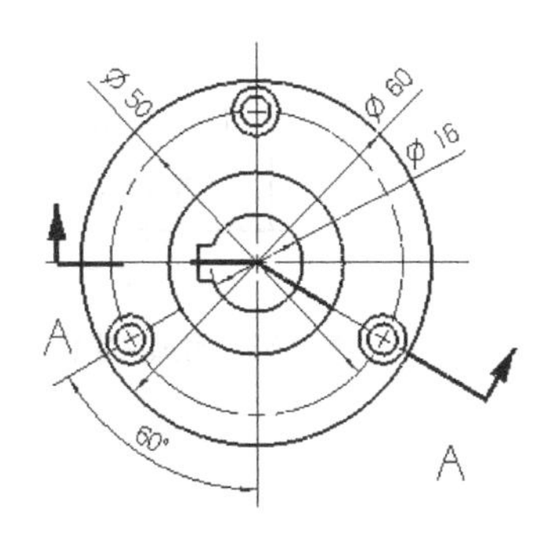

图8-56　圆弧直径及角度尺寸标注

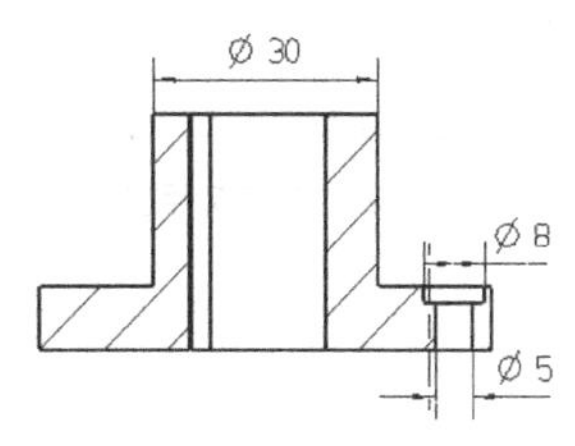

图8-57　圆柱形尺寸标注

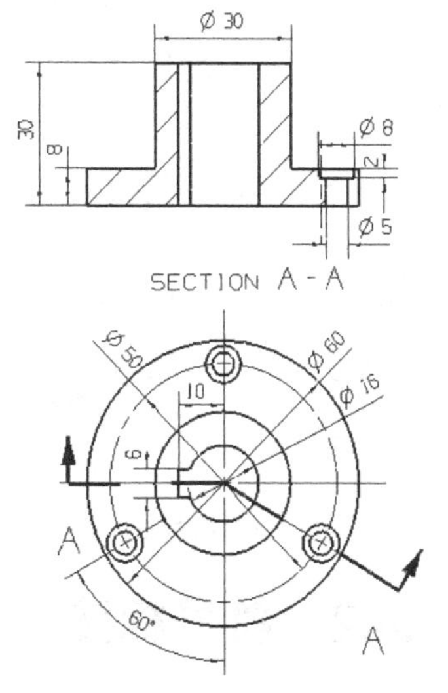

图8-58　直线尺寸标注

（3）增加尺寸公差。

① 双击键槽尺寸6，弹出“编辑尺寸”对话框，如图8-59（a）所示，在该对话框中单击A⊿图标，弹出“尺寸样式”对话框，对该尺寸公差式样进行设置，如图8-59（b）所示，单击【确定】按钮。在“编辑尺寸”对话框如图8-59（a）所示的“值”栏 1.00 下拉列表中选择1.00±.05即【双向公差，等值】模式，单击公差值图标±.XX，在文本框中输入0.1。单击鼠标中键完成标注，单击【确定】按钮。

② 双击孔尺寸$\phi16$，弹出“编辑尺寸”对话框，在该对话框中单击A⊿图标，弹出“尺寸样式”对话框，对该尺寸公差式样进行设置，如图8-60所示，单击【确定】按钮。在“编辑尺寸”对话框的 1.00 下拉列表中选择$1.00^{+.05}_{-.02}$【双向公差】模式，单击公差值图标±.XX，在“上限”文本框中输入0.05，在“下限”文本框中输入-0.02，单击鼠标中键完成标注，如图8-61所示。

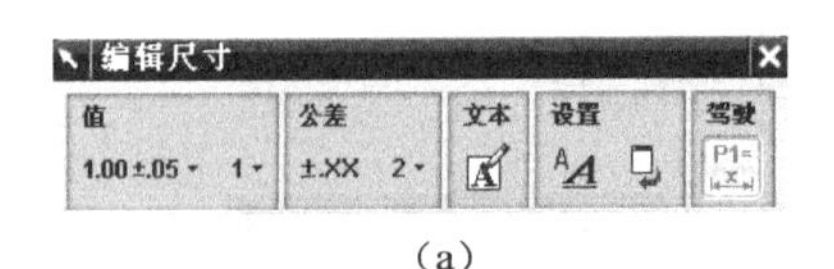

（a）

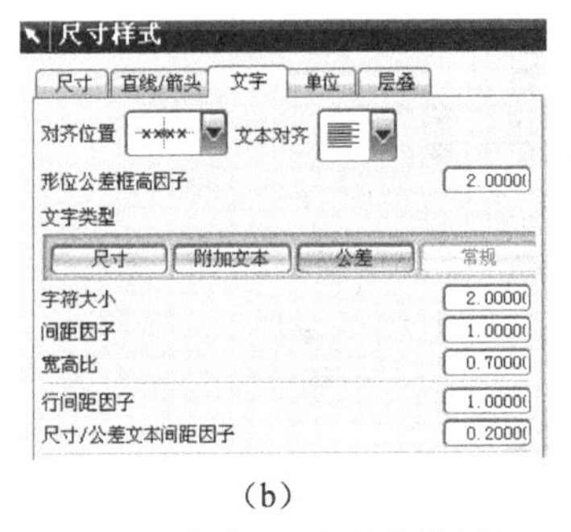

（b）

图8-59 相等的双向公差式样设置

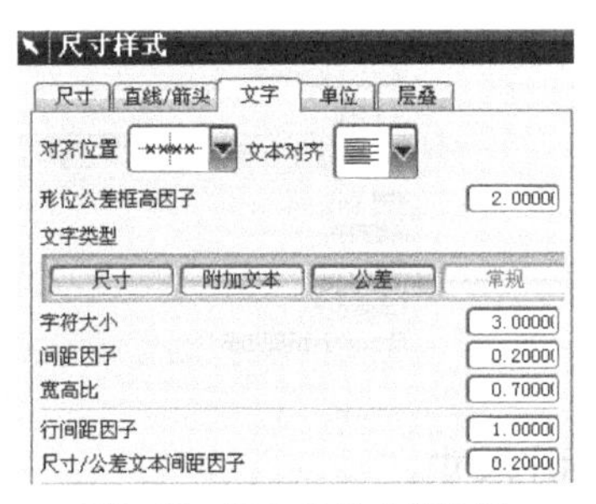

图8-60 双向公差式样设置

（4）添加尺寸字符。

① 双击孔尺寸$\phi8$，在“编辑尺寸”对话框中单击A⊿图标，对该尺寸附加文字式样进行设置，如图8-62所示，单击【确定】按钮。

② 在“编辑尺寸”对话框中单击图标，进入“注释编辑器”对话框，在编辑框中输入前缀字符“3-”，单击【在前边】图标，单击【确定】按钮，单击鼠标中键完成标注，如图8-63所示。

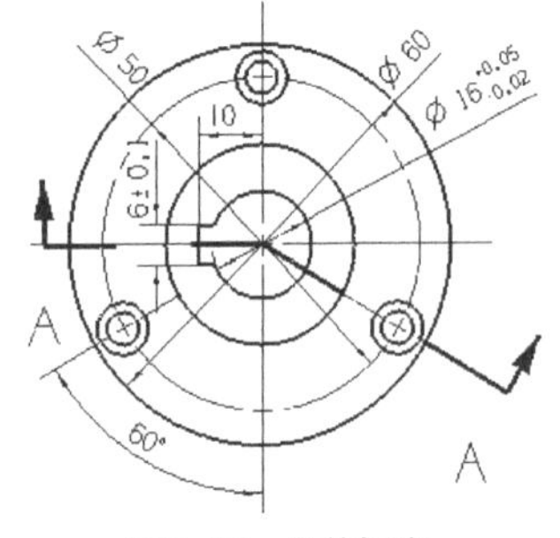

图8-61 公差标注

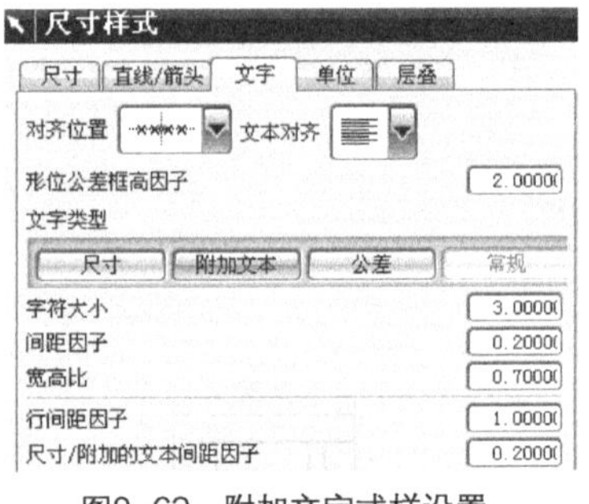

图8-62 附加文字式样设置

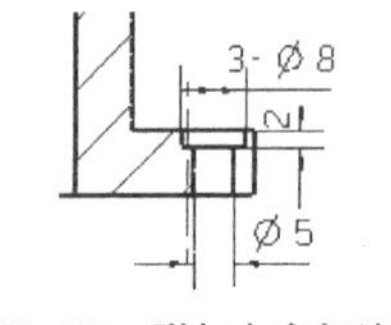

图8-63 附加文字标注

8.4.2 符号标注

在工程图中除了视图和尺寸标注外，还有其他一些标注符号，如中心线、粗糙度、形位公差、注释等与视图相关的内容需要进行标注。

1. 中心线

单击下拉菜单【插入】→【中心线】→【中心标记】，弹出“中心标记”对话框，如图8-64所示。

（1）线性中心线：适合画同一直线上分布的中心线，如图8-65所示。

孔的圆心必须共线。如果若干个孔中有的不在同一线上，系统就不在该孔上标注。

（2）完整螺纹圈中心线：适合圆周阵列分布的孔，如图8-66所示，依次选择要标注的小圆，中心线过点或弧的圆心。

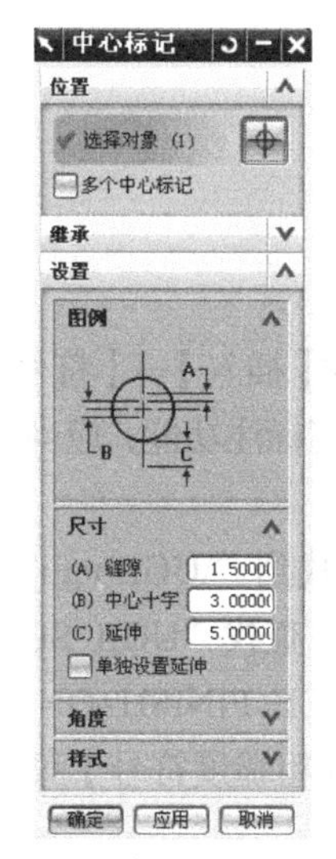

图8-64 “中心标记”对话框

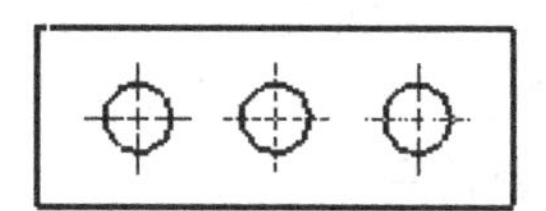

图8-65 线性中心线

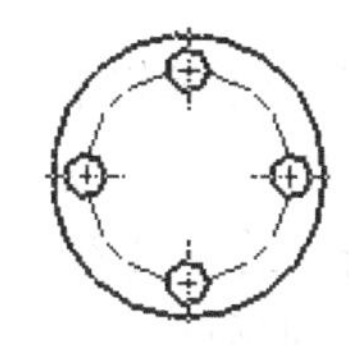

图8-66 完整螺栓圆中心线

（3）不完整螺纹圈中心线：适合圆周阵列分布的孔，绘制部分圆中心线，如图8-67所示，中心线过点或弧的圆心，标注按照选择小圆的顺序，以逆时针方向形成弧形中心线，并且至少选择3点。

（4）圆柱中心线：适合圆柱类中心线的标注，如图8-68所示，一定要在辅助选择点中选择图标。选择要标注的圆柱，并指定中心线两端的位置。

（5）不完整的圆形中心线：适合弧形中心线（显示不含十字型），如图8-69所示，选择3个点定义圆弧，方向按照点的顺序，以逆时针显示。

（6）完整的圆形中心线：适合圆形中心线，与局部圆中心线类似，但中心线为一个整圆，显示不含十字型。

（7）交点：适合于表示延长线相交的两直线交点，如图8-70所示。

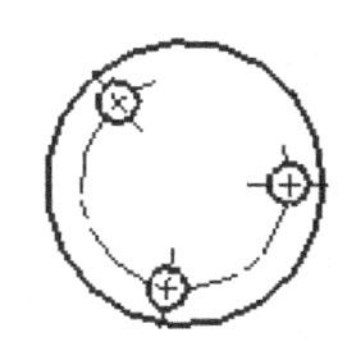

图8-67 局部螺栓圆中心线

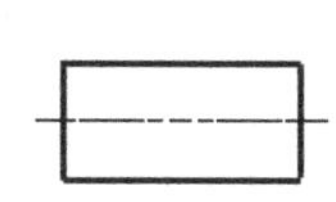

图8-68 圆柱中心线

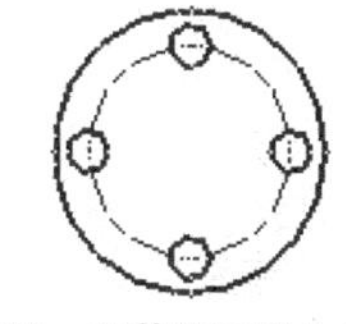

图8-69 完整的圆形中心线

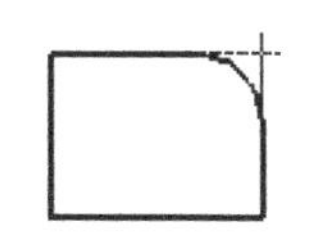

图8-70 交点中心线

局部圆周中心线和整圆中心线至少要选择3个点。

2. 标识符号

标识符号多用来表示装配图零件引出序号等。

单击“标识（ID）符号”图标或单击【插入】→【注释】→【标识符号】，弹出“标识符号”对话框，如图8-71所示。

（1）标识类型：提供各种标识符号。

（2）文本：可输入标识符号内的字符。

（3）符号大小：指定符号的尺寸大小。

（4）引出线类型：提供各种引出线的形式。

（5）指定指引线：可以指定多个引出位置。

（6）创建标识符号：在屏幕上给出符号的放置位置。

3. 表面粗糙度符号

在首次标注表面粗糙度符号时，要检查工程图模块的【插入】→【符号】子菜单中是否存在【表面粗糙度符号】，如果没有，又需要具备符合GB的粗糙度标注功能，应当在启动UG之前设定相应的环境变量值，具体设定方法如下。

退出UG NX 6.0程序，在UG NX 6.0的安装目录中找到“\UGII\ugii_env.dat”文件，用记事本软件打开该文件，利用菜单中【编辑】→【查找】功能，查找“UGII_SURFACE_FINISH”变量，将“UGII_SURFACE_FINISH=OFF”改为“UGII_SURFACE_FINISH=ON”，保存文件，然后，重新启动UG，即可在菜单【插入】→【符号】下找到【表面粗糙度符号】菜单项。单击【表面粗糙度符号】，弹出图8-72所示的对话框。

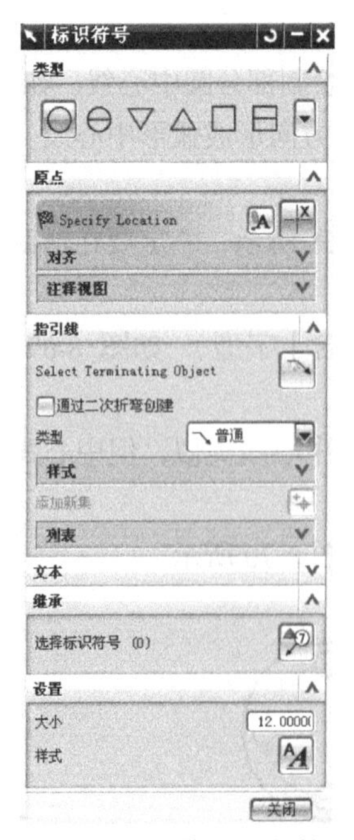

图8-71 “标识符号”对话框

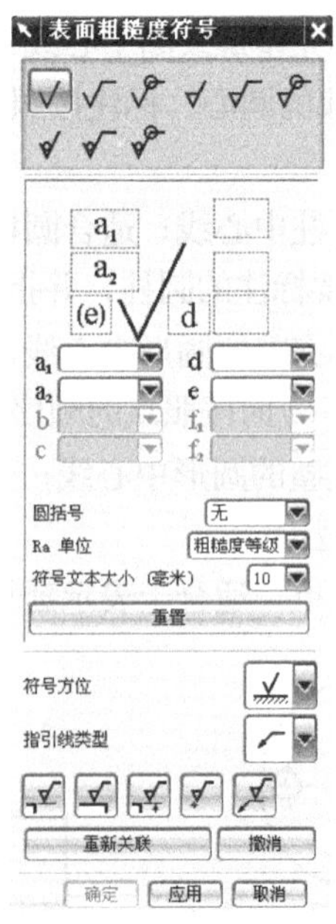

图8-72 “表面粗糙度符号”对话框

（1）粗糙度类型和字符定义：有 9 种粗糙度符号，其中和是国标中最常用的，选择类型后，输入粗糙度值，一般仅标注 a_2 位置的粗糙度值。

（2）相关标注：粗糙度符号与模型和尺寸相关，它们可以放置在边的延伸线上、零件的边上和尺寸上。

（3）非相关标注：粗糙度符号可以放在屏幕上的任何位置，放置位置可以是在点上或在指引线上。只要给出放置点，指定符号的方向为水平或垂直即可。

（4）表面粗糙度符号的修改：单击【插入】→【符号】→【表面粗糙度符号】，选择要修改的粗糙度符号，重新进行设置。

4. 形位公差与注释标注

（1）形位公差的标注。形位公差的标注是将几何、尺寸和公差符号组合在一起的符号。用户要生成一个形位公差符号，操作步骤如下。

① 方法一。

- 单击“制图注释”工具条中“特征控制框”图标，弹出“特征控制框构建器”对话框如图 8-73 所示。
- 在“特征控制框构建器”对话框中对【特性】、【形状】、【公差】、【主要】等进行设置。如图 8-73 所示。
- 单击“指引线”选项中图标，指定引出线类型，在视窗中点鼠标左键确定引出点，移动鼠标确定放置位置，点鼠标左键完成形位公差标注，单击【关闭】按钮，如图 8-74 所示。

图8-73 “特征控制”对话框

② 方法二。

- 单击【插入】→【注释】或单击“注释”编辑器图标，弹出“注释”对话框，如图 8-75（a）所示。
- 在该对话框中单击“样式”图标，弹出“样式”对话框，选择标注字体为 blockfont 型，选择文字大小，选择颜色，如图 8-75（b）所示，单击【确定】按钮。
- 返回“注释”对话框，在符合类别中单击“形位公差”图标。
- 选择公差标准 ISO 1101-1983。
- 单击图标，选择单层框架。
- 单击图标，在“形位公差符号”选项卡下单击图标 ϕ，输入数据 0.02，选择基准编号图标，如图 8-75（b）所示。
- 单击“指引线”选项中图标，指定引出线类型，在视窗中点鼠标左键确定引出点，移动鼠标确定放置位置，点鼠标左键完成形位公差标注，单击【关闭】按钮，如图 8-74 所示。

图8-74 创建形位公差标注

（2）形位公差的修改。形位公差的修改涉及标注框架、文本、箭头、符号等内容，这些修改在不同的菜单中进行，操作步骤如下。

① 单击需要修改的形位公差，单击鼠标右键，弹出快捷菜单，如图 8-76 所示。

② 在快捷菜单中选择【编辑】，进入“特征控制”对话框，如图 8-73 所示，可对文本、符号等进行修改。

③ 在快捷菜单中选择【样式】，弹出“注释”对话框，如图 8-75（a）所示，可对箭头样式、

文字类型、形位公差框高度等进行修改。

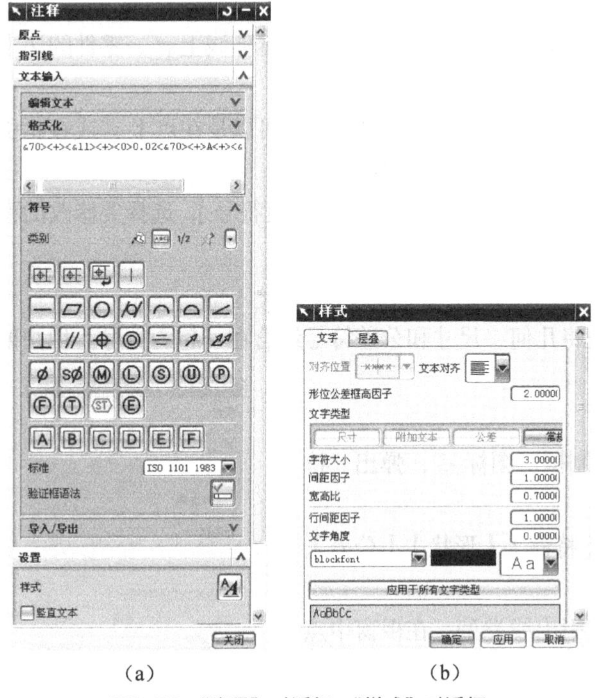

（a）（b）

图8-75 “注释”对话框、“样式”对话框

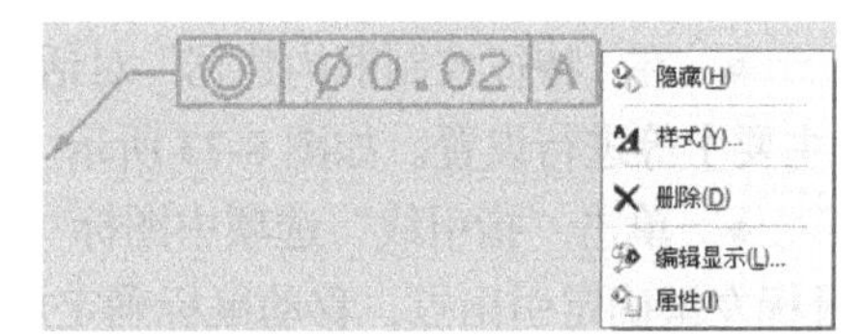

图8-76 形位公差标注编辑快捷菜单

8.5 工程图其他操作

8.5.1 文本标注

文本包括汉字和其他字符。文本编辑器的功能与 Windows 的文本编辑器（Word）功能类似。用户要生成一段文本标注，操作步骤如下。

（1）单击【插入】→【注释】或单击“注释”编辑器图标，弹出“注释”对话框，如图 8-77 所示。

（2）单击注释“样式”图标，弹出注释“样式”对话框，进行文字样式设置，单击【确定】按钮，如图 8-78 所示。

（3）直接在图 8-77 所示文本编辑框中输入文字，或单击“注释编辑器”图标，如图 8-79（a），在弹出的“文本编辑器”对话框中进行符号或文本的输入，如图 8-79（b）所示。

（4）移动鼠标确定文本位置，单击鼠标左键完成标注，如图 8-80 所示。

（5）在“文本编辑器”中选择【制图符号】选项卡，在文本框中输入文字和符号，如图 8-81 所示。

（6）在“注释”对话框中单击“指引线”图标，选择箭头方式，在标注位置按住鼠标左键确定箭头位置，移动鼠标，单击鼠标左键确定标注位置，完成标注，如图 8-82 所示。

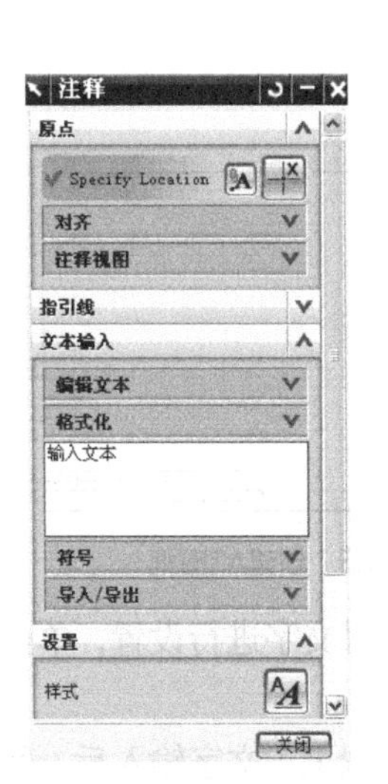

图8-77　“注释”对话框

图8-78　注释“样式”对话框

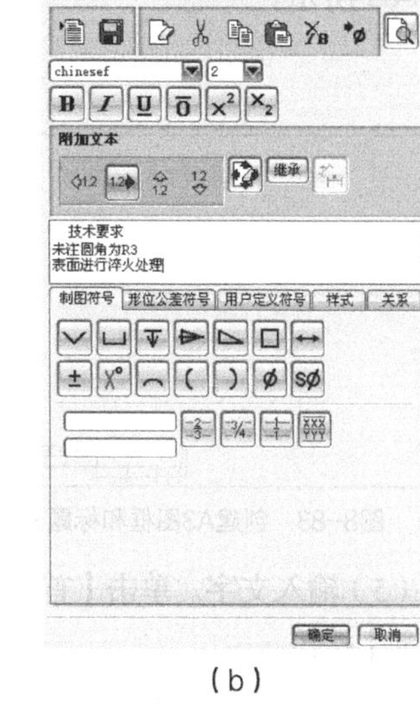

图8-79　“文本编辑器”对话框

技术要求

未注圆角为R3

表面进行淬火处理

图8-80　完成注释标注

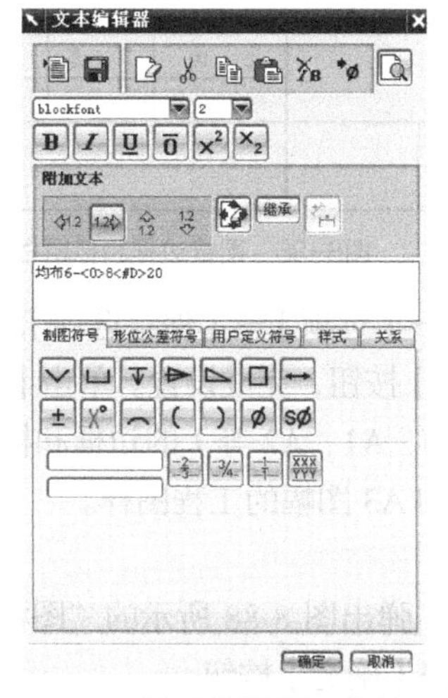

图8-81　“文本编辑器”对话框

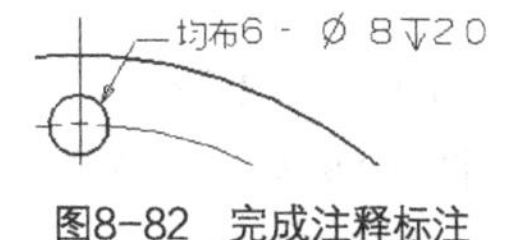

图8-82　完成注释标注

8.5.2　创建及调用工程图样

图纸可以做成模板，作为资源使用，放在右侧的资源条中，使用起来很方便。用户可以直接定义边框和标题栏，下面简单介绍模板的制作、存储及调用方法。

【例 8-8】　创建图 8-83 所示 A3 图幅的工程图样。

操作步骤如下。

（1）建立一个文件名为 A3 的新文件。单击图标，新建文档，输入文件名为“A3”。

（2）单击图标或单击【开始】→【制图】，进入“工程图”模块。

（3）单击【插入】→【图纸页】，系统弹出“工作表”对话框，在其中进行图纸设置，如图 8-84 所示，单击【确定】按钮。

（4）绘制边框和标题栏。单击【插入】→【曲线】→【直线】，用直线绘制边框和标题栏，如图 8-85 所示。

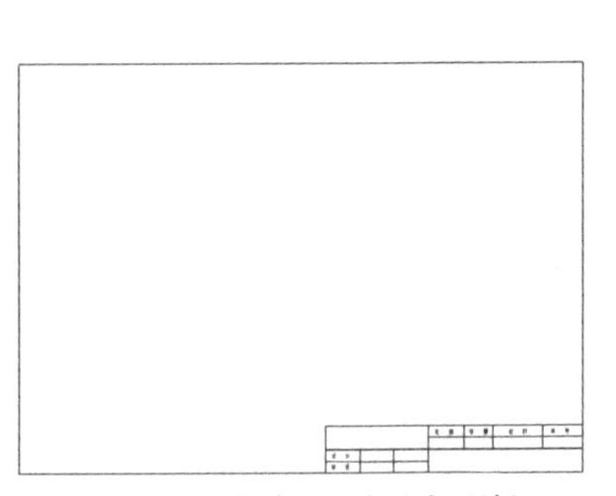

图8-83 创建A3图框和标题栏

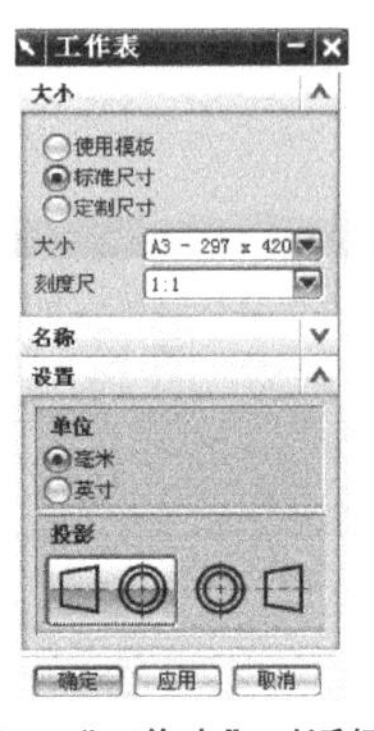

图8-84 “工作表”对话框

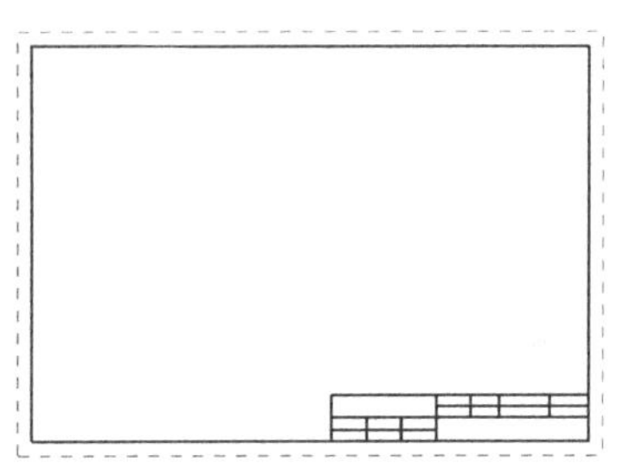
图8-85 创建A3图框

（5）输入文字。单击【首选项】→【注释】，在“注释首选项”对话框中对文字进行设置，单击【确定】按钮。

（6）单击【插入】→【注释】，在文本框中输入文字，并放置在合适的位置上（文字输入后，其位置可利用鼠标直接进行移动），如图 8-86 所示。

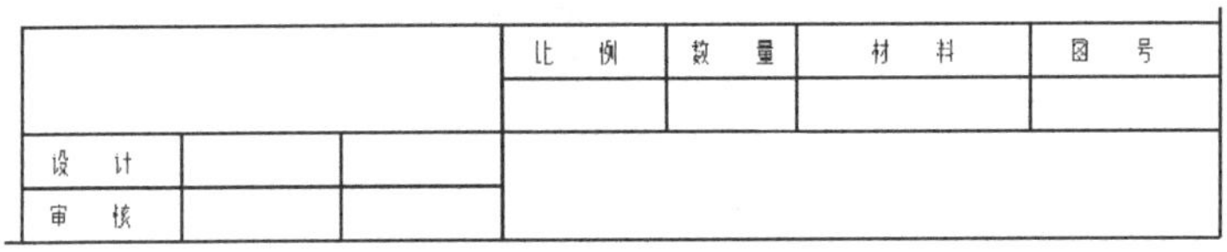

			比 例	数 量	材 料	图 号
设 计						
审 核						

图8-86 图纸边框和标题栏

（7）存储文件。单击【文件】→【选项】→【保存选项】，打开图 8-87 所示的对话框，选择【仅图样数据】单选按钮，单击【确定】按钮，完成设置。单击【文件】→【存储】，将标题栏存储，以备后用，关闭文件。其他图幅（A0、A1、A2 等）的边框和标题栏制作方法类似。

【例 8-9】 调用图 8-83 所示的 A3 图幅的工程图样。

操作步骤如下。

（1）单击【格式】→【图样】，弹出图 8-88 所示的“图样”对话框，单击【调用图样】按钮，输入图 8-89 所示的各种参数，单击【确定】按钮。

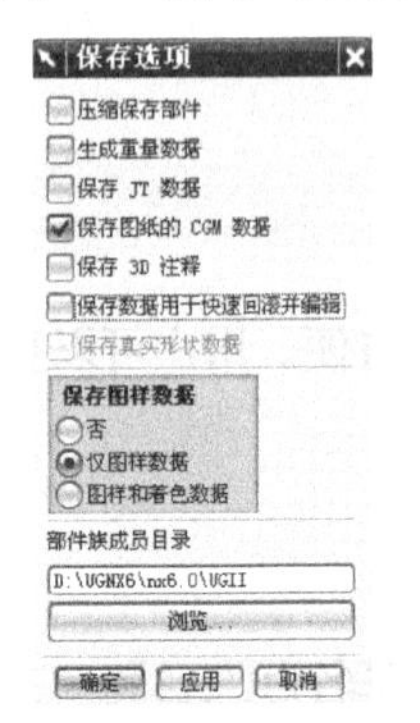

图8-87 “保存选项”对话框

图8-88 “图样”对话框

图8-89 “调用图样”对话框

（2）选择所需调用图样文件 A3.prt，单击【确定】按钮。

（3）输入图样名，单击【确定】按钮，指定图框和标题栏的位置，单击【取消】按钮关闭对话框。

8.5.3　插入表格

在制图环境下建立表格并显示在图纸上，特别适合于相似零件的尺寸标注和视图，只需要建立一份图纸，以字母标注和表格的形式表示一组零件，如图 8-90 所示，创建及编辑的操作方法如下。

【例 8-10】　创建图 8-90 所示的表格。

（1）单击“表格注释”图标或单击【插入】→【表格注释】，用光标将表格定位到工程图合适的位置，将出现图 8-91 所示的一个空白表格。

A	B	C	D	E	F
50	30	30	50	10	25
70	50	50	50	10	20
90	60	55	30	15	15

图8-90　插入表格

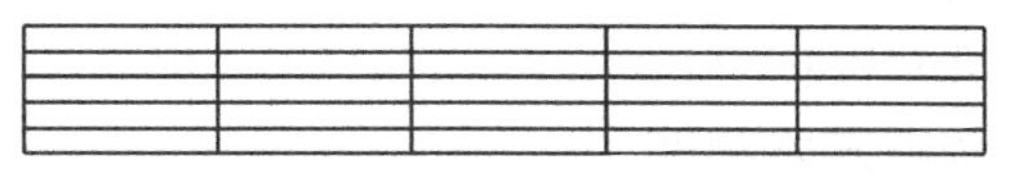

图8-91　插入空白表格

（2）在表格上移动光标，根据需要选择单元格或行、列，并类似于 Excel 程序，对行、列的高度、宽度进行改变，单击鼠标右键，弹出图 8-92 所示的快捷键，可以对表格进行“插入”、“重设大小”、“删除”等操作。

（3）双击单元格，弹出图 8-93 所示的文本框。

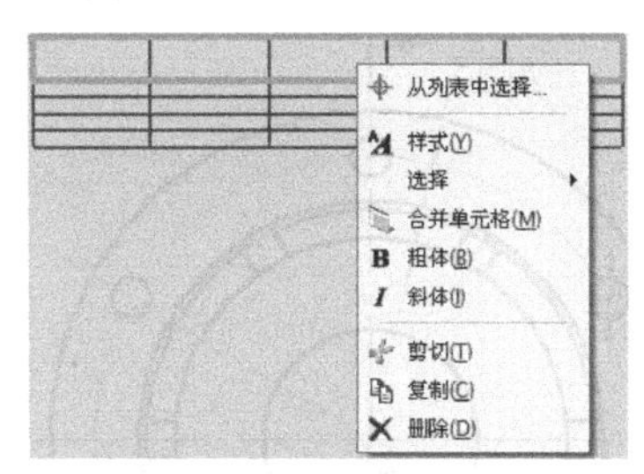

图8-92　表格操作快捷菜单

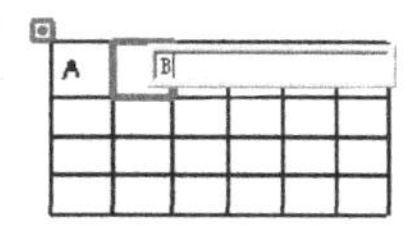

图8-93　输入文字

（4）依次输入图 8-94 所示的 6 条参数列表，完成表格注释操作。

【例 8-11】　编辑图 8-90 所示的表格。

操作步骤如下。

（1）表格的移动：移动鼠标至表格左上角，将出现一个小方框，如图 8-95 所示，按住鼠标左键拖动至合适的位置。

（2）表格内容的修改：需要修改哪个数据，直接双击该单元格进行修改。

（3）文本式样的编辑：选择需要编辑的内容，单击“编辑样式”图标，在“注释样式”对话框中对文本及单元格对齐方式等进行编辑，如图 8-96 所示。

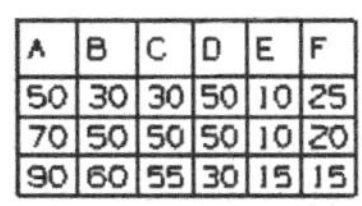

A	B	C	D	E	F
50	30	30	50	10	25
70	50	50	50	10	20
90	60	55	30	15	15

图8-94　表格注释

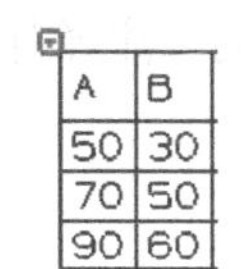

A	B
50	30
70	50
90	60

图8-95　表格移动

图8-96　表格文本样式编辑对话框

8.6 工程图操作综合实例

本节的习题旨在让用户进行较为完整的零件工程图创建，前面已经比较详细地介绍了各种视图、参数注释标注及工程图相关操作的具体操作过程，下面仅简要说明基本步骤。

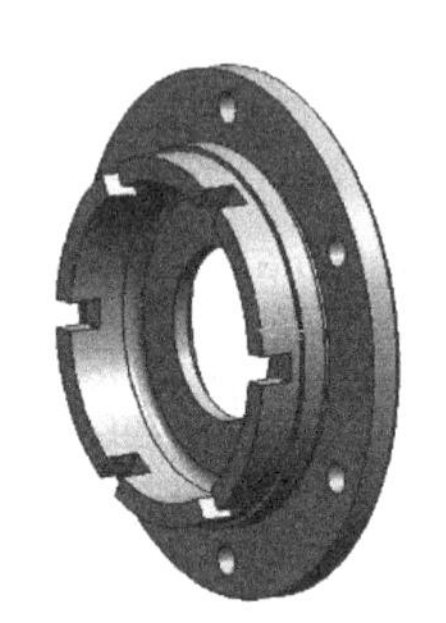

图8-97　端盖零件

【例 8-12】　图 8-97 所示为端盖零件三维模型，要求创建工程图，并完成尺寸及注释标注，如图 8-98 所示。

操作步骤如下。

1. 创建基本视图

（1）新建文档。

（2）创建 A3 图纸并绘制图框、标题栏；如果已经创建了 A3 图样，则可按前面介绍的方法调用 A3 图样。

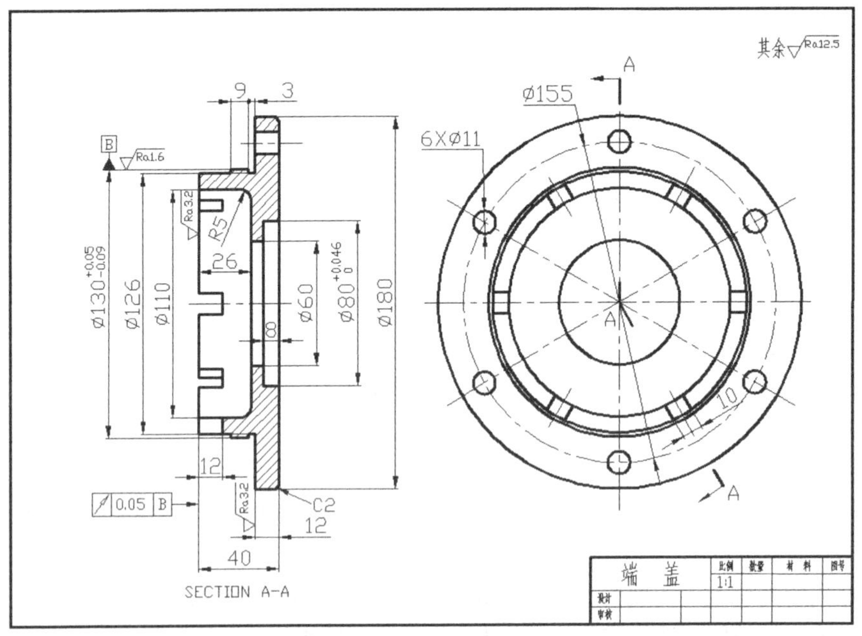

图8-98　端盖零件工程图

（3）创建基本视图，创建旋转剖视图，如图 8-99 所示。

2. 注释首选项设置

单击【首选项】→【注释】，弹出图 8-100 所示的“注释首选项”对话框，对“尺寸”、“文字”、“直线/箭头”、“符号”、“单位”等选项进行预设置。

3. 标注尺寸

（1）标注直径/半径：选择直径、半径尺寸标注方法，进行合理的尺寸标注，如图 8-101 所示。

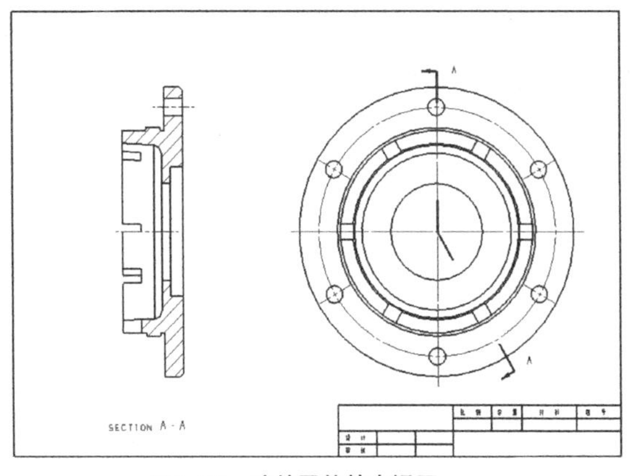

图8-99　端盖零件基本视图

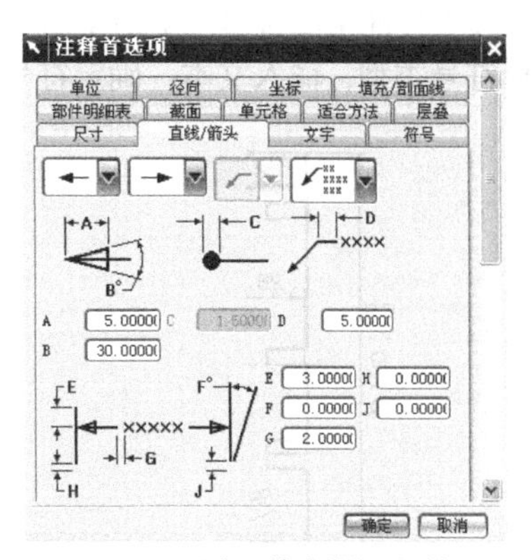

图8-100　“注释首选项”对话框

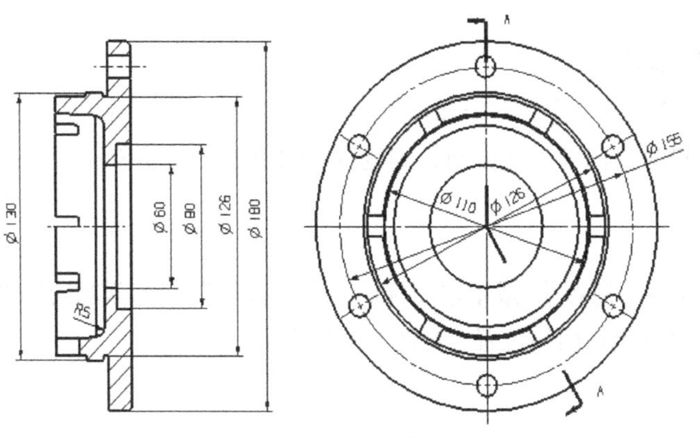

图8-101　直径/半径尺寸标注

（2）标注线性尺寸：单击图标，选择“自动判断”方法，进行线性尺寸标注，如图 8-102 所示。

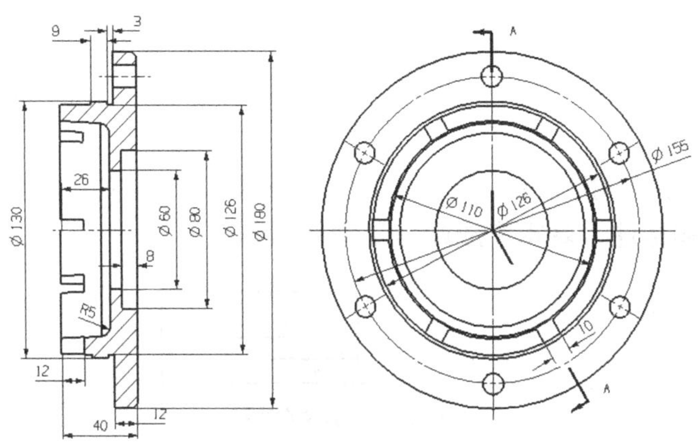

图8-102　直线尺寸标注

（3）标注公差：选择ϕ130 尺寸，单击鼠标右键，选择菜单【编辑】，选择【双向公差】，输入公差值，选择ϕ80 尺寸，进行同样的操作，如图 8-103 所示。

（4）标注形位公差符号：单击【插入】→【注释】，单击形位公差图标，在“注释” 编辑器中编辑形位公差符号，确定指引线位置，如图 8-104 所示。

（5）标注基准符号：单击【插入】→【符号】→【标识符号】选项，弹出“标识符号”对话框，选择符号类型，输入文本，确定符号大小及指引线位置，如图8-105所示。

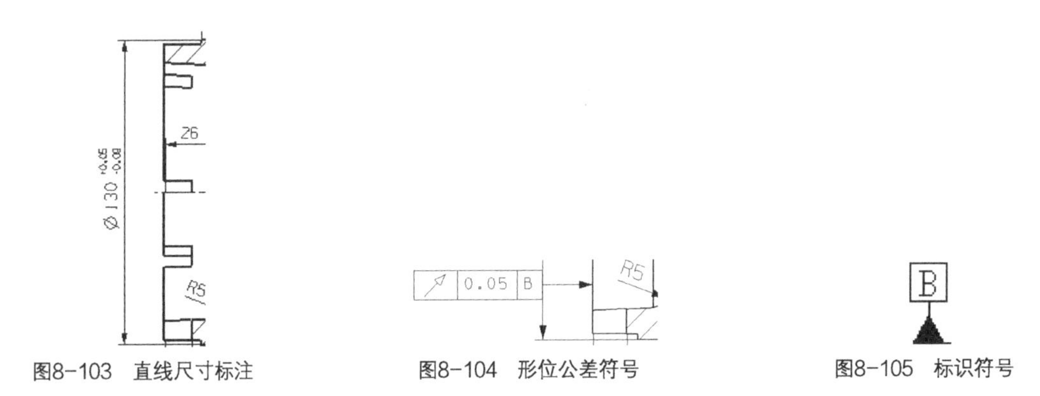

图8-103 直线尺寸标注　　图8-104 形位公差符号　　图8-105 标识符号

4. 标注表面粗糙度

单击【插入】→【符号】→【表面粗糙度符号】，在“表面粗糙度符号”对话框中选择符号类型，输入粗糙度值，选择符号方向及创建方向，确定符号的位置，如图8-106所示。

5. 标注注释

（1）单击【插入】→【注释】，或单击图标，在“注释”编辑器对话框中，选择图8-107所示的指引线方式，在图中确定指引线位置，如图8-108所示。

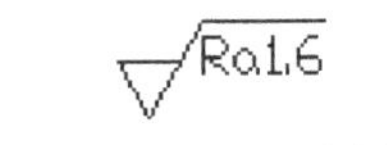

图8-106 表面粗糙度符号

图8-107 创建指引线　　图8-108 标注注释

（2）在“注释”编辑器对话框中，选择文本高度，输入文字，确定文字位置，如图8-109所示。

6. 整理视图和标注，基本完成端盖工程图操作

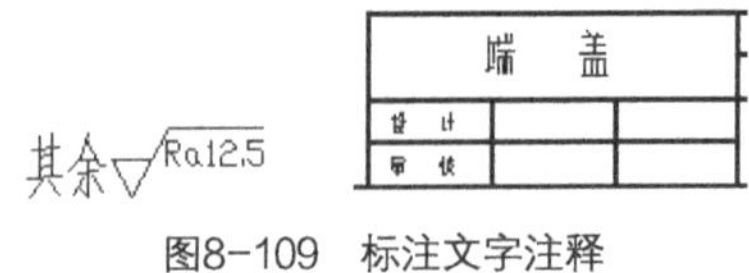

图8-109 标注文字注释

1. 创建图8-110所示的支架零件，完成工程图操作。

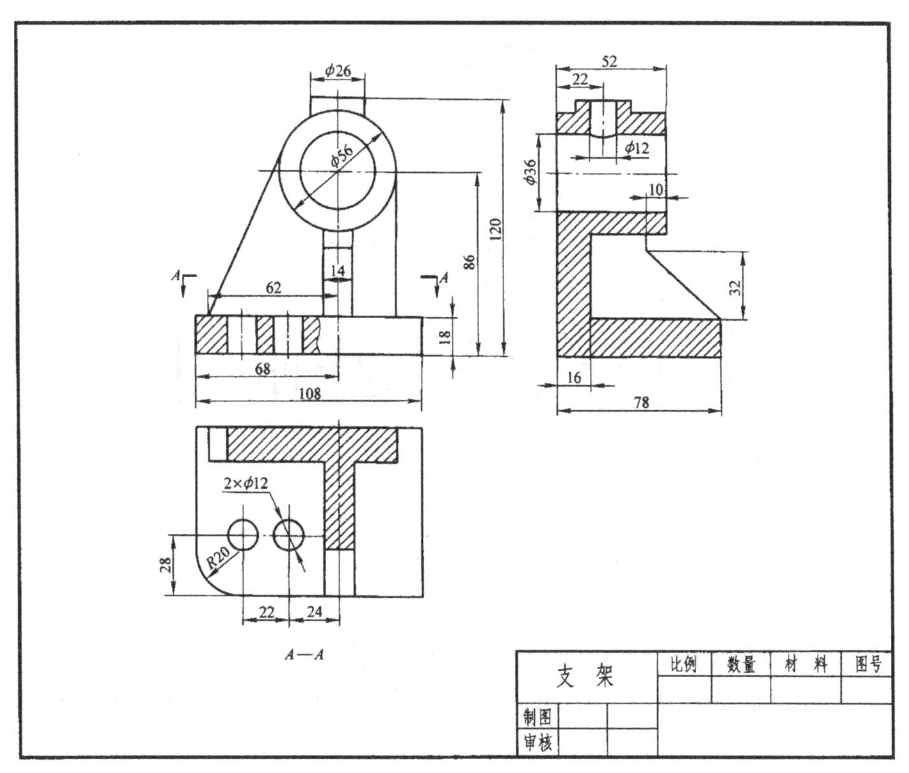

图8-110 支架工程图

2. 创建图 8-111 所示的套体零件，完成工程图操作。

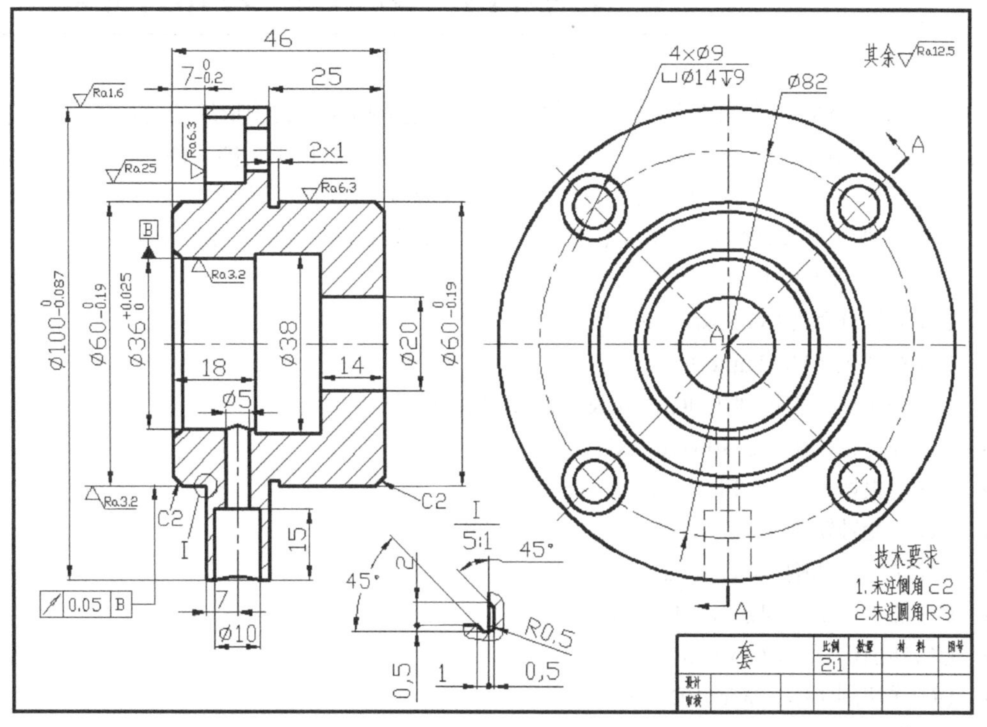

图8-111 套体工程图

第9章 铣削加工基础

UG 软件除了具有强大的 CAD 功能外，还具备了完善的 CAM（计算机辅助制造）功能。UG 软件主要具备三维造型、参数管理、刀位点计算、图形仿真加工、刀轨的编辑和修改、后处理、工艺文档生成等功能。

UG 软件 CAM 功能概述

目前，CAD/CAM 软件种类繁多，基本上都能很好地承担交互式图形编程的任务，UG 软件除具有强大的 CAD 功能外，还具备了完善的 CAM（计算机辅助制造）功能。UG 软件主要具备三维造型、参数管理、刀位点计算、图形仿真加工、刀轨的编辑和修改、后处理、工艺文档生成等功能。

UG 软件“加工”模块的功能非常多，主要由以下子模块，可以按需要选用。

- UG/CAM 基础（UG/CAM Base）；
- UG/后置处理（UG/Post Processing）；
- UG/车加工（UG/Lathe）；
- UG/型芯和型腔铣削（UG/Core & Cavity Milling）；
- UG/固定轴铣削（UG/Fixed-Axis Milling）；
- UG/清根切削（UG/Flow Cut）；
- UG/可变轴铣削（UG/Variable-Axis Milling）；
- UG/顺序铣切削（UG/Sequential Milling）；
- UG/加工资源管理系统（UG/Genius）；
- UG/切削仿真（UG/VERICUT）；
- UG/线切割（UG /Wire EDM）；
- UG/图形刀轨编辑器（UG/Graphical Tool Path Editor）；

- UG/机床仿真（UG/Unisim）;
- UG/SHOPS;
- Nurbs（B样条）轨迹生成器（Nurbs（B-Spline）Path Generator）。

UG 系统提供了对各种复杂零件的多种粗、精加工。用户可以根据零件结构、加工表面形状和加工精度要求选择合适的加工类型。在操作过程中，用户可在图形方式下交互编辑刀具路径，观察刀具的运动过程，生成刀具位置源文件。同时应用其仿真功能，可以在屏幕上显示刀具轨迹，模拟刀具的真实切削过程，检测相关参数设置的正确性。

UG 所提供的强大加工基础模块中包含了以下加工类型。

- 点位加工：可产生点钻、扩、镗、铰和攻螺纹等操作的刀具路径。
- 平面铣：用于平面轮廓或平面区域的粗、精加工，刀具平行于工件底面进行多层铣削。
- 型腔铣：用于粗加工型腔轮廓或区域。它根据型腔的形状，将要切除的部位在深度方向上分成多个切削层进行层切削。
- 固定轴曲面轮廓铣削：它将空间的驱动几何投射到零件表面上，驱动刀具以固定轴形式加工曲面轮廓，主要用于曲面的半精加工与精加工。
- 可变轴曲面轮廓铣：与固定轴铣相似，只是在加工过程中变轴铣的刀轴可以摆动，能满足一些特殊部位的加工需要。
- 顺序铣：用于连续加工一系列相接表面，并对面与面之间的交线进行清根加工。
- 车削加工：提供加工回转类零件所需的全部功能，包括粗车、精车、切槽、车螺纹和打中心孔等。
- 线切割加工：支持线框模型程序编制，提供多种走刀方式，可进行2～4轴线切割加工。

UG 后置处理模块可格式化刀具路径文件，支持2～5轴铣削加工，2～4轴车削加工和2～4轴线切割加工，可生成指定数控机床能够识别的 NC 程序，完成自动编程操作。

用户通过掌握 UG 的 CAD/CAM 基本功能，加上良好的操作习惯和一定的数控加工工艺知识、经验，就完全能编制出数控加工程序。

9.2 加工应用基础

9.2.1 UG NX 6.0 数控编程示例

【例 9-1】 使用$\phi 20$的平底铣刀加工图 9-1 所示的零件，完成数控加工程序的创建。

操作步骤如下。

（1）进入加工模块。打开实体模型文件，单击按钮或单击下拉菜单【开始】→【加工】，进入“加工”模块，如图 9-2 所示。

（2）设置加工环境。如果是初次进入“加工”模块，系统弹出如图 9-3 所示“加工环境”对话框，要求先初始化设置：选择加工配置指定加工模板零件为“mill_planar”，再单击【确定】按钮进入加工环境，使用该环境可创建数控铣操作。

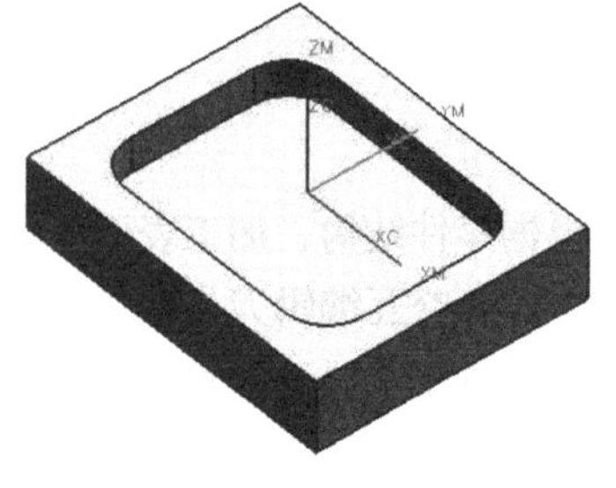

图9-1　加工零件

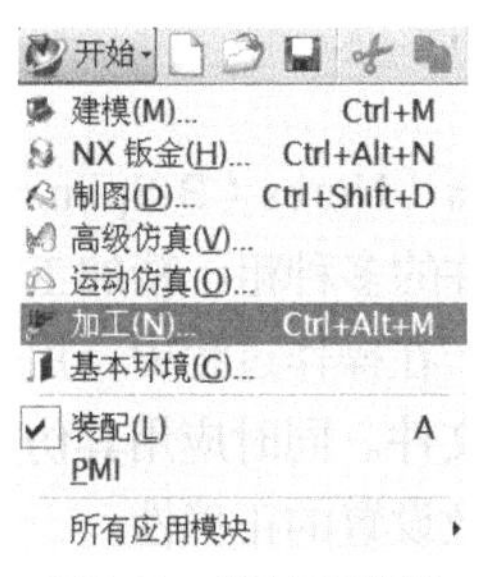

图9-2　启动加工模块

图9-3　“加工环境”对话框

在以后的操作中，如果想要出现“加工环境”对话框，重新进行“CAM”的设置，可以单击下拉菜单【工具】→【操作导航】→【删除设置】删除当前设置，再重新设置。

（3）新建刀具。单击“创建刀具”图标，系统弹出如图9-4（a）所示“创建刀具”对话框，选择刀具类型为“MILL”，在刀具“名称”中输入“MILL20”，单击【确定】按钮。系统弹出如图9-4（b）所示，在刀具参数对话框中设置直径为“20”，选择刀具“预览显示”，单击【确定】按钮，如图9-4所示。

（a）

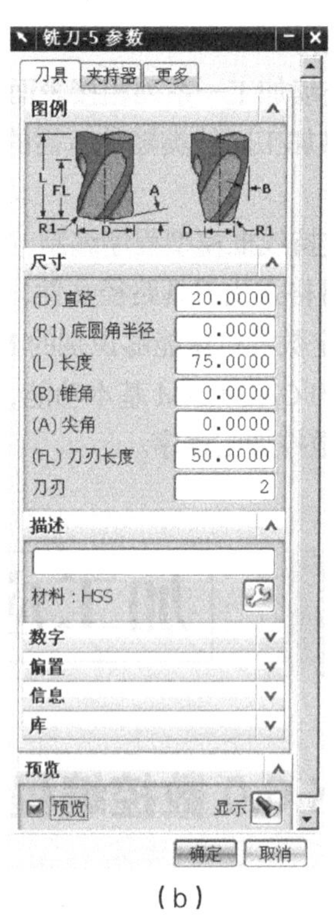

（b）

图9-4　“创建刀具”对话框

（4）创建平面铣操作。单击“创建操作”图标，在图9-5（a）所示的“创建操作”对话框中，设置子类型，选择使用刀具等，单击【确定】按钮，弹出图9-5（b）所示的“平面铣”对话框。

（5）选择部件几何体。在图9-5（b）所示“平面铣”对话框中选择“指定部件边界”图标，在弹出的图9-5（c）所示的“边界几何体”对话框中单击【模式】下拉列表中的“曲线/边”选项，在图中选择边界，单击【确定】按钮，完成部件选择并返回。

(a)

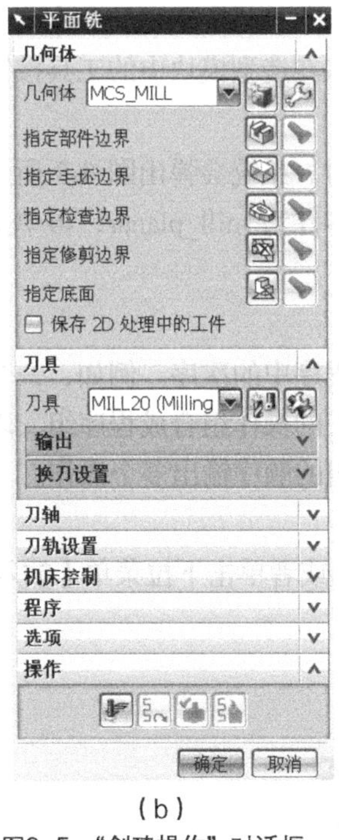

(b)

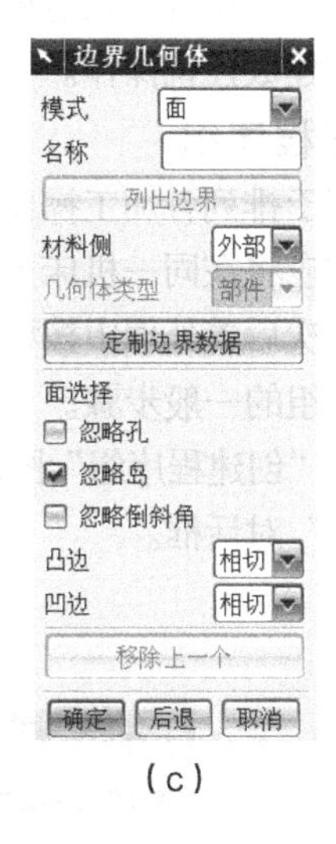

(c)

图9-5　“创建操作”对话框

（6）刀轨设置。在图 9-5（b）所示的“平面铣”对话框中，进行切削方式、步进设置，单击刀轨设置中的【进给和速度】按钮，弹出“进给和速度”对话框，如图 9-6 所示对主轴转速及进给速度进行设置，单击【确定】按钮，完成部件选择并返回。

（7）生成刀轨。单击操作工具条中的“生成刀轨”图标，弹出“生成刀轨”对话框如图 9-7（a）所示，单击【确定】按钮，产生的刀具轨迹如图 9-7（b）所示。

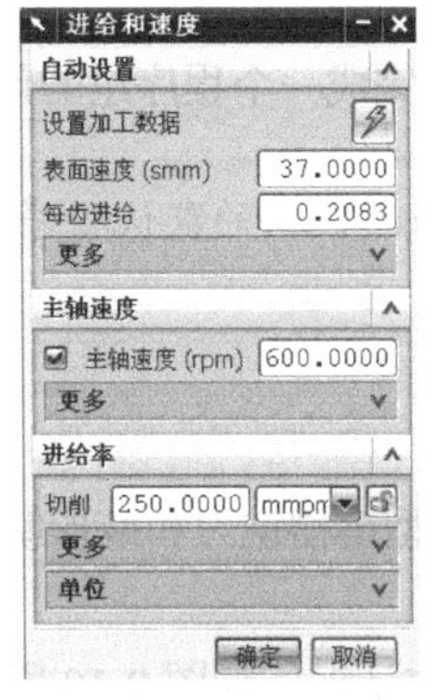

图9-6　“进给和速度”对话框

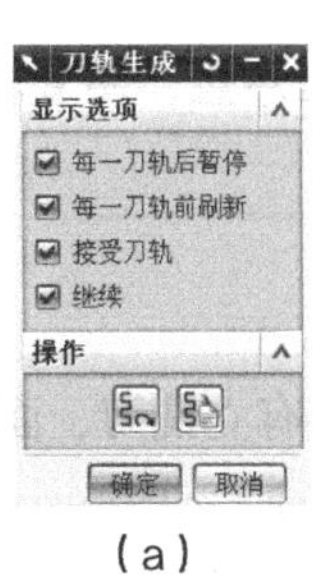

(a)

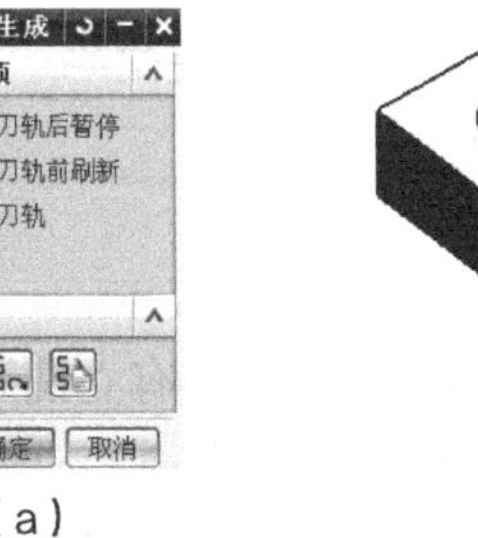

(b)

图9-7　刀轨生成

9.2.2　UG NX 6.0 数控加工基本步骤

1. 进入加工模块

单击下拉菜单【开始】→【加工】，进入“加工”模块。

进入“加工”模块后，主菜单及工具栏会发生一些变化，将出现某些只在“加工”模块中才有的菜单项及工具按钮，而另外有一些在造型模块中的工具按钮将不再显示。

2. 设置加工环境

当一个零件首次进入加工模块时，系统会弹出图9-8所示的“加工环境”对话框。首先要进行加工环境的初始化设置，指定模板零件为mill_planar，再单击【确定】按钮进入加工环境，使用该环境就可以创建数控铣操作。

3. 创建程序组

程序组用于排列各加工操作在程序中的次序。例如，一个复杂零件如果需要在不同机床上完成表面加工，则应将在同一机床上加工的操作组合成程序组，以便刀具路径的输出。合理地安排程序组，可以在一次后置处理中按程序组的顺序输出多个操作。

创建程序组的一般步骤。

（1）单击“创建程序组”图标或者单击下拉菜单【插入】→【程序】，系统将弹出图9-9所示的“创建程序”对话框。

图9-8 初始化加工环境

图9-9 “创建程序”对话框

（2）在创建程序组对话框中，首先要选择类型及子类型，然后选择一个父本组，当前程序组将作为父本组的从属组。

（3）在“名称”文本框中输入程序组的名称，单击【确定】按钮，完成一个程序组的创建。

通常情况下，用户也可以不创建程序组，而直接使用模板所提供的默认程序组创建所有的操作。

4. 创建刀具组

在数控铣削加工中，所用到的铣刀类型主要有立铣刀、面铣刀、T型键槽铣刀和鼓形铣刀等。

（1）创建刀具组。创建刀具组的操作步骤如下。

① 在插入工具条上单击“创建刀具”按钮，弹出“创建刀具”对话框，如图9-10所示。

② 选择刀具类型。在UG数控编程中，常用的铣刀刀具包含一般铣刀4种，桶状铣刀与T型铣刀各1种，以及钻头1种。输入刀具名称，单击【应用】按钮。

③ 设定铣刀的参数。刀具参数设置对话框如图9-11所示，通过参数设定，可分别定义出各种形状的刀具。完成参数输入后，单击【确定】按钮。

其中，“5-参数”铣刀选项是建立铣刀时的默认选项，是数控编程中最为常用的一种刀具，刀具型式及参数列表如图9-11所示，其常用参数说明如下。

图9-10 “创建刀具”对话框

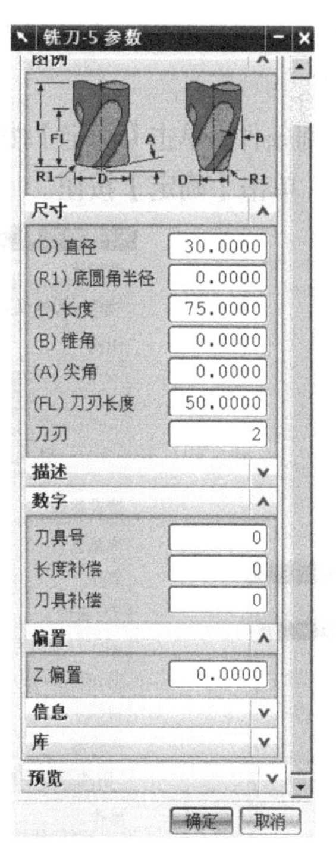

图9-11 刀具参数设置

- （D）直径（Diameter）：确定铣刀的刀刃直径。
- （R1）底圆角半径（Lower Radius）：指刀具端部角落圆弧的半径。“5-参数”铣刀之下侧边圆弧半径可为 0，形成平底的端铣刀。若下侧边圆弧半径为刀刃直径的一半，则形成球刀。
- （L）长度（Length）：刀具总长为所产生铣刀的实际长度，包括刀刃及刀柄等部分的总长度。
- （B）锥（拔模）角（Taper Angle）：指刀具侧边锥角，为主轴与侧边所形成的角。若拔模角度为正值，刀具外形为上粗下细。若拔模角度为负值，刀具外形为下粗上细。若拔模角度为 0，刀具侧边与主轴平行。
- （A）尖角（Tip Angle）：指铣刀端部与垂直于刀轴的方向所成的角度。若顶角为正值，则刀具端部形成一个尖点。
- （FL）刀刃长度（Flute Length）：指刀具齿部的长度，不一定代表刀具切削长度。
- 刀刃（Number of Flutes）：指刀具的刀刃数目。

其他刀具参数如下所列，这些参数通常情况下可以不设置，同时这些参数为各种刀具共有的参数。

- 刀具号（Tool Number）：刀具编号的数值用于 LOAD/TOOL 加载刀具指令。
- 长度补偿（ADJUST Reg）：指定控制器中，储存刀具长度补正值的地址号。
- 刀具补偿（CUTCOM Reg）：指定控制器中，储存刀具直径补偿值的地址号。
- Z 偏置（Zoff）：指定 Z 轴补正（Offset）的距离，代表由于刀长之差异所需要补正的 Z 轴距离。系统使用该数值去激活加载刀具长度补偿的后处理指令。

（2）刀具库中刀具的调用。对于常用的刀具，UG 使用刀具库来进行管理，在创建刀具时，可以从刀具库中调用某一刀具，调用的一般方法如下。

① 在“创建刀具”对话框的“库”选项组中单击按钮，打开“库类选择”对话框，如图 9-12 所示。

② 确定刀具类别：铣刀（Milling）、钻头（Drilling）、车刀（Turning）。

③ 展开该类别刀具类型，选择所需要的刀具类型，单击【确定】按钮，弹出图 9-13 所示的“搜索准则”对话框。

④ 输入查询条件，单击【确定】按钮，弹出“搜索结果”对话框，在刀具列表中选择所需刀具，如图 9-14 所示，单击【确定】按钮。

图9-12 “库类选择”对话框

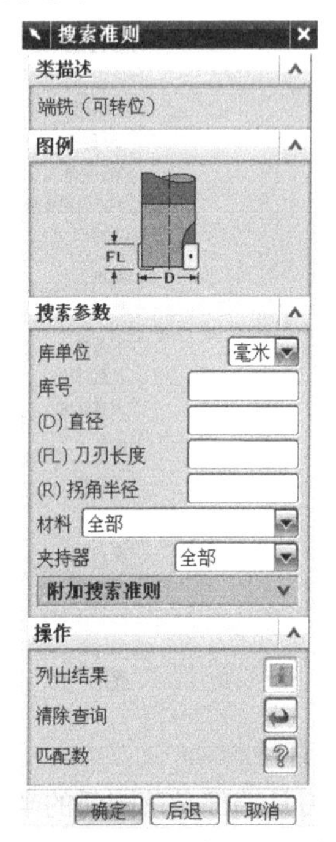

图9-13 “搜索准则”对话框

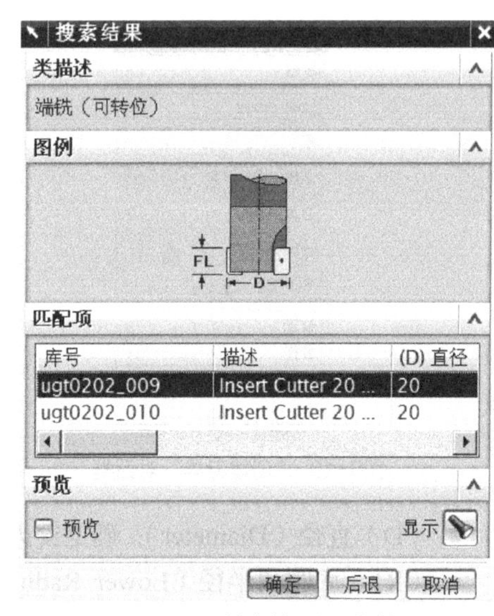

图9-14 “搜索结果”对话框

5. 创建几何体

创建几何体主要是在零件上定义要加工的几何对象和指定零件在机床上的加工方位。创建几何体包括定义加工坐标系、工件、边界和切削区域等。

用“创建几何体”所创建的几何对象可以在多个操作中使用，而不需在各操作中分别指定。

（1）创建几何体的一般步骤。

① 单击“创建几何体”图标或单击下拉菜单【插入】→【几何体】，弹出图 9-15 所示的对话框。

② 根据加工类型，在“类型”（Type）下拉列表框中选择合适的模板零件，根据要创建的加工对象的类型，在“几何体子类型”（Subtype）区域中选择几何模板。

③ 在“几何体”（Parent Group）下拉列表框中选择几何父组。

④ 在“名称”（Name）文本框中输入新建几何组的名称，如果不指定新的名称，系统将使用默认名称。

⑤ 单击【确定】或【应用】按钮。

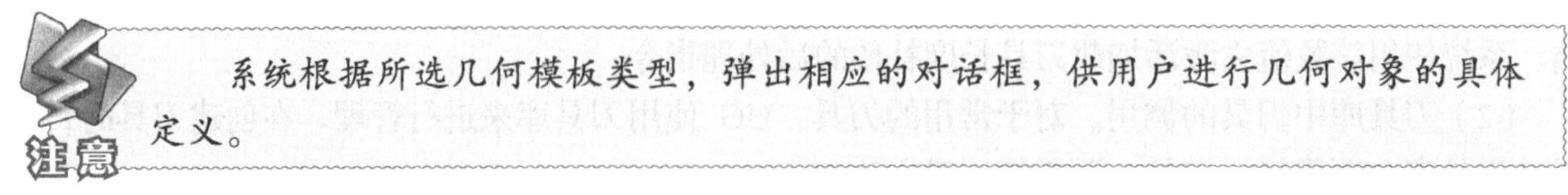

系统根据所选几何模板类型，弹出相应的对话框，供用户进行几何对象的具体定义。

新建几何组的名称可在操作导航器中修改，对于已建立的几何体组也可以通过操作导航器的相应指令进行编辑和修改。

（2）创建加工坐标系。在 UG 加工应用中，除使用工作坐标系 WCS 外，还使用两个加工独有的坐标系，即加工坐标系 MCS（Machine Coordinate System）和参考坐标系 RCS（Reference Coordinate System），如图 9-16 所示。

图9-15 “创建几何体”对话框

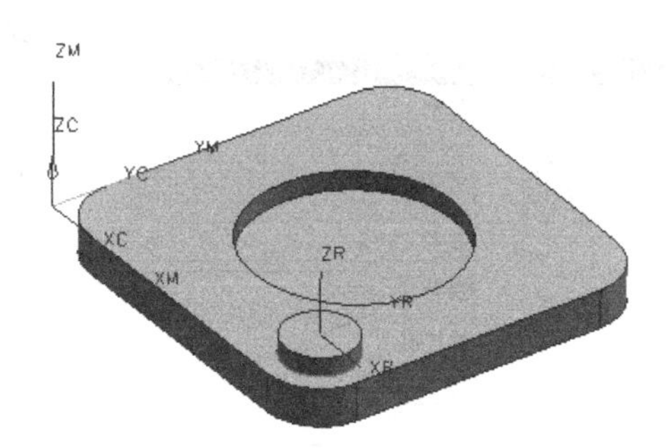

图9-16 加工坐标系与参考坐标系

① 加工坐标系。加工坐标系是所有后续刀具路径各坐标点的基准位置。在刀具路径中，所有坐标点的坐标值均与加工坐标系关联，如果移动加工坐标系，则重新确立了后续刀具路径输出坐标点的基准位置。

加工坐标系的坐标轴用 *XM*、*YM*、*ZM* 表示。其中 *ZM* 轴为默认的刀轴矢量方向。

② 参考坐标系。当加工区域从零件的一部分转移到另一部分时，参考坐标系用于定位非模型几何参数（如起刀点、返回点、刀轴的矢量方向和安全平面等），这样可以减少参数的重新指定工作。参考坐标系的坐标轴用 *XR*、*YR*、*ZR* 表示。

系统在进行加工初始化时，加工坐标系 MCS 和参考坐标系 RCS 均定位在绝对坐标系上。

（3）创建加工坐标系一般步骤。

① 单击图标“创建几何体”或单击下拉菜单【插入】→【几何体】，弹出图 9-15 所示的“创建几何体”对话框。

② 单击图标，单击【应用】按钮，弹出图 9-17（a）所示的“MCS（机床坐标系）”对话框。

③ 单击该对话框中的图标，弹出图 9-17（b）所示的“CSYS”对话框。

利用该对话框定义加工坐标系（MCS）和参考坐标系（RCS）， 图 9-17（b）坐标系类型如下：

- ：动态旋转或移动坐标系。用动态旋转或移动坐标系的方法建立新的坐标系。
- ：用于构造坐标系。单击该图标，指定原点、X 点、Y 点构造坐标系的方法可建立新的坐标系。
- ：坐标系原点。单击该图标，指定原点、X 轴、Y 轴的构造方式，可指定新的坐标原点位置。
- ：坐标系垂直。单击该图标，坐标系通过指定点，并垂直于指定曲线。

④ 单击【确定】按钮，完成坐标系的创建。

（4）创建铣削几何。在平面铣和型腔铣中，铣削几何用于定义加工时的零件几何、毛坯几何和检查几何；在固定轴铣和变轴铣中，用于定义要加工的轮廓表面。

创建几何体是通过在模型上选择体、面、曲线和切削区域来定义零件几何、毛坯几何和检查几何，创建铣削几何体的操作步骤如下。

① 单击“创建几何体”图标或单击下拉菜单【插入】→【几何体】，弹出图 9-18 所示的 “创

建几何体”对话框。

② 单击“铣削几何体”图标，如图 9-18 所示，单击【应用】按钮，系统弹出图 9-19 所示的“工件”（或铣削几何）对话框。

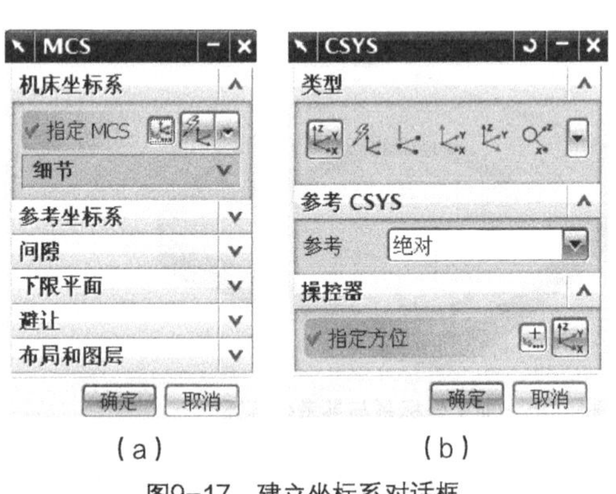

（a）（b）

图9-17 建立坐标系对话框

图9-18 “创建几何体”对话框

图9-19 “工件”对话框

- 指定部件（Part）：用于定义零件几何。
- 指定毛坯（Blank）：用于定义毛坯几何。
- 指定检查（Check）：用于定义检查几何。

③ 创建零件几何、毛坯几何或检查几何。创建铣削几何的共同选项含义如下。

- 单击“指定部件”、“指定毛坯”、“指定检查”图标，用于选取所对应的零件几何、毛坯几何或检查几何。
- 偏置（Part Offset）：是在零件实体模型上增加或减去由偏置量指定的厚度。正的偏置值在零件上增加指定的厚度，负的偏置值在零件上减小指定的厚度。
- 材料（Material）：为零件指定材料属性。选择该选项，弹出材料列表框，在列表中列出了材料数据库中的所有材料类型，材料数据库由配置文件指定。选择合适的材料后，单击【确定】按钮，则为当前创建的铣削几何指定了材料属性。

6. 创建加工方法

完成一个零件的加工通常需要经过粗加工、半精加工、精加工等几个步骤，而粗加工、半精加工、精加工的主要差异在于加工后残留在工件表面余料的多少及表面粗糙度。

加工方法可以通过对加工余量、几何体的内外公差、切削步距和进给速度等选项进行设置，控制表面残余量。

在创建操作时可直接选用已创建好的加工方法样式，也可以在通过操作对话框中的切削、进给等选项进行切削方法的设置。

系统默认的铣床加工方式有 3 种，图 9-20 所示显示了操作导航器的加工方法视图，可以看到以下几种加工方法。

- 粗加工（MILL_ROUGH）;
- 半精加工（MILlSEMI_FINISH）;
- 精加工（MILL FINISH）。

创建加工方法步骤如下。

（1）单击图标或者单击下拉菜单【插入】→【方法】，系统弹出图9-21所示的“创建方法”对话框。

（2）选择类型及子类型，然后选择一个位置方法，在文本框中输入程序组的名称，单击【确定】按钮，系统将弹出图9-22所示的“铣削方法”对话框。

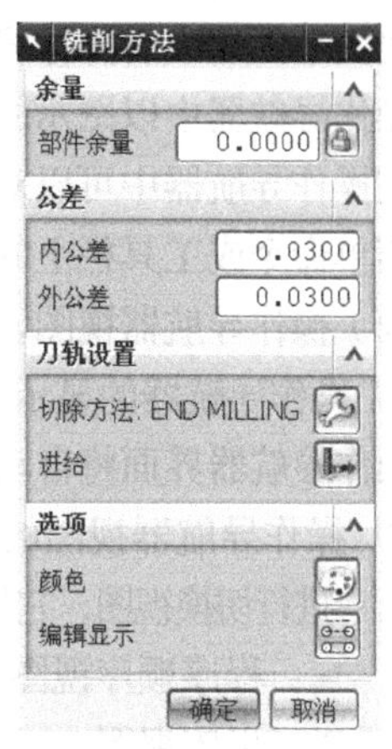

图9-20 加工方法视图　　图9-21 “创建方法”对话框　　图9-22 “铣削方法”对话框

（3）设置部件余量、公差及切削方式。

① 部件余量：为加工方法指定加工余量。使用该方法的操作将具有同样的加工余量。

② 内公差/外公差：公差限制了刀具在加工过程中离零件表面的最大距离，指定的值越小，加工精度越高。内公差限制刀具在加工过程中越过零件表面的最大过切量，外公差是刀具在切削过程中没有切至零件表面的最大间隙量。

③ 切削方法：可以从弹出的列表中选择一种切削方式。

（4）进给。设置进给率，进给率是影响加工精度和加工后零件的表面质量以及加工效率的最重要因素之一。单击进给图标，进入“进给”对话框，如图9-23所示。

① 设置刀具路径显示颜色。单击颜色图标，进入“刀轨显示颜色”对话框，如图9-24所示。使用不同的颜色表示不同的刀具运动类型，可以便于观察刀具路径不同类型的刀具运动。

② 设置刀具路径显示选项。单击编辑显示图标，进入刀路“显示选项”对话框，如图9-25所示。在刀具路径显示时可以指定刀具的显示形状、显示频率、刀柄显示、路径的显示方式、显示速度、箭头显示等选项。

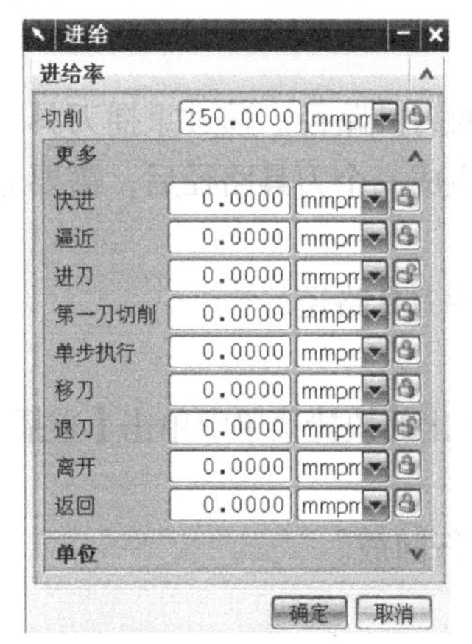

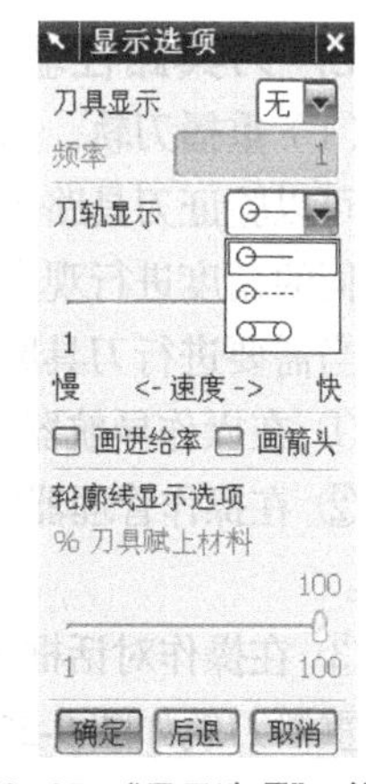

图9-23 “进给”对话框　　图9-24 “刀轨显示颜色”对话框　　图9-25 “显示选项”对话框

7. 操作导航器的基本应用

（1）操作导航器的主要功能。操作导航器（Operation Navigator）是各加工模块的入口位置，是让用户管理当前零件的操作及操作参数的一个树形界面，用于说明零件的组和操作之间的关系，处于从属关系的组或者操作将可以继承上一级组的参数。

操作导航器中以图示的方式表示出操作与组之间的关系。

在操作导航器中可以对操作或组进行复制、剪切、粘贴、删除等操作。用户也可以使用相应的快捷菜单命令或工具栏上的图标命令进行编辑。

（2）操作导航器视图。

① 操作导航器的显示。单击图标，可显示操作导航器。当鼠标离开操作导航器工作界面以外时，操作导航器界面将自动隐藏。

② 操作导航器视图的切换。通过操作导航工具栏上的图标进行切换视图，它们的含义如下。

- ：程序顺序视图。
- ：机床视图。
- ：几何视图。
- ：加工方法视图。

③ 操作导航器中，状态符号的含义如下。

- ⊘：表示该操作从未生成过刀轨或生成的刀轨已经过期，这时要重新生成刀轨。
- ：表示刀轨已经生成但从未输出过或输出后刀轨已经改变，需要重新进行后处理。
- ✓：表示刀轨已经生成并输出。
- +（-）：对导航器中各节点包含的对象进行展开（折叠）。

④ 操作导航器的快捷菜单。选择操作导航器中的任一对象，单击鼠标右键，均弹出图9-26所示的菜单，每个菜单项所选操作和组执行一种功能，其中许多功能与主菜单中的菜单项和工具条中的图标功能相同，使用弹出菜单对各对象进行操作，应先选择对象，如果需选择多个对象进行操作，可按【Ctrl】键或【Shift】键。

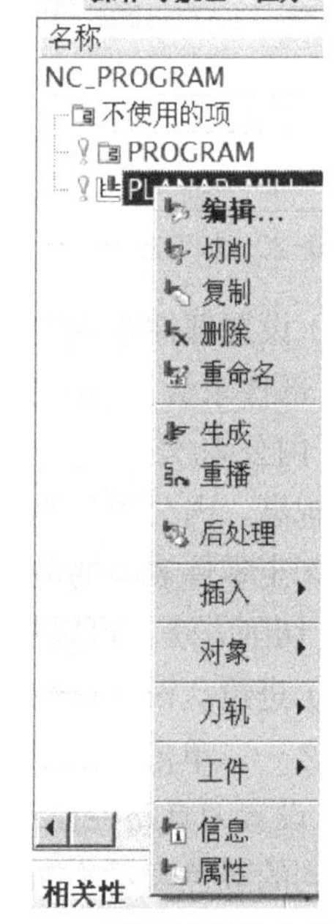

图9-26 导航器中快捷菜单操作

8. 刀具路径验证

（1）重播刀轨。重播刀轨（Replay）是在图形窗口中显示已生成的刀具路径。通过重播刀具路径，可以验证刀具路径的切削区域、切削方式、切削行距等参数。当生成一个刀具路径后，需要通过不同的角度进行观察，或者对不同部位进行观察。

当需要进行刀具路径的确认、检验时，可以通过以下几种方式重播刀具路径。

① 在操作导航器中选择所需回放的刀具路径，单击按钮。

② 在操作管理器中选择所需回放的刀具路径，单击鼠标右键，在弹出的快捷菜单中单击【重播】选项。

③ 在操作对话框下部单击按钮，可对已生成的当前刀具路径进行回放。

重播刀轨如图9-27所示。

（2）刀具路径的模拟。对于已生成的刀具路径，可在图形窗口中以线框形式或实体形式模拟刀具路径。让用户在图形方式下更直观地观察刀具的运动过程，以验证各操作参数定义的合理性。

通过实体切削模拟可以发现在实际加工时存在的某些问题，以便编程人员及时修正，避免工件报废，还可以反应加工后的实际形状，为后面的程序编制提供直观的参考。

当需要进行刀具路径的确认、检验时，可以通过以下几种方式进行刀具路径模拟。

① 在操作导航器中选择所需模拟的刀具路径，单击按钮。

② 在操作导航器中选择所需模拟的刀具路径，单击鼠标右键，在快捷菜单中单击【刀轨】→【确认】，如图 9-28 所示。

- 在操作对话框下部单击按钮，可对已生成的当前刀具路径进行模拟。

刀具路径实体模拟如图 9-29 所示。其中图 9-29（a）为 3D 动态模拟结果，可对模拟结果进行放大、旋转，从而进行多方位的观察。图 9-29（b）为 2D 动态模拟，不能对模拟结果进行放大、旋转，但模拟速度比 3D 动态模拟方式要快。

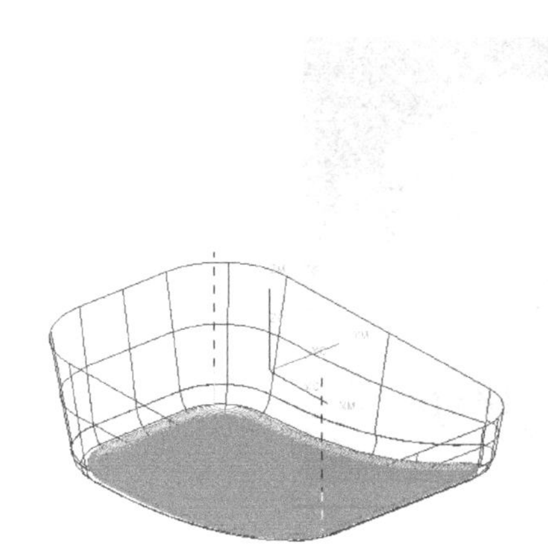

图9-27　刀具路径回放示例

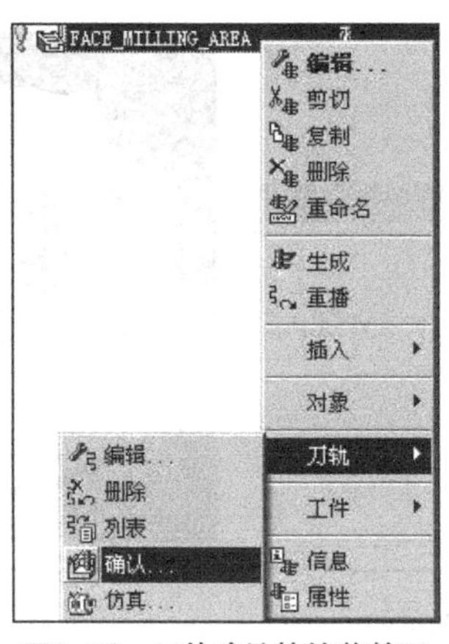

图9-28　刀轨确认快捷菜单图

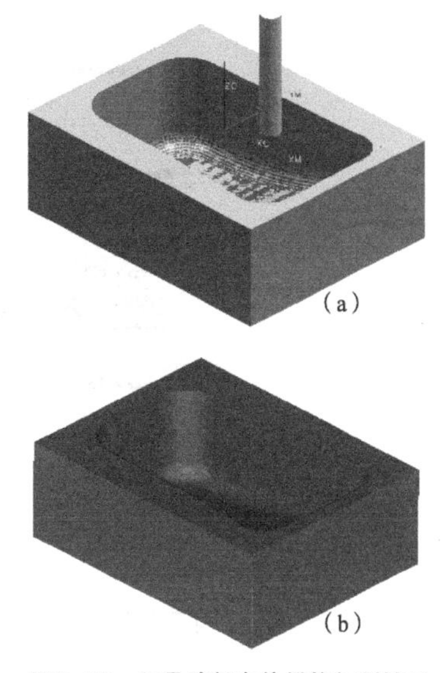

图9-29　刀具路径实体模拟切削结果

9. 刀具路径后处理

CAM 过程的最终目的是生成一个数控机床可以识别的代码程序。UG/POST，是 UG 软件自身提供的一个后置处理程序，可将产生的刀具路径转换成指定的机床控制系统所能接收的加工指令。

（1）UG 后置处理器简介。UG 后置处理器使用起来很方便。同时，它允许用户自己定义后置处理命令，能为多种类型的机床提供后置处理。

（2）UG/POST 进行后置处理的操作步骤如下。

① 生成工件的刀具路径。

② 通过 Post Builder 生成事件。

③ 管理器文件和定义文件，并将生成的事件管理器文件和定义文件增添到后置处理模板中。

④ 进入 UG/POST 后置处理环境进行后置处理，从而生成可用于指定机床的数控程序。

（3）Post Builder。Post Builder 是为特定机床和数控系统定制后置处理器的一种工具。应用 Post

Builder，可以建立两个与特定机床相关的后置处理文件：事件管理器文件和定义文件。

① 进入 Post Builder 工作环境。在 Windows 操作系统中，单击【开始】→【程序】→【UGS NX 6.0】→【加工工具】→【后处理构造器】，即可进入 Post Builder 的起始对话框，如图 9-30 所示。

图9-30 Post Builder的起始对话框

② 新建机床后置处理文件。在图示对话框中单击按钮，弹出图 9-31 所示的对话框，选择各项，单击【OK】按钮，进入图 9-32 所示的机床后置处理参数设置对话框。

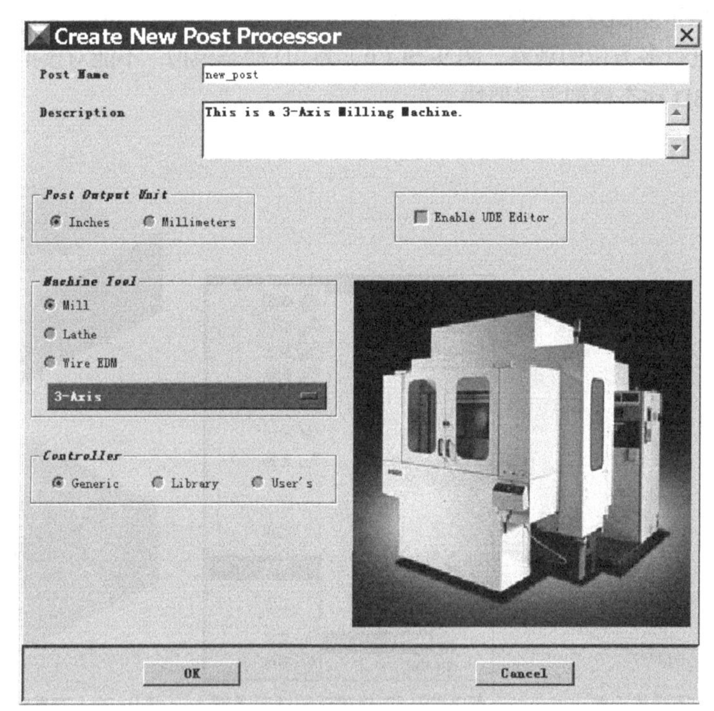

图9-31 新建机床后置处理文件对话框

- Post Name：后置处理文件名称。
- Description：机床描述。
- Post Output Unit：后处理输出单位。
- Machine Tool：机床类型。
- Controller：控制器类型。

③ 机床参数设置：机床参数设置对话框如图 9-32 所示。

- 机床选项卡（Machine Tool）。
- Display Machine Tool：单击按钮将显示机床类型的结构示意图，如图 9-33 所示。

√ Output Circular Record：确定是否输出圆弧指令。

√ Linear Axis Trabel Limits：机床各坐标轴的最大行程。

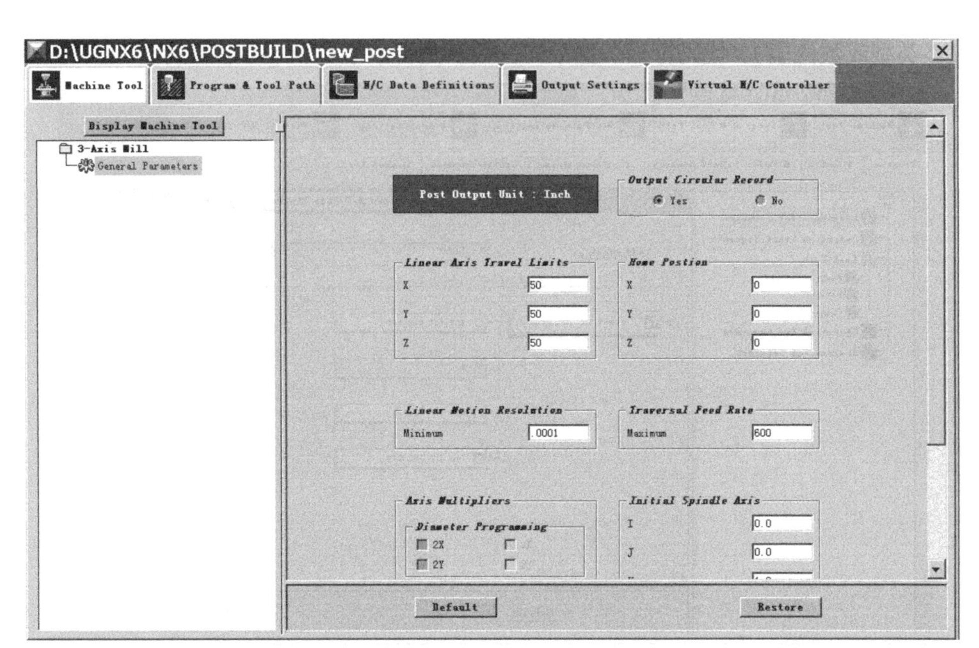

图9-32　后置处理文件配置对话框

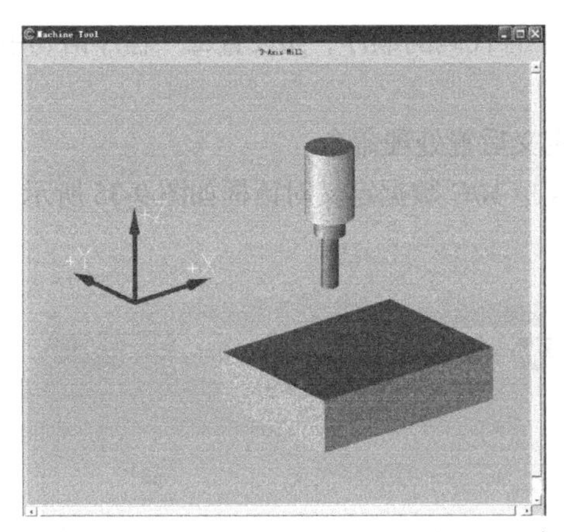
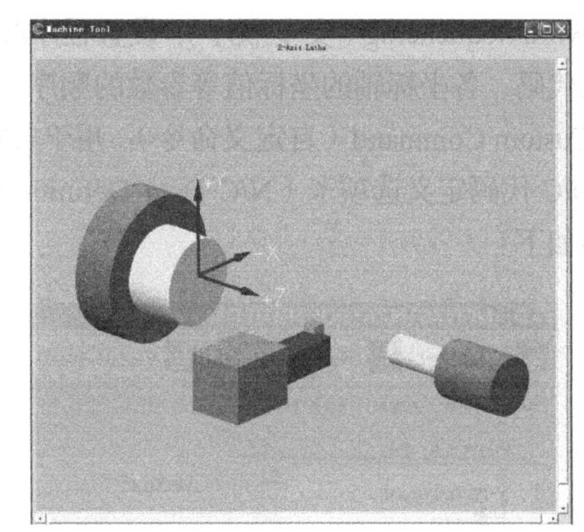
图9-33　机床结构示意图

√　Home Postion：机床原点的坐标位置。

√　Linear Motion Resolution：机床直线移动的最小步距。

√　Traversal Feed Rate：机床快速移动的最大速度。

● 程序与刀具路径选项卡（Program & Tool Path）

程序与刀具路径设置如图 9-34 所示，主要参数说明如下。

√　Program（与程序相关的参数）：程序的起始顺序、操作的起始顺序、刀具路径（机床控制、刀具运动等）、操作结束顺序、程序结束顺序等。

√　G Codes（G 代码设置）：根据机床控制器，为各种机床运动或加工操作设置 G 代码。

√　M Codes（M 代码设置）：根据机床控制器，设置各种辅助功能代码，如主轴的起停、冷却液的开关、主轴的顺时针旋转或逆时针旋转、刀具的换刀等。

√　Word Summary（文本概述）：用于综合设置数控程序中可能出现的各种代码，如代码的数据

类型（文本类型或数值型）、代码符号、整数的位数、是否带小数及小数位数等。

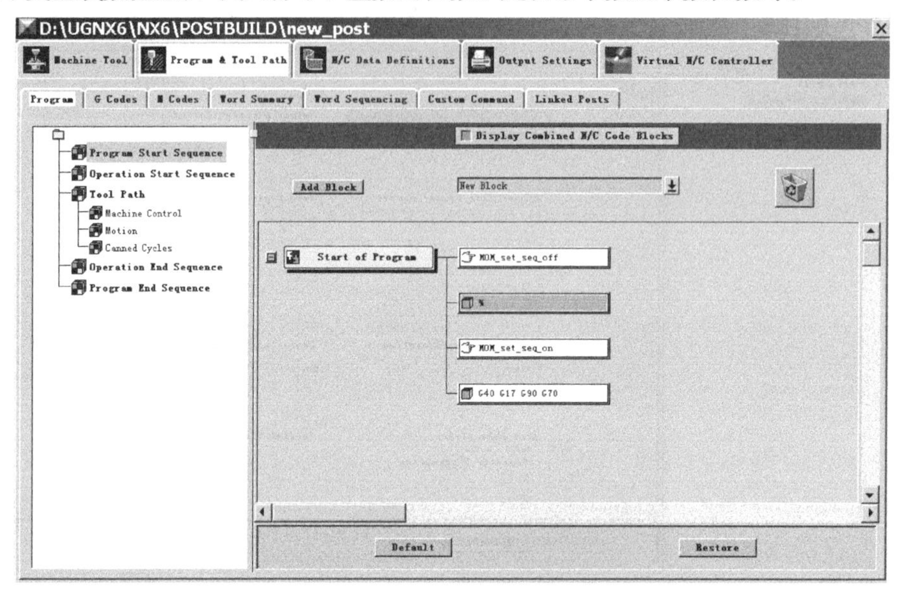

图9-34　程序与刀具路径参数

√　Word Sequencing（文本顺序）：设置程序段中各代码的顺序，如设置每一程序语句中的G代码、辅助代码、各坐标轴的坐标值等参数的顺序。

√　Custom Command（自定义命令）：用于自定义后置处理命令。

④ N/C代码定义选项卡（N/C Data Definitions）。N/C数据定义对话框如图9-35所示，各参数设置说明如下。

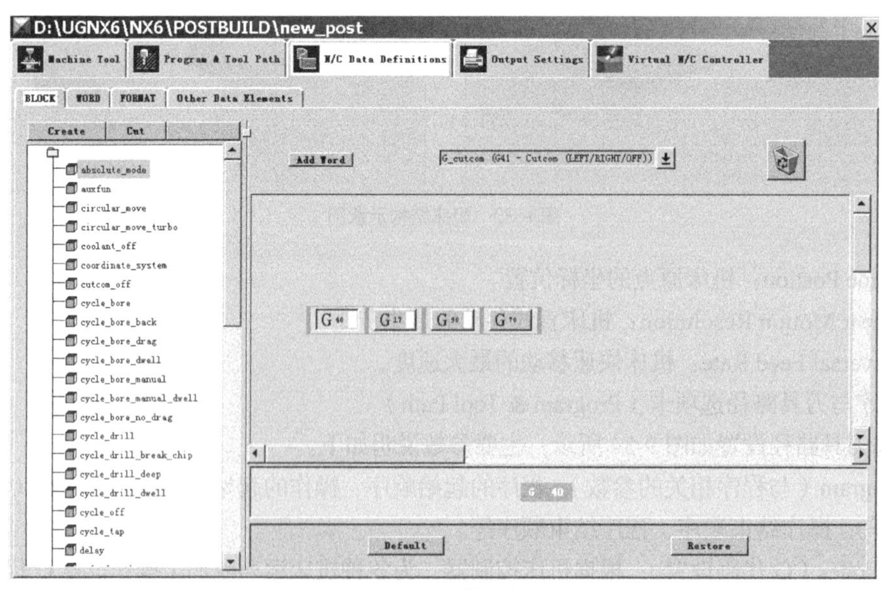

图9-35　N/C代码定义

● BLOCK：定义各种代码和操作的程序块，例如，辅助功能应包括哪些字符、循环钻孔应包括哪些代码和字符等。

● WORD：定义数控程序中可能出现的各种代码及其格式。例如，坐标轴代码、准备功能代码、辅助功能代码、进给量代码、刀具代码等分别采用哪个字符表示，以及它们的格式是否为模态（Model），参数数值的大小限制等。

● FORMAT：定义数控程序中可能出现的各种数据格式，如坐标值、准备功能代码、进给量、主轴转速等参数的数据格式。

● Other Data Elements：定义其他数据，如程序序号的起始值、增量及跳过程序段的首字符等。

（4）用 UG/Post 进行后置处理。

用 Post Builder 建立特定机床事件管理器文件和定义文件后，可用 UG/Post 进行后置处理，将刀具路径生成适合指定机床的 NC 程序。在 UG 加工环境中进行后置处理的操作步骤如下。

① 在操作导航器的程序视图中，选择已生成刀具路径的操作和程序名称。

② 单击下拉菜单【工具】→【操作导航器】→【输出】→【NX POST 后处理】，或在工具条单击按钮，弹出图 9-36 所示的“后处理”对话框。

③ 完成各项设定后，单击【确定】按钮，系统进行后处理运算，生成图 9-37 所示的程序文件。

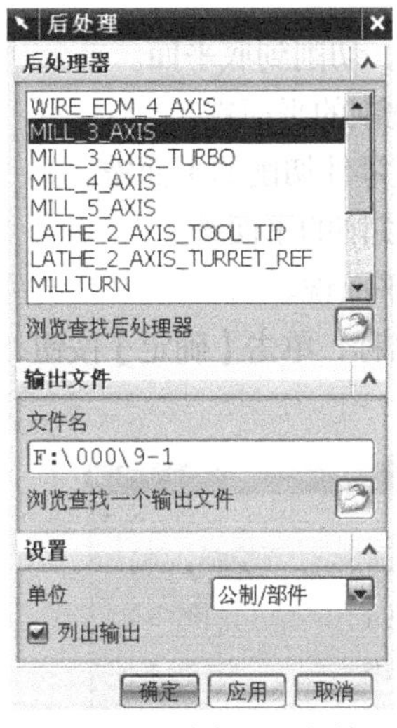

图9-36 “后处理”对话框

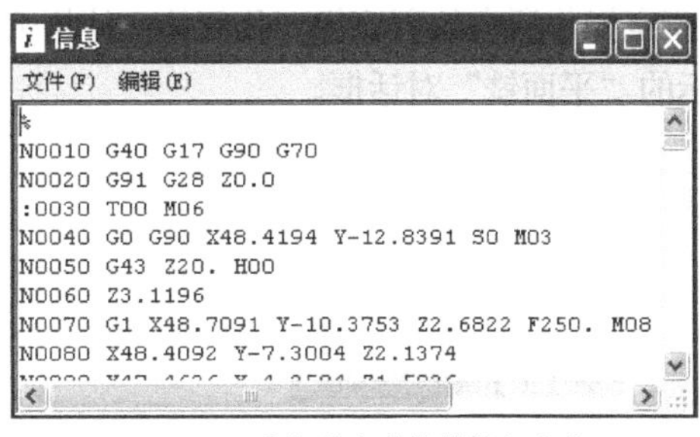

图9-37 后处理生成的数控机床代码

各选项说明如下。

● 后处理器：该列表框显示模板所包含的机床定义文件，用户可根据加工需要，选择合适的机床定义文件。

● 输出文件：该选项指定后置处理输出程序的文件名称和路径。

● 输出单位：该选项设置输出单位，可选择公制或英制单位。

● 列出输出：激活该选项，在完成后处理后，将在屏幕上显示生成的程序文件。

平面铣

平面铣只能加工与刀轴垂直的几何体，所以平面铣加工出直壁垂直于底面的零件，如加工产品

的基准面、挖槽、内腔的底面、轮廓等，在薄壁结构件的加工中，广泛使用平面铣的加工方法。平面铣是一种2.5轴的加工方式，即在加工过程中，*XY*两轴联动，而*Z*轴方向只在完成一层加工后进入下一层时才做单独的动作。

9.3.1 创建平面铣一般操作

（1）进入加工模块。打开要进行加工的零件，单击下拉菜单【开始】→【加工】或单击按钮，进入“加工”模块。

（2）创建平面铣操作。

① 单击“创建操作”工具，系统将弹出“创建操作”对话框，如图9-38所示。

② 选择类型为“mill_planar”，即选择了平面铣加工操作模板。

③ 根据加工需要选择平面铣的子类型，其主要子类型功能如下。

- ：表面区域铣（FACE-MILLING-AREA），以面定义切削区域的表面铣削。
- ：表面铣（FACE-MILLING），用于加工表面几何。
- ：平面铣（PLANAR-MILL），用平面边界定义切削区域，切削到底平面。
- ：平面轮廓铣（PLANAR-PROFILE），切削方法为轮廓铣削的平面铣。
- ：跟随零件粗铣（ROUGH-FOLLOW），切削方法为跟随零件切削的平面铣。
- ：往复式粗铣（ROUGH-ZIGZAG），切削方法为往复式切削的平面铣。
- ：单向粗铣（ROUGH-ZIG），切削方法为单向式切削的平面铣。

④ 指定操作所在的程序组、几何体、使用刀具、使用方法、名称，单击【确定】按钮，弹出图9-39所示的“平面铣”对话框。

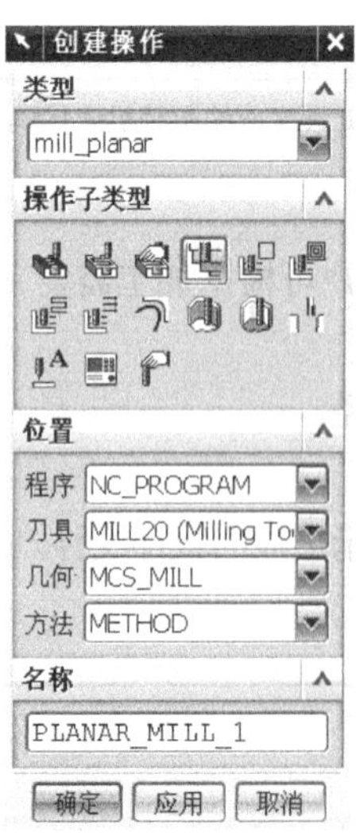

图9-38 “创建操作”对话框

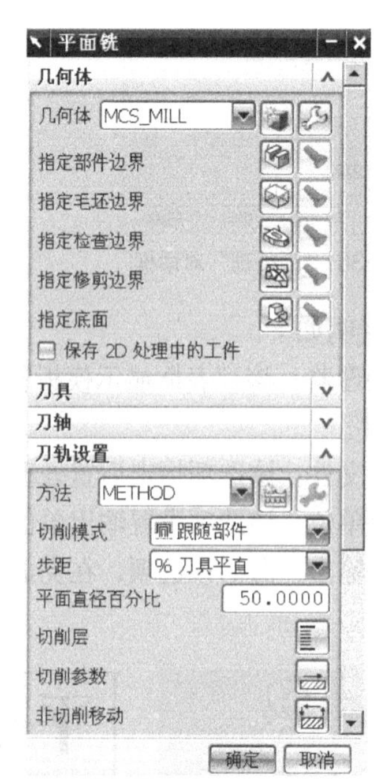

图9-39 “平面铣”对话框

⑤ 在“平面铣”对话框中，可以显示编辑已选的几何体、加工方法、刀具或者重新选择使用的

几何体、加工方法、刀具，如图 9-39 所示。

⑥ 设置平面铣操作参数。

“平面铣”对话框如图 9-39 所示，主要选项组参数如下：

● “几何体”选项组中设定加工的几何对象的部件边界、毛坯边界、修剪边界、底面等参数。

● “刀轨设置”选项组中进行刀轨参数的设置，这些参数的设置将对刀轨产生影响，在加工操作中十分关键，参数设置的合理性将影响到工件的实际加工精度、效率等。

9.3.2　平面铣操作的几何体

在平面铣中，加工区域是由加工边界所限定的，指刀具在每一个切削层中，能切削零件而不产生过切的区域。平面铣的切削区域是利用边界条件进行限制的。

1. 平面铣操作几何体的类型

平面铣利用几何体边界进行刀具运动范围的定义，刀位轨迹的计算，而刀具切削的深度是用底平面来控制的。

几何体边界中包括零件边界、毛坯边界、检查边界和修剪边界，如图 9-39 所示。

- 指定部件边界：用于描述完成后的零件。
- 指定毛坯边界：用于描述将要被加工的材料范围。
- 指定检查边界：用于描述刀具不能碰撞的区域，如夹具和压板位置。
- 指定修剪边界：用于进一步控制刀具的运动范围，与零件边界一同使用时，对由零件边界生成的刀轨做进一步的修剪。
- 指定底面：用于指定平面铣加工的最低高度，每一个操作中仅能有一个底平面。

2. 零件边界选择的一般步骤

（1）单击图标，弹出“边界几何体”对话框，如图 9-40 所示。

（2）选择面、边界、曲线或点模式，弹出“创建边界”对话框，如图 9-41 所示。

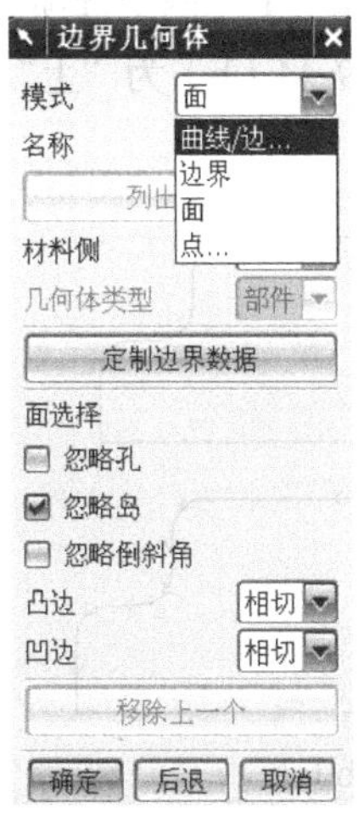

图9-40　“边界几何体”对话框

图9-41　“创建边界”对话框

（3）根据模式选择对象，确定材料侧和刀具位置以控制刀具运动的范围。

（4）单击【确定】按钮完成设置。

3. 主要选项说明

（1）定义边界模式。

- “曲线/边”模式：通过顺序指定的曲线创建边界。
- “点”模式：通过顺序定义的点创建边界。
- “面”模式：选项通过所指定面的外形边缘作为平面铣的外形边界。
- “边界”模式： 选择永久边界作为平面加工的外形边界。

（2）边界类型：用于定义打开的边界或者封闭的边界，如图9-42所示。

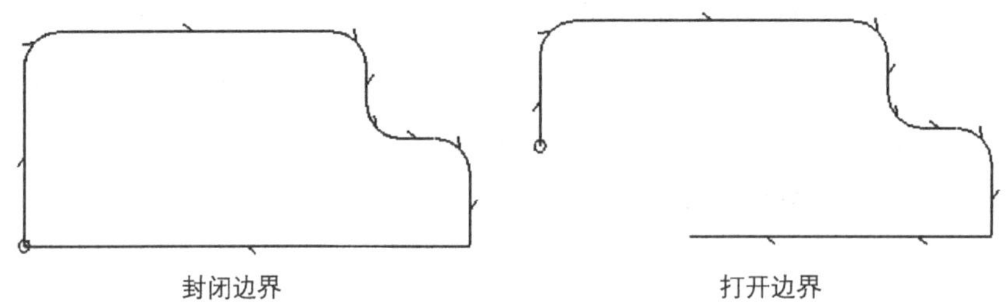

图9-42 封闭与打开边界类型示意图

（3）材料侧：用于定义材料被保留或被去除的一侧，有“内部”和“外部”两个选项，对于不同类型的边界，其内外侧的定义是不同的。如作为零件边界使用时，其材料侧为保留部分，例如对于内腔切削，刀具在内腔里进行切削，外部材料被保留，材料侧应该定义为“外部”；而对于岛屿切削，材料侧应该定义为“内部”。如图9-43所示，加工零件凹槽时，零件边界及材料侧的确定方法。

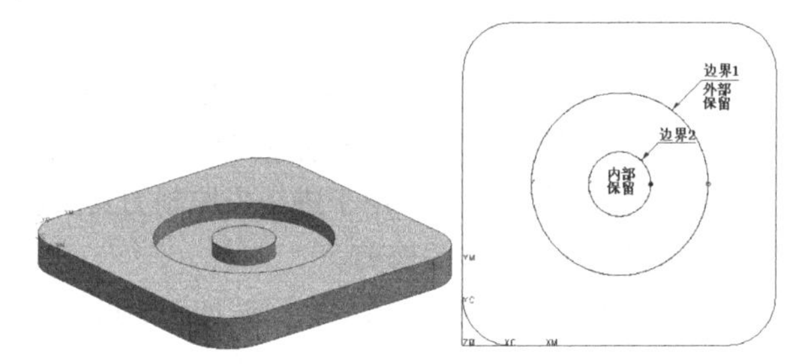

图9-43 加工零件及零件边界定义示意图

（4）刀具位置：决定刀具接近边界时的位置，有“相切于”和“上”两个选项。图9-44所示为刀具与边界位置示意及边界显示。图9-44（a）为“相切于”，图9-44（b）为“上”，图中的小圆圈表示边界的起点。

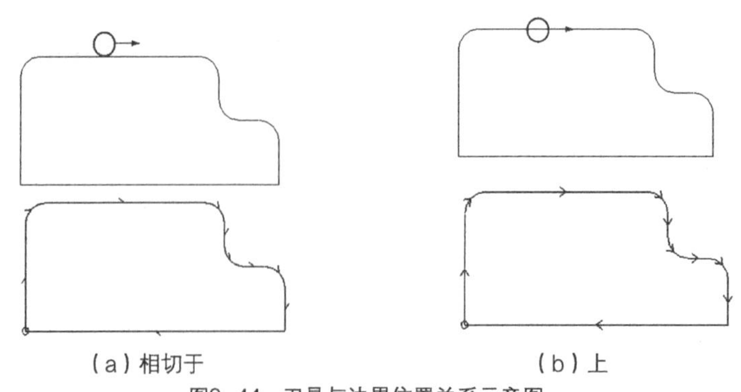

图9-44 刀具与边界位置关系示意图

（5）移除上一个成员：如选取轮廓边界时选错了物体，可使用此选项移除最后一次选取的物体。

（6）创建下一个边界：如果边界有一个以上，则选取下一个外形边界前，需选取这个选项，以告知系统接下来选择的曲线或边缘为另一个轮廓边界。

4. 毛坯边界定义时的注意事项

（1）毛坯边界的定义和零件边界的定义方法相似，不同的是毛坯边界只有封闭的边界。

（2）毛坯边界可以不定义。

（3）零件几何体和毛坯几何体至少要定义一个，作为驱动刀具切削运动的区域。

（4）只有毛坯边界而没有零件边界时，将产生毛坯边界范围内的粗铣加工。

（5）定义毛坯边界时，材料侧为材料被去除一侧，与定义零件边界时相反。

5. 检查边界与修剪边界

检查边界与修剪边界的定义方法与前面所讲的边界定义方法相似，很多场合可以不需定义检查边界和修剪边界。

6. 底平面选择的一般步骤

（1）单击按钮，弹出“平面构造器”对话框，如图 9-45 所示。

（2）选择对象，确定底平面位置，选择的方法主要有以下几种。

- 直接在工件上选取水平的表面作为底平面。
- 将选取的表面做一定距离的偏置后作为底平面。
- 指定 3 个主要平面（*XC-YC*、*YC-ZC*、*ZC-XC*），或偏置一定距离后的平行平面作为底平面。

（3）单击【确定】按钮，完成设置。

7. 边界的编辑

平面铣操作使用边界几何体计算刀轨，不同的边界几何体的组合使用，可以方便地产生所需要的刀轨。如果产生的刀轨不适合要求或者想改变刀轨，也可以编辑已经定义好的边界几何体从而改变切削区域，边界编辑的一般步骤如下。

（1）“平面铣”对话框中的“几何体”选项组，如图 9-46 所示。

图9-45 “平面构造器”对话框

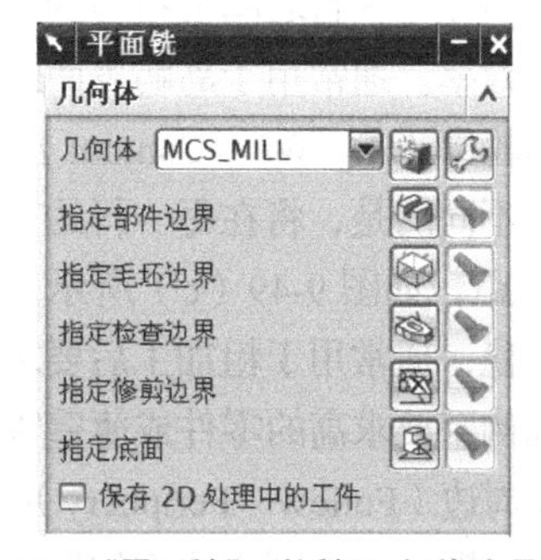

图9-46 “平面铣”对话框几何体选项组

（2）在“几何体”选项组中选择所需编辑的边界几何体图标，如单击（选择或编辑部件边界）按钮，弹出“边界几何体”对话框，如图 9-47 所示，在模式下拉列表中选择边界类型，如“曲线/边”，弹出如图 9-48 所示的“创建边界”对话框，可对边界进行编辑操作。

- 移除上一个成员：将所选择的边界从当前操作中删除。
- 创建下一个边界：在当前操作中新增一个边界，进行新的边界选择。
- 定制成员数据：可以利用当前的临时边界创建永久边界，所创建边界的组成曲线及参数均与临时边界相同。重复加工某一区域时可以快速方便地进行选择。

图9-47 “边界几何体”对话框

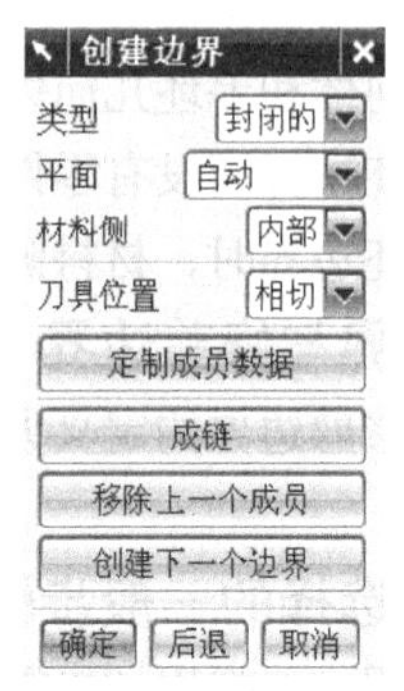

图9-48“创建边界”对话框

（3）单击【确定】按钮，完成对边界元素的编辑。

9.3.3 平面铣刀轨设置

1. 常见切削模式的选用

在平面铣型腔铣操作中，切削方法决定了用于加工切削区域的刀位轨迹模式，主要有以下几种常用的切削方法。

（1）往复（Zig-Zag）：创建往复平行的切削刀轨，如图9-49（a）所示。这种切削方法允许刀具在步距运动期间保持连续的进给运动，没有抬刀，能最大化地对材料进行切除，是最经济和节省时间的切削运动，通常用于形状比较规则的内腔粗加工。

（2）单向（Zig）：创建平行且单向的刀位轨迹，如图9-49（b）所示。能始终维持一致的顺铣或者逆铣切削，但在每一行之间要抬刀到转换平面，并在转换平面进行水平的不产生切削的移动，因而会影响加工效率。通常用于岛屿表面的精加工和不适用往复式切削方法的场合。

（3）单向轮廓（Zig With Contour）：用于创建平行的、单向的、沿着轮廓的刀位轨迹，它与单向切削相似，不同的是，将在每一行的首尾沿轮廓切削一段间距，如图9-49（c）所示。这种切削方法比较平稳，通常用于粗加工后要求余量均匀的零件，如侧壁要求高的零件或薄壁零件。

（4）跟随周边（Follow Periphery）：用于创建一条沿着轮廓顺序的、同心的刀位轨迹，如图9-49（d）所示。它是通过对外围轮廓区域的偏置得到的，所有的轨迹在加工区域中都以封闭的形式呈现，通常用于带有岛屿和内腔零件的粗加工，如模具的型芯和型腔。

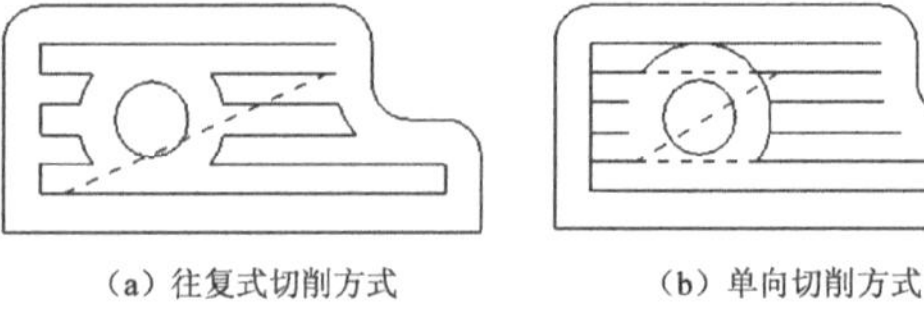

（a）往复式切削方式　（b）单向切削方式

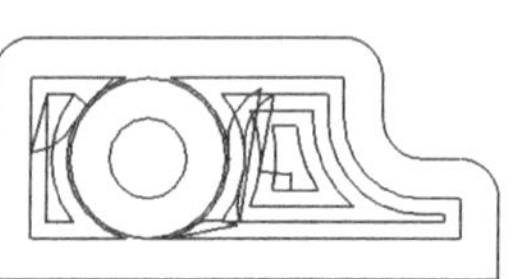

（c）沿轮廓的单向切削方式　（d）跟随周边切削方式

图9-49 常见切削方式示意图

（5）跟随部件（Follow Part）：通过对所有指定的零件几何体进行偏置来产生刀轨，不像沿外轮廓切削只从外围的环进行偏置。由于跟随工件的切削方法可以保证刀具沿所有的零件几何进行切削，而不必另外创建操作来清理岛屿，因此对有岛屿的型腔加工区域，最好使用跟随工件的切削方式，如图 9-50（a）所示。

（6）摆线（Cycloid）：通过产生一个小的回转圆圈，避免在切削时发生全刀切入而导致切削的材料量过大。摆线加工可用于高速加工，以较低而且相对均匀的切削负荷进行粗加工，如图 9-50（b）所示。

（7）配置文件（Profile）：用于创建一条或者指定数量的刀轨来完成零件侧壁或轮廓的切削。它能用于敞开区域和封闭区域的加工，如图 9-50（c）所示。通常用于零件的侧壁或者外形轮廓的精加工或者半精加工，如零件内壁和外形的加工、拐角的补加工、陡壁的分层加工等。

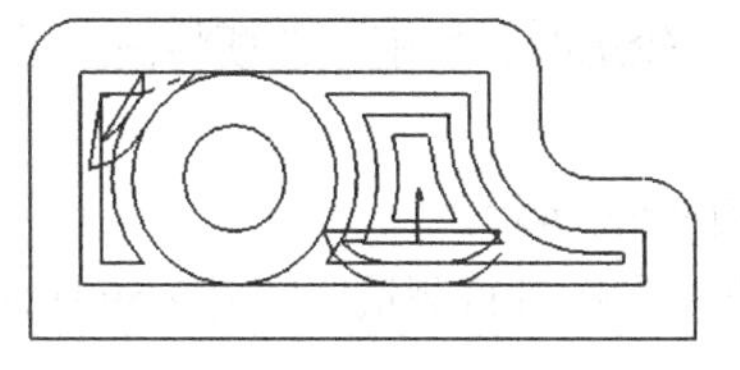
（a）跟随工件切削方式

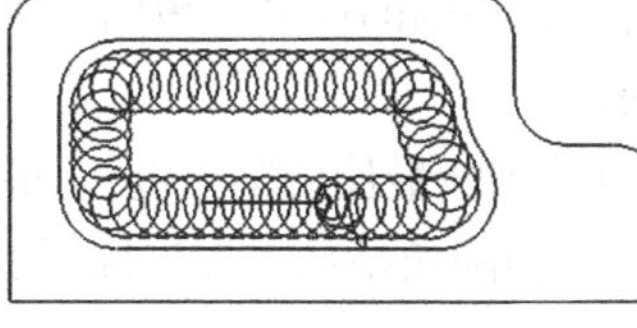
（b）摆线切削方式

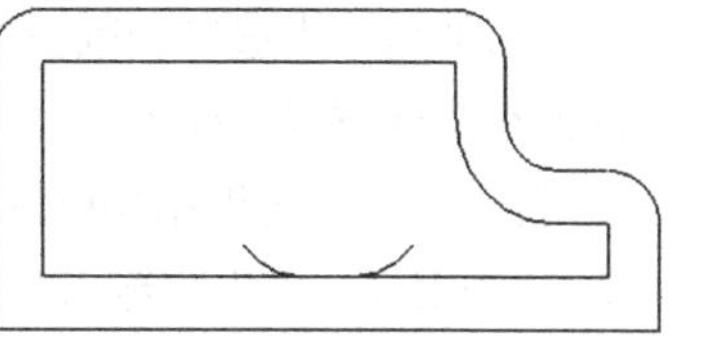
（c）轮廓切削方式

图9-50　常见切削方式示意图

（8）标准驱动（Standard Drive）：是一种轮廓切削方法，它严格地沿着指定的边界驱动刀具运动，允许刀轨自相交。适合于雕花、刻字等轨迹重叠或者相交的加工操作。

2. 用户化参数设置

用户化参数主要包括切削步距、附加刀路及切削角度的设置，刀轨设置如图 9-51 所示。

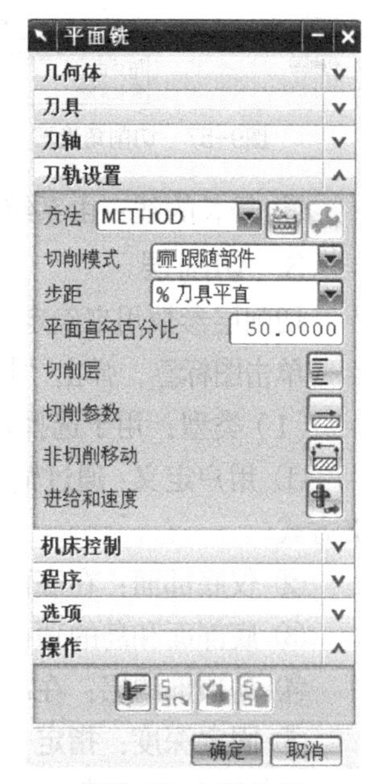

图9-51　刀轨设置

（1）步距（步进）：步距是两条切削路径之间的间隔距离，通常也称为行间距。步距的确定需要考虑刀具的承受能力、加工后的残余材料量、切削负荷等因素。在平行切削的切削方式下，步距是指两行间的间距，如图 9-52 所示；而在环绕切削方式下，步进是指两环间的间距。步距设置的 4 种方式，如图 9-53 所示。

① 恒定：指定相邻的刀位轨迹间隔为固定的距离。

② 残余高度：根据在指定的间隔刀位轨迹之间，刀具在工件上造成的残料高度来计算刀位轨迹的间隔距离。该方法需要输入允许的最大残余波峰高度值，适用于使用球头刀进行加工时步进的计算。

③ %刀具直径：指定相邻的刀位轨迹间隔为刀具直径的百分比。

④ 多个：使用手动方式设定多段变化的刀位轨迹间隔，对每段间隔指定此种间隔的走刀次数。

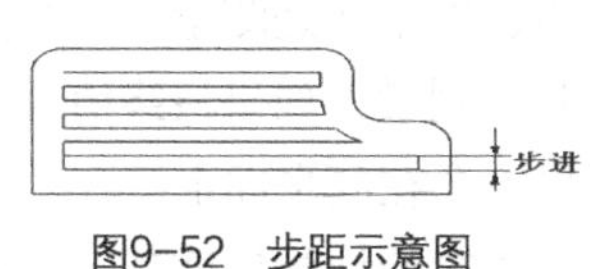

图9-52　步距示意图

步距 多个
恒定
残余高度
% 刀具平直
多个

图9-53　步距设置方式

（2）附加刀路。只有在配置文件铣削或者标准驱动方式下才能激活，如图 9-54 所示。使用“附加刀路”选项可以创建切向零件几何体的附加刀轨。所创建的刀轨沿着零件壁，且为同心连续的切削，向零件等距离偏移，偏移距离为步进值。图 9-55 所示为无附加刀路的轮廓加工，图 9-56 所示为附加刀路为 2 的轮廓切削加工。

图9-54 附加刀路设置

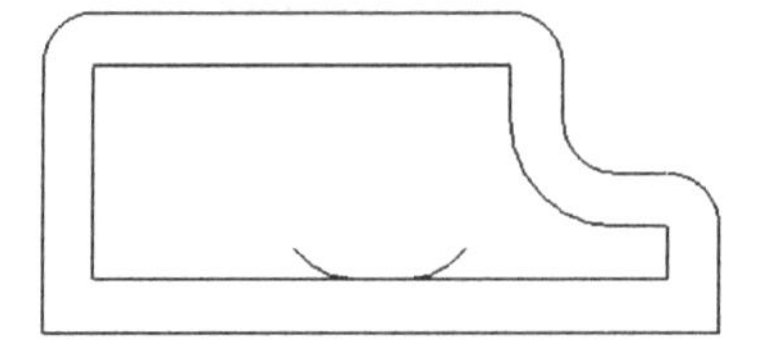
图9-55 无附加刀路轮廓加工

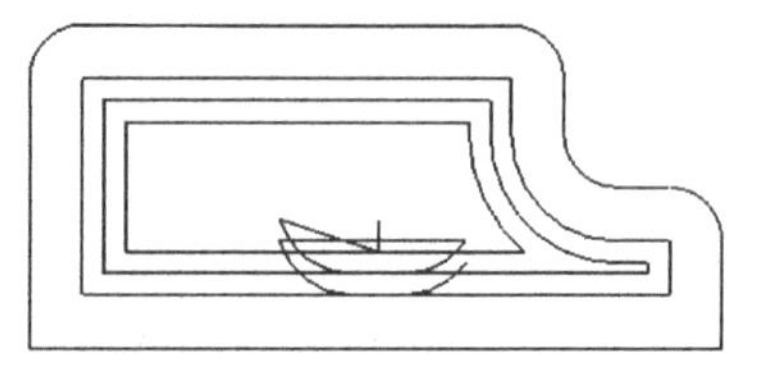
图9-56 附加刀路为2的轮廓加工

（3）切削角。当选择切削模式为平行切削即往复、单向、单向轮廓时，切削角选项将被激活，切削设置有 3 种方式，如图 9-57 所示。

① 自动：由系统根据切削区域自动判断最佳切削角度，如图 9-58 所示。

② 用户定义：由用户输入角度值，切削角是从工件坐标系的 *X* 坐标进行测量，如图 9-59 所示。

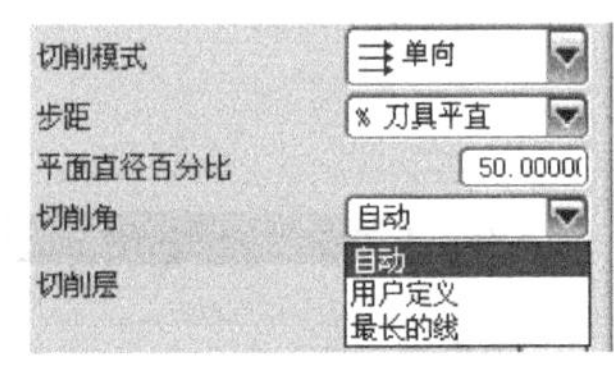

图9-57 切削角设置

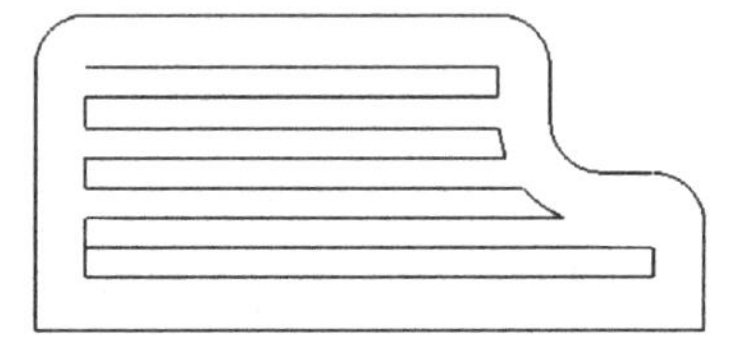
图9-58 自动切削角刀路

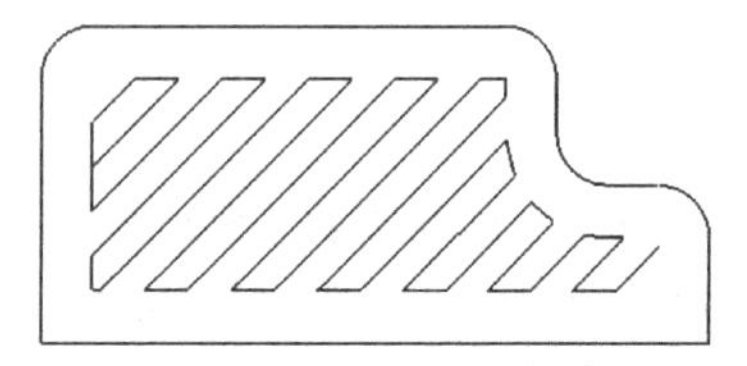
图9-59 用户定义切削角刀路

③ 最长的线：由系统确定每一切削能达到最大长度的方向作为切削角。

3. 切削层

切削层参数用来确定多层切削操作中切削层深度。

单击图标，弹出“切削深度参数”对话框，如图 9-60 所示。

（1）类型：用于选择定义切削深度的方式。

① 用户定义：通过输入数值进行设置，是最常用的一种深度定义方式。

② 仅底部面：在底面创建一个唯一的切削层。

③ 底部面和岛的顶面：在底面和岛屿顶面创建切削层。

④ 岛顶部的层：在岛顶面创建一个平面的切削层。

⑤ 固定深度：指定一个固定的深度值来产生多个切削层。

图9-60 “切削深度参数”对话框

（2）最大/最小值：最大深度和最小深度确定了切削深度的范围，系统尽量用接近最大深度值来创建切削层。

（3）初始/最终：初始值为所切削深度的平面铣操作定义第一切削层深度，该深度从毛坯几何体的顶面开始测量，如果没有定义毛坯几何体，将从零件的边界平面处测量。最终值为所切削深度的平面铣操作定义最后一个切削层深度，该深度从底平面开始测量，如果最终值大于 0，系统至少创建两个切削层，一个在底平面之上的“最终”深度处，另一个在底平面上。

（4）侧面余量增量：为多深度的平面铣操作的每一个后续的切削层增加一个侧面余量，这样做可以避免刀具的侧刃与已切削的侧面发生摩擦。

（5）岛顶面切削：切削时并不能保证切削层恰好在位于岛屿的顶面上，因此有可能导致岛屿顶面上有残余材料。当选中“岛顶面切削”复选框时，系统会在有残余材料的岛屿上附加一层清理刀轨，将残余材料清除。

4. 切削参数

“切削参数”是每种操作共有的选项，但其中某些选项会随着操作类型和切削方法的不同而有所不同。单击图标，进入“切削参数”设置对话框。图 9-61 所示为平行往复式“切削参数”对话框。当选择了参数后，在右方将出现说明参数含义的图例，使用十分方便。

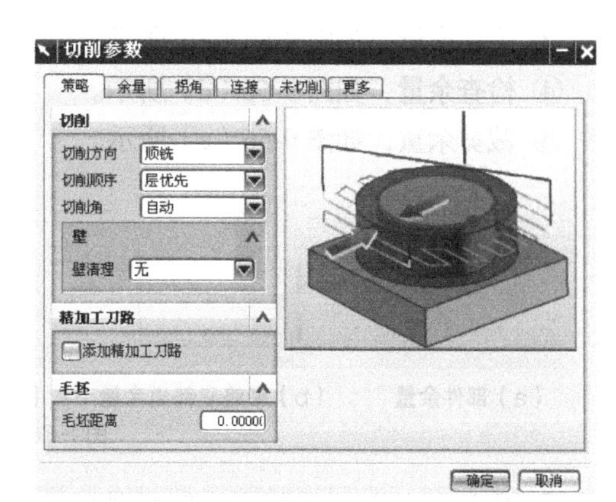

图9-61　平行往复式“切削参数”对话框

（1）策略。

① 切削方向：指定刀具切削的方向，如图 9-62 所示。

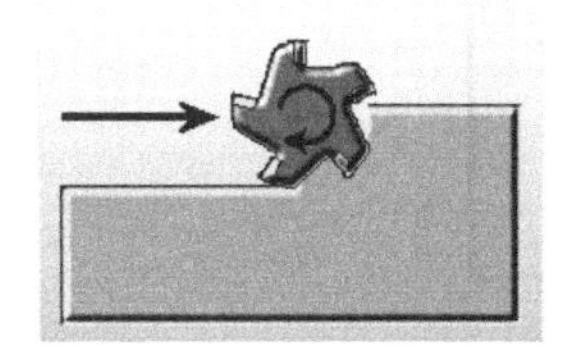

（a）顺铣切削

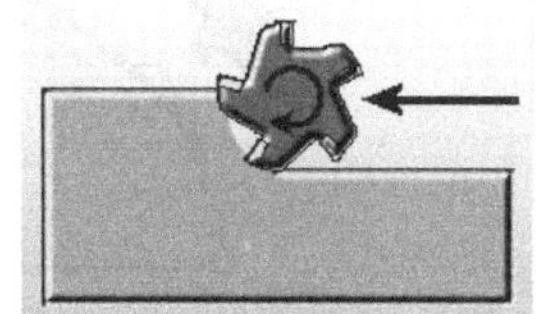

（b）逆铣切削

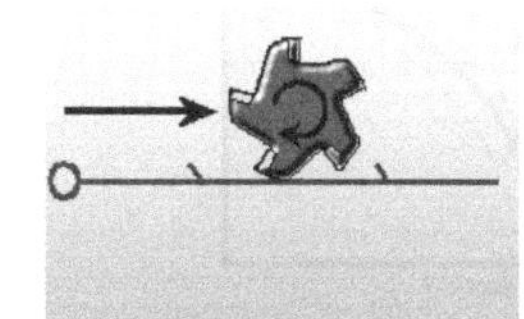

（c）跟随周边

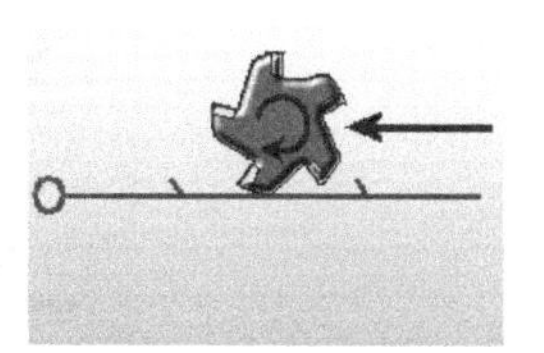

（d）边界反向

图9-62　切削方向示意图

② 切削顺序：用于处理切削区域的加工顺序，如图 9-63 所示。图 9-63（a）所示为“层优先”方式，图 9-63（b）所示为“深度优先”方式。

（a）

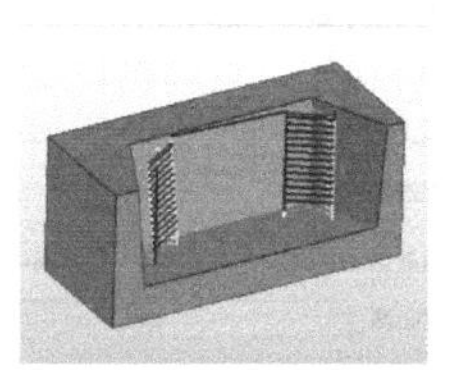

（b）

图9-63　切削顺序示意图

（a）没有清壁的平行切削

（b）进行了清壁的平行切削

图9-64　清壁选项示意图

③ 切削角：用于指定平行切削的刀具路径与 X 轴的夹角。

④ 壁清理：可以清理用往复切削、单向切削等方法加工时在零件壁或者岛屿壁上的残留材料，如图 9-64 所示。

（2）余量。用于确定完成当前操作后，部件上剩余的材料量和加工的余量以及公差参数，“余量”选项卡如图 9-65 所示。

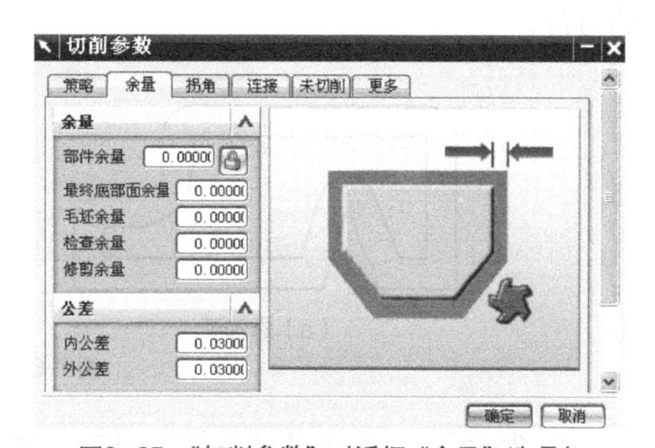

图9-65　“切削参数”对话框“余量”选项卡

① 部件余量，如图 9-66（a）所示。

② 最终底部面余量，如图 9-66（b）所示。

③ 毛坯余量，如图 9-66（c）所示。

④ 检查余量，如图 9-66（d）所示。

⑤ 裁剪余量，如图 9-66（e）所示。

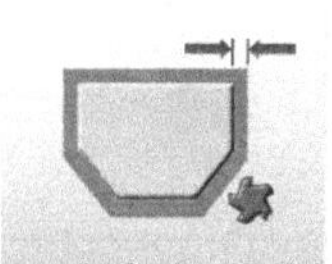

（a）部件余量

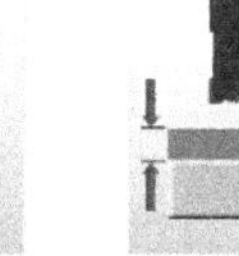

（b）最终底部面余量

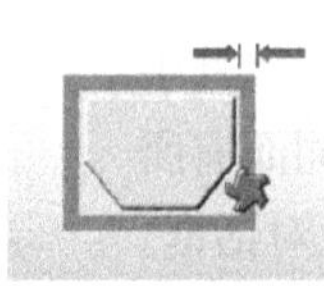

（c）毛坯余量

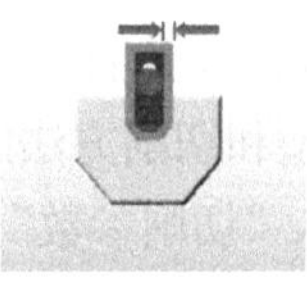

（d）检查余量

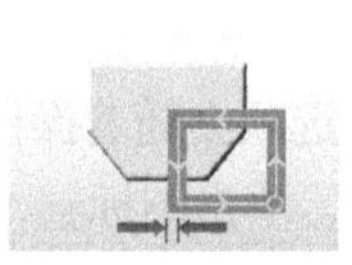

（e）裁剪余量

图9-66　余量参数示意图

⑥ 公差：定义刀具偏离实际零件的允许范围，公差值越小，表示切削越精确，如图 9-67 所示。

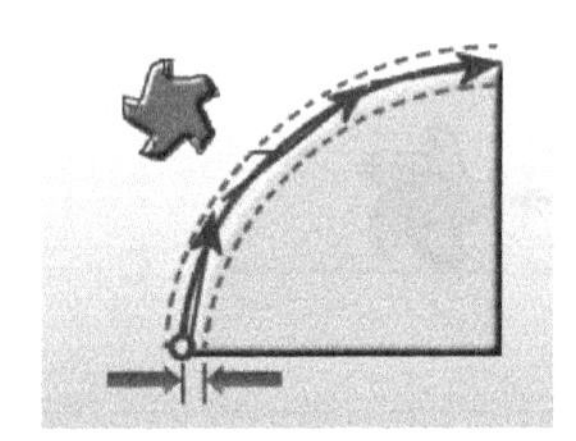

（a）内公差

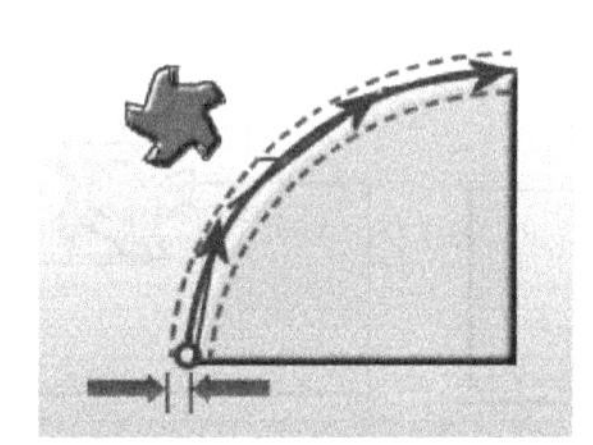

（b）外公差

图9-67　公差参数示意图

（3）拐角。拐角控制选项可以预防刀具在进入拐角处产生偏离或过切，“拐角”选项卡如图 9-68 所示。

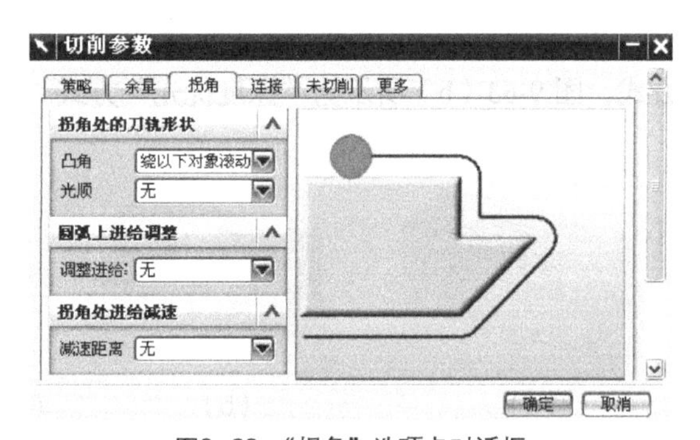

图9-68　“拐角”选项卡对话框

① 凸角：对于凸角，刀具可以绕着拐角滚动切削（增加圆弧）或者延伸相邻边（延伸边界）的方法进行切削，如图 9-69 所示。

② 光顺：控制是否在拐角处添加圆角，下拉列表中包括“无”和“所有刀路”选项。图 9-70 所示为型腔铣操作时，选择不同光顺选项时形成的刀路。

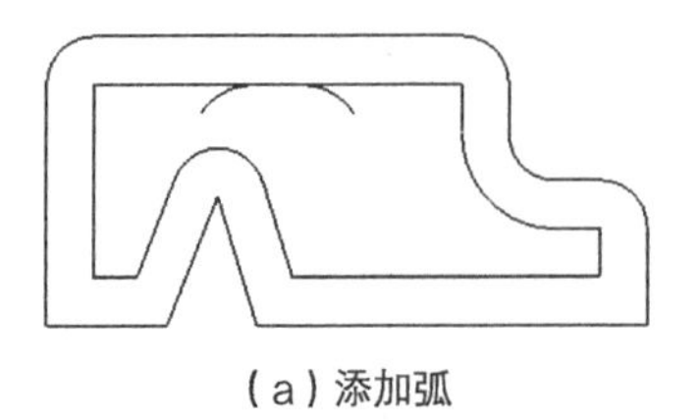

（a）添加弧

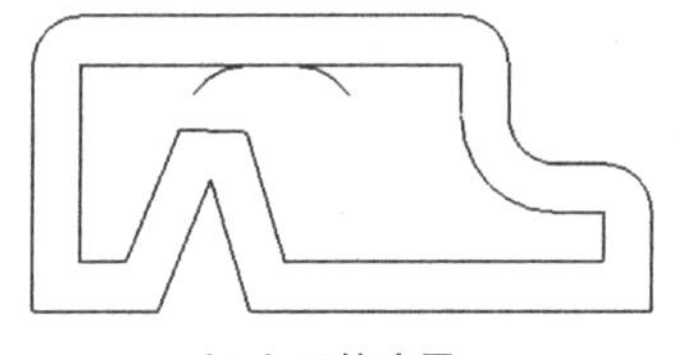

（b）延伸边界

图9-69　凸角控制示意图

③ 尖角角度：用于设置拐角的范围，当拐角处于最小值与最大值之间时，在该拐角处加入圆角等控制，对于角度较大的转角不认为其为拐角，无需增加圆或者降速。

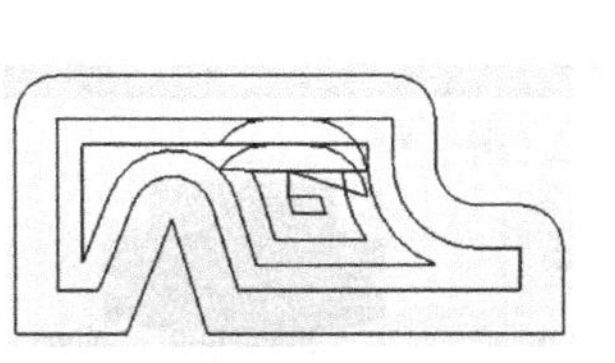
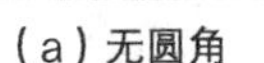

(a) 无圆角

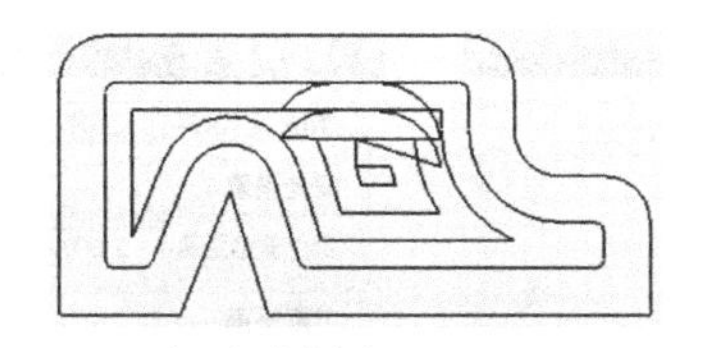

(b) 在侧壁

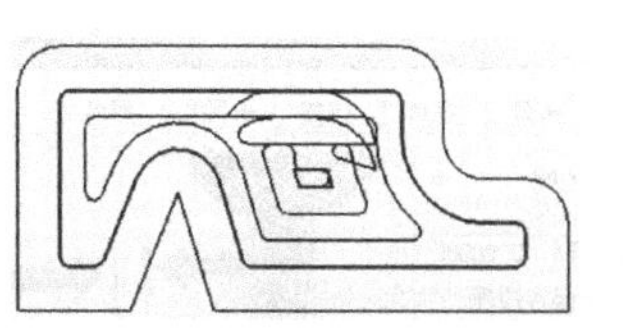

(c) 所有路径

图9-70　圆角控制示意图

(4) 连接。用于定义切削运动的运动方式,“连接”选项卡如图 9-71 所示。

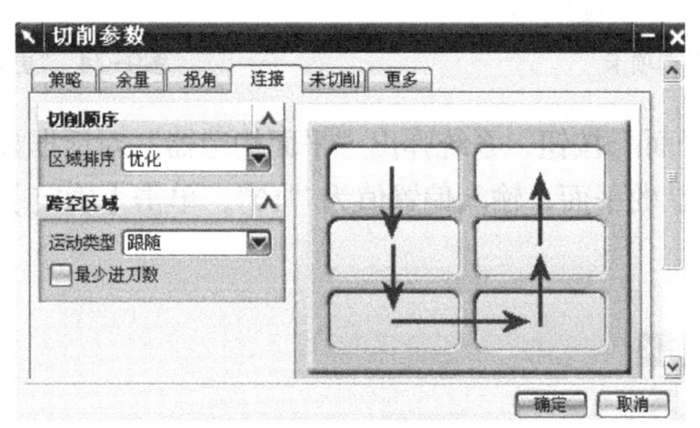

图9-71　“连接”选项卡

区域排序:指定切削区域加工顺序,如图 9-72 所示。

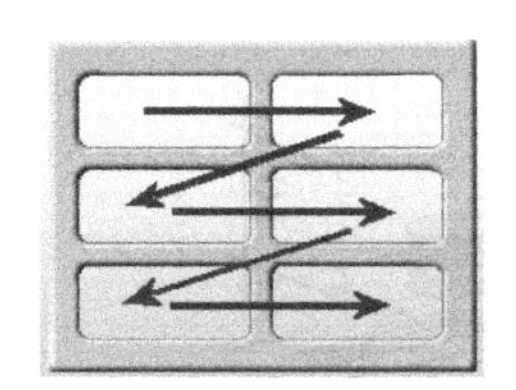

(a) 标准顺序

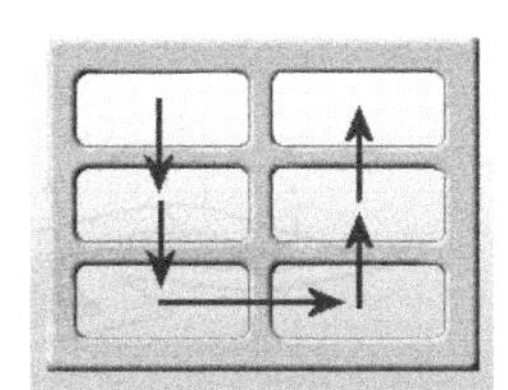

(b) 优化顺序

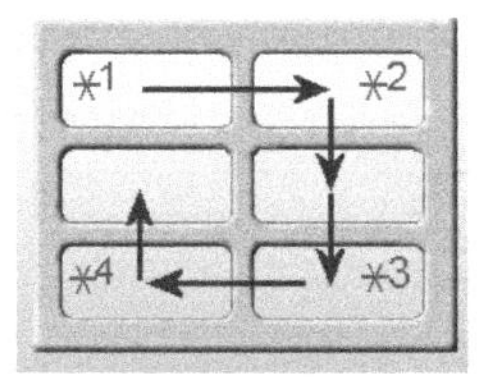

(c) 跟随起点

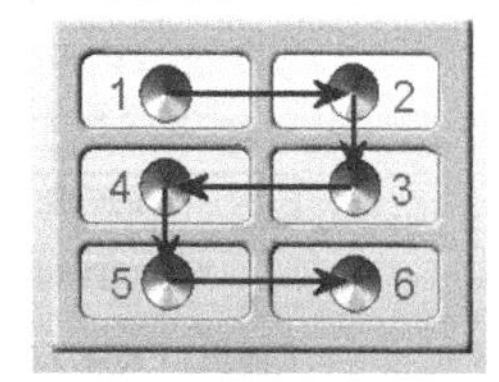

(d) 跟随预钻点

图9-72　区域排序示意图

(5) 未切削。未切削区域指刀具未到达的区域,零件没有被完全加工到的部位。“未切削”选项卡如图 9-73 所示。

所有未切削区域边界是作为封闭的边界,且刀具位置以相切状态进行输出的。然后可以将这些边界作为毛坯几何体,做下一步精加工操作清除余下的材料。

① 重叠距离:未切削区域边界的偏距值。这个偏距用于扩展垂直切削区域的边界,但是不会对零件产生过切。

② 自动保存边界:可以自动在所有未切削到的区域输出永久性边界,永久边界保留在未切削区域的零件边界面上。

(6) 更多。“更多”选项卡如图 9-74 所示,用于定义刀具轨迹开始以前和切削以后的非切削运动的位置和方向。

① 安全设置:部件安全距离用于定义刀具所使用的进退刀距离,为部件定义刀柄所不能进入的扩展安全区域,部件安全距离专用于轮廓铣的切削参数。

② 下限平面:定义刀具运动的下限,可以通过使用继承的或指定平面来设置。

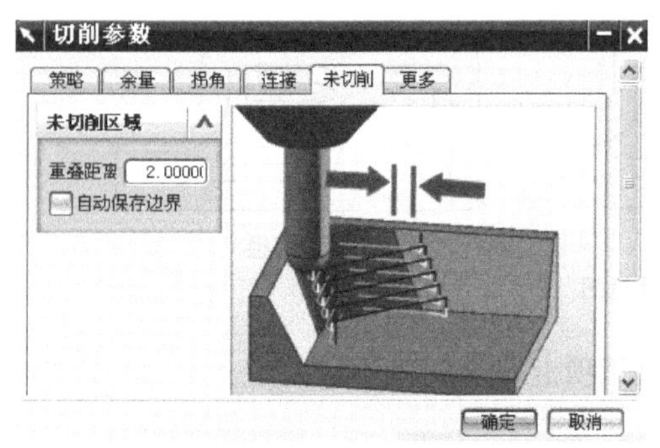

图9-73 “未切削”选项卡

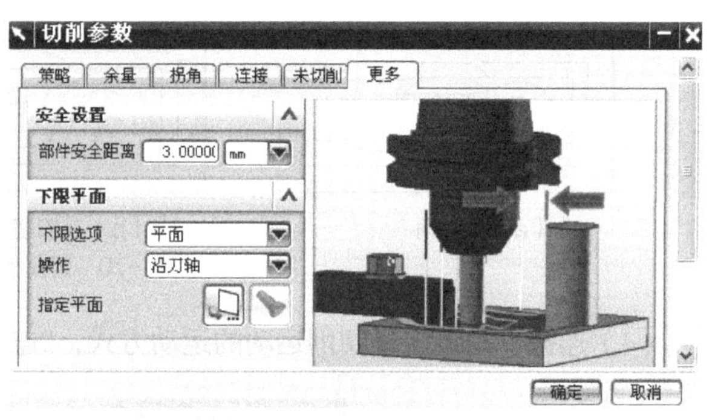

图9-74 “更多”选项卡

例如：单击指定下限平面按钮，系统弹出“平面构造器”对话框如图 9-75 所示，单击按钮，指定一个平行于 *XC-YC* 的平面，输入偏置值为“10”，单击【确定】按钮，完成设置，所形成的刀路如图 9-76 所示。

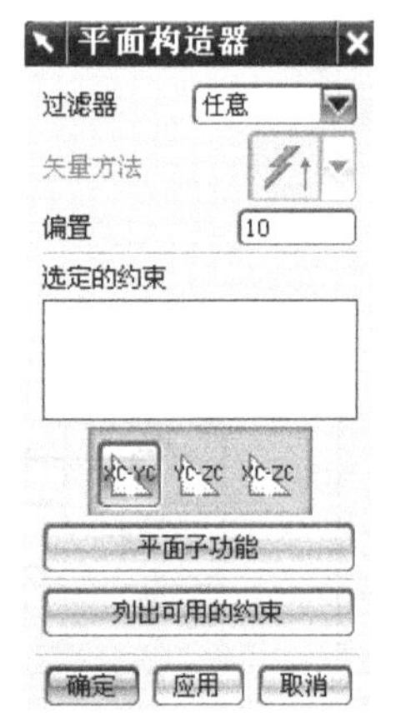

图9-75 “平面构造器”对话框

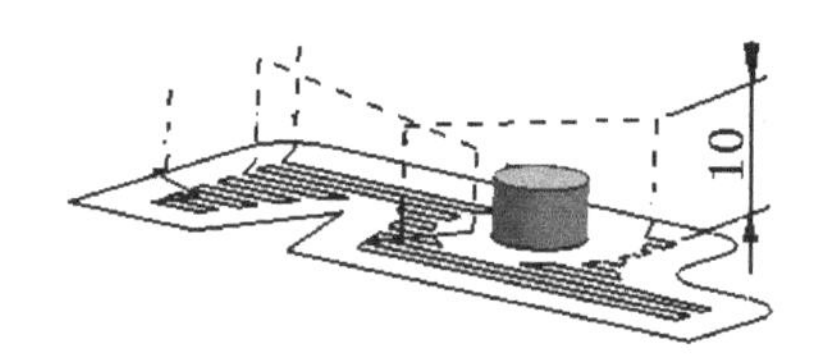

图9-76 形成的刀路

技巧 为了加工安全，在平面铣加工时，必须设定“安全平面”，至于其他的开始点、返回点则可以省略，这样具有更高的安全性，同时，操作所生成的刀具轨迹也比较规则。

在 3 轴铣加工中，指定安全平面最常用的方法是指定一个平行于 *XC-YC* 的平面，即指定 *Z* 方向高度值的水平面。

5. 非切削移动

非切削移动控制如何将多个刀轨段连接为一个操作中相连的完整刀轨，在切削运动之前、之后和之间定位刀具。非切削移动可以简单到单个的进刀和退刀，或复杂到一系列定制的进刀、退刀和移刀（分离、移刀、逼近）运动，这些运动的设计目的是协调刀路之间的多个部件曲面、检查和提升操作。各种非切削运动在“平面铣”操作对话框中单击按钮，系统弹出如图 9-77 所示的“非切削移动”对话框，其中包含的“进刀”、“退刀”、“开始/钻点”、“传递/快速”、“避让”、“更多”六个选项卡。主要参数含义如下：

（1）进刀/退刀。进刀/退刀：用于定义刀具在切入、切出零件时的距离和方向。

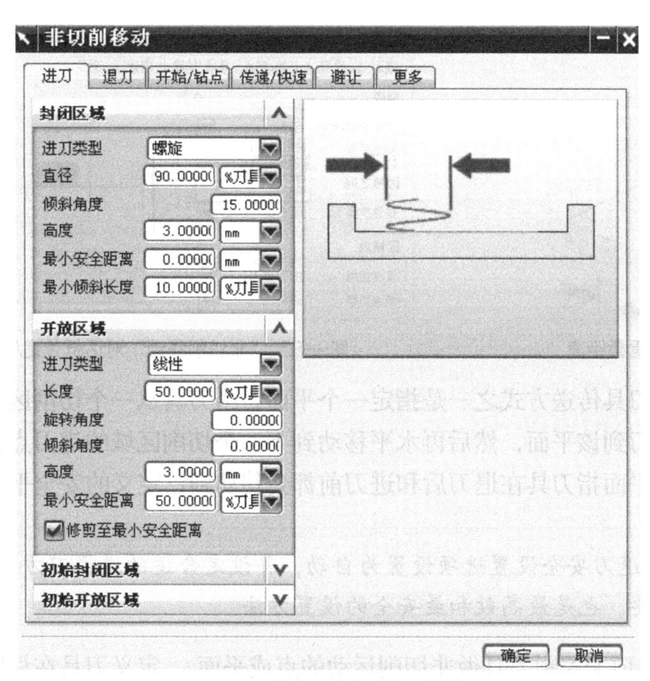

图9-77 “非切削移动”对话框

① 封闭区域和开放区域。用于定义封闭区域和开放区域的进刀、退刀方式，封闭区域就是四周的封闭只能从工件里面下刀的区域。开放则是既可以从工件中下刀，也可以从工件外下刀的地方。

② 螺旋进刀。这种下刀方式是从工件上面开始，螺旋下刀切入工件，如图 9-78 所示，用于采用连续加工的方式，可以比较容易的保证加工精度。

③ 沿形状斜进刀。创建一个倾斜进刀移动，如图 9-79 所示沿形状斜进刀。

④ 倾斜角度。表示在执行倾斜下刀时，刀具切入材料时的角度，如图 9-80 所示。

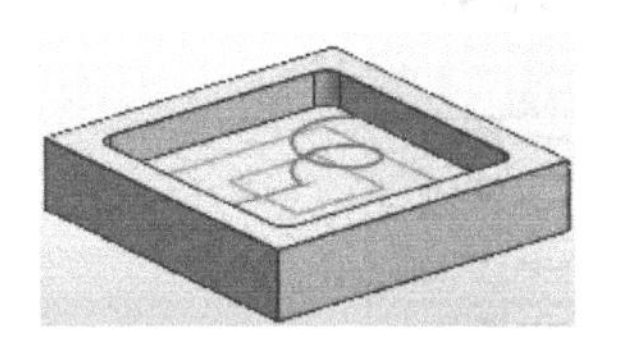

图9-78 螺旋下刀

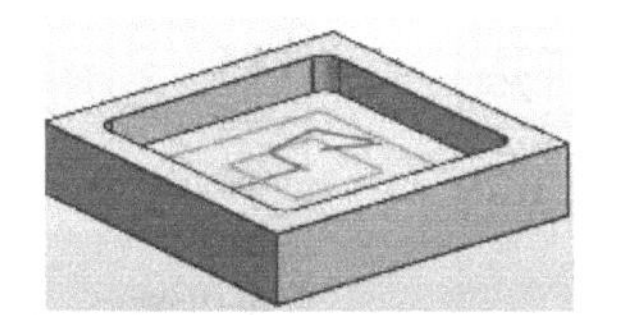

图9-79 沿形状斜进刀

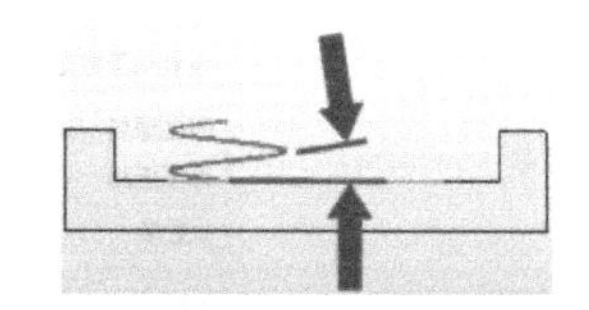

图9-80 倾斜角度

⑤ 最小安全距离。当不使用安全平面时，刀具在加工的开始或结束直达加工面。设置最小安全距离可以在下刀和返回时，使刀具离开加工面某一距离。

（2）开始/钻点。开始/钻点选项卡用于设置“重叠距离”、“区域起点”和“预钻孔点”等参数。

① 重叠距离：设置一段重叠距离主要是确保在进刀处完全切削干净，消除进刀痕迹。重叠距离产生的刀具轨迹如图 9-81 所示。

② 预钻孔点：代表预先钻好的孔，刀具将在没有任何特殊进刀的情况下下降到该孔开始下刀加工。

（3）传递/快速。传递/快速选项卡用于设置包含“安全设置”、“区域内”、“区域之间”三个选项组，如图 9-82 所示。

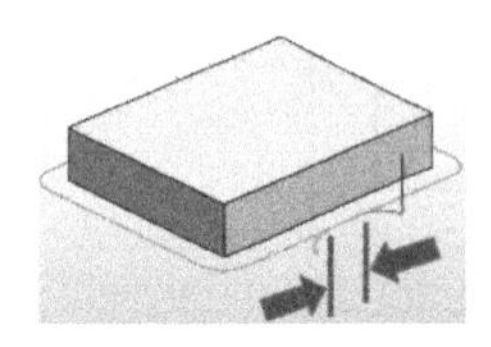

图9-81 重叠距离

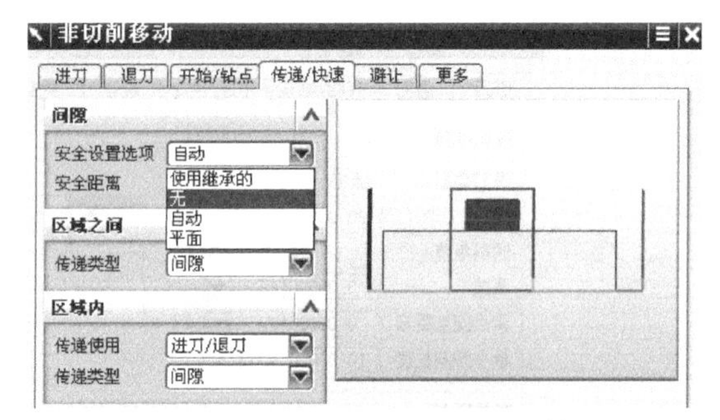

图9-82 “非切削移动”对话框传递/快速

指定安全平面：刀具传送方式之一是指定一个平面，当刀具从一个切削区域转移到另一个切削区域时，刀具将先退刀到该平面，然后再水平移动到下一个切削区域的进刀点位置。该方式是最常用的定义方式，安全平面指刀具在退刀后和进刀前都会移动到已定义的安全平面上。

技巧

将进刀/退刀安全设置选项设置为自动，并设定合适的进退刀方法，能适应绝大部分情况的需要，也是最高效和最安全的设置方法。

（4）避让。避让选项卡控制刀具做非切削运动的点或平面。定义刀具在切削前和切削后的非切削运动的位置和方向。

（5）更多。更多选项卡用于设置包括“碰撞检查”和“刀具补偿”两个选项组。

6. 进给和速度

进给和速度用于设置各种刀具运动类型的移动速度和主轴旋转，在“平面铣”对话框中，单击按钮打开“进给和速度”对话框，如图 9-83 所示。一般只需要对其中的 “主轴转速”、“进给率”和“单位”进行设置。

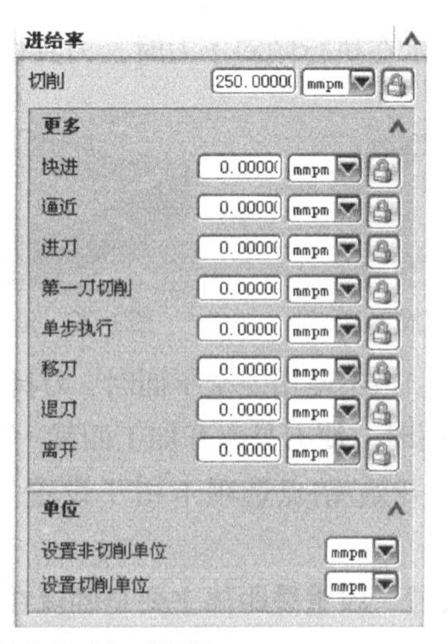

图9-83 “进给和速度”对话框

（1）主轴速度：主要设定主轴转速。

（2）进给率：主要设定刀具运行的进给速度。进给速度将直接关系到加工质量和加工效率。一般来说，同一刀具在同样转速下，进给速度越高，所得到的加工表面质量会越差。实际加工时，进给跟机床、刀具系统及加工环境等有很大关系，需要不断地积累经验。

（3）各种切削进给率参数含义如图 9-84 所示。

① 快进（速）：用于设置刀具快速运动时的进给。

② 逼近：用于设置刀具接近工件速度。

③ 进刀：用于设置刀具切入零件时的进给速度。

④ 第一刀：用于设置第一刀切削时的进给速度。

⑤ 单步（进）：用于设置刀具进入下一行切削时的进给速度。

⑥ 移刀（剪切）：用于设置正常切削零件过程中的进给速度。

⑦ 横越：用于设置刀具从一个切削区域跨越到另一个切削区域时做水平非切削运动的刀具移动速度。

⑧ 退刀：用于设置刀具切出零件材料时的进给速度，即刀具完成切削退回到退刀点的运动速度。

⑨ 返回：用于设置刀具从退刀点到返回点的移动速度。

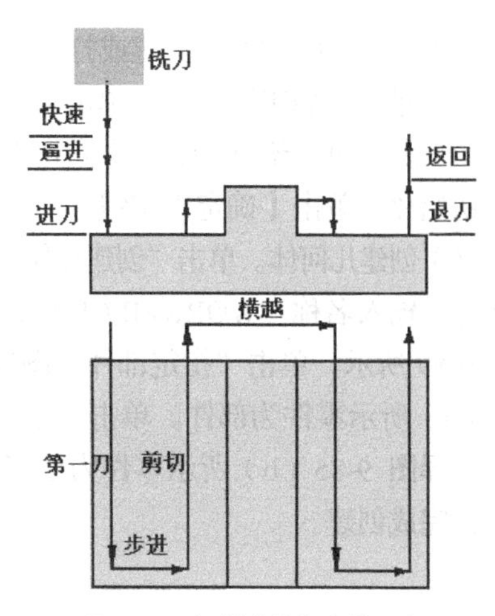

图9-84　切削进给率参数示意图

9.4 平面铣操作实例

【例 9-2】如图 9-85 所示，图（a）为零件图，图（b）为某轮毂凸模零件，图（c）为零件毛坯，中间孔已成型，材料为 45#钢。以底面为基准安装在机床工作台上，工件上表面中心为加工坐标系原点，创建平面铣加工。

轮毂凸模粗加工操作步骤如下。

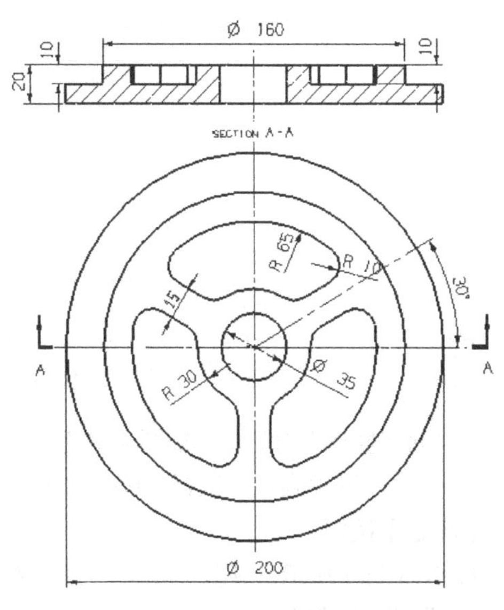

（a）轮毂凸模零件图

（b）轮毂凸模零件

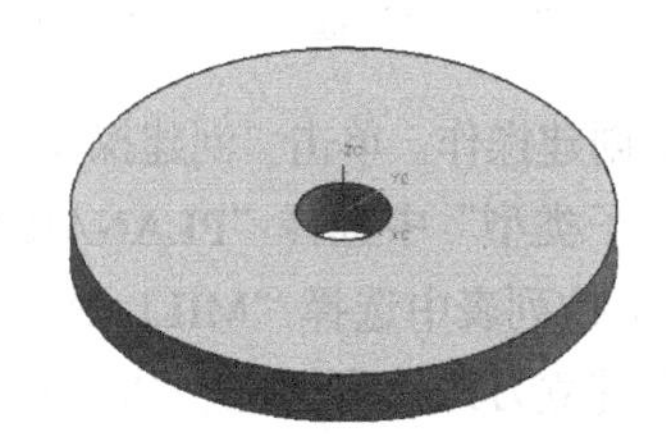

（c）零件毛坯

图9-85　平面铣操作实例

（1）启动 UG 软件，创建或打开零件模型，如图 9-86 所示。

（2）进入“加工”模块。单击下拉菜单【开始】→【加工】，进入“加工”模块。

（3）设置加工环境。如果是初次进入加工模块，系统弹出“加工环境”对话框，如图 9-87 所示，进行初始化，单击【确定】按钮。

（4）创建几何体。单击“创建几何体”按钮，弹出“创建几何体”对话框，单击“WORKPIECE”图标，输入名称“WORKPIECE_1”，如图 9-88 所示，单击【确定】按钮。进入“工件”对话框，如图 9-89 所示。单击“指定部件”图标，弹出“部件几何体”对话框，如图 9-90 所示。选择图 9-85（a）所示零件为部件。单击“指定毛坯”图标，弹出“毛坯几何体”对话框，如图 9-91 所示，选择图 9-85（b）所示零件为毛坯，单击【确定】按钮，返回“工件”对话框，单击【确定】按钮，完成创建。

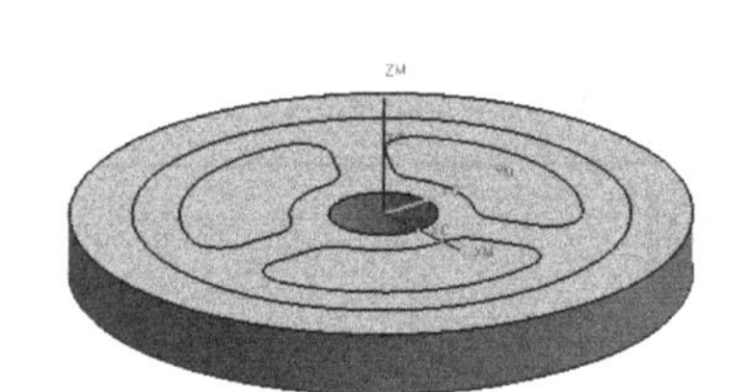

图9-86 零件模型图

图9-87 “加工环境”对话框

图9-88 “创建几何体”对话框

图9-89 “工件”对话框

图9-90 “部件几何体”对话框

图9-91 “毛坯几何体”对话框

（5）创建操作。单击“创建操作”按钮，进入“创建操作”对话框，如图 9-92 所示进行设置，在“操作子类型”中选择“PLANAR_MILL”，在“几何体”下拉列表中选择“WORKPIECE_1”，在“方法”下拉列表中选择“MILL_ROUGH”，单击【确定】按钮。

（6）建立刀具。系统弹出“平面铣”对话框，如图 9-93（a）所示，单击“新建”刀具按钮，进入“新的刀具”对话框，如图 9-93（b）所示，在“刀具子类型”中选择“MILL”，并输入名称“D10”，单击【确定】按钮。进入“铣刀参数”对话框，如图 9-93（c）所示，并进行参数设置，单击【确定】按钮。

图9-92 “创建操作”对话框

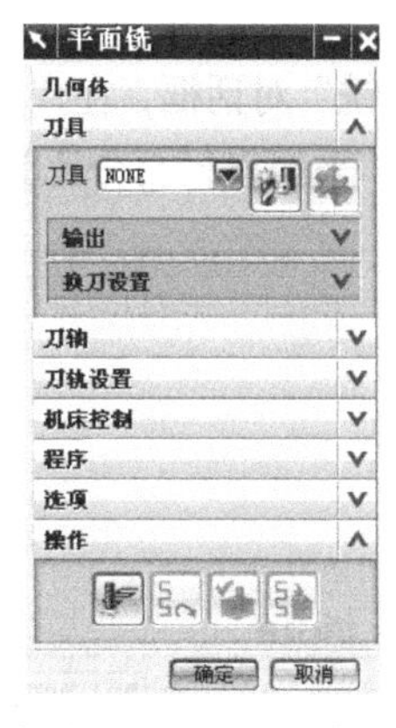

（a）“平面铣”对话框

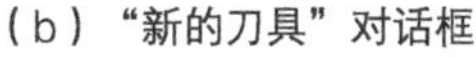

（b）“新的刀具”对话框

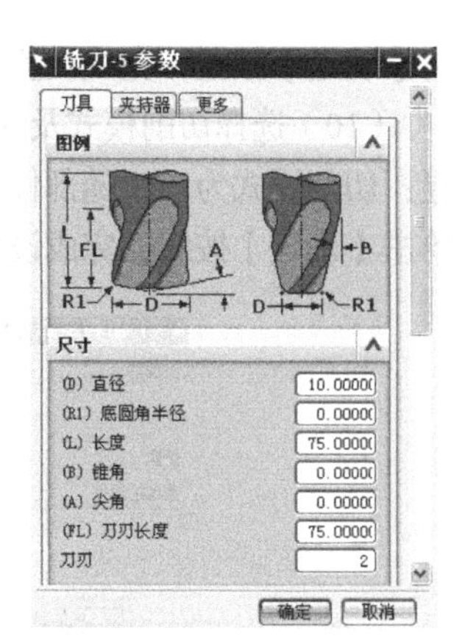

（c）“铣刀参数”对话框

图9-93 刀具创建过程

（7）选取部件几何图形。系统返回“平面铣”对话框，在“几何体”的选项组中，单击“指定部件边界”按钮，进入“边界几何体”对话框，在“模式”中选择“曲线/边”，进入“创建边界”对话框，如图9-94所示进行设置。

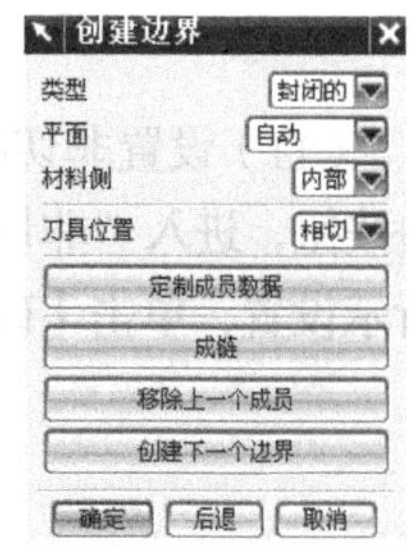

图9-94 创建边界参数设置

选择 $\Phi160$ 圆曲线，单击【创建下一个边界】按钮，将“材料侧”改为“外部”，用“成链”方式选择一串凹槽曲线，单击【创建下一个边界】按钮，重复上述步骤，选取另两串凹槽曲线，单击【确定】按钮完成边界设置，如图9-95所示。

（8）选取毛坯几何图形。系统返回“平面铣”对话框，在“几何体”的选项组中单击“指定毛坯边界”按钮，进入“边界几何体”对话框，在“模式”中选择“曲线/边”，进入“创建边界”对话框，如图9-99所示进行设置，选择 $\Phi200$ 圆曲线，单击【确定】按钮。返回到“边界几何体”对话框，单击【确定】按钮完成边界设置，如图9-96所示。

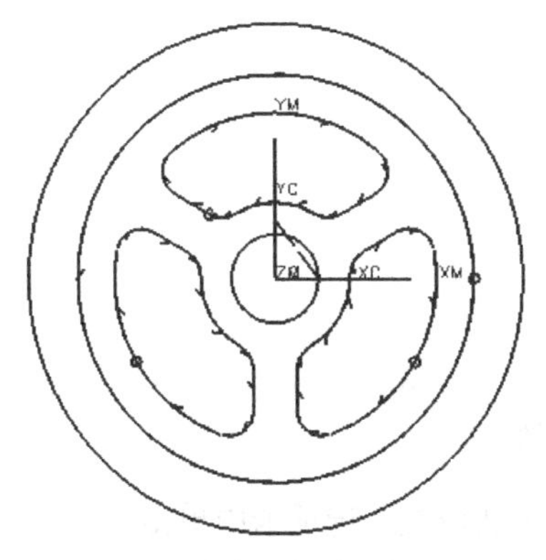

图9-95 部件几何体选择

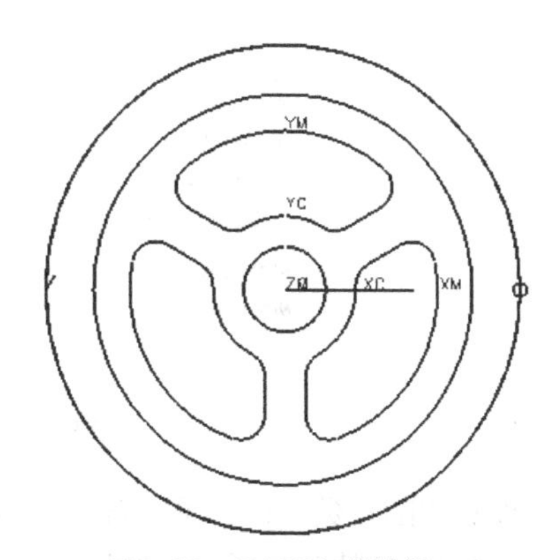

图9-96 毛坯几何体选择

（9）设置底平面。系统返回“平面铣”对话框，在“几何体”的选项组中单击“指定底平面”按钮，进入“平面构造器”对话框，如图9-97所示，设置“偏置”为-10，选择“XY平面”，单

击【确定】按钮，完成设置。

（10）选择切削模式及切削用量。系统返回“平面铣”对话框，在“刀轨设置”选项卡中进行设置：切削模式为“跟随部件”，步距为“%刀具平直”，平面直径百分比为“30”， 如图9-98所示。单击【确定】按钮，完成设置。

图9-97 底平面选择

图9-98 设置切削模式及切削用量

（11）设置非切削移动。在“平面铣”对话框中，在“刀轨设置”选项卡中单击“非切削移动”按钮，进入“非切削移动”对话框，如图9-99所示，设置“倾斜角度”为“15”，其他参数按图所示设置，单击【确定】按钮完成。

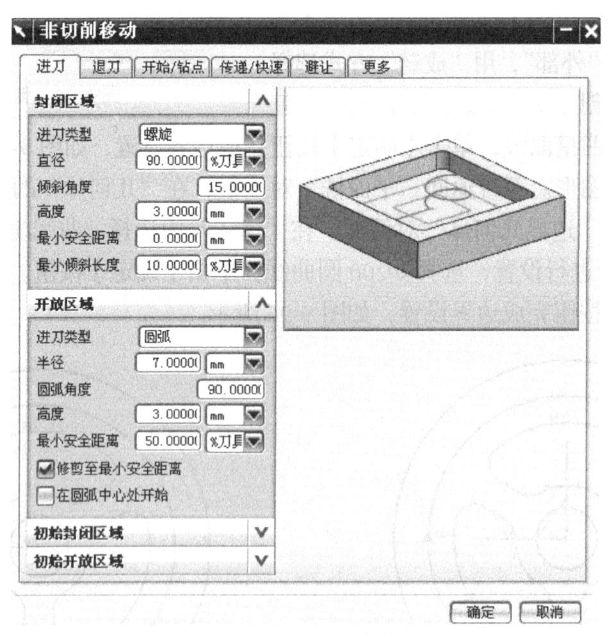

图9-99 非切削移动参数设置

（12）设置切削参数。在“平面铣”对话框中，在“刀轨设置”选项卡中单击“切削参数”按钮，进入“切削参数”对话框，如图9-100所示，设置“切削顺序”为“深度优先”，“部件余量”为“0.5”，其他参数按图所示设置，单击【确定】按钮完成。

（13）设置切削深度。在“平面铣”对话框中，在“刀轨设置”选项卡中单击“切削层”按钮，进入“切削深度参数”对话框，如图9-101所示，设置“最大值”为“5”，“最小值”为“1”，其他

参数按图所示设置，单击【确定】按钮完成。

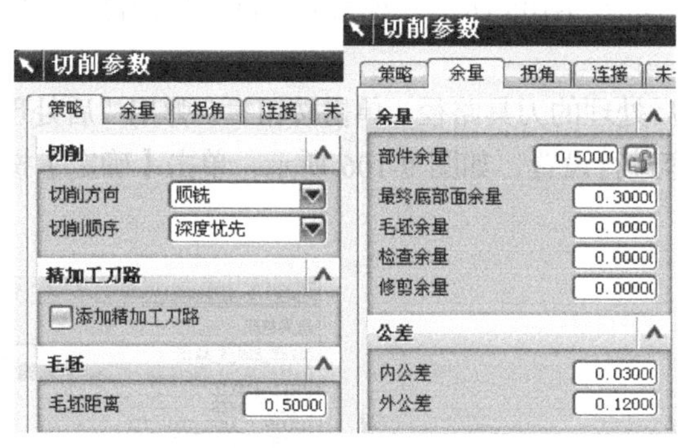

图9-100　设置切削参数

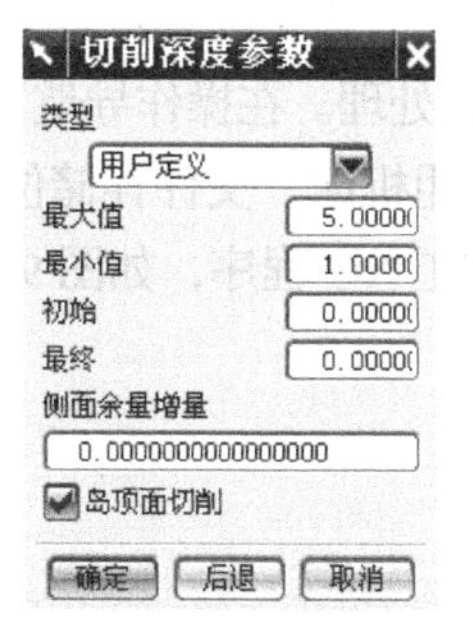

图9-101　设置切削深度参数

（14）设置进给和速度参数。在“刀轨设置”选项卡中单击“进给和速度”按钮，进入“进给和速度”对话框，按如图 9-102 所示设置，单击【确定】按钮完成。

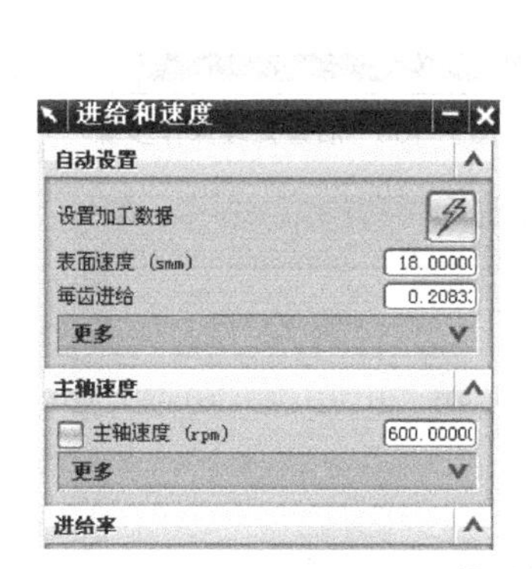

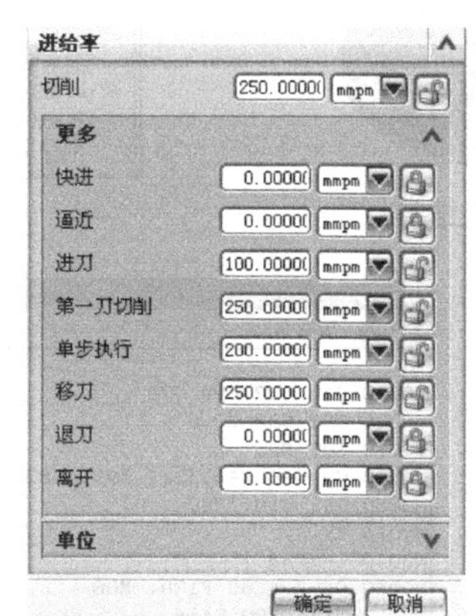

图9-102　设置进给和速度参数

（15）设置安全平面。在“切削参数”对话框中单击“更多”选项卡，单击“指定平面”按钮，进入 “平面构造器”（安全平面）设置对话框，如图 9-103 所示，输入“偏置”值为“10”，单击【确定】按钮返回，完成设置。

（16）生成刀具轨迹。在“平面铣”对话框中单击图标，计算生成刀具轨迹，如图 9-104 所示。

图9-103　设置安全平面

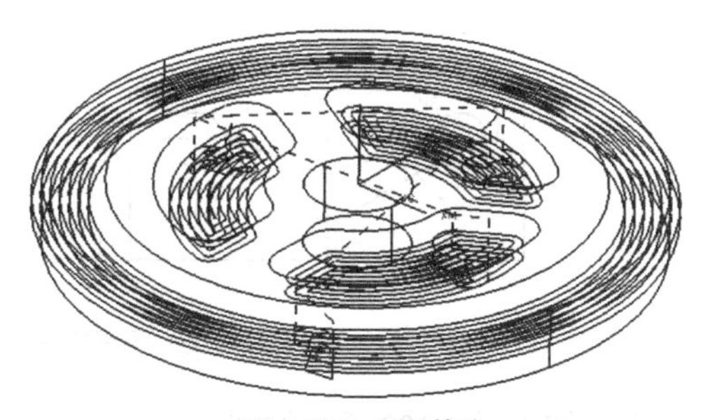

图9-104　刀具轨迹

（17）进行模拟加工。在“平面铣操作”对话框中单击按钮，弹出“可视化刀具轨迹”对话框，选择“2D 动态”，单击按钮▶，完成模拟加工，如图 9-105 所示，观察加工过程是否合理，如果存在问题，再进一步修改参数。

（18）后处理。在操作导航器中选择需进行后处理的刀具路径，单击按钮，弹出“后处理”对话框，对所用机床、文件存储位置、单位等内容进行设置，如图 9-106 所示，单击【确定】按钮，生成数控加工 NC 程序，如图 9-107 所示。

图9-105 模拟加工结果

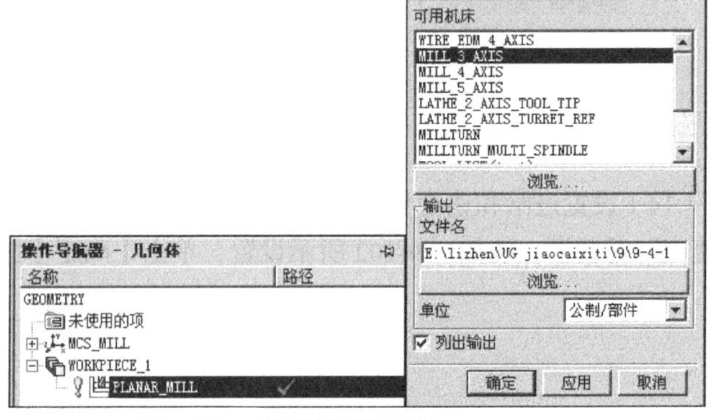

图9-106 后置处理操作步骤

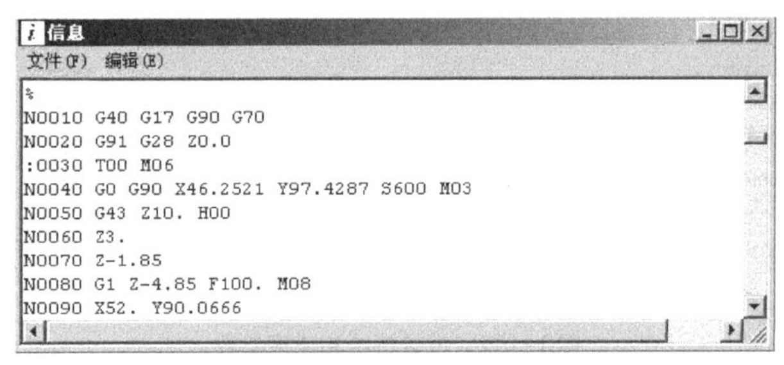

图9-107 后置处理生成数控加工NC程序

1. 利用平面铣加工图 9-108 所示的弯头零件。

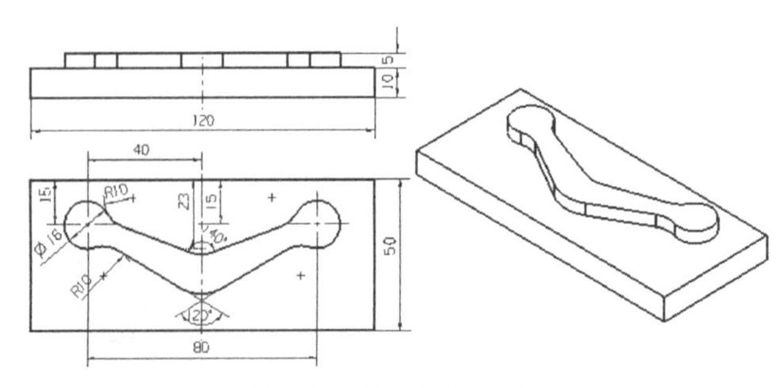

图9-108 平面铣零件加工1

2. 利用平面铣加工图 9-109 所示的零件。

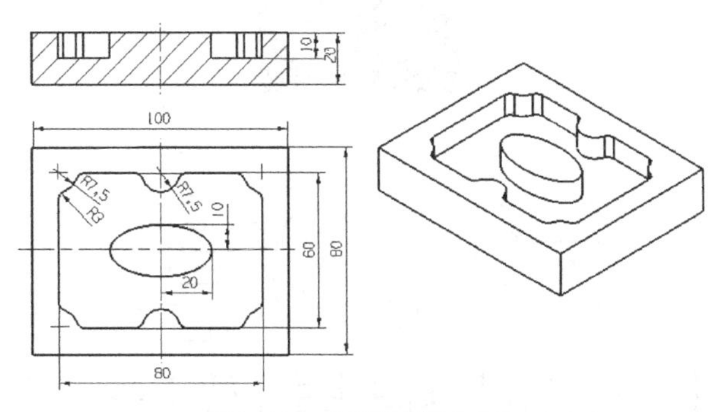

图9-109　平面铣零件加工2

3. 利用平面铣加工图 9-110 所示的零件。

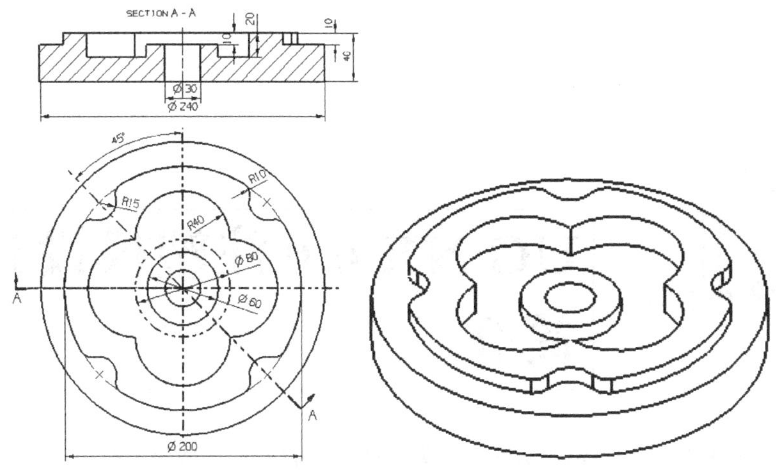

图9-110　平面铣零件加工3

第10章 注塑模具设计

10.1 UG NX 6.0 注塑模设计模块简介

UG NX 注塑模设计模块（Mold Wizard）为设计模具的型芯、型腔、滑块、推杆和嵌件提供了更进一步的建模工具，使模具设计变得更快捷、容易，它的最终结果是创建出与产品参数相关的三维模具，并能加工。

Mold Wizard 用全参数的方法自动处理那些在模具设计中耗时而且难做的部分，而产品参数的改变将反馈到模具设计，并会自动更新所有与其相关的模具部件。

UG NX 6.0 注塑模设计专业模块的模架库及其标准件库包含有参数化的模架装配结构和模具标准件，模具控制件还包括滑块（Slides）、内抽芯（Lifters），并可通过标准件（Standard Pars）功能用参数控制所选用的标准件在模具中的位置。用户还可根据自己的需要定义和扩展 Mold Wizard 的库，并不需要具备编程的基础知识。

要熟练地使用注塑模设计模块（Mold Wizard），必须熟悉模具及其设计过程，并具备 UG NX 基础知识及掌握以下 UG NX 6.0 应用工具。

① 特征造型（Feature Molding）;

② 自由曲面造型（Free Form Molding）;

③ 曲线（Curves）;

④ 层（Layers）;

⑤ 装配及装配导航器（Assemblies and the Assembly Navigator）;

⑥ 改变显示部件和工作部件（Changing the Display and work Part）;

⑦ 加入和新建装配部件（Adding and Creating Components）;

⑧ 创建和替换引用集（Creating and Replacing a Reference Set）;

⑨ WAVE 几何链接（WAVE Geometry Linker）。

10.2 注塑模设计流程

注塑模设计（Mold Wizard）需要以一个 UG NX 6.0 的三维模型作为模具设计原型。

（1）如果有一个实体模型不是 UG NX 6.0 的文件格式，则必须转换成 UG NX 6.0 的文件格式或重新用 UG NX 6.0 造型。

（2）如果一个实体模型不适合做模具设计原型，则需要用 UG NX 6.0 标准造型技术编辑该模型，正确的模型有利于注塑模设计的自动化。

图 10-1 展示了使用模具设计的流程，流程图中的前 3 步是创建和判断一个三维实体模型能否适用于模具设计，一旦确定用该模型作为模具设计依据，则必须考虑怎样实施模具设计，这就是第 4 步所表示的意思。

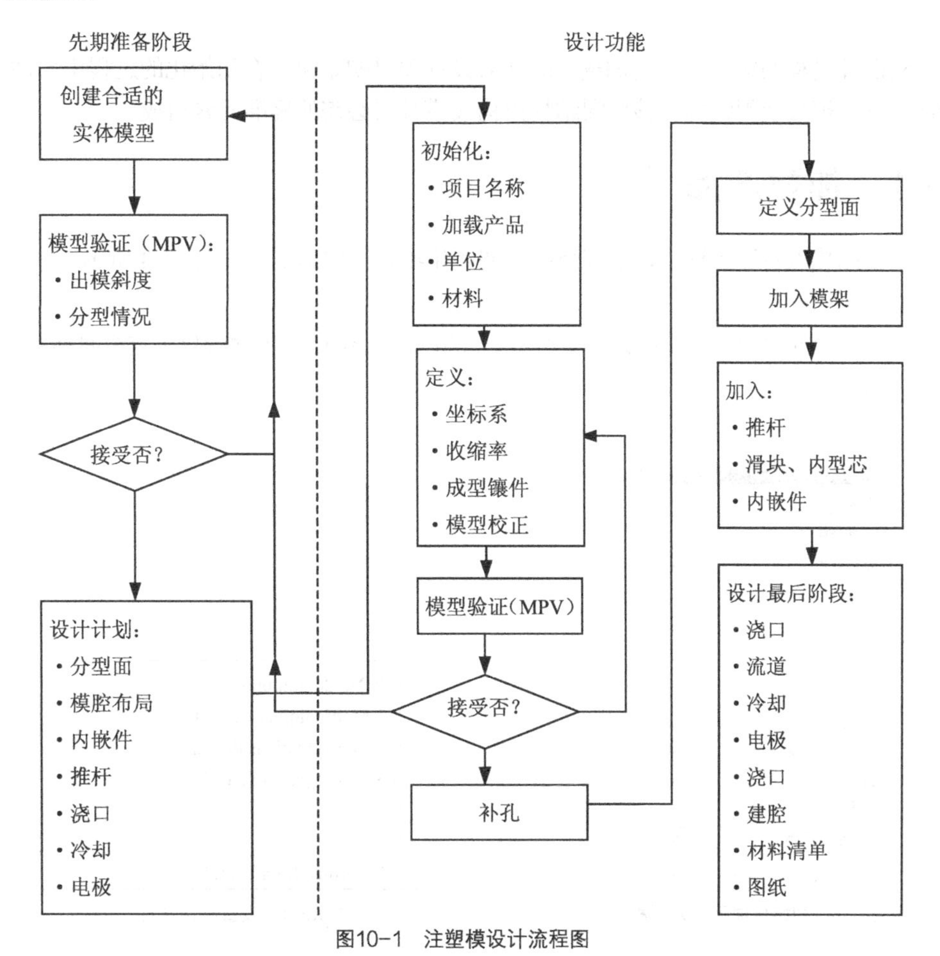

图10-1 注塑模设计流程图

流程图的左边4个步骤是模具设计者在使用Mold Wizard之前最先要考虑的准备阶段。

Mold Wizard遵循了模具设计的一般规律，从图10-2所示的注塑模向导（Mold Wizard）工具条中的图标排列可以看出，从左至右一步一步有序排列，并紧扣模具设计各个环节。本章最后一小节将以实例来详细介绍分模方法和思路及各图标的含义。

图10-2　注塑模向导（Mold Wizard）工具条

10.3 模具设计项目初始化

注塑模设计过程的第一步就是加载产品和对设计项目初始化。在初始化的过程中，注塑模设计将自动产生一个模具装配结构，该装配结构由构成模具所必需的标准元素组成。

10.3.1　加载产品

单击“初始化项目”图标，系统弹出“初始化项目”对话框，如图10-3所示。

1. 项目单位

设置项目所用的单位，在模具默认文件中（mold_defaults），有各种参数决定模具所用的默认值，如图10-4所示。

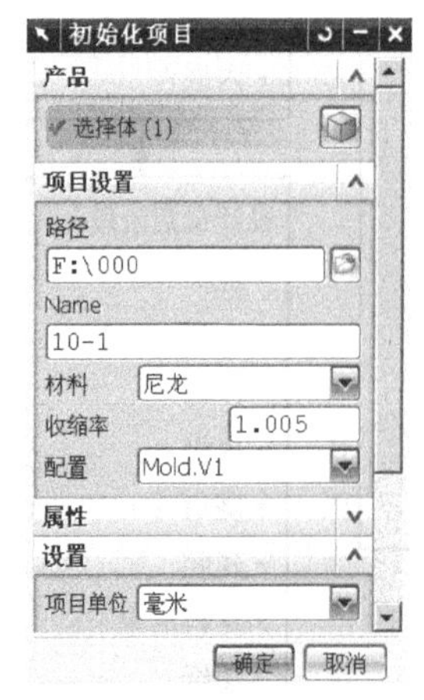

图10-3　“初始化项目”对话框

```
!=0, No default unit.
!=1,Metric unit as default
!=2,English unit as default
!=3,Plastic part unit as default
!
!
MW_projectInitalUnit:3
```

图10-4　设置默认文件

第一次加载产品时，状态栏中会显示所选产品的单位，如果工作在不同的单位环境，初始化时，一定要留意状态栏的提示并检查产品单位；“注塑模向导”默认的项目单位自动基于产品模型所使用的单位，可以改变默认值，“注塑模向导”允许公、英制混合使用。

2. 设置项目路径和名称（Set Project Path and Name ）

单击按钮，可以通过浏览方式在目录中查找所要加载的项目文件，如图 10-5 所示。

（1）项目路径（Project Path）。项目路径是放置模具项目文件的子目录。

如图 10-5 所示，如果一路径尾端未特别指定目录，“注塑模向导”允许对话框所显示的路径名末尾加一层新的目录\＊＊＊（其中＊＊＊代表用户个人子目录）。

（2）项目名称（Project Name）。除非有另外的命名规则控制，在模具装配中项目名称放在所有部件的前面。

在图 10-5 所示的项目名称域中最多可输入 11 个字符，该字符长度可在 Mold_default.def 文件中编辑其变量。

3. 重命名组件（Rename Part）

“重命名组件”单选项是控制部件命名管理（Part Name Management）是否可选，如图 10-6 所示。

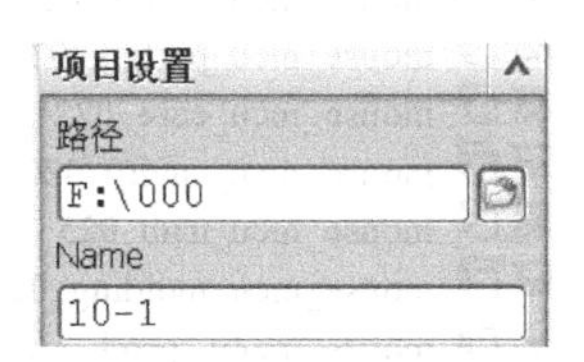

图10-5 “项目设置”选项组

图10-6 “设置”选项组

部件命名管理允许在模具装配中灵活控制各部件名称。第一次弹出的是控制装配顶层部件命名的对话框，如图 10-7 所示。第二次弹出的对话框是控制产品层子装配的。

（1）命名规则（Name Rule）：暂时优先于默认文件（Mold_default）的规则。

（2）下一个部件编号（Next Nunber）：控制所有部件或所选部件的数字后缀。

（3）部件名：为所选部件命名。

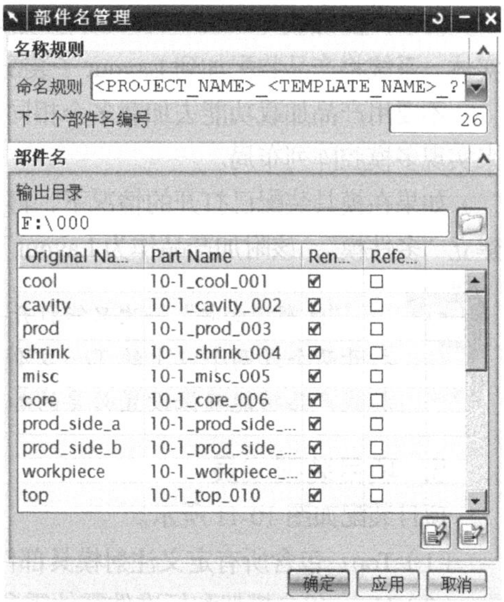

图10-7 “部件名管理”对话框

4. 克隆方法（Cloning Process）

当对一个“注塑模向导”设计项目进行初始化时，“注塑模向导”使用了 UG NX 装配克隆（Cloning Process）功能，产生一个预先给定的种子装配结构复制品。

高级用户还可以创建一个“注塑模向导”兼容的客户化的种子装配，对于用户定制的种子部件，优先于默认的种子装配加载。

（1）工作过程。项目初始化过程实际上克隆了两个装配。

① 一个是项目装配结构存在，由 Top 部件和几个其他部件及一些子装配组成，装配结构如图 10-8 所示。另一个产品的子装配结构名为 Prod，它由几个相关的特殊部件组成。

② 多个产品装配结构存在于一个 Layout 子装配中，比如一个多腔模具布局和多件模装配，装配结构如图 10-9 所示。

（2）引用集。“注塑模向导”将产品文件以空的引用集（Empty Reference Set）形式，加到产品结构中来（见图 10-10 中的 mdp_muc 节点）。

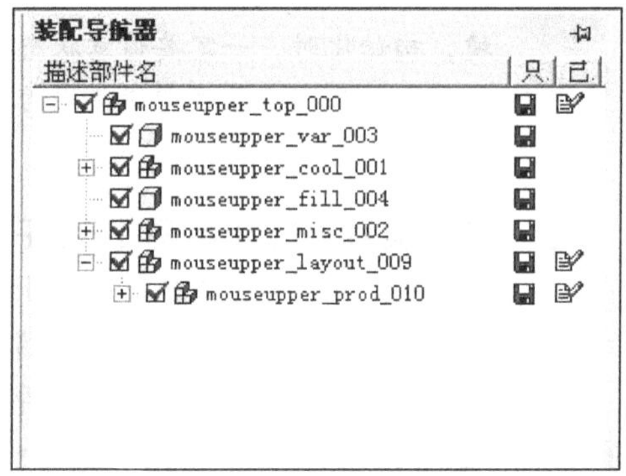

图10-8 项目装配结构

当重新打开模具装配时，产品部件的复选框是空的，系统保存记忆不加载空引集。这样无疑会影响到编辑操作。如果编辑数据必须来自产品模型，记住手工打开产品部件。单击装配浏览器中空的复选框会提示打开的部件不可见。

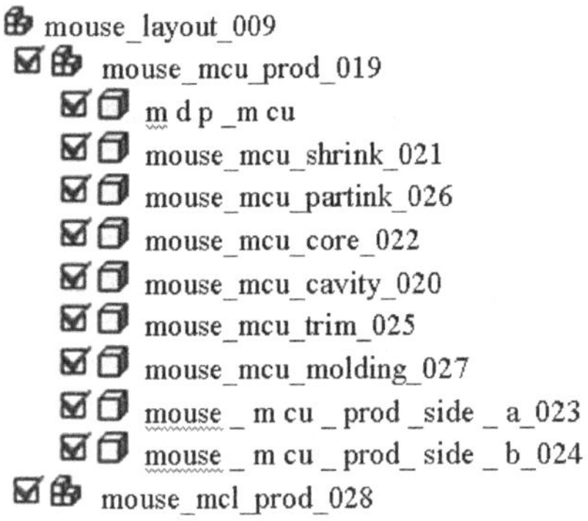

mouse_layout_009
mouse_mcu_prod_019
m d p _m cu
mouse_mcu_shrink_021
mouse_mcu_partink_026
mouse_mcu_core_022
mouse_mcu_cavity_020
mouse_mcu_trim_025
mouse_mcu_molding_027
mouse _ m cu _ prod _side _ a_023
mouse _ m cu _ prod_ side _ b_024
mouse_mcl_prod_028

图10-9 产品装配结构

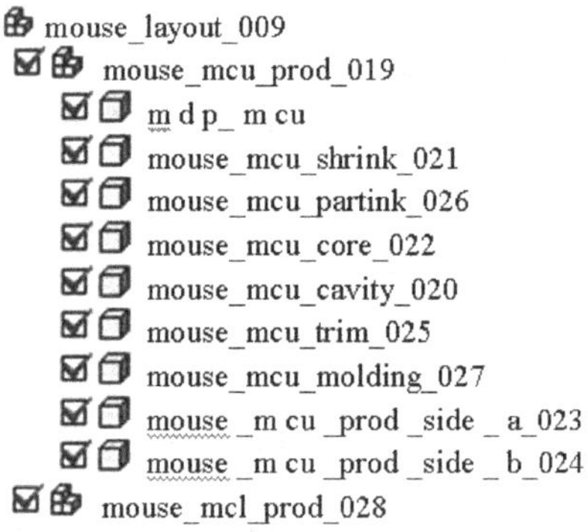

mouse_layout_009
mouse_mcu_prod_019
m d p_ m cu
mouse_mcu_shrink_021
mouse_mcu_partink_026
mouse_mcu_core_022
mouse_mcu_cavity_020
mouse_mcu_trim_025
mouse_mcu_molding_027
mouse _m cu _prod _side _ a_023
mouse _m cu _prod _side _ b_024
mouse_mcl_prod_028

图10-10 空的引用集

（3）产品加载（Load Product）。如果产品文件中包括有两个以上实体，会要求选择其中一个实体。系统将产品装配加到 Layout 子装配中，保存 Top 装配结构，并加入文件清单。

不要用产品加载功能去加载多个相同产品的阵列。“注塑模向导”用多模腔布局（Layout）功能来实现多模腔阵列布局。

如果在模具装配已打开的情况下，再选择加载产品，便加载一个附加产品到 Layout 子装配中，建立“多件模”，该附加产品作为 Layout 下的另一子装配。

“注塑模向导”一次只能打开一个项目结构 Top 文件，千万不要企图用“注塑模向导”打开两个或两个以上的 Top 文件。要打开一个已存在的模具装配，当首选加载产品时，加载产品功能确保设置必要的加载选项。

5. 项目装配成员

项目装配如图 10-11 所示。

（1）Top：包含所有定义注射模具部件的模具装配。

（2）Var：包含模架和标准件零件需参考的标准值。

（3）Cool：专供放置模具中的冷却系统。

（4）Misc：Misc 节点放置那些通用标准件（不需要进行个别细化设计的），如定位圈、锁紧块和支撑柱等。

（5）Layout：用于安排产品点 Prod 的位置分布，包括成型镶件相对于模架的位置，多型腔或多件模分支都由 Layout 来安排。

说明：Misc、Cool 和其他一些节点被分开放置：a 侧元素进入 side_a，b 侧元素进入 side_b；这样有利于两个设计师同时设计一个项目。

6. 产品子装配成员

产品子装配树如图 10-12 所示。

- mouse_top_000
  - mouse_var_003
  - mouse_cool_001
  - mouse_fill_004
  - mouse_misc_002
    - mouse_misc_side_b_003
    - mouse_misc_side_a_002
  - mouse_layout_009
    - mouse_mcl_prod_028
    - mouse_mcu_prod_019

图10-11 项目装配树

- mouse_layout_009
  - mouse_mcl_prod_028
  - mouse_mcu_prod_019
    - mdp_mcu
    - mouse_mcu_shrink_021
    - mouse_mcu_parting_026
    - mouse_mcu_core_022
    - mouse_mcu_cavity_020
    - mouse_mcu_trim_025
    - mouse_mcu_molding_027
    - mouse_mcu_prod_side_a_023
    - mouse_mcu_prod_side_b_024

图10-12 产品子装配树

（1）Prod 子装配：是一个独立的包含与产品有关的文件，属下有 shrink、molding、cavity、core、parting 和 trim 等，多型腔模具就是用阵列 Prod 节点产生的。还有一些与产品形状有关的特殊标准件，如推杆、滑块、内抽芯和顶块，都会出现在 Prod 子装配下的 side_a 或 side_b 节点中。

（2）产品模型（Product Model）：产品模型加到 Prod 子装配并不改变其名称，只是其引用集的设置为空的引用集（Empty Reference Set），因而，当下一次打开装配时，产品模型将不会自动打开，除非以后执行了有关打开原模型的操作。"注塑模向导"设置了必要的加载选项。

（3）Shrink：保存了原模型按比例放大的几何体链接。

（4）Parting：保存了分型片体，修补片体和提取的型芯、型腔的侧面，这些片体用于把隐藏着的成型的镶件（Work Piece）分割成型腔和型芯体。

（5）Cavity，Core: Cavity 和 Core 分别包含有成型镶件（Work Piece），并链接到 Parting 部件中的公共种子块。

（6）Trim：Trim 中的链接体，用于 Mold Trim 功能中的修剪标准件。

例如，在一模具中一推杆的端面必须与一产品的复杂表面形状一致，这时，就要用 Mold Trim 功能，调用 Trim 组件中的链接片体去修剪该推杆。

（7）Molding：Molding 部件保存产品模型的链接体，成型特征（如斜度、分割面和边倒圆等）被加在该部件中的产品链接体上，使产品模型有利于制模。这些成型特征并不受收缩率的影响。当替换了一个新的产品版本，甚至替代产品来自其他 CAD 系统时，还能保持全相关。

（8）Prod_Side_a，Prod_Side_b：分别是模具 a 侧和 b 侧组件的子装配结构，这样允许两个设计师同时设计一个项目。

7. 材料库

如图 10-13 所示，产品“材料（Part Material）”的下拉式菜单用于选择塑料件的材料。

图10-13　产品材料与收缩率

所有材料的“收缩率”显示在收缩（Shrinkage）域中。收缩率的值可以更改，同样能在收缩率模块中编辑修改它。在【编辑材料数据库（Edit Material Database）】中单击按钮，可以根据客户的要求定制材料库。

10.3.2 模具坐标系

模具坐标将产品装配转移到模具中心。

定义模具坐标系（Mold Csys）必须考虑产品形状，这在模具设计中非常重要。“注塑模向导”规定坐标原点位于模架的动、定模板接触面的中心，坐标主平面或 *XC-YC* 平面定义在动模、定模的分型面上，*ZC* 轴的正方向指向模具注入喷嘴，如图 10-14 所示。

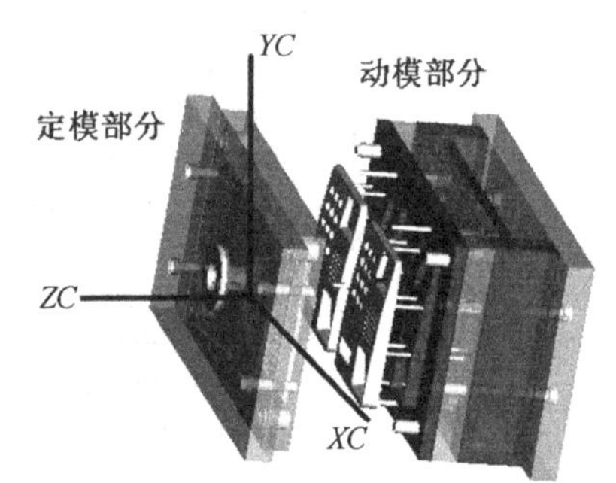

从+*ZC*向模具腔注射

图10-14　坐标位置

模具坐标系的定义过程就是将产品子装配从工作坐标系（WCS）移植到模具装配的绝对坐标系统（ACS）中，并以该绝对坐标系统（ACS）作为“注塑模向导”的模具坐标系。

实事上一套模具有时会包含几个产品，所以更确切地说，是将被激活产品（Active Product）的子装配移到适当的模具坐标位置。

- 定义模具坐标系要求打开原产品模型，由于该模型在装配中是以空的引用集形式装配的，当再次打开装配时，并没有打开该模型。这种情况下，编辑模具坐标系之前，必须手动打开产品原模型。
- 当在一个多件模中设置模具系统时，其显示部件（Display）和工件部件（Work Part）都必须是 Layout。

模具坐标系是一个特殊的产物，当某个产品作为多件模成员被加入到项目中时，其方位是任意的，模具坐标系就会调整其方向，使之与模架相匹配。

任何时候都可以单击“模具坐标系”图标来编辑模具坐标，编辑过程如图 10-15 所示。

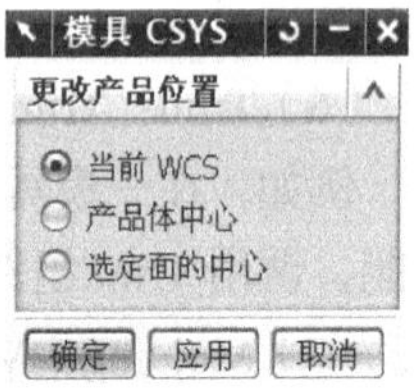

模具 CSYS
更改产品位置
当前 WCS
产品体中心
选定面的中心
确定　应用　取消

图10-15　编辑模具坐标系

（1）当前 WCS（Current WCS）：设置模具坐标与当前坐标相匹配。

（2）产品实体中心（Product Body Center）：设置模具坐标系位于产品实体中心。

（3）选定面的中心（Boundary Face Center）：设置模具坐标位于所选面的中心。

锁定（Lock）：允许重新放置模具坐标而保持被锁定的 3 个坐标平面之间的位置不变。对齐模具坐标使其 ZC+指向产品推出方向，是分型过程的第一步。

10.3.3　收缩率

塑料受热膨胀，遇冷收缩，因而采用热加工方法的制件，冷却定型后其尺寸一般小于相应部件的模具尺寸，所以模具型芯、型腔的尺寸必须比产品尺寸略放大一些，以补偿材料冷却后的收缩。

“注塑模向导”将所放大的产品造型取名为 Shrinkage.Prt，该造型将用于定义模具的型芯和型腔。除了在项目初始化对话框设置收缩率，还可以选择“收缩率”图标，打开编辑比例“缩放体”对话框，如图 10-16 所示。

图10-16　“缩放体”对话框

在项目初始化期间，通过选择材料，已经应用了收缩率功能。但随时可以再次选择收缩率图标来编辑，但显示部件应是 Top.prt。

最初可以选择 None（材料），等设好模具坐标之后，再设收缩率。如果已经设好收缩率，可暂时设它为 1.0，再设模具坐标系，然后设收缩率到原来的值。

当要调整主分型面 ZC 时，确认收缩率为 1.0。

下面介绍“缩放体”对话框的各选项。

1. 类型（Type）

（1）：均匀（Uniform）比例：各个方向比例都一样。

（2）：轴对称（Axisymmetric）比例：用一个或多个指定的比例值计算，也就是沿指定的轴向设一比例值，另外两个方向给另一比例值。

（3）：常规（General）比例：沿 X、Y、Z 3 个方向分派 3 个不同的比例。

图 10-17 所示的是一个简单的六面体和一个锥体，应用了 3 种不同类型比例的结果。

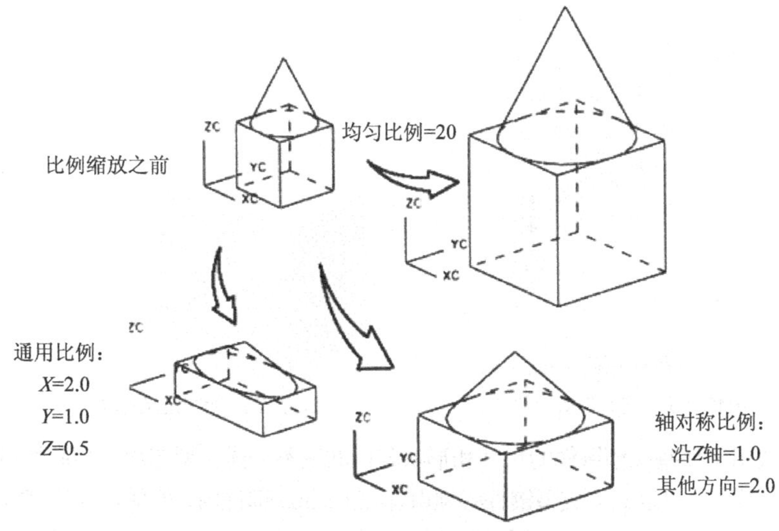

图10-17　不同的比例缩放类型

计算收缩比例时要按照材料供应商所提供的收缩比例，并结合自己的模具设计经验来确定。

2. 体（Reference Csys）

在“缩放体”对话框中可选择任何几何体作为原点参考或坐标系参考，这些几何体与比例特征相关联。

3. 缩放点

“缩放体”对话框中“缩放点”选项组，如图 10-18 所示，通过“捕捉点”或“点构造器”来选择缩放基准点。

图10-18 “缩放点”选项组

4. 比例因子（Scale Factors）

规定比例因子以改变当前物体的尺寸，对于均匀比例（Uniform）、轴对称比例（Axisymmetric）和常规比例（General）3 种不同比例类型，分别要求提供 1 个、2 个、3 个比例系数。

10.3.4 工件

1. 选项

单击工件按钮，系统弹出“工件”（成型镶件）对话框，如图 10-19 所示。

对话框最上面部分列出了 4 个选项，分别是用户定义的块（Standard Block）、型腔和型芯（Cavity_Core）、仅型腔（Cavity Only）和仅型芯（Core Only）；

下面分别对这 4 个选项做简单的介绍。

（1）用户定义的块（Block）。用户定义的块（Block）用户可自定义实体作为工件，单击按钮进入草绘模式，可以任意绘制和修改工件截面形状和尺寸，如图 10-20 所示。

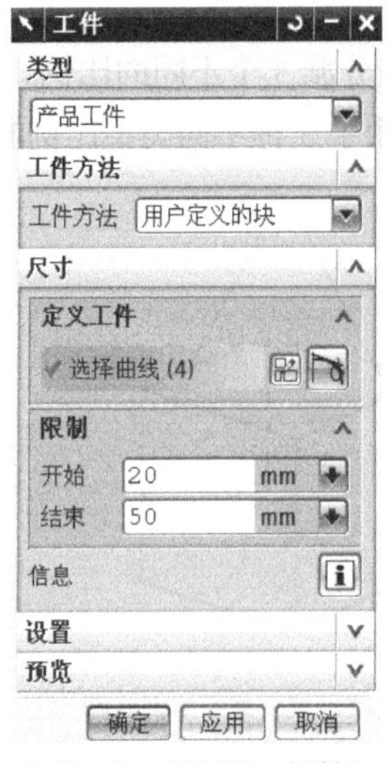

图10-19 “工件”对话框

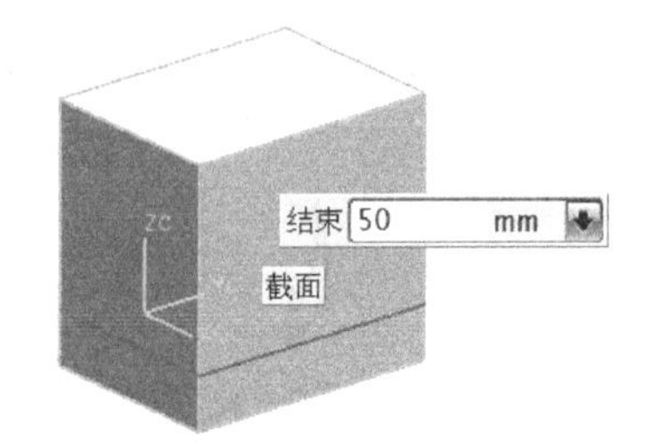

图10-20 用户定义的块

用户定义的块用于那些成型镶件的尺寸和形状与标准块不一样，型芯块、型腔块虽然都是矩形，但它们的尺寸不一样。用户定义的成型镶件必须保存在 Parting 部件内，可用几种建模方式用于定义成型镶件，即可在 Parting 部件建模，或几何链接体，或用户自定义特征，或一个输入（Import）文件。

在 Parting 部件中，包含了一个收缩（Shringage）实体的链接，当系统计算产品尺寸时，是按照已计算过收缩率的产品来计算的。模架中的 A 板和 B 板也可作为型芯和型腔块，被链接到 Parting 部件，在有些时候分型之前，还需加材料到型芯、型腔块。当选择了用户定义的块时，要求选择 Parting 部件中的一个实体作为成型镶件。

（2）型腔和型芯（Cavity_Core）。用户将成型镶件定义为型腔和型芯，“注塑模向导”将使用 WAVE 方法来链接建造实体，供以后分型片体自动修剪用，如图 10-21 所示。

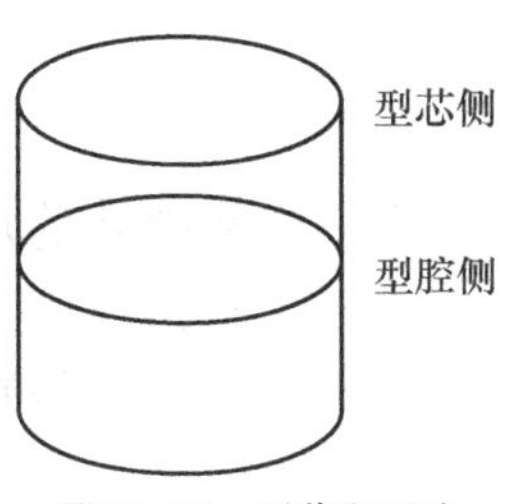

图10-21　型芯和型腔

在“工件”对话框中工件方法选择为“型腔和型芯”选项，对话框如图 10-22 所示，单击“工件库”按钮，弹出如图 10-23 所示的“工件镶块设计”对话框，在对话框中的参数设置区可以设置标准工件的尺寸。同时可以设置所选工件用于型腔和型芯或者仅型芯或仅型腔的实体。

图10-22　“型芯-型腔”选项

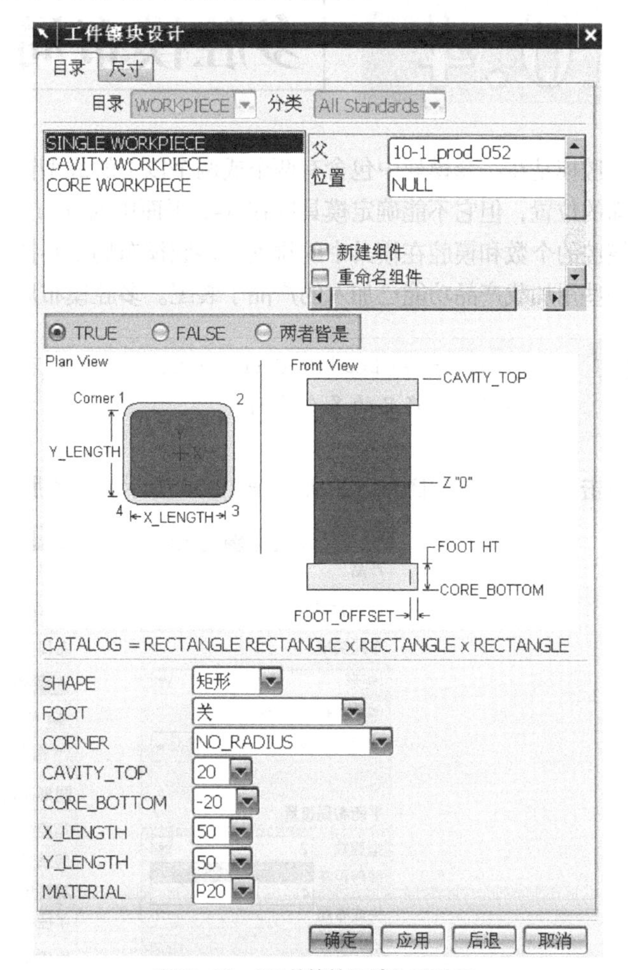

图10-23　“工件镶块设计”对话框

（3）仅型腔（Cavity　Only）和仅型芯（Core　Only）。分别定义用做型腔侧的成型镶件和用做型芯侧的成型镶件，依次选用仅型腔（Cavity　Only）和仅型芯（Core　Only），分别选择各自的形状作为成型镶件，如图 10-24 所示。

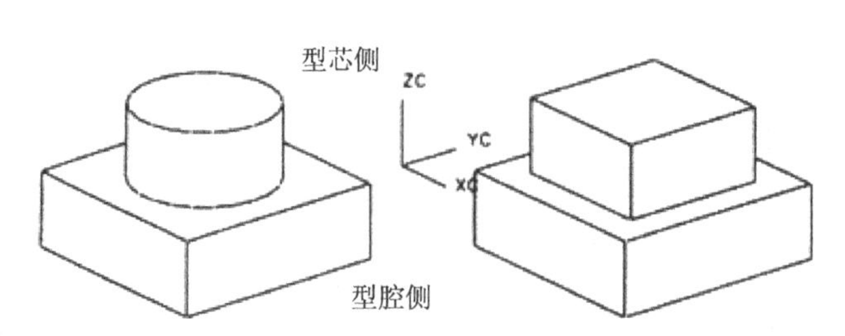

图10-24 分别定义型腔镶件和型芯镶件

2. 成型镶件的尺寸定义方式

有两种方式定义成型镶件的尺寸。第一种是通过尺寸选项来设置合理的工件尺寸，如图10-19“工件”对话框所示；第二种是单击图10-19“工件”对话框中的“绘制截面”按钮重新设置成型镶件尺寸。

10.4 多腔模布局

多腔模是在一套模架中包含有两个或两个以上的成型镶件。模具坐标系定义的是模腔的方向和分型面的位置，但它不能确定模具腔在 *X-Y* 平面中的分布。多腔模布局（Layout）的功能是确定模具中模腔的个数和模腔在模具中的排列。多腔模布局工具提供了创建多个装配阵列的工具，阵列对象是那些用加载产品功能已加入的产品子装配。多腔模布局可定义为矩形或圆周型布局。

用加载产品（Load Product）功能，一个产品只能加载一次；用多腔模布局（Layout）可以创建一个产品的多个阵列。

单击“型腔布局”图标，弹出图10-25所示的“型腔布局”对话框。

(a)

(b)

图10-25 “型腔布局”对话框

其中矩形布局（Rectangle）中包含了平衡（Balance）和线性（Linear）两种布局方式，如图 10-25（a）所示，圆形布局中包含有径向（Radial）和恒定（Constant）两种方式，如图 10-25（b）所示。

10.4.1 自动矩形布局

自动矩形布局（Rectangle）如图 10-25（a）所示。

操作步骤如下。

（1）选择平衡（Balance）或线性（Linear）布局。

（2）选择腔数（2 或 4）。

（3）输入缝隙距离。

（4）选择【开始布局】（Start Layout）按钮。

（5）选择布局方向。

两个自动矩形布局，即一模二腔和一模四腔。

1. 一模二腔布局

一模二腔布局是成型镶件沿所选择的方向偏置。如果选用平衡布局，第二型腔将旋转 180°。

两成型镶件间可留有一间隙，在图 10-26 所示左对话框中的 1ST Dist 窗口中可输入数值控制间隙。若数值为零，则两成型镶件紧挨在一起。图 10-26 所示是一个一模二腔布局中两种不同布局方式的结果，两种情形都选择图示偏置方向。图 10-26（a）是一模二腔线性布局的结果，图 10-26（b）是一模二腔平衡式布局的结果，两种方式都用了相同的间隙（1ST Dist）。

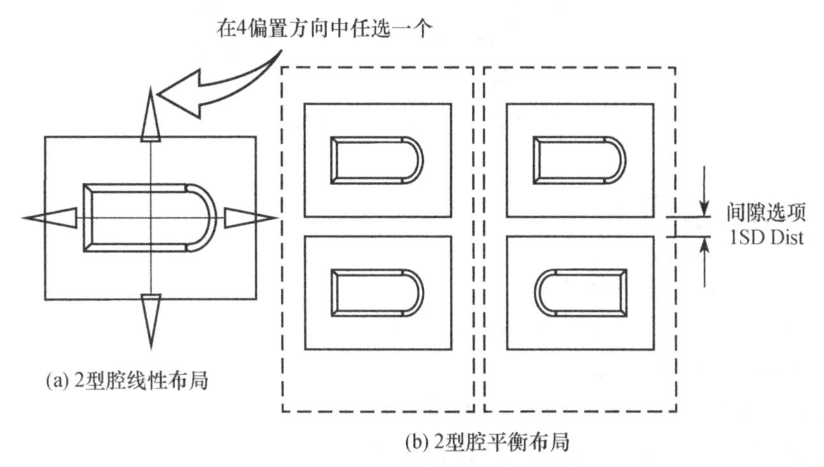

图10-26 一模二腔布局的两种方式

2. 一模四腔布局

如果选择第一方向，则第二方向永远是从所选的第一方向逆时针转 90°，如图 10-27 所示。

在一模四腔布局中，对话框给出了两个距离输入窗口，可以输入正的或负的偏置距离。一模四腔中的平衡布局，沿第一方向布置的成型镶件将旋转 180°，如同一模二腔中的平衡式布局，后两个模腔的布局如同第一对模腔，只是移动了一段距离。图 10-28 所示的例子是以左上角的模腔为原点，选朝下的箭头为第一方向，第一偏置距离（1ST Dist）为零，第二偏置距离（2ND Dist）为一个小的正值。

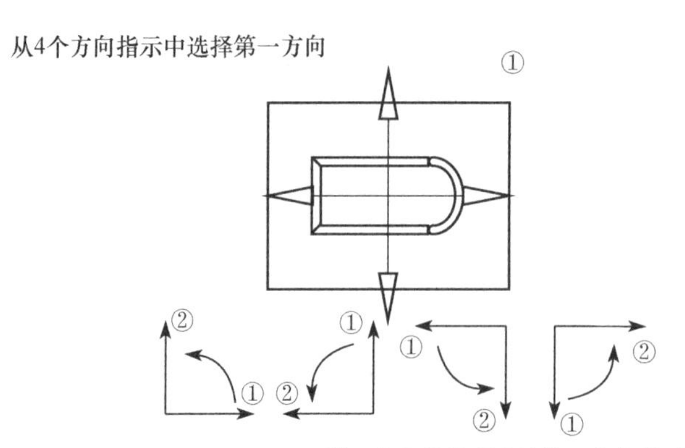

图10-27　一模四腔布局

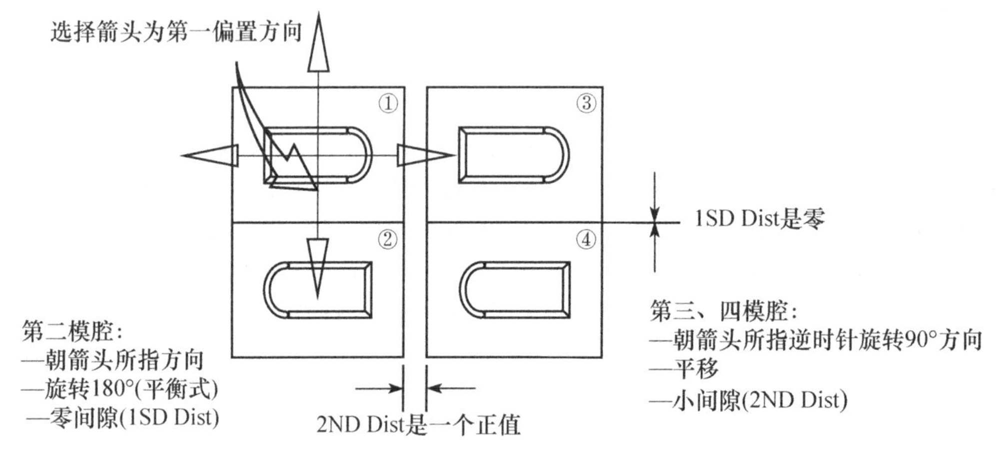

图10-28　一模四腔平衡式布局

10.4.2　圆周布局

圆周布局（Circular）操作步骤如下。

（1）选择径向（Radial）或恒定（Constant）布局。

（2）输入型腔总数（Cavity Number）。

（3）输入起始角度（Start Angle）（与+X轴的交角）。

（4）输入旋转角度（Rotate Angle）（包含所有模腔）。

（5）输入半径（Radius）（从绝对坐标（0，0，0）到第一模腔上的参考点）。

（6）选择【开始布局】（Start Layout）按钮。

（7）识别参考点。

圆周布局几乎完全是用户自定义，“注塑模向导”所做的是计算出每个模腔的角度，给出起始角、总角度和模腔数。参考点定义将引出不同的结果，必须仔细考虑。

圆周阵列建立在Layout部件文件绝对坐标系统（ACS）。当加载了一个新的产品，并定义了模具坐标后，产品的绝对坐标即被转移到Layout部件文件中的绝对坐标位置。

在图 10-25（b）所示的“圆周布局”对话框，有【径向】(Radial）和【恒定】(Constant）复选框,【径向】复选框使各模腔的方向始终沿径向分布且指向中心点，并绕该中心点旋转；而【恒定】复选框使各模腔保持与第一模腔的方向一致。

除非指定起始角度（Start Angle），第一模腔的方位始终保持与布局前的原方位一致。

1. 型腔数（Cavity Number）

型腔数是模腔总数，包含了第一个原始模腔。

2. 起始角（Start Angle）

起始角度是定义一个模腔的参考点到绝对坐标原点的连线与绝对坐标+X方向的角度位置。

3. 旋转角度（Rotate Angle）

旋转角包括第一个模腔到最后模腔总角度。系统自动计算出每个模腔之间的夹角。

4. 半径（Radius）

第一模腔从绝对坐标的原点位置沿着起始角度定义的方向移动到第一模腔的参考点位置的距离。

一模五腔径向（Radial）放射状圆周布局，如图 10-29 所示。

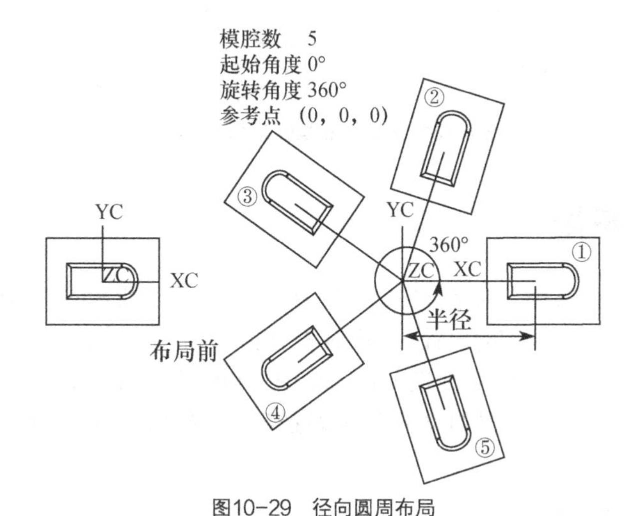

图10-29　径向圆周布局

一模三腔恒定（Constant）圆周布局，如图 10-30 所示。

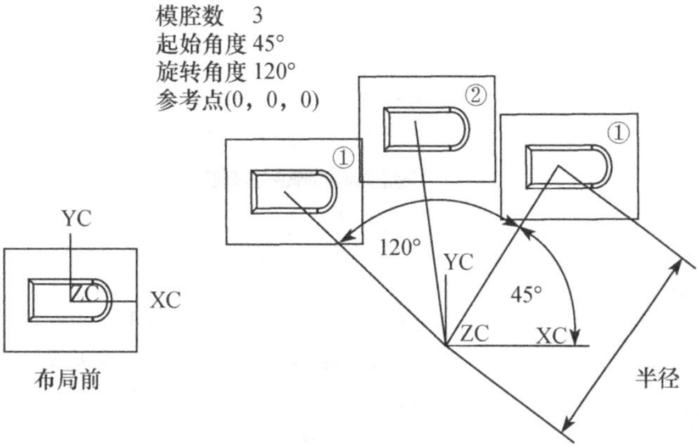

图10-30　恒定圆周布局

5. 参考点（Reference Ponit）

以上两个图例都是以模腔中心作为定义半径的点，事实上，并不是所有情况都适用，有时需要考虑在模腔上建一参考点用于定义阵列半径。如图 10-34 所示，一模六腔径向（Radial）放射状布局，参考点就选型腔顶点上。当选择了参考点之后，系统首先移动模腔将参考点的位置移动到绝对坐标（0，0，0），并以模腔此时的位置安排如图 10-31 所示进行阵列。

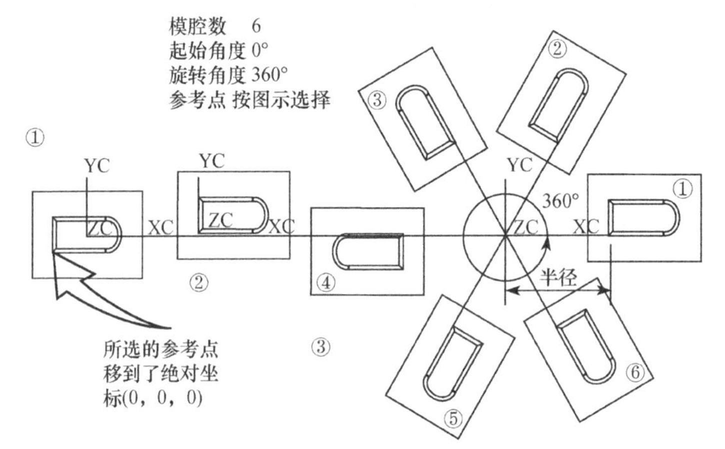

图10-31 参考点在型腔上的圆周布局

10.4.3 编辑布局

图 10-25 所示的“型腔布局”对话框中的下部分，即图 10-32 所示的“编辑布局（Reposition）”选项组，可以修改一个或多个模腔的位置。其中有 3 个选项可人为地控制 Layout 装配结构内的产品子装配的位置。可以旋转（Rotate）、变换（Transform）和删除（Remove）所选中的或以亮度显示的产品，自动对中（Auto Center）能自动地重新放置整个布局对准坐标中心。

下面分别对 3 个功能简单介绍如下。

1. 变换（Transform）

单击变换按钮，系统弹出“变换”对话框，如图 10-33 所示。

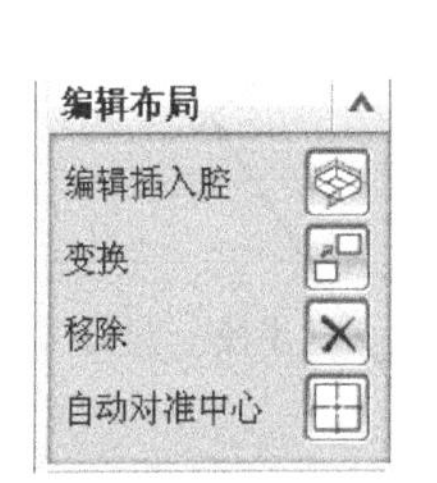

图10-32 “编辑布局”选项组

图10-33 旋转模腔

（1）“平移”选项有【移动原先的】（Move）和【复制原先的】（Copy）选项，并有两个滑条分别动态控制 X、Y 两个方向的位置，还有两个数值输入窗口可分别输入 X、Y 两个方向的精确移动值。这些窗口，包括旋转值输入窗口，只要按一下回车键，就立刻可以看到操作结果。

（2）“点到点”（From Point To Point）选项，如同 UG 的 Transform 功能，选择欲移动的第一点，再选择第一点所要定位的目标点，即第二点。

（3）“旋转”选项同样有【移动原先的】（Move）和【复制原先的】（Copy）选项，一滑条动态控制模腔绕中心点旋转，一个数字输入窗口供输入精确的旋转角度值和一个【指定枢轴点】（Set Rotate Center）可打开点构造器对话框选择中心。

2. 移除（Remove）

移除（Remove）功能将从布局中删除所选的模腔，但不能删除最后一个模腔。

3. 自动对准中心（Auto Center）

自动对准中心是系统自动地放置当前布局的几何中心到 Layout 子装配的绝对坐标中心（0，0，0）（仅在 X、Y 平面内移动），该位置与标准模架的中心相对应，即 X、Y 平面是主分型面，Z+轴指向材料注入口。

10.5 分型工具

10.5.1 分型过程

修剪建立型芯和型腔的过程，如图 10-34 所示。

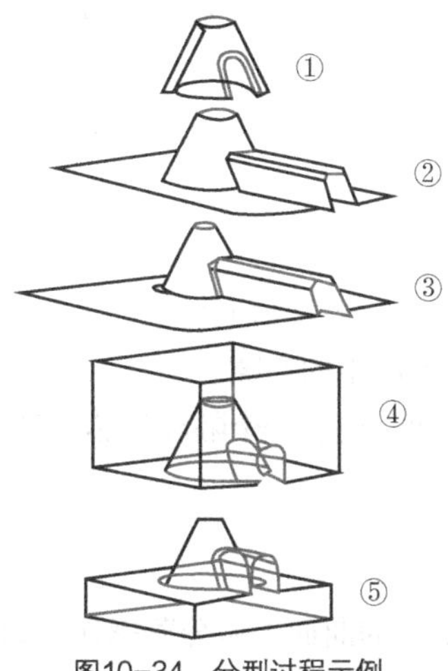

图10-34 分型过程示例

（1）基于产品模型，创建一分型面集①。

（2）复制这些面，并将这些面分别与修补面、型芯面和型腔面结合②③。

（3）缝补这些面作为修剪型芯和型腔块的修剪片体④⑤。

无论是实体模具型或片体模型，均可用该方法。

10.5.2 模具工具

单击“注塑模工具（Mold Wizard）”图标，系统弹出“注塑模工具”工具条，如图 10-35 所示。

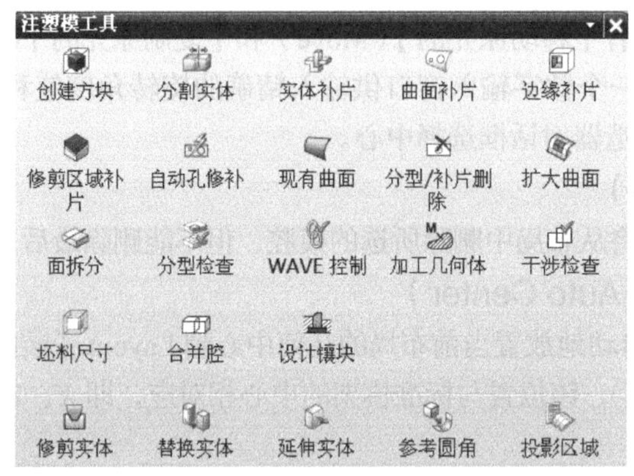

图10-35 “注塑模工具”工具条

从工具条中，可直接用到一些“注塑模向导”和 UG 功能。把鼠标放在图标之上 3s 不动，系统就会提示该图标的功能。分型时，当一个产品模型中存在间隙或孔时，必须封闭或修补这些面。因 UG NX 6.0 中需要一连续的片体修剪型芯和型腔轮廓，加工时要求有一个可以定义刀轨的几何体。

工具条中包含的 UG NX 6.0 公共建模功能仅在进入了 NX6.0 的建模应用模块才会生效。

“注塑模工具”与分型功能紧密结合，可完成各种复杂模具的设计，如自动补孔（Auto Hole Patch），使用这些工具是分型过程中的重要步骤，分型过程如下。

（1）设注射方向。

（2）定义一个适合产品的成型镶件。

（3）在需要的地方创建修补几何体。

“注塑模工具”的工具条可用于：

- 实体分割模腔镶件，创建滑块、嵌件几何体。
- 实体填补产品模型、型芯和型腔中的空隙。
- 片体修补复杂孔和其他开放面，创建一个隔离型芯、型腔的模型等。

10.5.3 分割面

分割面（Face Split）功能是在所选的曲面上做分割操作，如跨越面。分割后所产生的面应该完全属于一个区域。

如果所有分型线都在边界上，则无需使用该功能。

以下方式对分割面是有效的。

- 用最大的轮廓线（Isocline）分割面。
- 用基准面（Datum Plane）分割面。
- 用曲线（Curves）分割面。

当使用最大轮廓线分割面时，只有跨越面能被选中。零件的最大轮廓线是参照拨模方向创建的，用于分割所选面。

1. 用基准面分割面

基准面的选择定义方式如下。

（1）已存在的基准面方式：选择一个基准面分割所有选面。

（2）点+点方式：沿着由两点定义的线分割一个面。

（3）点+X+Y平面方式：平行于X–Y平面，在Z方向定义一个点，由此组成一个基准面去分割面。

2. 用曲线分割面

（1）已存在的曲线或边界分割面。

（2）通过两点建立曲线分割面。

10.5.4 自动补孔

自动补孔（Auto Hole Patch）功能可自动地搜索产品中所有内部修补环并修补产品上所有通孔。

单击“注塑模工具”工具条上的“自动孔修补”图标或“分型管理”对话框中的图标，系统弹出“自动孔修补”对话框，如图10-36所示。从对话框中可以看出有两种方法搜索内部修补孔（环）：区域（Region）和自动（Automatic Loops）。

下面分别对两种方法进行介绍。

（a）区域 （b）自动

图10-36 “自动孔修补”对话框

1. 区域（Region）方式

区域方式要求首先在MPV中完成型芯、型腔区域的分析，自动补孔服从区域环创建修补面。使用以下步骤（用型芯、型腔区域）提高修补、分型效率，如图10-36（a）所示。

（1）用MPV规范型芯、型腔区域。

（2）选择区域环搜索方式修补孔（Mold Tools中的自动补孔功能）。

（3）提取型芯和型腔区域同时提取分型线（分型管理器中的提取区域和分型线功能 ）。

（4）创建分型面。

（5）在“分型”对话框中直接创建型芯和型腔。

2. 自动（Automatic Loops）方式

自动补孔功能将自动搜索环，即使没有定义过型芯、型腔区域。当该功能启动时，识别的环将高度显示。由图10-36（b）所示界面可知，这时可选择型腔侧的环、型芯侧的环或逐个地选择所有环，也可取消（【Shift+MB1】快捷键）不想要的环。如果选择了逐个选项，每个环都会亮显，单击【自动修补】按钮，然后便可决定修补亮显环、跳过环或提取亮显的环。如果已经创建了一个修补面，再选择自动补孔功能，系统会提示删除补丁还是保留补丁。

说明

- 一些环不能用曲面方式修补，可以用其他的方法（如实体修补或修剪区域）修补。
- 如果产品比较复杂，自动搜索分型线将会花较长的时间，在这种情况下，可用搜索环方式。
- 如果所有分开线在同一个面上，可用扩展面作为分型面。

10.5.5 修补概述

许多产品由于功能的需要，都会包含有很多孔和槽。这些孔和槽在模具设计时常要求被“封闭”。片体修补用于封闭那些产品模具中开放的曲面，可以用以下片体修补工具来创建内部开放面的补丁。

- 曲面修补（Surface Patch）
- 扩展面（Enlarge Surface）
- 存在面（Existing Surface）
- 边界修补（Edge Patch）

实体修补用于填充一个空间，该空间常由多个面组成，如一个开放的倒钩销特征。实体修补方式用填充开放口简化了产品模型。这些用于填充开放口的实体自动地被几何链接到型腔和型芯组件，而且稍后被加到想要封闭的地方。

实体修补体的创建和成型可通过以下过程。

（1）单击“创建方块”图标，创建一个实体补丁块去填充开放区域。

（2）单击“分割实体”图标，或替换面功能修剪该补丁，使其与开放区域的形状匹配，或分割一实体为两个相关的块。

（3）用减功能成型补丁块，从补丁块上减去产品模型（用保留工具体选项）。减功能成型补丁块只是一个简便方法。只有在了解造型背景的情况下才能恰当地使用此功能。

说明

当一补丁块修剪成产品模型上需封闭的形状时，用实体修补功能将该补丁块加到产品模型上。该补丁块即被链接到型腔或型芯组件的 patch_body 层目录中，需要时可将其加到型腔或型芯体上。

1. 曲面修补（Surface Patch）

曲面修补功能是最简单的修补方法，适用于开放孔完全包含在单个面内。

单击“注塑模工具”工具条中的“曲面补片”图标，系统将弹出“选择面”对话框，如图 10-37 所示。当一个包含孔的面被选中时，系统便在该面的范围内查找封闭的边界环或孔，并亮显每一个找到的孔，然后要求选择这些孔用来修补，只有选中的孔将自动被修补。

2. 边界修补（Edge Patch）

边界修补功能是用选择的曲线或边界环来修补一开放的区域。

单击“注塑模工具”工具条中的“边缘补片”图标，系统将弹出“开始遍历”对话框，如图 10-38 所示。选择【按面的颜色遍历】复选框，一封闭环选好之后，系统便会加亮显示一些候选面，可以选择或取消这些面。边界修补基于以下判断创建一修补片体。

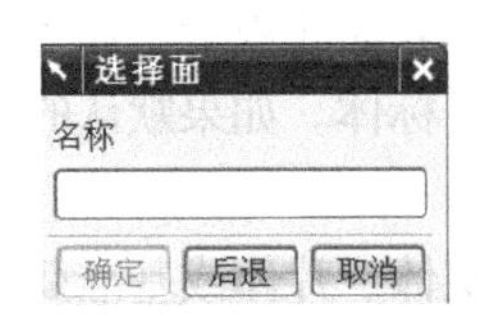

图10-37 “选择面”对话框

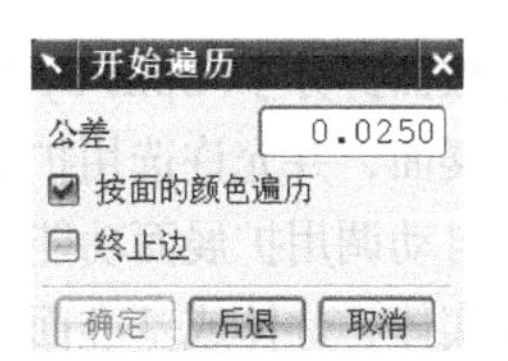

图10-38 “开始遍历”对话框

（1）如果组成环的曲线或边界都在同一个平面内，则创建一边界平面。

（2）如果该环在一个曲面上，则用曲面修补方法创建修补片体。

（3）如果该环跨越了两个面，便在两个面之间创建一智能线，用扩展面分别扩展并修补两个面，然后将两个修补面用缝合功能缝合在一起。

如果以上功能都不能适用，而该孔是一个特征，则用特征修补。

3. 存在面（Existing Surface）

在有些特殊情况下，如在一个导入的IGES、Parasolid格式的文件下工作，曲面或边界修补这些自动建模功能不一定适用。这时可用曲面造型或UG NX其他的功能人工创建一曲面，曲面创建后，单击“注塑模工具”工具条中的“现有面”图标，系统将弹出“选择片体”对话框，将会提示选择一曲面（刚刚创建的或其他要用的一现有的面）。当创建型腔、型芯时，这些面会自动亮显。

4. 创建块（Create Box）

创建块功能可创建一个实体六面体，可被修剪成补丁块用于实体修补。补丁块是定义滑块面或抽芯头的一个简单方法。

单击“注塑模工具”工具条中的“创建方块”图标，系统弹出图10-39所示的“创建方块”对话框。同时系统会提示在产品模型上选择要被六面体容的面，“容限”选项中的尺寸值决定了六面体超出所选面的余量，可手拖动滑条进行更改。选择好面以后，单击【确定】按钮，创建一包容所选面的实体。当要修改实体六面体时，仍可以单击创建块图标，并选择该实体对它进行编辑。

5. 分割实体（Split Solid）

分割实体功能可在型芯或型腔中取出一载面块，用做嵌件或滑块。

单击“注塑模工具”工具条中的“分割实体”图标，系统弹出图10-40所示的“分割实体”对话框，从对话框中可以看出有两个选项。

（1）目标体（Target Body）：实体或片体都可被选择作为目标。

（2）工具体（Tool Body）：允许非相关有效控制相关模式，非相关模式牺牲相关可更新功能，减少磁盘和内存量，如图10-41所示。

图10-39 “创建方块”对话框

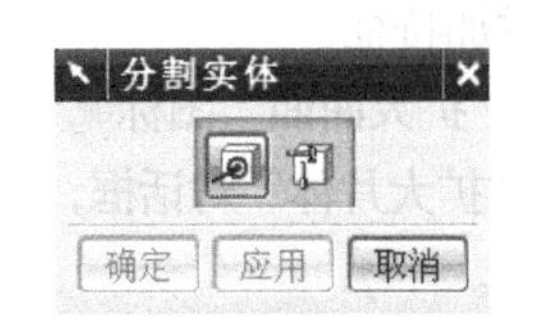

图10-40 “分割实体”对话框

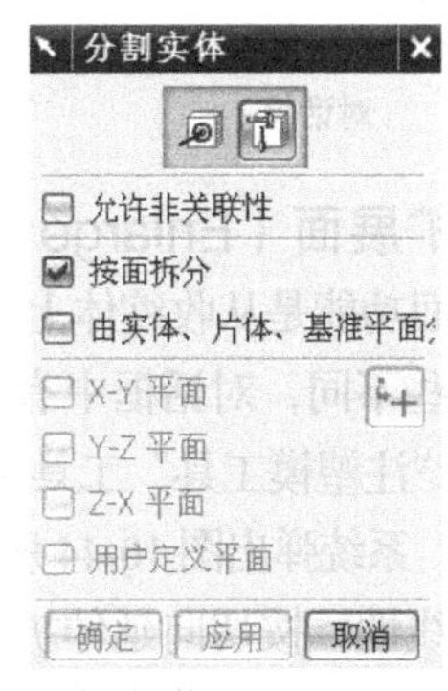

图10-41 “工具体”选项

如果选择了【按面拆分】(Split by Face)复选框，仅实体表面能被选中作为工具。该复选框从被选面上创建一扩展面，并允许选用扩展面去修剪还是分割目标体。如果默认的扩展面不够大，不足以修剪目标体，自动调用扩展面功能。

如果选择了用实体、片体或基准面分割，便能选中一个实体、片体或基准面作为工具体修剪或分割目标体。

6. 实体修补 (Solid Patch)

实体修补是在 Parting. Prt 部件的开放区域上建一个封闭特征。实体修补可替代建造曲面来修补开放口，当建造一实体填充开放口比创建曲面容易时，实体修补是最有用的。

7. 修剪区域修补 (Trim Region Patch)

修剪区域修补功能为产品开放区域建造封闭表面。在开始修剪区域修补之前，必须建一个适合开放口的实体补丁块，且该补丁块必须完全填充形成封闭表面。

单击“注塑模工具”工具条中的“修剪区域补片”图标，系统弹出图 10-42 所示的“选择一个实体”对话框，选择一补丁体后，系统弹出如图 10-43 所示“开始遍历”对话框。这时选择一环绕开放区域的边界或曲线环(这些边和曲线必须与补丁块接角)，接受修剪方向或反方向，从补丁块上提取面，修剪成补丁表面。如果修剪成功，便创建一修补特征，并添加到型腔和型芯分型区域。

图10-42 “选择实体”对话框

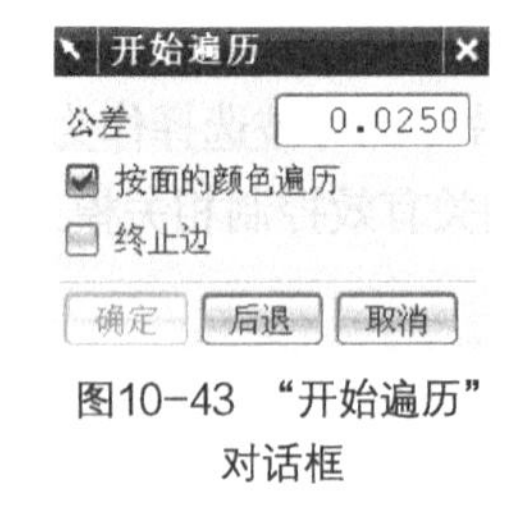

图10-43 “开始遍历”对话框

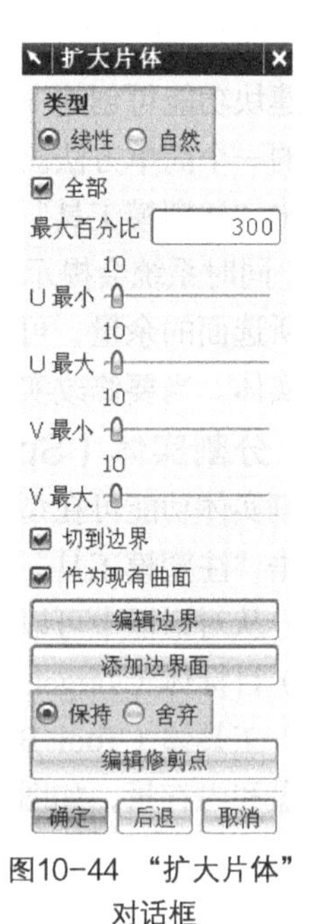

图10-44 “扩大片体”对话框

8. 扩展面 (Enlarge Surface)

扩展面功能是从收缩体上提取曲面并通过控制 U 和 V 两个方向的尺寸扩展面，与前面曲面中讲的功能有些不同，对话框中有一些附加特征。

单击“注塑模工具”工具条中的“扩大曲面”图标，系统弹出“选择面”对话框，选择了要扩大的面后，系统弹出图 10-44 所示的“扩大片体”对话框，从对话框中可以得知扩大片体有两种方法。

(1) 线性：按切向延伸扩展边界。

(2) 自然：保持曲率连续延伸扩展边界。

替换面(Reference Face)、偏置区域(Offset Region)、减(Subtract)、加(Unite)、交(Intersect)功能与UG NX直接建模功能一样，这里就不再介绍了。

10.6 分型几何体

分型是基于塑料制品模型创建型芯和型腔的过程。分型功能提供了快速分型且保持参数相关的工具。在定义成型镶件之后，就要开始分型。

单击“注塑模工具”工具图标，弹出图10-45所示的“分型管理器”对话框，下面分别介绍各按钮图标的功能。

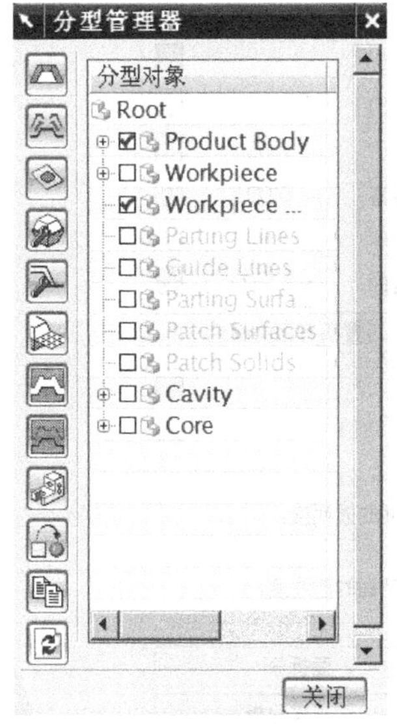

图10-45 “分型管理器”对话框

10.6.1 模型验证

设计区域通过计算提供创建分型线后的产品的脱模斜度是否合理，内孔是否修补和是否存在倒扣等适合分模的信息。单击分型管理器中的“设计区域”图标，弹出图10-46所示的“MPV初始化”对话框。此时系统提示确定拔模方向，拔模方向可以根据自己确定也可以接受默认的方向，单击【确定】按钮，系统花一定的时间对该模型进行评估后，会弹出“塑模部件验证”(MPV)对话框，如图10-47所示。

“塑模部件验证”MPV(Molded Part Validation)提供了许多有关产品的信息，如产品构造情况、是否便于拔模、是否有底切现象及是否需要补孔等。模型验证还可用于验证未经初始化装配的原产品，在以前的版本中该功能称为产品设计顾问(PDA)。使用模型验证能帮助确认产品在模具中的方向和位置、可制模性(确认产品模型含有恰当的拔模角)、要封闭的特征、合适的分模线。下面对4个标签页做一下介绍。

1. 面(Face)

““塑模部件验证””(MPV)对话框(见图10-47)的“面”标签可以分别加亮所选的面，并可

以编辑那些面的颜色，这些面分别如下。

（1）属于型芯或型腔。

（2）跨越型芯型腔的两侧。

（3）小于规定的拔模角极限值。

（4）没有拔模角。

当所有面颜色选好以后（可以保持系统默认），单击【设置所有面的颜色】按钮，此时制品就会根据设定的颜色显示，如图 10-48 所示。从图 10-47 所示可知，该页面上还有“面拆分”和“面拔模分析”功能的快捷按钮。

图10-46 “MPV初始化”对话框

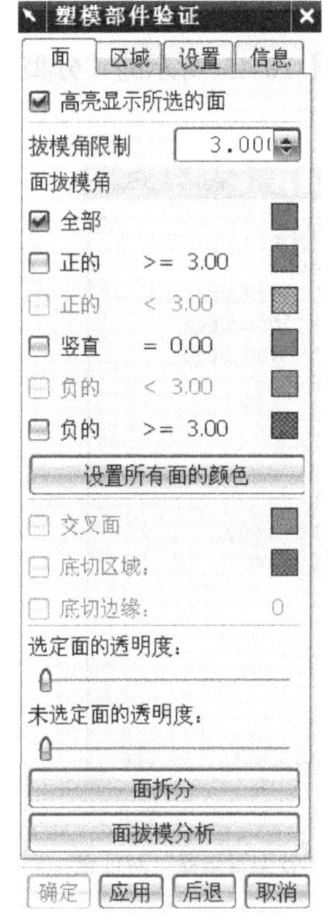

图10-47 “塑模部件验证”对话框

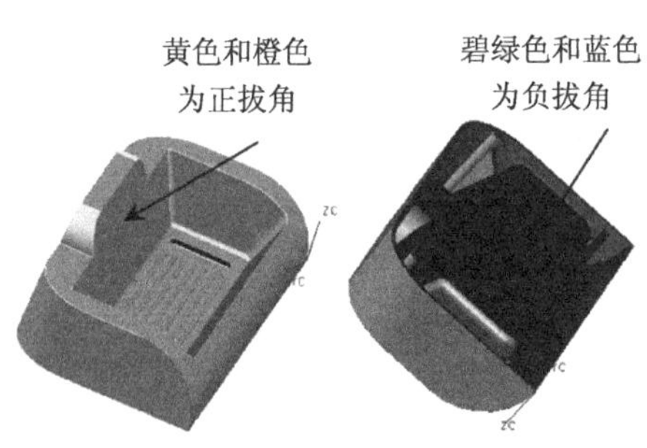

图10-48 单击设置所有面的颜色后的结果

2. 区域（Region）

区域标签页（见图 10-49）可将产品模型的面分为型芯区域和型腔区域，并为每个区域设置颜色。当区域页显示时，系统即显示所有可能的分型线和修补环。

3. 设置（Settings）

设置标签页（见图 10-50）可设置内部环、分型边缘和不完整的环的显示。

4. 信息（Informations）

信息标签页（见图 10-51）提供各种方便的分析功能。

（1）面属性：反映了面特征、最大/最小拔模角及面积等。

（2）模型属性：显示了模型类型、尺寸、体积/表面积、面的数和边数。

（3）尖角：可显示锐角极限角度、尖角度、角半径极限等。

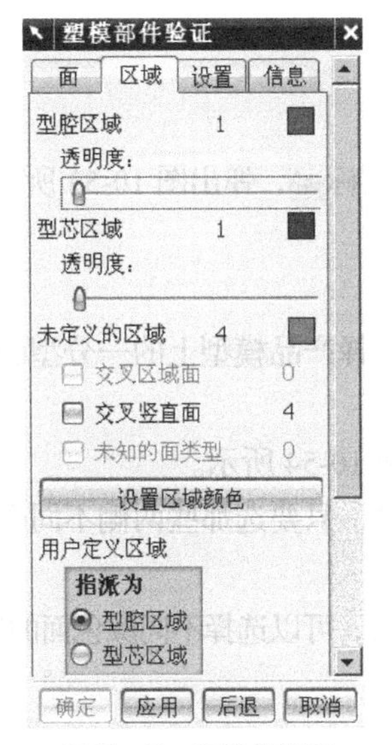

图10-49 区域标签页

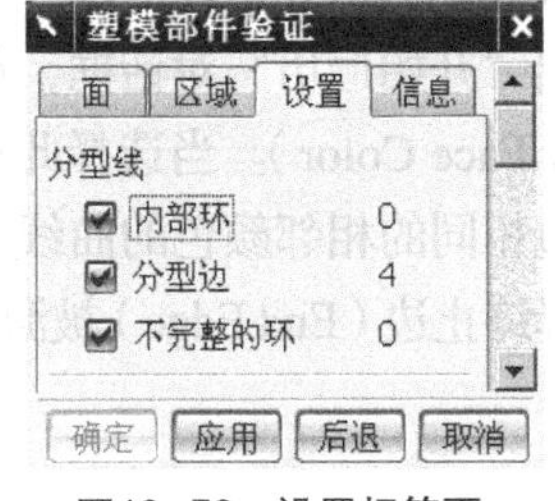

图10-50 设置标签页

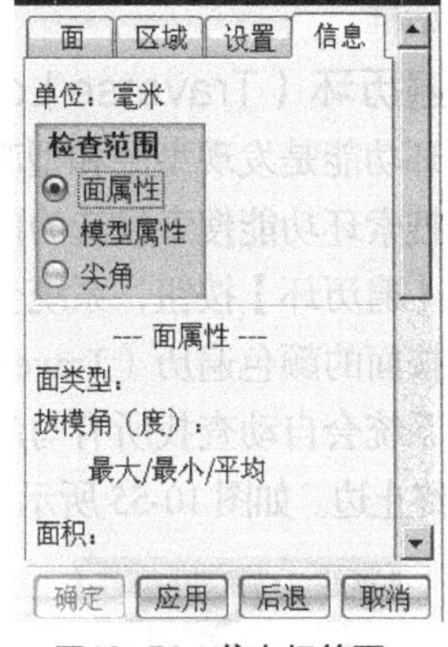

图10-51 信息标签页

10.6.2 提取区域和分型线

单击“分型管理器”中的“提取区域（Extract Regions）和分型线（Parting Lines）”图标，弹出图10-52所示的“定义区域”对话框。面区域被指派到型芯和型腔侧，然后用于修剪型芯、型腔种子块，这样种子块就被分型成产品形状了，如果选择了【搜索区域】功能，则同时也抽取分型线。

（1）MPV 区域：该区域特征必须基于模型验证（MPV）中已分配的型芯和型腔面。

（2）边界区域：显示出部件的面的总数、型腔面数及型芯面数，这时型腔面数与型芯面数之和应该等于面的总数。

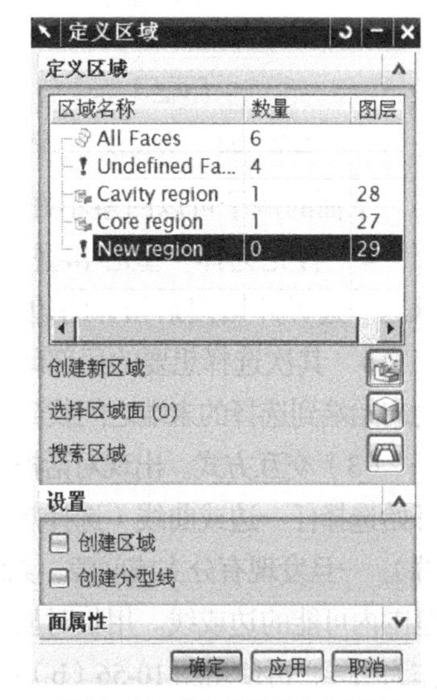

图10-52 “定义区域”对话框

如果面的总数小于型腔、型芯面数之和，则有可能存在未修补的孔，这时使用滑条慢慢地让一侧区域亮出，就很容易发现未修补的孔，当移动滑条亮出的面到未修补的孔时，高亮面会突然“溢出”到其他区域。

如果面的总数大于型腔、型芯面数之和，则有可能在实体修补时创建了一个内部空心体或复制了一个修补曲面。

如果有人工准备好的型芯、型腔区域，遇到跨越分型的面必须分割这些面。在提取之间一定要修复这些缺陷。

10.6.3 编辑分型线

单击“分型管理器”中的“编辑分型线（Edit Parting Lines）”图标，弹出图10-53所示的“分型线”对话框。

1. 遍历环（Traverse Loop）

遍历环功能是发现型腔和型芯相邻处的分型线或修补环。从选择产品模型上的一分型曲线或边缘开始，搜索环功能搜索候选的曲线或边缘加入分型环。

单击【遍历环】按钮，系统会弹出“开始遍历”对话框，如图10-54所示。

（1）按面的颜色遍历（Traverse by Face Color）。当选择此项时，只要选那些两侧不同颜色面的曲线边，系统会自动查找所有与起始边相同的相邻颜色的曲线边。

（2）终止边。如图10-55所示，选择终止边（End Edge）被激活时，可以选择不同颜色面的部分环。

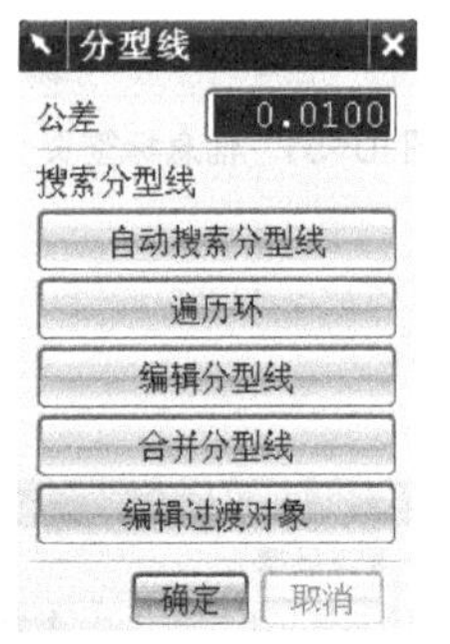

图10-53 “分型线”对话框

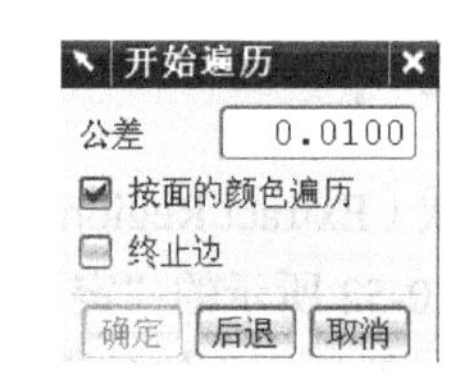

图10-54 “开始编历”对话框

图10-55 选择部分环

下面的例子可以回避不好选择的边界修补环。

- 首先选择一型芯和型腔边界的起始端，系统从这一边界开始搜索相邻的边界。
- 其次选择想要的局部环的末端，系统将从所选的起始端到选择的末端之间找到所有的边界线。

（3）交互方式。出现对话框如图10-56（a）所示，开始选择任一边或曲线（选择想要系统搜索成链的那一端）。一旦发现有分支或间隙，系统就查找一下在公差值范围内可能的边或线。用临时显示的下一个候选边或线作为引导，再使用图10-56（b）所示的对话框，做选择。

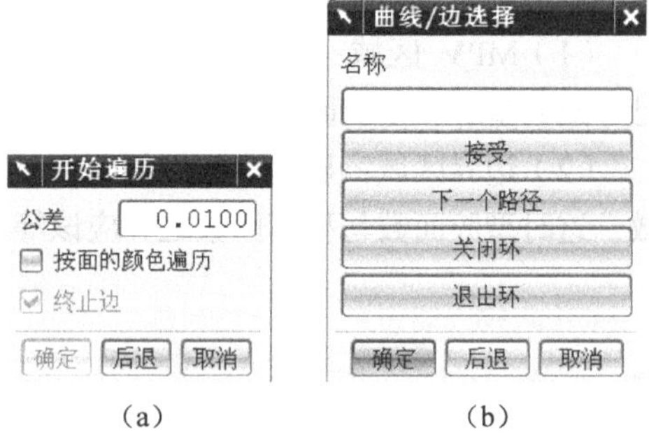

图10-56 搜索部分环对话框

- 接受：选择当前亮出的候选边或线。
- 下一路径：在几条候选边或线之间切换。

说明：如果想要自己选择边或线，还可以直接点选想要的边或线。

- 关（封闭）闭环：系统对环的开始端到末端加一条“智能线”，一旦环被封闭，对话框自动退出。

2. 编辑分型线（Edit Parting Lines）

单击图10-53所示的“分型线”对话框中的【编辑分型线】按钮，系统亮出所有的分型线，这时，可以手动选择线或边加入分型环，当然也可以从环中取消对象。

3. 合并分型线（Merge Parting Lines）

很多产品，可在它的非平面的开放环上构建一补丁，以得到一个平面分型。合并分型线就能试图提供这样一个平面分型环。

10.6.4 创建/编辑引导线

创建/编辑引导线功能（Definition/Edit Parting Part）可实现创建和编辑分型段的引导线，以及编辑转换对象操作。

单击"分型管理器"中的"引导线设计"图标，弹出图10-57所示的"引导线设计"对话框。

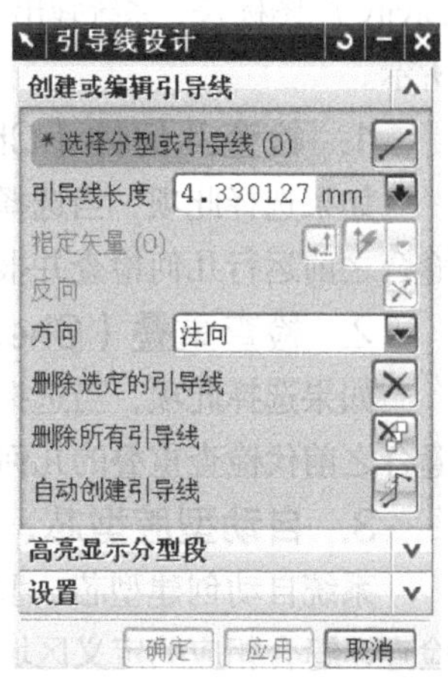

图10-57 "引导线设计"对话框

1. 创建引导线

在"引导线设计"对话框中进行引导线创建，其方法如下。

- 单击"选择分型或引导线"图标，选择某段分型线，系统自动生成引导线。
- 单击"自动创建引导线"图标，选择某段分型线，系统自动生成引导线。

2. 编辑引导线

单击"删除选定的引导线"图标，和"删除所有引导线"图标，可删除引导线。

10.6.5 创建分型面

单击"分型管理器"中的"创建分型面（Create Parting Surfaces）/编辑分型面"图标，系统弹出"创建分型面"对话框，如图10-58所示。

下面对各选项进行介绍。

（1）公差（Tolerance）：这个数值控制创建分型面和缝合分型面时的公差。

（2）距离（Distance）：这个数值决定了分型面的拉伸距离，以保证分型面有足够的长度修剪成型镶件。

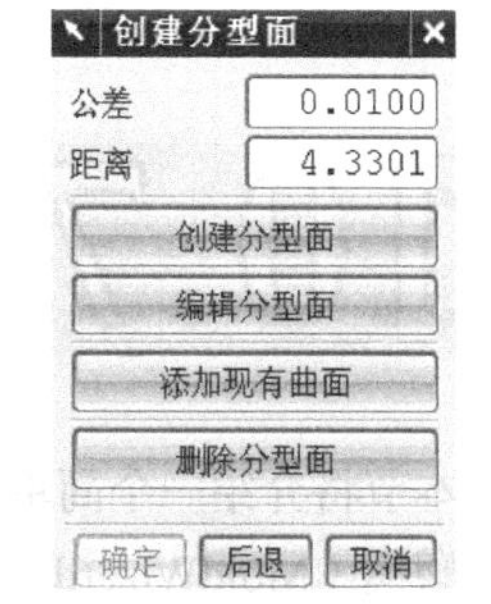

图10-58 "创建分型面"对话框

1. 创建分型面

在创建分型面功能中，系统自动识别由过渡对象定义的分型线段，给出每段分型线所适用的创建面的方式。

如果某一分型线段同属一个曲面，则系统自动弹出扩展面类型。

如果某一分型线段同属一个平面，则系统自动弹出边界面类型。

2. 编辑分型面

如果分型面线段上已创建了分型面，该选项自动删除已有的分型面并且创建新分型面改变分型面类型。

3. 增加分型面

可用自由曲面功能手动创建一曲面，用"加入已存在曲面"功能，使系统认同该自由曲面与自

动创建的分型曲面相同。

4. 删除分型面

该功能与 Mold Tools 工具条上的删除/修补曲面功能相同。

10.6.6 创建型腔和型芯

单击分型管理器中的“创建型腔和型芯（Create Core and Cavity）”图标，系统弹出“定义型腔和型芯”对话框，如图 10-59 所示。

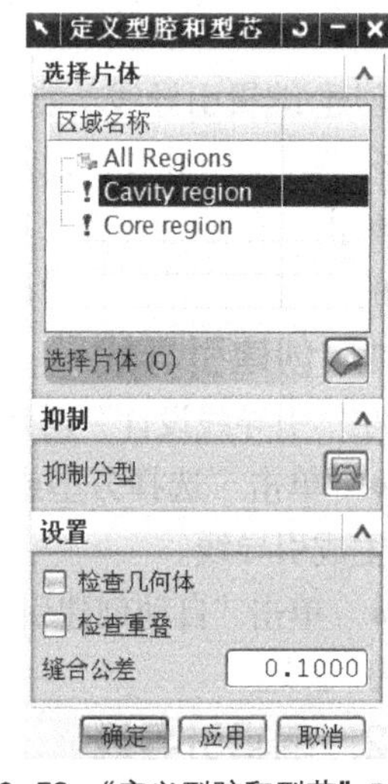

图10-59 “定义型腔和型芯”对话框

1. 检查几何体（Check Geometry）

如果选择此项，当选择了型芯或型腔的片体之后，系统将在缝合之前运行几何检查并报告片体缺陷。

2. 检查重叠（Check Overlapping）

如果选择此项，当选择了型芯或型腔的片体之后，系统将在缝合之前代检查重叠的几何体。

3. 自动型腔型芯、创建型腔、创建型芯

系统自动创建型芯、型腔，如果选择检查选项，系统先运行检查，缝合相应的定义区域并提取一个分型面的复制体。

如果当从硬盘重新打开一个项目装配时，系统的默认设置激活的是部分加载，如果不加载 WAVE 几何体链接数据，就不能完成型芯、型腔的处理。因此，打开模具装配之前，单击菜单【起始（Starts）】→【所有应用模块】→【注塑模设计向导（MoldWizard）】，设置【文件（File）】→【选项（Options）】→【加载选项（Load Options）】，选择加载部件间的关联数据。如果有 WAVE 许可，也可手动打开 WAVE 链接部件，使用装配下有 WAVE 选项。

10.7 分模实例

本节将介绍一个简单的塑料制品（名片格）分模分型过程，要求一模两腔，通过此例让读者了解注塑模（MoldWizard）的设计应用过程，产品如图 10-60 所示。

【例 10.7-1】 名片格制品如图 10-60 所示，使用的材料为塑料 ABS，其收缩率为 1.005。

具体操作步骤如下。

（1）启动 UG NX，单击菜单【开始（Starts）】→【所有应用模块】→【注塑模向导（MoldWizard）】，系统弹出“注塑模向导（MoldWizard）”工具条，如图 10-61 所示，这样就进入注塑模设计模块（MoldWizard）。

如果所登录的用户具有管理员权限，还可通过建立环境变量，在 UG NX 启动的同时进入“注塑模向导（MoldWizard）”应用模块。

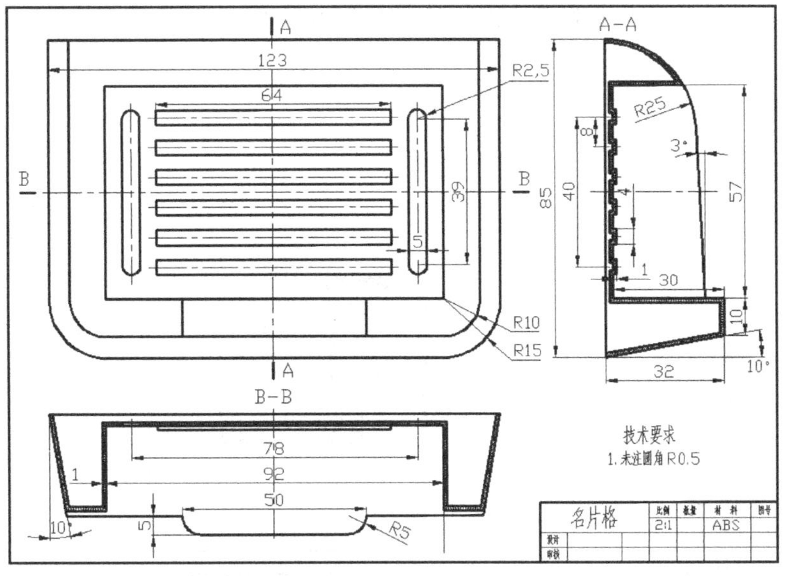

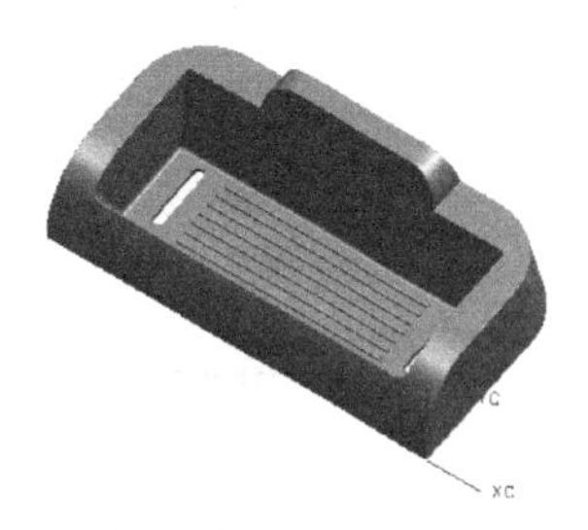

图10-60 名片格

注塑模向导
初始化项目 多腔模设计 模具 CSYS 收缩率 工件 型腔布局 注塑模工具 分型
模架 标准件 顶杆后处理 滑块和浮升销 子镶块库 浇口 流道 冷却
电极 修剪模具组件 腔体 物料清单 装配图纸 孔列表 铸造工艺助理 视图管理器

图10-61 “注塑模向导”工具条

（2）单击”注塑模向导”工具条上的“初始化项目”图标，弹出图 10-62 所示的对话框，找到要加载的零件 xiehui.prt，单击【确定（OK）】按钮，系统弹出图 10-63 所示的“初始化项目”对话框。

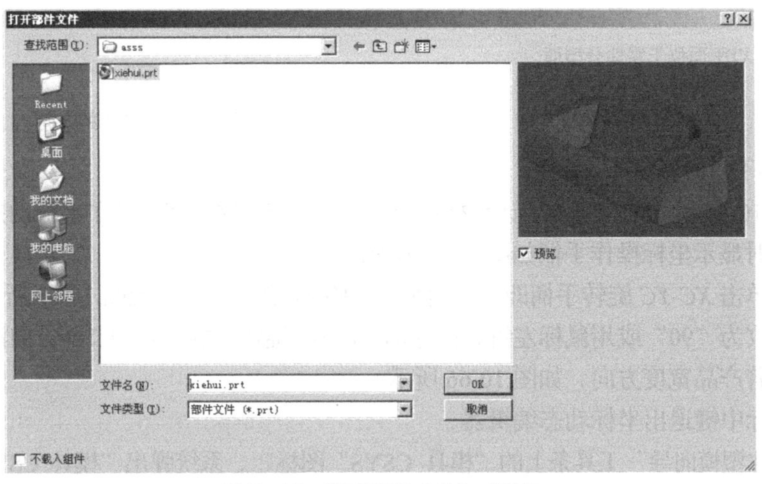

图10-62 “打开部件文件”对话框

（3）这里项目单位、项目名称和路径都保持默认，收缩率改为“1.005”，读者可以根据自己的要求更改这些选项。单击【确定（OK）】按钮，“注塑模向导”创建并自动保存所建的项目装配。

（4）单击“装配导航器”图标，可以看到模具装配树，如图 10-64 所示。这里各文件的后缀名在前面讲了，就不再介绍。

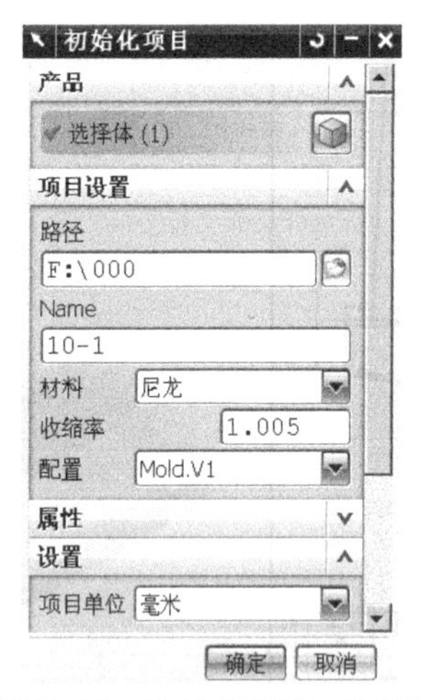

图10-63 “初始化项目”对话框

图10-64 模具装配树

（5）设定模具坐标系。在加载产品后，工作坐标正好位于分型面上，+*ZC* 轴的方向也指向开模方向，如图 10-65 所示；而需要的是如图 10-66 所示的方位，因为对于该产品最好让 *Y* 轴方向指向产品长度方向，所以要调整模具坐标系。

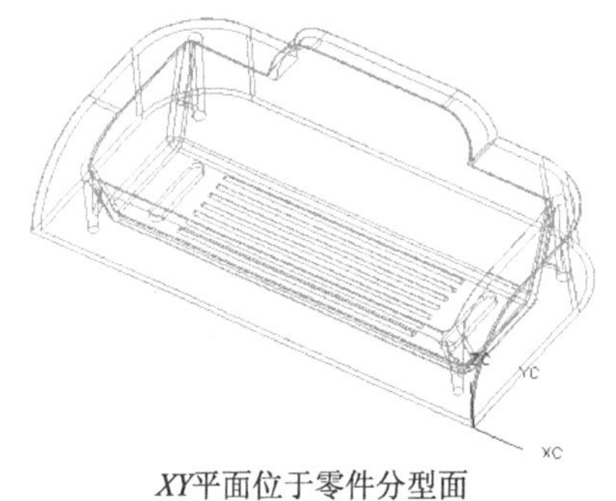

*XY*平面位于零件分型面
+*Z*指向零件浇口
图10-65 已存在的方向

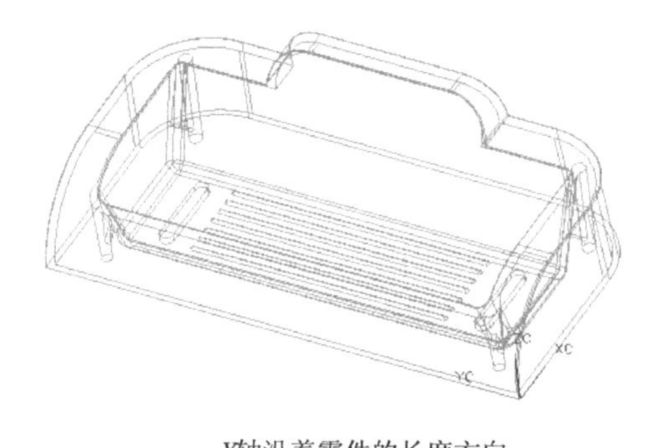

*Y*轴沿着零件的长度方向
图10-66 要求的方向

调整方法如下。

① 双击图 10-65 所示的坐标系，让坐标系处于激活状态，这时就激活了坐标动态编辑器（WCS Dynamics），此时显示坐标操作手柄如图 10-67 所示。

② 用鼠标单击 *XC-YC* 旋转手柄即 *XY* 平面内的那段圆弧，就会出现图 10-68 所示的对话框，把角度值由“0”改为“90”或用鼠标左键直接拖动 *XC-YC* 旋转手柄，直到 *YC* 方向沿着产品的长度方向，*XC* 轴沿着产品宽度方向，如图 10-66 所示。

③ 单击鼠标中键退出坐标动态编辑器。

④ 单击“注塑模向导”工具条上的“模具 CSYS”图标，系统弹出“模具 CSYS”对话框，如图 10-69 所示。各选项都保持默认值，单击【确定（OK）】按钮，这样产品已匹配到新的坐标系统。

（6）设置收缩率。因为制品是塑料件，从高温注射到低温成型制品会收缩，所以要设置收缩率，收缩率数值的大小设置可以从制品提供者那里知道，也可以根据自己做模具的经验。这里前面已经设置了收缩率，所以可以不用设置。在实际模具设计过程中，一般在这里设置收缩率，如果前面设置错了，可以随时在这里修改收缩率，但显示部件应是top.prt。

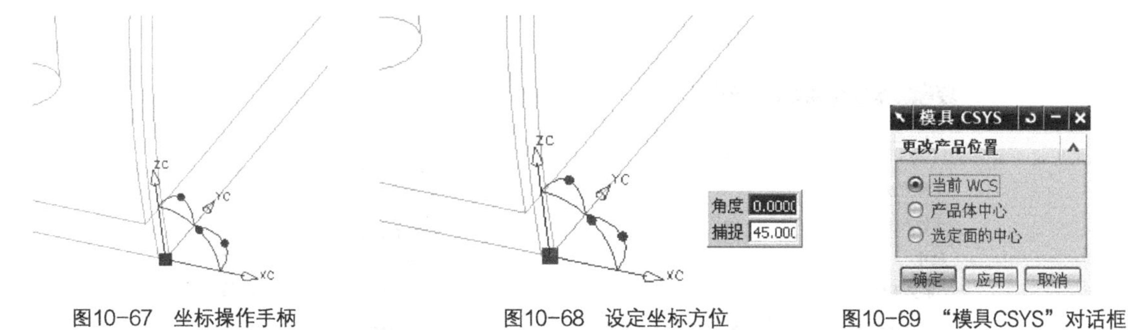

图10-67　坐标操作手柄　　图10-68　设定坐标方位　　图10-69　“模具CSYS”对话框

① 单击“注塑模向导”工具条上的“收缩率”图标，系统弹出“缩放体”对话框，如图10-70所示。在类型选项中选择第一个图标（均匀比例），因为该制品厚度比较均匀，所以应该选择均匀比例选项。

② 在比例因子这一项输入数字“1.0045”，单击【确定（OK）】按钮。这样制件的收缩率由原来的“1.005”修改为“1.0045”。

（7）定义成型镶件。本制件将使用一个DME Tyoe 2A的模架，因此工件的高度必须与模架的标准模板相匹配，如图10-71所示，该标准模架要求工件的材料在分型线之下26mm（Z_Down=26 mm），在分型线之上56mm（Z_Up=56mm）。工件将被放在模具装配中心。

图10-70　“缩放体”对话框

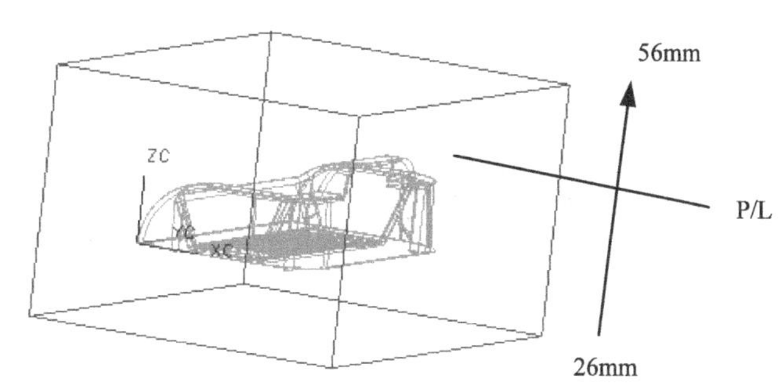

图10-71　工件尺寸

① 单击“注塑模向导”工具条上的“工件”图标，系统弹出“工件”对话框，如图10-72所示。在“开始”和“结束”文本框中输入26mm、56mm，使其与模架相匹配。有时候可以用默认值，因为“注塑模向导”会自动识别产品尺寸，并给出成型工件的推荐尺寸。

② 这时工作部件即自动设为xiehui_parting，单击【确定（OK）】按钮，完成工件尺寸的定义。

（8）将模腔设在模具装配的中心。

① 单击“注塑模向导”工具条上的“型腔布局”图标，弹出“型腔布局”对话框，如图10-73所示，这时工作部件即自动设为xiehui_Layout。

② 如图10-73所示依次设置矩形分布、平衡式、2模腔。

③ 设置好了以后，单击【开始布局】按钮，此时，系统会亮出图10-74所示的箭头，提示选择布局方向，这里选择图10-74所示右边方向为布局方向。

④ 选择好布局方向后，单击【自动对准中心】按钮，取消对话框，效果为如图10-75所示的

一模二腔布局。

图10-72 “工件”对话框

图10-73 “型腔布局”对话框

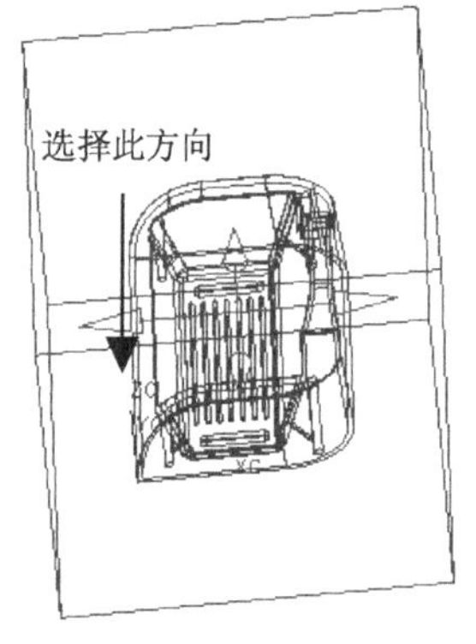

图10-74 选择布局方向

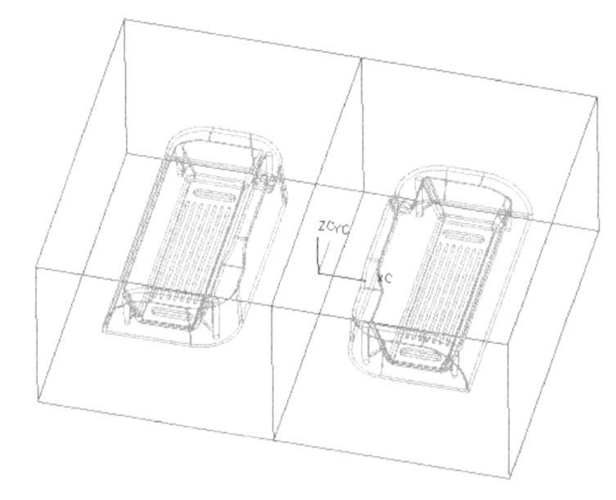

图10-75 一模二腔

（9）为工件加入建腔工具体，该工具体将用于工件嵌入模板时，在模板上建腔。在图 10-73 所示的对话框中，单击【编辑插入腔】按钮，该功能只有用户具有该模块数据时，才可以用。用户可从一个库中为建腔选择一个标准工具体，在参数区域中有 3 种工件形状可以选；用户也可以通过尺寸标签，修改嵌件腔尺寸，这里用第一种方法，插入后的效果如图 10-76 所示。

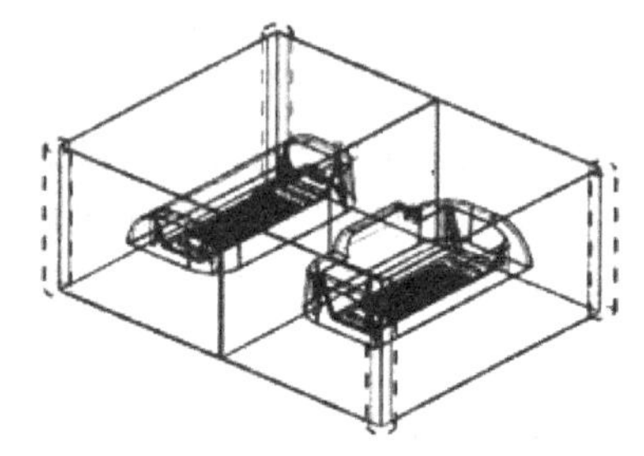

图10-76 工具体

（10）制品模型分析。

① 单击“注塑模向导”工具条上的“分型”图标，弹出图 10-77 所示的“分型管理器”对话框，然后单击“设计区域”图标，系统弹出模型分析“MPV 初始化”对话框，如图 10-78 所示。如果选择菜单【分析】→【塑模部件验证】选项，也可以调出型分析“MPV 初始化”对话框。

② 此时系统同时会提示："选择产品实体并规定拔模方向"；因为当前只有一个实体，所以"注塑模向导"会自动选择此制品，拔模方向"注塑模向导"会默认是当前工作坐标的 *ZC*+方向。当然也可以根据自己的实际情况进行修改，这里保持系统默认方向为工作坐标的 *ZC*+方向，如图 10-79 所示。

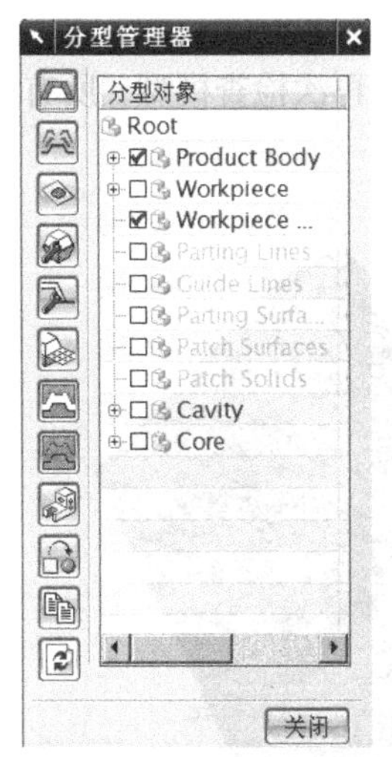

图10-77 "分型管理器"对话框

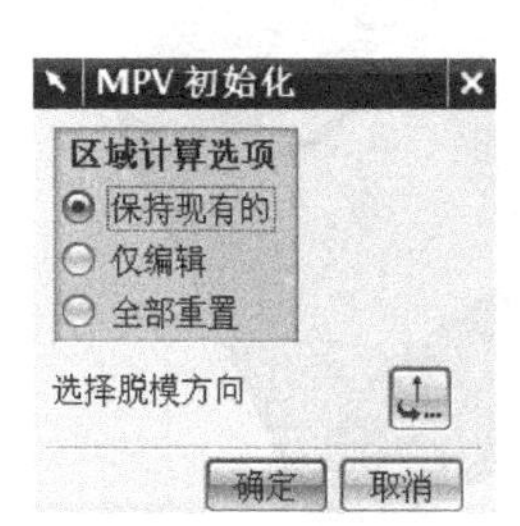

图10-78 模型分析"MPV初始化"对话框

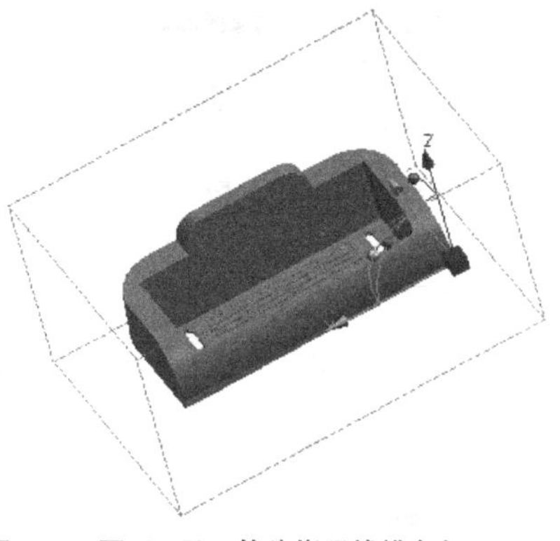

图10-79 箭头指示拔模方向

- 单击【确定（OK）】按钮，系统弹出"塑模部件验证"对话框，如图 10-80 所示。

（11）检查各面的拔模角。当把拔模角限制为 3° 时，从图 10-80 所示对话框可知，塑模部件验证（MPV）已经分门别类识别出正、负和无拔模角的面共 151 个。这里每种类型的面的颜色可以根据自己的喜好修改。单击"塑模部件验证（MPV）"对话框中的【设置所有面的颜色】按钮，并将显示模式设为着色状态，旋转模型检查各面的颜色，如图 10-81 所示，正拔模角或型腔面的颜色为黄色和橙色，负拔模角或型芯面的颜色为碧绿色和蓝色。有时系统会要求协助鉴别哪些垂直面属于哪一侧。

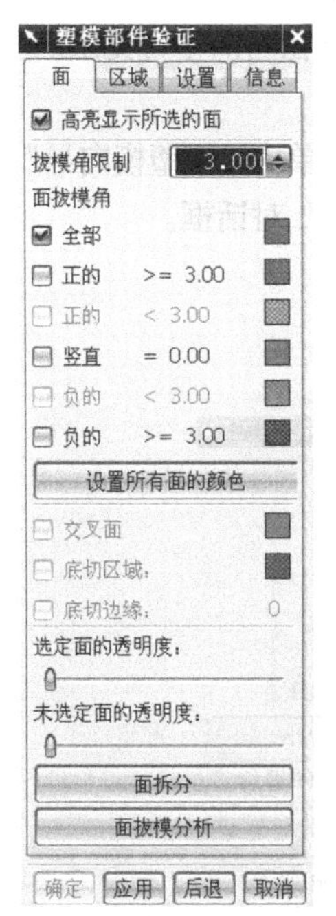

图10-80 "塑模部件验证"对话框

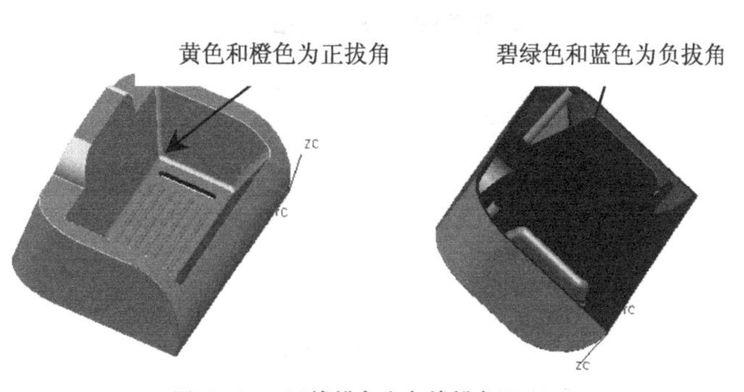

图10-81 正拔模角和负拔模角图

（12）鉴别型、型腔区域。

① 单击“塑模部件验证（MPV）”对话框顶部的【区域（Region）】选项卡，区域工具用于识别型芯和型腔区域及分配未定义面，如图10-82所示，从图中可以看出，该制品无未定义的面，垂直面完全包含在负拔模或型芯面内。

② 单击“塑模部件验证（MPV）”对话框中的【设定区域颜色】按钮，再次检查模型，所有型腔侧都为橙色，型芯侧都为蓝色，如图10-83所示，最后取消MPV对话框。

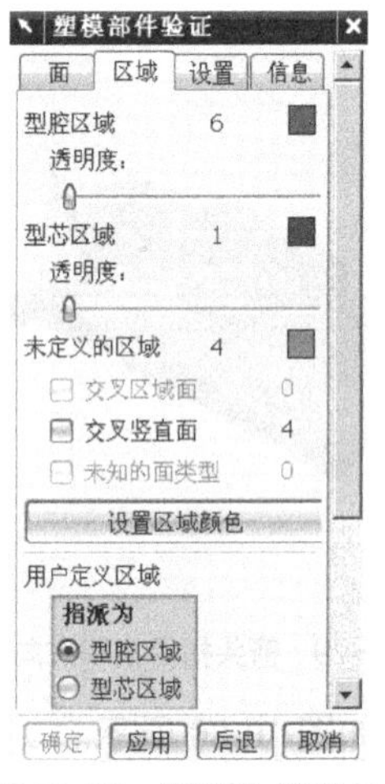

图10-82 “区域”选项卡

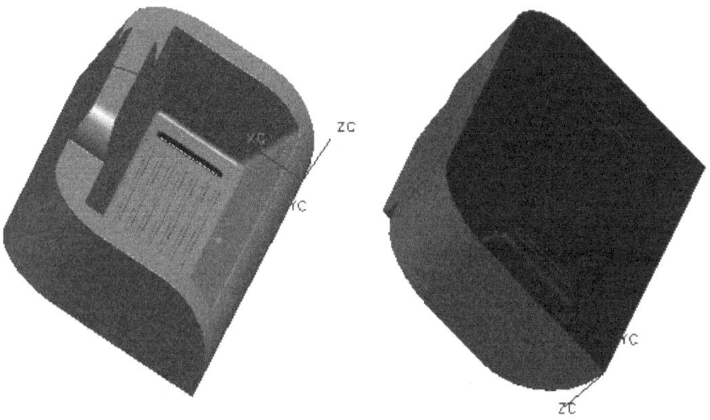

型腔侧为橙色　　型芯侧为蓝色

图10-83 改变后的型腔和型芯侧的颜色

（13）创建两个提取区域特征分别对应型芯面和型腔面。

① 单击图10-77所示的“分型管理”对话框中的图标，弹出图10-84所示的“定义区域”对话框，这里选择“创建新区域”，单击【确定（OK）】按钮。这里要提醒读者的是，如果用此选择，那么定义区域特征必须基于模型验证（MPV）中已分配的型芯和型腔面。

② 这步操作所提取的区域特征并没有立即显示，因为区域特征建立在当前不可见层。

（14）在内部区域定义修补片体。

① 该制品内部的两个开放槽必须被封闭才能定义型芯和型腔边界。单击“注塑模向导”工具条上的“创建/删除曲面补片”图标，弹出图10-85所示的“自动孔修补”对话框。

图10-84 “定义区域”对话框

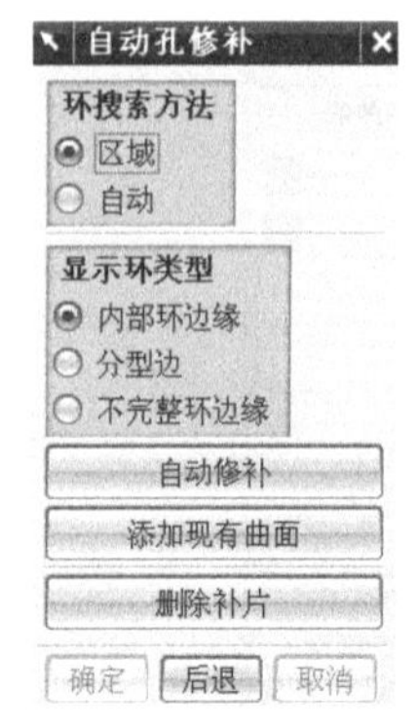

图10-85 “自动孔修补”对话框

② 这里选择修补环搜索方式为“区域(Region)”，显示修补环方式为“内部环边缘(Internal Loop Edges)”，这里要向读者说明的是，因为汉化版汉化不够准确，在这里做了一些修正。这时制品底部的两个开放槽在型腔侧高度显示两个环。

③ 单击对话框中的【自动修补】按钮，这时制品上可见两个修补片体。

(15)定义分型线。

① 单击图 10-77 所示的“分型管理器”对话框中的图标，弹出“分型线”对话框，如图 10-86 所示。

② 单击“分型线”对话框中【遍历环】按钮，系统弹出“开始遍历”对话框，如图 10-87 所示。

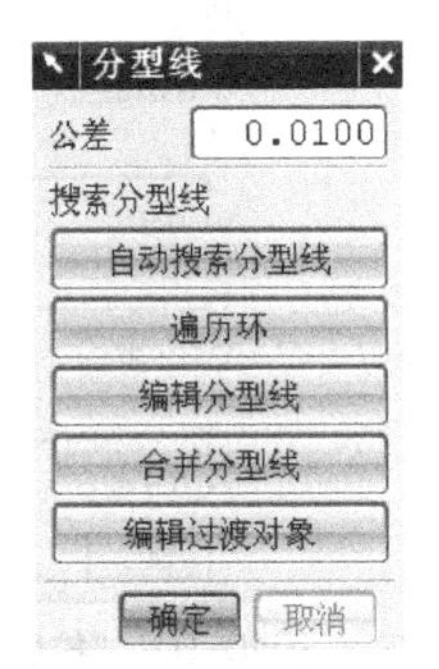

图10-86 “分型线”对话框

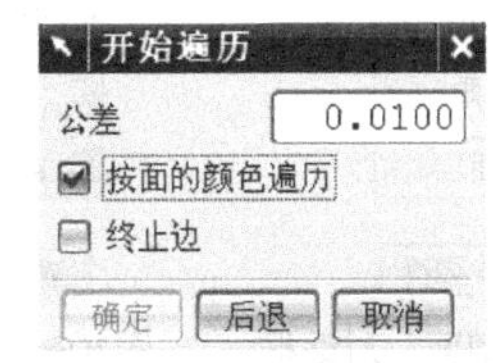

图10-87 “开始遍历”对话框

③ 选择【按面的颜色遍历(Traverse by Face Color)】复选框，因为前面已用模型验证(MPV)功能分别设型芯面为蓝色，型腔面为橙色。事实上，定义型芯、型腔区域时所形成的蓝色面与橙色面的边界已经间接地定义了分型线，这里搜索环功能便是利用了已有区域颜色。当鼠标指针移到这些颜色边界时，发现它们会高度亮显示。这里只有那些两侧不同颜色的边才会被选中，这些边包括外部的分型环和内部的修补环。

④ 从外环边选取任一边，如图 10-88 所示，系统会识别并亮显完整的分型线。

⑤ 单击【确定(OK)】按钮接受亮出的分型线。分型环变成绿色表示分型线已被定义(其中颜色在 MW_defaut 文件可以设置，默认为绿色)。在分型管理器上只显示分型线，如图 10-89 所示。

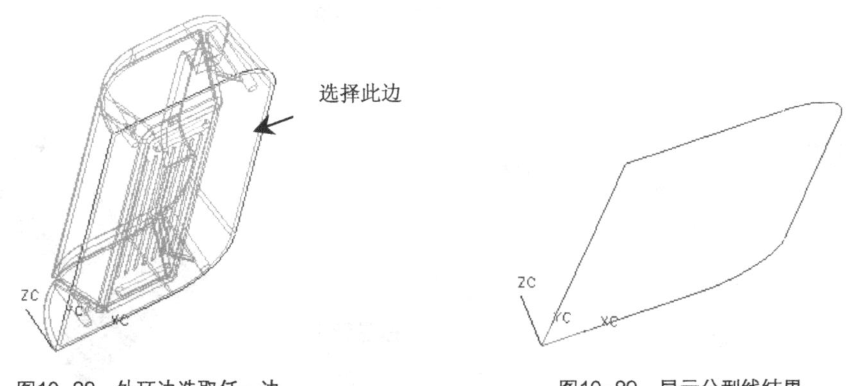

图10-88 外环边选取任一边

图10-89 显示分型线结果

(16)建立分型面。分型线已识别，这一步建立的分型面将与区域特征和修补片体一起来分割成型镶件，建立型芯和型腔。

① 单击图 10-77 所示的“分型管理器”对话框中的图标，弹出“创建分型面”对话框，

如图 10-90 所示。

② 单击【创建分型面】按钮，系统会弹出“分型面”对话框，如图 10-91 所示。

③ 单击【确定（OK）】按钮，系统将生成一个分型面，并弹出“扩展分型面”对话框，如图 10-92 所示。该对话框可以对分型面的大小进行修改，这里保持系统的默认值。单击【确定（OK）】按钮，回到“分型管理器”对话框。在“分型管理器”对话框中隐藏制品，这时显示的是一个分型片体和两个补丁片体，如图 10-93 所示。分型面与补丁之间的大空隙留给制品模型。

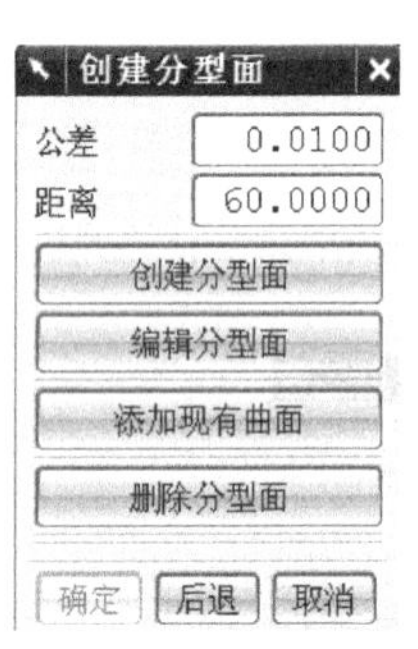

图10-90 “创建分型面”对话框

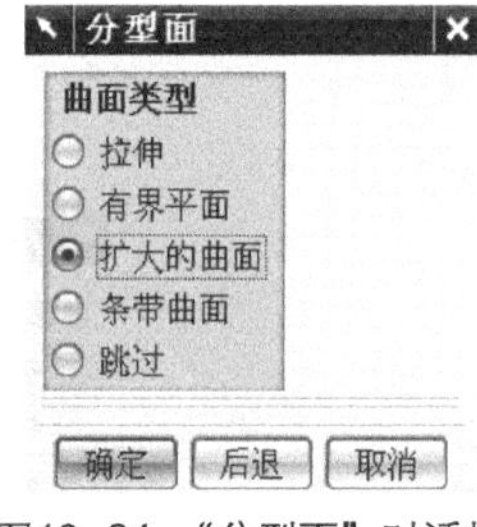

图10-91 “分型面”对话框

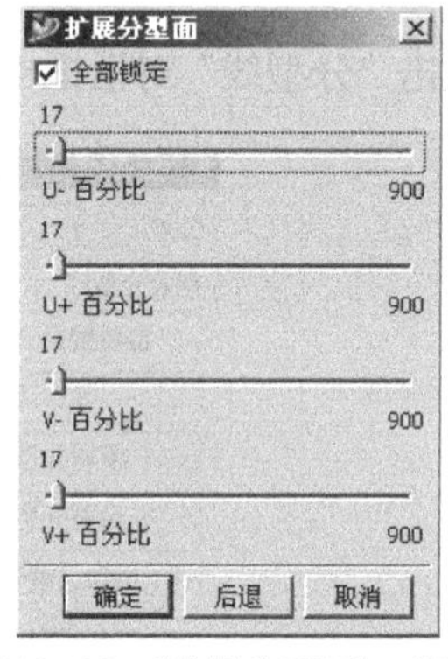

图10-92 “扩展分型面”对话框

（17）创建型腔和型芯块。要完成型芯、型腔的设计，需要用分型面、补丁片体和创建的区域特征分割工作。这一过程是高度自动化的，这里是 UG 强大分模功能的体现。

① 单击图 10-77 所示的“分型管理器”对话框中的图标，系统弹出“定义型腔和型芯”对话框，如图 10-94 所示，设置相关参数，单击【确定（OK）】按钮，生成型腔和型芯。

② 取消“型芯和型腔”对话框，用窗口下拉菜单改变显示部件到 xiehui_cavity_011（后缀数字可能不同），显示的结果如图 10-95 所示。

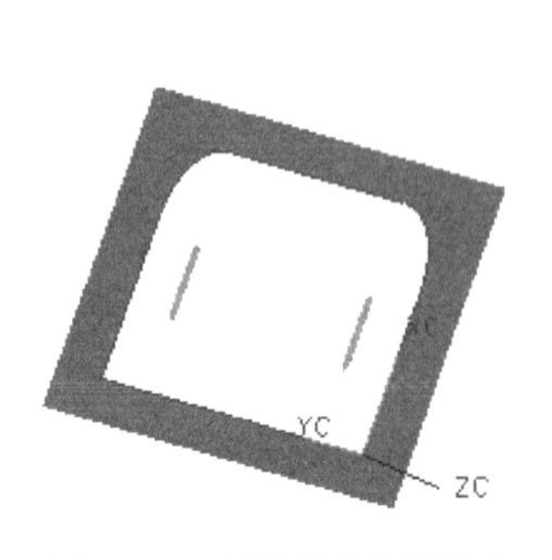

图10-93 系统创建的分型面

图10-94 “型芯和型腔”对话框

图10-95 型腔体

③ 用窗口下拉菜单改变显示部件到 xiehui_core_013（后缀数字可能不同），显示的结果如图 10-96 所示。

④ 到此分型设计已完成。

（18）需要加入模架（Mold Base）和标准件（Stand Parts）。“注塑模向导”包含有电子表格驱动的模架和标准件库（在安装 UG NX 时需要选择安装才可使用），这些库可以被客户化，也可以依用户需要进行扩展。这里需要加入型号为 DME type 2A 的模架、一个标准定位圈，并对定位圈和模芯镶件建腔，这里就不详细介绍了，读者可以自己试试。加入模架后的效果如图 10-97 所示。

图10-96 型芯体

图10-97 加入模架后的效果图

1. 应用“注塑模向导”进行模具分型设计，要求一模两腔，塑料制品如图 10-98 和图 10-99 所示。
2. 对图 10-100 所示的塑料制品（PS 材料）进行分模，尺寸由读者自行确定。

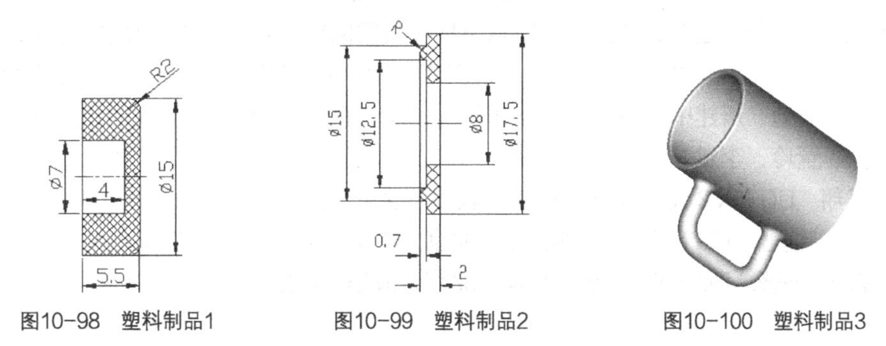

图10-98 塑料制品1

图10-99 塑料制品2

图10-100 塑料制品3

3. 对图 10-101 所示的塑料制品（ABS 材料）进行分模，尺寸由读者自行确定。

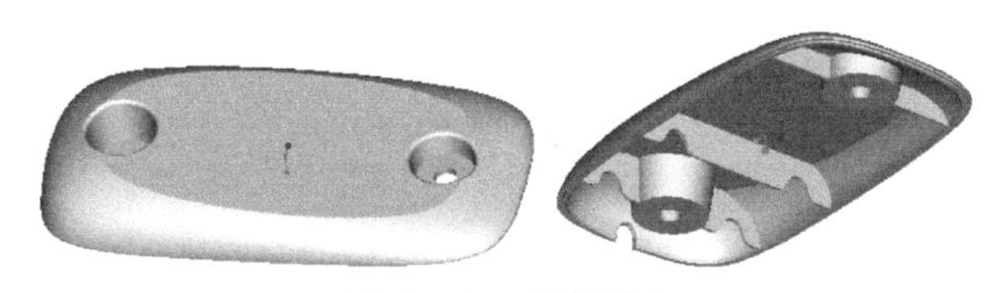

图10-101 塑料制品

参考文献

[1] 莫蓉. 产品三维 CAD 工具 Unigraphics NX 基础与应用. 北京，机械工业出版社. 2004

[2] 王卫兵. UG NX 数控编程实用教程. 北京，清华大学出版. 2004

[3] 赵波、龚勉、屠建忠. UG CAD 实用教程. 北京，清华大学出版社 2005

[4] 李志兵、李晓武、朱凯. UG 机械设计习题精解. 北京，人民邮电出版社. 2003

[5] 黄毓荣、刘其荣. UG 日常用品设计应用实例集. 北京，清华大学出版社. 2005

[6] 唐春文、黄春曼、王慰祖. 中文 Unigraphics NX 高级应用与实例. 北京，冶金工业出版社. 2004

[7] 孙慧平、张建荣、张小军. UG NX 基础教程. 北京，人民邮电出版社. 2004

[8] 张方瑞、于鹰宇、程鸣. UG NX 2 高级实例教程. 北京，电子工业出版社. 2005

[9] EDS 公司制造业系统中国部. Unigraphics 用户手册. 1996

[10] 龚勉、唐海翔、赵波、陈向军. UG CAD 应用案例集. 北京，清华大学出版社. 2003

[11] 胡仁喜、徐东升、阳平华. Unigraphics NX 3.0 零件设计实务. 北京，电子工业出版社. 2005

[12] 赵波、龚勉、屠建中. UG CAD 实用教程（NX2 版）. 北京，清华大学出版社. 2004

[13] 王栋、董玲、李斌. Unigraphics 快速入门及应用. 北京，电子工业出版社. 2000

[14] 唐海翔. UG NX 2 注塑模具设计培训教程. 北京，清华大学出版社. 2005

[15] 张昊 等编著. UG NX 4.0 基础教程. 北京，电子工业出版社. 2007

[16] 张云杰 编著. UG NX 4.0 基础教程. 北京，清华大学出版社. 2007